U0425004

“十二五”职业教育国家规划教材
经全国职业教育教材审定委员会审定

全国高职高专教育土建类专业教学指导委员会规划推荐教材

市政工程力学与结构

（第二版）

（市政工程技术专业适用）

本教材编审委员会组织编写
李 辉 主编
罗向荣 主审

中国建筑工业出版社

图书在版编目(CIP)数据

市政工程力学与结构/李辉主编. —2版. —北京：中国建筑工业出版社，2012.8

(“十二五”职业教育国家规划教材. 经全国职业教育教材审定委员会审定. 全国高职高专教育土建类专业教学指导委员会规划推荐教材. 市政工程技术专业适用)

ISBN 978-7-112-14594-2

Ⅰ.①市… Ⅱ.①李… Ⅲ.①市政工程—工程力学—高等学校—教材②市政工程—工程结构—高等学校—教材 Ⅳ.TU99

中国版本图书馆CIP数据核字(2012)第189668号

“十二五”职业教育国家规划教材
经全国职业教育教材审定委员会审定
全国高职高专教育土建类专业教学指导委员会规划推荐教材

市政工程力学与结构

(第二版)

(市政工程技术专业适用)

本教材编审委员会组织编写
李 辉 主编
罗向荣 主审

*

中国建筑工业出版社出版、发行(北京西郊百万庄)
各地新华书店、建筑书店经销
北京天成排版公司制版
北京建筑工业印刷厂印刷

*

开本：787×1092毫米 1/16 印张：23 字数：574千字
2013年1月第二版 2015年11月第八次印刷
定价：**46.00**元(赠送课件)
ISBN 978-7-112-14594-2
(26527)

本书根据本课程的教学大纲编写，共分 14 个教学单元，主要内容包括：绪论，静力学基本知识，轴向拉伸与压缩，梁的弯曲，压杆稳定，静定平面杆系结构的内力分析，力矩分配法计算连续梁的内力，影响线，钢筋混凝土基本知识，钢筋混凝土受弯构件正截面受弯承载力计算，钢筋混凝土受弯构件斜截面受剪承载力计算，钢筋混凝土受压构件受压承载力计算，预应力混凝土结构基本知识，圬工结构等。

本书即可作为高等职业教育市政工程技术专业教材，也可供从事市政工程类及相关专业技术人员学习、参考之用。

为便于教师教学和学生学习，作者特制作了电子课件，如有需求，请发邮件至 cabpbeijing@126. com 索取。

*　*　*

责任编辑：朱首明　王美玲
责任设计：张　虹
责任校对：李美娜

本套教材编审委员会名单

修订版序言

2010年4月住房和城乡建设部受教育部(教高厅函〔2004〕5号)委托，住房和城乡建设部(建人函〔2010〕70号)组建了新一届全国高职高专教育土建类专业教学指导委员会市政工程类专业分指导委员会，它是住房和城乡建设部聘任和管理的专家机构。其主要职责是在住房和城乡建设部、教育部、全国高职高专教育土建类专业教学指导委员会的领导下，研究高职高专市政工程类专业的教学和人才培养方案，按照以能力为本位的教学指导思想，围绕市政工程类专业的就业领域、就业岗位群组织制定并及时修订各专业培养目标、专业教育标准、专业培养方案、专业教学基本要求、实训基地建设标准等重要教学文件，以指导全国高职高专院校规范市政工程类专业办学，达到专业基本标准要求；研究市政工程类专业建设、教材建设，组织教材编审工作；组织开展教育教学改革研究，构建理论与实践紧密结合的教学体系，构筑校企合作、工学结合的人才培养模式，进一步促进高职高专院校市政工程类专业办出特色，全面提高高等职业教育质量，提升服务建设行业的能力。

市政工程类专业分指导委员会成立以来，在住房和城乡建设部人事司和全国高职高专教育土建类专业教学指导委员会的领导下，在专业建设上取得了多项成果；市政工程类专业分指导委员会在对“市政工程技术专业”、“给排水工程技术专业”职业岗位(群)调研的基础上，制定了“市政工程技术专业”专业教学基本要求和“给排水工程技术专业”专业教学基本要求；其次制定了“市政工程技术专业”和“给排水工程技术专业”两个专业校内实训及校内实训基地建设导则；并根据“市政工程技术专业”、“给排水工程技术专业”两个专业的专业教学基本要求，校内实训及校内实训基地建设导则，组织了“市政工程技术专业”、“给排水工程技术专业”理论教材和实训教材编审工作。

在教材编审过程中，坚持了以就业为导向，走产学研结合发展道路的办学方针，以提高质量为核心，以增强专业特色为重点，创新教材体系，深化教育教学改革，围绕国家行业建设规划，系统培养高端技能型人才，为我国建设行业发展提供人才支撑和智力支持。

本套教材的编写坚持贯彻以素质为基础，以能力为本位，以实用为主导的指导思路，毕业的学生具备本专业必需的文化基础、专业理论知识和专业技能，能胜任市政工程类专业设计、施工、监理、运行及物业设施管理的高端技能型人才，全国高职高专教育土建类教学指导委员会市政工程类专业分指导委员会在总结近几年教育教学改革与实践的基础上，通过开发新课程，更新课程内容，增加实训教材，构建了新的课程体系。充分体现了其先进性、创新性、适用性，反映了国内外最新技术和研究成果，突出高等职业教育的特点。

“市政工程技术”、“给排水工程技术”两个专业教材的编写工作得到了教育部、住房和城乡建设部人事司的支持，在全国高职高专教育土建类专业教学指导委员会的领导下，市政工程类专业分指导委员会聘请全国各高职院校本专业多年从事“市政工程技术”、“给排水工程技术”专业教学、研究、设计、施工的副教授以上的专家担任主编和主审，同时吸收工程一线具有丰富实践经验的工程技术人员及优秀中青年教师参加编写。该系列教材的出版凝聚了全国各高职高专院校“市政工程技术”、“给排水工程技术”两个专业同行的心血，也是他们多年来教学工作的结晶。值此教材出版之际，全国高职高专教育土建类教学指导委员会市政工程类专业分指导委员会谨向全体主编、主审及参编人员致以崇高的敬意。对大力支持这套教材出版的中国建筑工业出版社表示衷心的感谢，向在编写、审稿、出版过程中给予关心和帮助的单位和同仁致以诚挚的谢意。深信本套教材的使用将会受到高职高专院校和从事本专业工程技术人员的欢迎，必将推动市政工程类专业的建设和发展。

全国高职高专教育土建类专业教学指导委员会
市政工程类专业分指导委员会

序　言

近年来，随着国家经济建设的迅速发展，市政工程建设已进入专业化的时代，而且市政工程建设发展规模不断扩大，建设速度不断加快，复杂性增加，因此，需要大批市政工程建设管理和技术人才。针对这一现状，近年来，不少高职高专院校开办市政工程技术专业，但适用的专业教材的匮乏，制约了市政工程技术专业的发展。

高职高专市政工程技术专业是以培养适应社会主义现代化建设需要，德、智、体、美全面发展，掌握本专业必备的基础理论知识，具备市政工程施工、管理、服务等岗位能力要求的高等技术应用性人才为目标，构建学生的知识、能力、素质结构和专业核心课程体系。全国高职高专教育土建类专业教学指导委员会是建设部受教育部委托聘任和管理的专家机构，该机构下设建筑类、土建施工类、建筑设备类、工程管理类、市政工程类五个专业指导分委员会，旨在为高等职业教育的各门学科的建设发展、专业人才的培养模式提供智力支持，因此，市政工程技术专业人才培养目标的定位、培养方案的确定、课程体系的设置、教学大纲的制订均是在市政工程类专业指导分委员会的各成员单位及相关院校的专家经广州会议、贵阳会议、成都会议反复研究制定的，具有科学性、权威性、针对性。为了满足该专业教学需要，市政工程类专业指导分委员会在全国范围内组织有关专业院校骨干教师编写了该专业与教学大纲配套的10门核心课程教材，包括：《市政工程识图与构造》、《市政工程材料》、《土力学与地基基础》、《市政工程力学与结构》、《市政工程测量》、《市政桥梁工程》、《市政道路工程》、《市政管道工程施工》、《市政工程计量与计价》、《市政工程施工项目管理》。这套教材体系相互衔接，整体性强；教材内容突出理论知识的应用和实践能力的培养，具有先进性、针对性、实用性。

本次推出的市政工程技术专业10门核心课程教材，必将对市政工程技术专业的教学建设、改革与发展产生深远的影响。但是加强内涵建设、提高教学质量是一个永恒主题，教学改革是一个与时俱进的过程，教材建设也是一个吐故纳新的过程，所以希望各用书学校及时反馈教材使用信息，并对教材建设提出宝贵意见；也希望全体编写人员及时总结各院校教学建设和改革的新经验，不断积累和吸收市政工程建设的新技术、新材料、新工艺、新方法，为本套教材的长远建设、修订完善做好充分准备。

全国高职高专教育土建类专业教学指导委员会
市政工程类专业分指导委员会

修订版前言

市政工程力学与结构课程是市政工程专业主干基础课程之一。

《市政工程力学与结构》(第二版)是根据第二届全国高职高专土建类专业教学指导委员会市政工程类专业指导委员会2011年12月杨凌会议精神，依据市政工程技术专业指导性教学文件要求，广泛收集第一版教材使用5年过程中各兄弟院校师生的反馈意见，在第一版基础上进行修订的。

本次对力学部分的修订，将原第二章、第三章进行合并作为第二版教学单元2“静力学基本知识”；原第四章调整为教学单元3；将原第五章、第六章进行合并作为第二版教学单元4“梁的弯曲”，增加“平面图形的几何性质”；原第七章调整为教学单元5；原第八章调整为教学单元6，增加6.6节“静定平衡拱的内力分析”；原第九、十章分别调整为教学单元7、教学单元8。对各种支座的画法进行统一，集中荷载统一用Force首字母“F”进行统一，同时调整、增加了例题和习题。

本次对结构部分的修订，原第十一、十二、十三、十四、十五、十六章分别调整为教学单元9、教学单元10、教学单元11、教学单元12、教学单元13、教学单元14。按《公路钢筋混凝土及预应力混凝土桥涵设计规范》JTG D62—2004对专业术语、符号、参数取值进行了规范，补充了结构计算例题和习题，增加了13.4节“预应力混凝土结构的基本原理与计算原则”，并补充了相关附录。

本次修订主要由四川建筑职业技术学院牵头，李辉提出修订要求，杨转运组织实施，肖盛莲主要负责对力学部分内容的修订和补充，高建峰主要负责对结构部分的内容修订和补充，由李辉教授统稿。

本次修订得到兄弟院校师生的大力支持，在此向他们表示衷心感谢。俗话说“没有最好、只有更好”，但由于时间仓促、收集信息有限、参与修订的同志水平有限，书中难免存在不足，我们热忱希望广大读者、特别是兄弟院校的老师、同学随时提出宝贵意见，以便不断提高教材质量，满足广大读者需要。

在本教材修订过程中，市政工程类专业教学指导委员会、中国建筑工业出版社给予了大力支持，在此表示衷心感谢。

建议本课程教学时数为140～160学时。

前　言

近年来，随着国家经济建设的迅速发展，城市市政建设已进入专业化的时代，迫切需要这方面的工程建设管理和技术人才。同时建设工程的复杂性，规模大，建设速度快，结构的多样性。在此背景下，全国高职高专市政工程技术委员分会于 2006 年 4 月在成都主持召开了编写本教材的研讨会。

本教材为“十一五”部级规划教材，是根据在成都召开的教材研讨会审定的编写大纲要求及现行新规范进行编写。主要适用于高职高专类市政、道桥等专业。在编写过程中，遵循“少而精，够用为度”的精神，力求做到说理清楚，理论联系实际，突出重点；选材尽量符合本专业要求的特点。

本教材由李辉主编，于英、周耀军副主编，编写分工如下：四川建筑职业技术学院李辉编写了第一章和第十四章，黑龙江建筑职业技术学院郭玉敏编写了二～四章和力学试验，新疆建设职业技术学院李晓峰编写了五～七章，黑龙江建筑职业技术学院于英编写了八～十章，四川建筑职业技术学院周耀军编写了十一～十三章，四川建筑职业技术学院陈文元编写了十五、十六章。本教材承黑龙江建筑职业技术学院罗向荣教授主审。

由于我们经验较缺乏，成书时间又较短促，书中难免存在许多不足，为了贯彻“长期着眼，逐步提高”的原则，在以后的修订过程中将不断地进行修正，以便不断地提高本教材的质量。因此，我们热忱地希望广大读者，特别是兄弟院校的教师和同学们，随时提出你们宝贵意见。

在编写本教材过程中，得到中国建筑工业出版社相关人员的大力支持，在此表示衷心感谢！

目　　录

教学单元1　绪　　论

【教学目标】 通过市政工程力学与结构研究对象的学习，学生对本课程的内容和学习方法具备一定的认知。

1.1　市政力学与结构的研究对象

城市是一定区域的政治、经济和文化中心。随着现代城市的发展，市政工程建设项目越来越多，规模越来越大，而且技术要求高，施工难度大，这就要求从事市政工程建设的从业人员，必须掌握与之相关的科学技术知识。《市政工程力学与结构》是其中之一，它包括理论力学、材料力学、结构力学和市政结构四大部分。

1. 刚体、变形体的概念

理论力学主要研究物体在外力作用下的平衡与运动问题，故可假设物体变形对它无关，而将物体看作绝对刚性。在自然界中，真正绝对刚性的固体是不存在的，又为什么在理论力学中可以作为绝对刚性来研究呢？这是因为真实固体的性质非常复杂，每一门学科只能从某一角度来研究，即只研究其性质的某一方面；为了研究的方便，我们必须将与研究问题无关或影响不大的因素忽略，保留与研究问题有关的主要因素。在实际工程中，各种结构或构件当在外力作用下变形微小，可以抽象化为刚体，不仅合理、而且是必要的。所以我们将在外力或外在因素的影响下，其形状和尺寸绝对不变的物体称为刚体。

在材料力学中，它研究的主要问题是构件在外力作用下的承载力、刚度和稳定性问题，固体的变形就成为它的主要基本性质之一，必须重视。如房屋建筑中的梁、板，桥梁工程中的构件，水利工程中的闸门等，这些构件的变形会影响整体结构的安全和使用。所以在材料力学中，将组成构件的各种固体看成变形固体。

固体之所以发生变形，是由于在外力作用下，组成固体的各种微粒的相对位置会发生改变的缘故。变形固体在外力作用下发生变形，但在外力除去后又能立即恢复其原有形状和尺寸的性质，称为弹性；把具有弹性性质的变形固体称为完全弹性体。若变形固体的变形在外力除去后只能恢复其一部分，这样的固体称为部分弹性体。部分弹性体的变形可分为两部分，一部分是随着外力除去而消失的变形称为弹性变形，另一部分是在外力除去后仍不能消失的变形称为塑性变形（或残余变形或永久变形）。

2. 结构、构件的概念

人们在长期的生产、生活活动中，根据发展的需要，要建造各式各样的建筑物、构筑物、道路、桥梁等，这些供人们生产、生活需要的建筑物，都是由若干构件按照一定的规律组合成能承担“作用”的体系，称为结构。构件是组成结构的基本单元体。组成结构物的构件虽然形式各异，但按其主要几何特征，可归纳为以下四类。

(1) 杆

如图 1-1(a)所示，它们的几何特征是长度远大于另外两个横向尺寸，即 $l \gg h$，$l \gg b$。

(2) 板、壳

如图 1-1(b)所示，它们的几何特征是长度和宽度都远大于厚度，即 $a \gg h$，$b \gg h$；其中呈平面形状的称为板，呈曲面形状的称为壳。

(3) 块体

如图 1-1(c)所示，它们的几何特征是三个方向的尺寸都属于同一数量级。

(4) 薄壁杆

如图 1-1(d)所示，它们的几何特征是三个方向的尺寸相差很大，即 $l \gg b \gg h$。

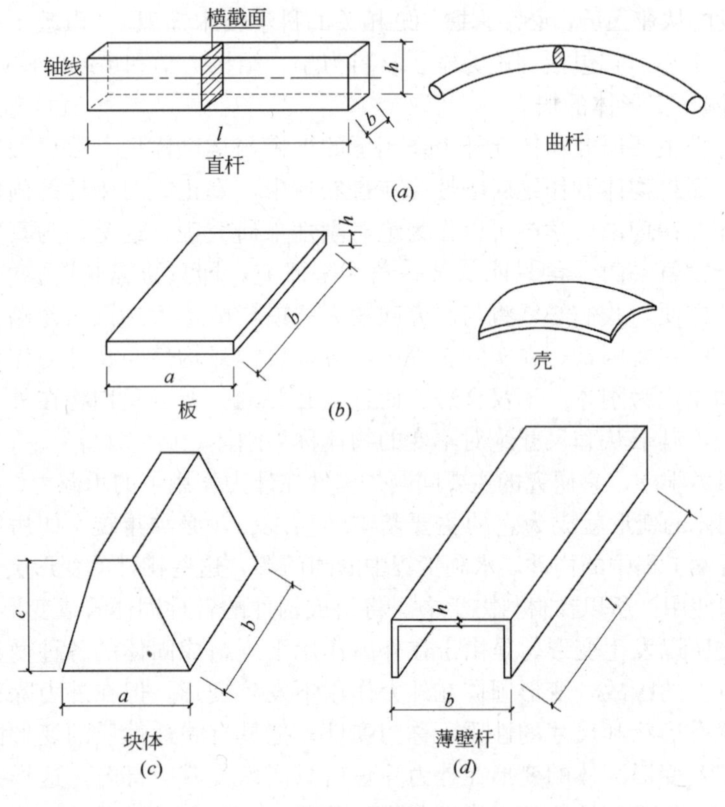

图 1-1　杆件

若要保证结构能正常地工作，首先必须保证组成这些结构物的各构件和构件之间的连接节点能正常地工作，也就是在各种外力作用下能满足：构件及其连接节点有足够的承载力和刚度；应具有足够的稳定性。要合理地设计各种结构物，除要有合理的理论和计算方法外，还必须掌握所用材料的力学性能，通过力学试验测定所用材料的力学性质，所以力学试验在本课程中占有十分重要的地位。

3. 变形固体的基本假设

在理论分析和研究中，往往需要忽略次要因素，有必要对变形固体材料进行假设，在实际工程中，不会因为这些假设而影响工程的正常使用和安全。

(1) 连续均匀假设

按近代物理学的理论，组成固体的各种微粒之间存在空隙，且其结构和性质也不是各处均匀一致。如金属是结晶物质，具有晶体结构；混凝土是由水泥、石子和砂组成，这些组成物质之间存在空隙。但在力学中研究的物体比这些微粒大得多，考虑各微粒之间的空隙是没有实际意义的，故可以认为，材料毫无空隙地充满在物体的整个几何容积内，且物体的性质都均匀一致。

根据这一假设，可以将从小尺寸试验研究中得到的性质应用于大尺寸构件中去。

(2) 各向同性假设

在结晶体物质中，每个晶粒在不同的方向有不同的性质，故单晶体的性质是有方向性的。但一般物体的体积远大于单个晶粒的体积，无数晶粒在物体内错综复杂地排列着，材料在各个方向的性质必然一致。故可将金属一类材料认为是各向同性材料。

非晶体材料，一般都是各向同性的，可以认为如塑胶、玻璃和浇筑密实的混凝土都是各向同性材料。

有的材料仅在某一方向上有相同的性质，称为单向同性，如各种轧制的钢板、冷拉钢丝和纤维整齐的木材等；也有各向异性的材料，如纤维纠结、杂乱无章的木材、冷扭的钢丝、胶合板和纺织品等等。

4. 杆件变形的基本形式

杆是长度远大于横向尺寸的构件，它是材料力学研究的主要对象。本教材主要研究的是等截面杆。在实际工程中，杆可能受到各种各样的外力，其变形是很复杂的，但就其基本形式可归纳为以下四种：

(1) 拉伸与压缩变形。这种变形是外力作用线与杆的纵轴线重合所致。

(2) 剪切变形。剪切变形是由一对相距很近、方向相反的横向外力引起。

(3) 扭转变形。扭转变形是由一对转向相反、作用在垂直于杆纵轴上的两平面内的力偶引起。

(4) 弯曲变形。弯曲变形是由一对方向相反、作用在杆的纵向对称平面内的力偶引起。

在工程实际中，杆件的变形往往是以上一种或几种的组合，应分析清楚。

5. 结构及其分类

市政工程中的结构是道路跨越障碍物的人工构筑物。如桥梁工程、涵洞、人行天桥、立体交叉桥等。桥梁工程包括上部结构、下部结构和附属结构；上部结构主要承担车辆、行人等荷载，下部结构主要作用是支承上部结构，并将结构自重及上面的荷载传给地基。附属结构的作用主要是抵御水流的冲刷、防止路堤填土坍塌。

桥梁结构分类

（1）按结构受力体系分

1）梁式桥和板式桥。主要承重构件是梁和板，在竖向荷载作用下承受弯矩和剪力，无水平推力，墩台承受压力，如图 1-2 所示。

2）拱式桥。拱桥的主要承重构件是拱圈或拱肋，在竖向荷载作用下主要承受压力，同时也承受弯矩和剪力，墩台既承受压力、弯矩，还要承受很大的水平推力，如图 1-3 所示。

3）刚架桥。上部结构与下部结构连成一个整体，其主要承重结构是梁、柱组成的刚架结构，梁柱连接处具有很大的刚度，如图 1-4 所示。

4）吊桥。吊桥的主要承重结构是悬挂在两边的塔架，锚固在桥台后面锚锭上的缆索。在竖向荷载作用下，通过吊杆使缆索承受拉力，而塔架承受竖向力的作用，同时承受很大的水平推力和弯矩，如图 1-5 所示。

5）组合体系桥。由上述不同体系的结构组合而成的桥梁。图 1-6 所示为由梁和拱组合而成的系杆拱桥；图 1-7 所示为由梁和拉索组成的斜拉桥等等。

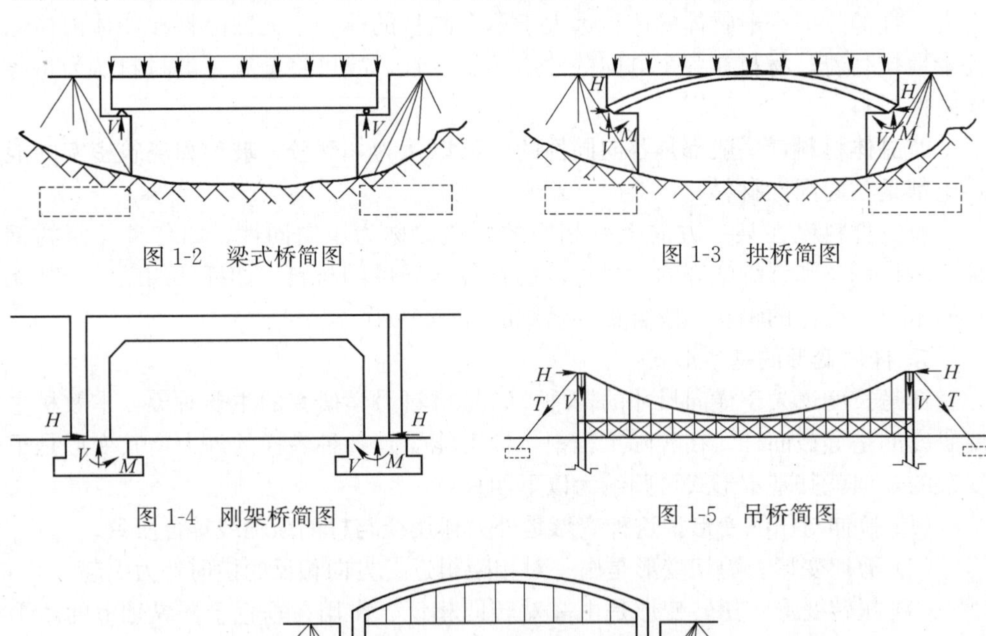

图 1-2　梁式桥简图

图 1-3　拱桥简图

图 1-4　刚架桥简图

图 1-5　吊桥简图

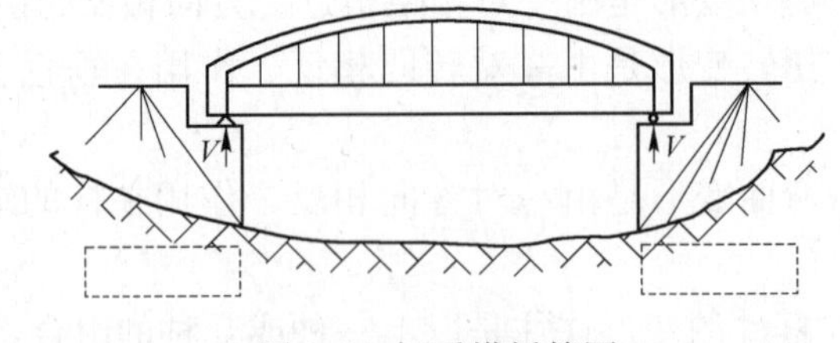

图 1-6　杆系拱桥简图

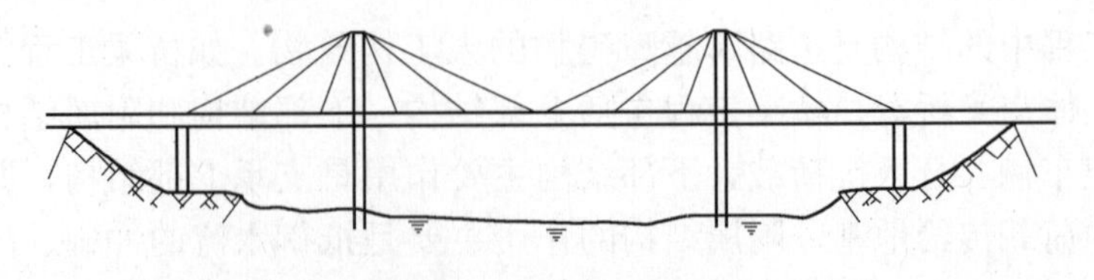

图 1-7　斜拉桥简图

(2) 按上部结构所用的材料分

按上部结构所用的材料有圬工桥(包括砖、石和混凝土桥)、钢筋混凝土桥、预应力混凝土桥、钢桥和木桥。

(3) 按跨越障碍物的性质分

按跨越障碍物的性质有跨河桥、跨线桥(立体交叉桥)、高架桥和地道等。

(4) 按桥梁的长度和跨径大小分

按桥梁的长度和跨径大小分为特大桥、大桥、中桥、小桥和涵洞。其分类标准详见表1-1。

桥梁涵洞分类　　表1-1

桥涵分类	多孔跨径总长 L(m)	单孔跨径 L_k(m)
特大桥	$L>1000$	$L_k>150$
大桥	$100\leqslant L\leqslant 1000$	$40\leqslant L_k\leqslant 150$
中桥	$30<L<100$	$20\leqslant L_k<40$
小桥	$8\leqslant L\leqslant 30$	$5\leqslant L_k<20$
涵洞	—	$L_k>5$

注：1. 单孔跨径系指标准跨径；
2. 梁式桥、板式桥的多孔跨径总长为多孔标准跨径的总长；拱式桥为两岸桥台内起拱线间的距离；其他形式桥梁为桥面系行车道长度；
3. 管涵及箱涵不论管径大小、孔数多少，均称为涵洞；
4. 标准跨径：梁式桥、板式桥以两桥墩中线之间桥中心线长度或桥墩中线与桥台台背前缘线之间桥中心线长度为准；拱式桥和涵洞以净跨径为准。

涵洞可以按以下几种情况进行分类，按所用的材料分为砖涵洞、混凝土涵洞和钢筋混凝土涵洞；按断面形式分为管涵洞、板涵洞、箱涵洞和拱涵洞；按涵洞顶的填土情况分为明涵洞(涵洞顶无填土)和暗涵洞(涵洞顶填土厚度大于0.5m)；按水力性质分为无压力涵洞、半压力涵洞和压力涵洞。

按所用材料不同，人行天桥可分为钢人行天桥和钢筋混凝土人行天桥。

按所用材料不同，立交桥可分为钢立交桥和钢筋混凝土立交桥。

按其层数可分为单层立交桥和多层立交桥。

1.2　本课程的主要内容和学习方法

本教材共14个教学单元，两大部分，前8个教学单元为力学部分，后6个教学单元为结构部分；通过对两部分内容的学习，系统地介绍了高职高专类本专业所需要的本学科的基本概念、基本理论、必需的计算方法和相关的构造要求及规范的强制性条文等内容。为将来在工作中打下坚实的基础。

本教材为高职高专市政、道桥类专业的技术基础课，在学习过程中，应注意以下四个方面：

(1) 本课程涉及数学、物理学、工程制图和材料等相关课程的内容，在学习过程中，应将它们联系起来，循序渐进，培养综合分析能力和解决实际工程问题的能力。

(2) 这是一门实践性较强的课程，尤其是结构部分，其理论源于工程实践和试验研究，应通过参观、实践，以达到从感性认识到理性认识再回到实践的学习方法。

(3) 结构部分是根据现行新规范而编写，这些规范反映了我国近几十年来的建设成果，它是贯彻国家技术经济政策、提高设计质量的重要保证，也是工程技术管理人员工作的重要依据，特别是规范中的强制性条文，在工程建设活动中，必须认真贯彻执行。因此在学习过程中，应认真领悟。

(4) 在学习本课程时，应注意多思考、勤练习，才能深刻地领悟本课程的基本概念、计算方法、构造措施等，“懂”不等于“领悟”。

教学单元 2　静力学基本知识

【教学目标】 通过对静力学基本知识的学习，学生具有应用基本原理分析简单力学问题的能力，同时能够正确应用各力系平衡方程求解受力物体的平衡问题。

2.1 力 的 概 念

2.1.1 力、力系的定义、平衡的概念

1. 力的概念

力是物体之间的相互机械作用，这种作用的效果会使物体的运动状态发生变化(外效应)，或者使物体发生变形(内效应)。

力是物体与物体之间的相互作用，因此，力不可能脱离物体单独存在。有受力体时必定有施力体。例如，人推小车时，同时感到小车也在推人；手用力拉弹簧时，同时感到弹簧也在拉手。

2. 平衡

在一般工程问题中，物体相对于地球保持静止或做匀速直线运动，称为平衡。例如，房屋、水坝、桥梁相对于地球是保持静止的，是一种平衡；沿直线匀速起吊的构件是一种匀速直线运动，也是一种平衡。

3. 力系、平衡力系

在一般情况下，一个物体总是同时受到若干个力的作用。我们把作用于一个物体上的一群力称为力系。使物体保持平衡的力系，称为平衡力系。

2.1.2 力的三要素

力对物体的作用效应决定于力的大小、方向和作用点。我们将力的大小、方向、作用点称为力的三要素。

1. 力的大小

表明物体间相互作用的强烈程度。为了度量力的大小，我们必须规定力的单位；力的单位为牛顿(N)或千牛顿(kN)。两者的关系为

$$1kN=10^3N$$

2. 力的方向

通常包含力的作用线的方位和指向两个含义。例如说重力的方向是“铅直向下”,“铅直”表示力的方位，“向下”表示力的指向。

3. 力的作用点

就是力对物体的作用位置。力的作用位置实际上是有一定范围的，当作用范围与物体相比很小时，可近似地看作是一个点。作用于一点的力，称为集中力。

在力的三要素中，有任何一个要素改变时，都会使物体产生不同的效应。

2.1.3 力的图示

力是一个有大小和方向的量，所以力是矢量。

通常可以用一段带箭头的线段表示力的三要素。线段的长度(按选定的比例)表示力的大小；线段与某个确定直线的夹角表示力的方位，箭头表示力的指向；带箭头线段的起点或终点表示力的作用点。如图 2-1 所示，按比例量出力 G 的大小是 12kN，方向竖直向下，作用点在 C 点，T_A 和 T_B 的大小是 6kN，方向竖直向上，分别作用在 A 和 B 两点上。

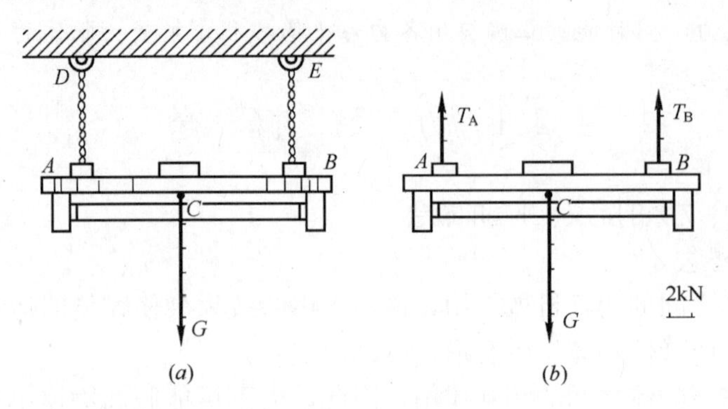

图 2-1 力的图示

用字母表示力的矢量时常用黑体字母表示，如 $\boldsymbol{F}$、$\boldsymbol{P}$ 等，也可在一般字母上加一单箭头表示，如 $\vec{F}$、$\vec{P}$ 等，而 F、P 等只表示力的大小。

2.1.4 静力学公理

静力学公理是人类在长期的生产和生活实践中，经过反复观察和实验总结出来的普遍规律。它阐述了力的一些基本性质，是静力学部分的基础。

1. 作用与反作用公理

两个物体间的作用力和反作用力，总是大小相等，方向相反，沿同一直线，并分别作用在这两个物体上。

这个公理概括了两个物体间相互作用力的关系。如图 2-2 所示，书对桌面施加作用力 F 的同时，也受到桌面对书的反作用力 F'，且这两个力的大小相等、方向相反、沿同一直线作用。

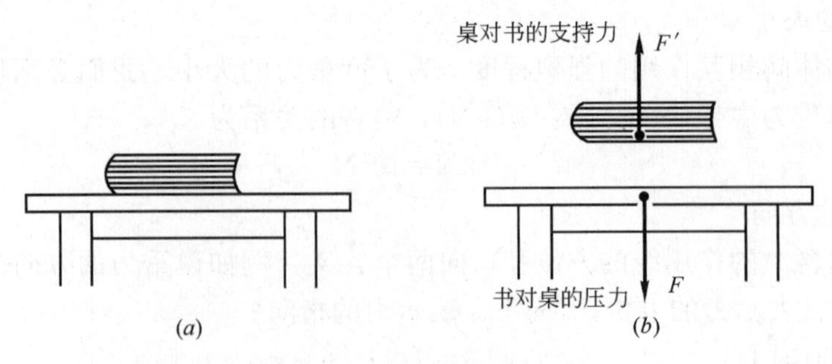

图 2-2 作用力与反作用力

2. 二力平衡公理

作用在同一刚体上的两个力，使刚体平衡的必要充分条件是，这两个力大小相等，方向相反，且作用在同一直线上，如图 2-3(*a*)、(*b*)所示。

这个公理说明了作用在物体上两个力的平衡条件，在一个物体上只受两个力的作用而平衡时，这两个力一定要满足二力平衡公理。如图 2-3(*c*)所示，把雨伞挂在桌边，雨伞摆动到重心和挂点在同一铅垂线上时，雨伞才能平衡。因为这时雨伞的向下重力和桌面的向上支承力在同一直线上。

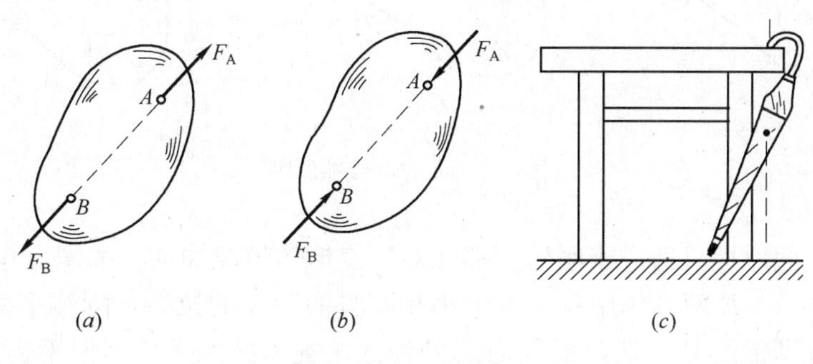

图 2-3　二力平衡

必须注意，不能把二力平衡问题和作用与反作用关系混淆起来。二力平衡公理中的两个力是作用在同一物体上的，而作用与反作用公理中的两个力是分别作用在两个不同物体上，虽然大小相等、方向相反、作用在一条直线上，但不能平衡。

若一根直杆只在两点受力作用而平衡，则作用在此两点的二力的方向必在这两点的连线上。此直杆称为二力杆，如图 2-4(*a*)所示。对于只在两点受力作用而处于平衡的一般物体，称为二力构件，如图 2-4(*b*)、(*c*)、(*d*)所示。

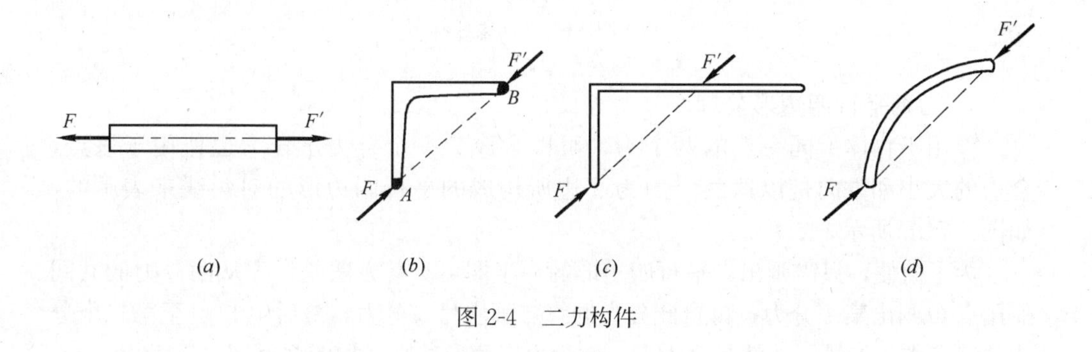

图 2-4　二力构件

3. 加减平衡力系公理

作用于刚体的任意力系中，加上或去掉任何一个平衡力系，并不改变原力系对刚体的作用效应。

因为平衡力系不会改变物体的运动状态，即平衡力系对物体的运动效应为零，所以在物体的原力系上加上或减掉一个平衡力系，是不会改变物体运动效应的。

推论：力的可传性原理

作用在刚体上的力可沿其作用线移动到刚体内任意一点，而不改变原力对刚体的作用效应，如图 2-5 所示。F、F_1 也是一对平衡力，故可除去。

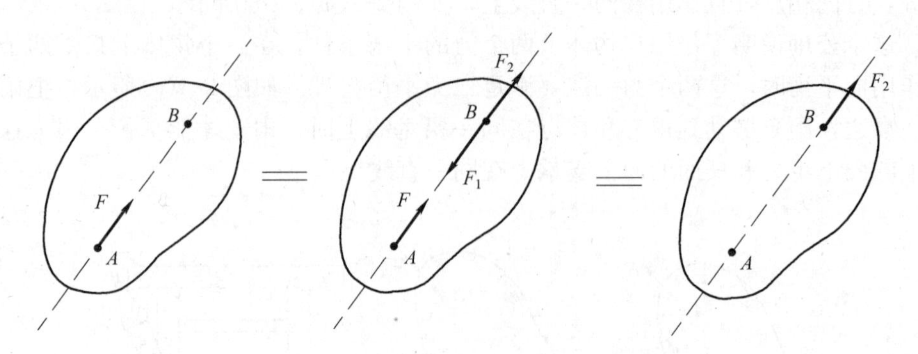

图 2-5 力的可传性原理

注意：此原理只适应于刚体，那么对于变形体情况如何？如图 2-6(*a*)所示为一刚体，在 *A*、*B* 两端作用有一对大小相等方向相反的拉力，刚体平衡。如果将二力沿杆分别传至另一端，根据力的可传性，刚体虽然受压，但平衡状态不变。如果将刚体换成柔软的绳，在原来的拉力作用下绳平衡；如果将力传递到另一端，虽然两力仍满足二力平衡条件，绳将失去平衡，如图 2-6(*b*)所示。

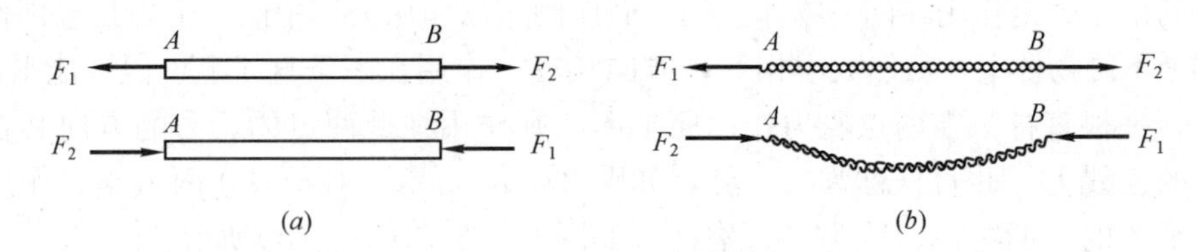

图 2-6 可传性原理只适用于刚体

(*a*) 刚性杆；(*b*) 柔性绳

4. 力的平行四边形公理

作用于物体上同一点的两个力，可以合成为一个合力，合力也作用于该点，合力的大小和方向是以这两个力为邻边所构成的平行四边形的对角线来表示的，如图 2-7(*a*)所示。

为了简便，只需画出力平行四边形的一半即可。其方法是：先从两分力的共同作用点 *O* 画出某一分力，再自此分力的终点画出另一分力，最后由 *O* 点至第二个分力的终点作一矢量，它就是合力 *R*，称为力三角形法则，如图 2-7(*b*)、(*c*)所示。

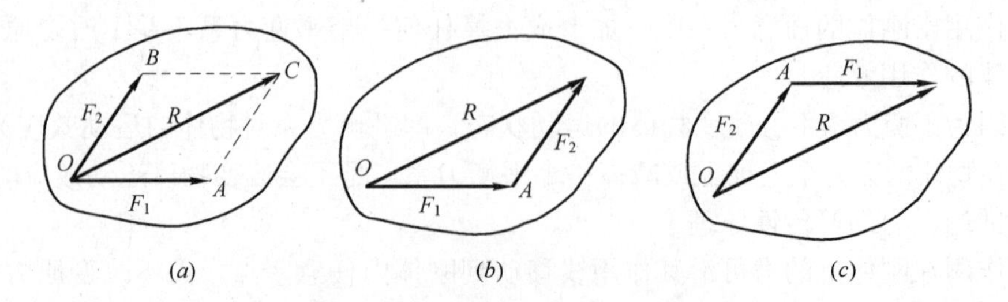

图 2-7 平行四边形公理、三角形法则

推论：三力平衡汇交定理

一刚体受共面不平行的三个力作用而平衡时，这三个力的作用线必汇交于一点。

如图 2-8(*a*)所示，根据力的可传性原理，将其中任意两个力 F_1、F_2 沿其作用线移到两力作用线的交点 O，并按力的平行四边形公理合成为合力 R_{12}，其作用点也在 O 点。因为 F_1、F_2、F_3 三力成平衡状态，所以力 F_3 应与合力 R_{12} 平衡，且作用在同一直线上，即三力 F_1、F_2、F_3 的作用线必汇交于一点，如图 2-8(*b*)所示。三力平衡汇交定理常用来确定物体在共面不平行的三个力作用下平衡时其中未知力的方向。

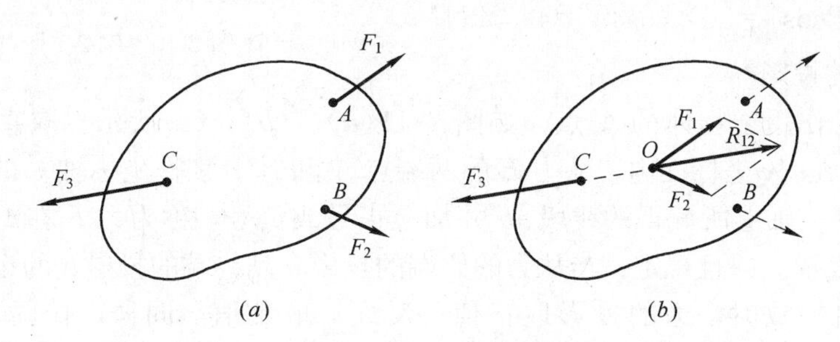

图 2-8　三力汇交原理

2.1.5　力的分解与投影、合力投影定理

1. 力的分解

两个共点力可以合成为一个力，反之，一个已知力也可以分解为两个分力。但是，将一个已知力分解为两个分力若不加限制的话可得无数个解答，因为以一个力的矢量为对角线的平行四边形，可作无数个。如图 2-9(*a*)所示，要得出唯一的答案，必须给以限制条件。如给定分力的方向求其大小，或给定一个分力的大小和方向求另一分力，等等。

在实际问题中，常把一个力 F 沿直角坐标轴方向分解，可得出两个相互垂直的分力 F_x 和 F_y，这种方法称为正交分解法，如图 2-9(*b*)所示。F_x 和 F_y 的大小可由三角函数公式求得。

$$\left.\begin{aligned} F_x &= F\cos\alpha \\ F_y &= F\sin\alpha \end{aligned}\right\} \tag{2-1}$$

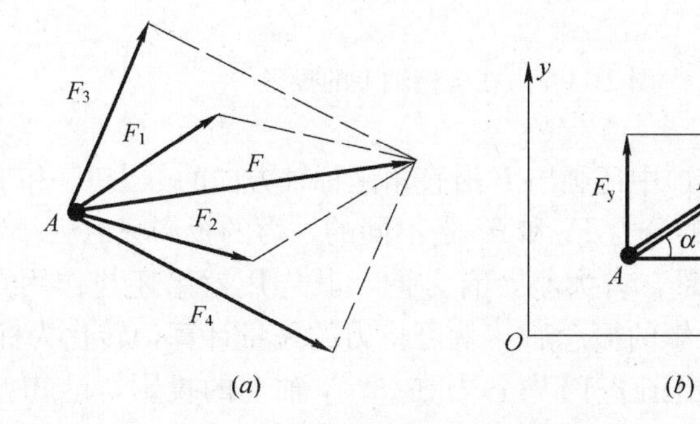

图 2-9　力的分解

【例 2-1】 已知 $P=50\text{kN}$ 作用于 O' 点与竖直方向的夹角为 $\varphi=30°$，求该力在 z、y 轴方向的分力 P_z、P_y 如图 2-10 所示。

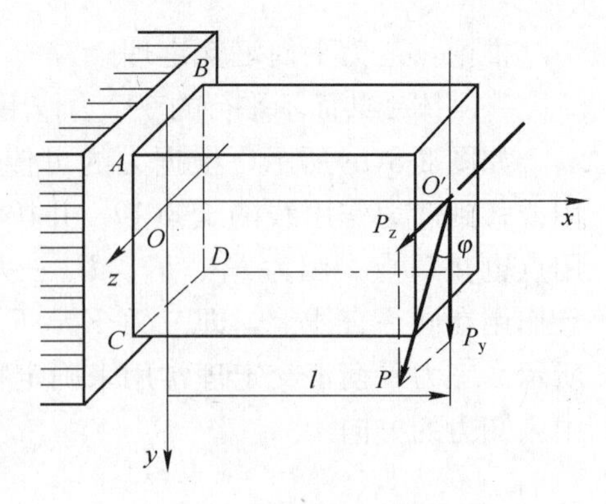

图 2-10 例 2-1 图

【解】 根据力的正交分解法，P_z、P_y 两个分力的作用线和方向分别沿着 z、y 轴，其大小按下式计算

$$P_z=P\sin\varphi=50\times\sin30°=25\text{kN}$$

$$P_y=P\cos\varphi=50\times\cos30°=43.3\text{kN}$$

2. 力的投影

设力 F 作用于物体的 A 点，如图 2-11(a)、(b)、(c)所示。取直角坐标系 Oxy，使力在 xy 坐标面内，从力 F 的两端点 A 和 B 分别作坐标轴 x 的垂线，从两根垂线在 x 轴上所截得的线段 ab 并加上正号或负号，称为力 F 在 x 轴上的投影，用 X 表示。并且规定：当从力的始端的投影 a 到终端的投影 b 的运动方向与投影轴正向一致时，力的投影取正值；反之，取负值。同样，在图 2-11(a)、(b)、(c)中线段 $a'b'$ 加上正号或负号是力 F 在 y 轴上的投影，用 Y 表示。

通常采用力 F 与坐标轴 x 所夹的锐角 α 来计算投影，其正号或负号可根据上述规定直观判断得出。由图 2-11(a)、(b)、(c)可见，投影 X 和 Y 可用式(2-2)计算。

$$\left.\begin{aligned}X=\pm F\cdot\cos\alpha\\Y=\pm F\cdot\sin\alpha\end{aligned}\right\}\tag{2-2}$$

式中 α 为 F 与 x 轴所夹的锐角。

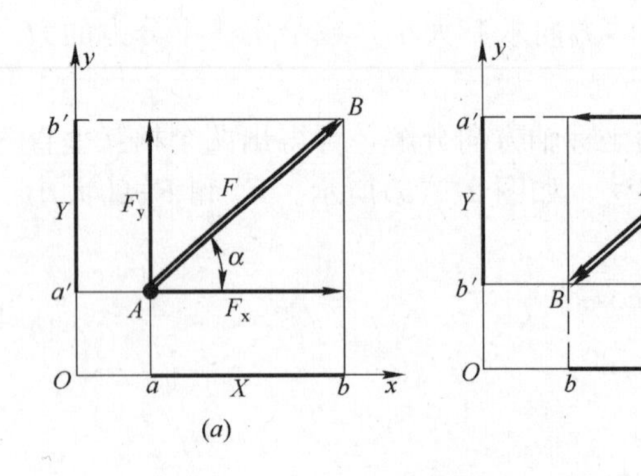

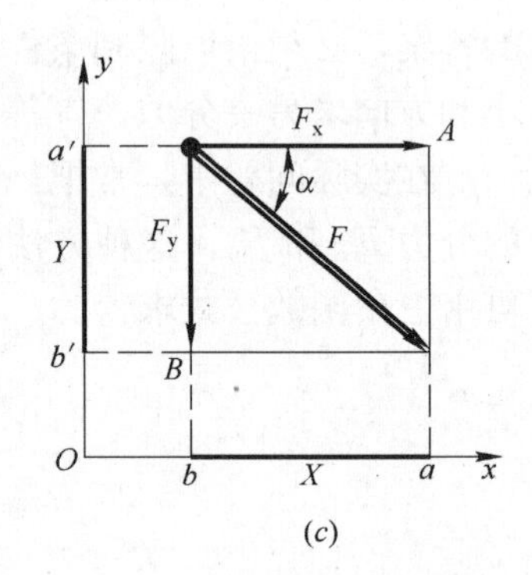

图 2-11 力在坐标轴上的投影

在图 2-11(a)、(b)、(c)中还画出 F 沿直角坐标轴方向的分力 F_x 和 F_y。应当注意：力的投影 X、Y 与力的分力 F_x 和 F_y 是不同的，力的投影只有大小和正负，它是标量，而力的分力是矢量，有大小，有方向，其作用效果还与作用点或作用线有关。引入力在轴上的投影的概念后，就可将力的矢量计算，转化为标量计算。

【例 2-2】 试分别求出图 2-12 中各力在 x、y 轴上的投影，已知：$F_1=F_2=200\text{N}$，$F_3=F_4=300\text{N}$，各力的方向如图 2-12 所示。

【解】 由式(2-2)可得出各力在 x、y 轴上的投影为

$$X_1=-F_1\cos45°=-200\times0.707=-141.4\text{N}$$

$$Y_1=F_1\sin45°=200\times0.707=141.4\text{N}$$

$$X_2=-F_2\sin60°=-200\times0.866=-173.2\text{N}$$

$$Y_2=-F_2\cos60°=-200\times0.5=-100\text{N}$$

$$X_3=F_3\cos90°=300\times0=0$$

$$Y_3=-F_3\sin90°=-300\times1=-300\text{N}$$

$$X_4=F_4\sin30°=300\times0.5=150\text{N}$$

$$Y_4=-F_4\cos30°=-300\times0.866=-259.8\text{N}$$

由 F_3 在 x 轴上的投影可知当力与坐标轴垂直时，投影为零；当力与坐标轴平行时，投影等于力的大小。

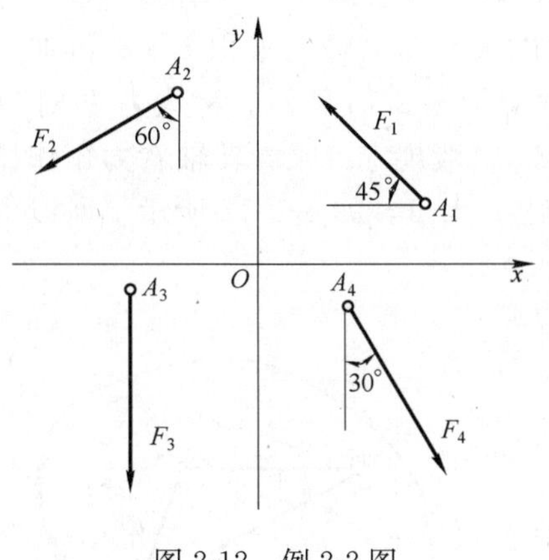

图 2-12　例 2-2 图

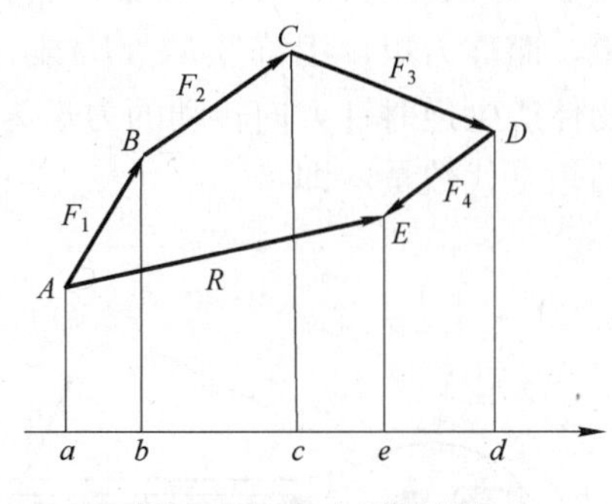

图 2-13　合力投影定理

3. 合力投影定理

合力投影定理建立了合力的投影与分力的投影关系。

如图 2-13 所示的力系中，R 为合力，F_1、F_2、F_3、F_4 为四个分力。把各力都投影在 x 轴上，并令 X_1、X_2、X_3、X_4 和 R_x 分别表示各分力 F_1、F_2、F_3、F_4 和合力 R 在 x 轴上的投影，由图 2-13 可见

$$X_1=ab,\ X_2=bc,\ X_3=cd,\ X_4=-de,\ R_x=ae$$

而

$$ae=ab+bc+cd-de$$

因此可得

$$R_x=X_1+X_2+X_3+X_4$$

这一关系可推广到任意一个汇交力的情形，即

$$R_x=X_1+X_2+\cdots+X_n=\Sigma X$$

也可以推广到任意坐标轴

$$R_y=Y_1+Y_2+\cdots+Y_n=\Sigma Y \qquad (2\text{-}3)$$

由此可见，合力在任一轴上的投影，等于各分力在同一轴上投影的代数和。这就

是合力的投影定理。

2.2 力矩与力偶

在度量力对物体的转动效应和研究平面一般力系时，需要掌握力对点的矩和力偶这两个概念，并会计算它们的大小。为此，我们将在本节中讨论它们。

2.2.1 力矩的定义

从实践中知道，力除了能使物体移动外，还能使物体转动。例如用扳手拧螺母时，加力可使扳手绕螺母中心转动；拉门把手拽门，可把门打开，也是加力使门产生转动效应的实例。那么力使物体产生转动效应与哪些因素有关呢？力 F 使扳手绕螺母中心 O 转动的效应，不仅与力的大小成正比，而且还与螺母中心到该力作用线的垂直距离 d 成正比。因此可用两者的乘积 $F \cdot d$ 来度量力 F 对扳手的转动效应。转动中心 O，称为矩心，矩心到力作用线的垂直距离 d 称为力臂，矩心和力的作用线所决定的平面称为力矩作用面，过矩心与此平面垂直的直线称为该力矩使物体转动的轴线。因此，我们用力的大小与力臂的乘积 $F \cdot d$ 再加上正号或负号来表示力 F 使物体绕 O 点转动的效应如图 2-14 所示，称为力 F 对 O 点的矩，简称力矩，用符号 $M_O(F)$ 或 M_O 表示。一般规定：顺着转轴看力矩作用面使物体产生逆时针方向转动的力矩为正；反之，为负，如图 2-15 所示。所以力对点的矩是代数量，即

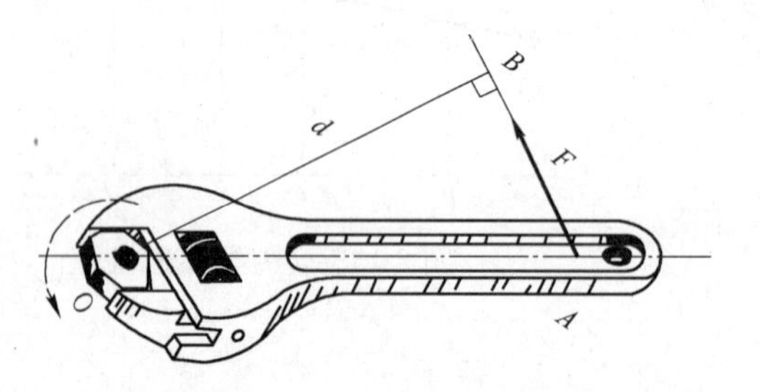

图 2-14　力对点的矩

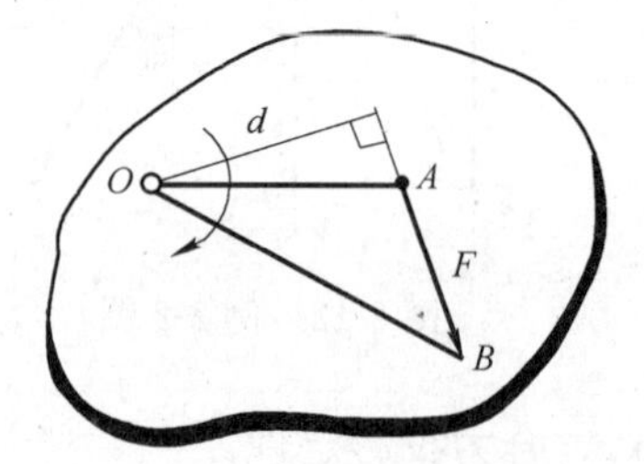

图 2-15　力矩的作用面

$$M_O(F) = \pm F \cdot d \tag{2-4}$$

力矩在下列两种情况下等于零，(1)力等于零；(2)力的作用线通过矩心，即力臂等于零。

力矩的单位是力与长度单位的乘积。我国法定计量单位中用 N·m 或kN·m。

【例 2-3】 如图 2-16 所示，刚架上作用力 $F_1 = 100\text{kN}$ 和 $F_2 = 120\text{kN}$，$a = 3\text{m}$，试分别计算这两个力对 A、B 两点的力矩。

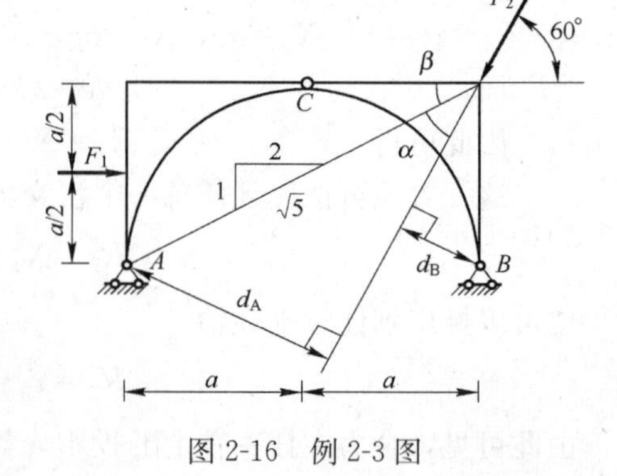

图 2-16　例 2-3 图

【解】 根据式(2-4)可得

$$M_A(F_1)=-F_1\times\frac{a}{2}=100\times\frac{3}{2}=-150\text{kN}\cdot\text{m}$$

$$M_B(F_1)=-F_1\times\frac{a}{2}=100\times\frac{3}{2}=-150\text{kN}\cdot\text{m}$$

$$M_A(F_2)=-F_2\cdot d_A=-F_2\times\sqrt{(2a)^2+a^2}\times\sin\alpha$$

其中 $\sin\alpha=\sin(60°-\beta)=\sin60°\cdot\cos\beta-\cos60°\cdot\sin\beta$

$$=0.866\times\frac{2}{\sqrt{5}}-0.5\times\frac{1}{\sqrt{5}}=0.551$$

$$M_A(F_2)=-120\times\sqrt{(2\times3)^2+3^2}\times0.551=-443.5\text{kN}\cdot\text{m}$$

$$M_B(F_2)=F_2\times d_B=F_2\times a\times\cos60°=120\times3\times0.5=180\text{kN}\cdot\text{m}$$

2.2.2 合力矩定理

由平行四边形公理可知，两个共点力的作用效应可以用它的合力 R 代替，这里作用效应当然包括物体绕某点转动的效应，而力使物体绕某点的转动效应由力对该点的矩来度量。因此可得，合力对某一点之矩等于各分力对同一点之矩的代数和，这就是合力矩定理。用式(2-5)表示

$$M_O(R)=M_O(R_x)+M_O(R_y) \tag{2-5}$$

需注意的是，它具有普遍意义。它适用于任意两个或两个以上的分力，在今后的计算中，常常利用合力矩定理来求解，它的应用是很广泛的。

$$M_O(R)=M_O(P_1)+M_O(P_2)+\cdots+M_O(P_n)=\Sigma M_O \tag{2-6}$$

【例 2-4】 如图 2-17 所示挡土墙每 1m 长受土压力的合力为 F，它的大小为 $F=150$kN，方向如图所示，求土压力 F 使墙倾覆的力矩。

【解】 土压力 F 可使挡土墙绕墙趾 A 点倾覆，故求 F 使墙倾覆的力矩，就是求 F 对 A 点的力矩。由已知的尺寸求力臂 d 不方便，而它的两个分力 F_1、F_2 的力臂是已知的，故由式(2-6)可得

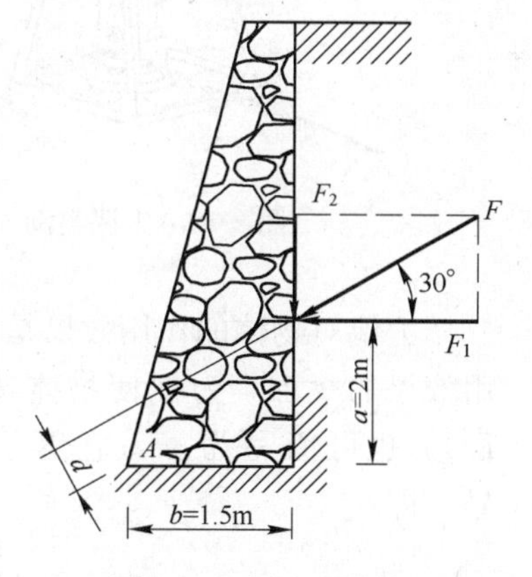

图 2-17 例 2-4 图

$$M_A(F)=M_A(F_1)+M_A(F_2)$$
$$=F_1\cdot a-F_2\cdot b=150\cdot\cos30°\times2$$
$$-150\cdot\sin30°\times1.5=147.3\text{kN}\cdot\text{m}$$

在［例 2-3］中 F_2对 A 点的力矩，使用合力矩定理计算就简单了：

$$M_A(F_2)=F_2\cos60°\cdot a-F_2\sin60°\cdot 2a$$
$$=120\times0.5\times3-120\times0.866\times6=-443.5\text{kN}\cdot\text{m}$$

2.2.3 力偶的概念

在生产实践和日常生活中，常看到物体同时受到大小相等、方向相反、作用线互相平行的两个作用力的现象。例如，拧水龙头时，人的手作用在开关上的两上力 F 和 F'就是这样，如图 2-18(a)所示；又如汽车司机用两手转动方向盘时，作用在方向盘上的力 F 和 F'也是这样，如图 2-18(b)所示；钳工用丝锥攻螺纹如

图 2-18(c)所示；两人推动绞盘横杆的力，如图 2-19 所示。在力学中我们将这样大小相等、方向相反、作用线相互平行的两个力叫做力偶，并记为(F，F')。力和力偶是组成力系的两个基本元素。

力偶中两个力作用线所决定的平面叫做力偶作用面，如图 2-20 所示，若作用面不同，力偶对物体所产生的转动效应也不同。力偶中两力作用线间的垂直距离 d 叫做力偶臂，如图 2-20 所示。

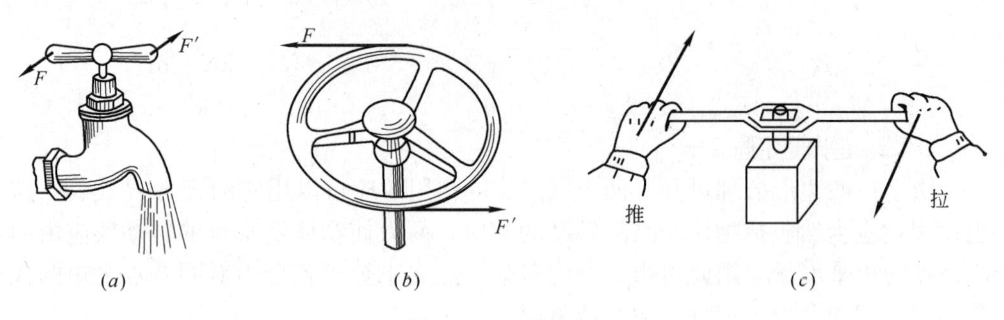

图 2-18　力偶实例

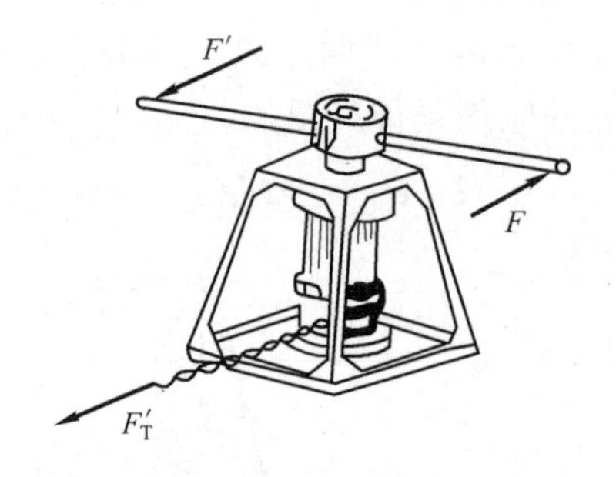

图 2-19　力偶实例

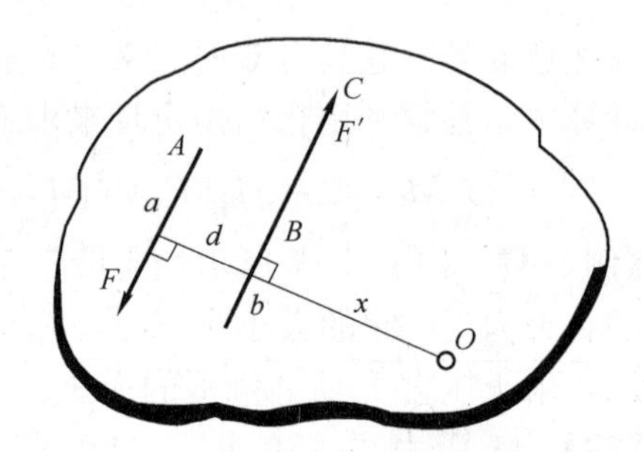

图 2-20　力偶的性质

力偶对物体的作用效果是使物体产生转动，它实际上是组成力偶的两个力作用效果的叠加，力偶使物体转动的效应用力偶矩来度量。力偶矩表示为 $m(F、F')$，也可简写为 m，它等于力偶中力的大小与力偶臂的乘积，再加上正负号，即

$$m(F，F')=m=\pm F\cdot d \tag{2-7}$$

式中正负号表示力偶的转动方向，与力矩的规定相同，逆时针转动为正，顺时针转动为负。力偶矩的单位与力矩单位相同。

2.2.4　力偶的性质

(1) 力偶不能与单个力等效或平衡。

力偶只能使物体产生转动。由于组成力偶的两个力大小相等、方向相反，所以它们在任意轴上的投影代数和恒等于零。不能用一个力与力偶等效，也不能用一个力与力偶平衡，力偶只能和力偶等效，力偶只能和力偶平衡。

(2) 力偶对其作用面内任一点的矩，恒等于力偶矩。

设有力偶(F、F')，其力偶臂为 d，如图 2-20 所示，在力偶作用面内任取一

点 O 为矩心，以 $m_O(F, F')$表示力偶对点 O 的矩，则

$$m_O(F, F') = M_O(F) + M_O(F')$$
$$= F(d+x) - F'x = F \cdot d = m$$

由此可知：平面力偶中的两个力，对作用面内任一点之矩恒等于力偶矩，而与矩心位置无关。

(3) 在同一平面内，两个力偶的等效条件是：其力偶矩的代数值相等。

由此可得出推论：

1) 力偶可在其作用面内任意移动和转动，而不改变它对刚体的作用效应。

2) 只要力偶矩保持不变，可以同时改变力偶中力的大小和力偶臂的长短，而不改变它对刚体的作用效应，如图 2-21 所示。

在平面内力偶矩的代数值一定时，其转动效应也就确定，对力偶中力的大小和力偶臂的长短并不关注，所以就直接用图 2-21(c)、(d)所示方法表示。

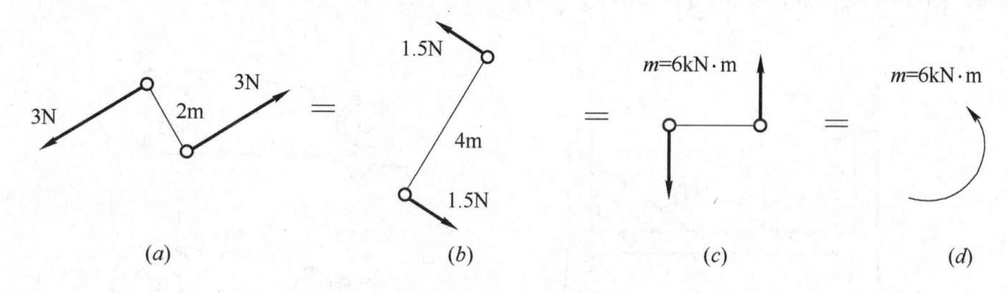

图 2-21 力偶的性质

2.3 约束与约束反力

在介绍约束的概念之前，首先应了解自由体与非自由体的概念。

自由体是运动不受任何限制的物体，如在空中飞行的飞机、小鸟等。相反如果某些方向的运动受到限制的物体称为非自由体，如放在桌子上的茶杯、用铁链悬挂的灯，工程构件的运动大多都受到某些限制，因而都是非自由体。例如，大梁受到柱子限制，柱子受到基础的限制，桥梁受到桥墩的限制等。

约束则是限制非自由体运动的周围物体。而约束对物体的作用力则称为约束反力。例如上面提到的柱子是大梁的约束，而柱子对梁的支承力即为约束反力；基础是柱子的约束，基础对柱子的作用力就是基础对柱子的约束反力，桥墩是桥梁的约束，桥墩对桥梁的作用力就是桥墩对桥梁的约束反力，等等。而约束反力的方向总是与该约束所能阻碍物体的运动方向相反。

现将工程上常见的几种约束类型分述如下。

2.3.1 柔体约束

绳索、链条、皮带等较柔软又不易伸长用于限制物体运动的约束都是柔体约束。由于柔体约束只能限制物体沿着柔体约束的中心线离开柔体约束物体的运动，而不能限制物体沿其他方向的运动，所以柔体约束的约束反力通过接触点，其方向沿着柔体的中心线且为拉力。这种约束反力通常用 T 表示，在力的图示中

一般用箭头尾部表示作用点，如图 2-22 所示。

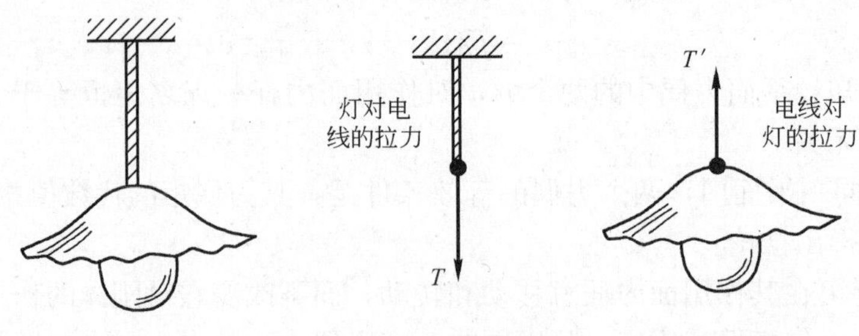

图 2-22　柔体约束

一斜拉式大桥结构，钢丝绳所形成的约束都是柔体约束，它们形成约束反力的正确方向如图 2-23(*a*)所示。当链条或皮带绕过轮子时，链条或皮带的约束反力沿轮缘的切线方向，如图 2-23(*b*)所示。

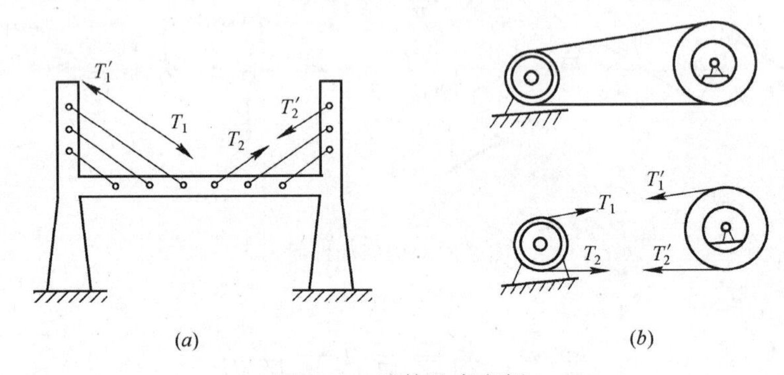

图 2-23　柔体约束实例

2.3.2　光滑接触面约束

物体与另一物体相互接触，当接触处的摩擦力很小，可以略去不计时，两物体彼此的约束就是光滑接触面约束。光滑接触面约束的特点是不论接触表面的形状如何，只能限制被约束物体在接触点处沿公法线方向压入支承接触面的运动。所以光滑接触面的约束反力是压力，作用在接触点处，方向沿接触点处的公法线而指向被约束物体，如图 2-24 所示。这种约束反力通常用 N 表示。在力的图示

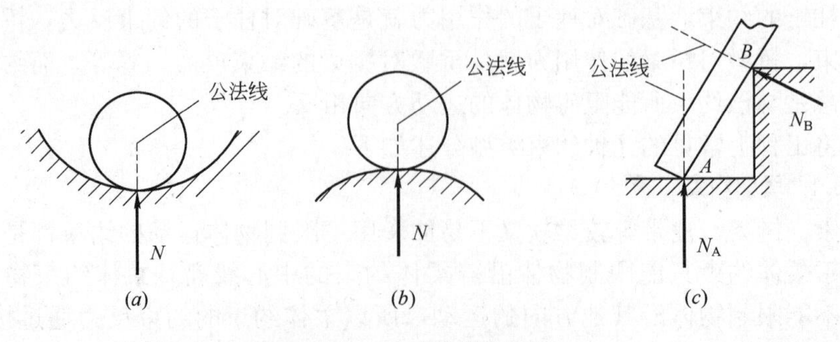

图 2-24　光滑接触面约束

中用箭头起点表示作用点，例如两齿轮的相互啮合、吊车梁上钢轨对大车车轮的约束等都属于这类约束，如图 2-25(*a*)、(*b*)所示。

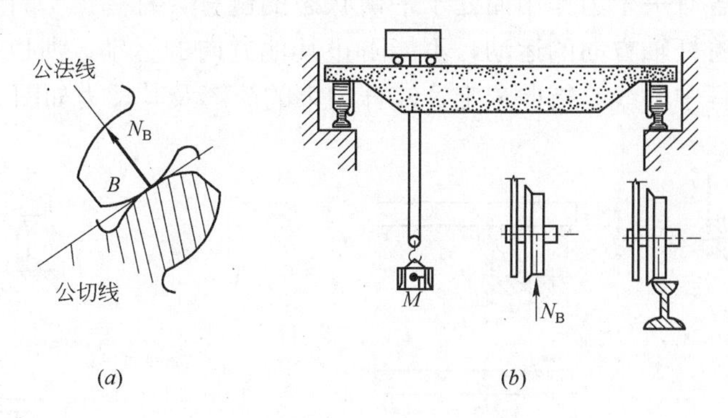

图 2-25　齿轮、吊车梁的约束反力

当两个物体中有一个接触面是尖角时，公法线应是另一物体的法线，如图 2-24(*c*)所示。

2.3.3　圆柱铰链约束

圆柱铰链约束简称铰链，门窗用的合页便是铰链实例。圆柱铰链是由一个圆柱形销钉插入两个物体的圆孔中构成，如图 2-26(*a*)、(*b*)所示，且认为销钉与圆孔的表面都是完全光滑的。圆柱铰链的简图如图 2-26(*e*)所示。

铰链不能限制物体绕销钉相互转动，而只能限制物体在垂直于销钉轴线的平面内沿任意方向的相对移动。当物体相对于另一物体有运动趋势时，销钉与孔壁某处接触，且接触面是光滑的，由光滑接触面的约束反力可知，销钉的约束反力作用线沿接触点处的法线方向，即接触点与销钉中心的连线，由于物体的运动趋势方向未知，所以接触点的位置也是未知。但无论接触点在何处，它们的法线总是通过销钉的中心，所以，圆柱铰链的约束反力在垂直于销钉轴线的平面内，通过销钉中心，但方向未定。这种约束反力有大小和方向两个未知量，大小和方向分别可用力 R_C 和角度 α 来表示，如图 2-26(*c*)、(*d*)、(*g*)所示；还可用两个互相垂直的分力 X_C 和 Y_C 来表示，如图 2-26(*e*)、(*h*)所示。计算简图如图 2-26(*f*)所示。

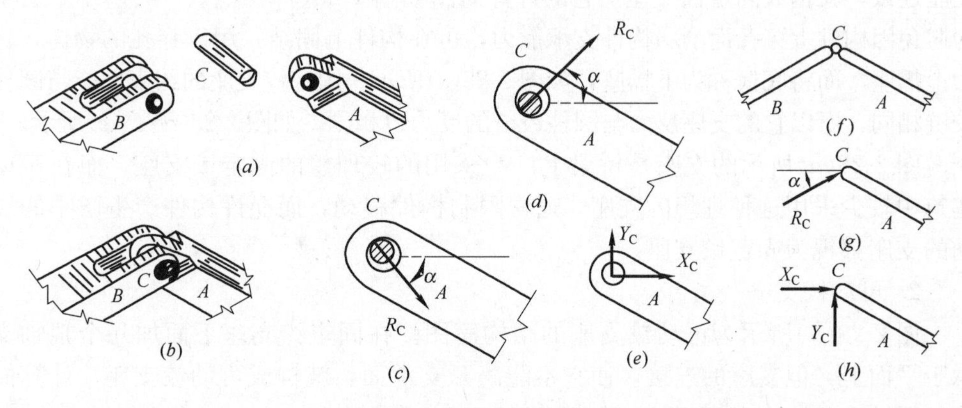

图 2-26　光滑圆柱铰链约束

2.3.4 链杆约束

两端用铰链与不同物体连接中间不再受力(包括不计自重)的刚性直杆称为链杆。只在两端各有一个力作用而处于平衡状态的链杆，称为二力杆。这种约束只能阻止物体沿着杆轴方向的运动，不能阻止其他方向的运动。所以链杆的约束反力方向沿着链杆中心线，指向未定。链杆约束的简图及其反力如图 2-27 所示。

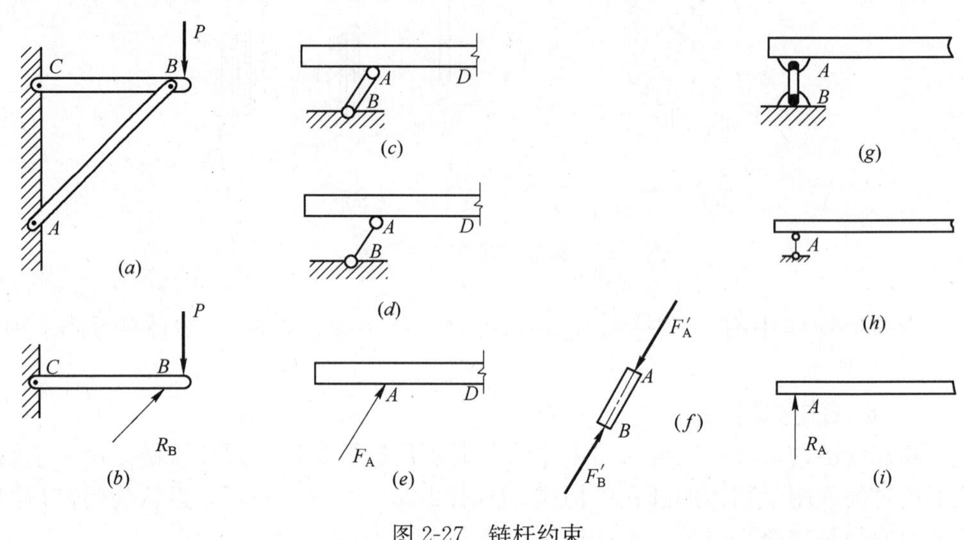

图 2-27　链杆约束

另一方面，我们分析链杆受力情况，所受的力必沿着链杆的中心线，或为拉力，或为压力，如图 2-27(*f*)所示；而链杆对物体的反作用力也沿着链杆中心线，指向未定。

2.3.5 支座及其反力

将结构物或构件连接在墙、柱、基础、桥墩等支承物上的装置称为支座。常见的支座有以下三种：

1. 固定铰支座(铰链支座)

图 2-28(*a*)、(*b*)所示为固定铰支座的结构简图。用光滑的圆柱形销钉把构件与支座连接，就构成固定铰支座。它的计算简图如图 2-28(*f*)、(*g*)、(*h*)所示。通常为避免因构件上穿孔而削弱构件支承能力，可在构件上固结一用以穿孔的物体，称为上摇座，而将底板称为下摇座，如图 2-28(*c*)所示。固定铰支座的约束性能与圆柱铰链相同，所以它的支座反力与圆柱铰链的反力也相同，如图 2-28(*d*)、(*e*)所示。

图 2-28(*a*)所示的支座是桥梁上广为采用的较理想的固定铰支座，而在房屋建筑中较少采用这种理想的支座，通常限制构件移动，而允许构件产生微小的转动的支座都视为固定铰支座。

2. 可动铰支座

图 2-29(*a*)所示为可动铰支座的结构简图。在固定铰支座下面加几个辊轴支承于平面上，但支座的连接，使它不能离开支承面，就构成可动铰支座。计算简图如图 2-29(*c*)、(*d*)所示。

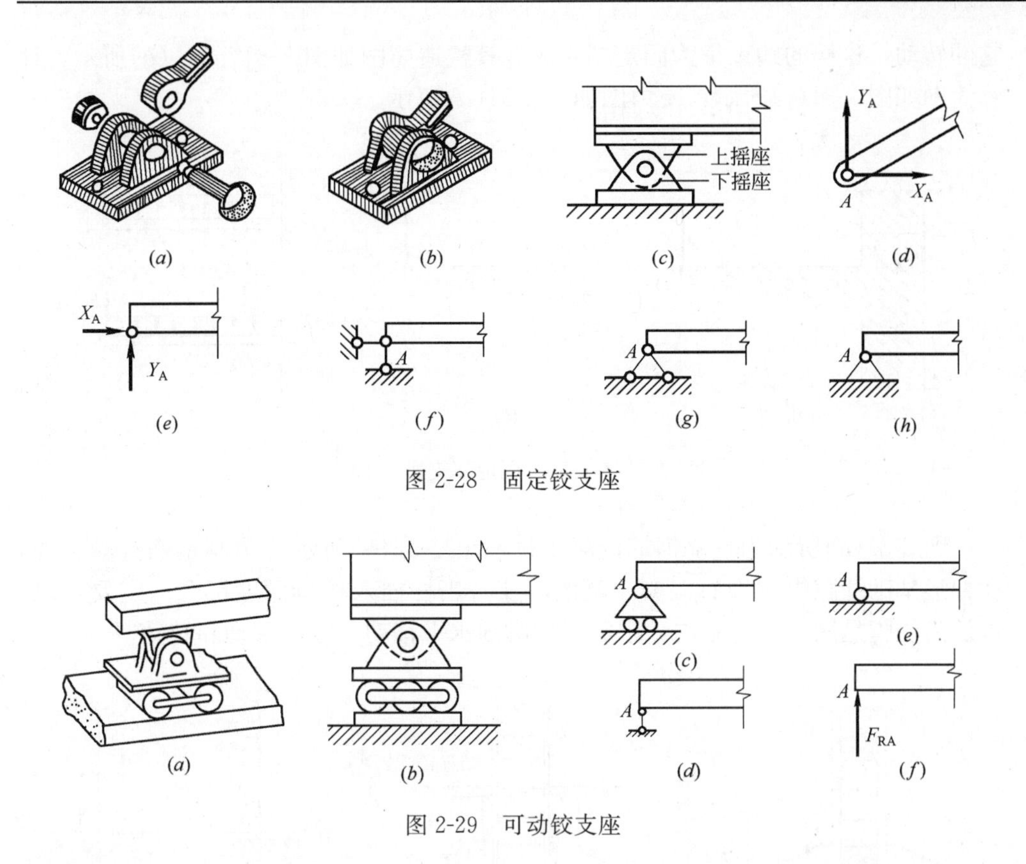

图 2-28　固定铰支座

图 2-29　可动铰支座

这种支座只能限制构件垂直于支承面方向的移动，而不能限制物体绕销钉轴线的转动和沿支承面方向的移动。所以它的支座反力通过销钉中心，垂直于支承面指向未定，如图 2-29(*f*)所示。

图 2-30 所示为一钢筋混凝土梁，两端插入墙内。在平衡状态下，当然不允许梁发生上下、左右的移动。但温度有变化时，梁长可能有微量的伸缩，另外当梁受图 2-30 所示荷载作用后，弯曲也会致使梁端有微量的转动，为反映这一受力和变形特点，工程中将梁简化成一端是固定铰支座，另一端是可动铰支座，这种梁称为简支梁，计算简图如图 2-30(*b*)所示。

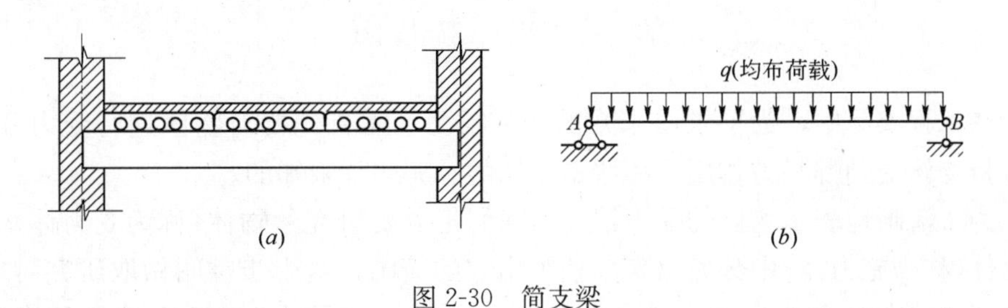

图 2-30　简支梁

3. 固定端支座

房屋建筑中的阳台挑梁、雨篷板，它的一端嵌固在墙壁内较深一段或与墙壁、屋内梁一次性浇筑，墙壁对挑梁的约束，既限制它沿任何方向移动，又限制它的转动，这样的约束称为固定端支座。其构造简图如图 2-31(a)、(b)所示，计算简图如图 2-31(c)所示，受力图如图 2-31(d)所示。

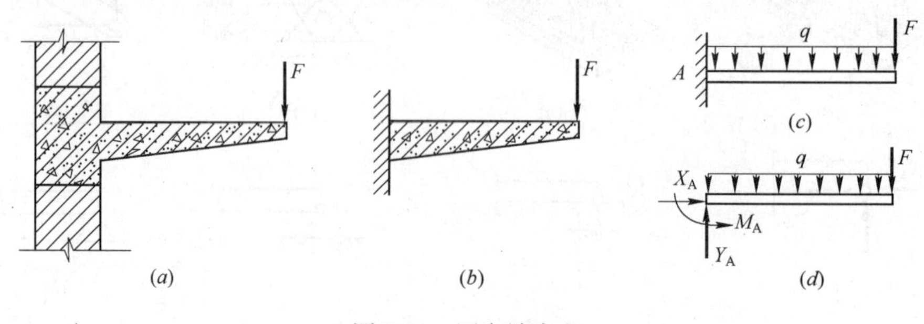

图 2-31　固定端支座

图 2-32(a)所示为现浇钢筋混凝土柱，图 2-32(b)所示为预制钢筋混凝土柱，在杯形基础缝隙中用细石混凝土浇灌填实，当柱插入杯口深度符合一定要求时，可认为柱脚是固定在基础内，限制了柱脚的水平移动、竖向移动和转动。

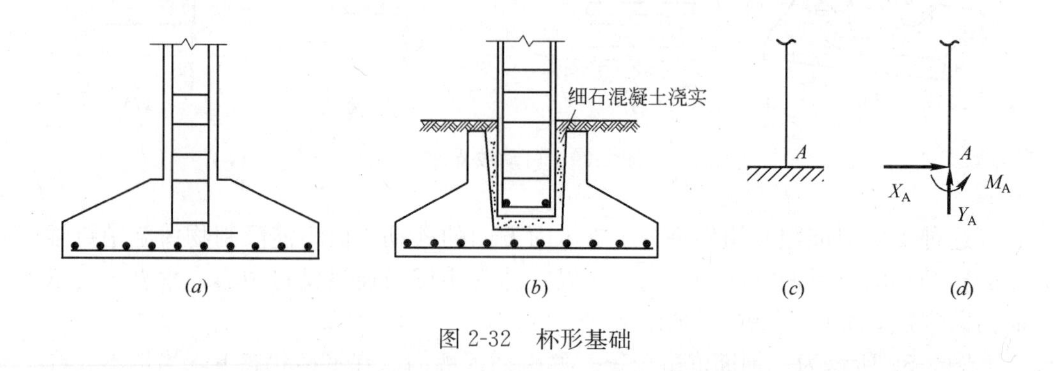

图 2-32　杯形基础

由于这种支座既限制构件的移动，又限制构件的转动，所以，它除了产生水平和竖向的约束反力 X_A 和 Y_A 外，还有一个阻止转动的约束反力偶 M_A，如图 2-32(d)所示。

2.4　受　力　图

在工程实际中，为了求出未知的约束反力，需首先要对物体进行受力分析，即分析物体受到哪些力作用、哪些是已知的、哪些是未知的。

为了清晰地表示物体的受力情况，我们把需要研究的物体(称为受力体)从周围物体(称为施力体)中分离出来单独画出它的简图，这个步骤叫做取研究对象或取分离体。在分离体上画出周围物体对它的全部作用力(包括主动力和约束反力)，这样的图形称为物体的受力图。画受力图是解决力学问题的关键，是进行力学计算的依据，因此，必须认真对待，切实掌握。

画受力图的方法如下：

（1）确定研究对象取分离体。

根据题意要求，确定研究对象，单独画出分离体的简图。研究对象可以是一个物体、几个物体的组合或物体系统整体。

（2）真实地画出作用于研究对象上的全部主动力。

（3）根据约束类型画约束反力。

对于柔体约束、光滑接触面，可直接根据约束类型画出约束反力的方向。对于链杆、可动铰支座可根据约束类型画出力的作用线，指向任意假设。但对铰链、固定铰支座等约束，其反力常用两个相互垂直的分力表示，指向任意假设。当题意要求确定这些约束反力的作用线方位及指向时，就必须根据约束类型并利用二力平衡条件（或三力平衡汇交定理）来确定约束反力的方向。同时注意，两物体间的相互约束力必须符合作用与反作用定律。

（4）受力图上要表示清楚每个力的作用位置、方位、指向及名称。同一个力在不同的受力图上的表示要完全一致，不要运用力系的等效变换或力的可传性改变力的作用位置。

（5）注意受力图上只画研究对象的简图和所受的全部外力，不画已被解除的约束。每画一个力要有来源，不可根据主动力的方向来简单推断。既不能多画也不能漏画。

【例 2-5】 如图 2-33(*a*)所示，*AD* 杆的重力忽略不计，各接触面可看成光滑，在重物和槽壁的约束反力作用下保持静止。试画出杆 *AD* 和重物的受力图。

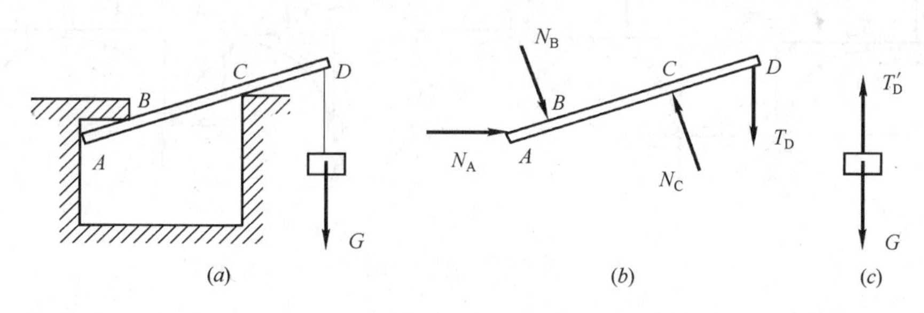

图 2-33　例 2-5 图

【解】 首先取 *AD* 杆为研究对象，解除周围的约束，单独画出 *AD* 杆的简图，杆与槽壁在 *A*、*B*、*C* 三点接触，N_A 通过 *A* 点沿墙壁法线的压力，N_B 通过 *B* 点沿杆的法线的压力，N_C 通过 *C* 点沿杆的法线的压力；杆在 *D* 与绳接触，受柔体约束，通过 *D* 点沿绳的轴线的拉力 T_D，如图 2-33(*b*)所示。

然后取重物为研究对象，解除约束画出简图，受到重力 *G* 和绳的约束反力 T'_D，两者是平衡力，另外 T_D 和 T'_D是作用力和反作用力，如图 2-33(*c*)所示。

【例 2-6】 如图 2-34(*a*)所示，简支梁 *AB*，跨中受集中力 *F* 的作用，*A* 端为固定铰支座，*B* 端为可动铰支座。试画出梁的受力图。

【解】 （1）取 *AB* 梁为研究对象，解除 *A*、*B* 两处的约束，并画出其简图。

（2）画主动力。在梁的中点 *C* 画集中力 *F*。

（3）画约束反力。*A* 处为固定铰支座，其约束反力通过铰链中心 *A*，但方向不能确定，可用两个正交分力 X_A 和 Y_A 表示，指向可以假设。*B* 处为可动铰支座，约束反力的作用线垂直于支持面指向假设，用 R_B 表示。梁的受力如图 2-34(*b*)所示。

此外，考虑到梁仅在 A、B、C 三点受到三个不平行的力作用而平衡，根据三力平衡汇交定理，已知 F 与 R_B 相交于 D 点，故 A 处反力 R_A 既通过 A 点也相交于 D 点，可确定 R_A 必沿 A、D 两点的连线方向，从而画出图 2-34(c)所示的受力图。

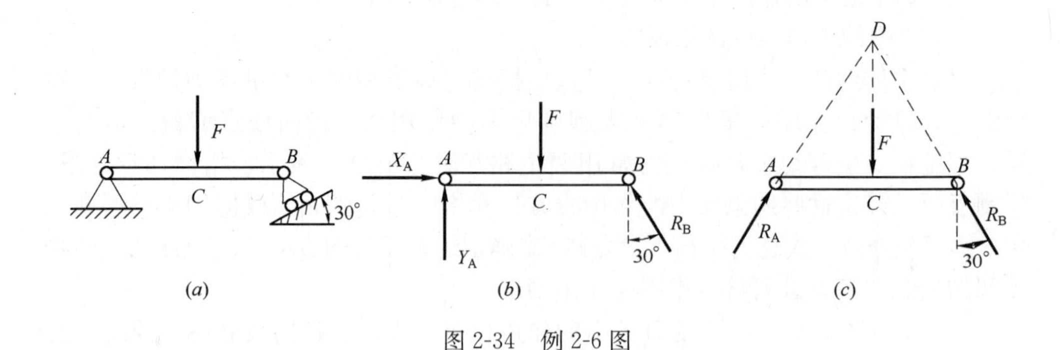

图 2-34　例 2-6 图

【例 2-7】　一个由 A、C 两处为铰支座，B 点用光滑铰链铰接的，不计自重的刚性拱结构，如图 2-35(a)所示，已知左半拱上作用有荷载 F。试分析 BC、AB 构件及整体平衡的受力情况。

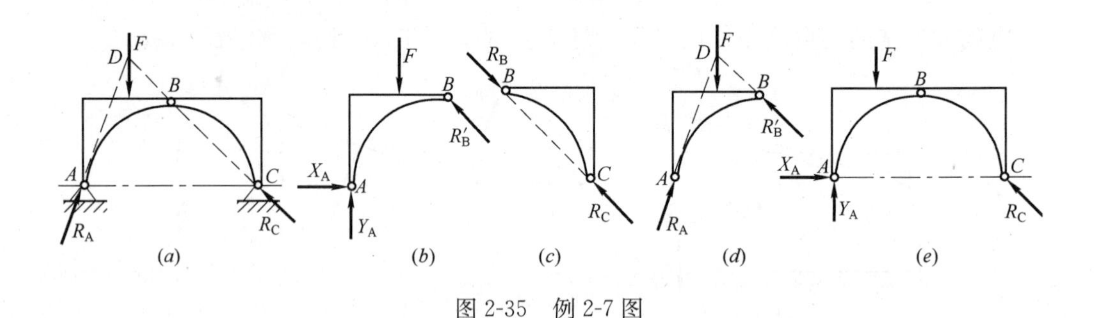

图 2-35　例 2-7 图

【解】　(1) 取 BC 构件为研究对象，只在 B、C 两点受力，所以为二力构件，B、C 两点的约束反力 R_B、R_C 必沿 B、C 两点的连线，且等值反向，如图 2-35(c)所示，箭头指向可以假设。

(2) 取 AB 构件为研究对象，画出分离体，并画上主动力 F。A 处的约束反力可以用两个正交分力 X_A、Y_A 来表示。B 处为圆柱铰链与 BC 相连，一般情况约束反力可以用一对正交分力来表示，但考虑到 BC 为二力构件，可根据作用与反作用公理，确定 AB 构件上 B 点的约束反力 R'_B 的方向，R'_B 应与 BC 构件上 B 点的约束反力 R_B 大小相等，方向相反，如图 2-35(b)所示。

因 AB 构件受三力作用而平衡，还可根据三力平衡汇交定理，确定 A 处铰支座约束反力的作用线方位，箭头指向假设，画成如图 2-35(d)所示的受力图。

(3) 分析整体受力情况。先将整体从约束中分离出来并单独画出简图，画上主动力 F。C 点约束反力，可由 BC 为二力构件直接判定沿 B、C 两点连线，并用 R_C 表示；A 点约束反力可用两个正交分力表示成图 2-35(e)所示的情况，亦可根据整体属三力平衡结构，根据三力平衡汇交定理确定 A 处铰支座约束反力的方向，如图 2-35(a)所示的情况。

值得注意的是，当我们取 AB 构件为研究对象时，B 处的约束反力就属外力，但取整体为研究对象时，B 处的约束反力又成为内力，内力不能画在整体的受力图中。

【例 2-8】 梁 AB 和 BC 用铰链 B 连接，A 处为可动铰支座，受荷载 P 和 q 作用，如图 2-36(a)所示，试画出梁 AB、BC 及整体的受力图。

【解】 (1) 取 AB 为研究对象，画出分离体。AB 上受主动力 q 作用，A 处为可动支座，其约束反力垂直于支承面，指向假设向上用 R_A 表示；B 处为圆柱铰链约束，其约束反力由两个正交分力用 X_B、Y_B 表示，指向假设，如图 2-36(b)所示。

(2) 取 BC 梁为研究对象，画出分离体；C 处为固定端支座，其约束反力可用两个正交分力 X_C、Y_C 和一个约束反力偶 m_C 表示，箭头指向假设；B 处为铰链约束，其约束反力可用两个正交分力 X'_B、Y'_B表示，与 X_B、Y_B 是作用与反作用的关系，大小相等、方向相反、作用线共线，BC 梁的受力图如图 2-36(c)所示。

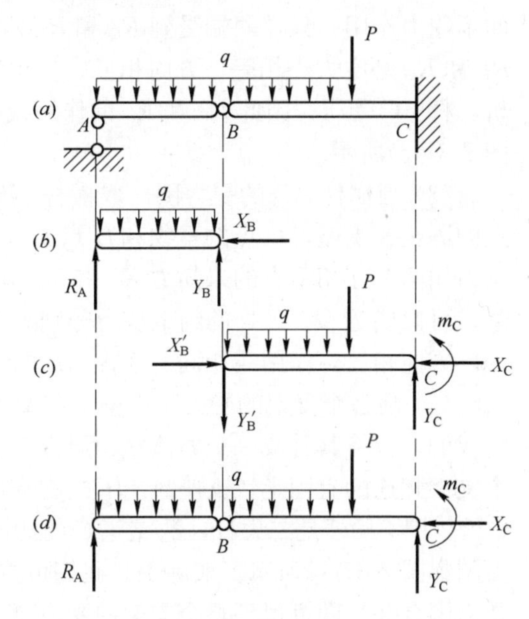

图 2-36　例 2-8 图

(3) 取 AC 整梁为研究对象，画出分离体。其受力图如图 2-36(d)所示，此时不必将 B 处的约束反力画上，因为它属内力。A、C 处的约束反力同前。

【例 2-9】 已知支架如图 2-37(a)所示，A、C、E 处都是铰链连接。在水平杆

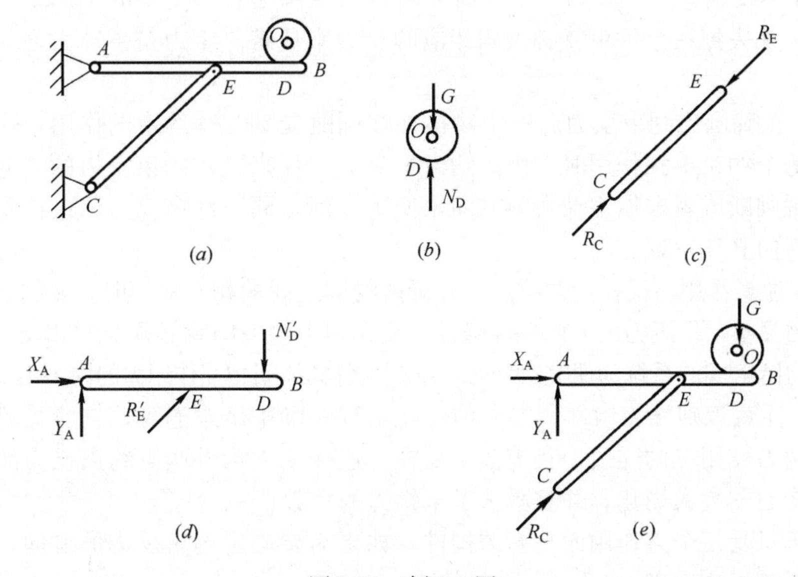

图 2-37　例 2-9 图

AB 上的 D 点放置了一个重力为 G 的重物，各杆自重不计，试画出重物、横杆 AB、斜杆 EC 及整个支架体系的受力图。

【解】 (1) 画重物的受力图。取重物为研究对象，在重物上作用有重力 G 及水平杆对重物的约束反力 N_D，如图 2-37(*b*)所示。

(2) 画斜杆 EC 的受力图。取斜杆 EC 为研究对象，杆两端都是铰链连接，中间不受力作用，只在两端受到 R_E 和 R_C 两个力的作用且平衡，属于二力杆，所以 R_E 和 R_C 必定大小相等，方向相反，作用线沿两铰中心的连线。根据主动力 G 分析，杆 EC 受压，因此 R_E 和 R_C 的作用线沿 E、C 的连线且指向杆件的压力，如图 2-37(*c*)所示。

(3) 画横杆 AB 的受力图。取横杆 AB 为研究对象，与它有联系的物体有 A 点的固定铰支座，D 点的重物和 E 点通过铰链与 EC 杆连接。A 点固定铰支座的反力用两个互相垂直的未知力 X_A 和 Y_A 表示；D、E 两点则根据作用与反作用关系，可以确定 D、E 处的约束反力分别为 N'_D 和 R'_E，它们分别与 N_D 和 R_E 大小相等，方向相反，作用线相同。横杆 AB 的受力图如图 2-37(*d*)所示。

(4) 画整个支架的受力图。整个支架体系是由斜杆 EC、横杆 AB 及重物三者组成的，应将其看成一个整体作为研究对象。作用在支架上的主动力是 G。与整个支架相连的有固定铰支座 A 和 C。在支座 A 处，约束反力是 X_A 和 Y_A；在支座 C 处，因 CE 杆是二力杆，故支座 C 的约束反力 R_C 是沿 CE 方向。整个支架的受力图如图 2-37(*e*)所示。实际上，我们可将上述重物、斜杆 EC 和横杆 AB 三者的受力图合并，即可得到整个支架的受力图。

通过以上各例的分析，可见画受力图时需注意以下几点：

(1) 明确研究对象。根据解题的需要，可以取单个物体为研究对象，也可以取由几个物体组成的系统为研究对象，不同的研究对象的受力图不同。把它所受的全部约束去掉，单独画出该研究物体的简图。

(2) 不要漏画力和多画力。在研究对象上要画出它所受到的全部主动力和约束反力。凡去掉一个约束就必须用相应的反力来代替。重力是主动力之一，不要漏画。

(3) 正确画出约束反力。一个物体往往同时受到几个约束的作用，这时应分别根据每个约束单独作用时，由该约束本身的特性来确定约束反力的方向，而不能凭主观判断或者根据主动力的方向来简单推断。同一约束反力，在各受力图中假设的指向必须一致。

(4) 注意作用与反作用关系。在分析两物体之间的相互作用时，要符合作用与反作用的关系，作用力的方向一经确定，反作用力的方向就必须与它相反。如果取若干个物体组成的系统为研究对象时，系统内各物体间相互作用力的内力不要画出。

(5) 注意识别二力构件。二力构件在工程实际中经常遇到，它所受的两个力必定沿两力作用点的连线，且等值、反向。这样二力构件两点约束反力的方向确定，使受力图大大简化，并且减少了未知力的个数。

对于只受三个力作用而平衡的构件，如果需要确定约束反力的方向，则可应用三力平衡汇交定理。

2.5　平面汇交力系合成与平衡

在工程实际中，有些结构的厚度比其他两个方向的尺寸小得多，这样的结构，称为平面结构。在平面结构上作用的各力，若都在这一平面内，则组成平面力系。例如，图 2-38(*a*)所示三角形屋架，它受到屋面传来的竖向荷载 P、风荷载 Q 以及两端的支座反力 X_A、Y_A、R_B，这些力就组成平面力系，如图 2-38(*b*)所示。

还有些结构虽然不是平面结构也不受平面力系作用，但如果结构本身及其承受的荷载都对称于某一个平面，那么，作用在结构上的力系就可以简化为在这个对称平面内的平面力系。例如，图 2-38(*c*)所示挡土墙、水坝等，都是纵向很长、横截面相同，其受力情况沿坝的纵向不变，因此可沿纵向截取 1m 长度为研究对象。将简化后的自重、地基分力、水压力等看作是一个平面力系，如图 2-38(*d*)所示。

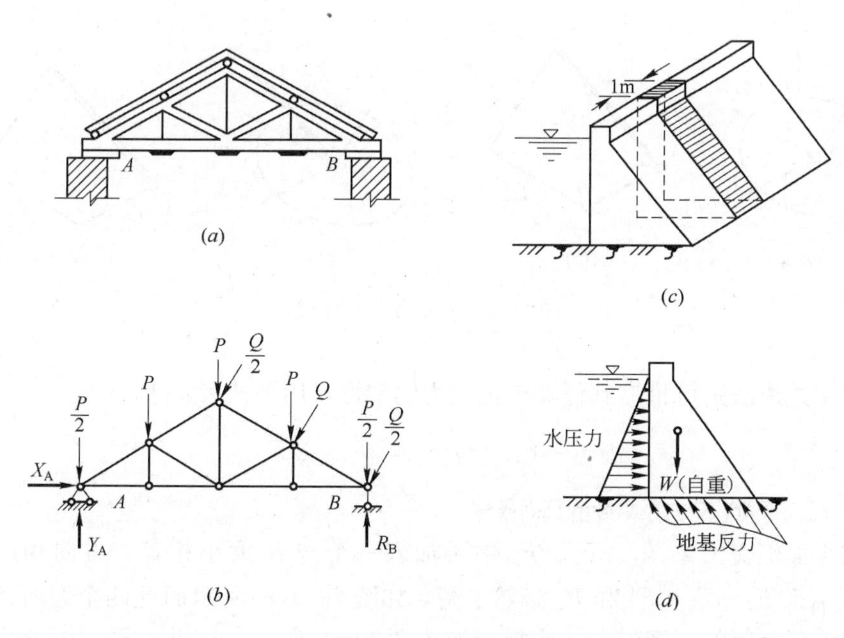

图 2-38　工程实例

总之，在工程中，许多结构的受力，一般都可以简化为平面力系的问题来处理，因此，平面力系是工程中最常见的力系。本章将讨论平面力系的简化和平衡问题，并利用平衡规律求解未知的约束反力。

在平面力系中，作用线汇交于一点的称为平面汇交力系；作用线相互平行的称为平面平行力系；作用线既不平行，也不汇交于一点的称为平面一般力系；全部由力偶组成的力系称为平面力偶系。我们首先从简单的汇交力系开始学习。

2.5.1 汇交力系合成的几何法

两个汇交力的合成可用平行四边形或三角形法则，多个力的合成可多次使用三角形法则，设有一平面汇交力系 F_1、F_2、F_3 作用在物体的 A 点，如图 2-39(a)所示，先任意选两个力 F_1、F_2，按三角形法则合成一个合力 R_1，即从任一点 A 作力 F_1 的矢量，再从 F_1 的终点 B 作力 F_2 的矢量，连接 AC，则矢量 $\overrightarrow{AC}$ 就代表 F_1、F_2 的合力 R_1 的大小和方向，如图 2-39(b)所示。再把合力 R_1 与下一个力 F_3 合成，即从 R_1 的终点 C 作力 F_3 的矢量，连接 AD，则矢量 $\overrightarrow{AD}$ 就代表 R_1、F_3 的合力，也是 F_1、F_2、F_3 的合力 R 的大小和方向。实际作图时，R_1 不必画出，只要按选定的比例尺依次作矢量 F_1、F_2、F_3 得到开口多边形 $ABCD$，连接此多边形的封闭边 AD，则矢量 $\overrightarrow{AD}$ 就是合力的大小和方向。合力的作用点是原力系各力的汇交点 A。这种求合力的方法称为力的多边形法则。用几何法求汇交力系的合力，就是各分力首尾相接，力的多边形的封闭边（始点指向终点的连线），就代表合力的大小和方向。

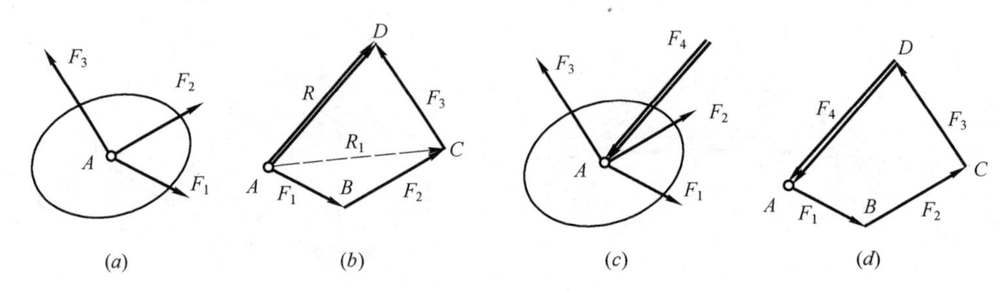

图 2-39 汇交力系的合成

力多边形法则可推广到任意个汇交力的情形，用公式表示为

$$\vec{R}=\vec{F}_1+\vec{F}_2+\cdots+\vec{F}_n=\Sigma\vec{F}$$

2.5.2 平面汇交力系平衡的几何条件

在平面汇交力系 F_1、F_2、F_3 中再加入一个与 R 大小相等、方向相反的力 F_4，则力系 F_1、F_2、F_3 和 F_4 必然平衡，如图 2-39(c)所示而此四个力所组成的力多边形是封闭的，即矢量和为零，如图 2-39(d)所示。因此，平面汇交力系平衡的必要和充分的几何条件是：力多边形自行封闭。

由上面可知，若物体在平面汇交力系作用下保持平衡，则该力系的合力应等于零。反之，如果该力系的合力等于零，则物体在该力系作用下必保持平衡。所以平面汇交力系平衡的必要和充分条件是平面汇交力系的合力等于零。

$$R=\Sigma F_i=0 \tag{2-8}$$

2.5.3 汇交力系合成的解析法

当平面汇交力系中各分力已知时，其合力 R 在 x 和 y 轴上的投影分别为 R_x 和 R_y，可由合力投影定理求出，即

$$R_x = X_1 + X_2 + \cdots + X_n = \Sigma X$$

$$R_y = Y_1 + Y_2 + \cdots + Y_n = \Sigma Y$$

根据几何关系，如图 2-40 所示，可确定合力 R 的大小、方向。

$$\left.\begin{aligned} R &= \sqrt{R_x^2 + R_y^2} = \sqrt{(\Sigma X)^2 + (\Sigma Y)^2} \\ \alpha &= \arctan\frac{|R_y|}{|R_x|} = \arctan\frac{|\Sigma Y|}{|\Sigma X|} \end{aligned}\right\} \tag{2-9}$$

式中 α 为合力 R 与 x 轴所夹的锐角，R 的作用线和箭头指向哪个象限由 R_x 和 R_y 的正负号确定，如图 2-41 所示。

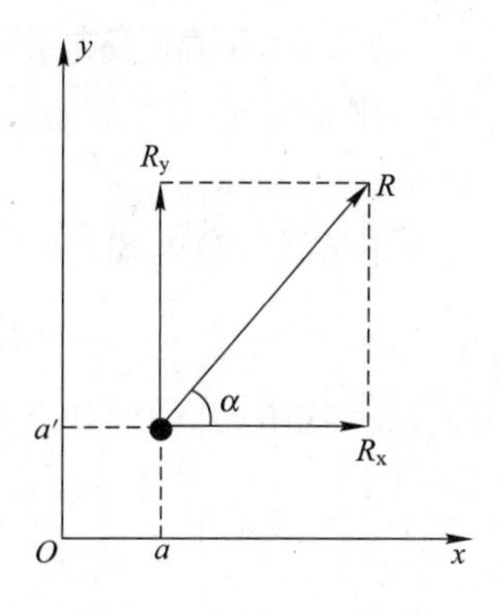

图 2-40　合成的解析法

【例 2-10】　已知 $T_1 = 5\text{kN}$，$T_2 = 1\text{kN}$，$T_3 = 6\text{kN}$，方向如图 2-42 所示，试用解析法求作用在支架上点 O 的三个力的合力大小和方向。

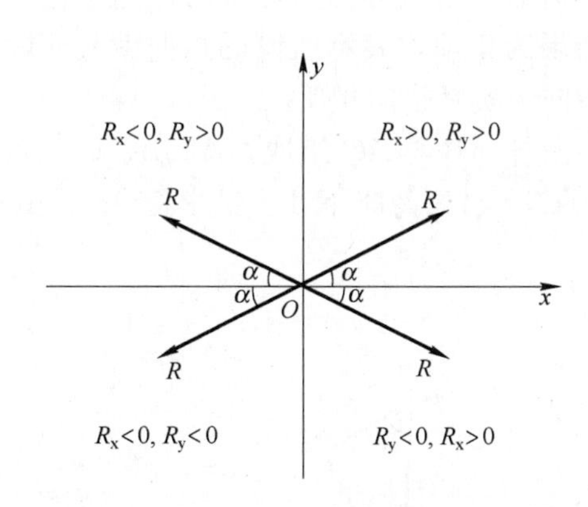

图 2-41　合力的指向

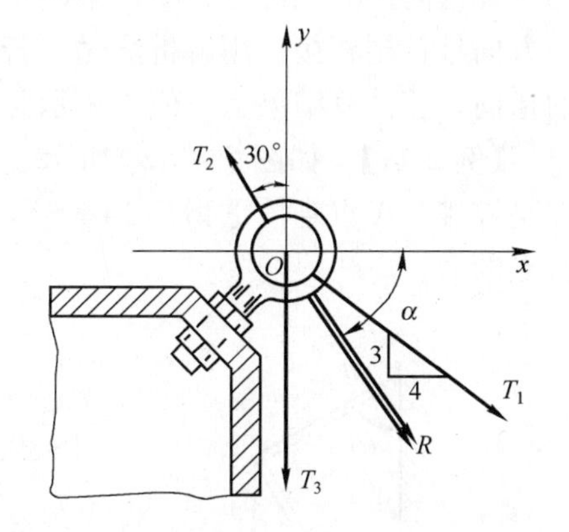

图 2-42　例 2-10 图

【解】　(1) 由合力投影定理求合力在 x、y 轴的投影。

$$R_x = \Sigma X = T_1 \cdot \frac{4}{5} - T_2 \sin 30° = 5 \times \frac{4}{5} - 1 \times 0.5 = 3.5\text{kN}$$

$$R_y = \Sigma Y = -T_1 \cdot \frac{3}{5} + T_2 \cos 30° - T_3 = -5 \times \frac{3}{5} + 1 \times 0.866 - 6 = -8.13\text{kN}$$

(2) 合力大小。

$$R = \sqrt{R_x^2 + R_y^2} = \sqrt{(\Sigma X)^2 + (\Sigma Y)^2} = \sqrt{3.5^2 + (-8.13)^2} = 8.85\text{kN}$$

(3) 合力方向。

$$\alpha = \arctan\frac{|R_y|}{|R_x|} = \arctan\frac{|\Sigma Y|}{|\Sigma X|} = \arctan\frac{8.13}{3.5} = \arctan 2.32 = 66.7°$$

因 R_x 为正、R_y 为负，故合力的作用线通过汇交的 O 指向第四象限，如图 2-42 所示。

2.5.4 平面汇交力系平衡的解析条件

平面汇交力系平衡的必要和充分条件是平面汇交力系的合力等于零，见式(2-8)。

由式(2-9)可知

$$R=\sqrt{R_x^2+R_y^2}=\sqrt{(\Sigma X)^2+(\Sigma Y)^2}=0$$

上式中$(\Sigma X)^2$ 和$(\Sigma Y)^2$ 恒为正数，要使 $R=0$，必须且只需

$$\left.\begin{array}{l}\Sigma X=0\\ \Sigma Y=0\end{array}\right\} \tag{2-10}$$

因此，平面汇交力系平衡的必要和充分的解析条件是：力系中各力在两个坐标轴中每一轴上的投影的代数和为零。式(2-10)称为平面汇交力系的平衡方程。应用这两个独立的平衡方程可求解两个未知量。

利用平衡方程求解实际问题时，通常假设未知力指向。用几何法时，未知力的实际指向由力多边形封闭边来确定，力多边形中所有分力都环绕力多边形的同一方向且首尾相接。用解析法时，若计算结果为正值，表示假设的指向就是实际的指向，若计算结果为负值，表示假设的指向与实际指向相反。

【例 2-11】 如图 2-43(a)所示，一构件由杆 AB 与 AC 组成，A、B、C 三点都是铰接。A 点悬挂重物 D 的重量为 $G=10\text{kN}$，杆重忽略不计。试求杆 AB、AC 所受的力。

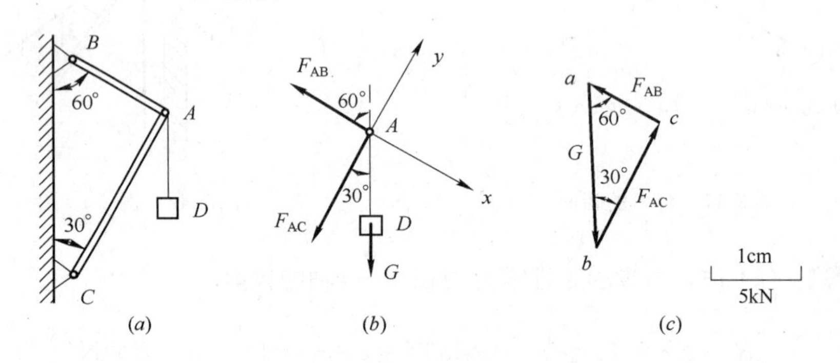

图 2-43　例 2-11 图

【解】 1. 解析法

(1) 选取销钉 A 连同重物 D 一起作为研究对象，其受力如图 2-43(b)所示。其中重物所受重力 G。AB 和 AC 都是二力杆，它们对销钉 A 的约束反力应分别沿 AB 和 AC，其指向一般都假设为拉力。

(2) 选取投影轴 x 和 y，如图 2-43(b)所示。

(3) 列平衡方程式并求解。

$$\Sigma X=0,\ -F_{AB}+G\sin30°=0$$

$$F_{AB}=G\sin30°=\frac{G}{2}=5\text{kN}(\nwarrow)$$

$$\Sigma Y=0,\ -F_{AC}-G\cos30°=0$$

$$F_{AC}=-G\cos30°=-\frac{\sqrt{3}G}{2}=-8.66\text{kN}(\nearrow)$$

这里所求结果，F_{AB}为正值，表示力 F_{AB}的实际方向与假设方向相同，即杆 AB 为受拉。F_{AC}为负值，表示 F_{AC}的实际方向与假设的方向相反，即 AC 杆受压。

2. 几何法

研究对象及受力图仍如图 2-43(b)所示。选取适当的比例尺并画出已知力 G，如图 2-43(c)所示，再由其终点 b 和始点 a 分别作平行于 F_{AC}、F_{AB}的直线而得交点 c，由力多边形自行封闭这一条也可由比例尺量出相应的结果。

根据各力首尾相接，可断定 c 点必是 F_{AC}的终点和 F_{AB}的起点。即在力三角形 abc 中，边 bc 和 ca 分别代表力矢量 F_{AC}和 F_{AB}。由自行封闭的力三角形 abc 的几何关系算出

$$F_{AB}=G\sin30°=\frac{G}{2}\quad（拉）$$

$$F_{AC}=-G\cos30°=-\frac{\sqrt{3}G}{2}\quad（压）$$

也可由比例尺量出相应的结果

$$F_{AB}=1\text{cm}\times\frac{5\text{kN}}{1\text{cm}}=5\text{kN}$$

$$F_{AC}=1.73\text{cm}\times\frac{5\text{kN}}{1\text{cm}}=8.65\text{kN}$$

可以看出，F_{AC}用比例尺量的结果与用三角函数计算存在误差，原因是丈量力的线段长度不准。受力图中 F_{AC}的指向与封闭力三角形中的力矢量 F_{AC}指向不一致。说明 F_{AC}的实际指向与受力图中 F_{AC}的假设指向相反，即 AC 杆不是受拉，而是受压。

【例 2-12】 图 2-44(a)所示为一桁架杆的接头，由四根角钢材料铆接在连接板上而成。已知这四根杆件的轴线汇交于 O 点，作用在杆件 2 和 4 上的力分别为 $F_2=4\text{kN}$，$F_4=2\text{kN}$，求在平衡状态下，作用在杆件 1 和 3 上的力 F_1、F_3 的值。

【解】 以接头为研究对象，设 1、3 杆受拉，受力如图 2-44(b)所示。作用在接头上的四个力构成平面汇交力系，以力系的汇交点 O 为原点，建立直角坐标系如图 2-44(b)所示。平衡方程为

$$\Sigma Y=0,\ F_2\sin30°+F_3\sin45°=0$$

$$F_3=-F_2\sin30°/\sin45°=-4\times0.5/0.707=-2.83\text{kN}$$

$$\Sigma X=0,\ F_1+F_2\cos30°-F_3\cos45°-F_4=0$$

$$F_1=-F_2\cos30°+F_3\cos45°+F_4=-4\times0.866-2.83\times0.707+2=-3.46\text{kN}$$

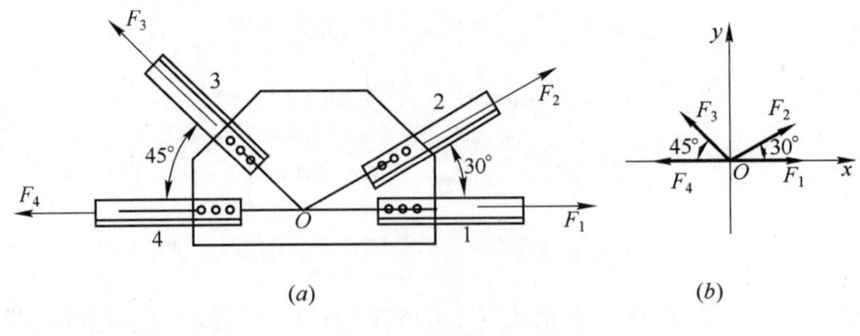

图 2-44　例 2-12 图

由于算出的 F_1 和 F_3 均为负值，说明实际力 F_1 和 F_3 的指向与所假设的方向相反，即 1、3 两杆均受压力作用。

【例 2-13】 在图 2-45(*a*)所示刚架的点 *B* 作用一水平力 $F=30\text{kN}$，刚架重量略去不计。求支座 *A*、*D* 的反力。

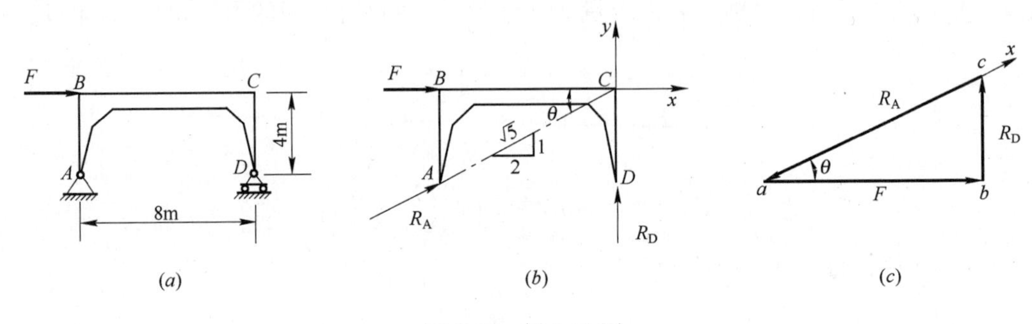

图 2-45　例 2-13 图

【解】 (1) 选刚架为研究对象，画受力图。因为刚架在 *A*、*B*、*D* 三点受力而平衡，*D* 处是可动铰支座，R_D 垂直于支承面指向假设。根据三力平衡汇交定理，*F*、R_D 和 R_A 三力汇交于 *C*，R_A 的作用线通过 *A*、*C* 连线，R_A 的指向也假设，受力图如图 2-45(*b*)所示。

(2) 解析法。列平衡方程，因为这三个力汇交于 *C* 点，故这三力组成平面汇交力系。建立如图 2-45(*b*)所示的坐标轴，平衡方程为

$$\Sigma X=0,\quad F+R_A\cos\theta=0$$

其中

$$\sin\theta=\frac{1}{\sqrt{5}};\quad \cos\theta=\frac{2}{\sqrt{5}}$$

解得

$$R_A=-30\times\frac{\sqrt{5}}{2}=-15\sqrt{5}=-33.5\text{kN}(\swarrow)$$

负号表示 R_A 的实际方向与假设的相反。再由

$$\Sigma Y=0,\quad R_D+R_A\sin\theta=0$$

由于列 $\Sigma Y=0$ 时，仍按原假设的方向求其投影，故应将上面求得的数值连同负号一起代入，即将 $R_A=-15\sqrt{5}\text{kN}$ 代入，于是得

$$R_D=-R_A\sin\theta=-(-15\sqrt{5})\times\frac{1}{\sqrt{5}}=15\text{kN}(\uparrow)$$

(3) 几何法。根据汇交力系平衡的几何条件，这三个力处于同一平面内，它们应构成封闭的力三角形。先画已知力 F，取 $\overrightarrow{ab}=F$，再从力 F 的起点 a 与终点 b 分别作平行于 R_A 与 R_D 的两直线，相交于点 c，于是得到力三角形 abc，如图 2-45(c)所示。根据力的多边形头尾相接的规则，定出 R_D 和 R_A 的指向。力三角形上各力的指向都是实际受力的指向。从力三角形的几何关系可求出

$$R_D=F\tan\theta=30\times\frac{1}{2}=15\text{kN}$$

$$R_A=\frac{F}{\cos\theta}=\frac{30}{2/\sqrt{5}}=15\sqrt{5}=33.5\text{kN}$$

所求的结果与解析法结果相同。应当指出，在求得约束反力实际指向后，不必重新修改受力图中假定的约束反力的指向，只需在计算结果后加上力实际方向的箭头。

本题几何法求解中利用三角形公式求得 R_A 与 R_D，所求的结果相对而言比用尺子量得的准确。

(4) 校核。选 R_A 作用线方向坐标轴 x'轴，如图 2-45(c)所示，验算各力在 x' 轴上投影的代数和是否为零。说明计算结果无误。

$$\Sigma X'=0，R_A+F\cos\theta+R_D\sin\theta=-15\sqrt{5}+30\times\frac{2}{\sqrt{5}}+15\times\frac{1}{\sqrt{5}}=0$$

此例题也可用平面一般力系来解，将在第三节中讲到。

2.6 平面力偶系

2.6.1 平面力偶系的合成

如果在物体的同一平面内作用着两个或两个以上的力偶，称为平面力偶系。根据平面力偶矩为代数量的性质，平面力偶系可以用代数的方法进行合成，如图 2-46 所示。其结论是：平面力偶系可以合成为一个合力偶，其力偶矩等于各分力偶矩的代数和，即

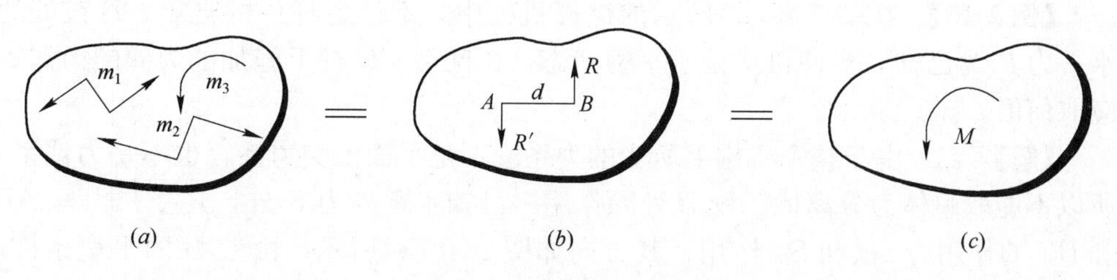

图 2-46 力偶系的合成

$$M=m_1+m_2+m_3$$

$$M=m_1+m_2+\cdots+m_n=\Sigma m \qquad (2\text{-}11)$$

2.6.2 平面力偶系的平衡条件

平面力偶系可以用它的合力偶来等效代换，因此，合力偶的力偶矩为零，则力偶系是平衡的力偶系。由此得到平面力偶系平衡的必要与充分条件是：力偶系中所有各力偶的力偶矩的代数和等于零，即

$$\Sigma m=0 \qquad (2\text{-}12)$$

平面力偶系有一个平衡方程，可以求解一个未知量。

【例 2-14】 图 2-47(*a*)所示的梁 *AB* 受一力偶的作用，此力偶矩为 $m=40\text{kN}\cdot\text{m}$，梁的跨度 $l=5\text{m}$，*B* 端支承面的倾角 $\alpha=30°$，试求 *A*、*B* 处的支座反力，梁重不计。

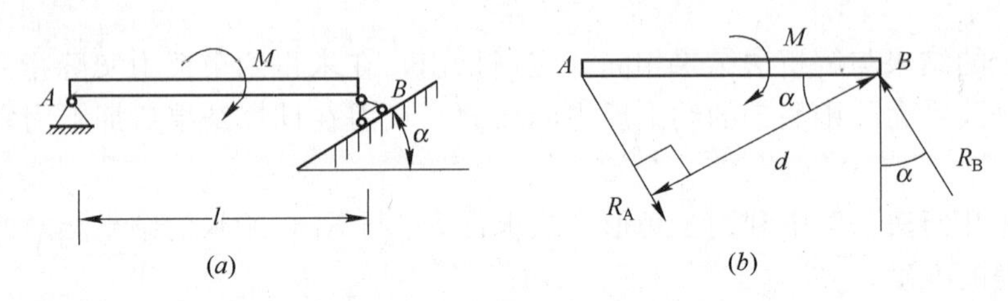

图 2-47 例 2-14 图

【解】 (1) 取 *AB* 梁为研究对象。梁在力偶矩为 *m* 的力偶和 *A*、*B* 两处支座反力 R_A、R_B 的作用下处于平衡。因力偶只能与力偶平衡，所以 R_A 与 R_B 应等值、反向、平行而构成力偶。又因 *B* 支座是可动铰支座，其反力 R_B 垂直于的支承面，R_A 必与 R_B 平行构成力偶，图 2-47(*b*)即为梁 *AB* 的受力图。

(2) 由力偶系的平衡方程(2-12)得，列平衡方程，求解未知量

分离体在两个力偶作用下处于平衡，由力偶系的平衡条件，有

$$\Sigma m=0，\ -m+R_B l\cos\alpha=0$$

解得

$$R_B=\frac{m}{l\cos\alpha}=\frac{40}{5\cos30°}=9.24\text{kN}(\nwarrow)$$

$$R_A=R_B=9.24\text{kN}(\searrow)$$

此即所求 *A*、*B* 处反力的大小，反力的方向如图 2-47(*b*)所示。

【例 2-15】 在图 2-48(*a*)所示的链杆机构中，不计各杆件的自重。*B* 铰处的水平力 *P* 为已知，要使机构处于平衡状态，试问在 *CD* 杆上施加的力偶的力偶矩应取何值。

【解】 (1) 由于整个机构上所受的力系既不是平面汇交力系，也不是力偶系，所以不能取整体为分离体。铰 *B* 处除作用一已知水平外力 *F* 外，还受二力杆 *AB* 和 *BC* 的作用力 S_{BA}和 S_{BC}作用，其方向如图 2-48(*b*)所示。由铰 *B* 的平衡条件，可求出 *BC* 杆的约束反力 S_{BC}。

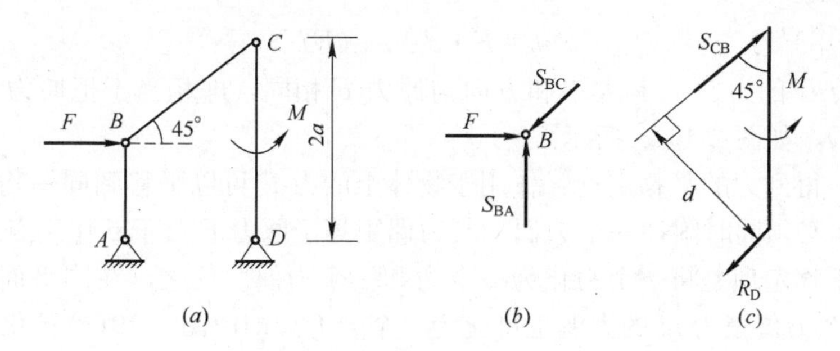

图 2-48　例 2-15 图

取铰 B 为分离体，列平衡方程

$$\Sigma X=0,\ F-S_{BC}\cos 45°=0$$

解得　　　　　　　　　　$S_{BC}=\sqrt{2}F$

（2）再考虑 CD 杆的受力情况，支座 D 的约束反力作用线是未知的，因为力偶只能与力偶平衡，由此可判定 S_{CB} 与 R_D 必定组成一力偶，即 R_D 的作用线与 S_{CB} 的作用线平行，大小相等、方向相反，如图 2-48(c)所示。

取 CD 杆为分离体，列平衡方程

$$\Sigma m=0,\ M-S_{CB}\times 2a\cos 45°=0$$

解得　　　　　　　　　　$M=2Fa(\circlearrowright)$

2.7　平面一般力系

2.7.1　力的平移定理

前面已经研究了平面汇交力系和平面力偶系的合成和平衡问题。平面一般力系能否简化为这两种简单力系呢？要使平面一般力系各力的作用线都汇交于一点，这就需要将力的作用线平移。

设在物体的 A 点作用一个力 F，如图 2-49(a)所示，要将此力平移到物体的任一点 O。为此，在点 O 加上一对平衡力 F' 和 F''，且其作用线与力 F 平行，大小与力 F 的大小相等，如图 2-49(b)所示，显然，这样并不影响原力 F 对物体的运动效果。力 F 与 F'' 组成一个力偶，其力偶矩为

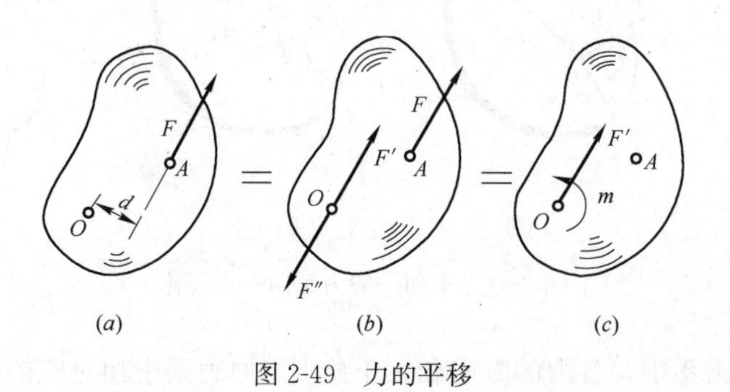

图 2-49　力的平移

$$m=F\cdot d=m_O(F) \tag{2-13}$$

而作用在点 O 的力 F'，其大小和方向与原力 F 相同，即相当于把原力 F 从点 A 平移到点 O，如图 2-49(c)所示。

于是，得到力的平移定理：作用于物体上的力 F 可以平移到同一物体上的任一点 O，但必须同时附加一个力偶，其力偶矩等于原力 F 对于新作用点 O 的矩。

力的平移定理是将一个力化为一个力和一个力偶。反之，在同平面内的一个力 F' 和一个力偶矩为 m 的力偶也可化为一个合力，即由图 2-49(c)转化为图 2-49(a)，这个力 F 与 F' 大小相等、方向相同、作用线平行，作用线间的垂直距离为

$$d=\frac{|m|}{F'} \tag{2-14}$$

【例 2-16】 如图 2-50(a)所示，在柱子的 A 点受有吊车梁传来的荷载 $F=100$kN。求将这力 F 向柱子轴线上 B 点平移后的等效力系。

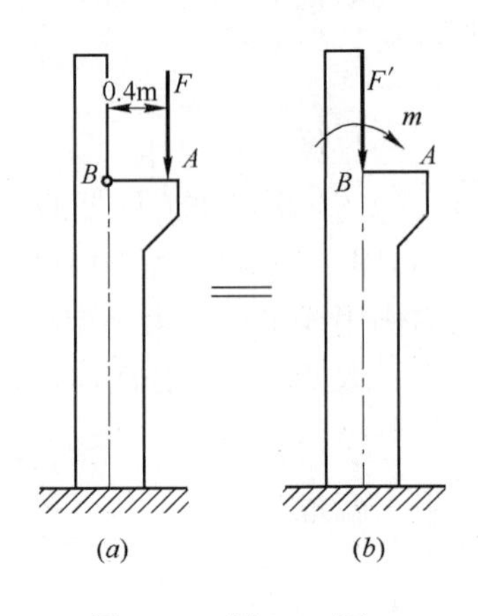

图 2-50　例 2-16 图

【解】 根据力的平移定理，力 F 由 A 点平移到 B 点得力 F'，同时还必须附加一力偶，如图 2-50(b)所示，它的力偶矩 m 等于原力 F 对 B 点的矩，即

$$m=m_B(F)=-100\times0.4=-40\text{kN}\cdot\text{m}$$

负号表示附加力偶的转向是顺时针方向。力 F 经平移后，它对柱子的变形效果就可以明显看出，力 F' 使柱子轴向受压，力偶 m 使柱子弯曲。

2.7.2 平面一般力系向一点简化

设在物体上作用有平面一般力系 F_1，F_2，…，F_n，如图 2-51(a)所示。为了将这力系简化，在其作用面内取任意一点 O，该点称为简化中心。根据力的平移定理，将力系中各力都平移到 O 点，就得到平面汇交力系 F_1'，F_2'，…，F_n' 和力偶矩为 m_1、m_2，…，m_n 的附加的平面力偶系，如图 2-51(b)所示。平面汇交力系可合成为作用在 O 点的一个力 R'，附加的平面力偶系可合成为一个力偶 M_O，如图 2-51(c)所示。

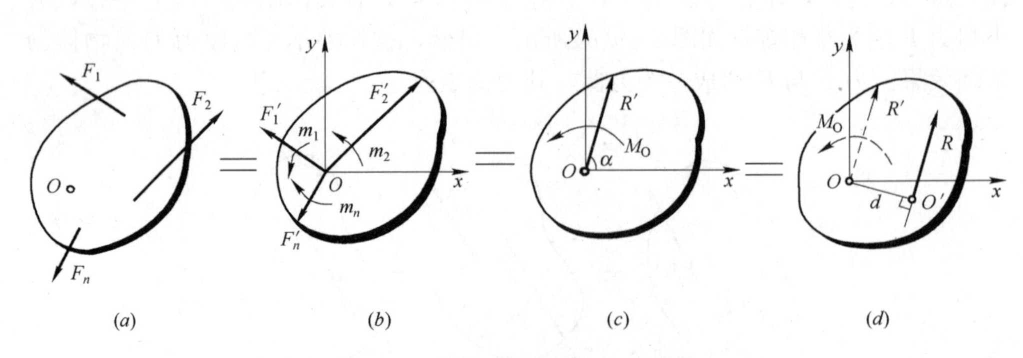

图 2-51　平面一般力系向一点简化

平面汇交力系中，各力的方向和大小分别与原力系中相对应的各力相同，即

$$F_1'=F_1,\ F_2'=F_2,\ \cdots,\ F_n'=F_n$$

将平面一般力系合成，得到作用在点O的一个力，即

$$R'=F_1'+F_2'+\cdots+F_n'=F_1+F_2+\cdots+F_n=\Sigma F$$

R'称为原力系的主矢量，简称为主矢，它等于原力系中各力的矢量和，其作用线通过简化中心。

求主矢R'的大小和方向，可应用解析法。通过O点建立直角坐标系Oxy，如图2-51所示，主矢R'在x轴和y轴上的投影为

$$\left.\begin{aligned}R_x'&=X_1'+X_2'+\cdots+X_n'=X_1+X_2+\cdots+X_n=\Sigma X\\ \text{和}\quad R_y'&=Y_1'+Y_2'+\cdots+Y_n'=Y_1+Y_2+\cdots+Y_n=\Sigma Y\end{aligned}\right\}\tag{2-15}$$

式中X_i'、Y_i'和X_i、Y_i分别是力F_i'和F_i在坐标轴x和y上的投影。由于力F_i'和F_i大小相等、方向相同，所以它们在同一轴上的投影相等。

由式(2-9)可得主矢R'的大小和方向为

$$R'=\sqrt{R_x'^2+R_y'^2}=\sqrt{(\Sigma X)^2+(\Sigma Y)^2}\tag{2-16}$$

$$\tan\alpha=\frac{|R_y|}{|R_x|}=\frac{|\Sigma Y|}{|\Sigma X|}\tag{2-17}$$

α为主矢R'与x轴所夹的锐角，R'指向哪个象限由ΣX和ΣY的正负号确定。从式(2-15)可知，求主矢的大小和方向时，只要求出原力系中各力在两个坐标轴上的投影就可得出，而不必将力平移后再求投影。

对于附加的力偶系，这些力偶作用在同一平面内，称为平面力偶系。平面力偶系的合成结果为一个合力偶，该合力偶的矩M_O等于各分力偶矩的代数和，即

$$M_O=m_1+m_2+\cdots+m_n$$

$$m_1=m_O(F_1),\ m_2=m_O(F_2),\ \cdots,\ m_n=m_O(F_n)$$

$$M_O=m_O(F_1)+m_O(F_2)+\cdots+m_O(F_n)=\Sigma m_O(F)\tag{2-18}$$

M_O称为原力系对简化中心的主矩，它等于原力系各力对简化中心之矩的代数和。不难看出，当选取不同位置的点作简化中心O时，主矢量R'的大小与方向并不发生变化，但主矩将随O点的位置不同而发生变化。

详细分析简化结果，存在三种可能：

(1) 平面一般力系合成为一个力偶的情形。

当$R'=0$和$M_O\neq0$时，说明力系与一个力偶等效，即原力系合成为一个合力偶，合力偶的力偶矩就等于原力系对简化中心的主矩，即

$$M_O=\Sigma M_O(F)$$

由于力偶对于平面内任意一点的矩都相同，因此当力系合成为一个力偶时，主矩与简化中心的选择无关。

(2) 平面一般力系合成为一个力的情形。

当$R'\neq0$和$M_O=0$时，说明力系与通过简化中心的一个力等效，即原力系合成为一个合力，合力的大小、方向和原力系的主矢R'相同，作用线通过简化

中心。

当$R'\neq0$和$M_O\neq0$时，根据力的平移定理，将图2-51(d)中R'与M_O进一步简化，合成为一通过O'的力R，R即为原力系的合力，合力R的大小、方向与原力系的主矢R'相同，合力的作用线到简化中心O的距离d为

$$d=\frac{|M_O|}{R'}=\frac{|M_O|}{R}$$

合力R在O点的哪一侧，由R对O点的矩的转向应与主矩M_O的转向相一致来确定。

(3) 平面一般力系平衡的情形。

当$R'=0$和$M_O=0$时，力系平衡，这种情形将在下面详细讨论。

【例2-17】 混凝土重力坝截面形状如图2-52(a)所示。为了计算方便，取坝的长度(垂直图面)$l=1$m。已知混凝土密度为$\rho=2.4\times10^3\text{kg/m}^3$，水的密度为$\gamma=1\times10^3\text{kg/m}^3$，土的压力$F=8000$kN。试求它们的合力，并找出其作用位置。

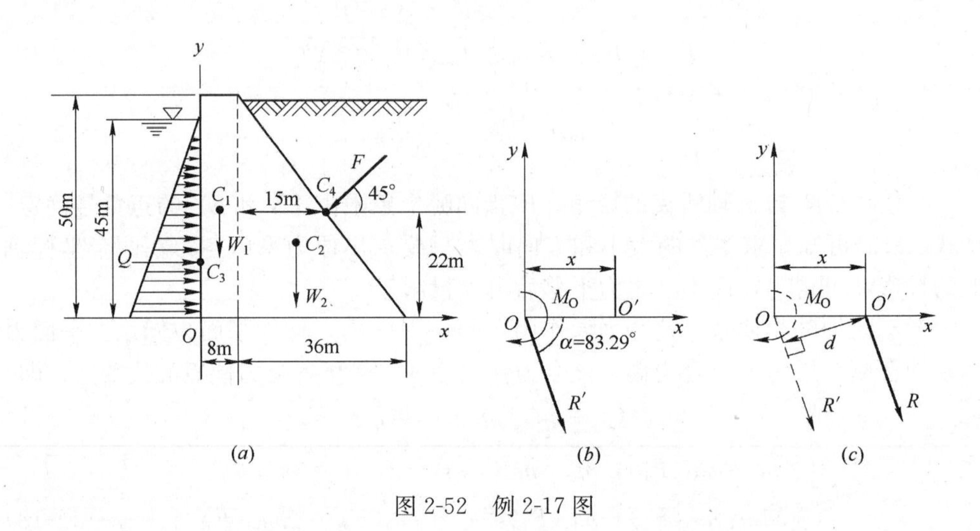

图2-52 例2-17图

【解】 (1) 求坝体的重力。

将坝体分成规则的两部分，则可求出坝体重力。

$$W_1=\rho V_1 g=2.4\times10^3\times8\times50\times1\times9.81=9418\times10^3\text{N}=9418\text{kN}$$

$$W_2=\rho V_2 g=2.4\times10^3\times\frac{1}{2}(36\times50)\times1\times9.81=21190\times10^3\text{N}=21190\text{kN}$$

二力作用点的位置为$x_{C_1}=4$m，$x_{C_2}=20$m

(2) 水的压力为三角形分布荷载，坝底部的荷载集度，即水的压强，为

$$q=\gamma hg=1\times10^3\times45\times9.81=441\text{kN/m}^2$$

因而

$$Q=\frac{1}{2}qhl=\frac{1}{2}\times441\times45\times1=9923\text{kN}$$

水压力Q方向水平，作用点位置$y_{C_3}=15$m。

(3) 主矢为R'。

$$R'_x=\Sigma X=Q-P\cos45°=9923-8000\times0.707=4267\text{kN}$$

$$R'_y=\Sigma Y=-(W_1+W_2+F\sin45°)$$

$$=-(9418+21190+8000\times0.707)=-36264\text{kN}$$

主矢大小　$R'=\sqrt{R'^2_x+R'^2_y}=\sqrt{4267^2+(-36264)^2}=36514\text{kN}$

主矢方向　$\tan\alpha=\frac{|R'_y|}{|R'_x|}=\frac{36264}{4267}=8.5$

$$\alpha=83.29°$$

根据$R'_x>0$，$R'_y<0$，可知R'的箭头指向第四象限，如图2-52(b)所示。

(4) 主矩为M_O。

$$M_O=-Qy_{C_3}-W_1x_{C_1}-W_2x_{C_2}-F\sin45°\times23+F\cos45°\times22$$

$$=-9923\times15-9418\times4-21190\times20-8000\times0.707\times23+8000\times0.707\times22$$

$$=-615973\text{kN}\cdot\text{m}(\circlearrowleft)$$

(5) 最后的合力。

主矢及主矩可以进一步简化为一合力R，设其作用线通过x轴上的O'点，则因力R在y轴上的投影对O点力矩必等于主矩M_O，如图2-52(c)可得

$$x=\frac{M_O}{R_y}=16.99\text{m}\quad 或\quad d=\frac{M_O}{R'}=16.87\text{m}$$

2.7.3 平面一般力系的平衡方程

前面已经提到，当平面一般力系向任一点O简化得到主矢$R'=0$，对O点的主矩$M_O=0$时，该平面一般力系为平衡力系。因此，平面一般力系平衡的必要和充分条件是：力系的主矢和力系对任一点的主矩都等于零。

1. 平衡方程的基本形式

$$R'=0，M_O=0$$

由式(2-16)、(2-18)得

$$R'=\sqrt{(\Sigma X)^2+(\Sigma Y)^2}，M_O=\Sigma M_O(F)=\Sigma M_O$$

于是平面一般力系的平衡条件为

$$\left.\begin{array}{l}\Sigma X=0\\\Sigma Y=0\\\Sigma M_O=0\end{array}\right\}\qquad(2\text{-}19)$$

式(2-19)说明平面一般力系平衡的必要和充分条件可陈述为：力系中所有各力在两个坐标轴中每一轴上的投影的代数和都等于零；力系中所有各力对于任一点的力矩的代数和等于零。

式(2-19)称为平面一般力系平衡方程的基本形式。其中前两式称为投影方程，

后一式称为力矩方程。三个方程彼此独立的，可解三个未知力。

2. 平衡方程的二矩式

$$\left.\begin{aligned}&\Sigma X=0(\text{或}\ \Sigma Y=0)\\&\Sigma M_A=0\\&\Sigma M_B=0\end{aligned}\right\}\tag{2-20}$$

式中 A、B 两点的连线不与投影轴垂直。

3. 平衡方程的三矩式

$$\left.\begin{aligned}&\Sigma M_A=0\\&\Sigma M_B=0\\&\Sigma M_C=0\end{aligned}\right\}\tag{2-21}$$

式中 A、B、C 三点不在同一直线上。

以上平衡方程的三种形式共九个方程，只有三个是独立的，其余的都与这三个独立方程线性相关，但可用于校核结果是否正确。可以在三种形式中任意选取一种形式的方程，每一种形式中的三个方程的使用顺序任意。

应用平面一般力系平衡方程解题的步骤如下：

(1) 确定研究对象。根据题意分析已知力和未知力，选取适当的研究对象。

(2) 画受力图。在研究对象上画出它受到的所有主动力和约束反力。约束反力根据约束类型来画。当约束反力的方向未定时，一般可用两个互相垂直的分力表示；当约束反力的指向未定时，可以先假设其指向。如果计算结果为正，则表示假设的指向正确；如果计算结果为负，则表示实际的指向与假设的相反。

(3) 列平衡方程。选取适当的平衡方程形式、投影轴和矩心。选取哪种形式的平衡方程，完全取决于计算的方便与否。通常力求在一个平衡方程中只包含一个未知量，以免求解联立方程。在应用投影方程时，投影轴尽可能选在与较多的未知力的作用线垂直的方向上；应用力矩方程时，矩心往往取在多个未知力的交点。计算力矩时，要善于运用合力矩定理，以便使计算简单。

(4) 解平衡方程，求得未知量。

(5) 校核。列出非独立的平衡方程，以检查解题的正确与否。

【例 2-18】 简支梁受力如图 2-53(a)所示，已知 $F=20\text{kN}$，$q=10\text{kN/m}$，不计自重，求 A、B 两处的支座反力。

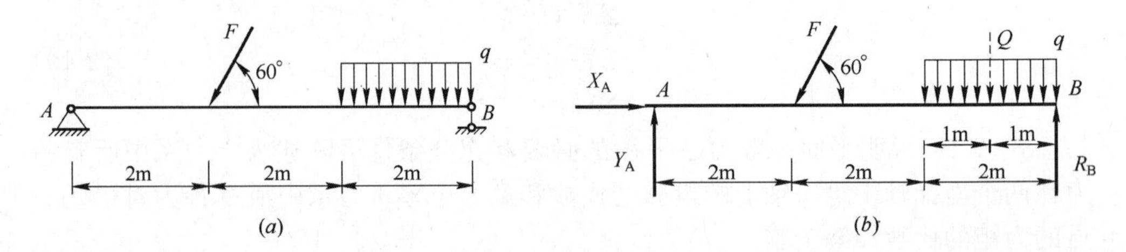

图 2-53　例 2-18 图

【解】 取AB梁为研究对象，其受力如图2-53(b)所示，分布荷载q可用作用在分布荷载中心的集中力Q(图中虚线所示)代替，其大小为$Q=2q=20$kN。列平衡方程并求解

$$\Sigma X=0,\ X_A-F\cos60°=0$$

$$X_A=F\cos60°=20\times0.5=10\text{kN}(\rightarrow)$$

$$\Sigma M_A=0,\ R_B\times6-q\times2\times5-F\sin60°\times2=0$$

$$R_B=\frac{1}{6}(10\times2\times5+20\times0.866\times2)=22.4\text{kN}(\uparrow)$$

$$\Sigma M_B=0,\ -Y_A\times6+F\sin60°\times4+q\times2\times1=0$$

$$Y_A=\frac{1}{6}(20\times0.866\times4+10\times2\times1)=14.9\text{kN}(\uparrow)$$

校核：$\Sigma Y=Y_A+R_B-F\times\sin60°-q\times2=14.9+22.4-20\times0.866-10\times2\approx0$

可见Y_A和R_B计算无误。

【例2-19】 悬臂刚架尺寸和受力如图2-54(a)所示，求A支座的约束反力。

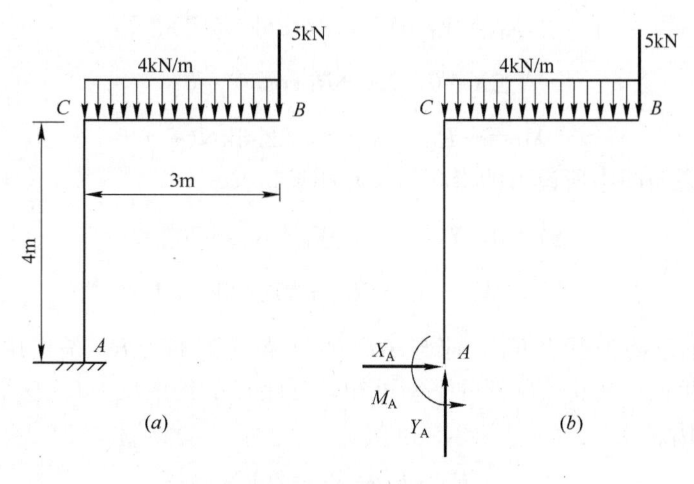

图2-54　例2-19图

【解】 取刚架为研究对象，其受力如图2-54(b)所示。由平衡方程求解

$$\Sigma X=0,\ X_A=0$$

$$\Sigma Y=0,\ Y_A-4\times3-5=0$$

$$Y_A=17\text{kN}(\uparrow)$$

$$\Sigma M_A=0,\ M_A-4\times3\times1.5-5\times3=0$$

$$M_A=33\text{kN}\cdot\text{m}(\circlearrowright)$$

【例2-20】 图2-55(a)所示为一管道支架，其上搁有管道，设AB支架所承受的管重$W_1=12$kN，$W_2=7$kN，且架重不计。求支座A和C处的约束反力，尺寸如图所示。

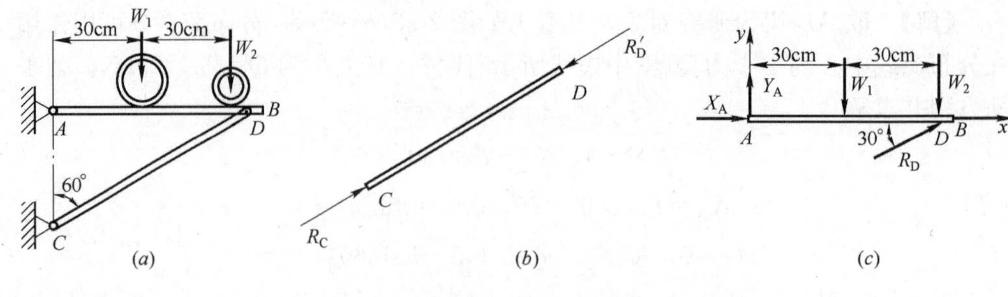

图 2-55 例 2-20 图

【解】 先分析 CD 杆受力，CD 杆的自重不计，只在 C、D 两点受力，是二力杆，而且二力是平衡力，都是未知，没有已知力，也就求不出未知力，所以不能以 CD 为研究对象。

再分析 AB 梁的受力，受力图如图 2-55(c)所示，以 AB 梁为研究对象，选如图所示坐标系，其平衡方程为

$$\Sigma M_A=0,\ R_D\sin30°\times60-W_1\times30-W_2\times60=0$$

所以
$$R_D=W_1+W_2\times2=26\text{kN}(\nearrow)$$

$$\Sigma X=0,\ X_A+R_D\cos30°=0$$

所以
$$X_A=-R_D\cos30°=-22.5\text{kN}(\leftarrow)$$

式中，负号说明图中所设力的指向与实际相反。又

$$\Sigma Y=0,\ Y_A-W_1-W_2+R_D\sin30°=0$$

所以
$$Y_A=W_1+W_2-R_D\sin30°=6\text{kN}(\uparrow)$$

CD 杆在 D 点所受力 R'_D，应与 AB 在 D 点受到的力 R_D 是作用力和反作用力，等值、反向。再由 CD 杆的平衡可知，支座 C 的约束反力 R_C 应沿 CD 杆，并与 R'_D 方向相反，且

$$R_C=R'_D=R_D=26\text{kN}$$

2.7.4 平面平行力系的平衡方程

平面平行力系是平面任意力系的一种特殊情形。如取 y 轴平行于各力，如图 2-56 所示，此时无论力系是否平衡，则平面一般力系平衡方程的基本形式中，平衡方程 $\Sigma X=0$ 将变为恒等式 $\Sigma X\equiv0$，所以就只剩下两个有效的平衡方程

$$\left.\begin{array}{l}\Sigma Y=0\\ \Sigma M_O=0\end{array}\right\}\tag{2-22}$$

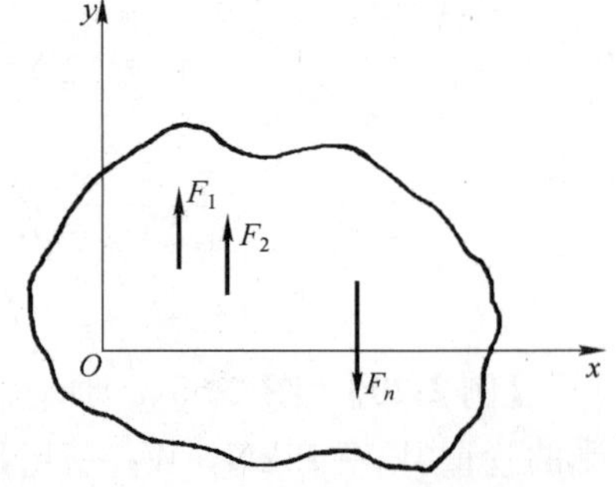

图 2-56 平面平行力系

这就是平面平行力系平衡方程的基本形式。两个独立的平衡方程可解两个未知力。

同理，可从平面一般力系平衡方程的二矩

式中导出平面平行力系的平衡方程的二矩式方程的形式，即

$$\left.\begin{array}{l}\Sigma M_{\mathrm{A}}=0 \\ \Sigma M_{\mathrm{B}}=0\end{array}\right\} \quad (2\text{-}23)$$

其中 A、B 两点的连线不得与各力平行。

由于平面平行力系的独立平衡方程只有两个，故只能解出两个未知量。

【例 2-21】 求图 2-57(*a*)所示外伸梁 A、B 处的支座反力。

【解】 取外伸梁为研究对象，受力如图 2-57(*b*)所示。由于梁上的集中荷载、分布荷载以及 B 处的约束反力相互平行，故 A 处的约束反力必定与各力平行，才可能使该力系平衡。应用平面平行力系的平衡方程求解两个未知力。分布荷载是非均布的荷载集度按线性规律变化，最大的荷载集度为 q_0 其合力大小为三角形的面积 $Q=\frac{1}{2}(q_0\times 3)$，合力的作用线平行力系通过三角形的重心，如图 2-57(*b*)所示。

$$\Sigma M_{\mathrm{B}}=0,\ F\times 3+\frac{1}{2}\times q_0\times 3\times 1-R_{\mathrm{A}}\times 2=0$$

$$R_{\mathrm{A}}=\frac{1}{2}(2\times 3+\frac{1}{2}\times 1\times 3\times 1)=3.75\mathrm{kN}(\uparrow)$$

$$\Sigma Y=0,\ R_{\mathrm{A}}+R_{\mathrm{B}}-F-\frac{1}{2}\times q_0\times 3=0$$

$$R_{\mathrm{B}}=2+\frac{1}{2}\times 1\times 3-3.75=-0.25\mathrm{kN}(\downarrow)$$

求出的 R_{B} 为负值，说明受力图中假设的 R_{B} 的指向与实际的指向相反，R_{B} 的指向应铅垂向下。

校核：
$$\Sigma M_{\mathrm{A}}=F\times 1+R_{\mathrm{B}}\times 2-\frac{1}{2}\times q_0\times 3\times 1=0$$

可见计算正确。

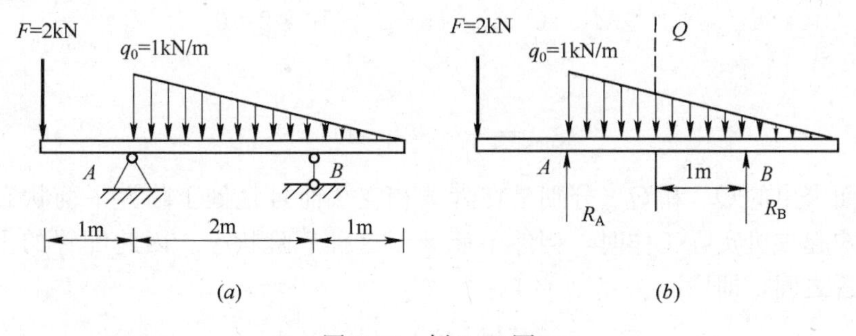

图 2-57　例 2-21 图

【例 2-22】 图 2-58 所示为可沿路轨移动的塔式起重机。机身重 $W=220\mathrm{kN}$，作用线通过塔架的中心。已知最大起吊重力 $P=50\mathrm{kN}$，起重悬臂长 12m，轨道 A、B 的间距为 4m，平衡重 Q 到机身中心线的距离为 6m。试求：

(1) 起重机满载时，要保持机身平衡，平衡重 Q 至少要有多大？

(2) 起重机空载时，要保持机身平衡，平衡重 Q 最大不能超过多少？

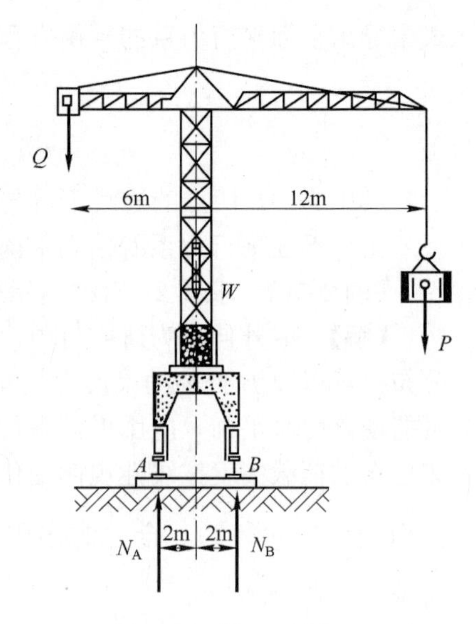

图 2-58　例 2-22 图

【解】 这是塔式起重机的平衡和翻倒问题。以起重机为研究对象，作用在它上面的有主动力 W、P、Q，以及轨道 A、B 对轮子的反力 N_A、N_B，它们构成平面平行力系，其受力图如图 2-58 所示。要使起重机能正常工作，必须配置一定的平衡重 Q。Q 的值既不能太大，也不能太小。

若没有平衡重或平衡重 Q 的值太小，当起吊重力超过某一限额时，左侧轮子就会与轨道 A 脱开(即反力 $N_A=0$)，整个起重机就会绕点 B 向右侧翻倒。因此，要使起重机在起吊最大重力时也能平稳地工作，就需要确定平衡重的最小重力 Q_{min}。

但是如果 Q 太大，那么空载时右侧轮子又可能会与轨道 B 脱开(即反力 $N_B=0$)，整个起重机就会绕点 A 向左侧翻倒，所以平衡重的最大重力 Q_{max}，也必须确定。

(1) 平衡重的最小值 Q_{min}。根据以上分析，满载时，$P=50\text{kN}$，在临界平衡状态下，$N_A=0$，此时求得的平衡重是最小值。故以点 B 为矩心列出力矩方程。

$$\Sigma M_B=0 \quad Q_{min}(6+2)+W\times 2-P(12-2)=0$$

解得

$$Q_{min}=\frac{1}{8}\times(50\times 10-2\times 220)=7.5\text{kN}$$

(2) 求平衡重的最大值 Q_{max}。空载时，$P=0$，在临界平衡状态下，$N_B=0$，此时求得的平衡重是最大值。故以点 A 为矩心列出力矩方程。

$$\Sigma M_A=0 \quad Q_{max}(6-2)-W\times 2=0$$

解得

$$Q_{max}=\frac{1}{2}\times 220=110\text{kN}$$

上面求出的 Q_{min} 和 Q_{max} 分别是在满载和空载而且是处于临界平衡状态下得出的。塔式起重机实际工作时，当然不能处于这种危险状态。因此配置的平衡重 Q 应在两者之间，即

$$7.5\text{kN}<Q<110\text{kN}$$

这样，起重机在正常工作或空载时，才不会翻倒。

2.7.5　物体系统的平衡

在工程中，常常遇到由几个物体通过一定的约束联系在一起的系统，这种系统称为物体系统。如图 2-59(a)所示的三铰拱，就是由 AC 和 CB 通过铰 C 连接，

并支承在 A、B 支座而组成的一个物体系统。我们把作用在物体系统上的力分为外力和内力。外力就是系统以外的物体作用在这系统上的力；内力就是系统内各物体之间相互作用的力。外力和内力的概念是相对的，决定于所选取的研究对象。例如图 2-59(b)三铰拱在 C 铰处两段拱的相互作用力，对整体来说，就是内力；而对左段拱或右段拱来说，就成为外力了。

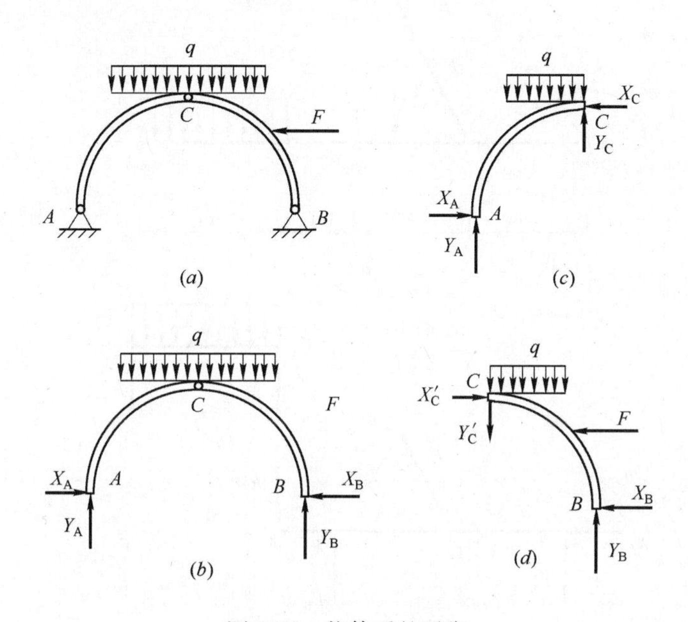

图 2-59　物体系的平衡

当整个物体系平衡时，组成该系统的每一个物体也必定平衡。所以可以取物体系的整体或任意部分为研究对象，可根据研究对象所受的力系列出相应的平衡方程去求解未知量。如果每个单个物体都受平面一般力系作用，都可列出 3 个方程，物体系由两个物体组成，如图 2-59(a)所示，共可列出 6 个方程，而该三铰拱总的独立未知量的数目也为 6。依此类推，如果物体系是由 n 个物体组成的，而且每一个物体都受平面一般力系作用，则该物体系统共有 $3n$ 个独立平衡方程，可解 $3n$ 个未知量，如果物体系统中有的物体所受力系为其他平面力系，则独立平衡方程的数目及能求解出的未知量的数目都会相应减少。

像三铰拱这样全部未知量都可由平衡方程求得的结构也称为静定结构。如果问题中的未知量的数目大于独立平衡方程的数目，仅用平衡方程就不能求得全部未知量，这类问题称为静不定问题，或超静定问题，所对应的结构称为超静定结构。超静定问题的求解将在以后介绍。

解决物体系的平衡问题的关键在于恰当地选取研究对象，可以按其构造特点与荷载传递规律将物体系统归纳为两大类：有主次之分的物体系统；无主次之分的物体系统。

1. 有主次之分的物体系统

主要部分(基本部分)是指能独立承受荷载并维持平衡的部分。次要部分(附属部分)是指必须依赖于主要部分才能承受荷载并维持平衡的部分。因此，在研究有主次之分的物体系统的平衡时，应先以次要部分为研究对象，后以主要部分或整体为研究对象。

【例 2-23】 组合梁支承和荷载情况如图 2-60(a)所示。已知 $q=10\text{kN/m}$，$F=20\text{kN}$，$m=20\text{kN}\cdot\text{m}$，梁自重不计，试求支座 A、B、D 的反力。

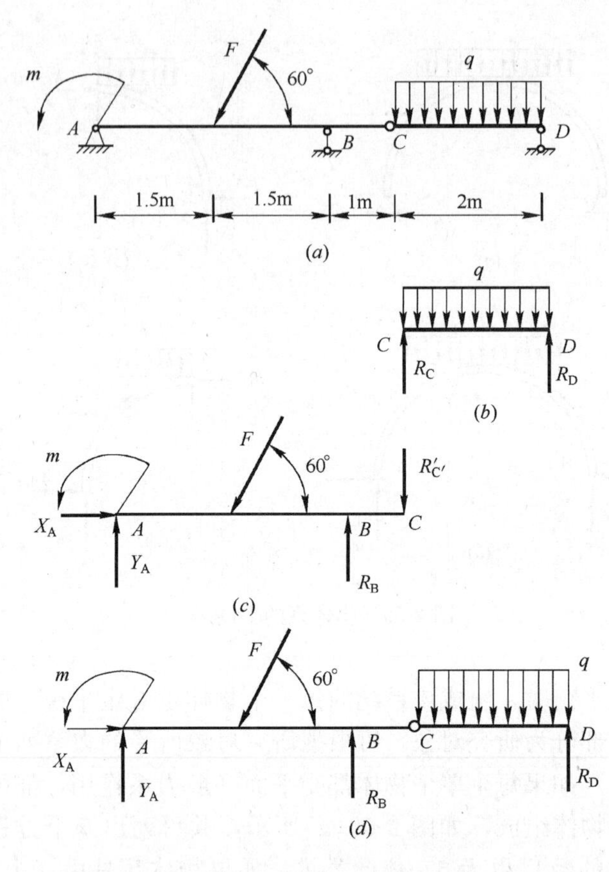

图 2-60 例 2-23 图

【解】 组合梁由两段 AC、CD 在 C 处用铰链连接，并支承于三个支座上而构成。

(1) 取梁 CD 段为研究对象，受力如图 2-60(b)所示，由平衡方程

$$\Sigma M_C=0 \quad R_D\times2-q\times2\times1=0$$

$$R_D=10\text{kN}$$

(2) 取整个组合梁为研究对象，受力如图 2-60(d)所示，由平衡方程

$$\Sigma M_A=0，R_B\times3+R_D\times6-F\sin60^\circ\times1.5-q\times2\times5+m=0$$

$$R_B=\frac{1}{3}(20\times0.866\times1.5+10\times2\times5-10\times6-20)=15.33\text{kN}$$

$$\Sigma X=0，X_A-F\cos60^\circ=0$$

$$X_A = 20 \times 0.5 = 10\text{kN}$$

$$\Sigma Y = 0，Y_A + R_B - F\sin 60^\circ - q \times 2 + R_D = 0$$

$$Y_A = 20 \times 0.866 + 10 \times 2 - 15.3 - 10 = 12\text{kN}$$

求出所有的未知量后应当校核计算结果是否正确。为此，取梁 AC 段研究，受力如图 2-60(c)所示，可以检验其所受到的力对 C 点的力矩的代数和是否等于零。计算如下

$$\Sigma M_C = F\sin 60^\circ \times 2.5 - Y_A \times 4 - R_B \times 1 + m = 43.3 - 48 - 15.3 + 20 = 0$$

可见计算正确。

本题还可以先取梁 CD 段为研究对象，求解 R_D 和 R_C；再取梁 AC 段为研究对象，求解 R_B、X_A 和 Y_A。但这一种解法不如上述解法简单。

2. 无主次之分的物体系统

这类系统的各部分都不能独立承受荷载维持平衡。各部分必须相互依赖才能维持平衡。因此，在研究无主次之分的物体系统的平衡时，应先以整体为研究对象，后以部分为研究对象。

【例 2-24】 三铰刚架尺寸以及所受荷载如图 2-61(a)所示，其中 $F = 10\text{kN}$，$q = 4\text{kN/m}$，$a = 2\text{m}$，求支座 A、B 及铰 C 处的约束反力。

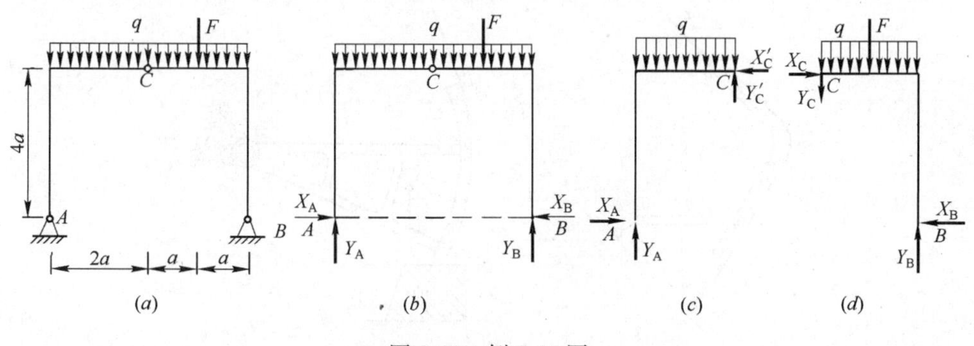

图 2-61 例 2-24 图

【解】 (1) 取三铰刚架整体为研究对象，受力如图 2-61(b)所示，列平衡方程

$$\Sigma M_B = 0，-Y_A \times 8 + F \times 2 + q \times 8 \times 4 = 0$$

$$Y_A = \frac{1}{8}(4 \times 8 \times 4 + 10 \times 2) = 18.5\text{kN}(\uparrow)$$

$$\Sigma M_A = 0，Y_B \times 8 - F \times 6 - q \times 8 \times 4 = 0$$

$$Y_B = \frac{1}{8}(4 \times 8 \times 4 + 10 \times 6) = 23.5\text{kN}(\uparrow)$$

$$\Sigma X = 0，X_A - X_B = 0$$

(2) 取左半刚架为研究对象，受力如图 2-61(c)所示，列平衡方程

$$\Sigma M_C = 0，X_A \times 8 + q \times 4 \times 2 - Y_A \times 4 = 0$$

$$X_A = \frac{1}{8}(-4 \times 4 \times 2 + 18.5 \times 4) = 5.25\text{kN}(\rightarrow)$$

$$X_B = X_A = 5.25\text{kN}(\leftarrow)$$

思 考 题

1. 说明下列式子的意义和区别。

(1)$F_1=F_2$；(2)$\boldsymbol{F_1}=\boldsymbol{F_2}$；(3)力 F_1 等于力 F_2。

2. 试区别 $F=F_1+F_2$ 和 $\boldsymbol{F}=\boldsymbol{F_1}+\boldsymbol{F_2}$ 两个等式代表的意义。

3. 二力平衡条件与作用和反作用定律都是说二力等值、反向、共线，二者有什么区别？

4. 什么叫二力构件？二力构件(或二力杆)的受力特点是什么？指出图 2-62 中哪些杆件是二力构件？

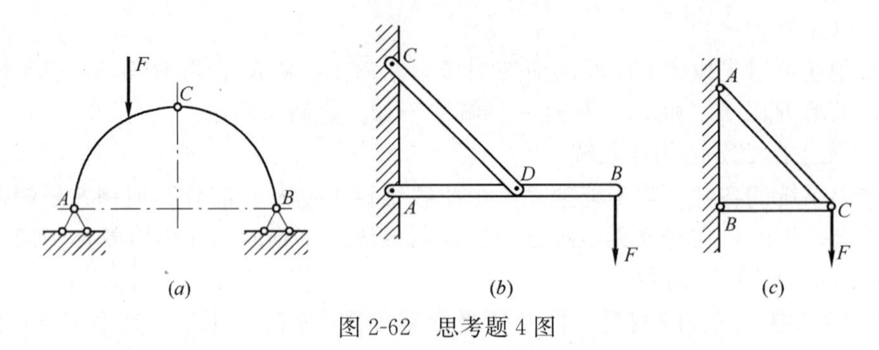

图 2-62 思考题 4 图

5. 三力平衡汇交时怎样确定第三个力的作用线方向？画出图 2-63 中的第三个力。

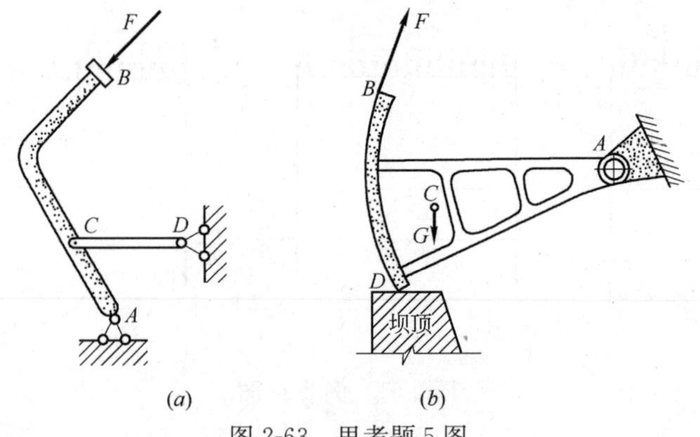

图 2-63 思考题 5 图

6. 在求约束反力时，图 2-64 所示哪些情况可将力 F 沿其作用线移动而不影响结果？

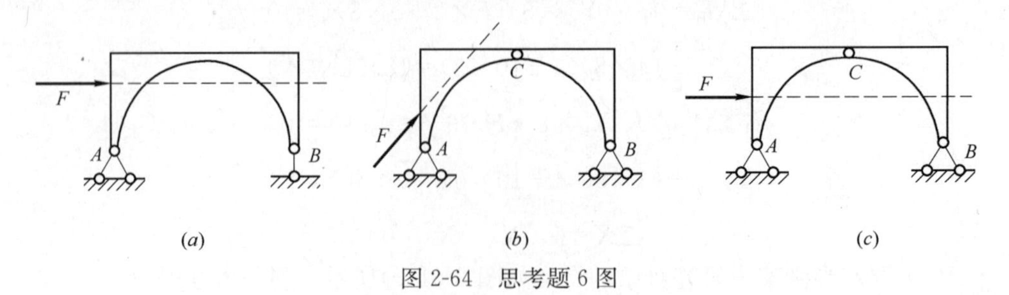

图 2-64 思考题 6 图

7. 试比较力对点之矩与力偶矩二者的异同。

8. 试在图 2-65 所示各杆的 A、B 两点各加一个力，使该杆处于平衡。

9. 如图 2-66 所示，AC 和 BC 是绳索，在 C 点加向下的力 F，问 α 角越大绳索越危险，还是 α 角越小绳索越危险？为什么？

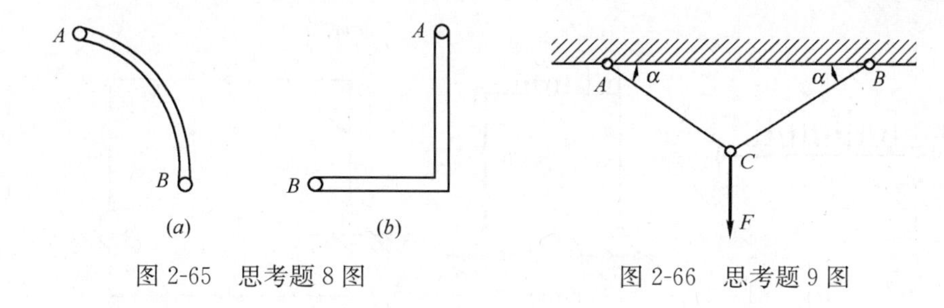

图 2-65　思考题 8 图　　图 2-66　思考题 9 图

10. 若平面汇交的四个力作出如图 2-67 所示的图形，则此四个力的关系如何？

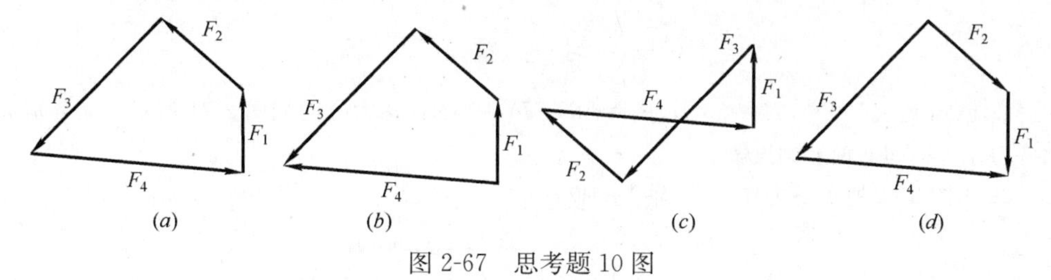

图 2-67　思考题 10 图

11. 一个力在某轴上投影的绝对值一定等于此力沿该轴的分力的大小，此叙述对吗？

12. 平面力系的主矢是否就是力系的合力，为什么？

13. 某物体系统由 5 个刚体组成，其中的 2 个刚体受到平面汇交力系作用，其余 3 个受平面任意力系作用。试问该物体系统总独立平衡方程的数目是多少？

14. 用解析法求解汇交力系的平衡问题，坐标系原点是否可以任意选取？所选的投影轴是否必须相互垂直？为什么？

15. 你采用什么办法使所列的第一个方程只出现一个未知量？

16. 如图 2-68 所示，物体系统处于平衡。试解决如下问题：

(1) 分别画出各部分和整体的受力图；

(2) 在求各支座的约束反力时，按怎样顺序选择研究对象？

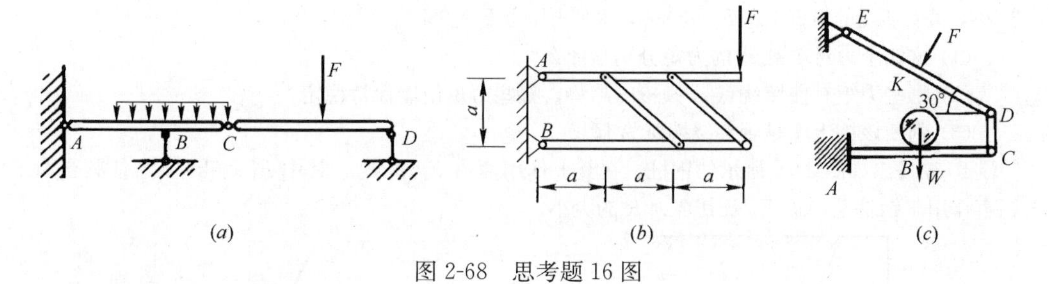

图 2-68　思考题 16 图

17. 求图 2-69(*a*)所示简支梁的支座反力时，可否先将均布荷载合成为一合力，然后求解？又如求图 2-69(*b*)所示三铰刚架的反力时，可否用同样的方法？通过以上分析，说明当求结构的支座反力时，在什么条件下，才可应用力系的等效代换？

18. 图 2-70 所示三铰刚架，一力偶矩为 m 的力偶作用在 D 角处，试求：

(1) 支座 A、B 反力 R_A、R_B 的方向；

(2) 如将该力偶移到 E 角处，再求支座 A、B 反力 R_A、R_B 的方向；

(3) 比较(1)、(2)的结果，说明力偶在其作用面内移动时应注意什么？

19. 在解方程求支座反力时，如果所得结果是负值说明什么？需要这个结果计算其他未知力时用正值还是负值计算？

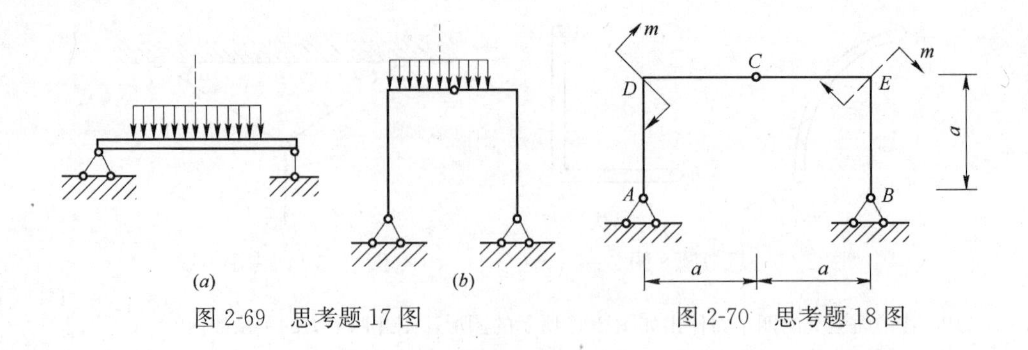

图 2-69 思考题 17 图 图 2-70 思考题 18 图

习 题

1. 已知 $F_1=100\text{N}$，$F_2=50\text{N}$，$F_3=60\text{N}$，$F_4=80\text{N}$，各力方向如图 2-71 所示。试分别求出各力在 x 轴和 y 轴上的投影。

2. 求图 2-72 所示各力在 x、y 轴上的投影。

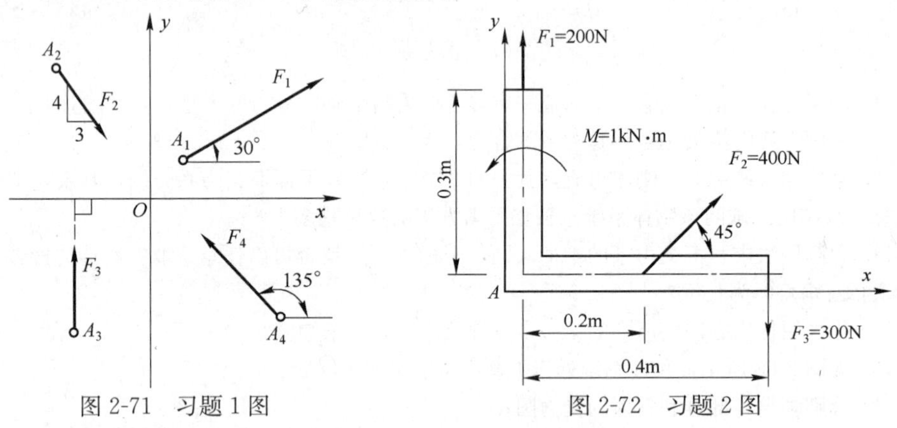

图 2-71 习题 1 图 图 2-72 习题 2 图

3. 一重力式挡土墙如图 2-73 所示。已知浆砌块石的墙身重 $P_1=130\text{kN}$，混凝土底板重 $P_2=36\text{kN}$，墙背所受的铅直土压 $F_1=59\text{kN}$，水平土压力 $F_2=98\text{kN}$。试问：

(1) 这四个力对墙趾 A 的力矩分别是什么？

(2) 哪些力矩有使墙绕点 A 倾覆的趋势，哪些力矩使墙保持稳定？

(3) 判断该挡土墙是否会绕墙趾 A 倾覆。

4. 欲拔出如图 2-74 所示的钢桩，在其上作用两力 F_1 和 F_2，其中 $F_1=6\text{kN}$。为使其合力铅直作用于钢桩上，求 F_2 及其合力 R 的大小。

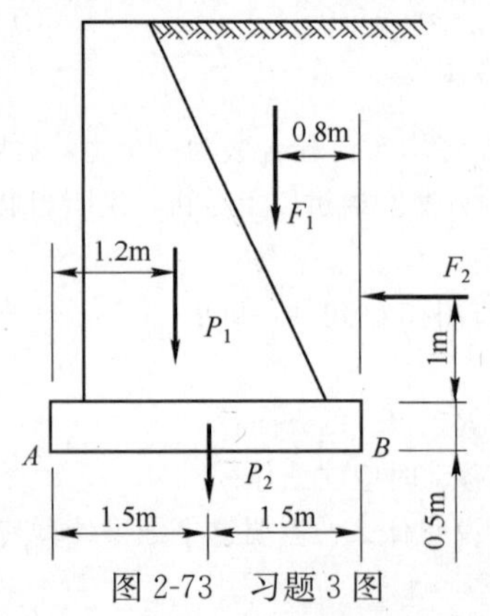

图 2-73 习题 3 图

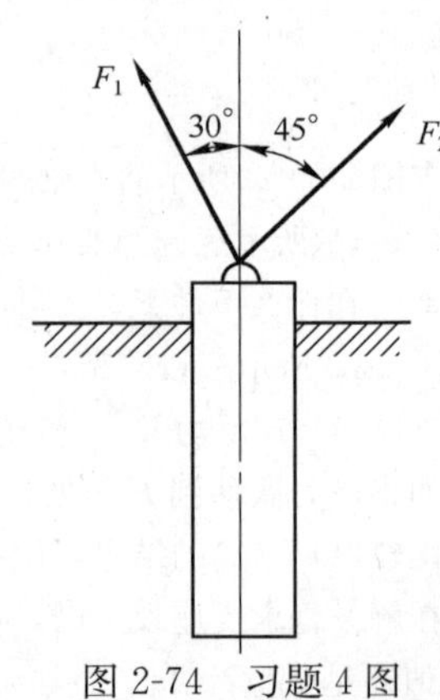

图 2-74 习题 4 图

5. 如图 2-75 所示，悬臂梁的自由端作用两力 F_1 和 F_2。分别求两力对梁上 O 点的力矩。

6. 如图 2-76 所示的 OA 杆，杆长 l=1m，在杆的 A 端作用一铅直力 F_1，其大小 F_1=100N。试问：

(1) 力 F_1 对 O 点的力矩等于多少？

(2) 在 A 点施加一水平力 F_2，若使其产生与力 F_1 对 O 点相同的力矩，F_2 的大小是多少？

(3) 若产生与力 F_1 对 O 点相同的力矩，在 A 点施加的最小力 F_{min} 为多少？方向如何？

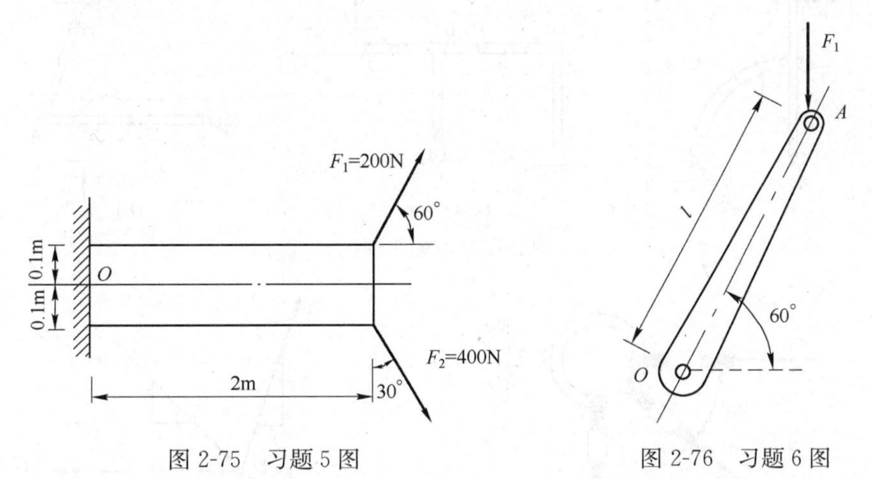

图 2-75　习题 5 图　　图 2-76　习题 6 图

7. 画出图 2-77 中各物体的受力图，凡未注明者，物体的自重均不计，所有接触面都是光滑的。

8. 如图 2-78 所示，一个固定在墙壁上的圆环受三条绳的拉力作用。三力大小分别为 F_1＝200kN，F_2＝250kN，F_3＝150kN。求这三力的合力。

9. 如图 2-79 所示的力系位于铅垂平面内，其中 F_1 水平，各力的大小分别为：F_1＝50N，F_2＝80N，F_3＝60N，F_4＝100N。试用解析法求该力系的合力，并表示在图上。

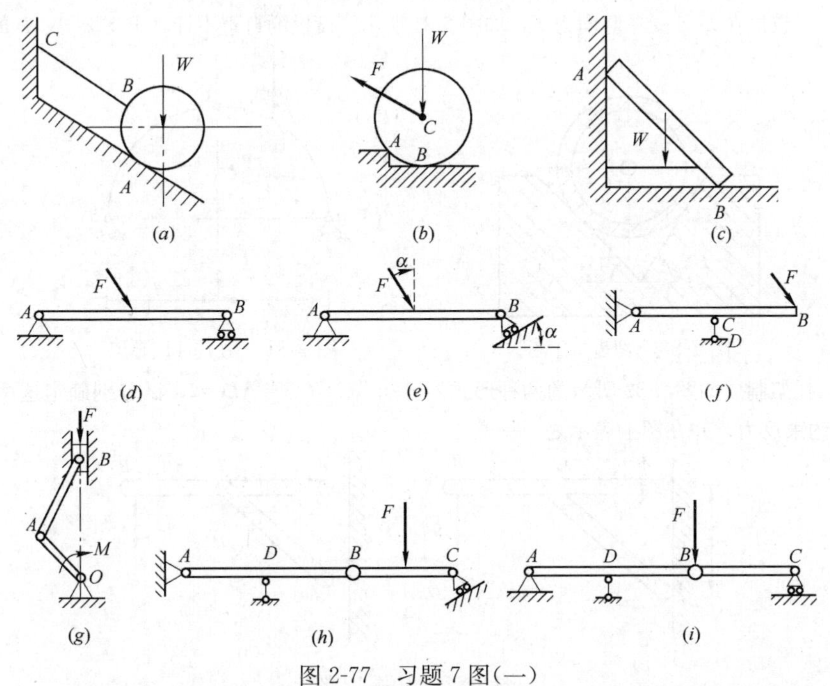

图 2-77　习题 7 图(一)

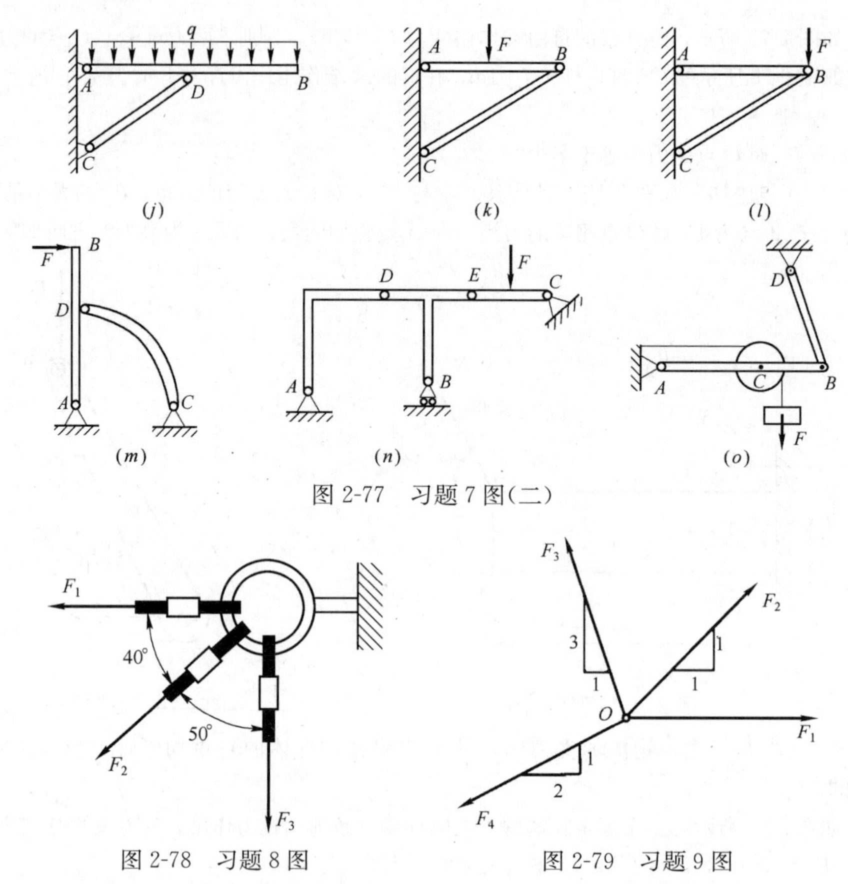

图 2-77　习题 7 图(二)

图 2-78　习题 8 图　　　　图 2-79　习题 9 图

10. 一根钢管重 $G=5\text{kN}$，放在 V 形槽内如图 2-80 所示。钢管与槽面间的摩擦不计，求槽面对钢管的约束反力。

11. 三铰拱在 D 处受一竖向力 F，如图 2-81 所示。设拱的自重不计，求支座 A、B 的反力。

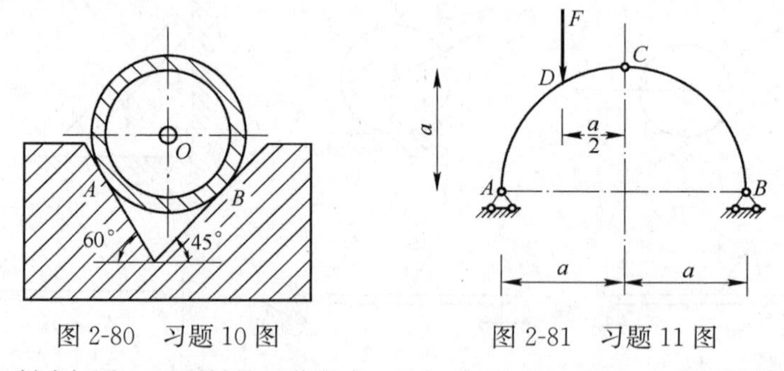

图 2-80　习题 10 图　　　　图 2-81　习题 11 图

12. 托架制成如图 2-82 所示的两种形式。已知 $AC=CB=AD=l$，试分别确定这两种形式中 A 处约束反力，并在图上表示之。

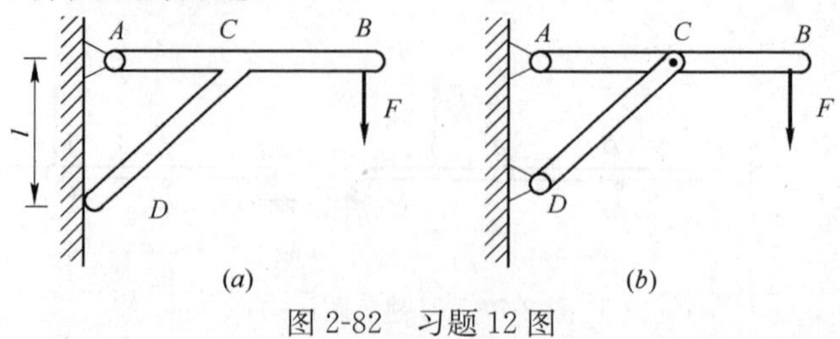

图 2-82　习题 12 图

13. 各支架均由杆 AB 和 AC 组成，A、B、C 均为铰链，在销钉 A 上悬挂重力为 W 的重物，杆重不计。试求图 2-83 所示四种情况下，杆 AB 和杆 AC 所受的力。

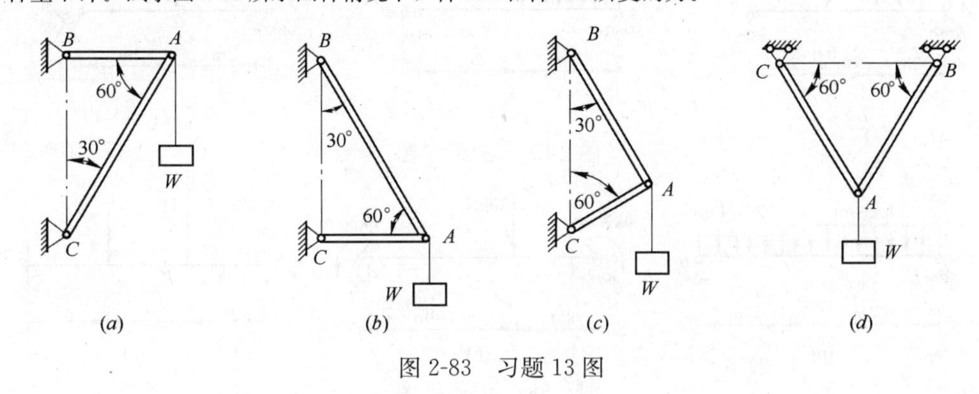

图 2-83　习题 13 图

14. 求图 2-84 所示各梁的支座反力。

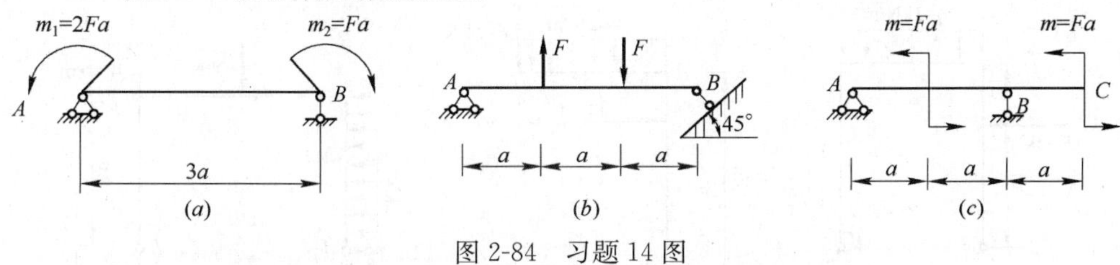

图 2-84　习题 14 图

15. 某厂房柱，高 9m，柱上段 AB 重 F_1＝8kN，下段 BO 重 F_2＝37kN，柱顶水平力 F_3＝6kN，各力作用位置如图 2-85 所示。试求力系向柱底中心 O 点的简化结果。

16. 如图 2-86 所示绞盘，有三根长度为 l 的铰杠，杠端各作用一垂直于杠的力 P。求该力系向绞盘中心 O 点的简化结果。如果向 A 点简化，结果怎样？为什么？

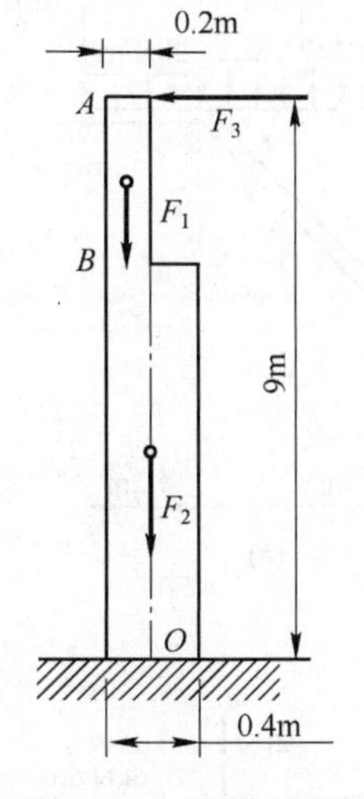

图 2-85　习题 15 图

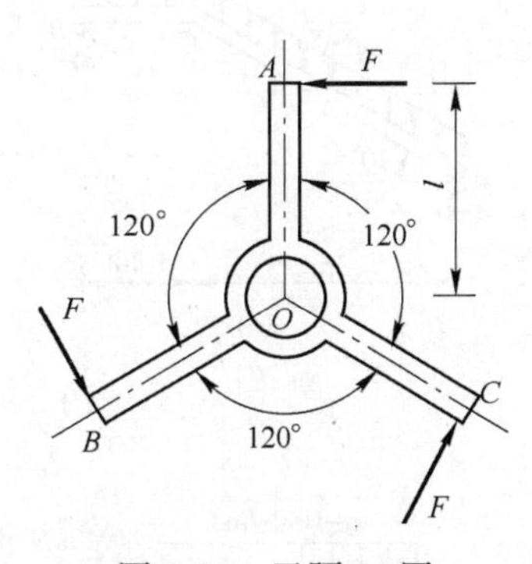

图 2-86　习题 16 图

17. 求图 2-87 所示各梁的支座反力。

18. 求图 2-88 所示各梁的支座反力。

19. 求图 2-89 所示各刚架的支座反力。

20. 求图 2-90 所示各斜梁的支座反力。

21. 求图 2-91 所示各多跨梁的支座反力。

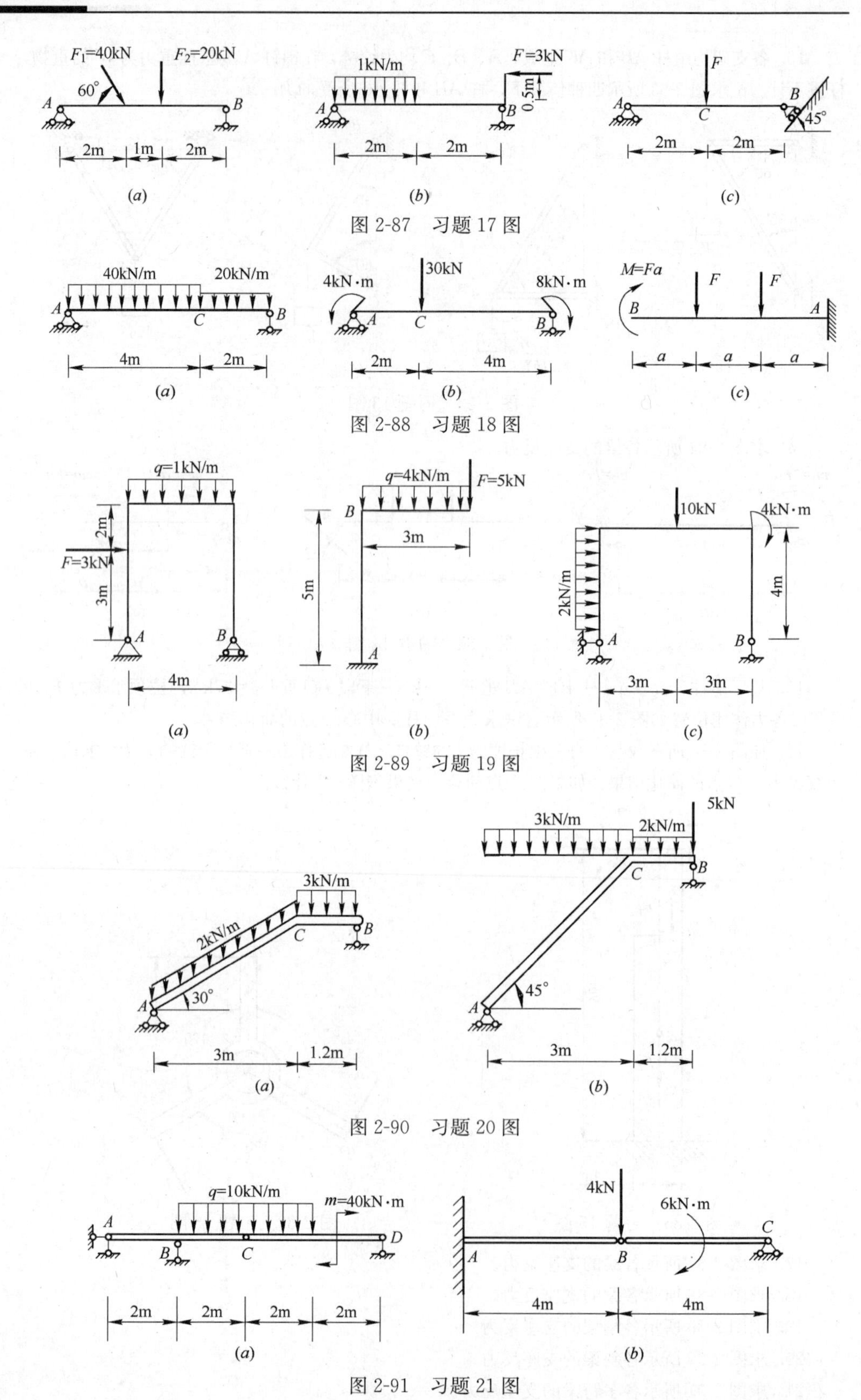

图 2-87 习题 17 图

图 2-88 习题 18 图

图 2-89 习题 19 图

图 2-90 习题 20 图

图 2-91 习题 21 图

22．求如图 2-92 所示各刚架的支座反力。

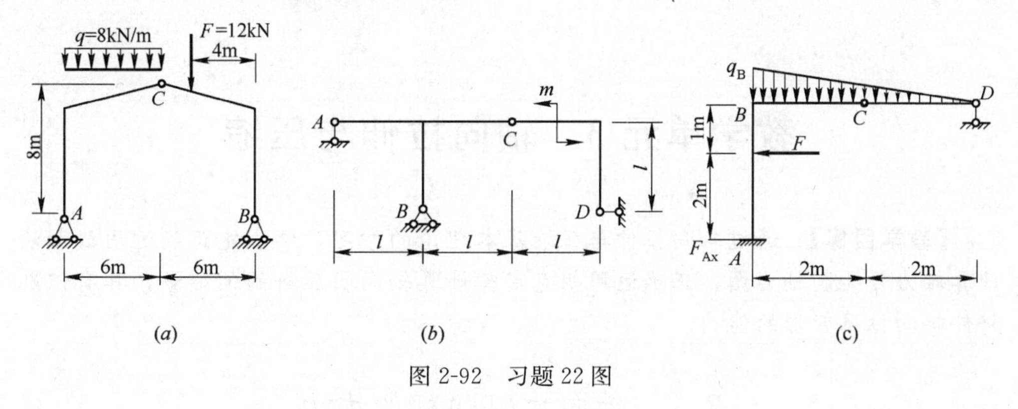

图 2-92　习题 22 图

教学单元 3　轴向拉伸与压缩

【教学目标】 通过轴向拉伸与压缩基本理论的学习，学生能正确运用截面法计算轴力并绘制轴力图，正确运用胡克定律计算轴向拉压杆的伸缩量，具有识别杆件轴向拉压变形的能力。

3.1　轴向拉(压)杆的内力

3.1.1　轴向拉(压)变形的概念及工程实例

轴向拉压变形是材料力学的四大基本变形之一，在工程中，经常会遇到轴向拉伸和压缩的杆件，如图 3-1(*a*)所示桁架中的各杆件和图 3-1(*b*)所示起重机的支架等均是受拉或受压的杆件。这些杆件的特点是：作用于其上的外力的合力作用线与杆件的轴线重合。这些杆件又称为轴向受力杆，杆件的变形是沿轴线方向的伸长或缩短的。产生伸长变形的杆件，称为轴向拉伸，如图 3-3(*a*)所示；产生压缩变形的杆件，称为轴向压缩，如图 3-3(*b*)所示。又如：工程结构中的吊索、悬索桥、柱子和振拔桩机等，如图 3-2 所示，均是轴向拉压的实例。

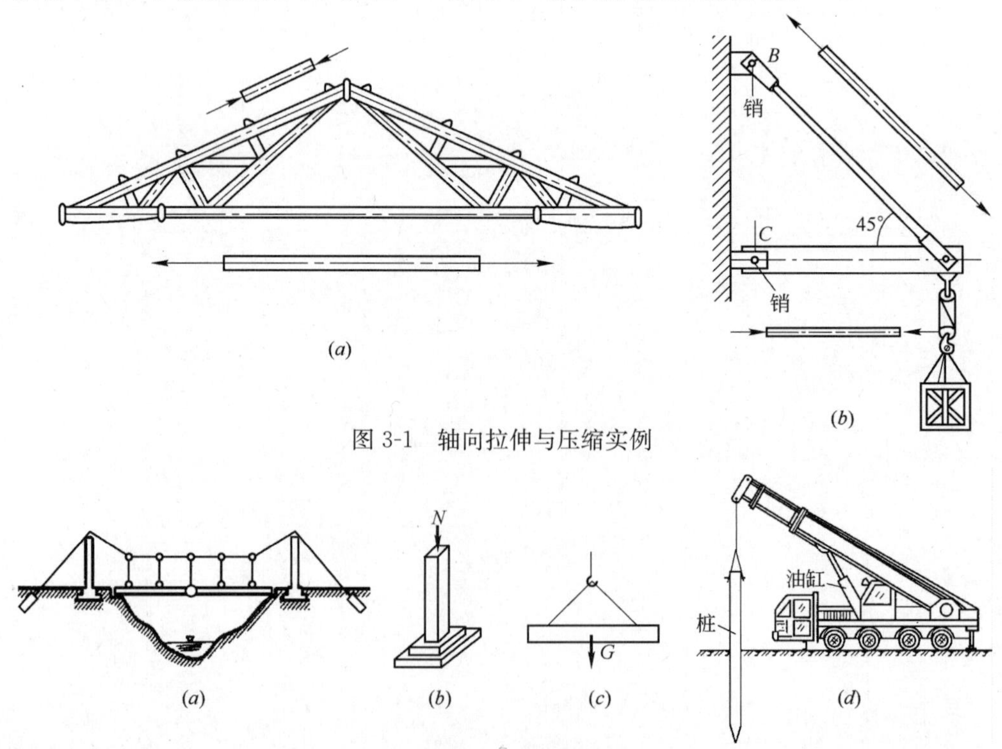

图 3-1　轴向拉伸与压缩实例

图 3-2　工程实例

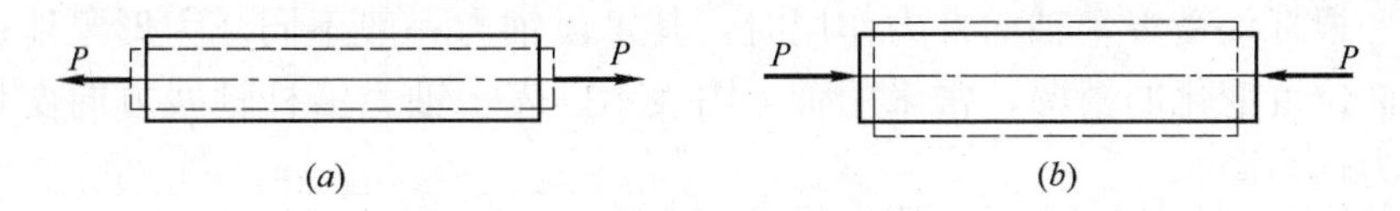

图 3-3　轴向拉压变形

3.1.2　内力的定义及计算内力的截面法

前面在研究构件的平衡问题时，把构件受到的荷载和支座反力称为外力。构件在外力作用下，其形状和尺寸都要发生变化，构件为反抗外力所引起的变形却在内部各部分之间产生的相互作用力称为内力。图 3-4(a)中 M 截面的左、右两部分的相互作用力 N、N'就是 M 截面的内力。由于 N 与 N'大小相同、又都是拉力，无需区分，都用 N 表示。

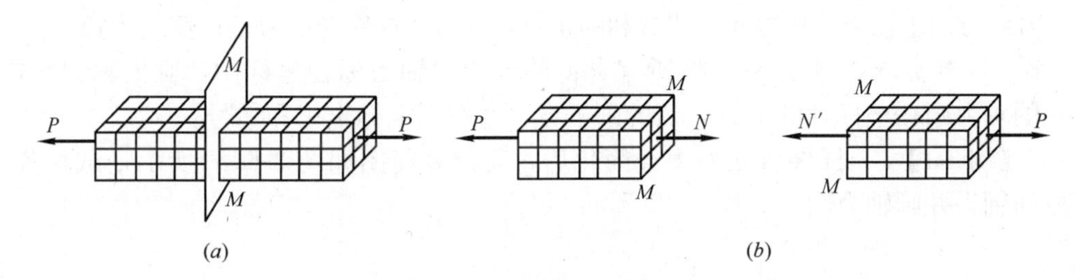

图 3-4　用截面法求内力

构件的内力是由外力引起的，并随着外力的增大其变形和内力也增大，但内力的增大总是有限度的，超过了此限度，构件就要发生破坏。在研究构件强度、刚度等问题时，内力这个因素至关重要，我们经常需要知道构件在已知外力作用下的某一截面上的内力值。任一截面上的内力值的确定，通常采用下述截面法：

要确定内力就得先把内力暴露出来，我们用一个假想的平面 M 在欲求内力处将构件截成两部分如图 3-4(a)所示，留下一部分，弃去一部分，并用内力代替弃去部分对留下部分的作用。再根据整体的平衡是由各部分平衡来保证的，列出保留部分在外力和截面上的内力作用下的平衡方程，解方程就可求得内力。这种应用假想截面从需求内力处将构件截开，分成两部分，把内力转化为外力而显示出来并用静力平衡方程确定截面内力的方法，称为截面法。

3.1.3　轴力与轴力图

当所有外力的合力作用线与构件的轴线重合时，杆件的横截面上的内力也沿轴线方向，这种内力叫轴力，用 N 表示。常用单位为 N(牛顿)或 kN(千牛)。轴力的符号规定：轴力沿轴线方向箭头离开截面使杆件受拉为正，反之为负，如图 3-5 所示。

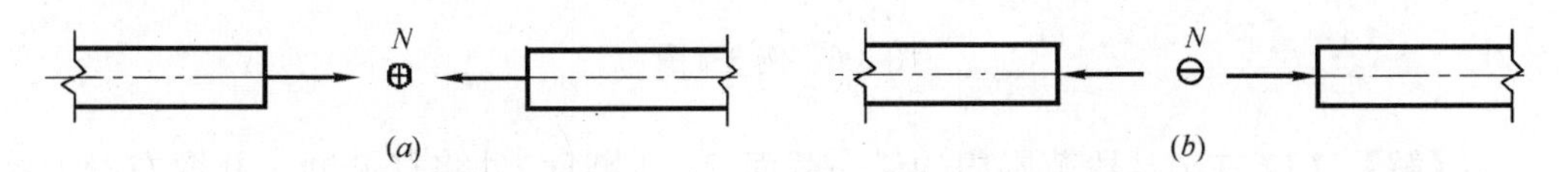

图 3-5　轴力的符号规定

当一根杆件受多个轴向外力作用时，其每段轴力一般不同。为形象地表示轴力随截面位置变化的情况，常采用轴力图表示。表示轴力沿杆轴线方向变化的图形，称为轴力图。

绘制轴力图的方法与步骤如下：

（1）分段，由于荷载作用，各段轴力一般不同，先根据杆件上作用的荷载进行分段，将集中荷载作用处定为分段点。

（2）如果在某一段上轴力是相同的，就在该段范围内任选一截面，用截面法求出轴力，以代表该段的轴力。即用一个假想截面将杆件截成两段，取任一段为研究对象，画出作用的外力和未知轴力，轴力假设为正方向。对选取的部分杆件建立平衡方程，解平衡方程确定轴力大小与正负：结果为正号表示为拉轴力；负号表示压轴力。

也可以用简便法：杆件上任一截面的轴力，在数值上等于该截面一侧所有外力在轴线方向上投影的代数和。代数和的正负：外力使杆件受拉为正；反之为负。

（3）建立 x-N 坐标系，将所有求得的各段的轴力标在坐标中，画出轴力图，正的轴力画在坐标轴的上方，负的画下方，并在图上标出⊕和⊖号。

【例 3-1】 一杆件所受外力经简化后，其计算简图如图 3-6(a)所示，试求各段的轴力并画轴力图。

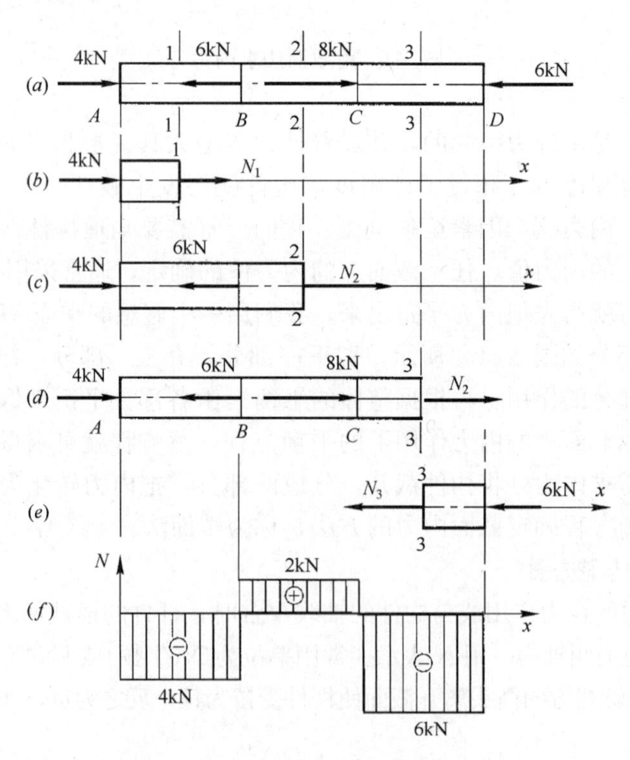

图 3-6　例 3-1 图

【解】（1）在 AB 段范围内的任一截面(1—1 截面)处将杆截断，并取左段为分离体，如图 3-6(b)所示，以 N_1 代表该截面的轴力，设它为拉力(箭头方向背离截面)，若算得的结果为正，则表明所设的方向是正确的，N_1 即为拉力；若算得的结果为负，则表明 N_1 为压力。以杆轴为 x 轴，由平衡条件

$$\Sigma X=0，4+N_1=0$$

$$N_1=-4\text{kN} \quad (压)$$

上式中求得的负号，说明与原先假设的方向相反，为压力。

(2) 在 BC 段范围内的任一截面(2—2 截面)处将杆截断，取左段为分离体如图 3-6(c)所示，以 N_2 代表该截面的轴力，设它为拉力。由脱离体的平衡条件

$$\Sigma X=0，4-6+N_2=0$$

得
$$N_2=2\text{kN} \quad (拉)$$

结果得正，说明 N_2 是拉力。

(3) 在 CD 段范围内的任一截面(3—3 截面)处将杆截断，取左段为分离体，如图 3-6(d)所示，设 N_3 为拉力，则由

$$\Sigma X=0，4-6+8+N_3=0$$

得
$$N_3=-6\text{kN} \quad (压)$$

负号表明 N_3 是压力。

由图 3-6(d)可知，在求 CD 段杆的轴力时，取左段为分离体，其上的作用力较多，计算较复杂，而取右段为分离体，如图 3-6(e)所示，则受力情况简单，马上便可以判定

$$N_3=-6\text{kN}$$

当全杆的轴力都求出来以后，便可根据各截面上轴力 N 的大小及正负号绘出轴力图如图 3-6(f)所示。

【例 3-2】 竖柱 AB 如图 3-7(a)所示，其横截面为正方形，边长为 a，柱高为 h，

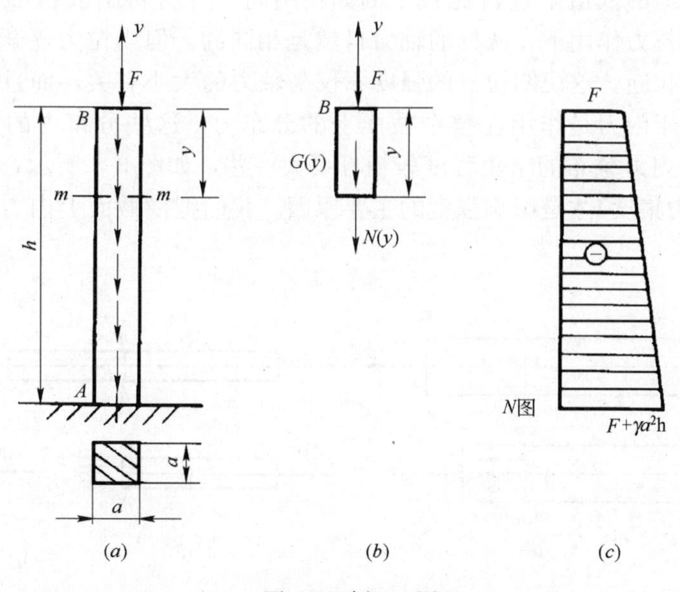

图 3-7 例 3-2 图

材料的密度为γ，柱顶受荷载F作用，求柱的轴力图。

【解】 由受力特点识别该柱子属于轴向拉压杆，其内力是轴力N。由于考虑柱子的自重荷载，以竖向的y坐标表示横截面位置，则该柱各横截面的轴力是y的函数。用任意$m—m$截面将杆件截断，取上段为研究对象，分离体如图3-7(b)所示。图中$N(y)$是任意y截面的轴力；$G=\gamma\cdot a^2 y$是该段脱离体的自重。由

$$\Sigma Y=0,\ -N(y)-F-G=0$$

得

$$N(y)=-F-\gamma a^2 y$$

上式称为该柱的轴力方程。该轴力方程是y的一次方程，故只需求得两点连成直线，即得N图。

当$y\rightarrow 0$时，得B下邻截面的轴力

$$N_B=-F$$

当$y\rightarrow h$时，得A上邻截面的轴力

$$N_A=-F-\gamma a^2 h$$

在坐标轴上描出A、B两点的轴力N_A、N_B，连成直线画轴力图，如图3-7(c)所示。

3.2 轴向拉(压)杆的应力

3.2.1 应力的概念

上一节学习了内力的概念，知道内力与杆件的变形和强度有关，但是，单凭内力并不能判别杆件的强度是否足够。特别是对于不同尺寸的构件，其危险程度更难以通过内力的数值来进行比较。例如：用同一种材料制成粗细不同的两根杆，在相同的拉力作用下，两杆的轴力自然是相同的。但当拉力逐渐增大时，细杆必然会先被拉断。这说明拉杆的强度不仅与轴力的大小有关，而且与横截面的面积有关。由于内力是作用在整个截面上的分布力，这些分布力的合力就是轴力，显然细杆内力分布的密集程度较粗杆要大一些，如图3-8所示，内力的密集程度(简称内力集度)才是影响强度的主要原因。我们把横截面上内力的分布集度称为应力。

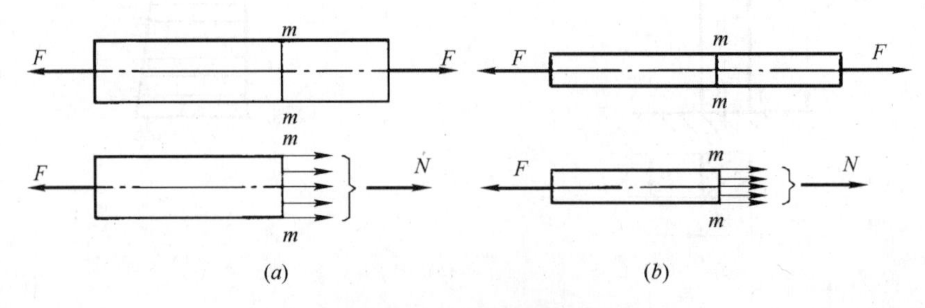

图3-8 应力的概念

为了确定截面 m—m 上某点 E 处的应力，可绕 E 点取微小面积 ΔA，作用在微小面积 ΔA 上的内力为 ΔP，如图 3-9(a)所示，那么比值

$$\overline{p}=\frac{\Delta P}{\Delta A}$$

$\overline{p}$ 称为 ΔA 上的平均应力。当内力分布不均匀时，平均应力将随 ΔA 的大小而变化，它不能确切的反映 E 点处内力的集度，只有当 ΔA 无限趋近于零时，平均应力 $\overline{p}$ 的极限值 p 才能代表 E 点处的内力集度，用式子表示为

$$p=\lim_{\Delta A\to 0}\frac{\Delta P}{\Delta A}=\frac{\mathrm{d}P}{\mathrm{d}A} \tag{3-1}$$

p 称为 E 点处的应力。一般情况下，应力 p 既不平行也不垂直于截面。通常，将 p 正交分解，垂直于截面的应力称为正应力，用 σ 表示；平行于截面的应力称为切应力，用 τ 表示，如图 3-9(b)所示。

3.2.2 拉(压)杆横截面上的应力

轴向受力杆的横截面上的应力方向与横截面垂直所以称为正应力。下面，我们通过观察杆件的变形确定内力的分布规律，推导正应力的计算公式。

取一等直杆(截面相等，轴线为直线的杆)，拉伸前在杆件的外表面画上平行于杆件的纵向线和垂直于杆件的横向线如图 3-10(a)所示，然后在杆件的两端施加一对轴向拉力 F，可以观察到，所有的纵向线均产生同样的伸长，所有的横向线均保持为直线，且仍垂直于轴线。

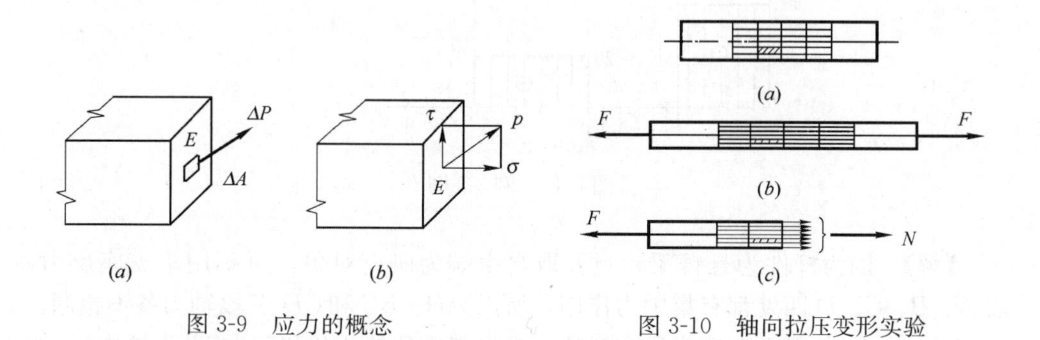

图 3-9 应力的概念　　图 3-10 轴向拉压变形实验

根据上述现象，可作如下假设：杆件的横截面变形前是平面，变形后仍保持为平面，这就是著名的平面假设。如果将杆件设想成由无数根纵向“纤维”所组成，则由平面假设可知，任意两横截面间的所有纵向纤维的伸长或缩短相等。又因材料是均匀的，各纵向纤维的性质相同，因而它们所受的力也相等。所以杆件横截面上的内力是均匀分布的，即在横截面上各点的正应力到处相等，亦即 σ 等于常量。若杆件的轴力为 N，截面积为 A，则正应力为

$$\sigma=\frac{N}{A} \tag{3-2}$$

这就是轴向拉(压)杆件横截面上正应力 σ 的计算公式。应力的单位为 Pa(帕斯卡简称帕)，1 帕＝1 牛顿/米^2 或表示为：$1\mathrm{Pa}=1\mathrm{N/m^2}$，还可用 MPa(兆帕)、GPa

(吉帕)表示。

$$1\text{MPa}=10^6\text{Pa}=10^6\ \frac{\text{N}}{\text{m}^2}=10^6\ \frac{\text{N}}{10^6\text{mm}^2}=1\ \frac{\text{N}}{\text{mm}^2};\ 1\text{GPa}=10^9\text{Pa}$$

正应力σ和轴力N的符号规则一样，把拉应力规定为正，压应力规定为负。

在压缩的情况下，细长杆件容易被压弯，这属于稳定性问题将在教学单元5中讨论。这里所说的压缩是指压杆没有被压弯不涉及丧失稳定性的情况。

【例3-3】 阶梯形直杆受力如图3-11(*a*)所示，已知$a=240\text{mm}$，$b=370\text{mm}$，试画出其轴力图并求各段的应力。

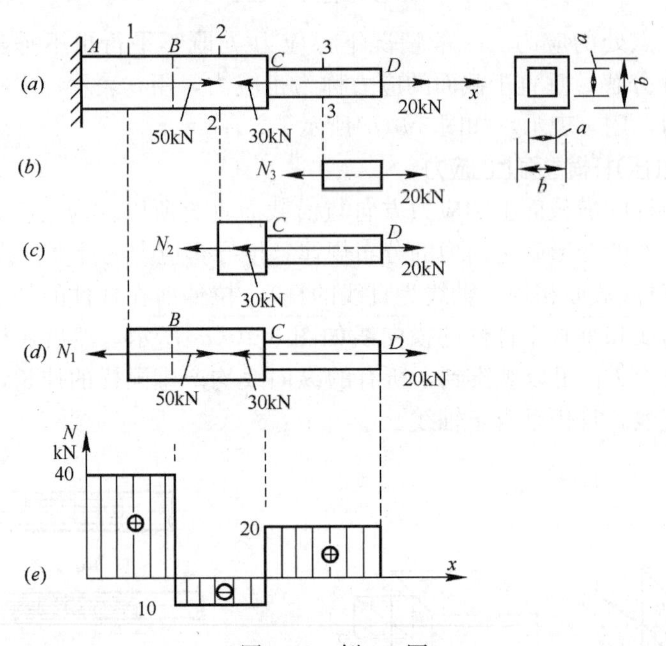

图3-11　例3-3图

【解】 因为杆件为悬臂梁，只要取自由端为研究对象，可不用求支座反力，在A、B、C、D四处都有集中力作用，所以AB、BC和CD三段轴力各不相同。

(1) 取3—3截面右侧为研究对象，画出其受到的荷载和轴力(设为拉力)，如图3-11(*b*)所示，列平衡方程

$$\Sigma X=0,\ 20-N_3=0$$

$$N_3=20\text{kN}\quad(拉)$$

$$\sigma_3=\frac{N_3}{A_3}=\frac{20\times10^3}{240\times240}=0.347\text{MPa}$$

(2) 取2—2截面右侧为研究对象，画出其受到的荷载和轴力，如图3-11(*c*)所示，列平衡方程

$$\Sigma X=0,\ 20-30-N_2=0$$

$$N_2=-10\text{kN}\quad(压)$$

$$\sigma_2=\frac{N_2}{A_2}=\frac{-10\times10^3}{370\times370}=-0.073\text{MPa}$$

(3) 用1—1截面将杆截开，取右侧为研究对象，画出其受到的荷载和轴力，如图3-11(d)所示，列平衡方程

$$\Sigma X=0,\ 20-30+50-N_1=0$$

$$N_1=40\text{kN}\quad(\text{拉})$$

$$\sigma_1=\frac{N_1}{A_1}=\frac{40\times10^3}{370\times370}=0.29\text{MPa}$$

3.3　轴向拉(压)杆的变形

杆受轴向外力作用时，沿杆轴方向会产生伸长(或缩短)，称为纵向变形；同时杆在垂直于轴线方向的横向尺寸将缩小(或增大)，称为横向变形。

如图3-12所示的受力杆件，原长为l，施加一对轴向力F后，其长度增量为

$$\Delta l=l_1-l \tag{3-3}$$

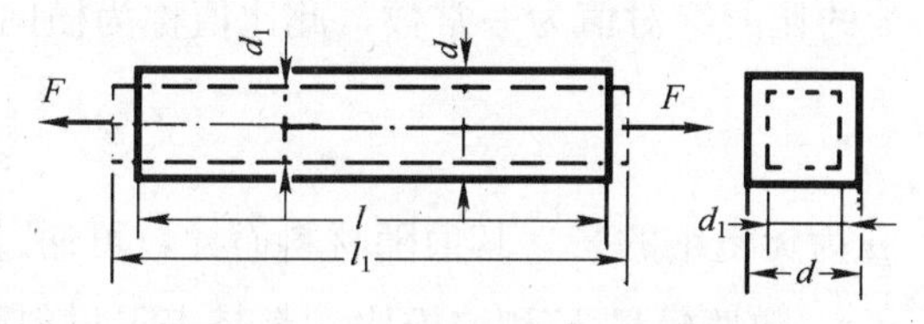

图3-12　轴向受力杆的变形

它只反映杆的总变形量，但无法说明杆的变形程度。由于杆的各段是均匀伸长的，所以可用单位长度的变形量来反映杆的变形程度。单位长度的纵向伸长称为纵向线应变，用ε表示，即

$$\varepsilon=\frac{\Delta l}{l} \tag{3-4}$$

对于轴向受力杆的横向变形，设拉杆原横向尺寸为d，受力后缩小到d_1，则其横向变形为

$$\Delta d=d_1-d \tag{3-5}$$

与之相应的横向线应变ε'为

$$\varepsilon'=\frac{\Delta d}{d} \tag{3-6}$$

以上的一些概念同样适用于压杆。

显然，ε和ε'都是无量纲的量，其正负号分别与Δl和Δd的正负号一致。在拉伸时，ε为正，ε'为负；在压缩时，ε为负，ε'为正。

实验表明，工程中使用的大多数材料在受力不超过一定范围时，都处在弹性变形阶段。在此范围内，轴向受力杆件的伸长或缩短Δl与轴力N和杆长l成正比，与横截面积A成反比，即

$$\Delta l\propto\frac{Nl}{A}$$

引入比例常数E，则有

$$\Delta l=\frac{Nl}{EA} \tag{3-7}$$

这一比例关系，称为虎克定律。式中比例常数 E 称为弹性模量，它反映了材料抵抗拉(压)变形的能力；EA 称为杆件的抗拉(压)刚度，对于长度相同、受力相同的杆件，EA 值越大，则杆的变形 Δl 越小，刚度就越好；反之，杆的变形 Δl 越大，刚度越差。因此，抗拉(压)刚度 EA 反映了杆件抵抗拉(压)变形的能力。

将 $\sigma=\frac{N}{A}$，$\varepsilon=\frac{\Delta l}{l}$ 代入式(3-7)得

$$\sigma=E\cdot\varepsilon \tag{3-8}$$

式(3-8)是虎克定律的另一表达形式，它表明当杆件的应力不超过某一限度时，应力与应变成正比。

实验结果表明，当杆件应力不超过比例极限时，横向线应变 ε' 与纵向线应变 ε 的比的绝对值为一常数，此比值称为横向变形系数或泊松比，用 μ 表示。

$$\mu=\left|\frac{\varepsilon'}{\varepsilon}\right| \tag{3-9}$$

μ 为无量纲的量，其值随材料而异，可通过试验测定。

弹性模量 E 和泊松比 μ 都是表示材料弹性性能的常数。在表 3-1 中已列出了几种材料的 E 和 μ 值。

弹性模量 E 及泊松比 μ **表 3-1**

材料名称	牌　号	E(GPa)	μ	材料名称	牌　号	E(GPa)	μ
低碳钢	Q235	200～210	0.24～0.28	铝合金	LY12	71	0.33
中碳钢		205		混凝土		15.2～36	0.16～0.18
低合金钢	Q345	200	0.25～0.30	木材（顺纹）		9～12	
灰口铸铁		60～162	0.23～0.27				

【例 3-4】 一阶梯形柱如图 3-13 所示，已知 AB 段面积为 $A_1=10\text{cm}^2$，BC 段面积为 $A_2=20\text{cm}^2$，材料的弹性模量 $E=2\times10^5\text{MPa}$，试求杆的总变形量。

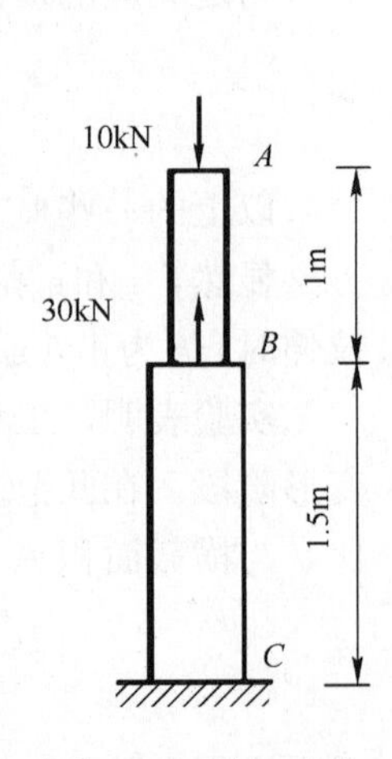

图 3-13 例 3-4 图

【解】 AB、BC 段内力分别为

$$N_{AB}=-10\text{kN}$$

$$N_{BC}=20\text{kN}$$

根据式(3-7)，分别计算各段的变形为

$$\Delta l_{AB}=\frac{N_{AB}\cdot l_{AB}}{EA_1}=\frac{-10\times10^3\times1}{2\times10^5\times10^6\times10\times10^{-4}}=-5\times10^{-5}\text{m}$$

$$\Delta l_{BC}=\frac{N_{BC}\cdot l_{BC}}{EA_2}=\frac{20\times10^3\times1.5}{2\times10^5\times10^6\times20\times10^{-4}}=7.5\times10^{-5}\text{m}$$

总变形量为 $\Delta l_{AC}=\Delta l_{AB}+\Delta l_{BC}=-5\times10^{-5}+7.5\times10^{-5}$

$=2.5\times10^{-5}\text{m}=0.025\text{mm}$

该梯形杆整体是伸长了。

3.4 材料在拉伸(压缩)时的力学性能

材料的力学性能是指材料受力时在强度和变形方面表现出来的各种特性。在对构件进行强度和稳定性计算时，为了保证其安全工作，应将计算值限定在一定界限内，界限值取决于材料的力学性能试验。

工程上所使用的材料根据破坏前塑性变形的大小可分为两类：塑性材料和脆性材料。这两类材料的力学性质有明显的差别，低碳钢和铸铁分别是工程中使用最广泛的塑性材料和脆性材料的代表。下面主要介绍这两种材料在拉伸和压缩时的力学性质。

3.4.1 低碳钢拉伸时的力学性能

材料的力学性质与试件的几何尺寸有关。为了便于比较结果，应将材料制成标准试件。对金属材料有两种标准试件可供选择。试件中部等截面的长度为平行长度，为保证应力均匀分布在其间截取工作长度称为标距 l(即测量长度)，如图 3-14 所示。对于圆形截面标准试件，规定长度与直径的关系有 $l=10d$ 和 $l=5d$ 两种，如图 3-14(a)所示，通常用 $d=10\text{mm}$、$l=100\text{mm}$ 的一种；对于矩形截面标准试件，规定工作长度与截面面积 A 的关系是 $l=11.3\sqrt{A}$ 和 $l=5.65\sqrt{A}$，如图 3-14(b)所示。

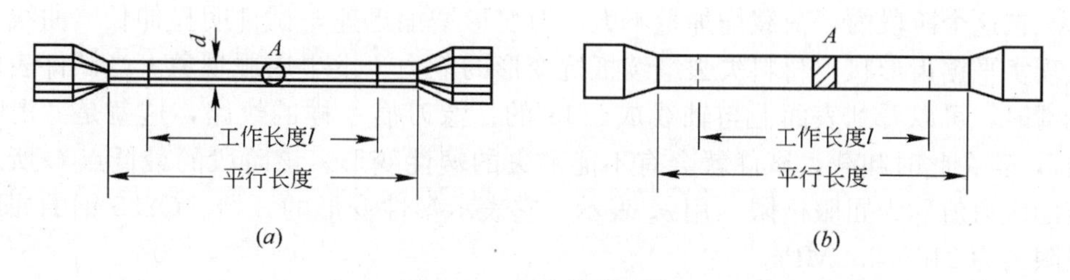

图 3-14 标准拉伸试件

实验是在常温、静载的条件下进行的，采用万能材料实验机。实验方法是将试件放入实验机的上下夹头内夹紧，然后缓慢加载，直至拉断。自动记录装置将自动记录每一时刻拉力 P 与试件的纵向变形 Δl，并按一定的比例，绘制成 P-Δl 曲线，称为拉伸图，如图 3-15 所示。为消除试件尺寸的影响，将拉伸图的横坐标除以试件原标距 l，用线应变 $\varepsilon=\dfrac{\Delta l}{l}$表示；纵坐标除以原始面积 A，用应力 $\sigma=\dfrac{P}{A}$表示。这样画出的曲线称为应力应变曲线，如图 3-16 所示。整个试件拉伸过程中，可分成四个阶段进行分析，如图 3-15 所示。

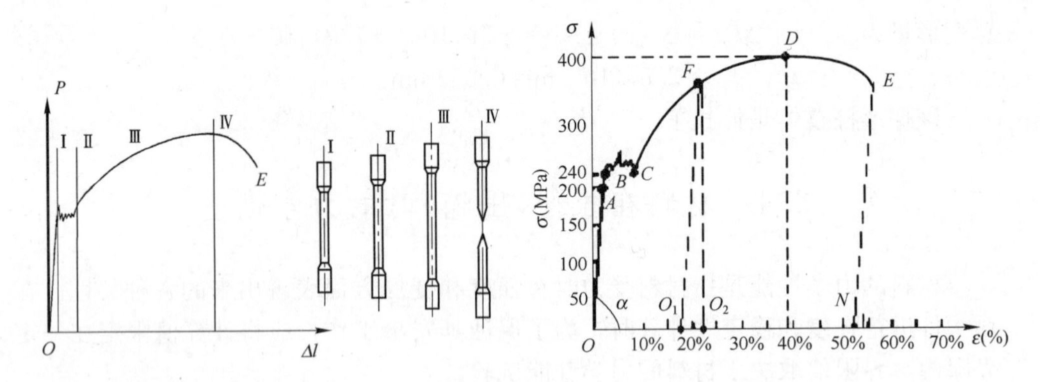

图 3-15 材料的拉伸图和各阶段对应的试件形式　　　图 3-16 材料的 σ-ε 曲线

1. 拉伸时的四个阶段

(1) 弹性阶段(Ⅰ区)

该段内试件外观无明显的变化，略有伸长。σ-ε 曲线呈直线，这说明应力与应变是成正比增加的，其比例系数 $E=\dfrac{\sigma}{\varepsilon}=\tan\alpha$ 为材料的弹性模量，也是 σ-ε 曲线中 OA 段的斜率，如图 3-16 所示。将该段的 A 点所对应的应力称为比例极限，用 σ_p表示。即当应力不超过比例极限时，应力和应变成正比关系，这就是虎克定律及其适用范围。超过 A 点以后虽然应力应变不再成正比关系，但如果不超过 B 点，材料的变形完全是弹性的，卸载后试件的变形将完全消失。B 点的应力称为弹性极限，用 σ_e 表示。Q235 钢的弹性极限为 200MPa。在 σ-ε 曲线图上，A、B 两点非常接近，在工程中并不严格区分。

(2) 屈服阶段(Ⅱ区)

在这个阶段内，荷载增加量不大，但变形增加迅速，试件明显伸长，曲线上出现水平锯齿形状，材料失去继续抵抗变形的能力，发生屈服现象。当试件表面光滑时，可以看到表面上与轴线成±45°的、像刀痕一样的纹路，这就是“滑移线”，若在此时卸载，试件就会有不能消失的塑性变形。该阶段的最低点 C 所对应的应力值称为屈服极限，用 σ_S 表示，它表示塑性变形的开始。Q235 钢的屈服极限约为 216～235MPa。

当材料出现屈服时，将引起显著的塑性变形，而构件的塑性变形将影响机器的正常工作，所以屈服极限 σ_S 是衡量强度的重要指标。

(3) 强化阶段(Ⅲ区)

继屈服阶段之后，试件内部重新产生抗力。若想继续拉长试件，必须增大荷载。σ-ε 曲线表现为荷载与变形同时增大，但不成比例，这种现象称为材料的强化。如图 3-16 所示，强化阶段的最高点 D 的应力称为强度极限，它是材料所能承受的最大应力，一旦达到该值，材料将迅速破坏，强度极限用 σ_b 表示。

(4) 颈缩阶段(Ⅳ区)

经过强化阶段，试件中部(或某一局部)表面会明显的变暗、发热并突然变细，这种现象称为颈缩。如图 3-15 所示，由于在颈缩部分横截面面积迅速减小，使试件继续伸长所需要的拉力也相应减少。在 σ-ε 曲线中，用横截面原始面积 A

算出的应力$\sigma=\frac{P}{A}$随之下降，降落到E点，试件被拉断。因为应力达到强度极限后，试件就出现颈缩，试件会迅速断裂，所以强度极限σ_b是衡量材料强度的另一重要指标。

2. 冷作结硬

在强化阶段的某点F停止加载，并开始卸载，则应力—应变曲线沿与OA平行的直线FO_1返回如图3-16所示，此时O_1O_2属于能恢复弹性应变，而OO_1则属于不能恢复的塑性变形。如果卸载后立刻继续加载，则应力应变曲线将沿O_1F上升到F点，进一步加载，基本保持原强化曲线。这一现象表明，低碳钢若先拉到强化阶段后全部卸载，则重新受力过程中弹性极限增加(比较O_1F与OB)，塑性应变大大减少(ON与O_1N)，这种强度有所提高而塑性有所降低现象称为材料冷作结硬。

在工程中常利用冷作结硬来提高钢筋和钢缆等构件在线弹性范围内所能承受最大荷载，达到节约钢材目的。

3. 塑性指标

在拉伸试验中，可以测得表示材料塑性变形能力的两个指标：延伸率和截面收缩率，将拉断后的试件在断口处对齐，重新测量标距，得到l_1，计算出延伸率

$$\delta=\frac{l_1-l}{l}\times100\%$$

式中　l——工作段的原长；

l_1——材料断裂后工作段的总长。

δ的值越大，说明材料的塑性性能越好。Q235的延伸率在30%左右。大于5%的为塑性材料，小于5%的为脆性材料。

再测量断口处的直径，计算出断口面积A_1，得到截面收缩率ψ

$$\psi=\frac{A-A_1}{A}\times100\%$$

式中　A——工作段的原横截面面积；

A_1——材料断口处的横截面面积。

ψ越大，说明材料的塑性越好。Q235的收缩率在50%左右。

3.4.2　低碳钢压缩时的力学性能

金属材料的压缩试件，为避免试件在试验过程压弯，一般制成短圆柱形，规定$h=(1.5\sim3)d$。通常$d=10\text{mm}$，$h=30\text{mm}$，如图3-17所示。

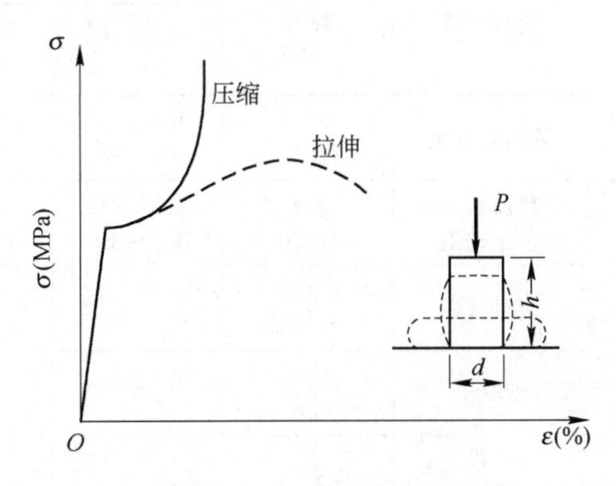

图3-17　材料的压缩曲线

实验方法是将试件两端涂抹润滑油后，放于实验机的承压平台间，然后加载。可以观察到的现象是：试件由圆柱体逐渐变为腰鼓状，最后被压扁，如图3-17所示。

与拉伸相比，在屈服点以前Q235

钢的拉、压力学性质完全相同，所以说，低碳钢具有相同的弹性极限和屈服极限。但经过屈服阶段后，σ-ε 曲线向上，试件越压越扁，压力增大横截面也增大，试件只会压扁不会破坏，因此，不能测出强度极限，曲线是逐渐上升的。

3.4.3 铸铁在拉伸和压缩时的力学性能

铸铁是典型的脆性材料，其 $\delta=0.4\%$，铸铁拉伸时的 σ-ε 曲线是一条微弯曲线如图 3-18 所示，强度指标只有抗拉强度极限 σ_b，没有直线部分，工程上常将原点 O 与$\frac{\sigma_b}{4}$处 A 点连成割线。以割线的斜率估算铸铁的弹性模量 E。铸铁拉伸时没有屈服和颈缩现象，断裂是突然的，所以强度极限是衡量铸铁强度的唯一指标。

铸铁在拉伸和压缩时的力学性能有很大差别。铸铁压缩时的 σ-ε 曲线(图3-19)的图形与拉伸时相似，但压缩时的强度约为拉伸时的 4～5 倍；一般脆性材料的抗压能力显著高于其抗拉能力，破坏断面与横截面大致成 55°～60°的倾角，根据分析，铸铁压缩破坏属于剪切破坏。

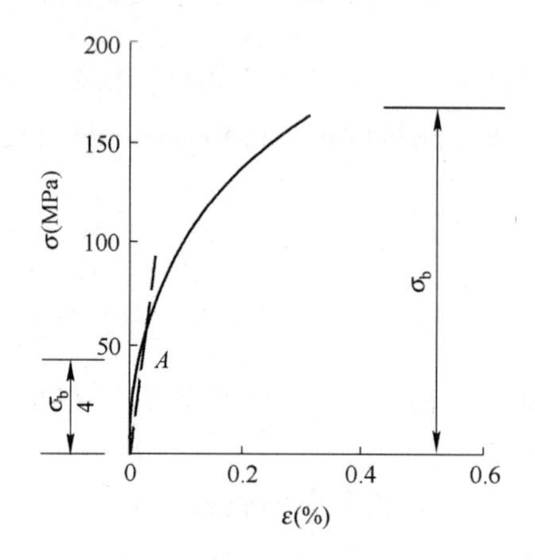

图 3-18 铸铁拉伸时 σ-ε 曲线

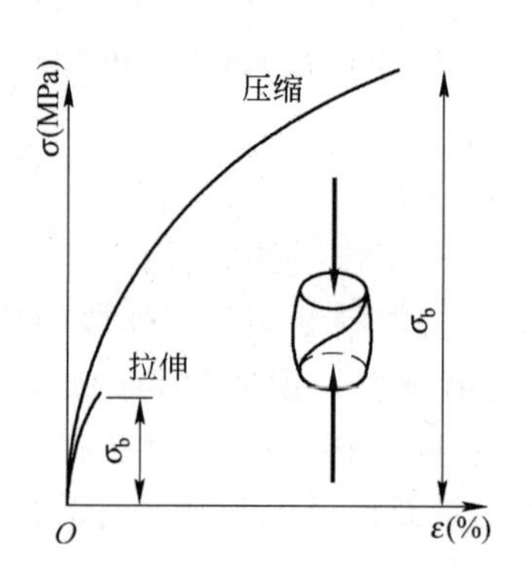

图3-19 铸铁拉伸与压缩对比

几种材料的力学性能见表 3-2。

我国工程常用材料的力学性能 **表 3-2**

材料名称	牌号	强度指标(MPa)			塑性指标 延伸率 δ(%)	弹性模量 E(GPa)
		屈服极限 σ_s	抗拉强度极限 σ_b	抗压强度极限 σ_b		
普通碳素钢	Q235 Q215	185～235 165～215	375～460 335～410		21～26 26～31	196～206
普通低合金结构钢	Q345 Q390	275～345 330～390	470～630 490～650		21～22 19～20	200
灰铸铁	HT15 HT30		98～274 255～294	640～1100		60～162
混凝土	C20 C30		1.6 2.1	14.2 21		15.2～35.8
红松(顺纹)			96	32.2		9.8～11.8

3.4.4　塑性材料和脆性材料力学性能的比较

塑性材料和脆性材料的力学性能，有着明显的差别，现比较归纳如下。

1. 强度比较

塑性材料在拉伸和压缩时有着基本相同的屈服极限，故既可用于受拉构件，也可用于受压构件；脆性材料抗压强度远大于抗拉强度，因此适用于受压构件。

2. 变形比较

塑性材料有屈服阶段，断裂前产生较大的塑性变形；脆性材料没有屈服阶段并在微小的变形时就发生断裂，断裂前没有明显的预兆。

3. 抗冲击比较

要使塑性材料破坏需消耗较大的能量，因此这种材料抵抗冲击的能力较好，材料抵抗冲击的能力的大小决定于它能吸收多大的动能。此外，在结构安装时常常要校正构件的尺寸，塑性材料可以产生较大的变形而不破坏；脆性材料则往往会因此引起断裂。

3.4.5　许用应力和安全系数

低碳钢是典型的塑性材料，铸铁是典型的脆性材料。通过前面对它们的破坏过程和形式的讨论，我们知道，塑性材料的工作应力达到屈服极限 σ_s 时而出现永不消失的塑性变形，使杆件丧失其承载能力，不能正常工作，甚至面临灾难性事故。因此，工程上将屈服极限 σ_s 作为塑性材料的极限应力，用 σ° 表示，即 $\sigma_s=\sigma^{\circ}$；对于脆性材料而言，它没有屈服极限，它的破坏是以开始断裂为标志的。因此将强度极限 σ_b 作为脆性材料的极限应力，即 $\sigma_b=\sigma^{\circ}$。

在设计构件时，有很多情况难以估计。所以，为了保证构件有足够的强度，还必须给构件以必要的安全储备，使构件在荷载作用下所引起的最大应力小于其材料的极限应力。有关部门根据大量的调查研究，给各种材料分别规定了一个可以作为设计依据，而且比极限应力小得多的应力，即构件在工作时允许承受的最大工作应力，我们称之为许用应力，以符号［σ］表示。许用应力等于极限应力除以一个大于1的安全系数 K，即

$$[\sigma]=\frac{\sigma^{\circ}}{K} \tag{3-10}$$

对于一般常用材料的安全系数及许用应力数值，从国家标准或有关手册中均可以查到。

在静载条件下，塑性材料 $K=K_s$，一般取 $K_s=1.4\sim1.7$；脆性材料 $K=K_b$，一般取 $K_b=2.5\sim3.0$，由此得到许用应力的表达式为

塑性材料：
$$[\sigma]=\frac{\sigma_s}{K_s} \tag{3-11}$$

脆性材料：
$$[\sigma]=\frac{\sigma_b}{K_b} \tag{3-12}$$

工程中常用材料的许用应力参见表3-3。

常见材料的许用应力值 **表 3-3**

材料名称	许用拉应力(MPa)	许用压应力(MPa)	材料名称	许用拉应力(MPa)	许用压应力(MPa)
Q235	152～167	152～167	C30 混凝土	0.6	10.5
Q345(16 锰钢)	211～238	211～238	木材(顺纹)	5.5～7	8～11
C20 混凝土	0.44	7	灰铸铁 HT15	28～78	118～200

3.5 轴向拉(压)杆的强度计算

为了保证构件能安全可靠地工作，轴向受力杆的实际工作应力应该不超过材料的许用应力。拉压杆件的强度条件为

$$\sigma_{max}=\frac{N}{A}\leqslant[\sigma] \tag{3-13}$$

式中 σ_{max}——最大工作应力。发生最大应力的截面为危险截面。对截面相等的直杆，轴力最大的截面为危险截面。当轴力相同时面积最小的截面为危险截面；

N——构件横截面上的工作轴力；

A——构件的横截面积；

$[\sigma]$——材料的许用应力。

运用强度条件，可以解决工程实际中有关构件强度的三类计算。

1. 强度校核

若已知构件横截面尺寸、所受荷载和材料的许用应力，即可用强度条件式(3-13)验算构件是否满足强度要求。即

先计算最大工作应力 $\sigma_{max}=\dfrac{N}{A}$

如果 $\sigma_{max}\leqslant[\sigma]$ 表示满足强度条件

$\sigma_{max}>[\sigma]$ 表示不满足强度条件

2. 设计截面

若已知构件所承受的荷载及材料的许用应力，把强度条件式(3-13)改写成

$$A\geqslant\frac{N}{[\sigma]} \tag{3-14}$$

由此即可确定构件所需要的横截面面积，再由面积确定截面尺寸或型号。

3. 确定许可荷载

若已知构件尺寸和材料的许用应力，根据条件式(3-13)有

$$N_{max}\leqslant[\sigma]A \tag{3-15}$$

由此就可以确定构件所能承担的最大轴力。由构件的最大轴力可以确定结构的许可荷载。

【例 3-5】 圆木直杆的大、小头直径及所受轴向荷载如图 3-20(a)所示，B 截面是杆件的中点截面。材料的许用拉应力 $[\sigma_l]=6.5\text{MPa}$，许用压应力 $[\sigma_c]=10\text{MPa}$。试对该杆作强度校核。

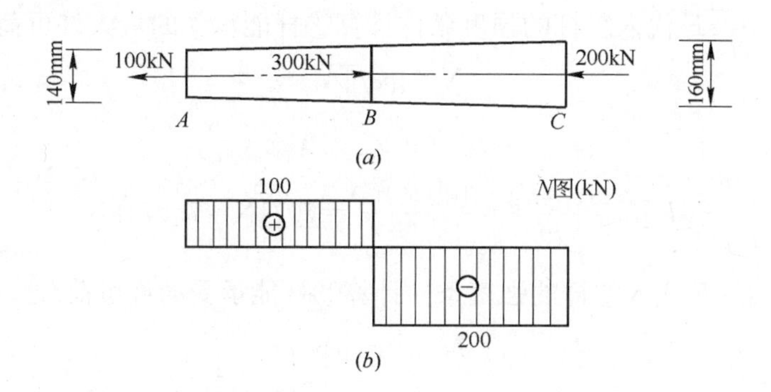

图 3-20 例 3-5 图

【解】 (1) 画 N 图，如图 3-20(b)所示。

(2) 截面几何参数

$$A_A=\frac{\pi d_A^2}{4}=\frac{3.14\times140^2}{4}=1.54\times10^4\text{mm}^2$$

$$A_B=\frac{\pi d_B^2}{4}=\frac{3.14\times150^2}{4}=1.77\times10^4\text{mm}^2$$

(3) 计算危险点的应力，并作强度校核

在 AB 段中轴力相同 $N_{AB}=100\text{kN}$，A 右截面最小，所以最危险

$$\sigma_A=\frac{N_{AB}}{A_A}=\frac{100\times10^3}{1.54\times10^4}=6.5\text{MPa}=[\sigma_l]$$

在 BC 段中轴力相同 $N_{BC}=200\text{kN}$，B 右截面最小，所以最危险

$$\sigma_B=\frac{N_{BC}}{A_B}=\frac{200\times10^3}{1.77\times10^4}=11.3\text{MPa}>[\sigma_c]=10\text{MPa}$$

所以不满足强度条件。

【例 3-6】 如图 3-21(a)所示的三角形支架，在节点 B 处受垂直荷载 F 的作用。已知杆①、②的横截面面积均为 $A=100\text{mm}^2$，许用拉应力$[\sigma_l]=100\text{MPa}$，许用压应力$[\sigma_c]=150\text{MPa}$，试求许可荷载 F。

【解】 (1) 取节点 B 为分离体，受力如图 3-21(b)所示。列出平衡方程

$$\Sigma X=0,\ -N_2-N_1\cos45°=0$$

$$\Sigma Y=0,\ N_1\sin45°-F=0$$

解得

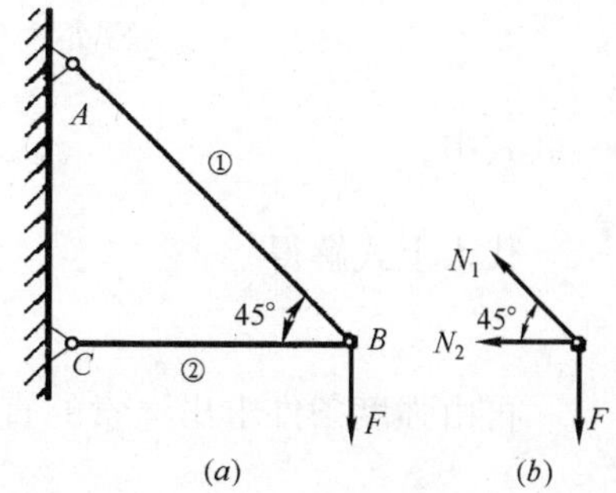

图 3-21 例 3-6 图

$$N_1=\sqrt{2}F \quad （拉）$$

$$N_2=-F \quad （压）$$

（2）根据强度条件确定最大许可荷载 F。

先将 $N_1=\sqrt{2}F$ 代入①杆的强度条件计算①杆能承受的最大许可荷载

$$N_1 \leqslant [\sigma_l] A_1$$

得

$$\sqrt{2}F \leqslant [\sigma_l] \cdot A_1$$

$$[F]_1 \leqslant \frac{A_1[\sigma_l]}{\sqrt{2}}=\frac{100\times 100}{\sqrt{2}}=7071\text{N}=7.071\text{kN}$$

再将 $|N_2|=F$ 代入②杆的强度条件计算②杆能承受的许可荷载

$$N_2 \leqslant [\sigma_c] A_2$$

得

$$[F]_2 \leqslant [\sigma_c] \cdot A_2=150\times 100=15\times 10^3\text{N}=15\text{kN}$$

比较两次所得的许可荷载，应取较小者，才能使两杆都满足强度要求。整个支架的许可荷载为 $[F]\leqslant 7.07\text{kN}$。

【例 3-7】 起重机如图 3-22(*a*)所示，起重机的起重量 $F=35\text{kN}$，绳索 AB 的许用应力 $[\sigma]=45\text{MPa}$，试根据绳索的强度条件选择其直径 d。

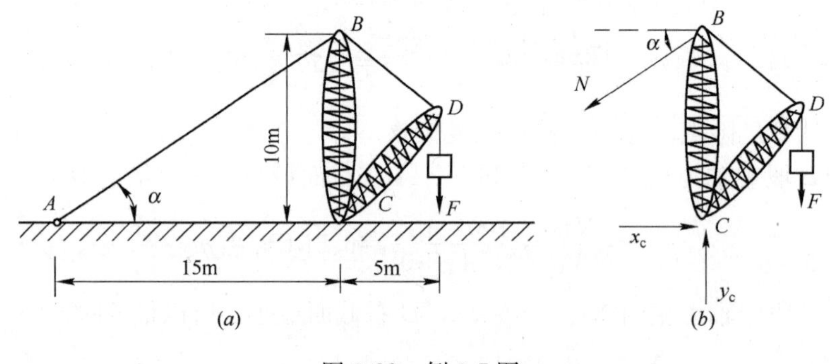

图 3-22 例 3-7 图

【解】 先求绳索 AB 的轴力，用假想的截面截开 AB 杆和 C 铰，取 BCD 为研究对象，受力图如图 3-22(*b*)所示，列平衡方程

$$\Sigma M_C=0，N\cos\alpha\times 10-F\times 5=0$$

式中

$$\cos\alpha=\frac{15}{\sqrt{10^2+15^2}}=0.832$$

代入上式解得

$$N=21.03\text{kN}$$

再由强度条件求出绳索的直径

$$A\geqslant\frac{N}{[\sigma]}$$

$$\frac{\pi d^2}{4} \geqslant \frac{N}{[\sigma]}$$

$$d \geqslant \sqrt{\frac{4N}{\pi[\sigma]}} = \sqrt{\frac{4 \times 21.03 \times 10^3}{3.14 \times 45}} = 24.4\text{mm}$$

绳索的直径取 25mm。

思　考　题

1. 一根钢杆、一根铜杆，它们的截面面积不同，承受相同的轴向拉力，问它们的内力是否相同？

2. 两根不同材料的拉杆，其杆长 l，横截面面积 A 均相同，并受相同的轴向拉力 F。试问它们横截面上的正应力 σ 及杆件的伸长量 Δl 是否相同？

3. 已知低碳钢的比例极限 $\sigma_p = 200\text{MPa}$，弹性模量 $E = 200\text{GPa}$，现有一试样，测得其应变 $\varepsilon = 0.002$，可否由此算得 $\sigma = E \cdot \varepsilon = 200 \times 10^3 \times 0.002 = 400\text{MPa}$？为什么？

4. 指出图 3-23 所示杆件中哪些部位属于轴向拉伸或压缩？

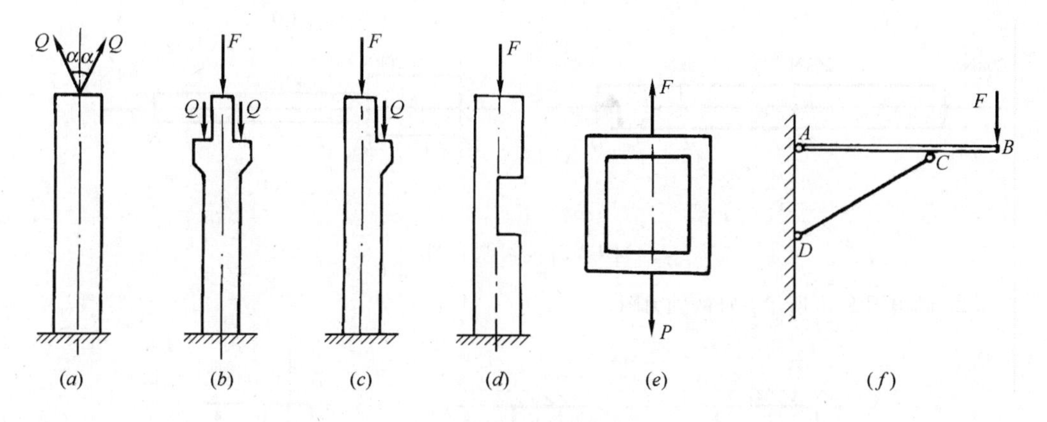

图 3-23　思考题 4 图

5. 两块钢板用 4 个铆钉搭接如图 3-24 所示，从钢板的拉伸强度考虑，问哪一种铆钉布置较为合理？

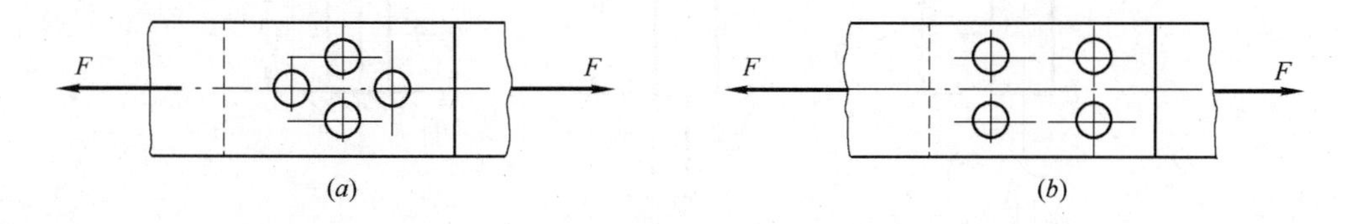

图 3-24　思考题 5 图

6. 如图 3-25 所示结构，用低碳钢制造杆①，用铸铁制造杆②，是否合理？

7. 如何利用材料的应力—应变图，比较材料的强度、刚度和塑性，图 3-26 中哪种材料的强度高、刚度大、塑性好？

8. 下列应力中哪个作为脆性材料的极限应力？哪个作为塑性材料的极限应力？

(a)σ_s；(b)$\sigma_{0.2}$；(c)σ_b；(d)σ_P；(e)σ_e

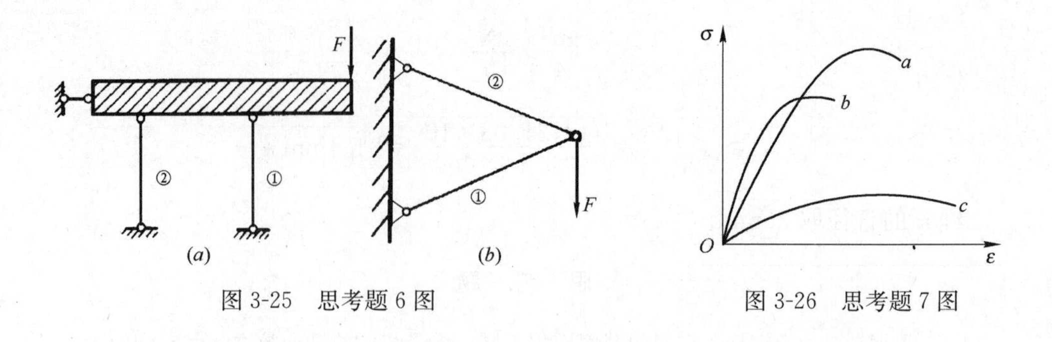

图 3-25　思考题 6 图　　　　图 3-26　思考题 7 图

习　　题

1. 画出图 3-27 所示各杆的轴力图。

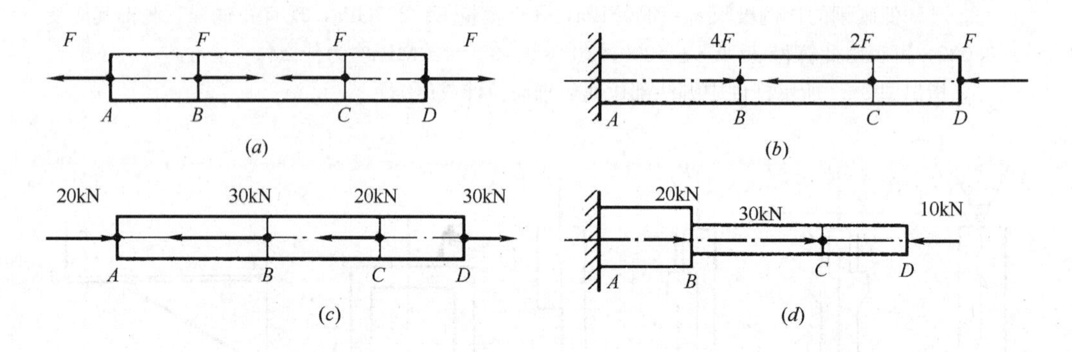

图 3-27　习题 1 图

2. 画出图 3-28 所示各杆的轴力图。

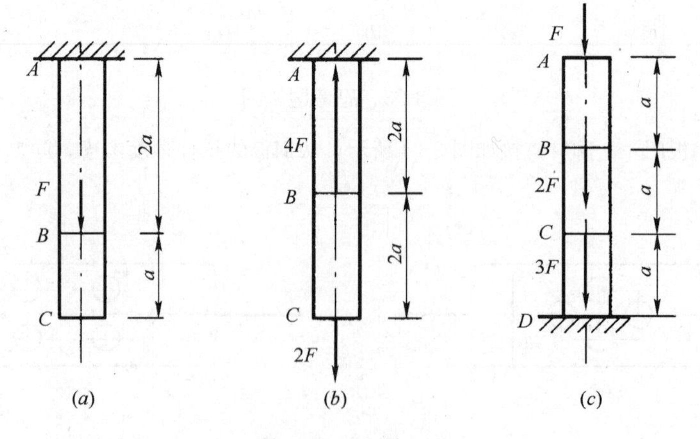

图 3-28　习题 2 图

3. 求下列各杆的最大正应力。

(1) 图 3-29(a)所示为阶梯形杆，AB 段杆横截面积为 80mm²，BC 段杆横截面积为 20mm²，CD 段杆横截面积为 120mm²，不计自重；

(2) 图 3-29(b)所示为变截面拉杆，上段 AB 的横截面积为 40mm²，下段 BC 的横截面积为 30mm²，杆材料的 $\rho g=78\text{kN/m}^3$。

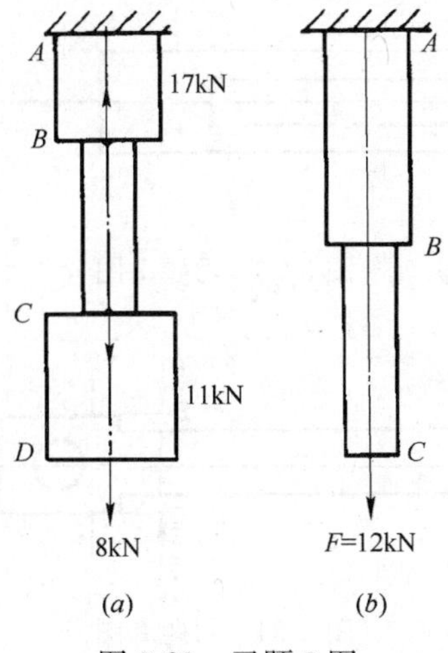

图 3-29　习题 3 图

4. 直杆受力如图 3-30 所示。它们的横截面面积为 A 及 $A_1=\frac{A}{2}$，弹性模量为 E，试求：(1)各段横截面上的应力 σ；(2)杆的纵向变形 Δl。

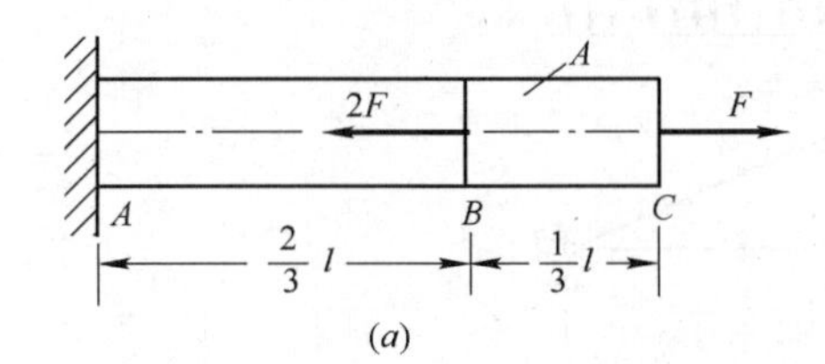

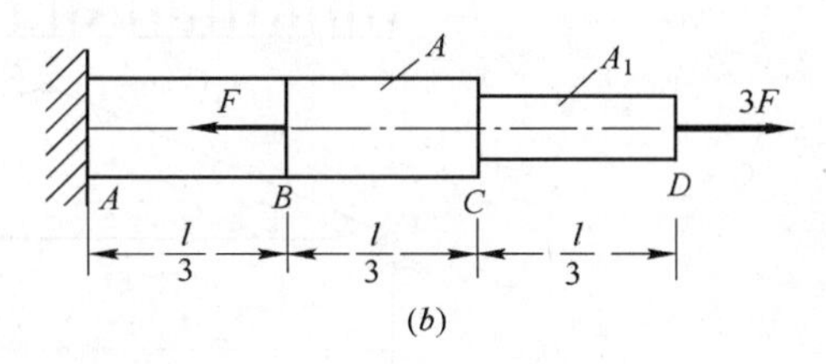

图 3-30　习题 4 图

5. 如图 3-31 所示，设浇在混凝土内的钢筋所受粘结力沿其长度均匀分布，在杆端作用力 $F=20\text{kN}$，钢筋的横截面面积 $A=200\text{mm}^2$，试作横截面上的正应力沿钢筋长的分布图。

6. 用钢索起吊一钢管如图 3-32 所示，已知钢管重 $W=10\text{kN}$，钢索的直径 $d=40\text{mm}$，许用应力 $[\sigma]=10\text{MPa}$，试校核钢索的强度。

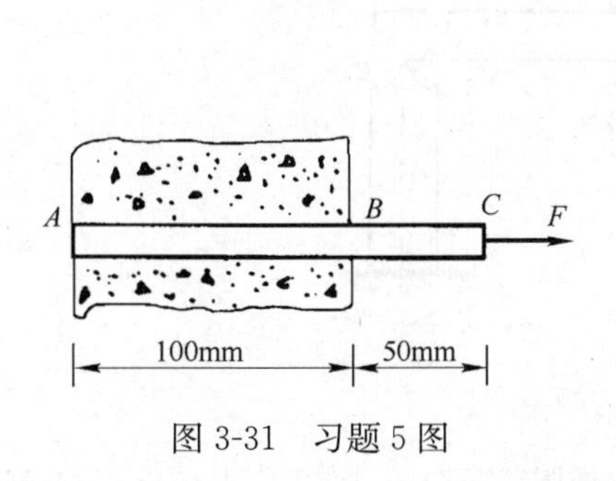

图 3-31　习题 5 图

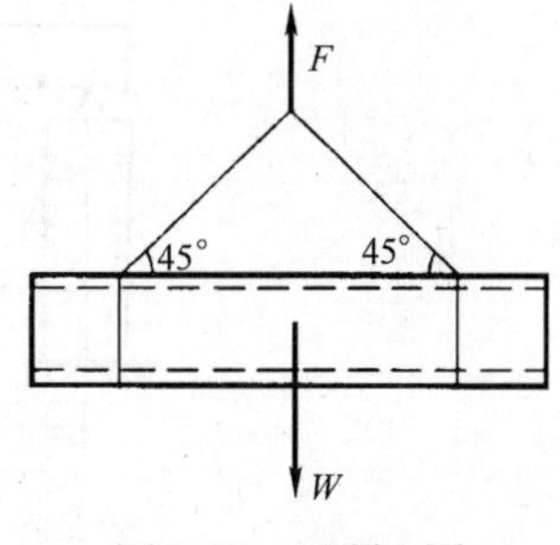

图 3-32　习题 6 图

7. 圆杆上有槽如图 3-33 所示。已知 $F=15\text{kN}$，圆杆直径 $d=20\text{mm}$。求横截面 1—1 和 2—2 上的应力(横截面上槽的面积近似按矩形计算)。

8. 一矩形截面木杆，两端的截面被圆孔削弱，中间的截面被两个切口减弱，如图 3-34 所示。杆端承受轴向拉力 $F=70\text{kN}$，已知 $[\sigma]=7\text{MPa}$，问杆是否安全？

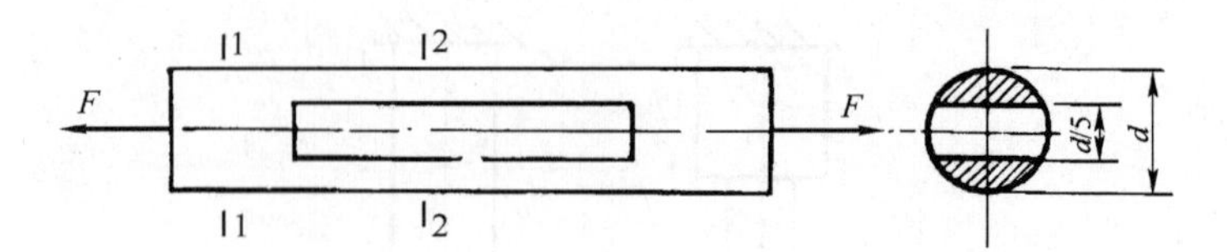

图 3-33　习题 7 图

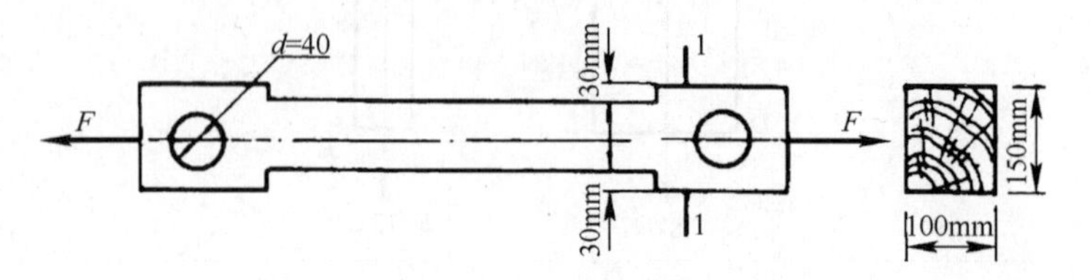

图 3-34　习题 8 图

9. 图 3-35 所示为一钢筋混凝土组合屋架，受均布荷载 q 作用，屋架上弦杆 AC 和 BC 由钢筋混凝土制成，下弦杆 AB 为圆截面钢拉杆，其长 l=8.4m，直径 d=22mm，屋架高 h=1.4m，钢的许用应力 $[\sigma]$=170MPa，试校核该拉杆的强度。

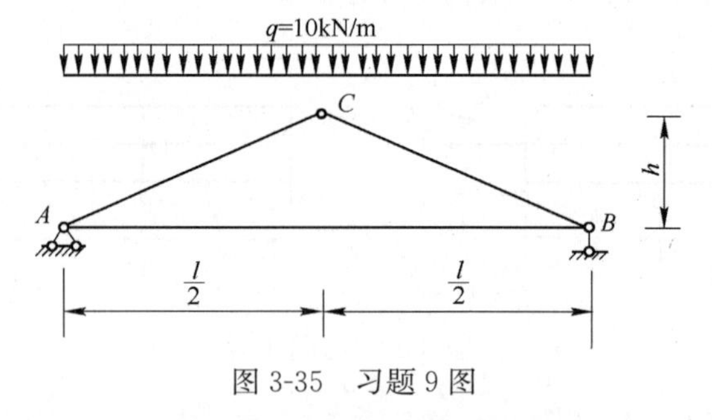

图 3-35　习题 9 图

10. 横梁 AB 支承在支座 A、B 上，两支柱的横截面面积都是 $A=9\times10^4\,mm^2$，作用在梁上的荷载可沿梁移动，其大小如图 3-36 所示。求支座柱子的最大正应力。

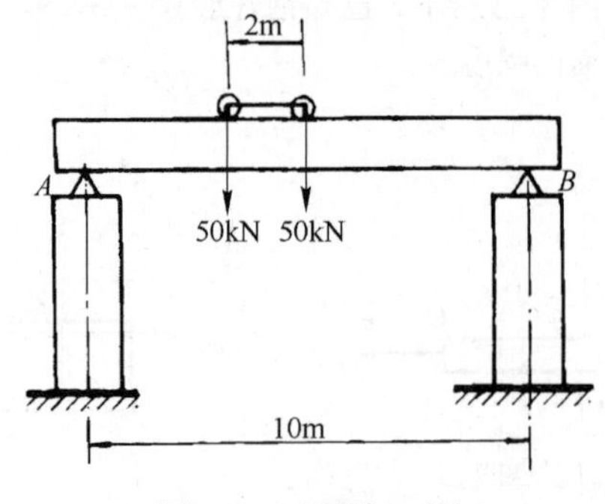

图 3-36　习题 10 图

11. 如图 3-37 支架，杆①为直径 d=16mm 的圆截面钢杆，许用应力 $[\sigma]_1$=140MPa；杆②为边长 a=100mm 的方形截面木杆，许用应力 $[\sigma]_2$=4.5MPa。已知节点 B 处挂一重物 Q=36kN，试校核两杆的强度。

12. 如图 3-38 所示，为一悬臂吊车的简图，斜杆 AB 为直径 d=20mm 的钢杆，荷载 Q=15kN。当 Q 移到点 A 时，求斜杆 AB 横截面上的应力。

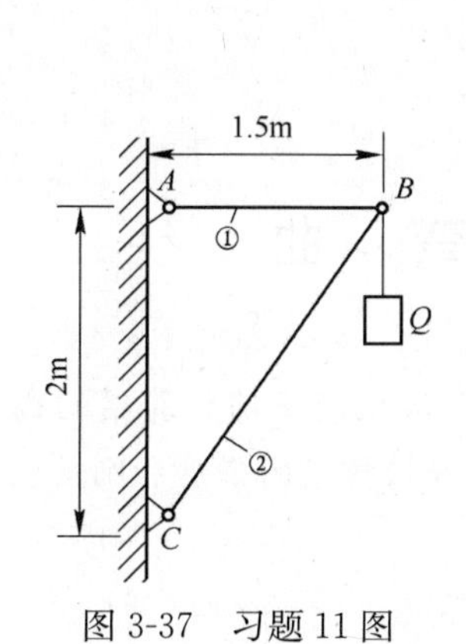

图 3-37 习题 11 图

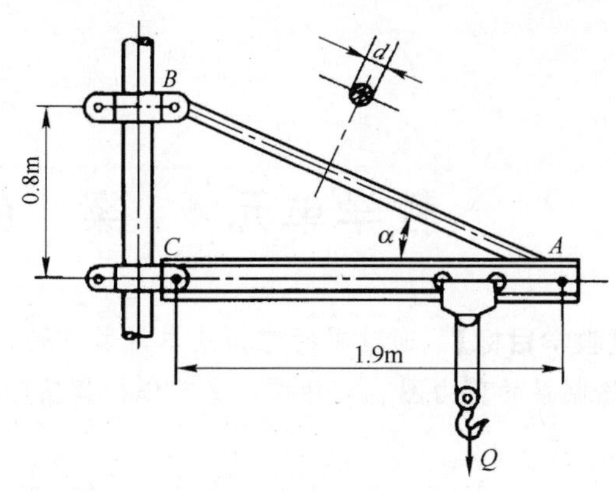

图 3-38 习题 12 图

13. 图 3-39 所示为雨篷结构简图，水平梁 AB 上受均布荷载 $q=10\text{kN/m}$，B 端用斜杆 BC 拉住。试按下列两种情况设计截面：

(1) 斜杆由两根等边角钢制造，材料许用应力 $[\sigma]=160\text{MPa}$，选择角钢的型号；

(2) 若斜杆用钢丝绳代替，每根钢丝绳的直径 $d=2\text{mm}$，钢丝的许用应力 $[\sigma]=160\text{MPa}$，求所需钢丝的根数。

14. 图 3-40 所示一刚性杆 AB，由两根弹性杆 AC 和 BD 悬吊。已知：F、l、a、E_1A_1 和 E_2A_2，试求：当横杆 AB 保持水平时 x 等于多少？

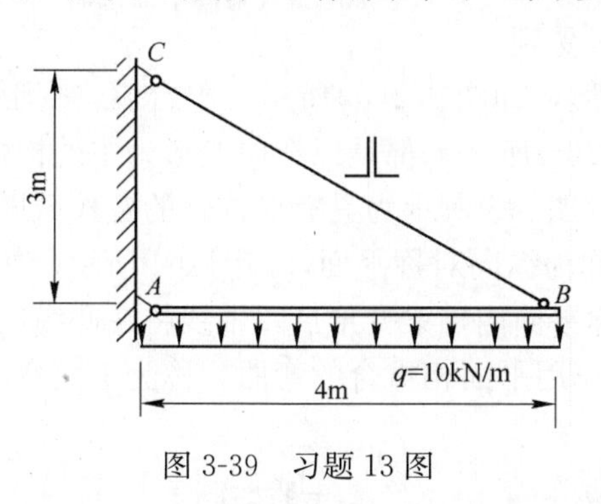

图 3-39 习题 13 图

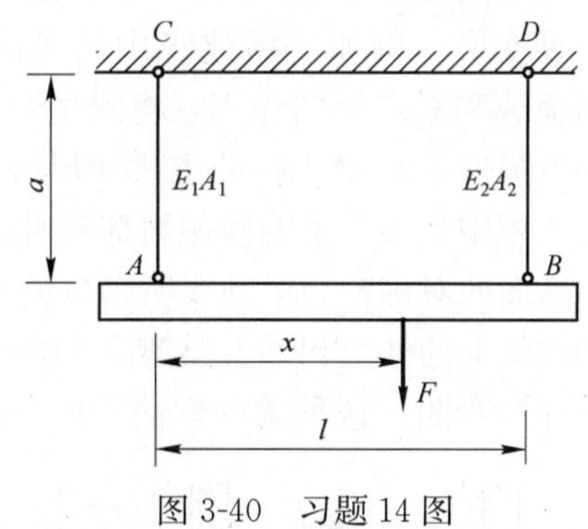

图 3-40 习题 14 图

15. 正方形截面的阶梯混凝土柱受力如图 3-41 所示。设混凝土的 $\rho=24\text{kN/m}^3$，荷载 $F=100\text{kN}$，许用应力 $[\sigma]=2\text{MPa}$。试根据强度选择截面尺寸 a 和 b。

16. 图 3-42 所示结构中，杆①为钢杆 $A_1=1000\text{mm}^2$，$[\sigma]_1=160\text{MPa}$，杆②为木杆，$A_2=20000\text{mm}^2$，$[\sigma]_2=7\text{MPa}$。求结构的许可荷载$[F]$。

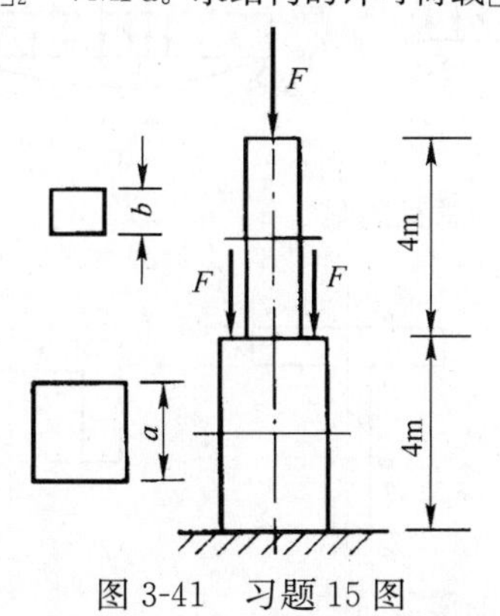

图 3-41 习题 15 图

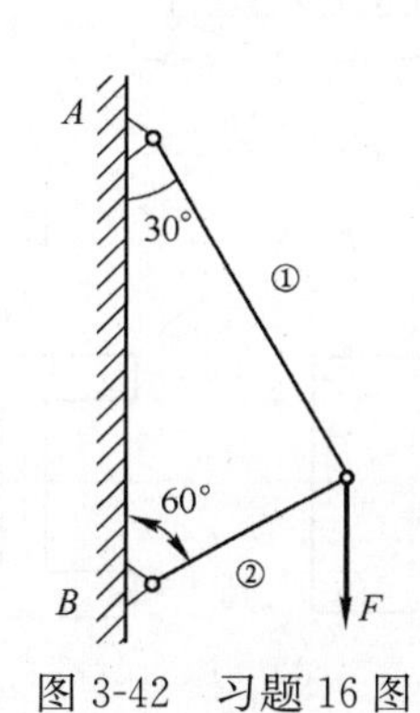

图 3-42 习题 16 图

教学单元4　梁　的　弯　曲

【教学目标】 通过梁的弯曲基本计算理论的学习，学生能正确计算梁的内力，熟练绘制梁的剪力图、弯矩图，并可以根据实际给定条件校核梁的强度和刚度。

4.1　平面弯曲的概念

4.1.1　弯曲变形和平面弯曲的概念

杆件受到垂直于杆轴的外力作用或在纵向对称平面内受到力偶的作用(图 4-1)，杆件的轴线由直线弯成曲线，这种变形称为弯曲。以弯曲为主要变形的杆件称为梁。

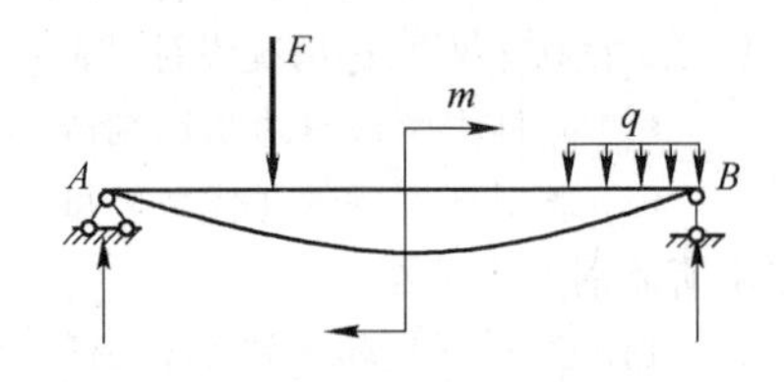

图 4-1　梁的平面弯曲

弯曲变形是工程实际和日常生活中最常见的一种变形。例如房屋建筑中的楼面梁，受到楼面荷载和梁自重的作用，将发生弯曲变形，如图 4-2(a)所示，阳台挑梁变形如图 4-2(b)所示，梁式桥的主梁变形如图 4-2(c)所示，都是以弯曲变形为主的构件。

工程中大多数梁的横截面都有对称轴，图 4-3 所示为具有对称轴的各种截面形状。截面的对称轴与梁轴线所组成的平面称为纵向对称平面，如图 4-4 所示。如果作用在梁上的外力和外力偶都位于纵向对称平面内，梁变形后，轴线将在此纵向对称平面内弯曲。这种梁的弯曲平面与外力作用平面相重合的弯曲，称为平面弯曲。

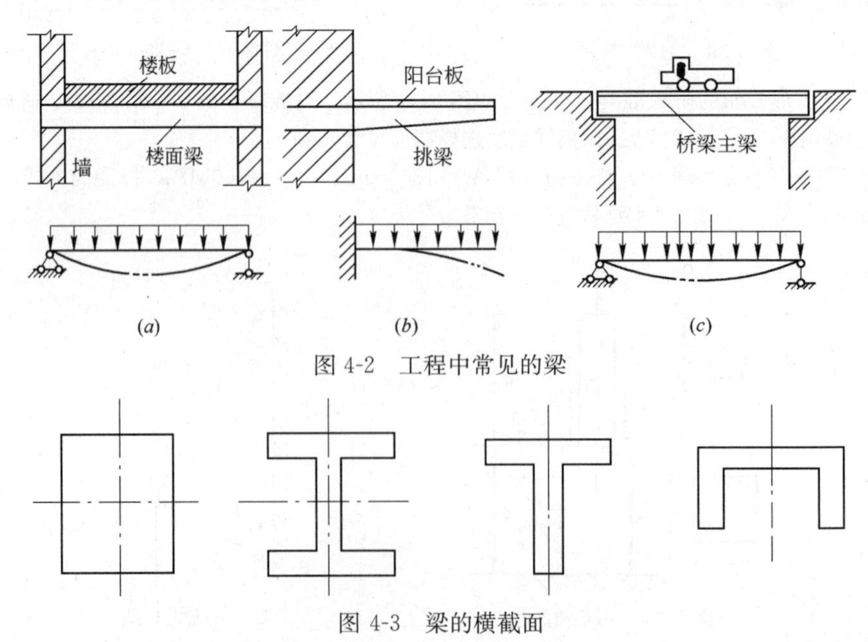

图 4-2　工程中常见的梁

图 4-3　梁的横截面

平面弯曲是一种最简单，也是最常见的弯曲变形，本单元将主要讨论等截面直梁的平面弯曲问题。

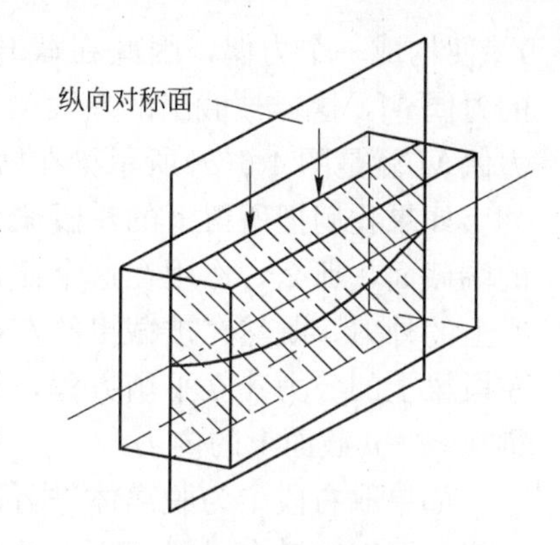

图 4-4 梁的对称平面

4.1.2 梁的分类

工程中对于单跨静定梁按其支座形式和支承位置不同分为下列三种形式：

(1) 简支梁。梁的一端为固定铰支座，另一端为可动铰支座，如图 4-5(a)所示。

(2) 外伸梁。梁身一端或两端伸出支座的简支梁，如图 4-5(b)所示。

(3) 悬臂梁。梁的一端为固定端，另一端为自由端，如图 4-5(c)所示。

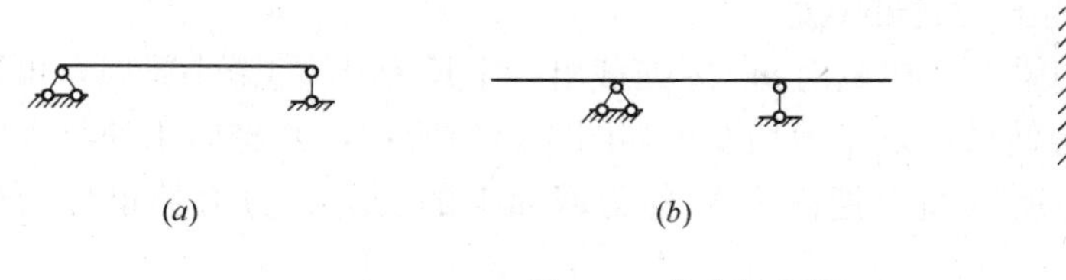

图 4-5 单跨静定梁

4.2 平面弯曲梁的内力

为了计算梁的强度和刚度问题，就必须计算梁的内力。

4.2.1 用截面法求梁的内力

梁在外力作用下，其任一横截面上的内力也是用截面法来求。例如图 4-6(a)所示的梁在外力作用下处于平衡状态，我们用一个假想的横截面 m—n 将它分成为两段。因为梁原来处于平衡状态，被截出的任一段梁也应该保持平衡状态。现在取其中的任一段梁，左段梁为脱离体，并将右段梁对左段梁的作用以截开面上的内力来代替。从图 4-6(b)可以看出，在 A 端原来作用有一个方向向上的支座反力 Y_A，要使左段梁维持平衡，必须在截开面上会存在一个与 Y_A 大小相等，方向向下的力 V，如图 4-6(b)中所示。但是当截开面上有了这个力 V 之后，力 V 与

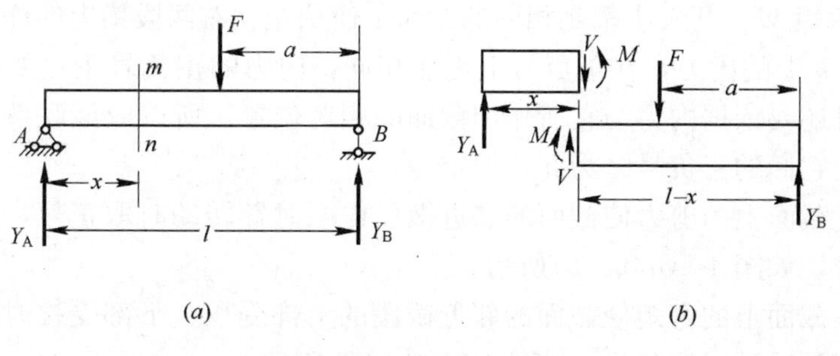

图 4-6 梁的剪力和弯矩

Y_A 便构成一个力偶，因此在截开面上还有一个与上述力偶大小相等而转向相反的力偶 M，这样被截出的左段梁就可以维持平衡了。图 4-6(b)上所表示的力 V 和力偶 M 就是图 4-6(a)所示梁在横截面 m—n 上的内力。

如果我们把所留下的左段梁作为研究的对象，并且把横截面 m—n 看作是它的端截面，那么，作用在这个截面上的力 V 和力偶 M 也可以看作是作用在这段梁上的外力。既然在被截出的左段梁上所作用的力都可以看作是外力，就可以对左段梁上的各力建立平衡方程，并且从平衡方程求出力 V 和力偶 M，它们也就是梁在 m—n 截面上的内力。

如果取右段梁为脱离体进行研究，如图 4-6(b)所示，根据作用力与反作用力定律，可以知道右段梁截面上的内力与左段梁截面上的内力应大小相等而方向相反。同样，也可以通过取右段梁为脱离体和对它建立平衡方程的方法来求出梁在 m—n 截面上的内力 V 和 M。

4.2.2 剪力和弯矩正、负号的规定

图 4-7(a)所示的梁上，在截面 m—n 处截出一个长为 dx 的微小梁段，可以看出：由于 V 的作用会使微段发生剪切变形如图 4-7(b)所示，并趋向于使梁在它作用的截面处被剪断，所以通常把内力 V 称为截面上的剪力。剪力的单位为牛顿(N)或千牛顿(kN)。

由于 M 的作用会使微段发生弯曲变形，如图 4-7(c)所示，并且趋向于使梁在它作用的截面处因弯曲而折断，所以通常把内力 M 称为截面上的弯矩。弯矩的单位为牛顿·米(N·m)或千牛顿·米(kN·m)。

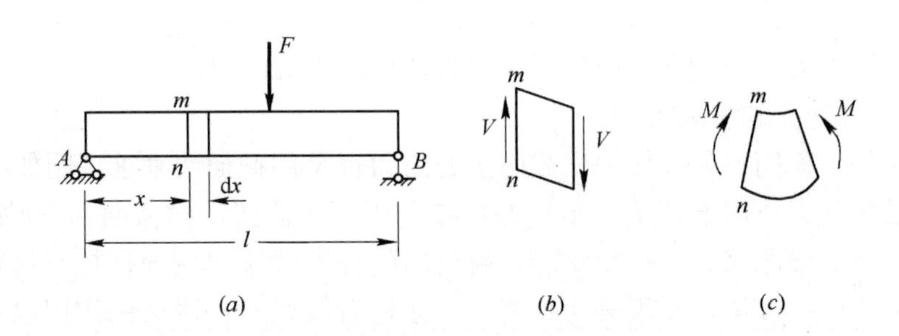

图 4-7　梁弯曲时的变形情况

由图 4-6 可知，不论以左段梁或右段梁为脱离体来计算同一截面 m—n 上的剪力 V 或弯矩 M，其大小都是相同的。为了使从左、右两段梁上的外力算得的同一截面 m—n 上的内力，在正负号上也能相同，内力的正负号不仅要依据内力的方向，而且还要依据内力与它所作用截面的相对位置，所以应该联系到梁的变形现象来规定它们的正负号。为此，规定为：

剪力：截面上的剪力使截面的邻近微段作顺时针转动时取正号，作逆时针转动时取负号，如图 4-8(a)、(b)所示。

弯矩：截面上的弯矩使截面的邻近微段的上部受压、下部受拉时取正号，上部受拉、下部受压时取负号，如图 4-8(c)、(d)所示。

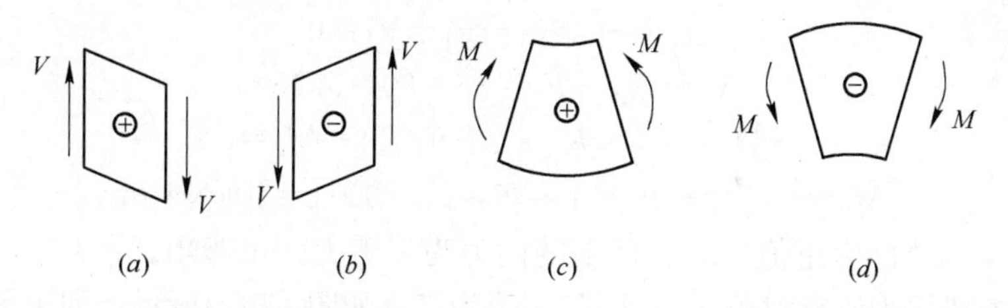

图 4-8 梁截面上剪力和弯矩正负号的规定

4.2.3 用截面法计算指定截面内力

用截面法计算指定截面的剪力和弯矩的步骤和方法如下。

(1) 计算支座反力。

(2) 用假想的截面在欲求内力处将梁切成左、右两部分，取其中一部分为研究对象。

(3) 画研究对象的受力图(截面上的剪力和弯矩一般都先假设为正号)。

(4) 建立平衡方程，求解内力。

计算出的内力值可能为正值或为负值，当内力值为正值时，说明截面上的内力为正剪力或正弯矩；当内力值为负值时，说明截面上的内力为负剪力或负弯矩。

下面举例说明。

【例 4-1】 简支梁如图 4-9(*a*)所示。已知 $F_1=30\text{kN}$，$F_2=30\text{kN}$，试求截面 1—1 上的剪力和弯矩。

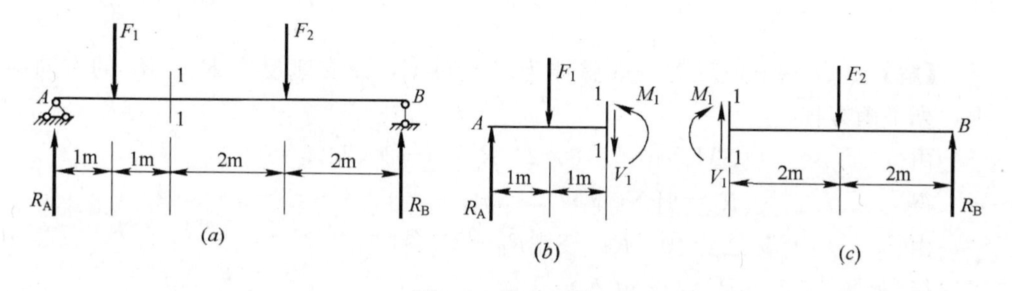

图 4-9 例 4-1 图

【解】 (1) 求支座反力

以整梁为研究对象，假设支座反力 R_A 和 R_B 方向向上，列平衡方程

由 $\Sigma M_B=0$ $F_1\times5+F_2\times2-R_A\times6=0$

得 $R_A=35\text{kN}(\uparrow)$

由 $\Sigma M_A=0$ $R_B\times6-F_1\times1-F_2\times4=0$

得 $R_B=25\text{kN}(\uparrow)$

(2) 求截面 1—1 的内力

用截面 1—1 将梁截成两段，取左段为研究对象，并设截面上的剪力 V_1 和弯矩 M_1 都为正，如图 4-9(*b*)所示，列出平衡方程。

由 $\Sigma Y=0 \quad R_A-F_1-V_1=0$

得 $V_1=R_A-F_1=35-30=5\text{kN}$

由 $\Sigma M_1=0 \quad -R_A\times2+F_1\times1+M_1=0$

得 $M_1=R_A\times2-F_1\times1=35\times2-30\times1=40\text{kN}\cdot\text{m}$

所得 V_1、M_1 为正值，故截面上的内力为正剪力、正弯矩。

若取右段梁为研究对象，也设 V_1、M_1 为正，如图 4-9(*c*)所示，列出平衡方程

由 $\Sigma Y=0 \quad V_1-F_2+R_B=0$

得 $V_1=F_2-R_B=30-25=5\text{kN}$

由 $\Sigma M_1=0 \quad R_B\times4-F_2\times2-M_1=0$

得 $M_1=R_B\times4-F_2\times2=25\times4-30\times2=40\text{kN}\cdot\text{m}$

可见，选取左段梁或选取右段梁为研究对象，所得截面 1—1 的内力结果相同。

【例 4-2】 外伸梁受力如图 4-10(*a*)所示，求 1—1、2—2 截面上的剪力和弯矩。

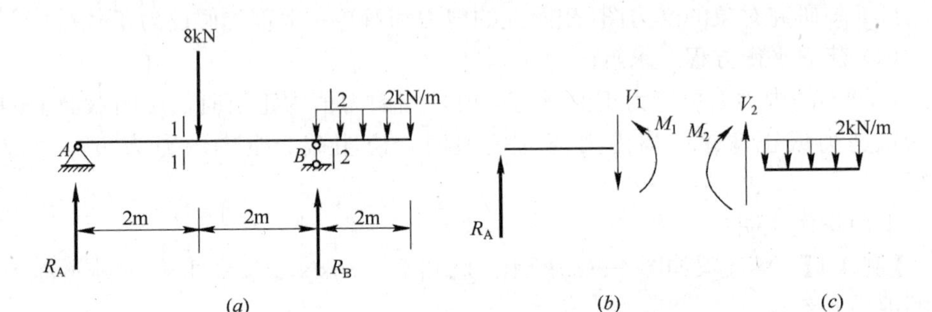

图 4-10 例 4-2 图

【解】 (1) 求支座反力。取整体为研究对象，设支座反力 R_A、R_B 的方向向上，列平衡方程。

由 $\Sigma M_A=0，-8\times2+R_B\times4-2\times2\times5=0$

得 $R_B=9\text{kN}(\uparrow)$

由 $\Sigma Y=0，R_A-8+R_B-2\times2=0$

得 $R_A=3\text{kN}(\uparrow)$

(2) 求 1—1 截面的内力。将梁沿 1—1 截面处切开，取左半部为研究对象，其受力如图 4-10(*b*)所示。

由 $\Sigma Y=0，R_A-V_1=0$

得 $V_1=R_A=3\text{kN}$

由 $\Sigma M_1=0，-2R_A+M_1=0$

得 $M_1=2R_A=6\text{kN}\cdot\text{m}$

(3) 求 2—2 截面的内力。将梁沿 2—2 截面切开，取右半部为研究对象，其受力如图 4-10(*c*)所示，则

由 $\Sigma Y=0，V_2-2\times2=0$

得 $V_2=4\text{kN}$

由 $\Sigma M_2=0$，$-M_2-2\times2\times1=0$

得 $M_2=-4\text{kN}\cdot\text{m}$

4.2.4 梁的内力图

为了计算梁的强度和刚度问题，除了要计算指定截面的剪力和弯矩外，还必须知道剪力和弯矩沿梁轴线的变化规律，从而找到梁内剪力和弯矩的最大值以及它们所在的截面位置。

1. 剪力方程和弯矩方程

从前面的讨论可以看出，梁内各截面上的剪力和弯矩一般是随截面的位置而变化的。若横截面的位置用沿梁轴线的坐标 x 来表示，则各横截面上的剪力和弯矩都可以表示为坐标 x 的函数，即

$$V_x=V(x),\ M_x=M(x)$$

$V(x)$和$M(x)$分别称为剪力方程和弯矩方程。剪力方程和弯矩方程可以表明梁内剪力和弯矩沿梁轴线的变化规律。

2. 剪力图和弯矩图

为了形象地表现剪力和弯矩沿梁轴的变化规律，可以根据剪力方程和弯矩方程分别绘制剪力图和弯矩图。它的画法与轴力图、扭矩图相似，以沿梁轴的横坐标 x 表示梁横截面位置，以纵坐标表示相应截面的剪力或弯矩。作图时，一般把正的剪力画在 x 轴的上方，负的剪力画在 x 轴的下方，并标明正负号；将弯矩画在梁的受拉侧，而不必标明正负号。

【例 4-3】 悬臂梁受集中力作用如图 4-11(*a*)所示，试画出该梁的内力图。

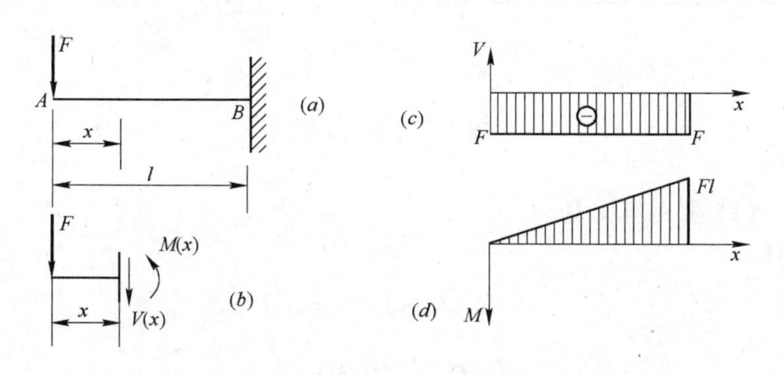

图 4-11 例 4-3 图

【解】 (1) 列剪力方程和弯矩方程。以左端 A 为坐标原点，以梁轴为 x 轴。在距原点为 x 的截面处截取左段梁为研究对象，画其受力图 4-11(*b*)所示，计算该截面上的剪力和弯矩，并把它们表示为 x 的函数，则有

剪力方程：$V(x)=-F\quad(0<x<l)$

弯矩方程：$M(x)=-Fx\quad(0\leqslant x<l)$

(2) 画剪力图。由剪力方程可知，$V(x)$为一常数，不随梁内横截面位置的变化而变化，所以，V 图是一条平行于 x 轴的直线，且位于 x 轴的下方，如图 4-11(*c*)所示。

(3) 画弯矩图。由弯矩方程可知，$M(x)$是 x 的一次函数，弯矩沿梁轴按直线规律变化，弯矩图是一条斜直线，因此，只需确定梁内任意两截面的弯矩，便可画出弯矩图，如图 4-11(d)所示。

$$x=0\text{ 时，}M_A=0$$

$$x=l\text{ 时，}M_L^B=-Fl$$

从所作的剪力图和弯矩图中可以看到，在梁右端的固定端截面上，弯矩的绝对值最大，剪力则在全梁各截面都相等，其值为

$$|V|_{max}=F$$

$$|M|_{max}=Fl$$

习惯上将剪力图和弯矩图与梁的计算简图对正，并标明图名(V 图、M 图)、控制点值及 V 图的正负号。这样坐标轴可省略不画。

【例 4-4】 简支梁受集中力作用如图 4-12(a)所示，试画出梁的内力图。

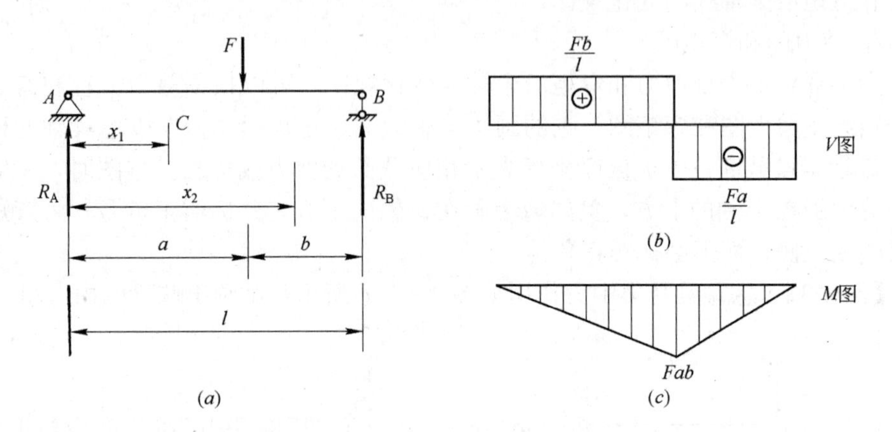

图 4-12　例 4-4 图

【解】 (1) 求支座反力。

由 $\Sigma M_A=0$，

$$R_B\times l-F\times a=0$$

得
$$R_B=\frac{Fa}{l}(\uparrow)$$

由 $\Sigma M_B=0$，

$$F\times b-R_A\times l=0$$

得
$$R_A=\frac{Fb}{l}(\uparrow)$$

(2) 列内力方程。梁在 C 处有集中力作用，故 AC 段和 CB 段内力方程不同，要分段列出。

AC 段：在 AC 段内取距 A 为 x_1 的任意截面，则

$$V(x_1)=R_A=\frac{Fb}{l}(0<x_1<a)$$

$$M(x_1)=R_A x_1=\frac{Fb}{l}x_1(0\leqslant x_1\leqslant a)$$

在 CB 段内取距 A 为 x_2 的任意截面，则

$$V(x_2)=-R_B=-\frac{Fa}{l}\quad(a<x_2<l)$$

$$M(x_2)=R_B(l-x_2)=\frac{Fa}{l}(l-x_2)\quad(a\leqslant x_2\leqslant l)$$

(3) 画剪力图。由剪力方程知，AC 段和 CB 段梁的剪力图均为水平线。AC 段剪力图在 x 轴上方，CB 段剪力图在 x 轴下方。在集中力 P 作用的 C 截面上，剪力图出现向下的突变，突变值等于集中力的大小。剪力图如图 4-12(b)所示。

(4) 画弯矩图。由弯矩方程知，两段梁的弯矩图均为斜直线，每段分别确定两个数值就可画出弯矩图，如图 4-12(c)所示。

$$x_1=0\text{ 时，}M_A=0$$

$$x_1=a\text{ 时，}M_c=\frac{Fb}{l}a=\frac{Fab}{l}$$

$$x_2=a\text{ 时，}M_c=\frac{Fb}{l}a=\frac{Fab}{l}$$

$$x_2=l\text{ 时，}M_B=0$$

【例 4-5】 简支梁受集中力偶作用如图 4-13(a)所示，试画出梁的内力图。

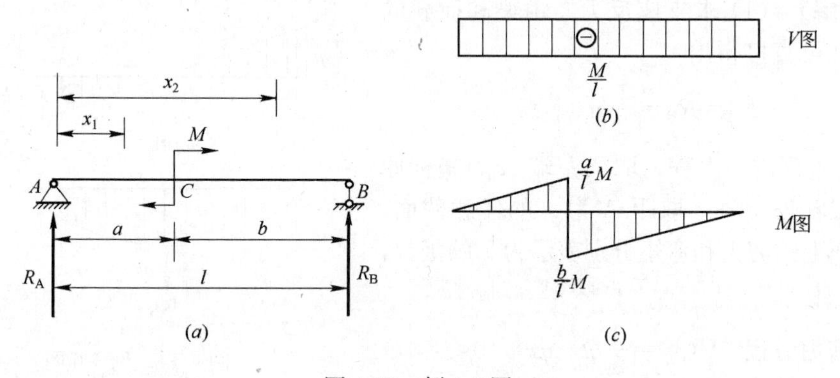

图 4-13　例 4-5 图

【解】 (1) 求支座反力。

由梁的整体平衡条件得

$$\Sigma M_A=0,\ R_B=\frac{M}{l}(\uparrow)$$

$$\Sigma M_B=0,\ R_A=-\frac{M}{l}(\downarrow)$$

(2) 分段列内力方程。

AC 段：在 AC 段内取距 A 为 x_1 的任意截面，则有

$$V(x_1)=-\frac{M}{l}\quad(0<x_1\leqslant a)$$

$$M(x_1)=-\frac{M}{l}x_1 \quad (0\leqslant x_1<a)$$

CB 段：在 CB 段内取距 A 为 x_2 的任意截面，则有

$$V(x_2)=-\frac{M}{l} \quad (a\leqslant x_2<l)$$

$$M(x_2)=\frac{M}{l}(l-x_2) \quad (a<x_2\leqslant l)$$

(3) 画剪力图。由剪力方程知，AC 段和 CB 段的剪力图是同一条平行于 x 轴的直线，且在 x 轴的下方如图 4-13(b)所示。

(4) 画弯矩图。由弯矩方程知，AC 段和 CB 段的弯矩图都是一条斜直线，要分段取点作图如图 4-13(c)所示。

$x_1=0$ 时，$M_A=0$

$x_1=a$ 时，$M_C^R=-\frac{M}{l}a$

$x_2=a$ 时，$M_C^R=\frac{M}{l}(l-a)=\frac{M}{l}b$

$x_2=l$ 时，$M_B=0$

【例 4-6】 简支梁受均布荷载作用如图 4-14(a)所示，试画出该梁的内力图。

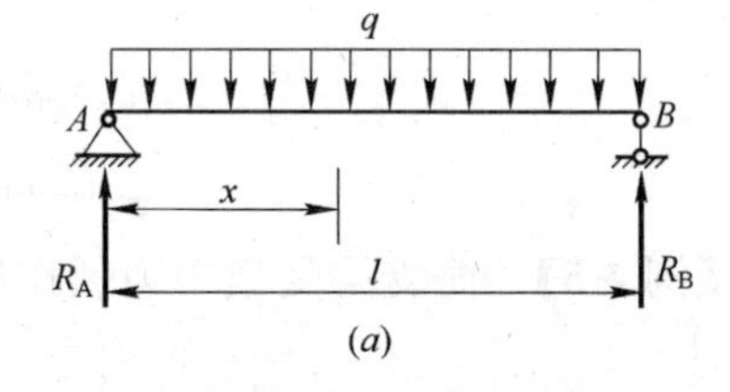

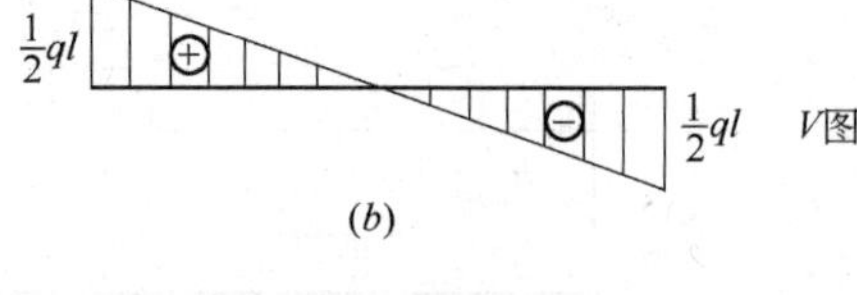

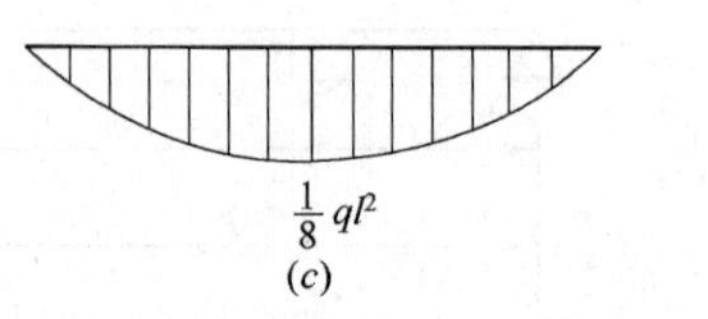

图 4-14 例 4-6 图

【解】 (1) 求支座反力。由梁和荷载的对称性可直接得出

$$R_A=R_B=\frac{1}{2}ql(\uparrow)$$

(2) 列内力方程。取梁左端 A 为坐标原点，梁轴为 x 轴，取距 A 为 x 的任意截面，该截面上的剪力和弯矩分别表示为 x 的函数，则有

剪力方程：$V(x)=\frac{1}{2}ql-qx \quad (0<x<l)$

弯矩方程：$M(x)=\frac{1}{2}qxl-\frac{1}{2}qx^2 \quad (0\leqslant x\leqslant l)$

(3) 画剪力图。由剪力方程知，该梁的剪力图是一条斜直线，确定两个数值便可以画出剪力图如图 4-14(b)所示。

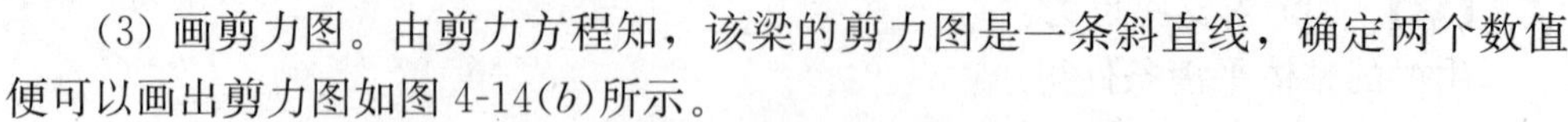

$$x=0\text{ 时，}V_A^{右}=\frac{1}{2}ql$$

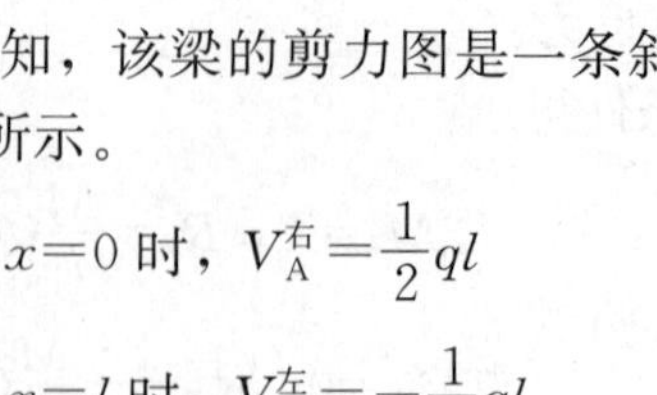

$$x=l\text{ 时，}V_B^{左}=-\frac{1}{2}ql$$

(4) 画弯矩图。由弯矩方程知，梁的弯矩图是一条二次抛物线，至少要算出三个点的弯矩值才能大致画出图形。

$$当\ x=0\ 时 \quad M_A=0$$

$$x=l/2\text{ 时}\quad M_C=\frac{1}{8}ql^2$$

$$x=l\text{ 时}\quad M_B=0$$

画出的弯矩图如图 4-14(c)所示。

由作出的内力图可知，受均布荷载作用的简支梁，最大剪力发生在梁端，它的数值$|V|_{\max}=\frac{1}{2}ql$；而最大弯矩发生在剪力为零的跨中截面，它的数值$|M|_{\max}=\frac{1}{8}ql^2$。

以上分别讨论了梁在集中力、集中力偶、均布荷载作用下的内力图，通过讨论发现，内力图存在一定的规律。可简要归纳如下：

(1) 在无荷载区段，当剪力图为平行于 x 轴的一条直线时，弯矩图一般为一条斜直线。

(2) 在均布荷载作用的区段内，剪力图为一条斜直线，弯矩图为一条抛物线。荷载向下，剪力图向右下斜，弯矩图下凸。在剪力为零处，弯矩图有极值。

(3) 在集中力作用处，剪力图有突变，从左往右突变的方向与集中力的方向相同，突变的大小等于该集中力的大小，而弯矩图只产生转折。

(4) 在集中力偶作用处，弯矩图有突变，突变的大小等于该集中力偶矩，而剪力图无变化。

现将静定梁在常见单种荷载作用下的 V 图和 M 图列于表 4-1 中。

静定梁在单种荷载作用下的 V 图和 M 图 **表 4-1**

计算简图	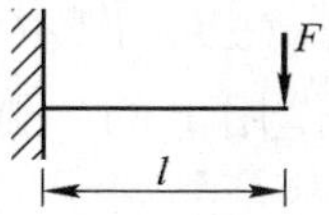 F, l	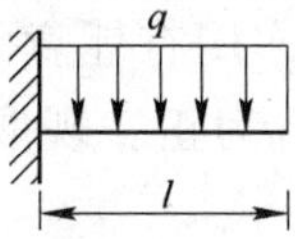 q, l	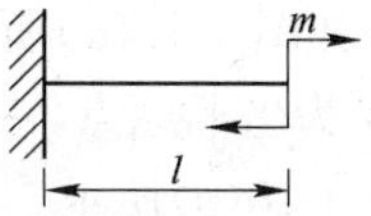 m, l
V 图	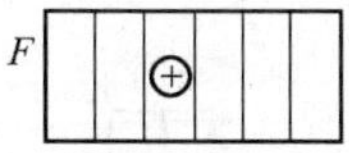 F, ⊕	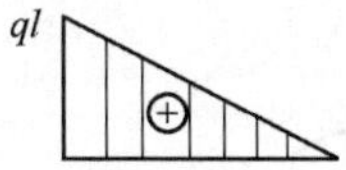 ql, ⊕	
M 图	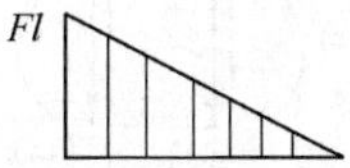 Fl	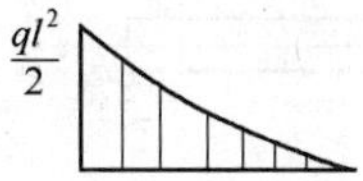 $\frac{ql^2}{2}$	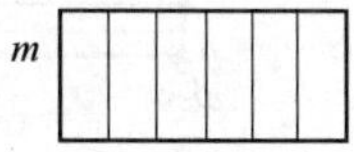 m
计算简图	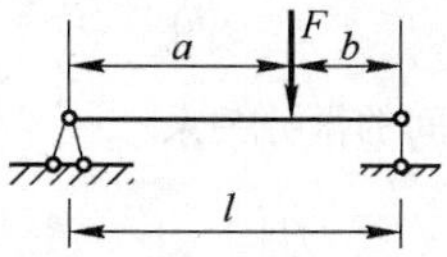 a, F, b, l	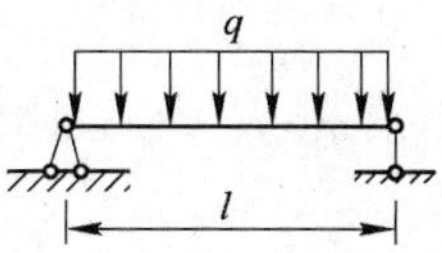 q, l	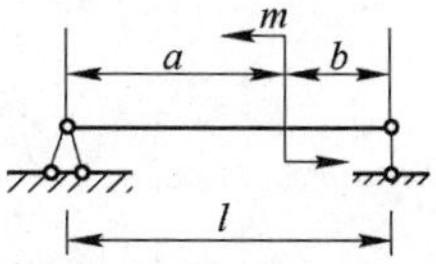 a, m, b, l
V 图	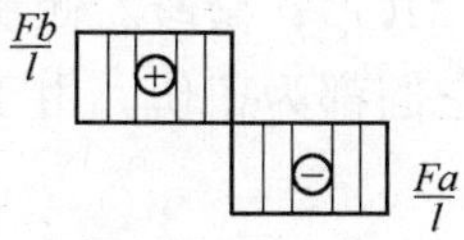 $\frac{Fb}{l}$, ⊕, ⊖, $\frac{Fa}{l}$	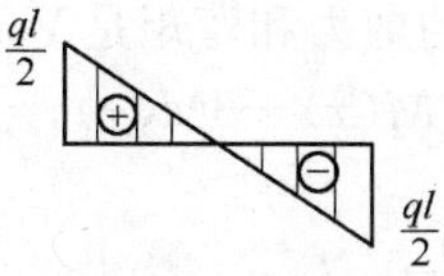 $\frac{ql}{2}$, ⊕, ⊖, $\frac{ql}{2}$	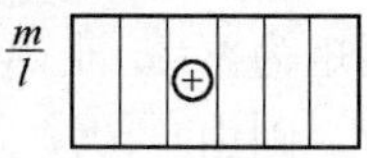 $\frac{m}{l}$, ⊕

续表

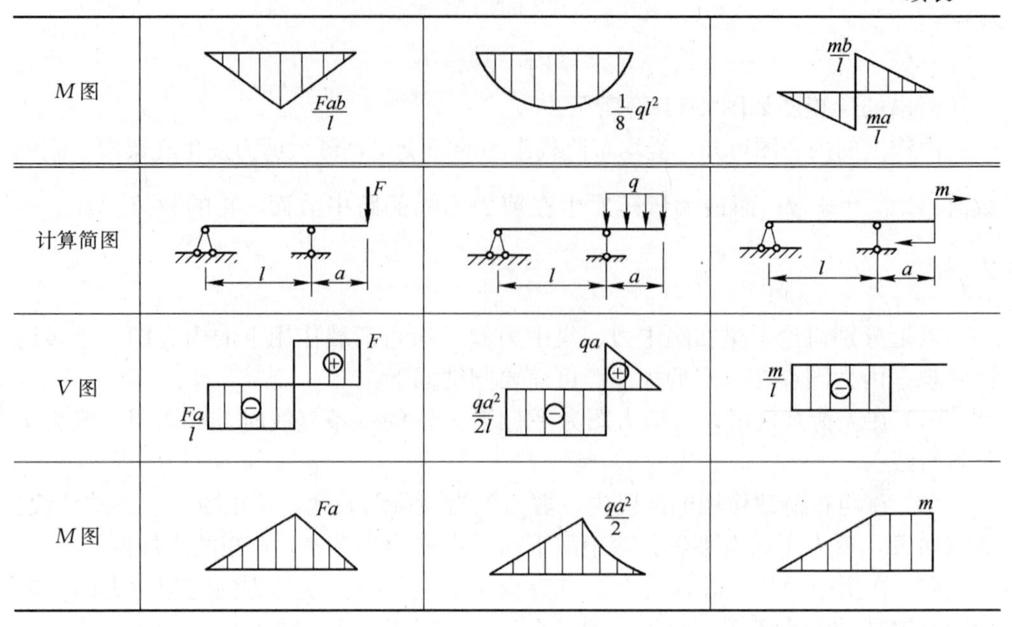

4.2.5 弯矩$M(x)$、剪力$V(x)$与分布荷载集度$q(x)$三者之间的微分关系及其在绘制内力图上的应用

1. 荷载集度、弯矩、剪力之间的微分关系

前面从直观上总结出剪力图、弯矩图的一些规律，现进一步讨论剪力图、弯矩图与荷载之间的关系。

如图 4-15(a)所示，梁上作用有任意的分布荷载 $q(x)$，设 $q(x)$以向上为正。取 A 为坐标原点，x 轴以向右为正。现取分布荷载作用下的一微段 dx 来研究，如图 4-15(b)所示。

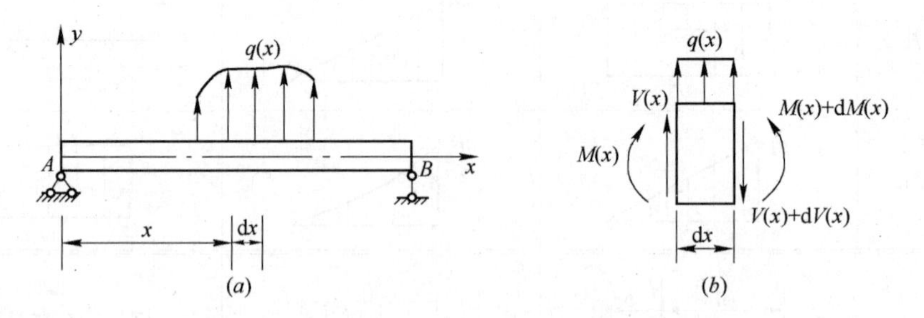

图 4-15 求 $q(x)$、$V(x)$和 $M(x)$之间的微分关系

由于微段的长度非常小，因此，在微段上作用的分布荷载 $q(x)$可以认为是均布的。微段左侧横截面上的剪力和弯矩是 $V(x)$和 $M(x)$；微段右侧截面上的剪力和弯矩为 $V(x)+dV(x)$和 $M(x)+dM(x)$，并设它们都为正值。由于微段应保持平衡，则由

$$\Sigma Y=0, \quad V(x)+q(x)dx-[V(x)+dV(x)]=0$$

得
$$\frac{dV(x)}{dx}=q(x) \tag{4-1}$$

结论一：梁上任一横截面上的剪力对 x 的一阶导数等于相应截面处的分布荷载集度。这一微分关系的几何意义是，剪力图上某点切线的斜率等于相应截面处的分布荷载集度。

再由 $\Sigma M_O=0$（O 点为右侧横截面的形心）。列出

$$-M(x)-V(x)dx-q(x)dx\cdot\frac{dx}{2}+[M(x)+dM(x)]=0$$

经过整理，并略去二阶微量 $q(x)\cdot\frac{dx^2}{2}$后，得

$$\frac{dM(x)}{dx}=V(x) \tag{4-2}$$

结论二：梁上任一截面上的弯矩对 x 的一阶导数等于该截面上的剪力。这一微分关系的几何意义是，弯矩图上某点切线的斜率等于相应截面上的剪力。

将式(4-2)两边求导，可得

$$\frac{d^2M(x)}{dx^2}=q(x) \tag{4-3}$$

结论三：梁上任一横截面上的弯矩对 x 的二阶导数等于该截面处的分布荷载集度。这一微分关系的几何意义是，弯矩图上某点的曲率等于相应截面处的分布荷载集度，即由分布荷载集度的正负可以确定弯矩凹凸方向。

2. 利用荷载集度、剪力、弯矩的微分关系分析剪力图和弯矩图的规律

(1) 在无荷载作用区段

1) 由于 $q(x)=0$，$\frac{dV(x)}{dx}=q(x)=0$，$V(x)$是常数，所以剪力图是一条平行于 x 轴的直线。

2) 由于$\frac{dM(x)}{dx}=V(x)=$常数，所以 $M(x)$是 x 的一次函数，弯矩图是一条斜直线。

当 $V(x)=$常数>0 时，弯矩 $M(x)$是增函数，弯矩图往右下斜。

当 $V(x)=$常数<0 时，弯矩 $M(x)$是减函数，弯矩图往右上斜。

特殊情况下，当 $V(x)=$常数$=0$ 时，$M(x)=$常数，弯矩图是一条水平直线。

(2) 在均布荷载作用区段

由于 $q(x)=$常数，$\frac{dV(x)}{dx}=$常数，$V(x)$是 x 的一次函数，剪力图是一条斜直线，而$\frac{dM(x)}{dx}=V(x)$，$M(x)$是 x 的二次函数，弯矩图是一条抛物线。

当 $q(x)=$常数>0 时，$V(x)$是增函数，剪力图往右上斜，$\frac{d^2M(x)}{dx^2}=q(x)=$常数$>0$，弯矩图为上凸曲线。

当 $q(x)=$常数<0 时，$V(x)$是减函数，剪力图往右下斜，弯矩图为下凸曲线。

当 $V(x)=0$ 时，由于 $\frac{dM(x)}{dx}=V(x)=0$，弯矩图在该点处的斜率为零，所以弯矩有极值。

分布荷载、剪力、弯矩之间的关系列于表 4-2 中。

梁的荷载、剪力图、弯矩图之间的关系　　表 4-2

序号	梁上荷载情况	剪 力 图	弯 矩 图
1	无分布荷载 ($q=0$)	V图为水平直线 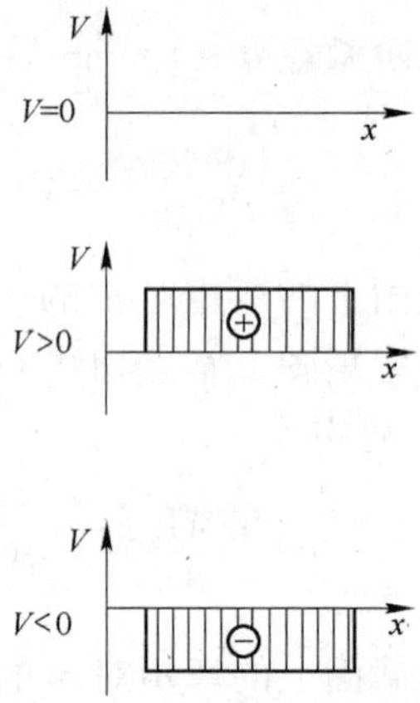 $V=0$ $V>0$ ⊕ $V<0$ ⊖	M图为斜直线 $M<0$ $M=0$ $M>0$ 下斜直线 上斜直线 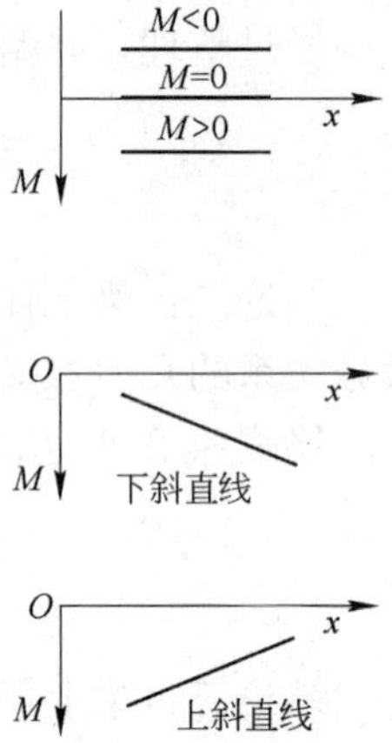
2	均布荷载向上作用 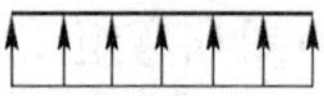 $q>0$	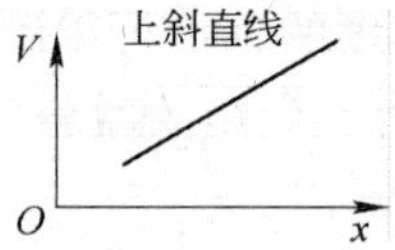 上斜直线	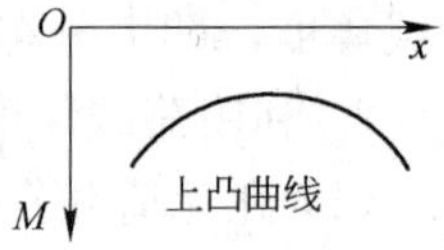 上凸曲线
3	均布荷载向下作用 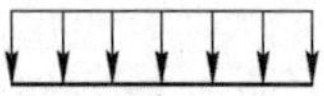 $q<0$	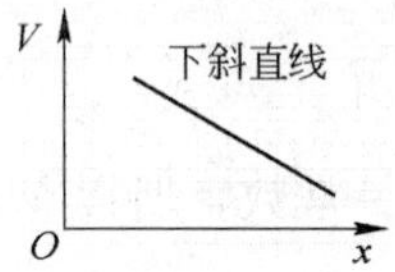 下斜直线	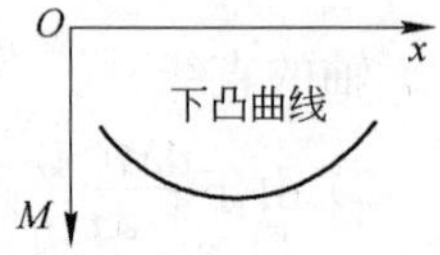 下凸曲线
4	集中力作用 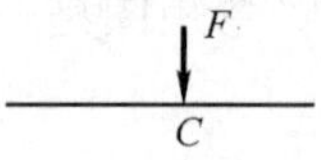 F C	C截面有突变 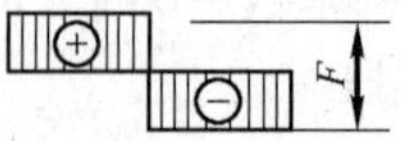 ⊕ ⊖ F	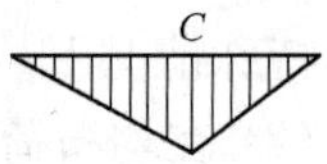 C
5	集中力偶作用 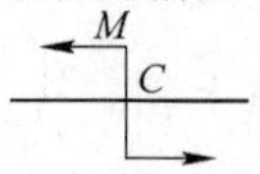 M C	C截面无变化	C截面有突变 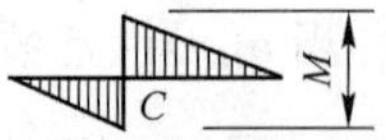 C M
6		$V=0$ 截面	M有极值

3. 剪力图和弯矩图规律的应用

利用剪力图和弯矩图的规律可简单而方便地画出内力图，其步骤如下。

(1) 根据梁所受外荷载情况将梁分为若干段，并判断每段的剪力图和弯矩图的形状。

(2) 计算每一段梁两端的剪力值和弯矩值(可直接根据规律判断出来的不必计算)，逐段画出剪力图和弯矩图。

(3) 画内力图时，一般是从左往右画。

【例4-7】 利用M、V、q之间的微分关系画出图4-16(a)所示外伸梁的V、M图。已知$q=2\text{kN/m}$，$m=6\text{kN}\cdot\text{m}$。

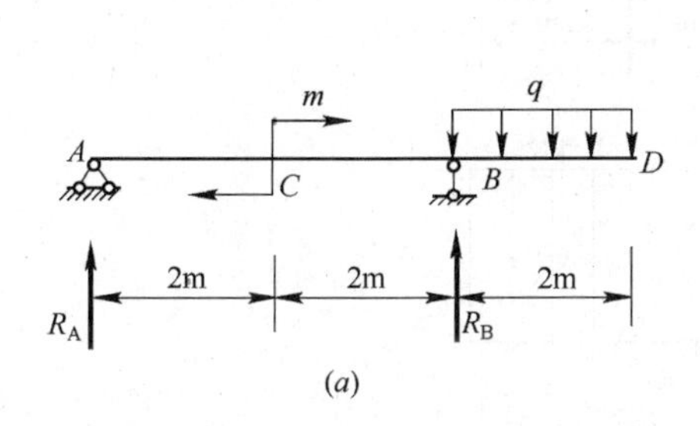

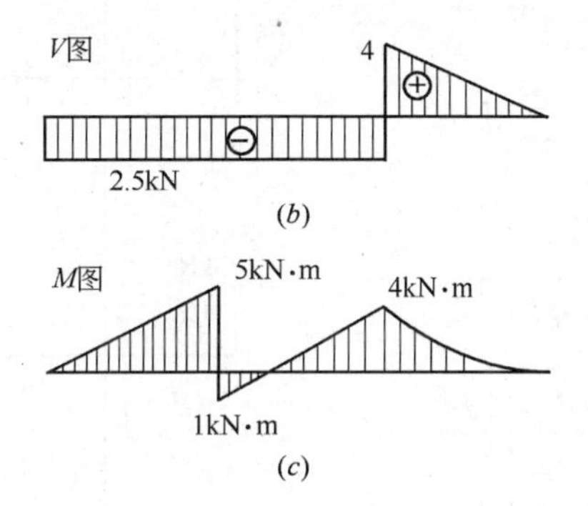

图4-16 例4-7图

【解】 (1) 求支座反力。

由$\Sigma M_B=0$，得 $R_A=-2.5\text{kN}(\downarrow)$

由$\Sigma M_A=0$，得 $R_B=6.5\text{kN}(\uparrow)$

(2) 画剪力图。将梁按荷载分布情况分为AB、BD两段，分别画这两段的剪力图。(对于画剪力图，力偶荷载作用无改变。)

AB段是无荷载区段，在AB段内$V_A^{右}=R_A=-2.5\text{kN}$，所以$AB$段的剪力图是在$x$轴下方的一条平行直线。

BD段是有荷载区段，在B截面处有一个集中力$R_B=6.5\text{kN}$向上作用，剪力值就从-2.5kN向上突变到$+4\text{kN}$。B截面突变的绝对值之和等于集中力的大小，为6.5kN。D截面的剪力又为零，因此，BD段的剪力图为一条从左向右的斜直线如图4-16(b)所示。

(3) 画弯矩图。将梁按荷载分布情况分为AC、CB、BD三段，分别画这三段的弯矩图。

AC段剪力图是在x轴下方的一条平行线，所以弯矩图是一条往右上斜的直线，确定两点的弯矩值$M_A=0$、$M_C^{左}=-5\text{kN}\cdot\text{m}$，画出$AC$段的弯矩图线。在$C$截面处有集中力偶作用，弯矩图在该截面有突变，经过$C$截面处向下突变$6\text{kN}\cdot\text{m}$，则$M_C^{右}=1\text{kN}\cdot\text{m}$。到$CB$段，因剪力图还是在$x$轴下方的一条平行线，所以弯矩图仍是一条往右上斜的直线，确定B截面的弯矩值$M_B=-4\text{kN}\cdot\text{m}$。求出了$M_C^{右}$和$M_B$两截面的弯矩值，两截面连直线便画出$CB$段的弯矩图。$BD$段作用有向下的均布线荷载，所以弯矩图为向下凸抛物线。已知 M_B 的弯矩值，确定 D 截面的弯矩值 $M_D=0$，B、D 两截面连曲线。画出了整个梁的弯矩图，如图 4-16(c)所示。

【例 4-8】 利用 M、V、q 之间的微分关系，画出如图 4-17(a)所示的外伸梁的内力图。

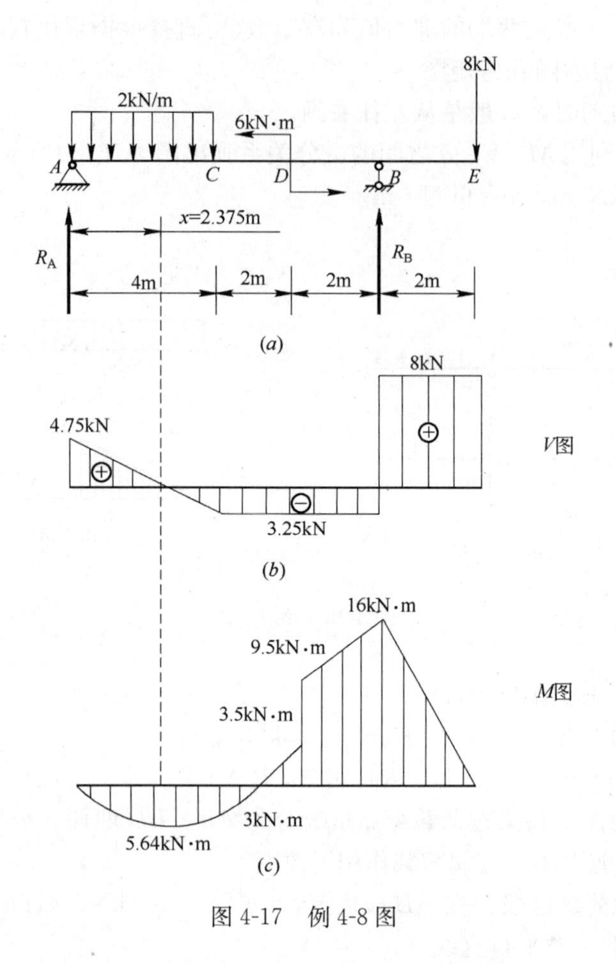

图 4-17　例 4-8 图

【解】 (1) 求支座反力。

$$R_A=4.75\text{kN}(\uparrow)\quad R_B=11.25\text{kN}(\uparrow)$$

(2) 画剪力图。AC 段为向下的均布线荷载，所以剪力图是一条往右下斜的直线，算出该段两端剪力值 $V_A^{右}=R_A=4.75\text{kN}$，$V_C=-3.25\text{kN}$，画出剪力图。$CD$ 段剪力图是 x 轴下方的一条平行线，经过集中力偶作用点 D 时，剪力图无变化，到截面 B 处按 R_B 的方向向上突变 11.25kN 过渡到 B 偏右截面，且 $V_B^{右}=8\text{kN}$。BE 段的剪力图是在 x 轴上方的平行线，在 E 处按集中力的方向向下突变 8kN，如图 4-17(b)所示。

(3) 画弯矩图。AC 段作用有向下的均布线荷载，所以弯矩图为向下凸抛物线。从剪力图可看出该段弯矩图有极值，算出该段两端的弯矩值及极值即可画出弯矩图。CD 段剪力图是在 x 轴下方的平行线，所以弯矩图是一条往右上斜直线，算出 D 偏右截面的弯矩值 $M_D^{左}=3.5\text{kN}\cdot\text{m}$，可得 CD 段的弯矩图线。经过 D 截面时，因有集中力偶作用，弯矩图往右向上突变 $6\text{kN}\cdot\text{m}$ 过渡到 D 偏右截面，且

$M_D^{右}=9.5\text{kN}\cdot\text{m}$，又 $M_B=16\text{kN}\cdot\text{m}$，$M_E=0$，所以 DB 段的弯矩图是上斜直线，BE 段是下斜直线，如图 4-17(c)所示。

4.3 截面图形的几何性质

前一章我们在分析杆件轴向拉伸和压缩时，计算应力和变形用到了杆件的横截面积 A。后面分析梁的弯曲时，计算应力和变形需要用到横截面的惯性矩 I_z。其中 A、I_z 都是和横截面形状有关的几何量，这些几何量将直接影响着杆件的承载能力，因此，必须掌握这些几何量的计算方法。

4.3.1 静矩和形心位置

图 4-18 所示的平面图形是面积为 A 的任意截面。从此截面中取出坐标分别为 z、y 的微面积 dA。则乘积 $y\text{d}A$ 称为微面积 dA 对 z 轴的静矩。$\int_A y\text{d}A$ 称为整个面积对 z 轴的静矩，用 $S_z=\int_A y\text{d}A$ 表示；$\int_A z\text{d}A$ 称为整个面积对 y 轴的静矩，用 $S_y=\int_A z\text{d}A$ 表示。

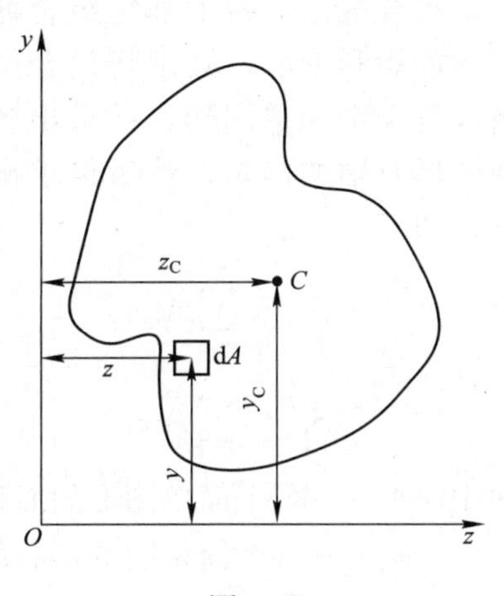

图 4-18

静矩是对一定的坐标轴而言的，同一截面对不同的坐标轴，其静矩也是不同的，静矩可以是正，可以是负，也可以是零。静矩的量纲为［长度］^{3}。常用单位是 m^3，mm^3。

平面图形的形心是这样一个点，对于任何坐标轴，如果把面积"集中"在这一点上，仍能保持该平面图形面积对该轴的静矩不变，即

$$\begin{aligned} S_z &= Ay_C = \int_A y\text{d}A \\ S_y &= Az_C = \int_A z\text{d}A \end{aligned} \qquad (4\text{-}4)$$

式中 A——平面图形的面积；

y_C，z_C——平面图形形心 C 的坐标(图 4-18)。

平面图形形心的坐标计算公式为

$$\begin{aligned} y_C &= \frac{\int_A y\text{d}A}{A} = \frac{S_z}{A} \\ z_C &= \frac{\int_A z\text{d}A}{A} = \frac{S_y}{A} \end{aligned} \qquad (4\text{-}5)$$

式(4-4)、式(4-5)表明，若知道截面对 z 轴和 y 轴的静矩，则将静矩除以截面的面积后，即可得该截面形心位置的坐标。

若已知截面的形心坐标 y_C 和 z_C，则将其乘以相应的截面面积，可分别得到截面对坐标轴 y、z 的静矩：

$$S_z = y_C A$$
$$S_y = z_C A$$

如果 $y_C=0$，$z_C=0$，那么 $S_z=0$，$S_y=0$，即截面图形对形心轴的静矩为零；反过来，如果 $S_z=0$，$S_y=0$，那么 $y_C=0$，$z_C=0$，即截面图形对某轴的静矩为零，该轴一定过截面的形心。

如果截面图形由多个简单图形组成，则此图形可称为组合图形，图 4-19 所示是由半圆、矩形、三角形组成的一个组合截面。为了确定组合截面图形的静矩和形心，必须将组合图形分解成若干个简单图形，并求出各个简单图形对轴的静矩，然后再求出其总和，即

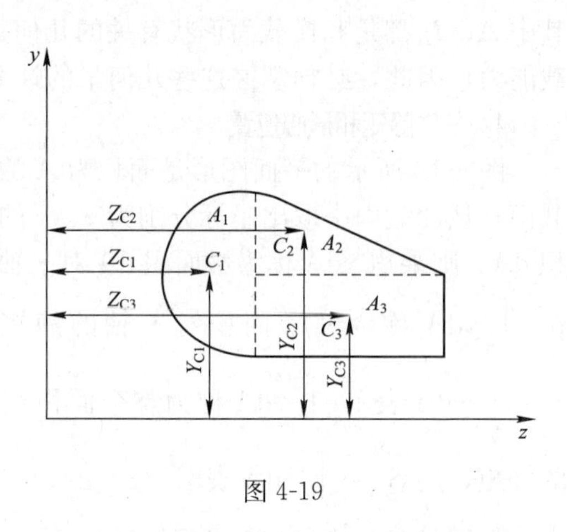

图 4-19

$$S_z = \sum_{i=1}^{n} A_i y_{Ci}$$
$$S_y = \sum_{i=1}^{n} A_i z_{Ci} \tag{4-6}$$

式中 A_i——各个简单图形的面积；

y_{Ci}——各个简单图形形心的 z 坐标；

z_{Ci}——各个简单图形形心的 y 坐标。

组合截面的形心坐标可用下式计算：

$$y_C = \frac{S_z}{A} = \frac{\sum_{i=1}^{n} A_i y c_i}{\sum_{i=1}^{n} A_i} \tag{4-7}$$

4.3.2 惯性矩和惯性半径

在图 A_1 所示的平面图形中，$y^2 \mathrm{d}A$ 称为微面积 $\mathrm{d}A$ 对 z 轴的惯性矩，有时简称为惯矩。$\int_A y^2 \mathrm{d}A$ 称为整个面积对 z 轴的惯性矩，用 I_z 表示。即

$$I_z = \int_A y^2 \mathrm{d}A \tag{4-8}$$

同理，整个面积对 y 轴的惯性矩为

$$I_y = \int_A z^2 \mathrm{d}A \tag{4-9}$$

由上述惯性矩的定义可知，惯性矩永远为正值，其值的大小和坐标轴的建立有关，同一平面图形对不同的轴，惯性矩不相同。其纲量为［长度］^{4}，单位为 m^4，mm^4。

惯性矩的另一种表达式是 $I_y=Ai_y^2$ 和 $I_z=Ai_z^2$，由此可得

$$i_y=\sqrt{\frac{I_y}{A}}，i_z=\sqrt{\frac{I_z}{A}}$$

式中，i_y 和 i_z 称为惯性半径，其纲量为［长度］，常用单位是 m，mm。

4.3.3 惯性矩的平行移轴公式

同一截面图形对于不同的坐标轴，其惯性矩是不相同的。若两坐标轴是相互平行的，则同一截面图形对这两条平行的轴的惯性矩有一定的关系。图 4-20 所示，一任意的平面图形，置于两对相互平行的坐标中，其中，O 是该图形的形心，Oy 和 Oz 轴是形心轴，若两条平行轴之间的距离分别为 a 和 b，则由图可知，$z_1=z+a$，$y_1=y+b$。根据定义，图形对于坐标轴 z，y 的惯性矩分别为

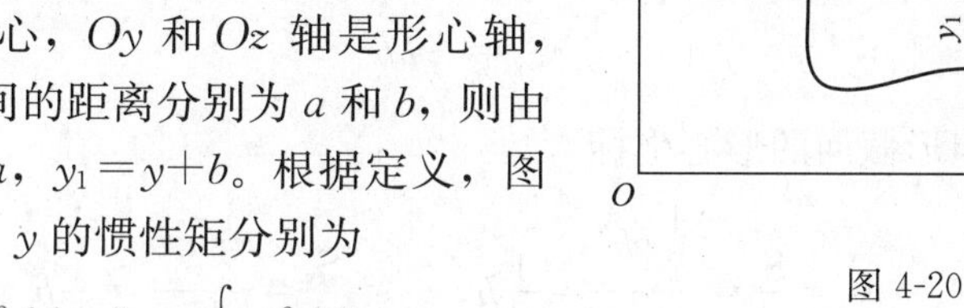

图 4-20

$$I_z=\int_A y^2\mathrm{d}A，I_y=\int_A z^2\mathrm{d}A，$$

图形对于坐标轴 z_1、y_1 的惯性矩分别为

$$I_{z_1}=\int_A y_1^2\mathrm{d}A，I_{y_1}=\int_A z_1^2\mathrm{d}A，$$

即

$$\begin{aligned} I_{z_1}&=\int_A (y+b)^2\mathrm{d}A, \\ I_{y_1}&=\int_A (z+a)^2\mathrm{d}A, \end{aligned} \tag{a}$$

展开后得

$$\begin{aligned} I_{z_1}&=\int_A y^2\mathrm{d}A+2b\int_A y\mathrm{d}A+b^2\int_A \mathrm{d}A=I_z+2bS_z+b^2A \\ I_{y_1}&=\int_A z^2\mathrm{d}A+2a\int_A z\mathrm{d}A+a^2\int_A \mathrm{d}A=I_y+2aS_y+a^2A \end{aligned} \tag{b}$$

因为 z，y 轴通过平面图形的形心，所以，上述各式中 $S_y=0$，$S_z=0$，于是式(b)变成

$$\begin{aligned} I_{z_1}&=I_z+b^2A \\ I_{y1}&=I_y+a^2A \end{aligned} \tag{4-10}$$

式(4-10)为惯性矩的平行移轴公式。它表明，图形对任意轴的惯性矩，等于图形对于与该轴平行的形心轴的惯性积，再加上图形面积与两轴间距离平方的乘积。应当指出，在平行移轴公式中，a、b 是原来坐标原点在新坐标系中的坐标。

【例 4-9】 试求图 4-21 矩形截面对 z 轴和 y 轴的静矩；形心位置；对形心轴的惯性矩 I_{zC}，I_{yC}；对 z 轴和 y 轴的惯性矩 I_z 和 I_y。然后再用平行移轴公式求截面图形对 z 轴和 y 轴的惯矩。

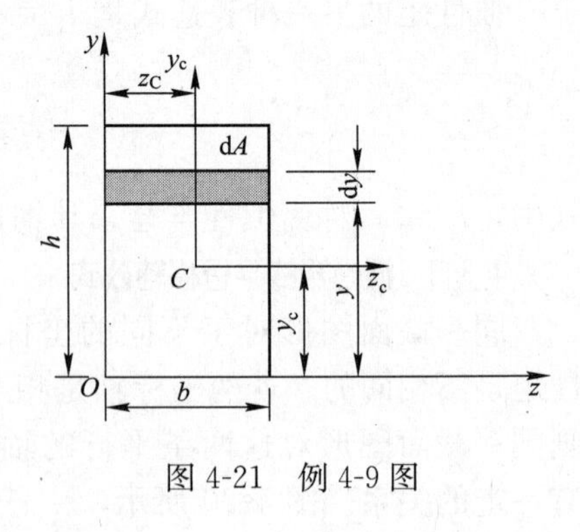

图 4-21 例 4-9 图

【解】 (1) 计算对 z 轴和 y 轴的静矩

根据公式 $S_z=\int_A y\mathrm{d}A$，因为 $\mathrm{d}A=b\mathrm{d}y$，所以 $S_z=\int_0^h by\mathrm{d}y=\frac{1}{2}bh^2$

同理，可得

$$S_y=\frac{1}{2}hb^2$$

(2) 计算矩形截面的形心坐标

$$y_c=\frac{S_z}{A}=\frac{\frac{1}{2}bh^2}{bh}=\frac{1}{2}h,\ z_C=\frac{S_y}{A}=\frac{\frac{1}{2}b^2h}{bh}=\frac{1}{2}b$$

(3) 计算截面对形心轴的惯矩 I_{zC} 和 I_{yC}

根据公式 $I_{zC}=\int_A y^2\mathrm{d}A$，因为 $\mathrm{d}A=b\mathrm{d}y$，所以 $I_{zC}=\int_{-\frac{h}{2}}^{\frac{h}{2}} by^2\mathrm{d}y=\frac{1}{12}bh^3$

同理，可得

$$I_{yC}=\frac{1}{12}hb^3$$

(4) 计算截面对 z 轴和 y 轴的惯矩

根据公式 $$I_z=\int_A y^2\mathrm{d}A=\int_0^h by^2\mathrm{d}y=\frac{1}{3}bh^3$$

同理，可得 $I_y=\frac{1}{3}hb^3$

由上结果可知矩形截面对形心轴的惯矩为

$$I_{zC}=\frac{1}{12}hb^3,\ I_{yC}=\frac{1}{12}hb^3$$

用平行移轴公式求惯矩如下：

根据平行移轴公式：$I_z=I_{zC}+b^2A$

得 $$I_z=\frac{1}{12}bh^3+\left(\frac{h}{2}\right)^2bh=\frac{1}{3}bh^3$$

同理，可得 $$I_y=\frac{1}{12}hb^3+\left(\frac{b}{2}\right)^2bh=\frac{1}{3}bh^3$$

计算结果和解答结果完全一样。

【例 4-10】 试计算图 4-22T 形截面的形心位置及其对 z 轴的惯性矩 I_z。已知直角三角形对其形心轴的惯性矩为：

$$I_z=\frac{1}{36}bh^3$$

$$I_y=\frac{1}{36}b^3h$$

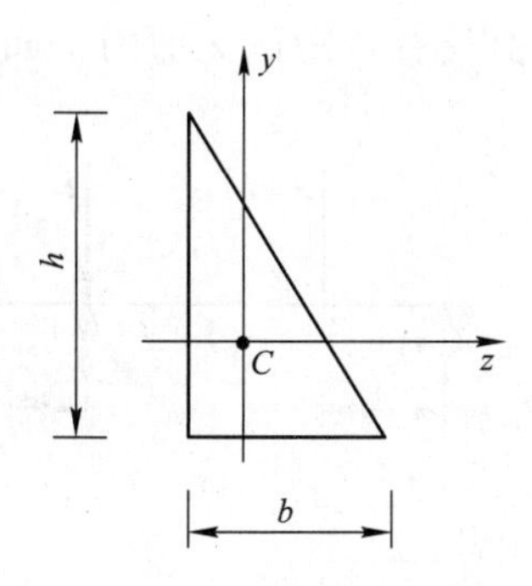

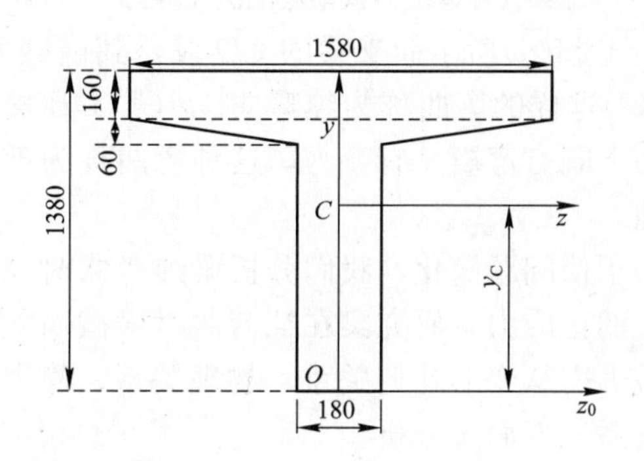

图 4-22 例 4-10 图

【解】 因为截面有一对称轴，故形心必在此对称轴上。为确定形心位置的另一坐标 y_C，可选择参考轴 z_0。将 T 形截面分割成两个简单的矩形和两个三角形，根据公式

$$y_C=\frac{S_z}{A}=\frac{\sum_{i=1}^{n}A_i y_{Ci}}{\sum_{i=1}^{n}A_i}$$

$$=\frac{1580\times160\times1300+180\times1220\times1220\times1/2+2\times1/2\times700\times60\times(1220-60\times1/3)}{1580\times160+180\times1220+2\times1/2\times60\times700}$$

$$=997\text{mm}$$

$$z_C=0$$

$$I_z=\sum_{i=1}^{n}(I_{zCi}+a^2A_i)$$

$$=\frac{1580\times160^3}{12}+1580\times160\times(1380-80-y_C)^2$$

$$+\frac{1220^3\times180}{12}+\left(y_C-\frac{1380-160}{2}\right)\times180\times1220$$

$$+2\times\left(\frac{700\times60^3}{36}+\left(1220-\frac{1}{3}\times60-y_C\right)^2\times\frac{1}{2}\times700\times60\right)$$

$$=8.56\times10^{10}\text{mm}^4$$

$$=0.0856\text{m}^4$$

4.4 平面弯曲梁的应力与强度计算

在上一节中讨论了怎样计算梁横截面上的内力——剪力和弯矩。为了进行梁

的强度计算，本节进一步研究横截面上的应力情况。梁在弯曲时横截面上一般同时有剪力V和弯矩M两种内力。剪力会引起切应力，弯矩会引起正应力。下面先研究梁弯曲时的正应力及正应力强度条件。

4.4.1 梁在纯弯曲时横截面上的正应力

图4-23(a)所示简支梁的CD段，其横截面上只有弯矩而无剪力，如图4-23(b)、(c)这样的弯曲称为纯弯曲。AC、DB段横截面上既有弯矩又有剪力，这种弯曲称为剪切弯曲。

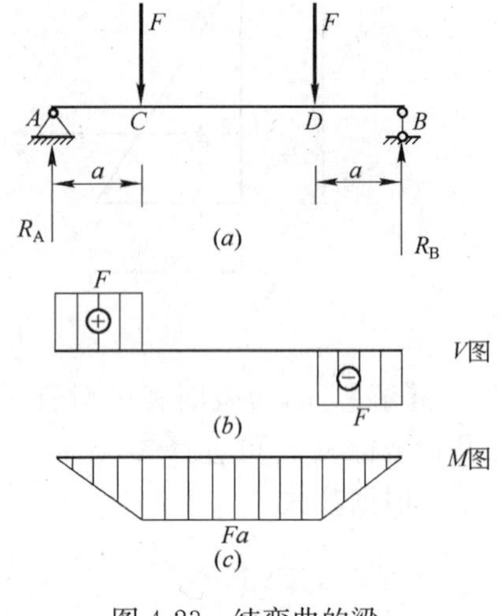

图4-23　纯弯曲的梁

为了使问题简化，我们分析梁纯弯曲时横截面上的正应力。研究梁在纯弯曲时横截面上的正应力需从变形几何关系、物理关系、静力平衡关系三方面来分析。

1. 变形的几何关系

取具有竖向对称轴的等直截面梁(如矩形截面梁)，在梁的表面画上一些与轴线垂直的横向直线和与轴线平行的纵向直线，如图4-24(a)所示，然后在梁的两端施加力偶M，使梁产生纯弯曲如图4-24(b)、(c)所示，此时可以看到如图4-24所示现象。

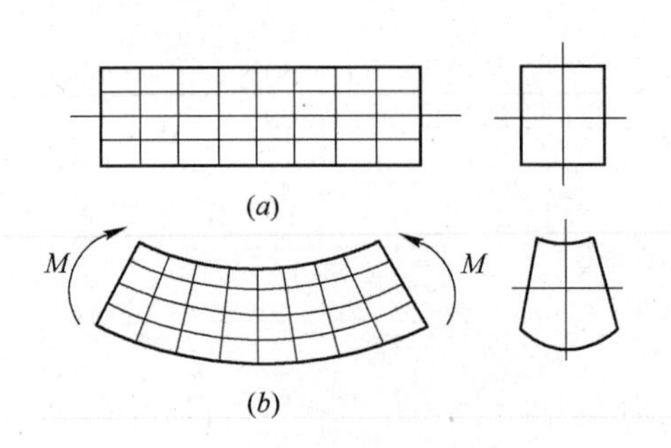

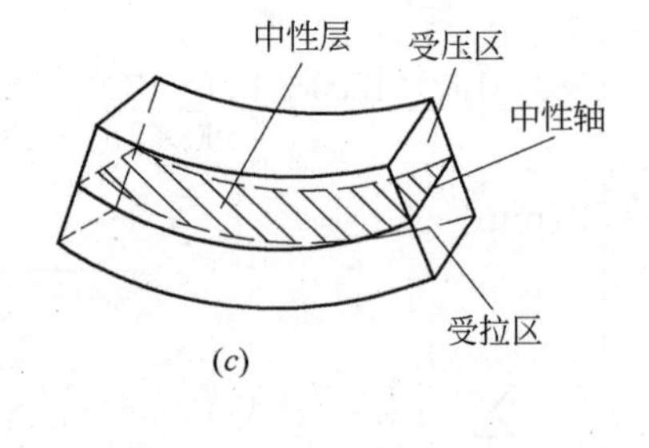

图4-24　矩形截面梁在纯弯曲时的变形情况

(1) 所有的纵向直线弯成曲线，靠近凹面的纵向直线缩短了，而靠近凸面的纵向直线伸长了。

(2) 所有的横向直线仍保持为直线，只是相对转过了一个角度，但仍与弯成曲线的纵向线垂直。

根据所看到的现象，推测梁的内部变形，可作出两个假设：

(1) 平截面假设：梁的横截面在梁变形后仍保持为平面，且仍垂直于弯成曲线的轴线。

(2) 单向受力假设：将梁看成由无数根纵向纤维组成，各纤维只受到轴向拉伸或压缩，不存在相互挤压现象。

根据以上假设，靠近凹面的纵向纤维缩短了，靠近凸面的纵向纤维伸长了。

由于变形具有连续性，因此，纵向纤维从缩短到伸长之间必有一层纤维既不伸长也不缩短，这层纤维称为中性层。中性层与横截面的交线称为中性轴，如图 4-24(c)所示。中性轴将横截面分为受拉区域和受压区域。从纯弯曲梁中取出一微段 dx，如图 4-25(a)所示。图 4-25(b)为梁的横截面，设 y 轴为纵向对称轴，z 轴为中性轴。图 4-25(c)为该微段纯弯曲变形后的情况。其中 o_1、o_2 为中性层。O 为两横截面 mm 和 nn 旋转后的交点，ρ 为中性层的曲率半径，两个截面间变形后的夹角是 $d\theta$，现求距中性层为 y 的任意一层纤维 ab 的线应变。

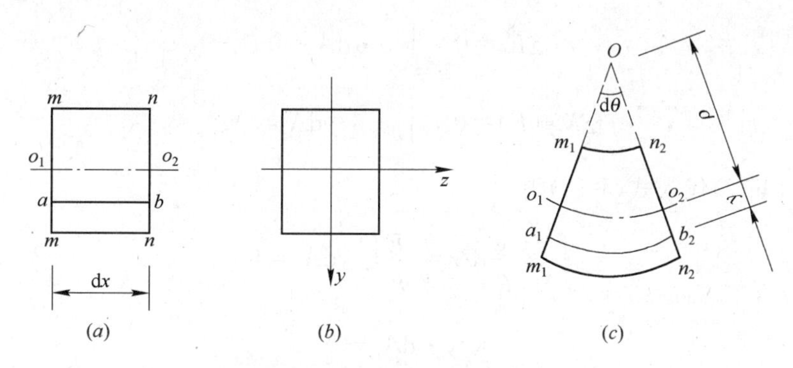

图 4-25 纯弯曲时微梁段的变形

纤维 ab 的原长 $\overline{ab}=dx=o_1o_2=\rho d\theta$，变形后的 $a_1b_2=(\rho+y)d\theta$，所以纤维 ab 的线应变为

$$\varepsilon=\frac{(\rho+y)d\theta-\rho\cdot d\theta}{\rho\cdot d\theta}=\frac{y}{\rho} \tag{4-11}$$

对于确定的截面来说，ρ 是常数。所以上式表明：梁横截面上任一点处的纵向线应变与该点到中性轴的距离成正比。

2. 物理关系

根据纵向纤维的单向受力假设，当材料在线弹性范围内变形时，由虎克定律可得

$$\sigma=E\varepsilon=E\frac{y}{\rho} \tag{4-12}$$

对于确定的截面来说，E 和 ρ 是常数，因此上式表明：横截面上任意一点处的正应力与该点到中性轴的距离成正比。即弯曲正应力沿梁高度按线性规律分布如图 4-26(a)、(b)所示。

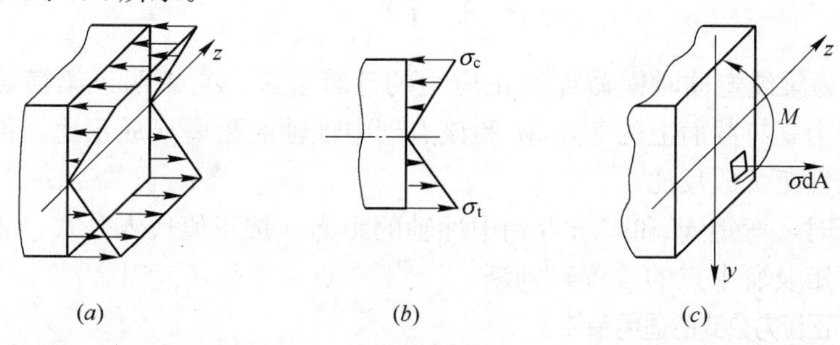

图 4-26 矩形截梁横截面上的正应力

3. 静力平衡关系

式(4-12)只给出了正应力的分布规律，但因中性轴的位置尚未确定，曲率半径ρ的大小也不知道，故不能利用此式求出正应力。需利用静力平衡关系进一步导出正应力的计算公式。

在横截面上K点处取一微面积dA，K点到中性轴的距离为y，K点处的正应力为σ。则微面积上的法向分布内力σdA组成一空间平行力系，如图4-26(b)、(c)所示，而横截面上无轴力，只有弯矩，由此得

$$\Sigma F_x=0 \quad \int_A \sigma \cdot dA=0 \tag{4-13}$$

$$\Sigma M_Z(F)=0 \quad \int_A \sigma_y \cdot y dA=M \tag{4-14}$$

将式(4-12)代入式(4-13)得

$$\int_A E\frac{y}{\rho}dA=\frac{E}{\rho}\int_A y dA=0$$

即
$$\int_A y \cdot dA=0$$

上式表明截面对中性轴的静矩等于零。由此可知，中性轴z必然通过横截面的形心。

将式(4-12)代入式(4-14)得

$$\int_A E\frac{y}{\rho}\cdot y \cdot dA=\frac{E}{\rho}\int_A y^2 dA=\frac{E}{\rho}I=M$$

式中，$I=\int_A y^2 \cdot dA$是横截面对中性轴的惯性矩。于是得梁弯曲时中性层的曲率表达式为

$$\frac{1}{\rho}=\frac{M}{EI} \tag{4-15}$$

式(4-16)是研究梁弯曲变形的基本公式。$\frac{1}{\rho}$表示梁的弯曲程度。EI表示梁抵抗弯曲变形的能力，称为梁的抗弯刚度。将此式代入式(4-12)得

$$\sigma=\frac{M}{I}y \tag{4-16}$$

式(4-16)即为梁纯弯曲时横截面上正应力的计算公式，它表明：梁横截面上任意一点的正应力σ与截面上的弯矩M和该点到中性轴的距离y成正比，而与截面对中性轴的惯性矩I成反比。

在计算时，弯矩M和需求点到中性轴的距离y按正值代入公式。正应力的性质可根据弯矩及所求点的位置来判断。

4.4.2 正应力公式的适用条件

(1) 由正应力计算公式式(4-16)的推导过程知，公式的适用条件是：1)纯弯

曲梁；2)梁横截面上的最大正应力不超过材料的比例极限。

(2) 式(4-16)虽然是由矩形截面梁推导出来的，但它也适用于所有横截面有纵向对称轴的梁，例如圆形、圆环形、工字形和T形截面的梁。

(3) 剪切弯曲是弯曲问题中最常见的情况，在这种情况下，梁横截面上不仅有正应力而且有剪应力。但由弹性力学的分析证明，当跨度 l 与横截面高度 h 之比 $\frac{l}{h}>5$ 时，剪应力的存在对正应力的影响很小，可忽略不计，在工程中常见梁的 $\frac{l}{h}$ 值一般都远大于5，所以式(4-16)一般情况也用于计算剪切弯曲时梁横截面上的正应力。

【例 4-11】 简支梁受均布荷载 q 作用，如图4-27(a)所示。已知 $q=3.5\text{kN/m}$，梁的跨度 $l=3\text{m}$，截面为矩形，$b=120\text{mm}$，$h=180\text{mm}$。试求：

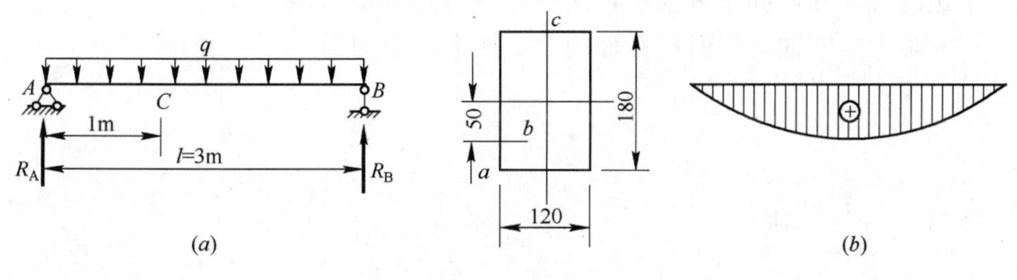

图4-27 例4-11图

(1) C 截面上 a、b、c 三点处的正应力；

(2) 梁的最大正应力 $\sigma_{\max}$ 值及其位置。

【解】 (1) 求支座反力。因对称，所以

$$R_A=R_B=\frac{ql}{2}=\frac{3.5\times3}{2}=5.25\text{kN}(\uparrow)$$

计算 C 截面的弯矩

$$M_C=R_A\times1-\frac{q\times1^2}{2}=5.25\times1-\frac{3.5\times1^2}{2}=3.5\text{kN}\cdot\text{m}$$

计算截面对中性轴 z 的惯性矩

$$I=\frac{bh^3}{12}=\frac{1}{12}\times120\times180^3=58.3\times10^6\text{mm}^4$$

按式(4-16)计算各点的正应力

$$\sigma_a=\frac{M_C\cdot y_a}{I}=\frac{3.5\times10^6\times90}{58.3\times10^6}=5.4\text{MPa}(\text{拉})$$

$$\sigma_b=\frac{M_C\cdot y_b}{I}=\frac{3.5\times10^6\times50}{58.3\times10^6}=3\text{MPa}(\text{拉})$$

$$\sigma_c=\frac{M_C\cdot y_c}{I}=\frac{3.5\times10^6\times90}{58.3\times10^6}=5.4\text{MPa}(\text{压})$$

（2）画弯矩图如图 4-27(b)所示，最大弯矩发生在跨中截面，其值为

$$M_{max}=\frac{ql^2}{8}=\frac{1}{8}\times3.5\times3^2=3.94\text{kN}\cdot\text{m}$$

梁的最大正应力发生在 M_{max} 截面的上、下边缘处。由梁的变形情况可以判定，最大拉应力发生在跨中截面的下边缘处；最大压应力发生在跨中截面的上边缘处。最大正应力的值为

$$\sigma_{max}=\frac{M_{max}y_{max}}{I}=\frac{3.94\times10^6\times90}{58.3\times10^6}=6.08\text{N/mm}^2=6.08\text{MPa}$$

4.4.3 梁的正应力强度条件

1. 梁弯曲时的最大正应力

弯曲变形的梁，最大弯矩 M_{max} 所在的截面是危险截面，而距中性轴最远的上、下边缘 y_{max} 处，即是危险点，该点正应力达到最大值。

（1）对于中性轴是截面对称轴的梁，最大正应力为

$$\sigma_{max}=\frac{M_{max}y_{max}}{I}$$

令 $W_Z=\frac{I}{y_{max}}$，则

$$\sigma_{max}=\frac{M_{max}}{W_Z} \tag{4-17}$$

式中 W_Z 称为抗弯截面模量，单位为 m^3 或 mm^3。

对于矩形截面：$W_Z=\frac{bh^2}{6}$　$W_y=\frac{hb^2}{6}$

圆形截面：$W_Z=W_y=\frac{\pi D^3}{32}$

正方形截面：$W_Z=W_y=\frac{a^3}{6}$

（2）对于中性轴不是截面对称轴的梁，T 形截面梁，在正弯矩 M 作用下，梁下边缘处产生最大拉应力，上边缘处产生最大压应力，其值分别为

$$\sigma^+_{max}=\frac{My_1}{I}$$

$$\sigma^-_{max}=\frac{My_2}{I}$$

2. 梁弯曲时的正应力强度条件

为了保证梁能安全的工作，必须使梁截面上的最大正应力 σ_{max} 不超过材料的许可应力 [σ]，这就是梁的正应力强度条件。

即
$$\sigma_{max}=\frac{M_{max}}{W_Z}\leqslant[\sigma] \tag{4-18}$$

利用正应力的强度条件可以解决与强度有关的三类问题：

(1) 校核强度　　$\sigma_{max}=\frac{M_{max}}{W_Z}\leqslant[\sigma]$

(2) 设计截面　　$W_Z\geqslant\frac{M_{max}}{[\sigma]}$

(3) 确定允许荷载　　$M_{max}\leqslant W_Z\cdot[\sigma]$

【例 4-12】 如图 4-28 所示，矩形截面的简支木梁受均布荷载作用。已知 $q=2\text{kN/m}$，$L=4\text{m}$，$b=140\text{mm}$，$h=210\text{mm}$，木材弯曲时的许可应力 $[\sigma]=11\text{MPa}$，试校核该梁的强度。

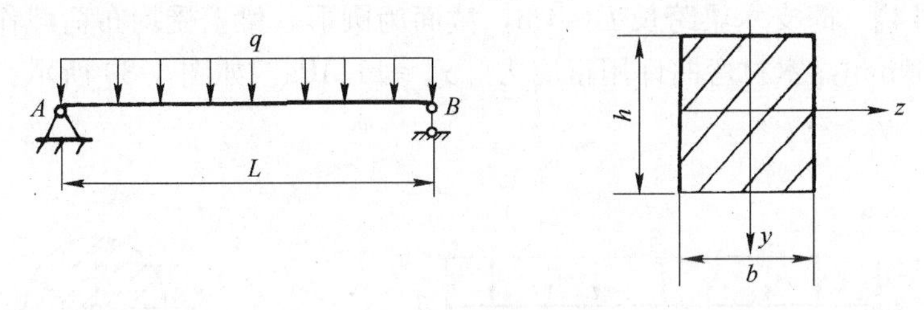

图 4-28　例 4-12 图

【解】 (1) 计算最大弯矩。

$$M_{max}=\frac{ql^2}{8}=\frac{2\times4^2}{8}=4\text{kN}\cdot\text{m}$$

(2) 计算抗弯截面模量。

$$W_Z=\frac{bh^2}{6}=\frac{0.14\times0.21^2}{6}=0.103\times10^{-2}\text{m}^3$$

(3) 强度公式校核。

$$\sigma_{max}=\frac{M_{max}}{W_Z}=\frac{4\times10^3}{0.103\times10^{-2}}=3.88\text{MPa}<[\sigma]$$

所以强度满足。

【例 4-13】 简支梁作用两个集中力，如图 4-29 所示，已知 $F_1=12\text{kN}$，$F_2=21\text{kN}$，$L=6\text{m}$，钢的许用应力 $[\sigma]=160\text{MPa}$，采用工字钢截面。试选择工字钢型号。

【解】 (1) 求最大弯矩，由弯矩图知

$$M_{max}=36\text{kN}\cdot\text{m}$$

(2) 截面设计公式选择工字钢型号

$$W_Z=\frac{M_{max}}{[\sigma]}=\frac{36\times10^3}{160\times10^6}=0.225\times10^{-3}\text{m}^3=225\text{cm}^3$$

查附录 A 的型钢表，I20a 工字钢 $W_Z=236.9\text{cm}^3$ 与算出的值相近，故选 I20a 工字钢。

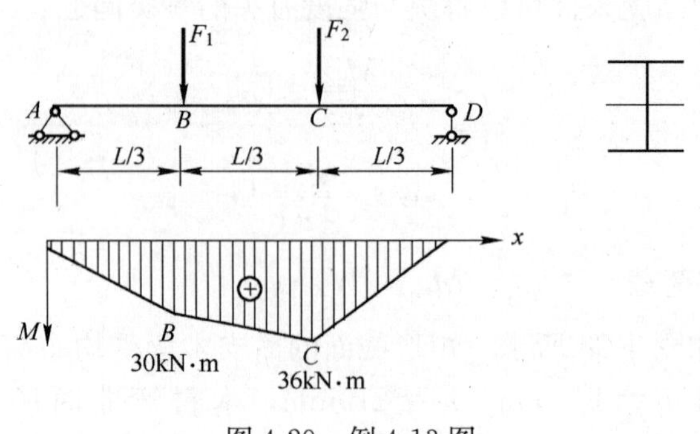

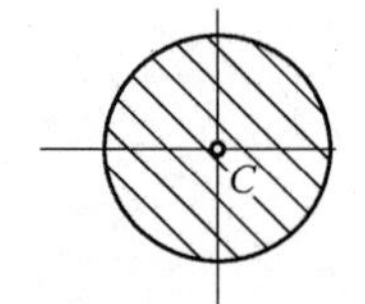

图 4-29　例 4-13 图

【例 4-14】 简支木梁跨长 $L=4\text{m}$，截面为圆形，梁上受均布荷载作用。已知直径 $d=160\text{mm}$，木材弯曲许用正应力 $[\sigma]=11\text{MPa}$，如图 4-30 所示。试确定许可荷载 q。

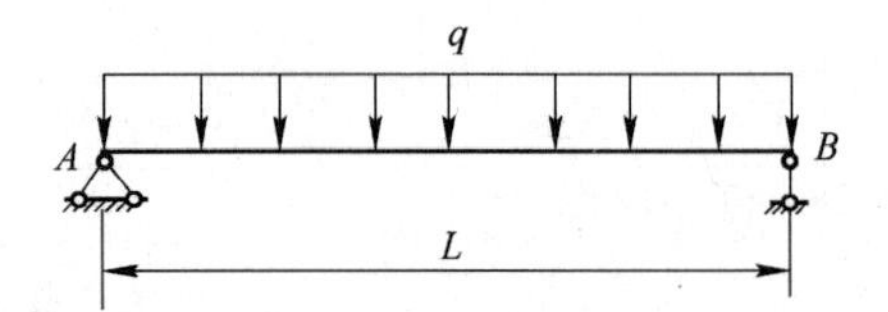

图 4-30　例 4-14 图

【解】 (1) 计算最大弯矩

$$M_{\max}=\frac{qL^2}{8}=\frac{q\times 4^2}{8}=2q$$

(2) 计算 W_Z

$$W_Z=\frac{\pi d^3}{32}=\frac{\pi\times 160^3}{32}=402\times 10^3\text{mm}^3$$

(3) 确定允许荷载

$$M_{\max}=2q\leqslant W_Z\cdot[\sigma]$$

$$q\leqslant W_Z\cdot[\sigma]/2=402\times 10^3\times 10^{-9}\times 11\times 10^6/2$$

$$=2211\text{N/m}\approx 2\text{kN/m}$$

【例 4-15】 外伸梁的受力情况及其截面尺寸如图 4-31(a)所示，材料的许用拉应力 $[\sigma_l]=30\text{MPa}$，许用压应力 $[\sigma_c]=70\text{MPa}$。试校核梁的正应力强度。

【解】 (1) 求支座反力

$$R_A=10\text{kN}(\uparrow)\quad R_B=20\text{kN}(\uparrow)$$

(2) 画弯矩图，计算梁内最大拉、压应力。梁的弯矩图如图 4-31(b)所示，由

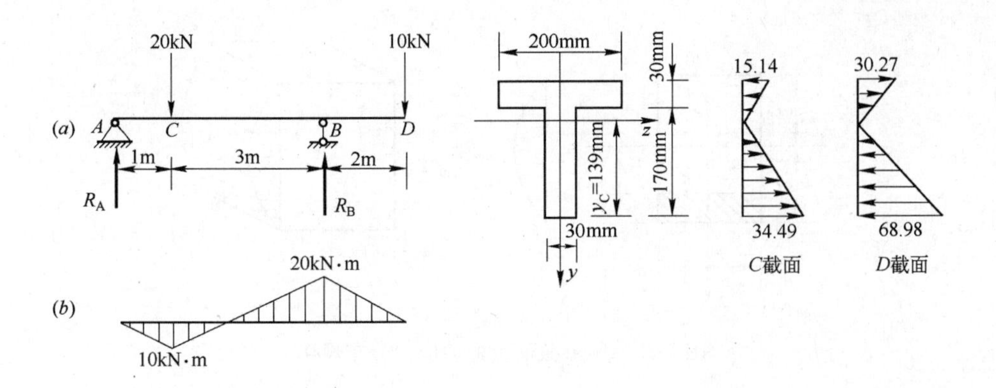

图 4-31　例 4-15 图

于中性轴 Z 不是截面的对称轴，所以最大正弯矩所在的截面 C 和最大负弯矩所在的截面 B 都可能存在最大拉、压应力。

截面形心 C 的位置如图 4-31(a)所示，为

$$Y_C=\left(\frac{200\times30\times185+170\times30\times85}{200\times30+170\times30}\right)=139\text{mm}$$

截面对中性轴 Z 的惯性矩为

$$I=\left(\frac{200\times30^3}{12}+200\times30\times46^2+\frac{30\times170^3}{12}+170\times30\times54^2\right)=40.3\times10^6\text{mm}^4$$

C 截面：
$$\sigma_{l,\max}=\left(\frac{10\times10^6\times139}{40.3\times10^6}\right)=34.49\text{MPa}$$

$$\sigma_{c,\max}=\left(\frac{10\times10^6\times61}{40.3\times10^6}\right)=15.14\text{MPa}$$

B 截面：
$$\sigma_{l,\max}=\left(\frac{20\times10^6\times61}{40.3\times10^6}\right)=30.27\text{MPa}$$

$$\sigma_{c,\max}=\left(\frac{20\times10^6\times139}{40.3\times10^6}\right)=68.98\text{MPa}$$

可见梁内最大拉应力发生在截面 C 的下边缘，其值为 $\sigma_{l,\max}=34.49\text{MPa}$，最大压应力发生在 B 截面的下边缘，其值为 $\sigma_{c,\max}=68.98\text{MPa}$。

(3) 校核强度。因为 $\sigma_{l,\max}=34.49\text{MPa}>[\sigma_l]$，所以截面 C 的抗拉强度不够，梁将会沿截面 C 发生破坏。

4.4.4 梁的剪应力及强度计算

1. 剪应力计算公式

如图 4-32 所示，在荷载作用下，梁在弯曲时其横截面上还存在着剪应力，由于剪应力在横截面上分布比较复杂，剪应力计算公式为

$$\tau_{\max}=\frac{V_{\max}S_Z^*}{Ib} \tag{4-19}$$

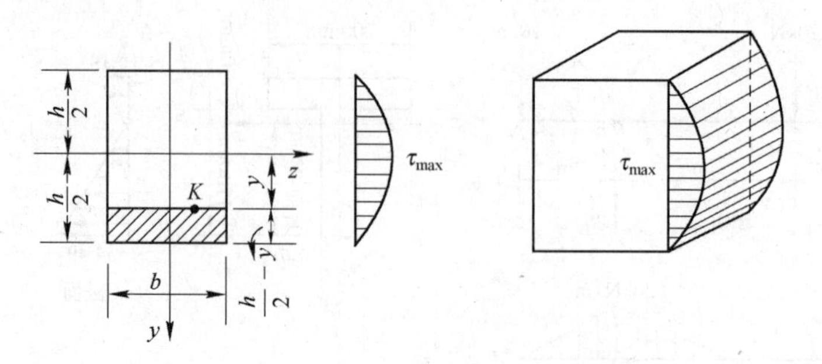

图 4-32　矩形截面上的剪应力分布规律

式中　V_{max}——梁内最大剪应力；

S_Z^*——为所求点处水平线以下(或以上)部分面积对中性轴的静矩；

I——截面惯性矩；

b——截面宽度，或者腹板厚度。

2. 剪应力强度条件

为保证梁的剪应力强度，梁的最大剪应力不应超过材料许可剪应力 $[\tau]$，即

$$\tau_{max}=\frac{V_{max}S_Z^*}{Ib}\leqslant[\tau] \tag{4-20}$$

式(4-20)为梁的剪应力强度条件。$[\tau]$ 为材料在弯曲时的允许剪应力。

(1) 矩形截面梁的最大剪应力

$$\tau_{max}=\frac{3}{2}\frac{V}{A} \tag{4-21}$$

式中$\frac{V}{A}$是截面上平均剪应力，矩形截面梁横截面上的最大剪应力为平均剪应力的1.5倍，发生在中性轴上。

(2) 工字形截面梁的最大剪应力

$$\tau_{max}=\frac{V}{hd} \tag{4-22}$$

式中　h——腹板的高度；

d——腹板的宽度。

由于腹板上剪应力的合力可达到截面上剪力 V 的 95%左右，所以，可将截面上的剪力 V 除以腹板面积，近似地得到工字形截面梁的最大剪应力。

(3) 圆形截面梁的最大剪应力

$$\tau_{max}=\frac{4}{3}\frac{V}{A} \tag{4-23}$$

式中　A——圆形截面的面积；

V——横截面上的剪力。

圆形截面梁横截面上的最大剪应力为平均剪应力的$\frac{4}{3}$倍。

梁内最大切应力发生在剪力最大的截面的中性轴上，梁的切应力强度条件为最大剪应力不能超过允许剪应力，即

$$\tau_{max} \leqslant [\tau]$$

梁必须同时满足正应力强度条件和剪应力强度条件，正应力强度起着主要作用，但在以下几种情况下也需作剪应力强度计算。

(1) 跨度与横截面高度比值较小的粗短梁，或在支座附近作用有较大的集中荷载，使梁内出现弯矩较小而剪力很大的情况时。

(2) 木梁。

(3) 对于组合截面钢梁，当横截面的腹板厚度与高度之比小于型钢截面的相应比值时，需校核切应力强度。

【例 4-16】 木梁计算简图，如图 4-33(*a*)所示，已知材料的允许应力 $[\sigma]=12\text{MPa}$，$[\tau]=1.2\text{MPa}$，试校核该梁的强度。

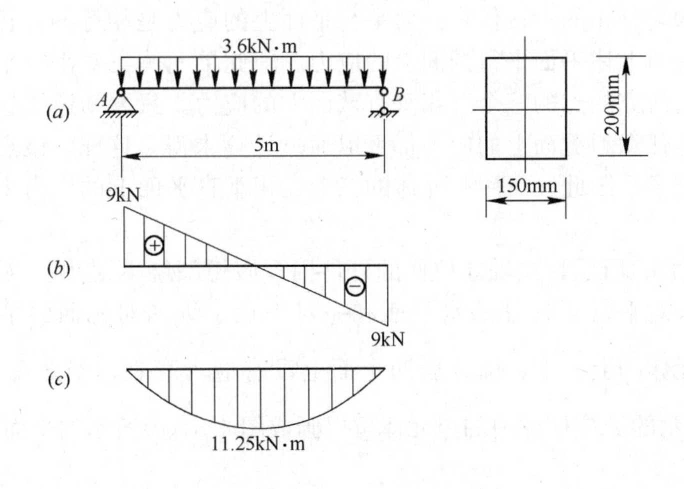

图 4-33 例 4-16 图

【解】 (1) 画梁的弯矩图和剪力图。由图 4-33(*b*)、(*c*)可知

$$M_{max}=11.25\text{kN}\cdot\text{m} \quad V_{max}=9\text{kN}$$

(2) 校核正应力强度。最大正应力发生在跨中截面的上、下边缘处。

$$\sigma_{max}=\frac{M_{max}}{W_Z}=\left(\frac{11.25\times10^6}{\frac{1}{6}\times150\times200^2}\right)$$

$$=11.25\text{MPa}<[\sigma]$$

可见梁满足正应力强度条件。

(3) 校核剪应力强度。最大剪应力发生在 A 偏右 B 偏左截面的中性轴上。

$$\tau_{max}=\frac{3}{2}\frac{V_{max}}{A}=\left(\frac{3}{2}\times\frac{9\times10^3}{150\times200}\right)=0.45\text{MPa}<[\tau]$$

可见梁也满足剪应力强度条件。

4.4.5 梁的主拉(压)应力

1. 一点处的应力状态

在分析轴向拉(压)杆的应力时，应力是随着截面的方位改变而改变的。对杆件弯曲(扭转)的研究表明，杆件内不同位置的点具有不同的应力。一般地说，一点的应力是该点坐标的函数，且与所取截面的方位有关。显然，要确定构件的强度，必须了解构件各点的应力情况——一点处的应力状态，并根据横截面上的最大正应力和最大剪应力分别建立强度条件：$\sigma_{max}\leqslant[\sigma]$；$\tau_{max}\leqslant[\tau]$。

但在实际问题中，许多构件的危险点上既有正应力又有剪应力，这就需要进一步研究构件内各点在各个方向的应力情况，并对强度计算的理论做进一步的讨论。

为了研究受力构件内一点处的应力状态，通常是围绕该点取出一个极其微小的正六面体，称为单元体，其上各个斜截面上的应力情况，称为该点处的应力状态。单元体的边长取成无穷小的量，因此可以认为：作用在单元体上的各个面上的应力都是均匀分布的；在任意一对平行平面上的应力是相等的，且代表着通过所研究的点并与上述平面平行的面上的应力。因此单元体三对平行平面上的应力就代表通过所研究的点的三个互相垂直截面上的应力。只要知道了这三个面上的应力，则其他任意斜截面上的应力都可以通过计算求得，这样，该点处的应力状态就完全确定了。因此，可用单元体的三个互相垂直平面上的应力来表示一点处的应力状态。

如图 4-34(a)所示，在轴向拉伸的杆件内，假想围绕 K 点用一对垂直于杆轴的横截面、一对平行于杆轴的水平面和一对平行于纵向对称面的平面截出单元体，在该单元体的上、下、前、后四个面上没有应力存在，横截面上有 $\sigma=\dfrac{F}{A}$。图 4-34(b)所示的受拉杆件内的单元体可以画成图 4-34(c)所示的平面图。

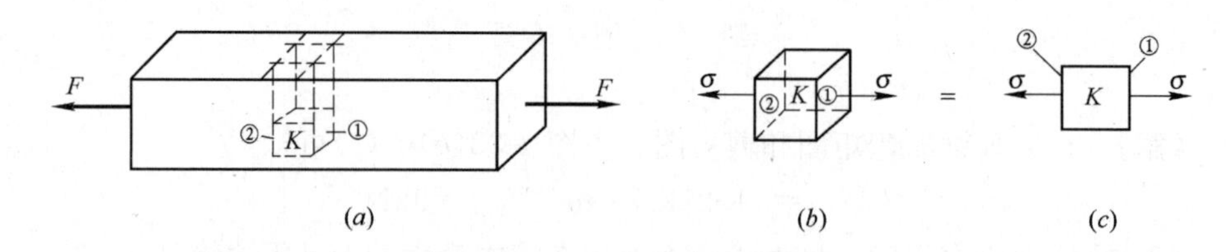

图 4-34 轴向拉伸杆件 K 点的应力

单元体上的平面，是构件对应截面上的一微小部分。在图 4-34 的单元体中，平面①和②分别是构件横截面的一微小部分；单元体的其他各平面则是构件中相应纵向截面的一部分。单元体各平面上的应力，就是构件对应截面在该点的应力。

在图 4-35(a)所示的梁内，围绕某点 A 也可以取出单元体，如图 4-35(b)所示。如果取梁的左半部为脱离体，如图 4-35(c)所示，可先算出 1—1 截面上的弯矩 M 和剪力 V，再计算出 A 点的正应力 σ 和剪应力 τ。若取梁的右半部为脱离体，同理也可以算出 1—1 截面上 A 点正应力 σ 和剪应力 τ。由于平面 1—1 与 $1'-1'$ 无限接近，在这一对平面上的应力是相等的。在梁的上、下两个水平的纵向平面上，根据剪应力互等定理，也存在剪应力 τ，其方向如图 4-35(*d*)所示。在 *A* 点的前、后两个纵向平面上没有应力存在。过 *A* 点的任意斜截面 2—2 上的应力，可表示在图 4-35(*e*)所示的单元体上。其计算方法将在后面讨论。

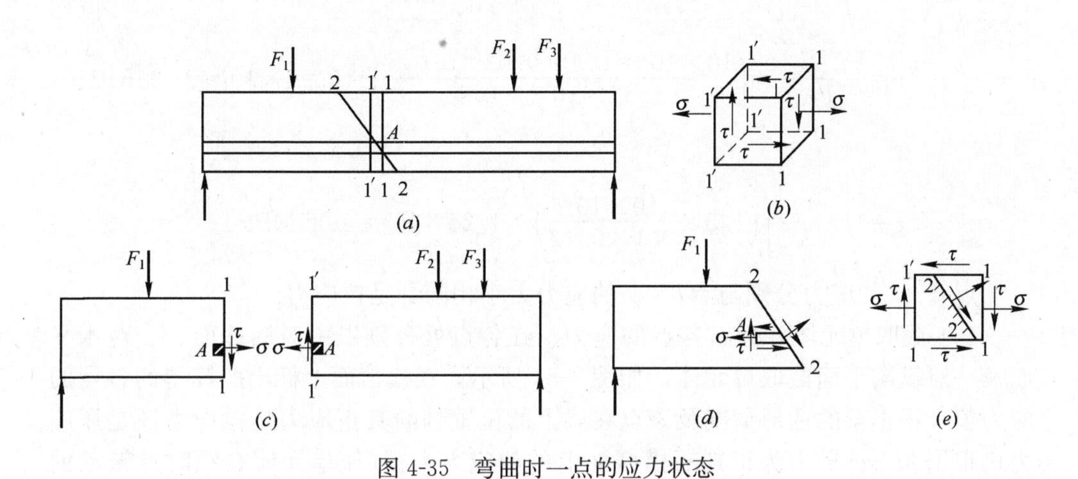

图 4-35　弯曲时一点的应力状态

【例 4-17】　绘出如图 4-36(*a*)所示梁 *m*—*m* 截面上 *a*、*b*、*c*、*d*、*e* 各点处的应力单元体。

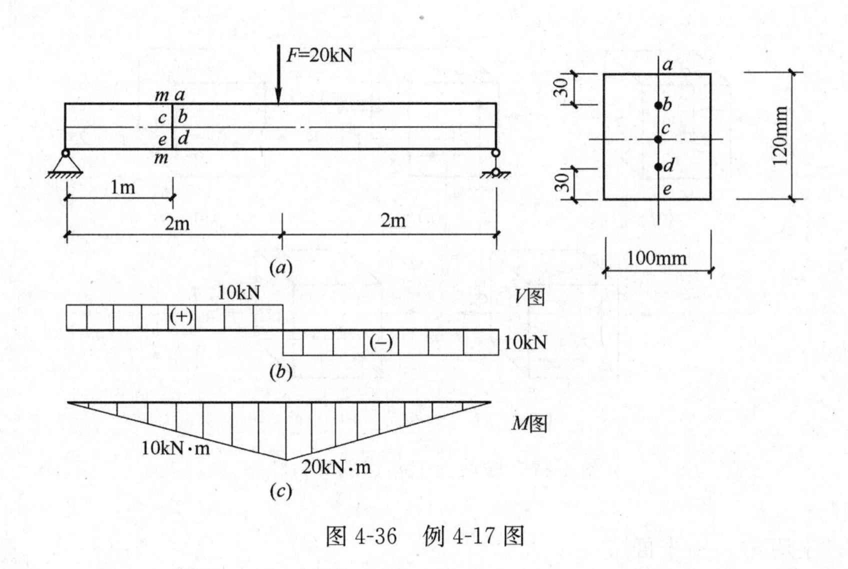

图 4-36　例 4-17 图

【解】　(1) 绘出 *V* 图和 *M* 图，分别如图 4-36(*b*)和图 4-36(*c*)所示，*m*—*m* 截面上的内力为

$$V=10\text{kN},\ M=10\text{kN}\cdot\text{m}$$

(2) 计算各点的应力。

$$I=\left(\frac{0.1\times0.12^3}{12}\right)=1.44\times10^{-5}\text{m}^4$$

a 点：$\sigma=\dfrac{My}{I}=\left(\dfrac{10\times10^{3}\times0.06}{1.44\times10^{-5}}\right)=41.7\times10^{6}=41.7\text{MPa}$(压)

$\tau=0$

b 点：$\sigma=\dfrac{My}{I}=\left(\dfrac{10\times10^{3}\times0.03}{1.44\times10^{-5}}\right)=20.8\times10^{6}=20.8\text{MPa}$(压)

$$\tau=\frac{V_{\max}S_{Z}^{*}}{Ib}=\left(\frac{10\times10^{3}\times0.1\times0.03\times0.045}{1.44\times10^{-5}\times0.1}\right)=0.94\times10^{6}=0.94\text{MPa}$$

c 点：$\sigma=0$

$$\tau=1.5\frac{V}{A}=\left(1.5\times\frac{10\times10^{3}}{0.1\times0.12}\right)=1.25\times10^{6}=1.25\text{MPa}$$

点 d、e 的应力分别与点 b、a 的应力大小相同，是拉应力。

(3) 截取单元体并标出各点的应力。在各点处分别以一对横截面、一对水平面及一对纵向平面截取单元体，如图 4-37 所示，在横截面上标出所算得的各点的应力值。根据梁的变形情况及该点在梁上的位置判断其正应力是拉应力还是压应力；根据 m—m 剪力为正判断横截面上的剪应力为正(使单元体有顺时针转动的趋势)。根据剪应力互等定理，确定单元体的上、下两平面上有剪应力 τ，方向如图 4-37 所示。各单元体的上、下两平面上没有正应力，是根据梁的纵向纤维之间没有挤压的假设而确定的。单元体的前后两平面上也没有应力存在。

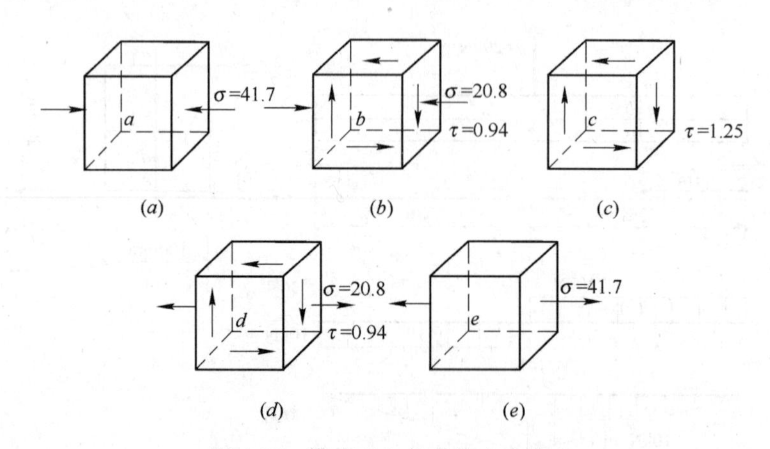

图 4-37 横截面上各点的应力状态

2. 主应力、主平面

单元体中剪应力等于零的平面称为主平面。如图 4-37 中 a、e 两点的单元体的各个面都是主平面：b、c、d 三点的单元体的前后面也是主平面。主平面上的正应力叫主应力。构件内任意一点，总可以找到三对相互垂直的主平面。这三对主平面上的三个主应力通常按它们的代数值的大小顺序排列，分别用 σ_1、σ_2、σ_3 表示。σ_1 为最大主应力；σ_2 为中间主应力；σ_3 称为最小主应力。如当三个主应力的数值为 100MPa、50MPa、−100MPa 时，按照此规定应该有 $\sigma_1=100$MPa，$\sigma_2=50$MPa，$\sigma_3=-100$MPa。由主应力围成的单元体称为主应力单元体。

实际上，在受力杆件所取出的应力单元体上，不一定在每个主平面上都存在有主应力，因此，应力状态可以分为三种：

(1) 单向应力状态：三个主应力中只有一个主应力不等于零，图 4-38(*a*)所示的应力状态属于单向应力状态；

(2) 二向应力状态(平面应力状态)：三个主应力中有两个主应力不等于零。图 4-38(*b*)所示的应力状态属于二向应力状态；

(3) 三向应力状态(空间应力状态)：三个主应力都不等于零，图 4-38(*c*)所示的应力状态属于三向应力状态。

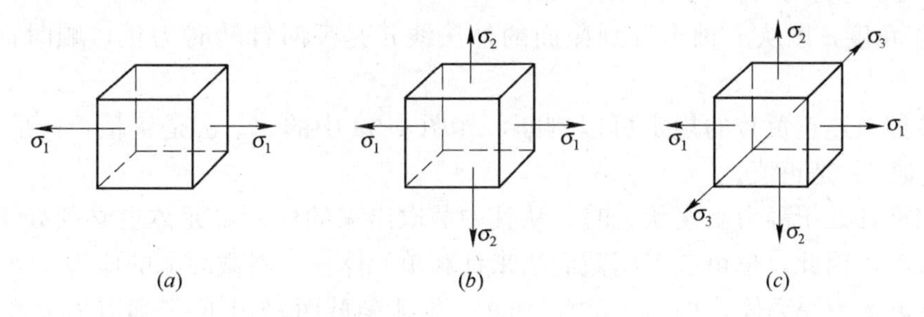

图 4-38 三种应力状态

工程实际中多为平面应力状态问题。因此，本章主要研究平面应力状态的情况。

3. 平面应力分析

(1) 斜截面上的应力

二向应力状态的一般情况是一对横截面和一对纵向截面上既有正应力又有剪应力，如图 4-39(*a*)所示，从杆件中取出的单元体，可以用图 4-39(*b*)所示的简图

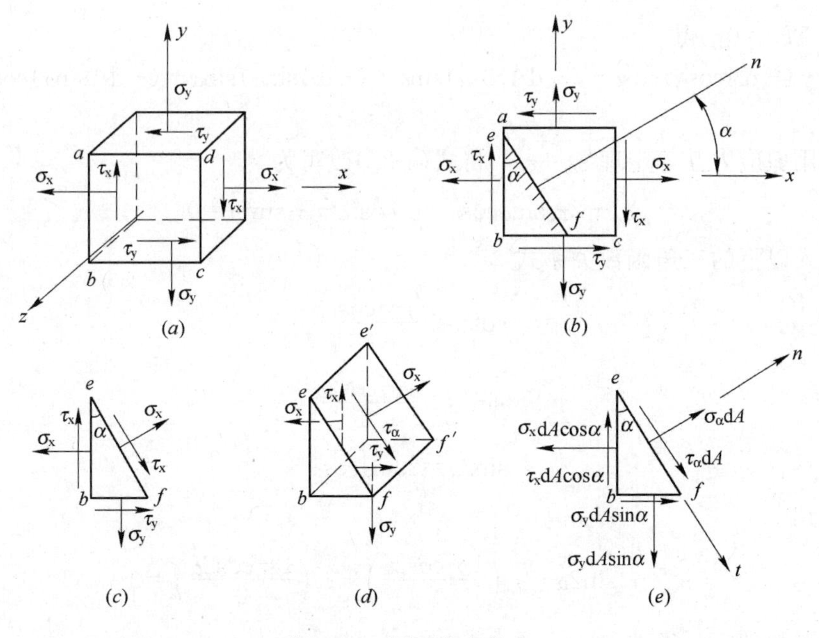

图 4-39 平面应力状态

来表示。假定在一对竖向平面上的正应力 σ_x、剪应力 τ_x 和在一对水平平面上的正应力 σ_y、剪应力 τ_y 的大小和方向都已经求出，现在要求在这个单元体的任一斜截面 ef 上的应力的大小和方向。由于习惯上常用 α 表示斜截面 ef 的外法线 n 与 x 轴间的夹角，所以把这个斜截面称为“α 截面”，并且用 σ_α 和 τ_α 表示作用在这个斜截面上的应力。

对应力 σ、τ 和角度 α 的正负号，作如下规定：

1）正应力 σ 以拉应力为正，压应力为负。

2）剪应力 τ 以对单元体内的任一点作顺时针转向时为正，反时针转时为负（这种规定与剪力所作的规定是一致的）。

3）角度 α 以从 x 轴出发到截面的外法线 n 是反时针转时为正，顺时针转时为负。

按照上述正负号的规定可以判断，在图 4-39 中的 σ_x、σ_y 是正值，τ_x 是正值，τ_y 是负值，α 是正值。

当杆件处于静力平衡状态时，从其中截取出来的任一单元体也必须处于静力平衡状态，因此，也可以采用截面法来计算单元体任一斜截面上的应力。

取 bef 为脱离体，如图 4-39(c)所示，对于斜截面 ef 上的未知应力 σ_α 和 τ_α，可以先假定它们都是正值，设斜截面 ef 的面积为 dA，则截面 eb 和 bf 的面积分别是 $dA\cos\alpha$ 和 $dA\sin\alpha$。脱离体 bef 的立体图和其上应力的作用情况如图 4-39(d)所示，其受力图如图 4-39(e)所示。

取 n 轴和 t 轴，如图 4-39(e)所示，则可以列出脱离体的静力平衡方程如下：由 $\Sigma F_n=0$，得

$$\sigma_\alpha dA+(\tau_x dA\cos\alpha)\sin\alpha-(\sigma_x dA\cos\alpha)\cos\alpha+(\tau_y dA\sin\alpha)\cos\alpha+(\sigma_y dA\sin\alpha)\sin\alpha=0 \tag{4-24}$$

由 $\Sigma F_t=0$，得

$$\tau_\alpha dA-(\tau_x dA\cos\alpha)\cos\alpha-(\sigma_x dA\cos\alpha)\sin\alpha+(\tau_y dA\sin\alpha)\sin\alpha+(\sigma_y dA\sin\alpha)\cos\alpha=0 \tag{4-25}$$

利用剪应力互等定理 $\tau_x=\tau_y$，将式(4-24)改写为

$$\sigma_\alpha+2\tau_x\sin\alpha\cos\alpha-\sigma_x\cos^2\alpha-\sigma_y\sin^2\alpha=0 \tag{4-26}$$

代入以下的三角函数关系式

$$\cos^2\alpha=\frac{1+\cos2\alpha}{2}$$

$$\sin^2\alpha=\frac{1-\cos2\alpha}{2}$$

$$\sin2\alpha=2\sin\alpha\cos\alpha$$

得到

$$\sigma_\alpha+\tau_x\sin2\alpha-\sigma_x\left(\frac{1+\cos2\alpha}{2}\right)-\sigma_y\left(\frac{1-\cos2\alpha}{2}\right)=0$$

经过整理后，得到

$$\sigma_{\alpha}=\frac{\sigma_{x}+\sigma_{y}}{2}+\frac{\sigma_{x}-\sigma_{y}}{2}\cos2\alpha-\tau_{x}\sin2\alpha \tag{4-27}$$

同理，可以由式(4-25)推导得

$$\tau_{\alpha}=\frac{\sigma_{x}-\sigma_{y}}{2}\sin2\alpha+\tau_{x}\cos2\alpha \tag{4-28}$$

式(4-27)和式(4-28)就是对处于二向应力状态下的单元体，根据 σ_x、σ_y、τ_x，求 σ_α 和 τ_α 的解析公式。

【例 4-18】 一平面应力状态如图 4-40(*a*)所示，试求其外法线与 x 轴成 30°角的斜截面上的应力。

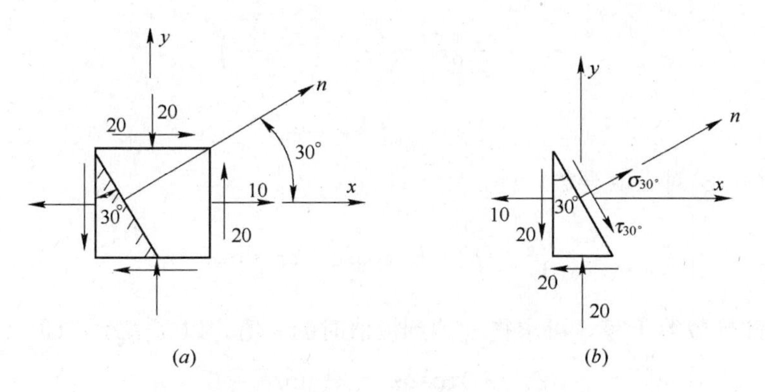

图 4-40 例 4-18 图(单位:MPa)

【解】 根据正应力、剪应力和 α 角的正负规定，有 $\sigma_x=10\text{MPa}$，$\tau_x=-20\text{MPa}$，$\sigma_y=-20\text{MPa}$，$\alpha=30°$，将各数据代入式(4-27)和式(4-28)，得

$$\sigma_{30°}=\left(\frac{10-20}{2}+\frac{10+20}{2}\cos60°+20\sin60°\right)=19.82\text{MPa}$$

$$\tau_{30°}=\left(\frac{10+20}{2}\sin60°-20\cos60°\right)=2.99\text{MPa}$$

结果为正，表示实际应力的方向与图中假设方向一致，如图 4-40(*b*)所示。

(2) 主应力的计算和主平面确定

根据上面导出的斜截面上的正应力和剪应力计算公式，还可确定这些应力的最大值和最小值。

将式(4-27)对 α 取导数，得

$$\frac{d\sigma_{\alpha}}{d\alpha}=-2\left(\frac{\sigma_{x}-\sigma_{y}}{2}\sin2\alpha+\tau_{x}\cos2\alpha\right)$$

令此导数等于零，可求得 σ_α 达到极值时的 α 值，以 α_0 表示，即有

$$\frac{\sigma_{x}-\sigma_{y}}{2}\sin2\alpha_{0}+\tau_{x}\cos2\alpha_{0}=0$$

化简，得

$$\tan 2\alpha_0 = -\frac{2\tau_x}{\sigma_x - \sigma_y} \tag{4-29}$$

或
$$2\alpha_0 = \arctan\frac{-2\tau_x}{\sigma_x - \sigma_y} \tag{4-30}$$

由此可求出 α_0 的相差 90°的两个根，也就是说有相互垂直的两个面，其中一个面上作用的正应力是极大值，用 σ_{max} 表示，称为最大正应力，另一个面上的是极小值，用 σ_{min} 表示，称为最小正应力。它们的值分别为

$$\sigma_{max} = \frac{\sigma_x + \sigma_y}{2} + \sqrt{\tau_x^2 + \left(\frac{\sigma_x - \sigma_y}{2}\right)^2} \tag{4-31a}$$

$$\sigma_{min} = \frac{\sigma_x + \sigma_y}{2} - \sqrt{\tau_x^2 + \left(\frac{\sigma_x - \sigma_y}{2}\right)^2} \tag{4-31b}$$

不难得到：
$$\sigma_{max} + \sigma_{min} = \sigma_x + \sigma_y \tag{4-32}$$

将式(4-28)对 α 取导数，得

$$\frac{d\tau_\alpha}{d\alpha} = (\sigma_x - \sigma_y)\cos 2\alpha - 2\tau_x \sin 2\alpha$$

并令此导数等于零，可求得 τ_α 达到极值时的 α 值，以 α_τ 表示，即

$$(\sigma_x - \sigma_y)\cos 2\alpha_\tau - 2\tau_x \sin 2\alpha_\tau = 0$$

化简，得

$$\tan 2\alpha_\tau = \frac{\sigma_x - \sigma_y}{2\tau_x} \tag{4-33}$$

由此可求出 α_τ 的相差 90°的两个根，也就是说有相互垂直的两个面，其中一个面上作用的剪应力是极大值，用 τ_{max} 表示，称为最大切应力，另一个面上的是极小值，用 τ_{min} 表示，称为最小切应力。它们的值分别为

$$\tau_{max} = +\sqrt{\tau_x^2 + \left(\frac{\sigma_x - \sigma_y}{2}\right)^2} \tag{4-34a}$$

$$\tau_{min} = -\sqrt{\tau_x^2 + \left(\frac{\sigma_x - \sigma_y}{2}\right)^2} \tag{4-34b}$$

比较式(4-29)和式(4-33)，可得

$$\tan 2\alpha_0 \times \tan 2\alpha_\tau = -1 \tag{4-35}$$

因此，$2\alpha_0$ 和 $2\alpha_\tau$ 相差 90°，α_0 和 α_τ 相差 45°，即最大正应力的作用面和最大剪应力作用面的夹角为 45°。

从公式(4-31)和式(4-34a)还可得到

$$\frac{\sigma_{max} - \sigma_{min}}{2} = \sqrt{\tau_x^2 + \left(\frac{\sigma_x - \sigma_y}{2}\right)^2} = \tau_{max} \tag{4-36}$$

即最大剪应力等于两个主应力之差的一半。

【例 4-19】 求图 4-41 所示的梁内某点单元体的主应力值及其所在位置。

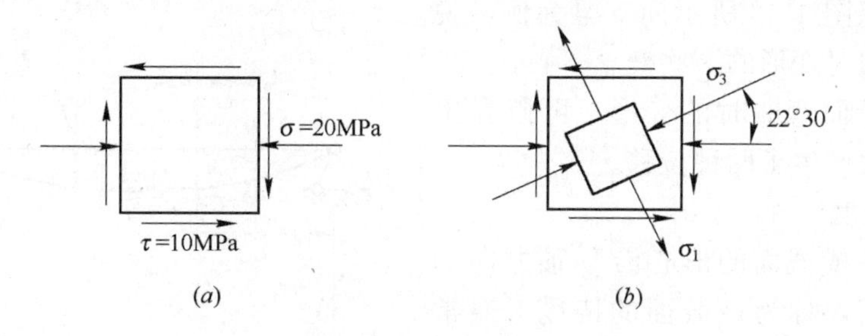

图 4-41 例 4-19 图

【解】 将 σ_x 值代入公式，可求得主应力值

$$\sigma_1=\frac{\sigma}{2}+\sqrt{\left(\frac{\sigma}{2}\right)^2+\tau^2}$$

$$=\frac{-20}{2}+\sqrt{\left(\frac{-20}{2}\right)^2+10^2}=-10+10\sqrt{2}=4.2\text{MPa}$$

$$\sigma_3=\frac{\sigma}{2}-\sqrt{\left(\frac{\sigma}{2}\right)^2+\tau^2}$$

$$=\frac{-20}{2}-\sqrt{\left(\frac{-20}{2}\right)^2+10^2}=-10-10\sqrt{2}=-24.2\text{MPa}$$

算出主平面的位置，即

$$\tan2\alpha_0=\frac{-2\tau}{\sigma}=\frac{-2\times10}{-20}=1$$

由三角函数知

$$\alpha_0=22°30',\ \alpha_0'=90°+22°30'=112°30'$$

σ、τ 和 σ_1、σ_3 之间的相互关系如图 4-41(*b*)所示。

4.5 杆件的变形

在前面教学单元中，介绍了梁的强度问题，虽然满足强度条件是解决荷载与构件承载能力这个基本矛盾的重要内容。但是在设计梁一类受弯构件时，除了应该满足强度条件以防止构件发生破坏外，还应该注意满足刚度条件，使其弯曲变形不至于过大，即不能超过规定限度，以免影响结构的正常使用。例如，楼面梁变形过大，会使下面的抹灰层开裂或脱落；吊车梁的变形过大就会影响桁车的正常运行；桥梁的变形过大，在机车通过时会引起很大振动等等。因此在研究了梁的强度问题以后，还有必要研究梁的刚度问题或弯曲变形问题，其目的在于对梁进行刚度校核，并为求解超静定梁等问题作准备。

4.5.1 梁的变形

1. 挠度和转角

下面以图 4-42 所示简支梁为例，说明平面弯曲时变形的一些概念。

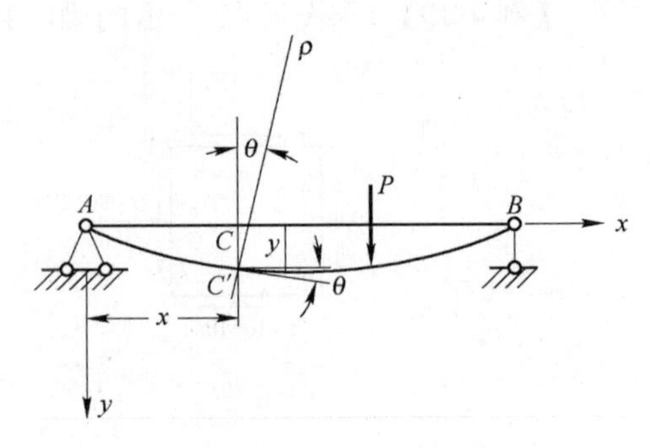

图 4-42 挠度和转角的概念

梁在平面弯曲时的变形，可以看出梁的横截面产生了两种位移。

(1) 挠度

梁任一横截面的形心沿 y 轴方向的线位移 CC'，称为该截面的挠度，通常用 y 表示，并以向下为正，单位用米或毫米。

(2) 转角

梁任一横截面相对于原来位置所转动的角度，称为该截面的转角，用 θ 表示，并以顺时针转动为正。转角的单位用度(°)或弧度(rad)。

2. 梁的挠曲线

梁发生弯曲变形后，梁轴线变成一条连续光滑的曲线，弯曲后的梁轴线，称为梁的挠曲线。

梁的挠曲线可用方程

$$y=f(x) \tag{4-37}$$

来表示，称为梁的挠曲线方程。它表示梁的挠度沿梁的长度的变化规律。

由于所研究的挠曲轴线是处在线弹性条件下，所以也称为弹性曲线。根据上述情况，考虑到转角 $\frac{\mathrm{d}y}{\mathrm{d}x}$ 非常小，由式(4-37)可求得转角 θ 的表达式为

$$\theta \approx \tan\theta=\frac{\mathrm{d}y}{\mathrm{d}x}=f'(x) \tag{4-38}$$

即挠曲线任一点处切线的斜率 $\frac{\mathrm{d}y}{\mathrm{d}x}$ 就等于该处截面的转角 θ，表达式(4-38)称为转角方程。由此可见，只要知道了挠曲线的方程，就可以求得任一点的挠度和任一横截面的转角。下面研究如何确定梁的挠曲线及其方程的问题。

在本教学单元的 4.4 中，我们已经求得了梁在纯弯曲时的曲率表达式(4-15)，即

$$K=\frac{1}{\rho}=\frac{M}{EI} \tag{4-39}$$

考虑到一般梁的跨长 l 不小于横截面高度 h 的 10 倍，在竖向力弯曲时，剪力 V 对梁变形的影响很小，可以忽略不计，所以式(4-39)仍旧可以应用。但是应该注意，这时的弯矩 M 和曲率半径 ρ 都已不再是常量了，它们都是 x 的函数，因此应该将其改写为

$$K(x)=\frac{1}{\rho(x)}=\frac{M(x)}{EI} \tag{4-40}$$

另外，从几何方面看，平面曲线的曲率可以写作

$$\frac{1}{\rho(x)}=\pm\frac{\dfrac{\mathrm{d}^2 y}{\mathrm{d}x^2}}{\left[1+\left(\dfrac{\mathrm{d}y}{\mathrm{d}x}\right)^2\right]^{3/2}}$$

由于梁的变形很小，略去$\left(\dfrac{\mathrm{d}y}{\mathrm{d}x}\right)^2$，上式可近似写为

$$\frac{1}{\rho(x)}=\pm\frac{\mathrm{d}^2 y}{\mathrm{d}x^2}=y'' \tag{4-41}$$

由式(4-40)和式(4-41)可以得到

$$\frac{\mathrm{d}^2 y}{\mathrm{d}x^2}=\pm\frac{M(x)}{EI} \tag{4-42}$$

式中的正负号，取决于坐标系的选择和弯矩正负号的规定。弯矩M的正负号仍按以前规定，坐标系y向下为正，当弯矩为正值时，挠曲线向下凸，而$\dfrac{\mathrm{d}^2 y}{\mathrm{d}x^2}$为负值，即弯矩$M$与$\dfrac{\mathrm{d}^2 y}{\mathrm{d}x^2}$恒为异号，故有

$$\frac{\mathrm{d}^2 y}{\mathrm{d}x^2}=-\frac{M(x)}{EI} \tag{4-43}$$

式(4-43)即为梁的挠曲线近似微分方程。

3. 积分法计算梁的变形

为了从梁的挠曲线近似微分方程求得挠曲线方程$y=f(x)$，只需将方程式(4-43)积分。对于等截面梁，抗弯刚度EI为常量，$M(x)$是x的函数，对式(4-43)积分一次便得到转角方程

$$\theta=\frac{\mathrm{d}y}{\mathrm{d}x}=-\frac{1}{EI}\left[\int M(x)\mathrm{d}x+C\right] \tag{4-44}$$

再积分一次就得到挠曲线方程

$$y=-\frac{1}{EI}\left\{\int[M(x)\mathrm{d}x]\mathrm{d}x+Cx+D\right\} \tag{4-45}$$

式(4-44)、式(4-45)中的C、D是积分常数，可以通过梁在其支座处的已知挠度和已知转角来确定，这种已知的条件称为边界条件。例如悬臂梁在固定端的挠度$y=0$，转角$\theta=0$。简支梁在两个铰支座处的挠度都等于零。所谓连续条件就是梁的挠曲线在各点处都是连续的。

【例 4-20】 简支梁AB受均布荷载q作用，如图 4-43 所示，EI为常数，试求该梁的转角和挠曲线方程，并求支座截面的转角θ_A、θ_B和最大挠度y_{max}。

【解】 (1) 设坐标系如图 4-43 所示，列弯矩方程

$$M(x)=R_A\cdot x-\frac{1}{2}qx^2=\frac{1}{2}qlx-\frac{1}{2}qx^2$$

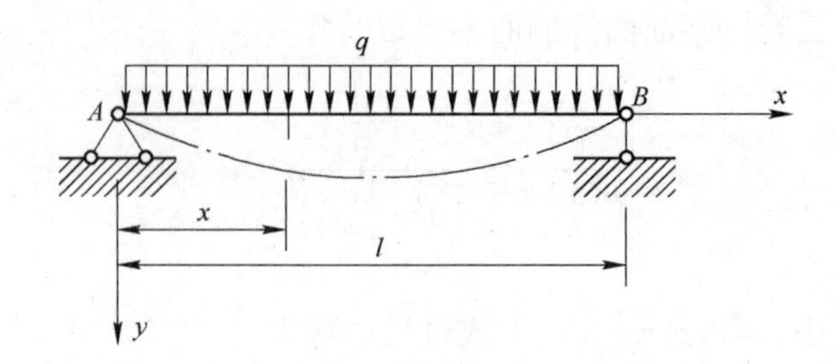

图 4-43　例 4-20 图

（2）列出挠曲线近似微分方程

$$EI\frac{\mathrm{d}^2y}{\mathrm{d}x^2}=-M(x)=-\frac{ql}{2}x+\frac{qx^2}{2}$$

积分一次，得

$$EI\frac{\mathrm{d}y}{\mathrm{d}x}=EI\theta=-\frac{ql}{4}x^2+\frac{q}{6}x^3+C \tag{4-46}$$

再积分一次，得

$$EIy=-\frac{ql}{12}x^3+\frac{q}{24}x^4+Cx+D \tag{4-47}$$

（3）确定积分常数。

简支梁的边界条件是两个铰支座处的挠度为零，即

$x=0$ 处，$y=0$，代入式(4-47)得

$$D=0$$

$x=l$ 处，$y=0$，代入式(4-47)得

$$C=\frac{ql^3}{24}$$

（4）列出转角方程和挠曲线方程。

将 C 和 D 值代入式(4-46)和式(4-47)，得梁的转角方程和挠曲线方程分别为

$$\theta=\frac{1}{EI}\left(-\frac{ql}{4}x^2+\frac{q}{6}x^3+\frac{ql^3}{24}\right) \tag{4-48}$$

$$y=\frac{1}{EI}\left(-\frac{ql}{12}x^3+\frac{q}{24}x^4+\frac{ql^3}{24}x\right) \tag{4-49}$$

（5）求 θ_A、θ_B 和 y_{max}。

A 截面处，$x=0$ 代入式(4-48)得

$$\theta_A=\frac{ql^3}{24EI}\quad（顺时针转）$$

B 截面处，$x=l$ 代入式(4-48)得

$$\theta_B=-\frac{ql^3}{24EI}\quad（逆时针转）$$

由于对称，可知梁的最大挠度在跨中 C 截面，将 $x=\frac{l}{2}$ 代入式(4-49)，得

$$y_{\max}=y_C=\frac{5ql^4}{384EI}$$

【例 4-21】 悬臂梁的受力情况如图 4-44 所示，EI 为常数。试求梁最大挠度和最大转角。

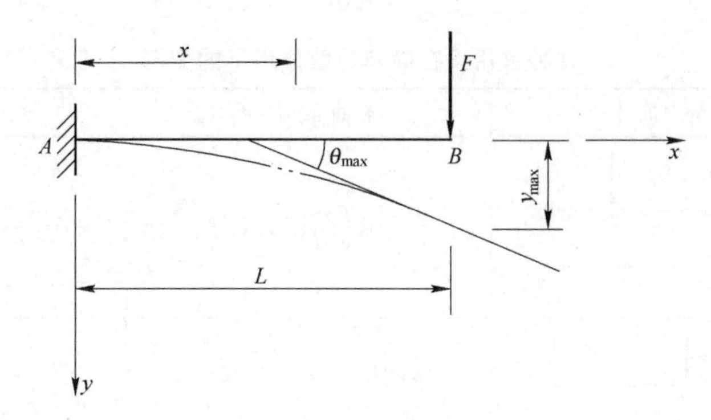

图 4-44　例 4-21 图

【解】 (1) 取图 4-44 所示坐标系，列弯矩方程。

$$M(x)=-F(l-x)\quad(0\leqslant x\leqslant l)$$

(2) 写出挠曲线近似微分方程。

$$EI\frac{d^2y}{dx}=-M(x)=Fl-Fx \tag{4-50}$$

将式(4-50)积分一次得

$$EI\frac{dy}{dx}=EI\theta=Flx-\frac{1}{2}Fx^2+C \tag{4-51}$$

积分两次得

$$EIy=\frac{1}{2}Flx^2-\frac{1}{6}Fx^3+Cx+D \tag{4-52}$$

(3) 确定积分常数。将边界条件 $x=0$ 时

$$y_A=0\quad\theta_A=0$$

代入式(4-50)和式(4-51)，得

$$C=0\quad D=0$$

(4) 写出挠度方程和转角方程。

挠度方程为　$y=\frac{1}{EI}\left(\frac{1}{2}Flx^2-\frac{1}{6}Fx^3\right)$

转角方程为　$\theta=\frac{1}{EI}\left(Flx-\frac{1}{2}Fx^2\right)$

(5) 计算梁最大挠度和最大转角。根据梁挠曲线的大致形状可知，最大挠度和最大转角都发生在梁的自由端 B 处。

当 $x=0$ 时，　　$y_{\max}=\frac{Fl^3}{3EI}(\downarrow)$

$$\theta_{max}=\frac{Fl^2}{2EI}\quad（顺时针转）$$

4. 叠加法求梁的变形

从以上可知，梁的转角和挠度都与梁上的荷载呈线性关系。于是，可以用叠加法来计算梁的变形。即先分别计算每一种荷载单独作用时所引起的梁的挠度或转角，然后再把它们代数相加，就得到这些荷载共同作用下的挠度或转角(表 4-3)。

几种常用梁在简单荷载作用下的变形 **表 4-3**

序号	梁的简图	挠曲线方程	转角	最大挠度
1	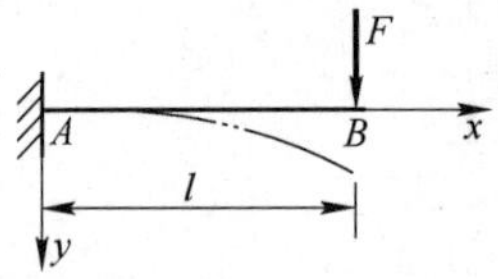	$y=\frac{Fx^2}{6EI}(3l-x)$	$\theta_B=\frac{Fl^2}{2EI}$	$f_B=\frac{Fl^3}{3EI}$
2	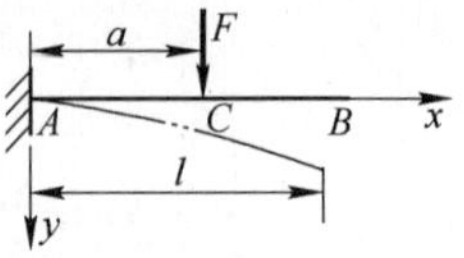	$y=\frac{Fx^2}{6EI}(3a-x)\quad(0\leqslant x\leqslant a)$ $y=\frac{Fa^2}{6EI}(3x-a)\quad(a\leqslant x\leqslant l)$	$\theta_B=\frac{Fa^2}{2EI}$	$f_B=\frac{Fa^2}{6EI}$ $(3l-a)$
3	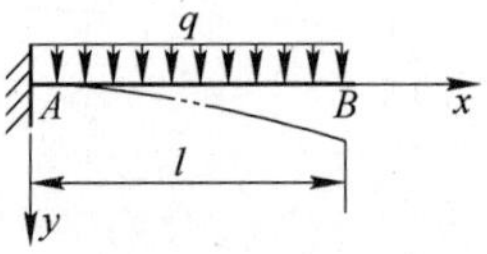	$y=\frac{qx^2}{24EI}(x^2-4lx+6l^2)$	$\theta_B=\frac{ql^3}{6EI}$	$y_B=\frac{ql^4}{8EI}$
4	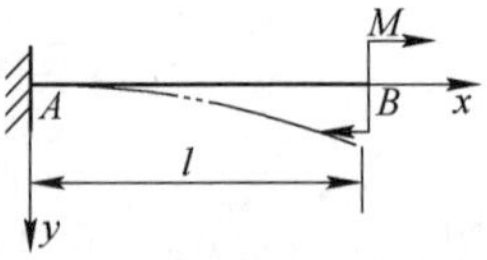	$y=\frac{Mx^2}{2EI}$	$\theta_B=\frac{Ml}{EI}$	$y_B=\frac{Ml^2}{2EI}$
5	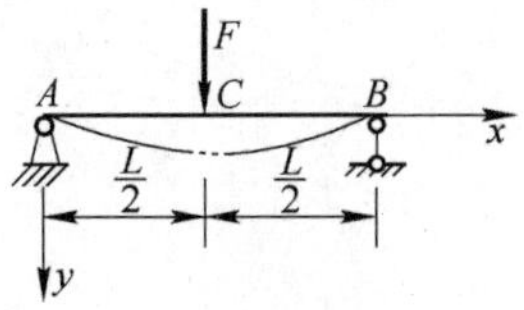	$y=\frac{Fx}{48EI}(3l-4x^2)$ $\left(0\leqslant x\leqslant\frac{1}{2}\right)$	$\theta_B=\theta_A=\frac{Fl^2}{16EI}$	$y_c=\frac{Fl^3}{48EI}$
6	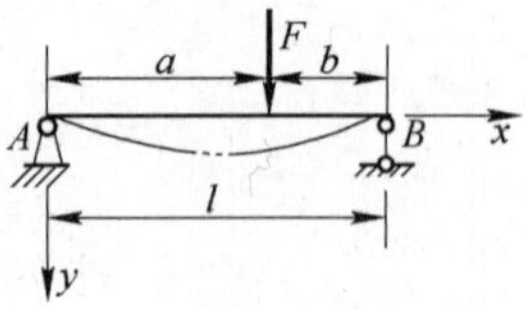	$y=\frac{Fbx}{6EIl}(l^2-x^2-b^2)$ $(0\leqslant x\leqslant a)$ $y=\frac{Fb}{6EIl}\left[\frac{l}{b}(x-a)^3+(l^2-b^2)x-x^3\right]$ $(a\leqslant x\leqslant l)$	$\theta_B=\frac{Fab(l+b)}{6EIl}$ $\theta_A=\frac{Fab(l+a)}{6EIl}$	
7	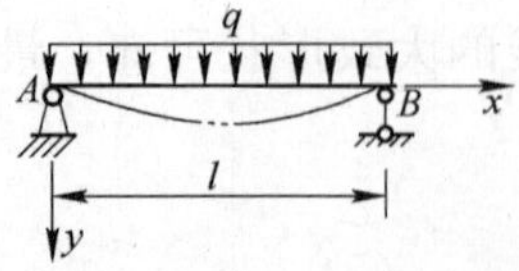	$y=\frac{qx}{24EI}(l^3-2lx^2+x^3)$	$\theta_A=-\theta_B$ $=\frac{ql^3}{24EI}$	在 $x=l/2$ 处 $y_{max}=\frac{5ql^4}{384EI}$

续表

序号	梁的简图	挠曲线方程	转角	最大挠度
8		$y=\frac{Mx}{6EIl}(l-x)(2l-x)$	$\theta_A=\frac{ml}{3EI}$ $\theta_B=-\frac{ml}{6EI}$	在 $x=\left(1-\frac{1}{\sqrt{3}}\right)l$ 处 $y_{max}=\frac{ml^2}{9\sqrt{3}EI}$ 在 $x=l/2$ 处 $y_{l/2}=\frac{ml^2}{16EI}$
9		$y=\frac{Mx}{6EIl}(l^2-x^2)$	$\theta_A=\frac{ml}{6EI}$ $\theta_B=\frac{ml}{3EI}$	在 $x=l/\sqrt{3}$ 处 $y_{max}=\frac{ml^2}{9\sqrt{3}EI}$ 在 $x=l/2$ 处 $y_{l/2}=\frac{ml^2}{16EI}$
10		$y=-\frac{Fax}{6EIl}(l^2-x^2)$ $(0\leqslant x\leqslant l)$ $y=\frac{F(l-x)}{6EIl}$ $[(l-x)^2-3ax+al]$ $[l\leqslant x\leqslant(l+a)]$	$\theta_A=-\frac{Fal}{6EI}$ $\theta_B=\frac{Fal}{3EI}$ $\theta_C=\frac{Fa(2l+3a)}{6EI}$	$y_c=\frac{Fa^2}{3EI}(l+a)$
11		$y=-\frac{Mx}{6EIl}(l^2-x^2)$ $(0\leqslant x\leqslant l)$ $y=\frac{M}{6EI}(3x^2-4xl+l^2)$ $[l\leqslant x\leqslant(l+a)]$	$\theta_A=-\frac{Ml}{6EI}$ $\theta_B=\frac{M}{3EI}(l+3a)$	$y_c=\frac{Ma}{6EI}$ $(2l+3a)$

【例 4-22】 悬臂梁同时受到均布荷载 q 和集中荷载 F 的作用，如图 4-45 所示，试用叠加法计算梁的最大挠度。设 EI 为常数。

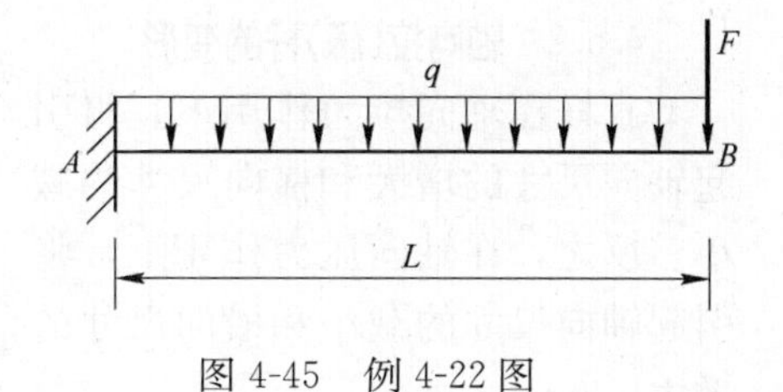

图 4-45 例 4-22 图

【解】 由表 4-3 查得，悬臂梁在均布荷载作用下自由端 B 有最大挠度，其值为

$$y_{B(q)}=\frac{ql^4}{8EI}(\downarrow)$$

悬臂梁在集中力 F 作用下自由端 B 有最大挠度，其值为

$$y_{B(F)}=\frac{Fl^3}{3EI}(\downarrow)$$

在荷载 q 和 F 共同作用下，自由端 B 处有最大挠度，其值为

$$y_{max}=y_{B(q)}+y_{B(F)}=\frac{ql^4}{8EI}+\frac{Fl^3}{3EI}(\downarrow)$$

【例 4-23】 简支梁受荷载如图 4-46 所示，已知 $F_1=F_2=F$，梁的抗弯刚度 EI 为常数。试用叠加法计算梁跨中截面的挠度和转角。

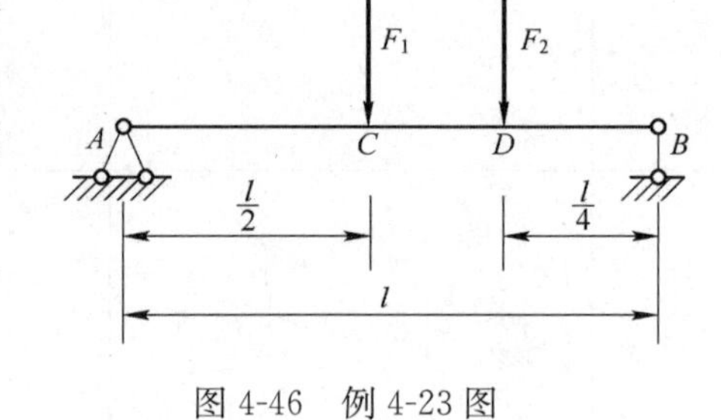

图 4-46　例 4-23 图

【解】 查表 4-3，梁在 F_1 单独作用下，跨中的挠度和转角分别为

$$y_{1C}=\frac{Fl^3}{48EI}(\downarrow)$$

$$\theta_{1C}=0$$

梁在 F_2 单独作用下，跨中的挠度和转角分别为

$$y_{2C}=\frac{Fb}{48EI}(3l^2-4b^2)=\frac{F\times\frac{l}{4}\left(3l^2-4\times\frac{l^2}{16}\right)}{48EI}=\frac{11Fl^3}{768EI}(\downarrow)$$

$$\theta_{2C}=\frac{Fb}{6EIl}(l^2-3x^2-b^2)=\frac{E\times\frac{L}{4}}{6EIl}\left(l^2-\frac{3}{4}l^2-\frac{l^2}{16}\right)=\frac{Fl^2}{128EI}(\text{顺时针转动})$$

梁在 F_1 和 F_2 共同作用下，跨中挠度和转角分别为

$$y_C=y_{1C}+y_{2C}=\frac{Fl^3}{48EI}+\frac{11Fl^3}{768EI}=\frac{9Fl^3}{256EI}(\downarrow)$$

$$\theta_C=\theta_{1C}+\theta_{2C}=\frac{Fl^2}{128EI}(\text{顺时针转动})$$

4.5.2 轴向拉(压)杆的变形

直杆在轴向拉力作用下，将引起轴向尺寸的增大和横向尺寸的减小。反之，在轴向压力作用下，将引起轴向尺寸的减小和横向尺寸的增大。

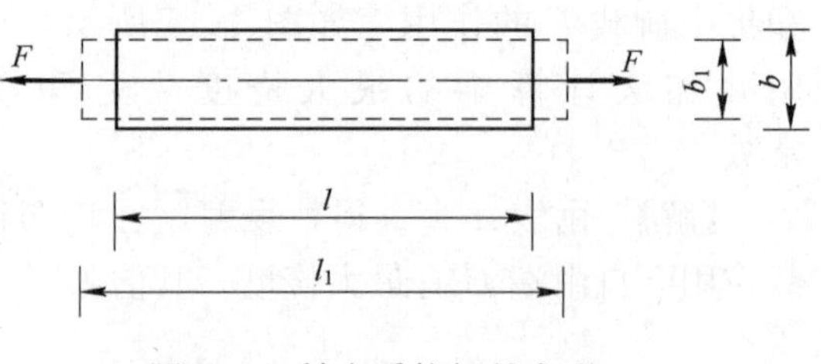

图 4-47　轴向受拉杆的变形

如图 4-47 所示，设等直杆的原长为 l，横截面面积为 A。在轴向拉力 F 作用下，长度由 l 变为 l_1。杆件在轴线方向的伸长为

$$\Delta l=l_1-l$$

对于Δl，规定杆件受拉伸长时Δl为正，受压缩短时Δl为负。显然，杆件的伸长量Δl与杆件的原长l有关。为了消除杆件长度的影响，将Δl除以l，得杆件轴线方向单位长度的伸长量，用以说明杆件在轴向的变形程度，称为轴向拉压杆的纵向线应变，用ε表示。

$$\varepsilon=\frac{\Delta l}{l} \tag{4-53}$$

若纵向线应变ε为已知，则可以由上式求得轴向拉压杆的纵向变形Δl。由此可见，杆件的变形，是杆件各点应变的总和。

研究表明，在轴向拉压杆的正应力σ和纵向线应变ε之间存在正比关系，即

$$\sigma \propto \varepsilon$$

引入比例常数E，上式可写为

$$\sigma=E\varepsilon \tag{4-54}$$

式中，E是一比例常数，称为材料的弹性模量，常用单位是“MPa”，E值随材料不同而不同，它的具体值可由实验来测定。几种常用材料的E和μ值见表4-4。

几种常用材料的 E 和 μ 的约值 **表 4-4**

材料名称	E(GPa)	μ
碳钢	196～216	0.24～0.28
合金钢	186～206	0.25～0.30
灰铸铁	78.5～157	0.23～0.27
铜及其合金	72.6～128	0.31～0.42
铝合金	70	0.33

式(4-54)称为材料的虎克定律。其意义为：当应力不超过材料的比例极限时，应力与应变成正比。

若把$\sigma=\frac{N}{A}$、$\varepsilon=\frac{\Delta l}{l}$两式代入式(4-54)中，可得

$$\Delta l=\frac{Nl}{EA}=\frac{Fl}{EA} \tag{4-55}$$

上式表明：当应力不超过比例极限时，杆件的伸长量Δl与拉力F及杆件的原长度l成正比，与横截面面积A成反比。这是虎克定律的另一表达式。以上结果同样可以用于轴向压缩的情况，只要把轴向拉力改为压力，把伸长改为缩短就可以了。

从$\Delta l=\frac{Nl}{EA}=\frac{Fl}{EA}$看出，对长度相同、受力相同的杆件，$EA$越大则变形越小，所以$EA$称为杆件的抗拉(压)刚度。

若杆件变形前的横向尺寸为b，变形后为b_1，则横向线应变为

$$\varepsilon'=\frac{\Delta b}{b}=\frac{b_1-b}{b} \tag{4-56}$$

试验结果表明：当应力不超过比例极限时，横向线应变 ε' 与纵向线应变 ε 之比的绝对值是一个常数，即

$$\mu=\left|\frac{\varepsilon'}{\varepsilon}\right| \tag{4-57}$$

式中，μ 称为横向变形系数或泊松(S. D. Poisson)比，是一个无量纲的量。

因为当杆件轴向伸长时，横向缩小；而轴向缩短时，横向增大。所以 ε' 和 ε 的符号总是相反的。这样，ε' 和 ε 的关系可以写成

$$\varepsilon'=-\mu\varepsilon \tag{4-58}$$

和弹性模量 E 一样，泊松比也是材料固有的弹性常数。表 4-4 中有几种常用材料的 E 和 μ 值。

【例 4-24】 图 4-48 所示为一阶梯杆，已知：$F_A=10\text{kN}$，$F_B=20\text{kN}$，$l=100\text{mm}$，AB 段与 BC 段的横截面面积分别是 $A_{AB}=100\text{mm}^2$，$A_{BC}=200\text{mm}^2$，$E=200\text{GPa}$。

试求杆的总伸长量及端面与截面 $D—D$ 间的相对位移。

【解】 (1) AB 段及 BC 段的轴力分别为

$$N_{AB}=F_A=10\text{kN} \quad N_{BC}=F_A-F_B=-10\text{kN}$$

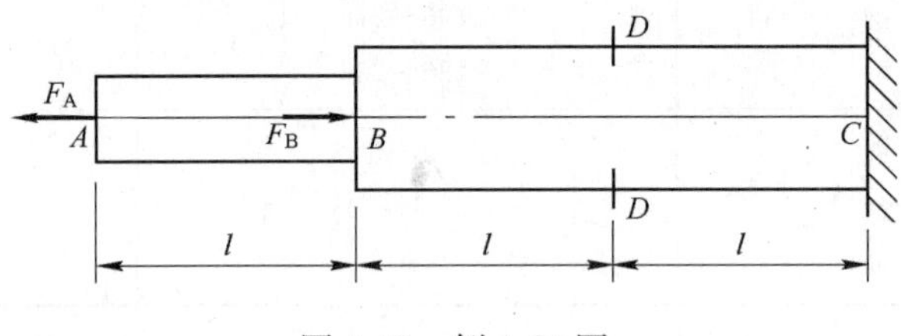

图 4-48 例 4-24 图

杆的总伸长量为

$$\begin{aligned}\Delta l&=\Delta l_{AB}+\Delta l_{BC}=\frac{N_{AB}l}{EA_{AB}}+\frac{N_{BC}\times 2l}{EA_{BC}}\\&=\left(\frac{10\times 10^3\times 100}{200\times 10^3\times 100}+\frac{-10\times 10^3\times 2\times 100}{200\times 10^3\times 200}\right)\\&=0\end{aligned}$$

(2) 端面 A 与 $D—D$ 截面间的相对位移 u_{AD} 等于端面与 $D—D$ 截面间杆的伸长量 Δl_{AD}

$$\begin{aligned}u_{AD}&=\Delta l_{AD}=\frac{N_{AB}l}{EA_{AB}}+\frac{N_{BC}l}{EA_{BC}}\\&=\left(\frac{10\times 10^3\times 100}{200\times 10^3\times 100}+\frac{-10\times 10^3\times 100}{200\times 10^3\times 200}\right)\\&=0.025\text{mm}\end{aligned}$$

4.6 梁的刚度校核

构件不仅要满足强度条件，还要满足刚度条件。校核梁的刚度是为了检查梁在荷载作用下产生的位移是否超过规定限值。在市政工程中，一般只校核在荷载作用下梁截面的竖向位移，即挠度。与梁的强度校核一样，梁的刚度校核也有相应的标准，这个标准就是挠度的容许值与跨度的比值，用 $[f/l]$ 表示。梁在荷载作用下产生的最大挠度 y_{max}与跨长的比值不能超过 $[f/l]$，即

$$\frac{y_{max}}{l}\leqslant\left[\frac{f}{l}\right] \tag{4-59}$$

该式就是梁的刚度条件。根据不同的工程用途，在有关规范中，对 $[f/l]$ 值均有具体的规定。在对梁进行刚度校核后，当发现梁的变形太大而不能满足刚度要求时，就要设法减小梁的变形。以承受满跨均布荷载的简支梁为例，查表4-3得梁跨中的最大挠度为

$$y_{max}=\frac{5ql^4}{384EI}$$

从式中看到，当荷载 q 一定时，梁的最大挠度与截面的惯性矩 I、材料的弹性模量 E 成反比，与跨度 l 成正比。因此，采用惯性矩比较大的工字形、槽形等截面是合理的。挠度与跨长的四次方成正比，说明跨长对梁的变形影响很大。因而，减小梁的跨度或在梁中间增加支座，将是减小变形的有效措施。至于材料的弹性模量 E，虽然也与挠度成反比，但由于同类材料的 E 值相差不大，故从材料方面来提高刚度的作用不大。例如，普通钢材与高强度钢材的 E 值基本相同，从刚度角度上看，采用高强度材料是没有意义的。

【例 4-25】 一简支梁由 I28b 工字钢制成，承受荷载作用如图 4-49 所示，已知 $P=20\text{kN}$，$l=9\text{m}$，$E=210\text{GPa}$，$[\sigma]=170\text{MPa}$、$[f/l]=1/500$。试校核该梁的强度和刚度。

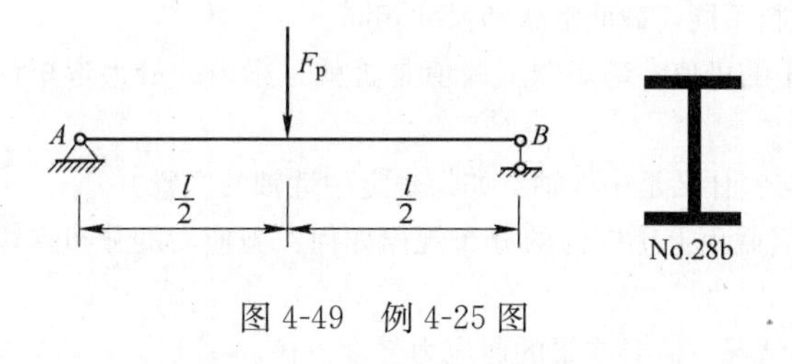

图 4-49　例 4-25 图

【解】 (1) 由附录 A 型钢表查得工字钢有关数据。

$$W_Z=534.4\text{cm}^3=534.4\times10^3\text{mm}^3,\quad I=7481\text{cm}^4=7481\times10^4\text{mm}^4$$

(2) 强度校核。

$$M_{max}=\frac{Pl}{4}=\frac{20\times9}{4}=45\text{kN}\cdot\text{m}$$

$$\sigma_{max}=\frac{M_{max}}{W_Z}=\frac{45\times10^6}{534.4\times10^3}=84.2\text{MPa}<[\sigma]=170\text{MPa}$$

此梁强度满足。

(3) 刚度校核。查表 4-3 得简支梁受集中力作用的 $y_{max}=\frac{Pl^3}{48EI}$

$$\frac{y_{max}}{l}=\frac{Pl^2}{48EI}=\frac{20\times10^3\times(9\times10^3)^2}{48\times210\times10^3\times7481\times10^4}$$

$$=\frac{1}{465}>\left[\frac{f}{l}\right]$$

不满足刚度条件，需要加大截面。

改用 I32a 号工字钢，查附录表，其 $I=11080\text{cm}^4$，则

$$\frac{y_{max}}{l}=\frac{20\times10^3\times(9\times10^3)^2}{48\times210\times10^3\times11080\times10^4}=\frac{1}{689}<\left[\frac{f}{l}\right]$$

满足刚度条件。

思 考 题

1. 工程中什么样的构件可以看作是梁？其受力与变形的特点是什么？

2. 试画出静定梁及其支座的三种典型形式。每种支座能提供什么约束反力？

3. 为什么要绘制梁的剪力图和弯矩图？其绘制方法步骤如何？分段列剪力方程和弯矩方程时的分段原则是什么？

4. 简述在梁的无荷载区域、向下的均布荷载区段、集中力和集中力偶的作用处剪力图和弯矩图有哪些特征。

5. 梁的 V 图和 M 图发生突变的条件和原因是什么？怎样确定内力发生突变截面处的内力值？

6. 两根跨度相等的简支梁，承受相同的荷载作用，问在下列情况下，其内力图是否相同？应力是否相同？强度是否相同？

(1) 两根梁的材料相同，截面形状和尺寸不同。

(2) 两根梁的材料不同，截面形状和尺寸相同。

7. 如何确定弯矩的极值？弯矩图上极值是否就是梁内的最大弯矩？一般说，梁的最大弯矩值可能发生在何处？

8. 什么是中性层？什么是中性轴？如何确定中性轴的位置？

9. 梁在弯曲时横截面上正应力的分布规律如何？剪应力的分布规律如何？试对两者进行比较。

10. 简述在何种情况下需要作梁的剪应力强度校核。

11. 什么是梁的挠度和转角？挠度和转角的正负号怎样规定的？

12. 为什么要研究梁的变形？在工程上有什么实用意义？

13. 试举例说明对梁进行刚度校核的必要性。

习 题

1. 用截面法求图 4-50 所示各梁指定截面上的剪力和弯矩。

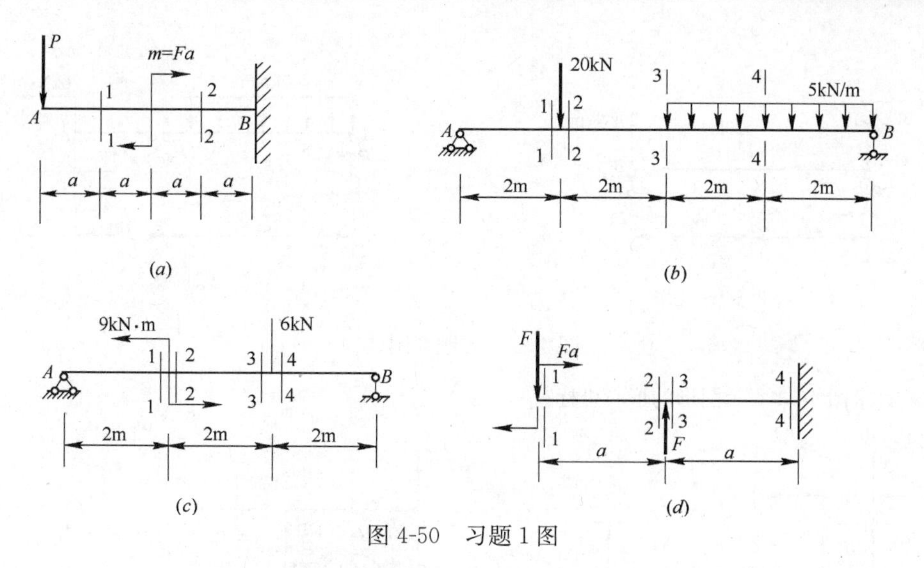

图 4-50 习题 1 图

2. 建立图 4-51 所示各梁的剪力方程和弯矩方程，画出 V、M 图，求出 $|V|_{max}$ 和 $|M|_{max}$。

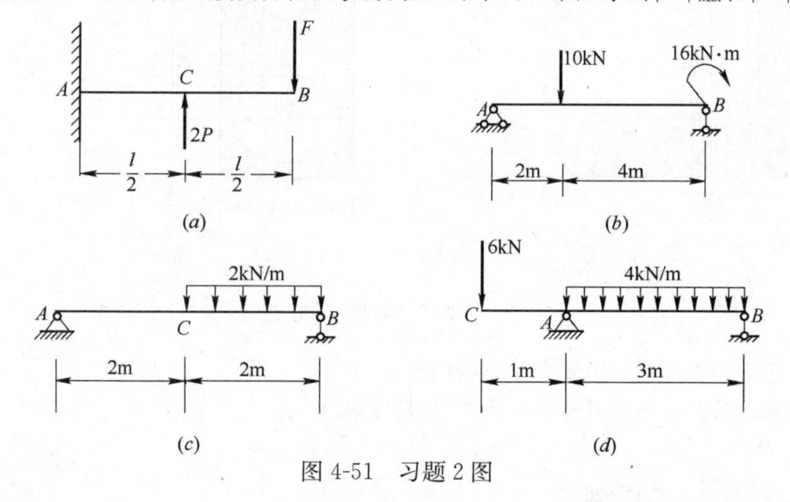

图 4-51 习题 2 图

3. 利用 M、V 之间的微分关系画出图 4-52 所示各图的 V、M 图，并求出 $|V|_{max}$ 和 $|M|_{max}$。

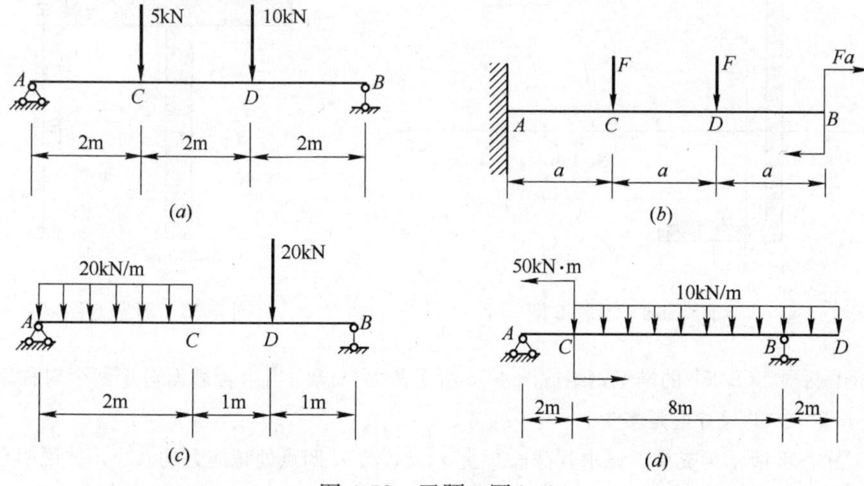

图 4-52 习题 3 图(一)

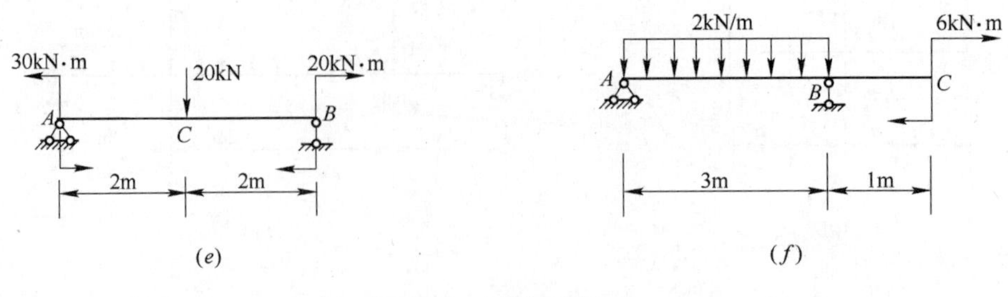

图 4-52　习题 3 图(二)

4. 求图 4-53 所示图形的形心坐标。

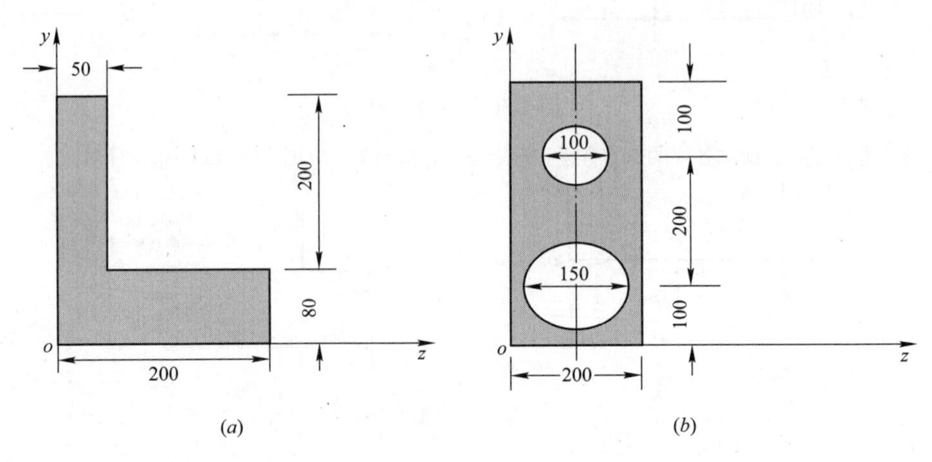

图 4-53　习题 4 图

5. 求图 4-54 所示组合图形的形心坐标。

6. 试求：图 4-55 所示对过形心的水平轴的惯矩。

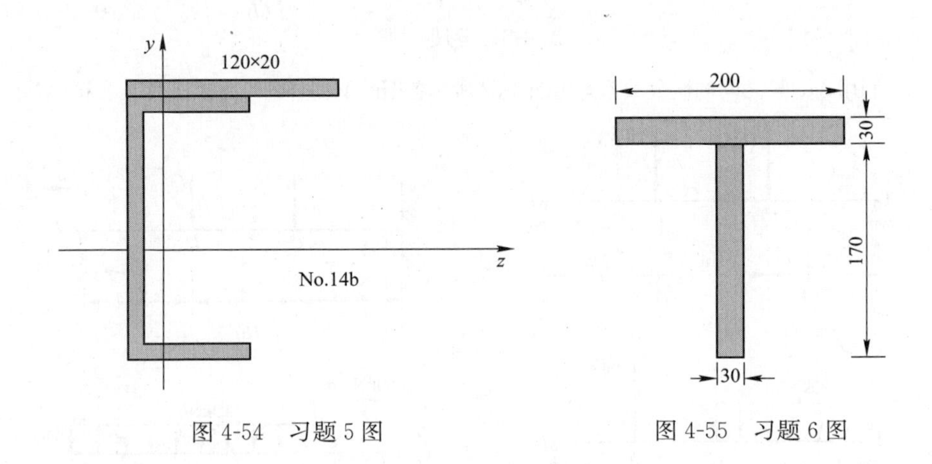

图 4-54　习题 5 图　　　　图 4-55　习题 6 图

7. 由两根 NO. 25b 的槽型钢组成图 4-56 所示截面，试问当组合截面对于两个对称轴的惯矩 $I_z = I_y$ 时，b 的尺寸应是多少。

8. 图 4-57 所示简支梁，试求其截面 C 上 a、b、c、d 四点处正应力的大小，并说明是拉应力还是压应力。

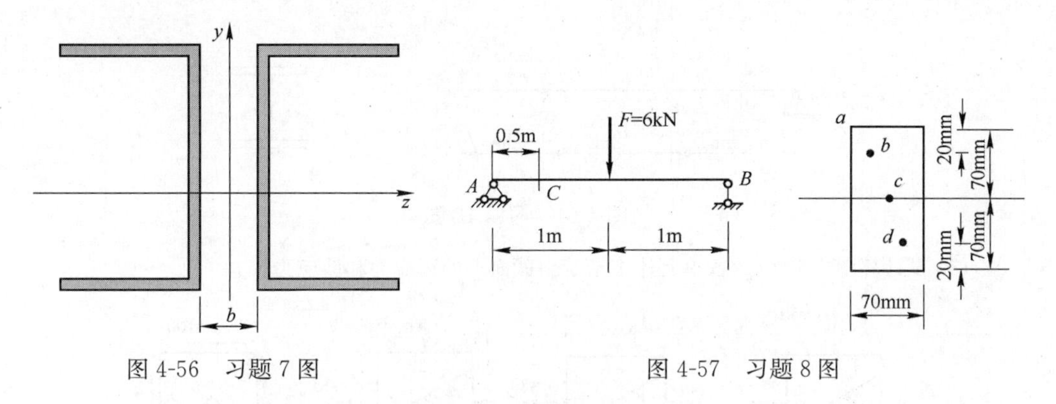

图 4-56　习题 7 图　　　　图 4-57　习题 8 图

9. 试求图 4-58 所示各梁的最大正应力及其所在位置。

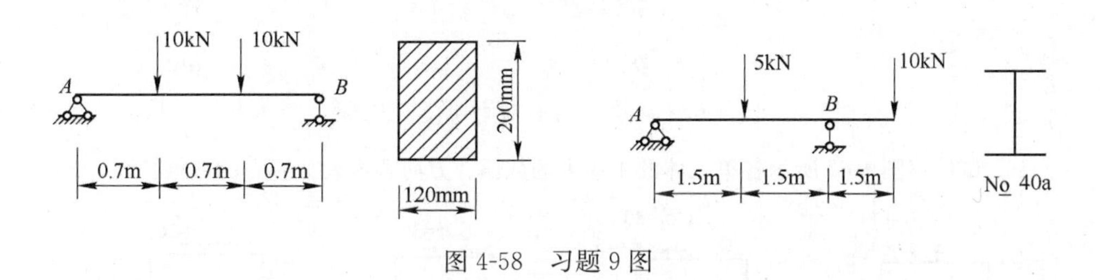

图 4-58　习题 9 图

10. 倒 T 形截面梁如图 4-59 所示，试求梁内最大拉应力和最大压应力的值，并说明它们分别发生在何处？

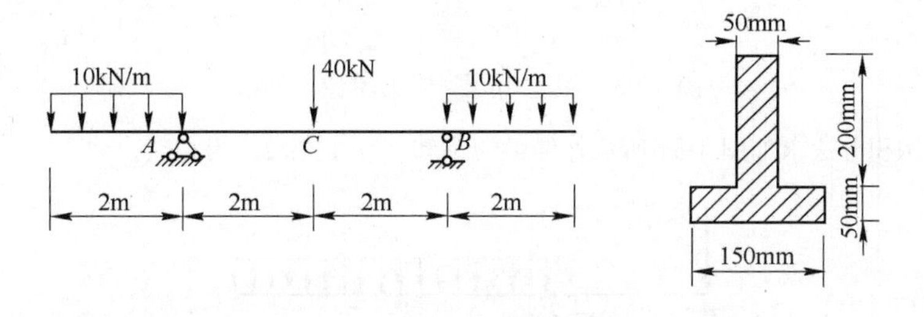

图 4-59　习题 10 图

11. 简支梁受均布荷载作用，已知 $l=4\text{m}$，截面为矩形，宽 $b=120\text{mm}$，$h=180\text{mm}$，如图 4-60 所示，材料的许可应力 $[\sigma]=10\text{MPa}$，试求梁的许可荷载 F。

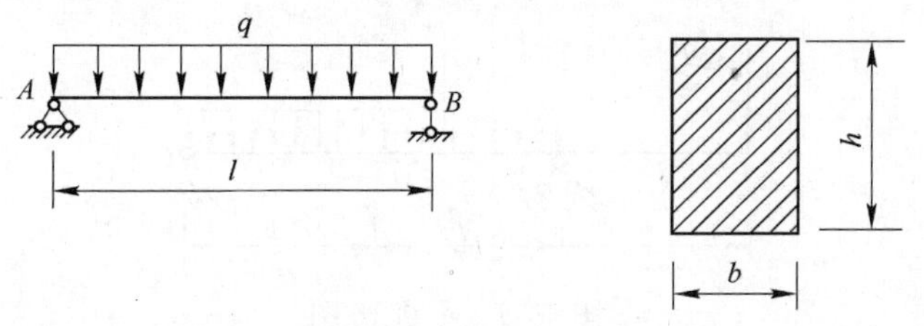

图 4-60　习题 11 图

12. 图 4-61 所示工字形截面外伸梁，已知材料的许可应力 $[\sigma]=160\text{MPa}$，$[\tau]=100\text{MPa}$，试选择工字钢的型号。

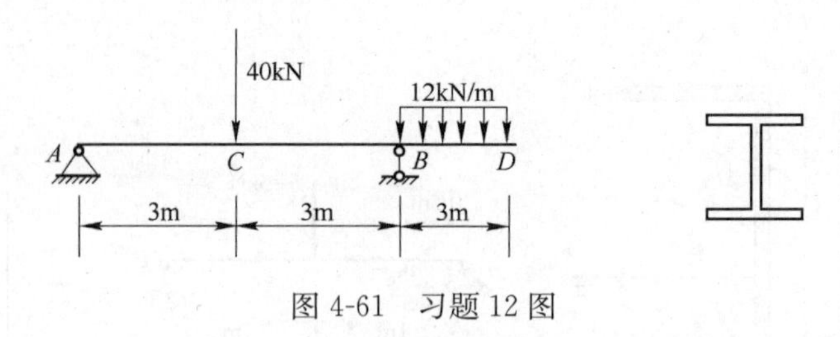

图 4-61　习题 12 图

13. 试计算图 4-62 所示各单元体中指定斜截面上的正应力和剪应力。

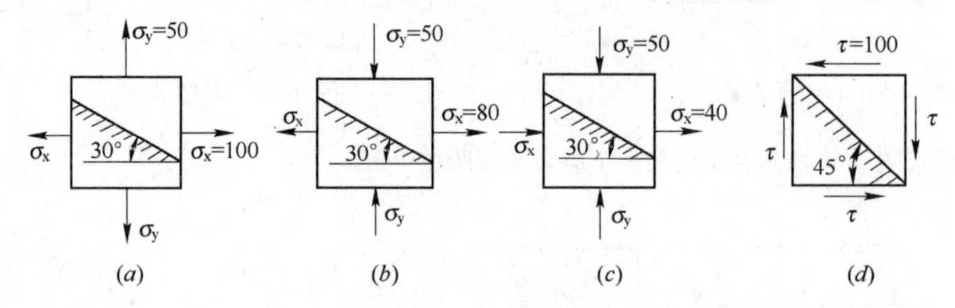

图 4-62　习题 13 图(应力单位：MPa)

14. 试计算图 4-63 所示各单元体的主应力的数值、方向和最大剪应力的数值。

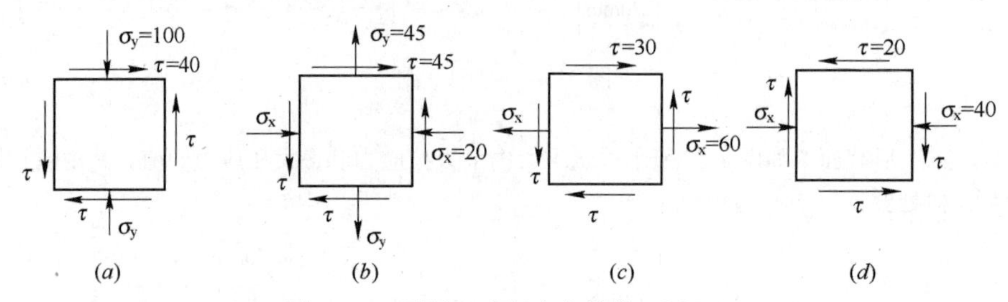

图 4-63　习题 14 图(应力单位：MPa)

15. 试用积分法求如图 4-64 所示外伸梁的 θ_B 和 f_A，已知 EI 为常数。

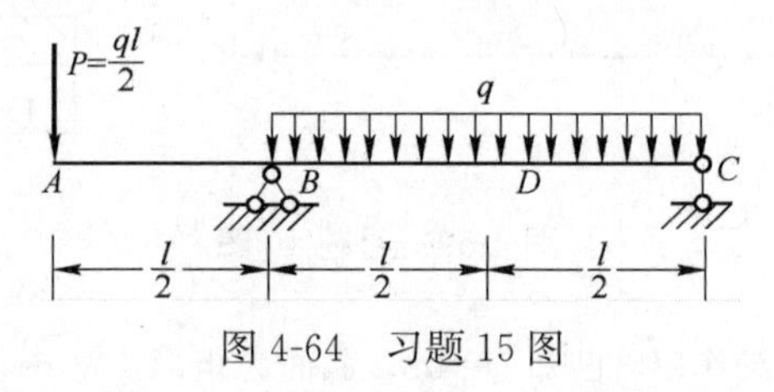

图 4-64　习题 15 图

16. 试用叠加法求如图 4-65 所示外伸梁的 θ_B 和 f_A，已知 EI 为常数。

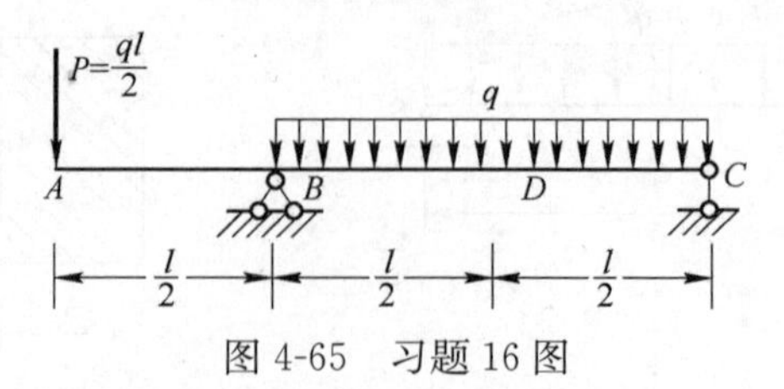

图 4-65　习题 16 图

17. 如图 4-66 所示，一简支梁用 20b 工字钢制成，已知 $F=10\text{kN}$，$q=4\text{kN/m}$，$l=6\text{m}$，材料的弹性模量 $E=200\text{GPa}$，$\left[\dfrac{f}{l}\right]=\dfrac{1}{400}$，试校核梁的刚度。

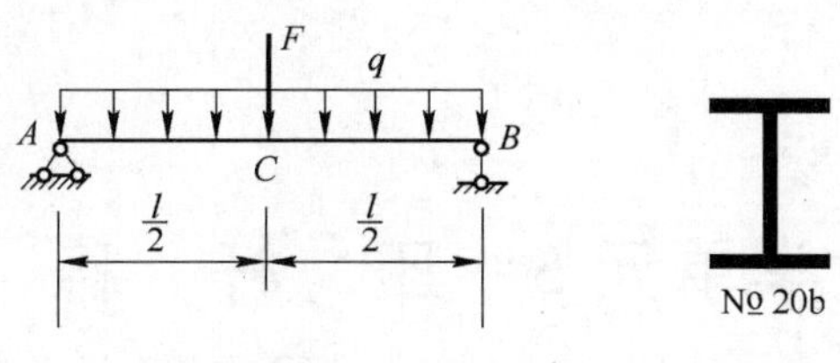

图 4-66 习题 17 图

18. 图 4-67 所示工字钢简支梁，已知 $q=4\text{kN/m}$，$m=4\text{kN}$，$l=6\text{m}$，$E=200\text{GPa}$，$[\sigma]=160\text{MPa}$，$\left[\dfrac{f}{l}\right]=\dfrac{1}{400}$。试按强度条件选择工字钢型号，并校核梁的刚度。

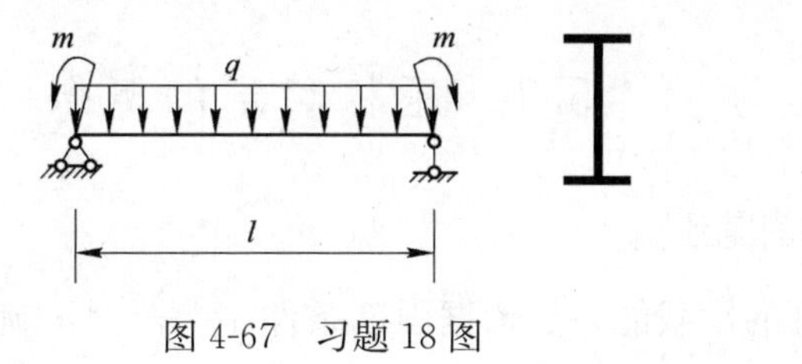

图 4-67 习题 18 图

教学单元5 压 杆 稳 定

【教学目标】 通过压杆稳定计算理论的学习，学生能运用欧拉公式对细长杆的稳定性进行计算，并可根据不同截面类型及相关数据计算压杆的临界力和临界应力，对受压构件进行稳定性校核。

5.1 压杆稳定的概念

5.1.1 问题的提出

轴向受压杆的承载能力是依据强度条件$\sigma=\frac{N}{A}\leqslant[\sigma]$确定的，但在实际工程中发现，这只适用于短粗的压杆，而对于较细长的压杆，仅从强度方面考虑不能保证其安全可靠。特别是细长压杆的破坏，是与强度破坏完全不同的另一种破坏，必须给予足够的重视。例如：现取两根圆截面直杆，直径都是10mm，材料为Q235，其屈服点$\sigma_s=240$MPa，一根长度为20mm，另一根长度为1000mm。短杆在轴向压力下，当压力达到$\pi\times5^2\times240=18840$N时，材料发生屈服。长杆在轴向压力作用下，压力只有1000N时就发生侧向弯曲，直杆就会产生显著的侧向弯曲而丧失承载能力。这说明压杆由短变长会由于侧弯变形而偏离直立状态的平衡位置，因而引起压杆承载能力的急剧下降，直杆在轴向压力下发生弯曲的现象叫侧向弯曲。显然，细长压杆的破坏并不是由于强度不够而造成的。

经过大量研究发现，压杆的这类破坏，就其性质而言与强度问题完全不同。将细长杆在轴向压力作用下达到临界压力时，压杆由直线状态的平衡转为侧向弯曲而不稳定的现象，称为丧失稳定性，简称失稳。压杆发生失稳破坏时所承受的荷载一般远远小于其强度破坏时的荷载。

在工程史上，曾发生过不少类似长杆的突然弯曲导致整个结构破坏的事故。其中最著名的是1907年北美魁北克圣劳伦斯河上的大铁桥，因桁架中一根受压弦杆突然弯曲，引起大桥的坍塌。

因此，对细长压杆必须进行稳定性验算。

5.1.2 压杆平衡的稳定性

为了研究细长压杆的失稳过程，可作如下实验。如图5-1(a)所示，取一根细长杆，在杆端施加轴向压力F，并使杆在某一横向力的干扰下发生弯曲，然后又将此干扰力撤去。这样，压杆将随着轴向压力F的大小不同而可以看到两种不同的现象：当轴向压力小于某一极限值F_{cr}时，撤去干扰力后，杆件会恢复它原来的直线形状，如图5-1(b)所示。对于这种情况，我们认为压杆在它原来直线形状的平衡是稳定的。当轴向压力等于或大于上述的一定极限值F_{cr}时，撤去干扰力后，压杆并不恢复它原来的直线状态而是处于微弯状态，如图 5-1(*c*)所示，这时压杆的直线状态平衡状态便是一种不稳定平衡状态，即压杆丧失了平衡状态的稳定性。

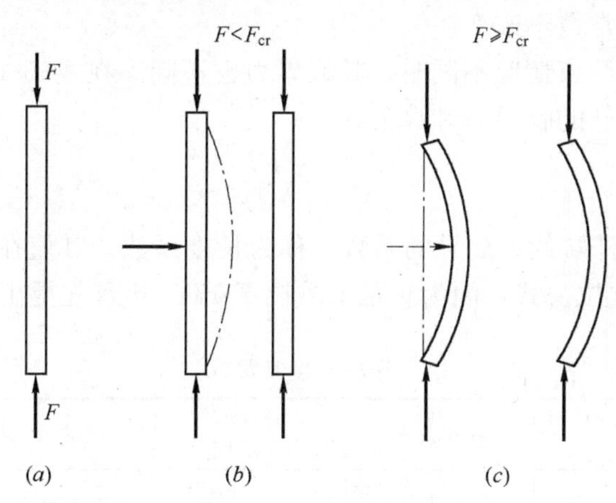

图 5-1 细长压杆的稳定性

压杆直线形状平衡状态的稳定性与压杆上所受到的压力大小有关。在 $F<F_{cr}$ 时是稳定的；$F>F_{cr}$时不稳定。即压杆能否在直线状态下维持稳定是有条件的，它决定于纵向压力是否达到 F_{cr}。这个极限值使压杆有临界状态的性质，所以称它为压杆的“临界力”或“临界荷载”。

工程实际中的压杆，是由于种种原因不可能达到理想的中心受压状态，制作的误差、材料的不均匀、周围物体振动的影响及所加轴向荷载的偏心等，都相当于一种横向“干扰力”。所以，当压杆上的荷载达到临界力 F_{cr}时，就会使直线平衡状态变成不稳定，在这些不可避免的干扰力的作用下，将会发生“丧失稳定”的破坏。所以对于工程上的受压杆件应使其轴向荷载低于临界力，也就是必须考虑压杆的稳定性。

5.2 压杆的临界力与临界应力

压杆的临界力大小可以由实验测试或理论推导得到。临界力的大小与压杆的长度、截面形状及尺寸、材料以及两端的支承情况有关。

5.2.1 细长压杆临界力的欧拉公式

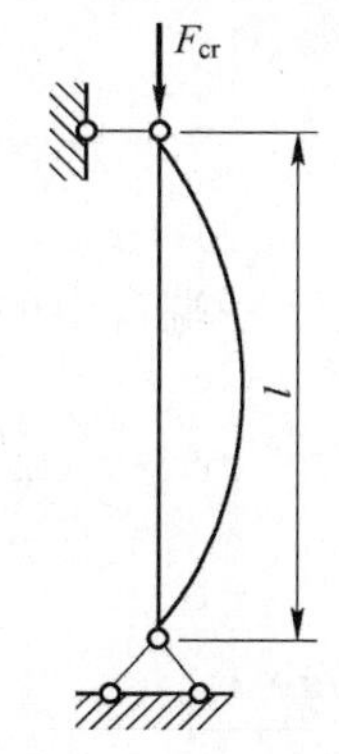

图 5-2 压杆的临界力

图 5-2 所示为两端铰支的受压杆件，由实验分别测试不同长度、不同截面、不同材料的压杆在杆内应力不超过材料的比例极限时发生丧失稳定的临界力值 F_{cr}，可得到如下关系：

$$F_{cr}=\frac{\pi^2 EI}{l^2} \tag{5-1}$$

式中 π ——圆周率；

E ——材料的弹性模量；

l ——杆件长度；

I ——杆件横截面对形心轴的惯性矩。

当杆端在各方向的支承情况相同时，压杆总是在抗弯刚度最小的纵向平面内失稳，所以式(5-1)中的惯性矩应取截面的最小形心主惯性矩 I_{min}。对于两端铰支的压杆，这个比例常数不改变。

当压杆两端的约束情况不同时，其临界力也不同。在式(5-1)给出杆端约束不同的几种等截面压杆的临界力计算公式

$$F_{cr}=\frac{\pi^2 EI}{(\mu \cdot l)^2} \tag{5-2}$$

式中　μ ——是随杆端约束而异的系数，称为长度系数，其值在表 5-1 中给出。

式(5-2)也称欧拉公式，因为它是由欧拉于 1744 年首先提出。

压杆长度系数(μ)　　　　**表 5-1**

杆端支承	一端自由 一端固定	两端铰支	一端铰支 一端固定	两端固定	一端固定 一端滑动
挠曲线图	F_{cr}, l	F_{cr}, l	F_{cr}, l	F_{cr}, l	l
长度系数(μ)	2	1	0.7	0.5	1

【例 5-1】 一端固定一端自由的受压柱，长 $l=1\text{m}$，材料弹性模量 $E=200\text{GPa}$。试计算其临界力，如图 5-3(a)、(b)所示。

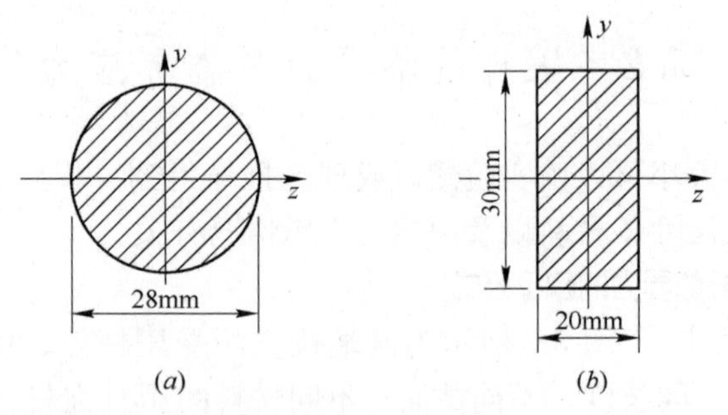

图 5-3　例 5-1 图

【解】 (1) 计算直径 $d=28\text{mm}$ 的圆截面柱的临界力，一端固定、一端自由的压杆长度系数 $\mu=2$，截面惯性矩

$$I=\frac{\pi \cdot d^4}{64}=\frac{\pi\times 28^4}{64}=3.02\times 10^4\text{mm}^4$$

临界力　$$F_{cr}=\frac{\pi^2 EI}{(\mu l)^2}=\frac{\pi^2\times 200\times 10^3\times 3.02\times 10^4}{(2\times 10^3)^2}=14890\text{N}=14.89\text{kN}$$

(2) 计算 $b\times h=20\text{mm}\times 30\text{mm}$ 矩形截面柱的临界力

长度系数 $\mu=2$，截面惯性矩

$$I_{\min}=\frac{hb^3}{12}=\frac{30\times20^3}{12}=2\times10^4\mathrm{mm}^4$$

临界力 $$F_{cr}=\frac{\pi^2 EI}{(\mu l)^2}=\frac{\pi^2\times200\times10^3\times2\times10^4}{(2\times10^3)^2}=9860\mathrm{N}=9.86\mathrm{kN}$$

5.2.2 细长压杆的临界应力及欧拉公式的适用范围

1. 临界应力和柔度

在临界力作用下，压杆截面上的平均正应力称为压杆的临界应力，用 σ_{cr} 表示。如以 A 表示压杆的横截面面积，则由欧拉公式所得到的临界应力为

$$\sigma_{cr}=\frac{F_{cr}}{A}=\frac{\pi^2 EI}{(\mu l)^2\cdot A}$$

令：$i^2=\dfrac{I}{A}$，所以

$$\sigma_{cr}=\frac{\pi^2 E}{(\mu l)^2}i^2=\frac{\pi^2 E}{\left(\dfrac{\mu l}{i}\right)^2}$$

令：
$$\lambda=\frac{\mu l}{i} \tag{5-3}$$

则压杆临界应力的欧拉公式为

$$\sigma_{cr}=\frac{\pi^2 E}{\lambda^2} \tag{5-4}$$

λ 称为压杆的柔度或细长比。是一个无量纲的量，它综合反映了压杆的长度、支承情况、截面形状与尺寸等因素对临界应力的影响。λ 越大，表示压杆细而长，临界应力就小，压杆容易失稳；λ 越小，压杆粗短，临界应力就大，临界力也大，压杆不易失稳。所以，柔度 λ 是压杆稳定计算中一个重要的几何参数。

2. 欧拉公式的适用范围

根据欧拉公式在杆内应力不超过材料的比例极限 σ_p 得出，只适用于应力小于比例极限的情况，用式(5-4)表达，则为

$$\sigma_{cr}=\frac{\pi^2 E}{\lambda^2}\leqslant\sigma_p$$

若用柔度来表示，则欧拉公式的适用范围为

$$\lambda\geqslant\sqrt{\frac{\pi^2 E}{\sigma_p}}=\lambda_p \tag{5-5}$$

式中 λ_p——σ_{cr} 与比例极限 σ_p 相等时的柔度值，是适用欧拉公式的最小柔度值。

柔度 $\lambda\geqslant\lambda_p$ 的杆称为细长杆，欧拉公式只适用于细长杆。

λ_p 的数值完全取决于材料的力学性能，如用 Q235 钢制成的压杆，其柔度 $\lambda\geqslant100$时，才能应用欧拉公式来计算其临界应力。

工程实际中，经常遇到柔度小于 λ_p 的压杆。这类压杆的临界应力超过比例极限，欧拉公式已不再适用。目前多采用建立在实验基础上的经验公式，即

$$\sigma_{cr}=a-b\lambda \tag{5-6}$$

式中　a 和 b——与材料有关的常数，单位都是 MPa，其值列于表 5-2。

经验公式的系数 a、b 及柔度 λ_p、λ_s　　表 5-2

材　料	a(MPa)	b(MPa)	λ_p	λ_s
Q235	304	1.12	100	61.6
45 号钢	578	3.744	100	60
铸　铁	332.2	1.454	80	0
木　材	28.7	0.19	110	40

经验公式也有一个适用范围，即对于塑性材料制成的压杆，要求其临界应力不能达到材料的屈服点 σ_s，即要求

$$\sigma_{cr}=a-b\lambda<\sigma_s \quad 或 \quad \lambda>\frac{a-\sigma_s}{b}=\lambda_s$$

式中：对柔度在 λ_s 和 λ_p 之间(即 $\lambda_s<\lambda<\lambda_p$)的压杆，称为中柔度杆或中长杆；经验公式(5-6)只适用于中长杆。

柔度在 $\lambda\leqslant\lambda_s$ 的杆称为小柔度杆或短粗杆。实践证明，这类压杆的应力达到屈服点时方才破坏，且无失稳现象。这说明短粗杆的破坏是由于强度不足造成的，应以屈服点作为其极限应力。对于脆性材料，如铸铁制成的压杆，则应取强度极限 σ_b 作为临界应力。

根据上述大、中、小柔度杆的临界应力分析结果，若柔度 λ 为横坐标，临界应力 σ_{cr} 为纵坐标，可绘出临界应力随柔度变化的曲线，即临界应力总图，如图 5-4 所示。

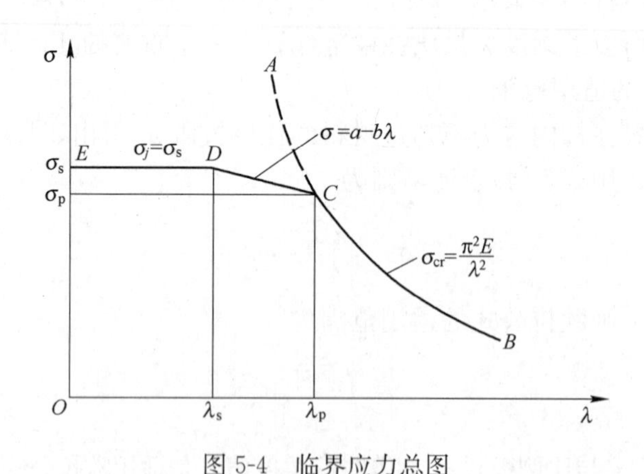

图 5-4　临界应力总图

由图 5-4 可知，λ_p 为大柔度杆与中柔度杆的分界点。对于大柔度杆($\lambda>\lambda_p$)，失稳是主要破坏形式。λ_s 为区分两种破坏性质(强度和失稳)不同的中柔度和小柔度杆的分界点，对于中柔度杆($\lambda_s<\lambda<\lambda_p$)，主要破坏是超过比例极限后的塑性失稳。而对于小柔度杆($\lambda\leqslant\lambda_s$)来说，主要矛盾是强度问题。

5.3 压杆的稳定计算

5.3.1 压杆的稳定条件

要使压杆不丧失稳定，应使作用在杆上的压力 F 不超过压杆的临界力 F_{cr}，压杆的稳定条件为

$$F\leqslant\frac{F_{cr}}{n_{st}} \tag{5-7}$$

式中 F——实际作用在压杆上的压力；

F_{cr}——压杆的临界力；

n_{st}——安全系数，是随 λ 而变化的。λ 越大，杆越细长，所取安全系数 n_{st} 也越大。

稳定条件式(5-7)两边除以压杆横截面面积 A，则可改写为

$$\sigma=\frac{F}{A}\leqslant\frac{F_{cr}}{An_{st}}=\frac{\sigma_{cr}}{n_{st}}$$

或

$$\sigma=\frac{F}{A}\leqslant[\sigma_{st}] \tag{5-8}$$

式中 $\sigma=\frac{F}{A}$ 是杆内实际工作应力；$[\sigma_{st}]=\frac{\sigma_{cr}}{n_{st}}$ 可看做是压杆的稳定允许应力。由于临界应力 σ_{cr} 和安全系数 n_{st} 都是随压杆的柔度 λ 而变化的，所以 $[\sigma_{st}]$ 也是随 λ 而变化的一个量。这与强度计算时材料的允许应力 $[\sigma]$ 不同。

为了计算的方便，将临界应力的允许值，写成如下形式

$$[\sigma_{st}]=\frac{\sigma_{cr}}{n_{st}}=\varphi[\sigma] \tag{5-9}$$

因为 $[\sigma_{st}]$ 必小于 $[\sigma]$，所以式(5-9)中的 φ 称为稳定系数，其值小于 1。代入式(5-8)可得到稳定性计算的另一种表达形式，即

$$\frac{F}{\varphi A}\leqslant[\sigma] \tag{5-10}$$

由式(5-9)可知，当许可应力 $[\sigma]$ 一定时，稳定系数 φ 决定于临界应力 σ_{cr} 和安全系数 n_{st}。σ_{cr} 随压杆的长细比 λ 而改变，不同长细比的压杆一般也规定不同的安全系数。因此，稳定系数 φ 是长细比 λ 的函数，当材料一定时，φ 值决定于 λ 的值。表 5-3 列出了几种材料的稳定系数。

稳定系数(φ) **表 5-3**

λ	φ 值				
	Q235	16Mn	铸 铁	木 材	砌 体
0	1.000	1.000	1.00	1.000	1.00
20	0.981	0.973	0.91	0.932	0.96

续表

λ	φ值				
	Q235	16Mn	铸 铁	木 材	砌 体
40	0.927	0.895	0.69	0.822	0.83
60	0.842	0.776	0.44	0.658	0.70
70	0.789	0.705	0.34	0.575	0.63
80	0.731	0.627	0.26	0.470	0.57
90	0.669	0.546	0.20	0.370	0.51
100	0.604	0.462	0.16	0.300	0.46
110	0.536	0.384		0.248	
120	0.466	0.325		0.208	
130	0.401	0.279		0.178	
140	0.349	0.242		0.153	
150	0.306	0.213		0.133	
160	0.272	0.188		0.117	
170	0.243	0.168		0.104	
180	0.218	0.151		0.093	
190	0.197	0.136		0.083	
200	0.180	0.124		0.075	

5.3.2 稳定计算

应用式(5-10)的稳定条件，可对压杆进行稳定方面的三种计算。

1. 稳定性校核

当压杆的几何尺寸、所用材料、支承条件及杆中的轴向压力均为已知时，校核压杆是否满足稳定条件。

2. 确定允许荷载

当压杆的几何尺寸、所用材料及支承条件已知时，确定压杆在满足稳定条件时所能承受的最大压力，$F \leqslant A\varphi[\sigma]$。

3. 截面设计

当压杆的长度、所用材料、支承条件及荷载已知时，根据稳定条件选择压杆的截面尺寸；截面选择常采用“试算法”。

【例 5-2】 一钢管支柱，长 $l=2.2\text{m}$，两端铰支。外径 $D=102\text{mm}$，内径 $d=86\text{mm}$，材料为 Q235 钢，允许压应力 $[\sigma]=160\text{MPa}$。已知承受轴向压力 $P=300\text{kN}$，试校核此柱的稳定性。

【解】 支柱两端铰支，故 $\mu=1$，钢管截面惯性矩

$$I=\frac{\pi}{64}(D^4-d^4)=\frac{\pi}{64}(102^4-86^4)=262.8\times10^4\text{mm}^4$$

截面面积 $A=\frac{\pi}{4}(D^2-d^2)=\frac{\pi}{4}(102^2-86^2)=23.6\times10^2\text{mm}^2$

惯性半径 $i=\sqrt{\frac{I}{A}}=\sqrt{\frac{262.8\times10^{4}}{23.6\times10^{2}}}=33.4\text{mm}$

柔度 $\lambda=\frac{\mu l}{i}=\frac{1\times2200}{33.4}=66$

由表 5-3 查出：

当 $\lambda=60$ 时 $\varphi=0.842$

$\lambda=70$ 时 $\varphi=0.789$

用直线插入法确定 $\lambda=66$ 时的 φ 值，

$$\varphi=0.842-\frac{66-60}{70-60}\times(0.842-0.789)=0.842-0.032=0.81$$

校核稳定性

$$\sigma=\frac{P}{A}=\frac{300\times10^{3}}{23.6\times10^{2}}=127.1\text{MPa}$$

$$\varphi[\sigma]=0.81\times160=128\text{MPa}$$

$\sigma<\varphi[\sigma]$，支柱满足稳定条件。

【例 5-3】 如图 5-5(a)所示支架，BD 杆为正方形截面的木杆，其长度 $l=2\text{m}$，截面边长 $a=0.1\text{m}$，木材的允许应力 $[\sigma]=10\text{MPa}$。试从满足 BD 杆的稳定条件考虑，计算该支架能承受的最大荷载 F_{max}。

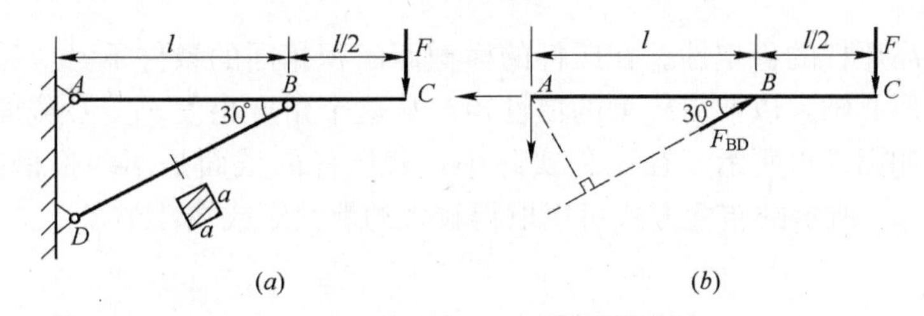

图 5-5 例 5-3 图

【解】 (1) 计算 BD 杆的长细比。

$$l_{BD}=\frac{l}{\cos30^{\circ}}=\left(\frac{2}{\frac{\sqrt{3}}{2}}\right)=2.31\text{m}$$

则 $$\lambda_{BD}=\frac{\mu l_{BD}}{\sqrt{\frac{I}{A}}}=\frac{\mu l_{BD}}{a\sqrt{\frac{1}{12}}}=\frac{1\times2.31}{0.1\times\sqrt{\frac{1}{12}}}=80$$

(2) 求 BD 杆能承受的最大压力，根据长细比 λ_{BD} 查表 5-3 得 $\varphi_{BD}=0.470$，则 BD 杆能承受的最大压力为

$$F_{BDmax}=A\varphi[\sigma]=(0.1^{2}\times0.470\times10\times10^{6})=47.1\times10^{3}\text{N}=47.1\text{kN}$$

(3) 根据外力 F 与 BD 杆所承受压力之间的关系，求该支架能承受的最大荷载 F_{max}

考虑 AC 杆的平衡如图 5-5(b)所示，可得

$\Sigma M_A=0$，即 $$F_{BD}\times\frac{l}{2}-F\times\frac{3}{2}l=0$$

从而可得

$$F=\frac{1}{3}F_{BD}$$

因此，该支架能承受的最大荷载 F_{max} 为

$$F_{max}=\frac{1}{3}F_{BDmax}=\left(\frac{1}{3}\times 47.1\right)=15.7\text{kN}$$

5.3.3 提高压杆稳定的措施

提高压杆稳定性，关键在于提高压杆的临界力或临界应力。可以从下列四个方面考虑。

1. 柔度方面

根据欧拉公式可知，对于一定材料制成的压杆，其临界应力与柔度 λ 的平方成反比，柔度越小，稳定性越好，为了减小柔度，可采取如下一些措施。

(1) 选择合理的截面形状

柔度 λ 与惯性半径 i 成反比，因此，要提高压杆的稳定性，应尽量增大 i 值。由于 $i=\sqrt{\frac{I}{A}}$，增大截面的惯性矩，可以增大截面的惯性半径，降低压杆的柔度，从而可以提高压杆的稳定性。在压杆的横截面面积相同的条件下，应尽可能使材料远离截面形心轴，以取得较大的惯性矩。从这个角度出发，空心截面要比实心截面合理，如图 5-6 所示。在工程实际中，若压杆的截面是用两根槽钢组成的，则采用如图 5-7 所示的布置方式可以取得较大的惯性矩或惯性半径。

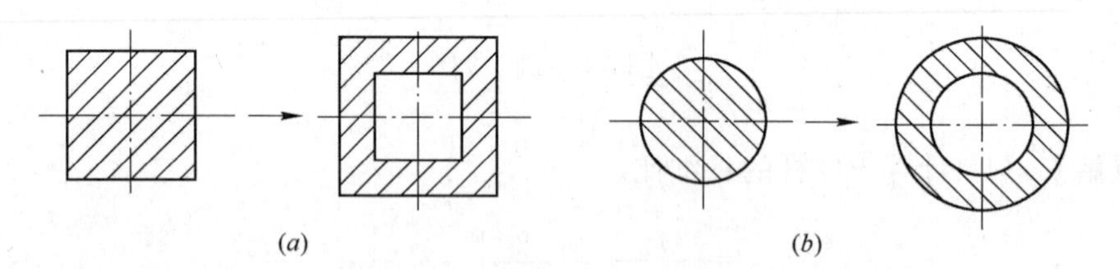

图 5-6　增大稳定性的措施

另外，由于压杆总是在柔度较大(临界力较小)的纵向平面内首先失稳，所以应注意尽可能使压杆在各个纵向平面内的柔度都相等，以充分发挥压杆的稳定承载力。

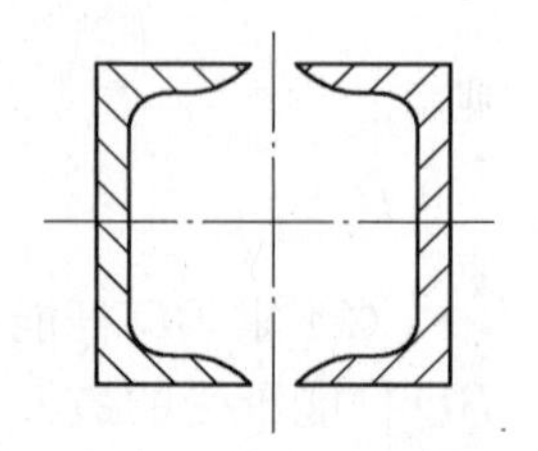

图 5-7　组合截面

(2) 改进支承条件

因压杆两端支承越牢固，长度系数 μ 就越小，则柔度也小，从而临界应力就大，故采用 μ 值小的支承形式可提高压杆的稳定性。

(3) 减小杆的长度

压杆临界力的大小与杆长的平方成反比，缩小杆件长度可以大大提高临界

力，即提高抗失稳的能力。因此压杆应尽量避免细而长，在可能时，可在压杆的中间增加支承，也能起到有效作用。

2. 材料方面

在其他条件相同的情况下，选择高弹性模量的材料，可以提高压杆的稳定性。例如钢杆的临界力大于铜、铁、木杆的临界力。但应注意，对细长杆，临界应力与材料的强度指标无关，各种钢材的 E 值又大致是相同的，所以采用高强度钢材是不能提高压杆的稳定性的，反而造成浪费。对于中长杆，临界应力与材料强度有关，采用高强度钢材，提高了屈服极限 σ_S 和比例极限 σ_p，在一定程度上可以提高临界应力。

思 考 题

1. 压杆失稳发生的弯曲与梁的弯曲有什么区别?

2. 什么叫柔度? 它与哪些因素有关? 它表征压杆的什么特性?

3. 一根压杆的临界力与作用力(荷载)的大小有关吗?

4. 何谓稳定系数 φ? 它随什么因素而变化? 用稳定系数法对压杆进行稳定计算时，是否需分细长杆和中长杆? 为什么?

习 题

1. 一圆截面细长柱，$l=3.5\text{m}$，直径 $d=200\text{mm}$，材料弹性模量 $E=10\text{GPa}$，若(1)两端铰支；(2)一端固定、一端自由。求木柱的临界力和临界应力。

2. 由 22a 工字钢所制压杆，两端铰支。已知压杆长 $l=4\text{m}$，直径 $d=200\text{mm}$，材料弹性模量 $E=200\text{GPa}$，试计算压杆的临界力和临界应力。

3. 图 5-8 所示压杆由等边角钢∟100×10 制成，$E=200\text{GPa}$，试求其临界力。

4. 一矩形截面木柱，柱高 $l=4\text{m}$，两端铰支如图 5-9 所示。已知截面 $b=160\text{mm}$，$h=240\text{mm}$，材料的许可应力 $[\sigma]=10\text{MPa}$，承受轴向压力 $F=135\text{kN}$。试校核该柱的稳定性。

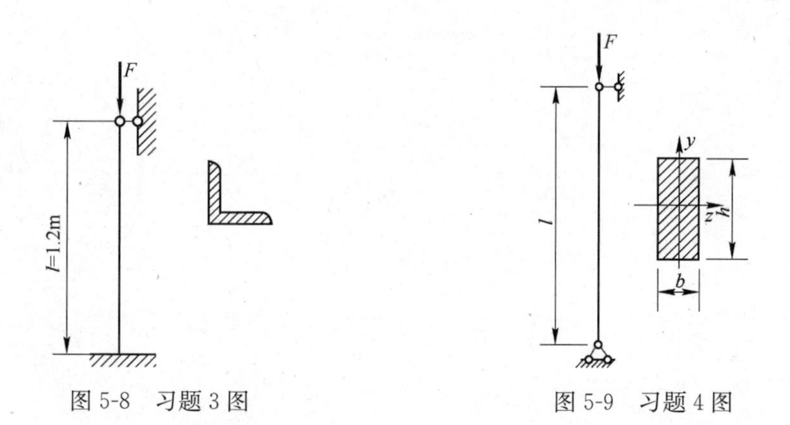

图 5-8 习题 3 图　　图 5-9 习题 4 图

5. 图 5-10 所示托架，斜撑 CD 为圆木杆，两端铰支，横杆 AB 承受均布荷载 $q=50\text{kN/m}$，木材许可应力 $[\sigma]=10\text{MPa}$。试求斜撑杆所需直径。

6. 结构尺寸及受力如图 5-11 所示。梁 ABC 为 22b 工字钢，$[\sigma]=160\text{MPa}$；柱 BD 为圆截面木杆，直径 $d=200\text{mm}$，$[\sigma]=10\text{MPa}$，两端铰支。试作梁的强度校核和柱的稳定性校核。

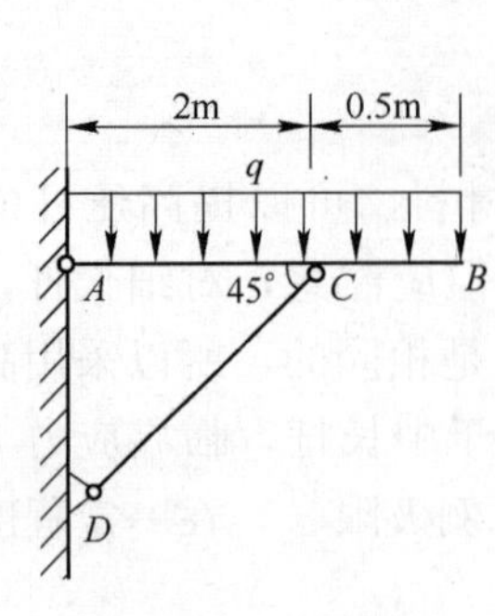

图 5-10　习题 5 图

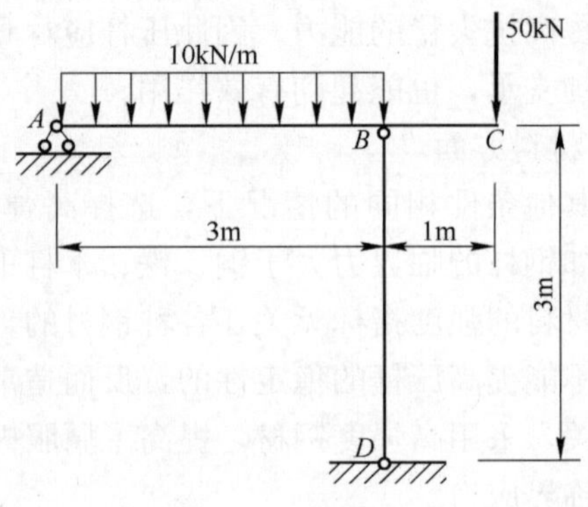

图 5-11　习题 6 图

教学单元6　静定平面杆系结构的内力分析

【教学目标】 通过几何不变体系、静定平面杆系结构的理论学习，学生能运用几何不变体系的三个组成规律对常见杆件体系进行几何组成分析，能掌握多跨静定梁、静定平面刚架、三铰拱、平面桁架内力计算及内力图的绘制。

6.1　结构计算简图

6.1.1　结构计算简图的简化原则

1. 结构计算简图的概念

工程实际中的建筑物或构筑物，其结构及承受的荷载往往是比较复杂的。在结构设计时，如果完全按照结构的实际情况进行力学分析和计算，会使问题非常复杂甚至于无法完成。因此，在进行力学分析和结构计算之前，需将实际结构简化为既能反映其主要受力性能又便于计算的理想模型，即用简单的图形来代替工程实际结构，这种简化的图形称为结构计算简图。

2. 结构计算简图的简化原则

在工程力学计算中，我们是以结构计算简图作为主要研究对象。如果结构的计算简图选取得不合理，在进行结构设计时，就会使结构的设计不合理，出现差错，甚至造成工程事故。所以，选择合理的结构计算简图是一项十分重要的工作，必须引起足够的重视。因此，在选取结构的计算简图时，应当遵循下列两条原则：

(1) 从实际出发，计算简图要反映实际结构的主要受力和变形特点，使计算结果符合实际情况；

(2) 分清主次，忽略对结构受力和变形影响不大的次要因素，使计算尽量简便。

6.1.2　结构计算简图的简化内容

结构计算简图简化的内容包括：体系的简化、节点的简化、支座的简化以及荷载的简化。

1. 结构体系的简化

实际工程结构大多数都是空间杆件结构。首先，根据其实际的受力情况，将空间杆件结构简化为平面杆件结构；其次，杆件用其轴线代替。

2. 节点的简化

结构中各杆件之间的相互连接处称为节点。在计算简图中，通常将节点分为铰节点、刚节点和组合节点三种。

(1) 铰节点

汇交于一点的杆端是用一个完全无摩擦的光滑铰连接。铰节点所连各杆端可以绕铰中心自由转动，即各杆端之间的夹角可以发生改变，如图 6-1(a)、(b)、 (*c*)所示。

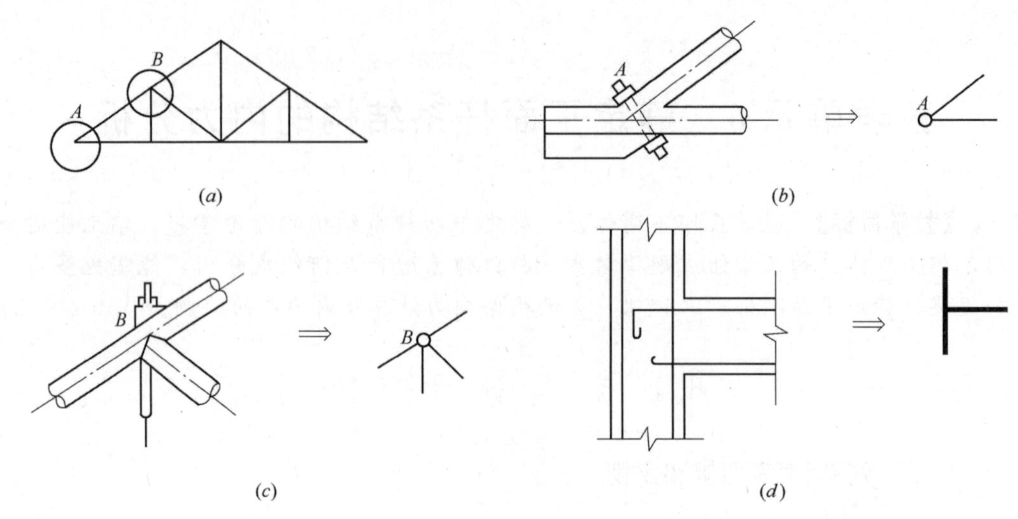

图 6-1　节点的简化

(2) 刚节点

汇交于一点的各杆端是用一个既不能发生相对移动，也不能发生相对转动的刚性节点连接，形成一个整体。各杆端相互之间的夹角不能发生改变，如图 6-1(*d*)所示。

(3) 组合节点(半铰)

当一个节点同时具有两种以上节点的特征时，称为组合铰。即在节点处有些杆件为铰接，同时有些杆件为刚性连接，如图 6-2(*b*)所示。

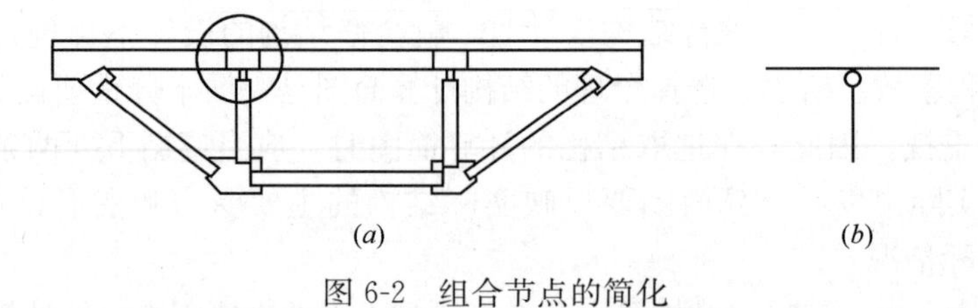

图 6-2　组合节点的简化

3. 支座的简化

将结构与基础或支承部分连接起来的装置称为支座。平面结构的支座根据其支承情况的不同可简化为可动铰支座、固定铰支座、固定端支座和定向支座四种形式。前三种前面已讲过，这里不再重复。最后一种定向支座是允许杆件沿某一指定方向移动但不能发生任何转动，因而它可以产生一个方向的约束反力和一个反力偶，其简图和支座反力分别如图 6-3(*a*)、(*b*)所示。

4. 荷载的简化

作用于结构上的荷载通常简化为集中荷载和分布荷载。

6.1.3　平面杆件结构的分类

1. 按结构的受力特点分类

(1) 梁：构件主要产生弯曲变形，是受弯构件。如图 6-4 所示，梁承受竖向荷载时，截面内力主要有弯矩和剪力。

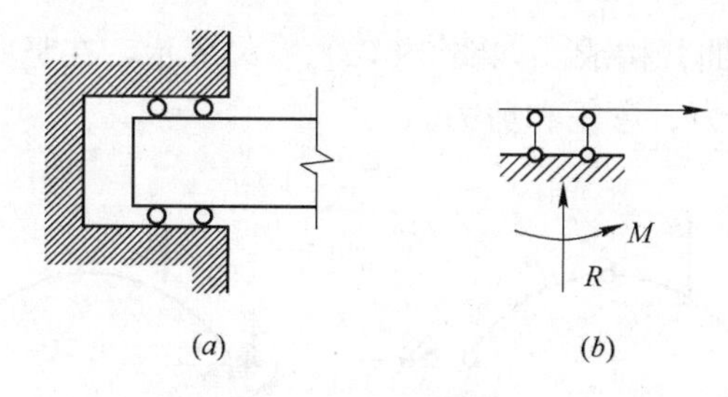

图 6-3　定向支座的简化

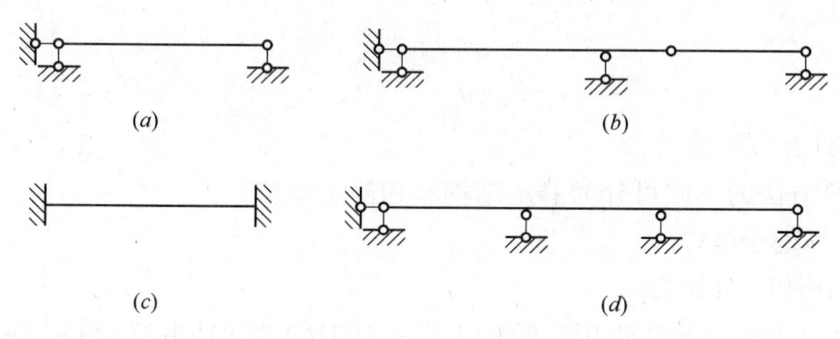

图 6-4　受弯构件

（2）刚架：由若干直杆组成具有刚节点的结构。刚架中的各杆件主要产生弯曲变形，如图 6-5所示。刚架在荷载作用下，截面内力一般有弯矩、剪力和轴力。

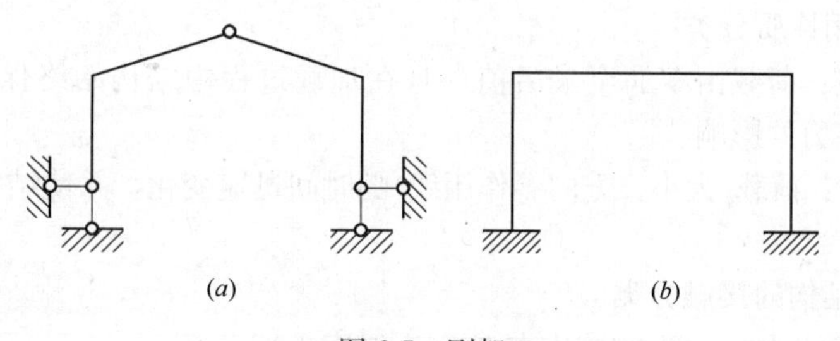

图 6-5　刚架

（3）桁架：由若干直杆在两端用铰节点连接构成。如图 6-6 所示，在节点荷载作用下，桁架中各杆件主要产生轴向变形，是轴向拉、压构件。内力主要是轴力。

（4）组合结构：由梁式构件和轴向拉、压构件构成，如图 6-7 所示。

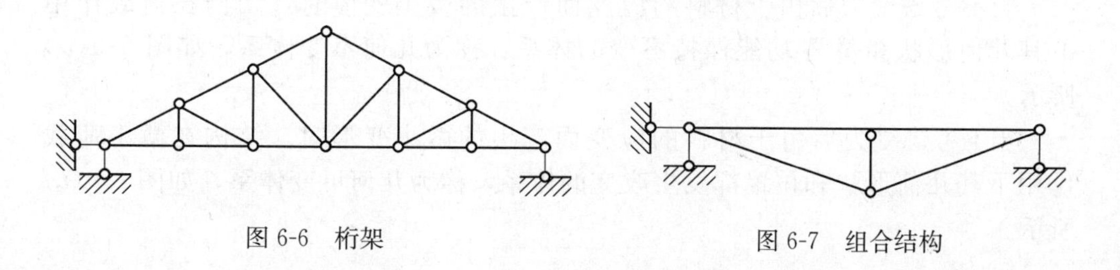

图 6-6　桁架

图 6-7　组合结构

(5) 拱：一般由曲杆构成。如图 6-8(a)、(b)所示，在竖向荷载作用下有水平支座反力，内力有轴力、弯矩和剪力。

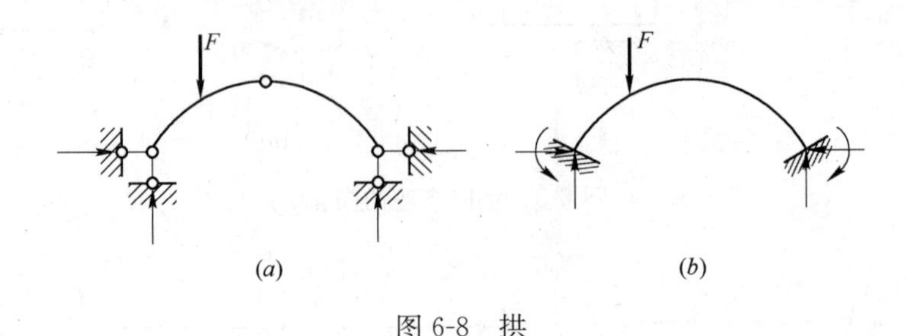

图 6-8 拱

2. 按计算方法分类

按计算方法的不同可分为静定结构和超静定结构。

6.1.4 荷载分类

1. 按作用时间分类

(1) 永久荷载：永久作用在结构上，不随时间变化或其变化量与平均值相比可以忽略不计。如结构自重、设备重量等。

(2) 可变荷载：暂时作用在结构上。随时间变化，且其变化量与平均值相比不可忽略。如人群、风、雪(在结构上可占有任意位置的可动荷载)及车辆、吊车(在结构上平行移动并保持间距不变的移动荷载)。

2. 按作用性质分类

静力荷载：荷载由零加至最后值，且在加载过程中结构始终保持静力平衡，即可忽略惯性力的影响。

动力荷载：荷载(大小、方向、作用线)随时间迅速变化，并使结构发生不容忽视的惯性力。

3. 按与结构的接触分类

直接荷载(作用)，间接作用(如地震、温度等)。

6.2 平面体系的几何组成分析

6.2.1 概述

1. 几何不变体系与几何可变体系

当不考虑受力后由于材料的应变而产生的微小变形时，结构在荷载作用下其几何形状和位置均能保持不变的体系，称为几何不变体系，如图 6-9(a)所示。

当不考虑受力后由于材料的应变而产生的微小变形时，结构在微小荷载作用下其几何形状和位置都发生改变的体系，称为几何可变体系，如图 6-9(b)所示。

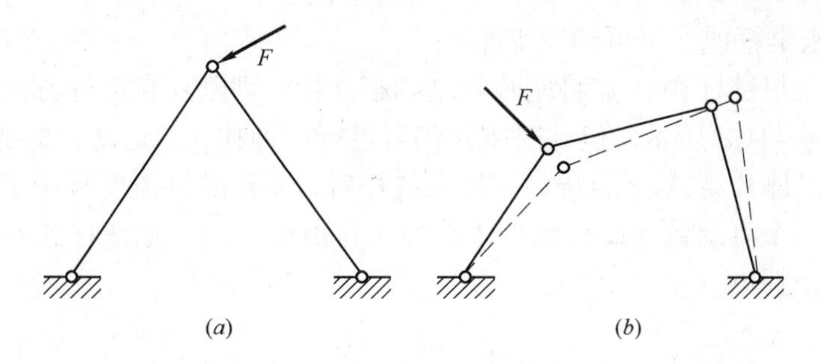

图 6-9　几何不变体与几何可变体

市政工程结构必须是几何不变体系。

2. 几何组成分析的目的

(1) 判别某一体系是否几何不变，从而决定它能否作为结构使用。

(2) 研究几何不变体系的基本组成规则，以保证所设计的结构是几何不变且能承受荷载、维持平衡。

(3) 判断体系是静定结构还是超静定结构，从而选择相应的计算方法。

3. 刚片的概念

对体系进行几何组成分析时，由于不考虑材料本身的应变。因此，可将每一根杆件视为刚体，在平面体系中又将刚体称为刚片。凡是在体系中已被确定为几何不变的部分都可称为刚片。支承体系的基础也看成是一个大刚片。在平面杆件体系中，一根梁、柱等都可以视为刚片，并且由这些构件组成的几何不变体系也可视为刚片。

6.2.2　自由度与约束的概念

1. 自由度

一个体系的自由度，是指该体系在运动时，确定其位置所需的独立坐标数目。在平面坐标系内，一个点有 2 个自由度，一个刚片有 3 个自由度，如图 6-10 (a)、(b)所示。

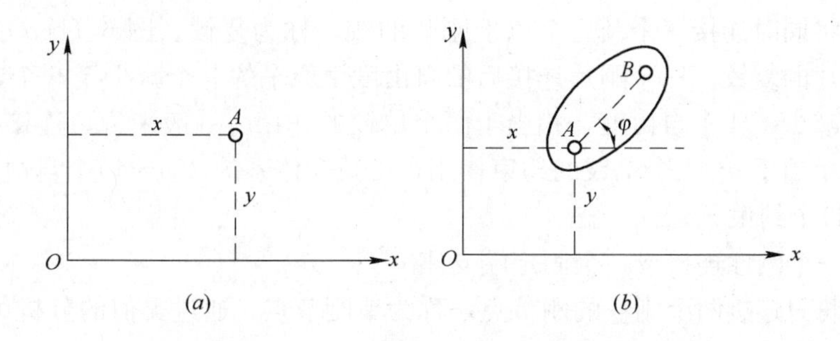

图 6-10　点、刚片在平面内的自由度

2. 约束

能减少体系自由度数的装置称为约束。我们把能减少体系一个自由度的装置称为一个约束，能减少体系 n 个自由度的装置称为 n 个约束。

(1) 一根链杆或一个可动铰支座

如果用一根链杆在 A 点将刚片与基础相连接，则刚片在链杆方向的运动将被限制，如图 6-11(a)所示。但此时刚片仍可进行两种独立的运动，即链杆 AC 绕 C 点的转动以及刚片绕 A 点的转动。加入链杆后，刚片的自由度减少了一个。可见一根链杆或一个可动铰支座可减少体系的一自由度，故一根链杆或一个可动铰支座相当于一个约束。

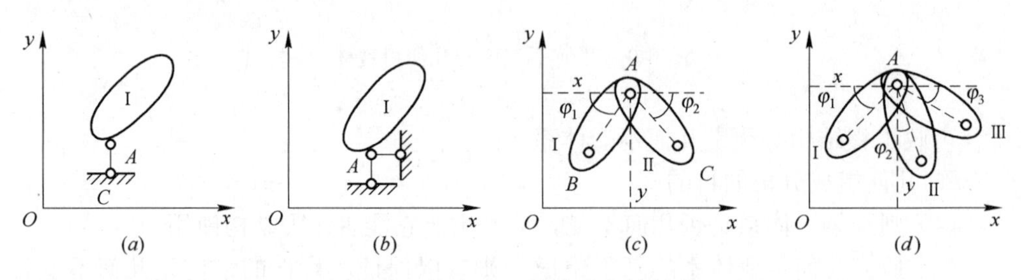

图 6-11　铰支座、单铰及复铰约束

(2) 一个单铰或一个固定铰支座

如图 6-11(b)所示，用一个固定铰支座在 A 点将刚片与基础相连接，则刚片只能绕 A 点转动，其自由度减少至一个。可见一个固定铰支座可减少体系的两个自由度，相当于两个约束。

我们将只连接两个刚片的铰，称为单铰。如图 6-11(c)所示，用一个单铰在 A 点将刚片Ⅰ与刚片Ⅱ相连接，设刚片Ⅰ的位置可以由 A 点的坐标 x、y 和倾角 φ_1 确定，由于 A 点是两刚片的共同点，则刚片Ⅱ的位置只需用倾角 φ_2 就可以确定。因此，两刚片原有的 6 个自由度就减少至 4 个。由此可见，一个单铰也可减少体系的两个自由度，相当于两个约束。

所以，一个单铰或一个固定铰支座都可减少体系的两个自由度，相当于两个约束。

(3) 复铰

我们将同时连接三个及三个以上刚片的铰，称为复铰。图 6-11(d)所示为连接三个刚片的复铰。三个刚片连接后的自由度由原来的 9 个减少至 5 个，即 A 点处的复铰减少了 4 个自由度，相当于两个单铰的作用。一般来说，连接 n 个刚片的复铰，相当于 $n-1$ 个单铰的约束作用，可减少体系的 $2(n-1)$ 个自由度，相当于 $2(n-1)$ 个约束。

(4) 一个刚性连接或一个固定端支座

我们将只连接两个刚片的刚节点，称为单刚节点。通过类似的分析可以知道，一个单刚节点可减少体系的三个自由度，相当于三个约束，如图 6-12(a)所示。一个固定端支座也可减少体系的三个自由度，相当于三个约束，如图6-12(b) 所示。

6.2.3　多余约束

如果在一个体系中增加一个约束，而体系的自由度并不因此而减少，则此约束称为多余约束。如图 6-13 所示，连续梁中的三根竖向链杆可以看做是多余约束。

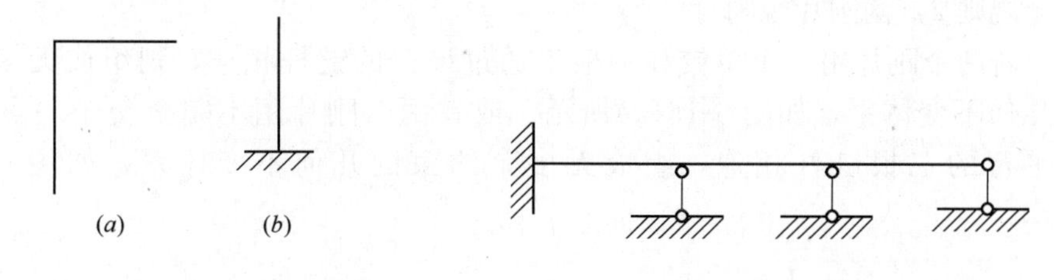

图6-12　刚性连接和固定端支座　　　　图6-13　多余约束

6.2.4　**实铰与虚铰的概念**

实铰：是由两根直接交于一点的链杆构成，如图6-14(*a*)。

虚铰：是由不直接相交于一点的两根链杆构成。组成虚铰的两根链杆，其轴线可以互相平行、交叉，或延长线后交于一点。当两个刚片是由延长后汇交于一点的虚铰相连时，两个刚片绕该交点(瞬时中心，简称瞬心)作相对转动。从微小运动角度考虑，虚铰的作用与瞬时中心存在实铰的作用完全相同，如图6-14(*b*)所示。

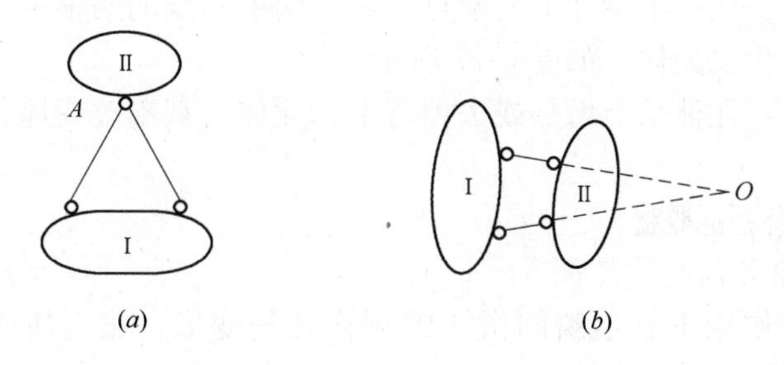

图6-14　实铰与虚铰

6.2.5　**几何不变体系的简单组成规则**

铰接三角形规则(简称三角形规则)：平面内一个铰接三角形是无多余约束的几何不变体系。

规则1：三刚片规则

若三个刚片用不全在一条直线上的三个单铰(可以是虚铰)两两相连，则组成无多余约束的几何不变体系，如图6-15(*a*)、(*b*)所示。

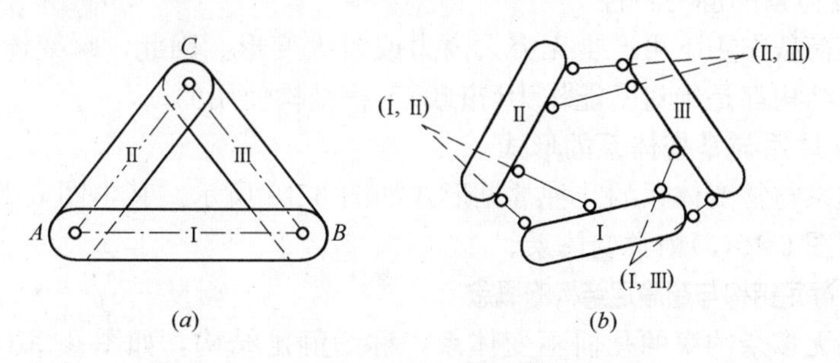

图6-15　三刚片规则

规则 2：两刚片规则

若两个刚片用一个单铰和一根不通过该铰的链杆相连，则组成无多余约束的几何不变体系，如图 6-16(*a*)所示。或者两个刚片用不完全交于一点也不完全平行的三根链杆相连，组成无多余约束的几何不变体系，如图 6-16(*b*)所示。

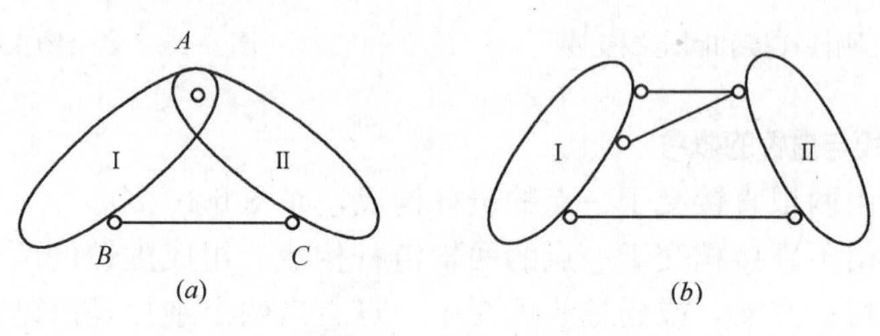

图 6-16　两刚片规则

规则 3：二元体规则

二元体定义：从一个刚片上的两点出发，用不共线的两根链杆去连接一个新节点的构造，称为二元体，如图 6-17 所示。

二元体特性：在体系上增加或去掉若干二元体，都不改变原体系的几何组成性质。

6.2.6　瞬变体系的概念

1. 瞬变体系几何组成特征

在微小荷载作用下发生瞬间微小的刚体几何变形，然后便成为几何不变体系，如图 6-18 所示。

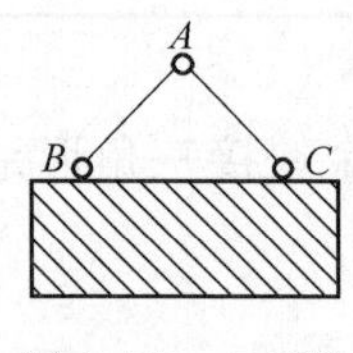

图 6-17　二元体

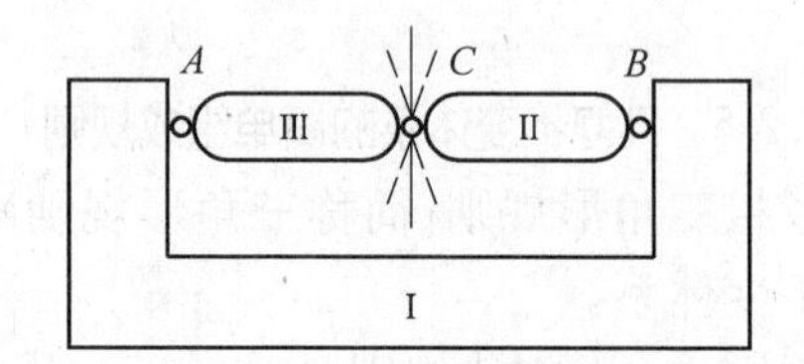

图 6-18　瞬变体系的特征

2. 瞬变体系的静力特性

在微小荷载作用下可产生无穷大内力或过大变形。因此，瞬变体系或接近瞬变的体系的结构都是绝对不能作为(市政)工程结构使用的。

3. 瞬变体系与常变体系的形式

瞬变体系与常变体系的几种常见形式如图 6-19 所示。其中图 6-19(*a*)、(*b*)为瞬变体系，图 6-19(*c*)为常变体系。

6.2.7　静定结构与超静定结构的概念

我们将无多余约束的几何不变体系，称为静定结构，如图 6-20(*a*)所示。而有多余约束的几何不变体系，称为超静定结构，如图 6-20(*b*)所示。将超静定结构中多余约束的数目，称为超静定次数。

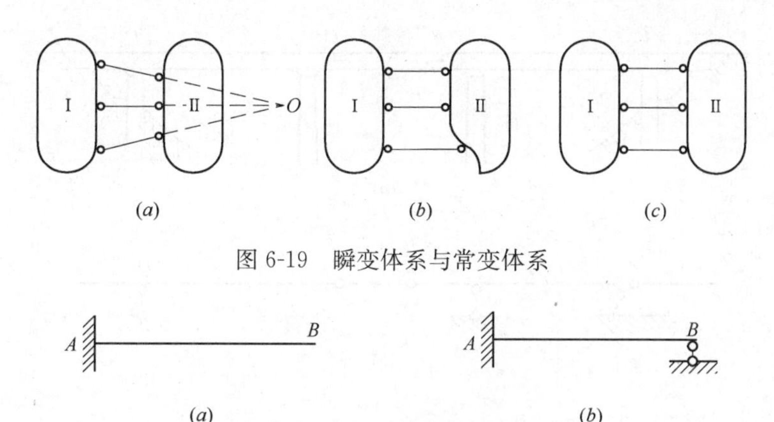

图 6-19　瞬变体系与常变体系

图 6-20　静定结构和超静定结构

我们可以采用拆除约束法来确定超静定的次数。即：去掉体系的某些约束，使其成为无多余约束的几何不变体系，则去掉的约束数目，即是体系的多余约束数目。去掉多余约束的方法如下：

(1) 切断一根链杆或去掉一个支座链杆，相当于去掉一个约束；

(2) 去掉一个单铰或去掉一个固定铰支座，相当于去掉两个约束；

(3) 切断一根刚性连接(梁式杆)或去掉一个固定端支座，相当于去掉三个约束；

(4) 在刚性连接(梁式杆)上加一个单铰，相当于去掉一个约束。

6.3　静定多跨梁的内力分析

6.3.1　多跨静定梁的组成及传力特征

将若干根短梁彼此用铰相连接，并用若干支座再与基础连接而组成的无多余约束的几何不变体系，称为多跨静定梁。图 6-21(*a*)所示为一静定公路桥梁结构图，图 6-21(*b*)是其计算简图，由图 6-21(*c*)可清楚地看到梁各部分之间的依存关系和力的传递层次。因此，称它为多跨静定梁的层次图。

由图 6-21(*c*)可见，连续梁的 *AB* 部分与基础按两刚片规则组成无多余约束的几何不变体系，可独立承受荷载，称为基本部分；同样，连续梁的 *CD* 部分与基础按两刚片规则也组成无多余约束的几何不变体系，可独立承受荷载，也是基本部分；而短梁 *BC* 是支承在基本部分上，需依靠其本部分才能维持其几何不变性，故称为附属部分。

图 6-22(*a*)所示是另外一种形式的多跨静定梁的计算简图，图 6-22(*b*)是其层次图。除左边第一跨为基本部分外，其余二跨为其左边部分的附属部分。由于这种多跨静定梁的层次图像阶梯，可称为阶梯形多跨静定梁。

由多跨静定梁基本部分与附属部分力的传递关系可知，基本部分上的荷载作用不传递给附属部分，即附属部分不产生内力；而附属部分的荷载作用则一定传递给基本部分，即基本部分一定要产生内力。因此，多跨静定梁的组成顺序和计算顺序(传力顺序)分别是：

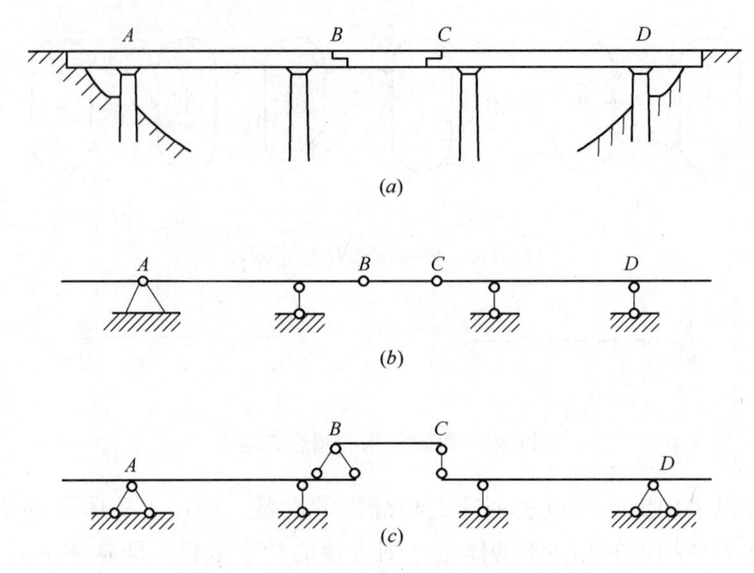

图 6-21　多跨静定梁计算简图及层次图

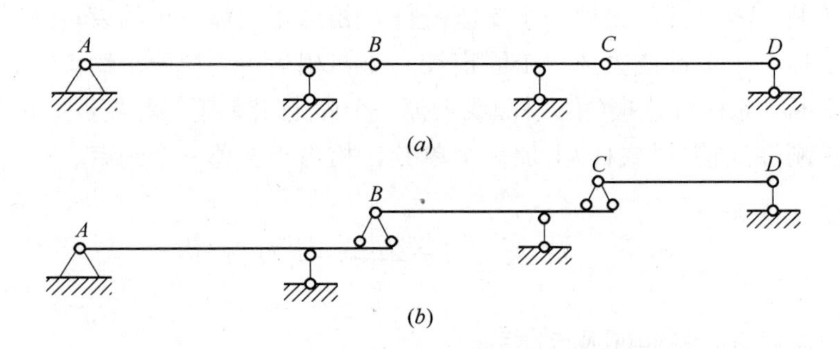

图 6-22　阶梯形多跨静定梁计算简图及层次图

(1) 组成顺序：先基本部分，后附属部分；

(2) 计算顺序：先附属部分，后基本部分。

6.3.2　内力计算及内力图

1. 多跨静定梁的内力计算

多跨静定梁的内力可以由静力平衡条件求出，也可由简便法求出，即：

剪力 V 等于截面一侧所有外力在垂直于杆轴方向投影的代数和；

弯矩 M 等于截面一侧所有外力对截面形心力矩的代数和。

2. 多跨静定梁的内力图

弯矩图将弯矩画在杆件受拉一侧，不需注明正、负号；剪力图将正剪力画在轴线上方，负剪力画在轴线下方，必须注明正、负号。

按从左至右分别依次连续作出各单跨梁的弯矩图和剪力图，即得到原多跨静定梁的内力图。

【例 6-1】 计算图 6-23(a)所示多跨静定梁的内力，并画出内力图。

【解】 (1) 画层次图如图 6-23(b)所示。

(2) 计算各单跨梁的约束反力。

按层叠图依次画出各单跨梁的受力图，注意杆 BC 在杆端只有竖向约束反力，并按从右至左的顺序分别计算，结果如图 6-23(c)所示。

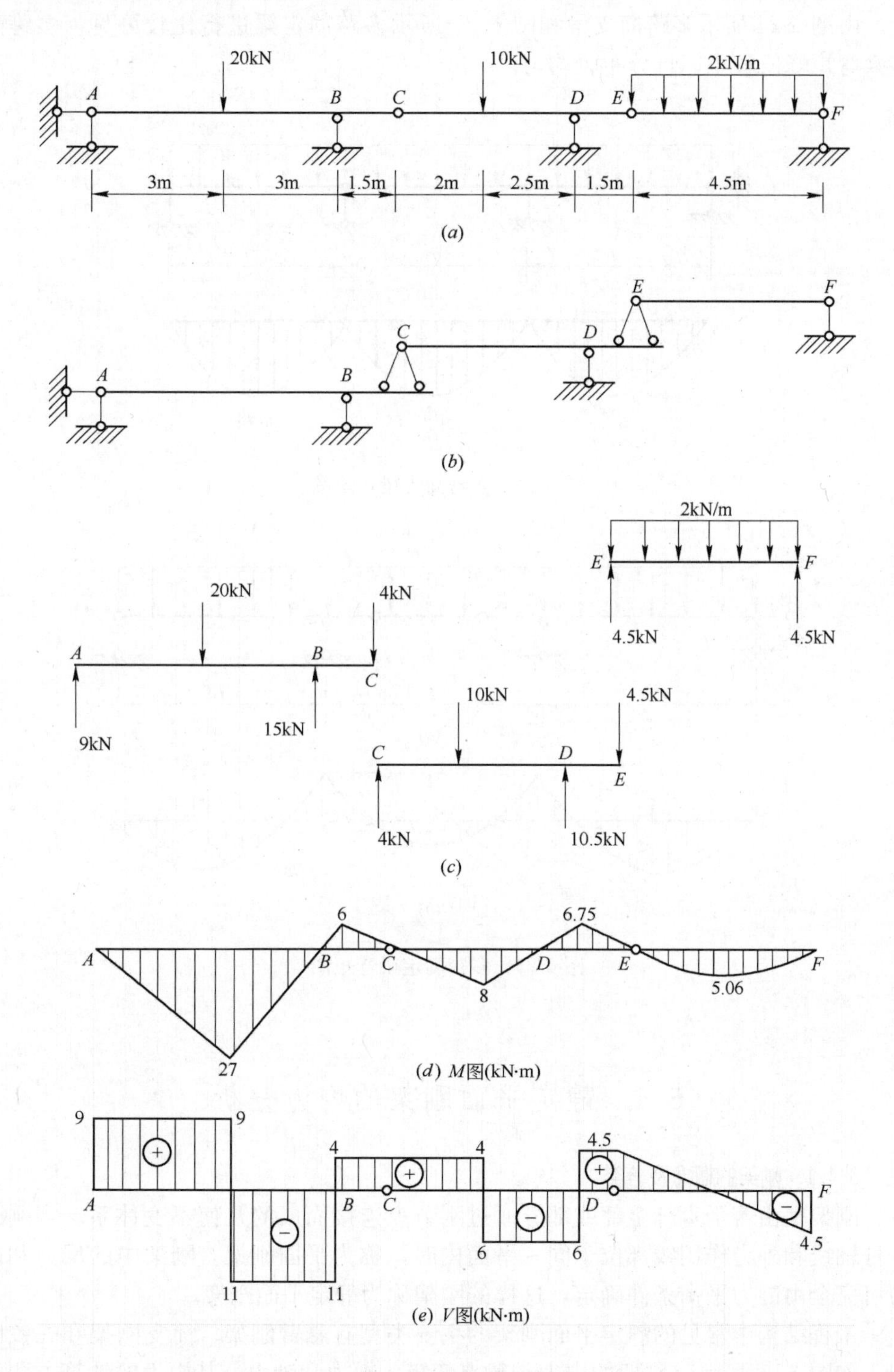

图 6-23　例 6-1 图

(3) 作多跨静定梁内力图。

按从左至右分别依次连续作出各单跨梁的弯矩图和剪力图，即得到原多跨静定梁的内力图，如图 6-23(d)、(e)所示。

由图 6-24 所示多跨简支梁和图 6-25 所示多跨静定梁进行比较可见，多跨静定梁弯矩峰值较小，且分布较均匀。

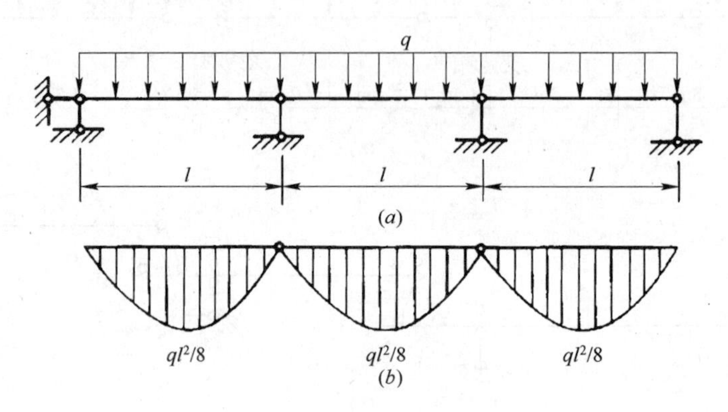

图 6-24　多跨简支梁弯矩图

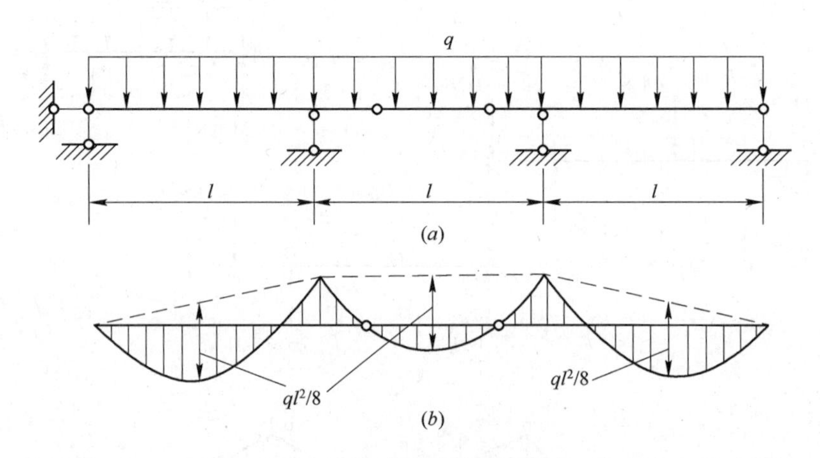

图 6-25　多跨静定梁弯矩图

6.4　静定平面刚架的内力分析

6.4.1　刚架的概念及分类

刚架是由若干直杆全部或部分通过刚节点连接而成的几何不变体系。当刚架各杆轴线和外力作用线都位于同一平面内时，称为平面刚架。刚架中的反力和内力可完全由静力平衡条件确定，这样的刚架称为静定平面刚架。

工程结构中常见的静定平面刚架的主要类型有悬臂刚架、简支刚架和三铰刚架，如图 6-26 所示。刚架的内力一般有弯矩、剪力和轴力。其内力的计算方法与梁相同。内力图的画法与梁基本相同。所不同的是：刚架的弯矩图必须画在杆件轴线的受拉一侧，可不注明正、负号；剪力图和轴力图可画在杆件轴线的任意一侧，但必须注明正、负号。刚架的内力一般均用双右下角标表示，第一个角脚表示内力所属截面，第二个角标表示该截面所属杆件的另外一端。

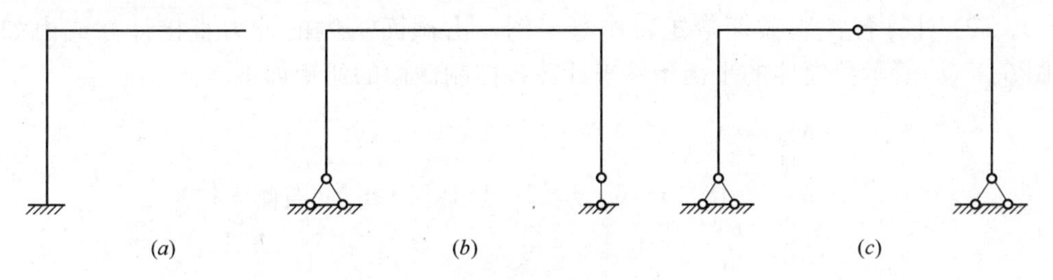

图 6-26　静定平面刚架的类型

6.4.2　内力计算及内力图

【例 6-2】 试作图 6-27(a)所示刚架的内力图。

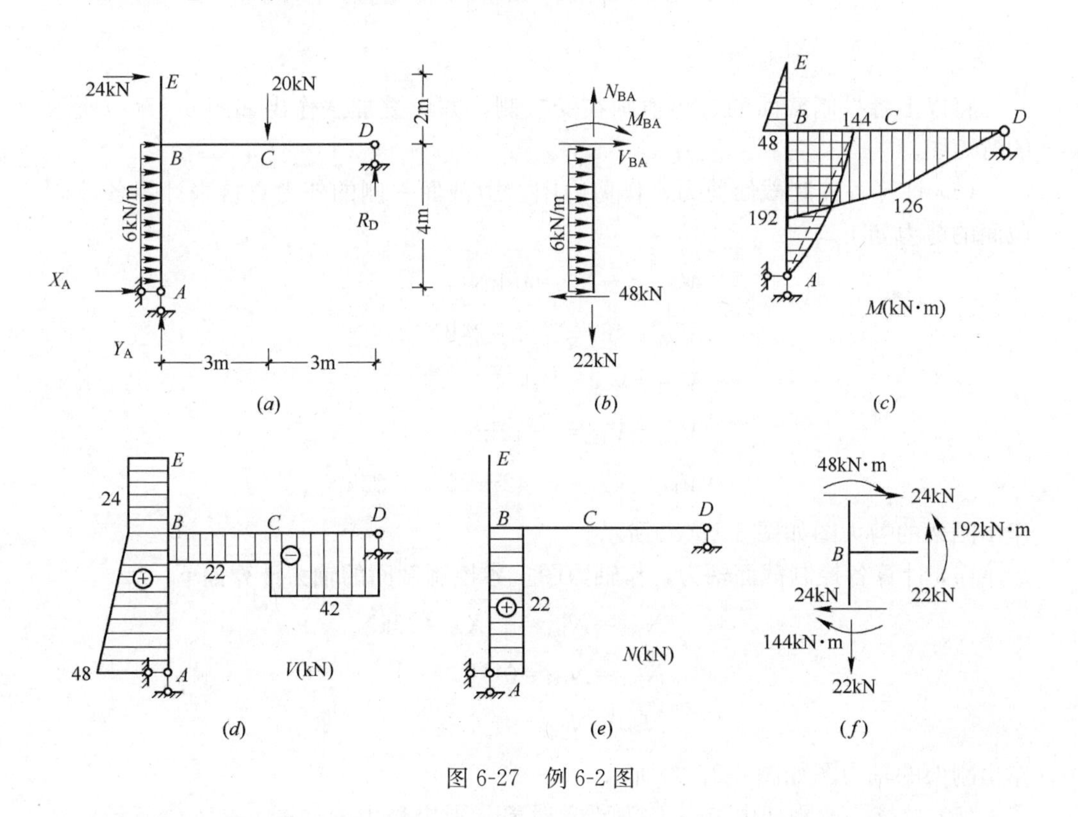

图 6-27　例 6-2 图

【解】 (1) 求支座反力。取整个刚架为研究对象，由平衡条件

$$\Sigma X=0 \quad 24+6\times4+X_A=0$$

$$\Sigma Y=0 \quad Y_A+R_D-20=0$$

$$\Sigma M_A=0 \quad R_D\cdot6-20\times3-24\times6-6\times4\times2=0$$

得 $X_A=-48kN(\leftarrow)$，$Y_A=-22kN(\downarrow)$，$R_D=42kN(\uparrow)$

校核： $\Sigma M_C=42\times3-24\times2+6\times4\times2+(-48)\times4-(-22)\times3=0$

计算结果无误。

(2) 计算各控制截面弯矩，作弯矩图。由截面一侧的外力直接计算或由如图 6-27(*b*)所示分离体的平衡条件来计算各控制截面的弯矩如下

$$M_{AB}=0$$

$$M_{BA}=48\times4-6\times4\times2=144kN\cdot m \quad (右侧受拉)$$

$$M_{EB}=0$$

$$M_{BE}=24\times2=48kN\cdot m \quad (左侧受拉)$$

$$M_{BD}=42\times6-20\times3=192kN\cdot m \quad (下侧受拉)$$

$$M_{CD}=42\times3=126kN\cdot m \quad (下侧受拉)$$

$$M_{DB}=0$$

将以上各控制截面的弯矩值画在受拉侧，并由叠加法作出如图 6-27(*c*)所示的弯矩图。

(3) 计算各控制截面剪力，作剪力图。由截面一侧的外力直接来计算各控制截面的剪力如下

$$V_{AB}=-X_A=48kN$$

$$V_{BA}=48-6\times4=24kN$$

$$V_{BE}=V_{EB}=24kN$$

$$V_{DC}=V_{CD}=-42kN$$

$$V_{BC}=V_{CB}=-42+20=-22kN$$

作出刚架的剪力图如图 6-27(*d*)所示。

(4) 计算各控制截面轴力，作轴力图。各控制截面的轴力计算如下

$$N_{AB}=N_{BA}=-X_A=22kN$$

$$N_{BD}=N_{DB}=0$$

$$N_{EB}=N_{BE}=0$$

作出刚架的轴力图如图 6-27(*e*)所示。

(5) 校核。取刚架中节点 *B* 为研究对象，画出受力图如图 6-27(*f*)所示，经校核均满足静力平衡平衡条件。

【例 6-3】 试作图 6-28(*a*)所示简支刚架的内力图。

【解】 (1) 求支座反力。取整个刚架为研究对象，由平衡条件

$$\Sigma X=0 \quad 40-X_A=0$$

$$\Sigma M_A=0 \quad R_B\cdot6-20\times6\times3-40\times2=0$$

$$\Sigma M_B = 0 \quad -Y_A \cdot 6 + 20 \times 6 \times 3 - 40 \times 2 = 0$$

得　　$X_A = 40\text{kN}(\leftarrow)$，$Y_A = 46.67\ \text{kN}(\uparrow)$，$R_B = 73.33\text{kN}(\uparrow)$

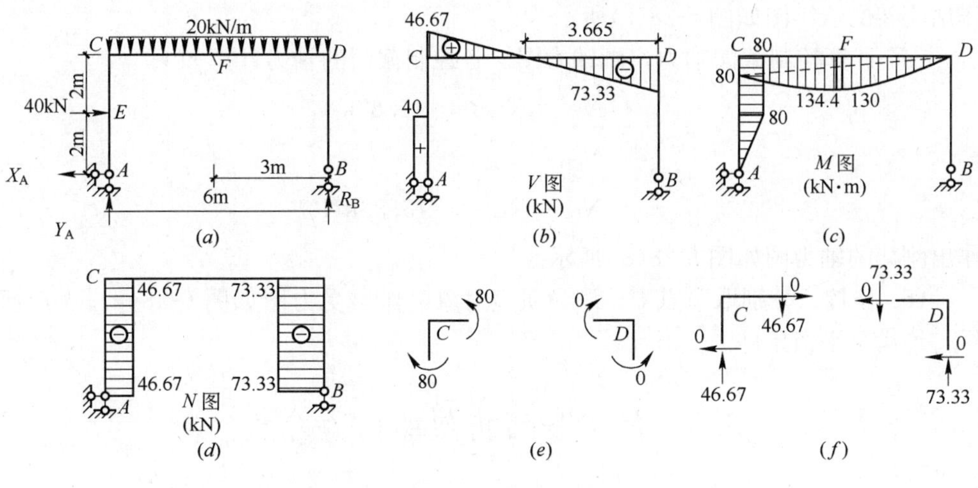

图 6-28　例 6-3 图

(2) 计算控制截面剪力，作剪力图。各控制截面的剪力计算如下

$$V_{AE} = 40\text{kN}$$

$$V_{EC} = 40 - 40 = 0$$

$$V_{CD} = 46.67\text{kN}$$

$$V_{DC} = -73.33\text{kN}$$

$$V_{DB} = V_{BD} = 0$$

作出刚架的剪力图如图 6-28(*b*)所示。

(3) 计算控制截面弯矩，作弯矩图。各控制截面的弯矩计算如下

$$M_{AE} = 0$$

$$M_{EA} = 40 \times 2 = 80\text{kN} \cdot \text{m}$$

$$M_{CE} = 40 \times 4 - 40 \times 2 = 80\text{kN} \cdot \text{m}$$

$$M_{CD} = 40 \times 4 - 40 \times 2 = 80\text{kN} \cdot \text{m}$$

$$M_{DC} = 0$$

$$M_{DB} = M_{BD} = 0$$

求 CD 段弯矩中点 E 的弯矩

$$M_{FD} = \frac{80}{2} + \frac{20 \times 6^2}{8} = 130\text{kN} \cdot \text{m}$$

求 CD 段弯矩的极值，令

$$V(x) = 20x - 73.33 = 0$$

$$x=3.665\text{m}$$

$$M_{max}=733.3\times3.665-\frac{20\times3.665^2}{2}=134.4\text{kN}\cdot\text{m}$$

作出刚架的弯矩图如图 6-28(c)所示。

(4) 计算控制截面轴力，画轴力图。各控制截面的轴力计算如下

$$N_{AC}=N_{CA}=-46.67\text{kN}$$

$$N_{CD}=N_{DC}=0$$

$$N_{DB}=N_{BD}=-73.33\text{kN}$$

作出刚架的轴力图如图 6-28(d)所示。

(5) 校核。分别取节点 C、D 为研究对象，作出受力图如图 6-28(e)、(f)所示，均满足平衡条件。

6.5 静定平面桁架的内力分析

6.5.1 桁架的概念及分类

在工程实际中，工业厂房、体育馆、桥梁、起重机、电视塔等结构中常采用桁架结构。桁架是一种由杆件彼此在两端用铰链连接而成的结构，它在受力后几何形状不变。如果桁架中所有的杆件与荷载都在同一平面内，这种桁架称为平面桁架。桁架中杆件的连接点称为节点。桁架的优点是：杆件主要承受拉力或压力，可以充分发挥材料的作用，减轻结构的重量，节约材料，实现大跨度。

为了简化桁架的计算，工程实际中采用以下几点假设：

(1) 杆件的两端均用光滑圆柱铰链连接；

(2) 桁架中各杆的轴线都是直线，且都位于同一平面内；

(3) 桁架所受的荷载都作用在节点上，且位于桁架的平面内；

(4) 桁架中各杆件的重量忽略不计，或平均分配在杆件两端的节点上。

凡是符合上述几点假设的桁架，称为理想桁架。

工程实际中的桁架，与上述假设有些差别，如桁架的节点不是铰接的，杆件也不可能是绝对的直杆。但在工程实际中，采用上述假设能够简化计算，而且所得的计算结果符合工程实际的要求。根据这些假设，桁架中的各杆都可看成只在两端受到约束反力作用的二力杆，因此，各杆只产生沿着杆的轴线方向的内力，即轴力。

桁架内力正负规定：轴向拉力为正；轴向压力为负。

桁架内力的计算方法有：节点法、截面法和联合法。桁架中各部分的名称如图 6-29 所示。桁架按其几何组成方式可分为简单桁架、联合桁架和复杂桁架。

(1) 简单桁架。在一个铰接三角形的基础上，依次增加二元体所组成的桁架，如图 6-30(a)、(b)所示。

(2) 联合桁架。由几个简单桁架按几何不变体系的组成规则所组成的桁架，如图 6-30(c)所示。

(3) 复杂桁架。凡不按上述两种方式组成的桁架都属于复杂桁架，如图 6-30 (d)所示。

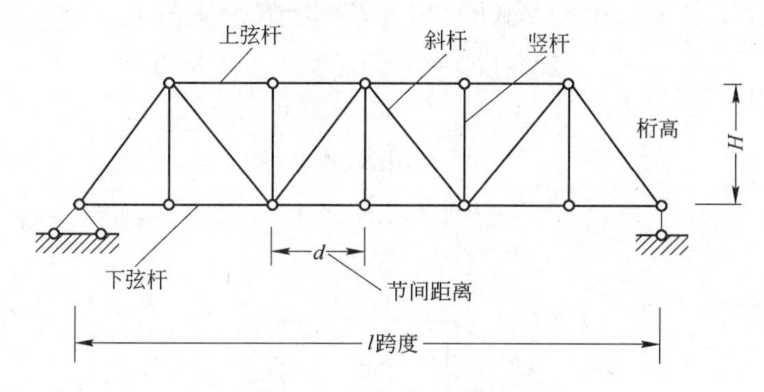

图 6-29　桁架各部分名称

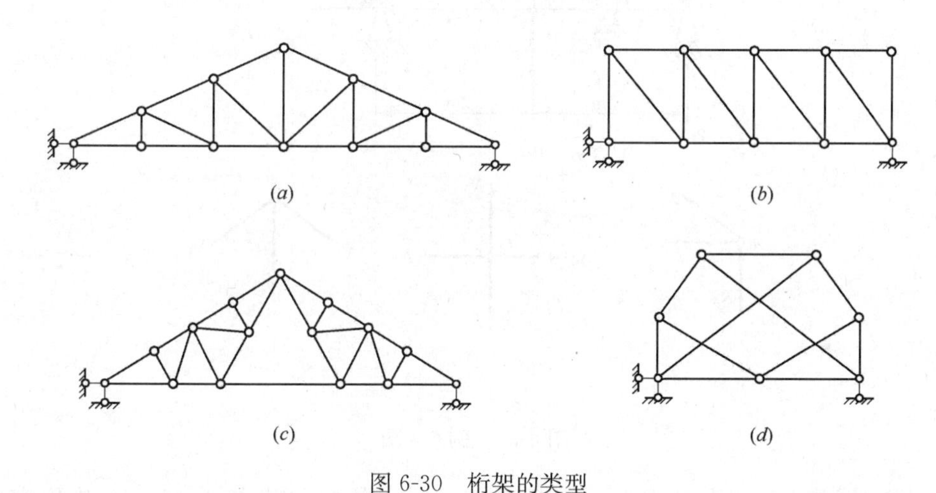

图 6-30　桁架的类型

本节中只研究静定平面桁架的内力计算。

6.5.2　内力计算

1. 节点法

桁架中的每个节点都在外荷载、支座反力和杆件内力的作用下组成平面汇交力系，且处于平衡状态。为了求出各杆的内力，应围绕各节点，假想地将杆件截断，逐个取节点为研究对象，由平面汇交力系的平衡条件求出全部未知杆件的内力，这种方法称为节点法。因此，求桁架内力节点法的实质就是求解平面汇交力系的平衡问题。在计算桁架内力时和受力分析时，可以先假设各杆都受拉力作用。若求出结果为正值，说明杆件就受拉力作用；若求出结果为负值，则说明杆件受压力作用。一般情况下，所取节点未知力的个数不能多于两个。现举例说明用节点法求桁架内力的方法和步骤。

【例 6-4】　简支平面桁架如图 6-31(a)所示。在节点 D 处受一集中荷载 $F=10$kN的作用。试求桁架各杆的内力。

【解】　(1) 求支座反力。取桁架整体为研究对象，其受力如图 6-31(a)所示，

由平衡方程

$$\Sigma X=0 \qquad X_B=0$$

$$\Sigma M_B(F)=0 \quad F\times 2-R_A\times 4=0$$

$$\Sigma M_A(F)=0 \quad Y_B\times 4-F\times 2=0$$

解得

$$Y_B=5\text{kN}(\uparrow)$$

$$R_A=5\text{kN}(\uparrow)$$

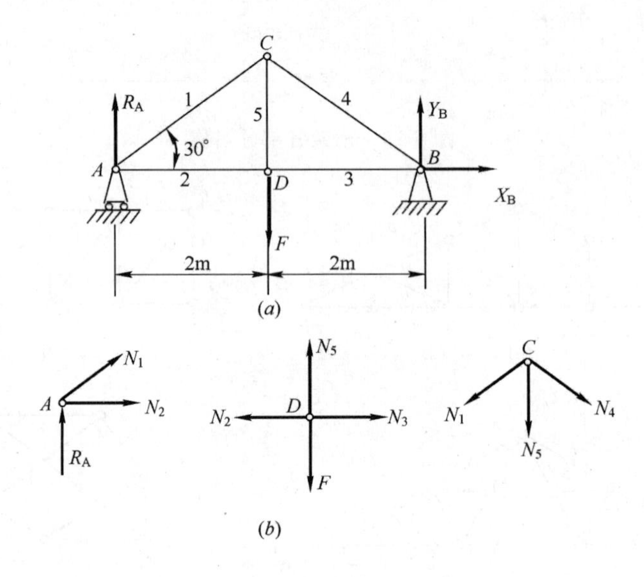

图 6-31　例 6-4 图

(2) 用节点法求各杆内力。由 A 支座开始，依次取节点 A、D、C 为研究对象，各节点的受力如图 6-31(b)所示。

由节点 A 列平衡方程

$$\Sigma X=0 \quad N_2+N_1\cos 30°=0$$

$$\Sigma Y=0 \quad R_A+N_1\sin 30°=0$$

解得

$$N_1=-10\text{kN} \quad (压力)$$

$$N_2=8.66\text{kN} \quad (拉力)$$

由节点 C 列平衡方程

$$\Sigma X=0 \quad N_4\cos 30°-N_1\cos 30°=0$$

$$\Sigma Y=0 \quad -N_5-(N_1+N_4)\sin 30°=0$$

解得

$$N_4 = -10\text{kN} \quad (压力)$$

$$N_5 = 10\text{kN} \quad (拉力)$$

由节点 D 列平衡方程

$$\Sigma X = 0 \quad N_3 - N_2 = 0$$

解得

$$N_3 = 8.66\text{kN} \quad (拉力)$$

计算出的结果中，内力 N_2、N_3 和 N_5 为正值，表示杆受拉力，N_1 和 N_4 为负值，表示假设与实际相反，杆受压力。

零杆与等力杆的判断条件：

（1）若不共线的两杆节点无外力作用，如图 6-32(a)所示，则该两杆内力均为零。

（2）若不共线的两杆节点有外力作用，且外力与其中一杆共线，如图 6-32(b)所示，则另一杆的内力为零。

（3）若三杆节点无外力作用，其中两杆共线，如图 6-32(c)所示，则第三杆内力为零。

（4）若四杆节点无外力作用，其中任意两杆两两共线，如图 6-32(d)所示，则共线的两杆内力相等，符号相同。

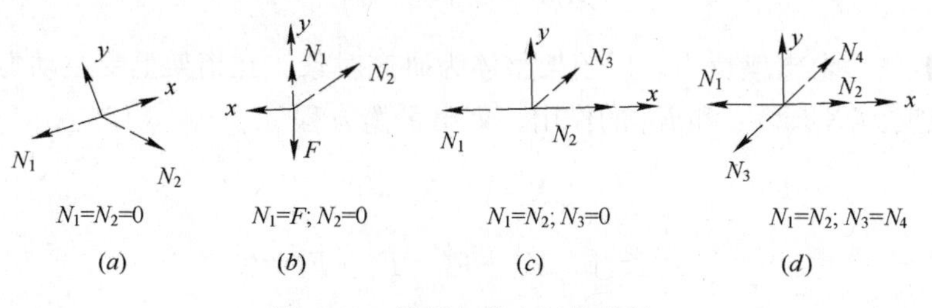

图 6-32 零杆与等力杆的情况

上述结论都可根据适当的投影方程得到，读者可自行证明。

在分析桁架内力时，应用上述结论，可先将零杆判别出来，使计算得到简化。如图 6-33 所示桁架中，利用上述结论就能很容易地判断出，虚线所示各杆均为零杆。

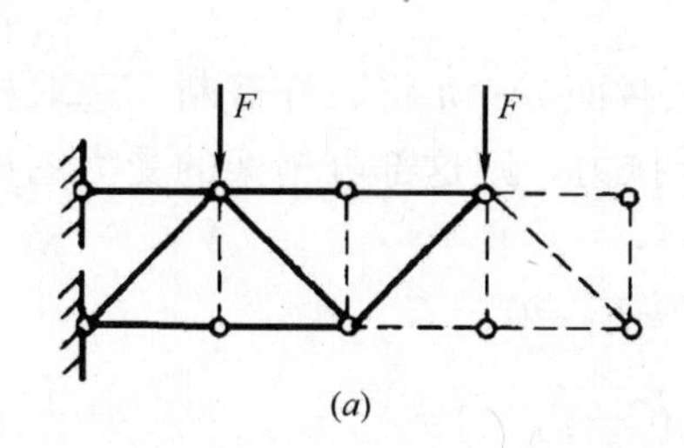

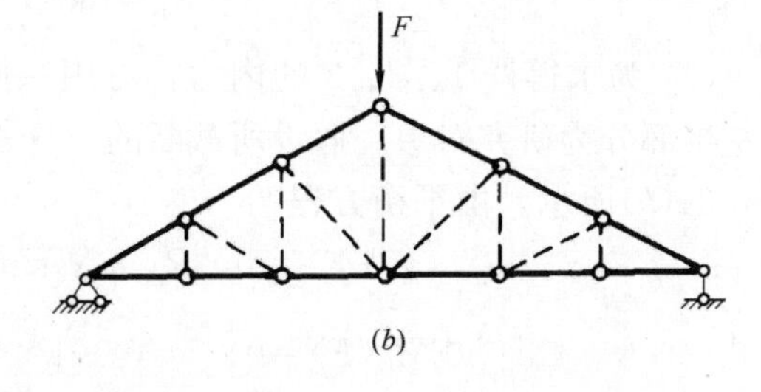

图 6-33 杆判零杆

2. 截面法

如果只要求计算桁架中某几个杆件所受的内力，可以选取适当的截面，假想地把桁架截开分为两部分，取其中任一部分(两个或两个以上的节点)为研究对象，根据平面一般力系的平衡条件，求出被截开未知杆件的内力，这种方法称为截面法。一般情况下未知力的个数不能多于三个。

【例 6-5】 图 6-34(a)所示为静定平面桁架，已知各杆件的长度都等于 1m，在节点 E 上作用荷载 $F_1=10\text{kN}$，在节点 G 上作用荷载 $F_2=7\text{kN}$。试计算杆 1、2、3 的内力。

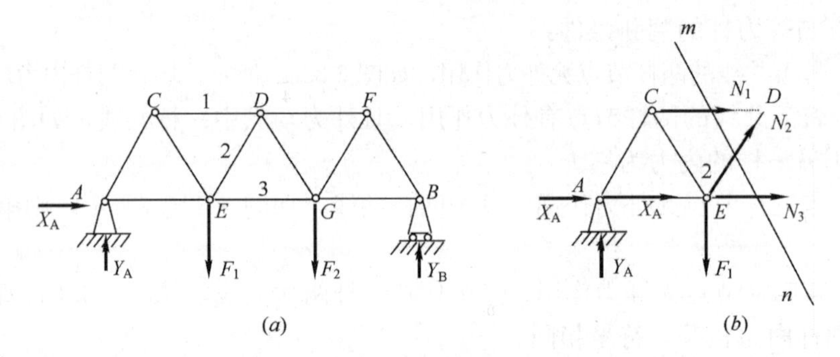

图 6-34　例 6-5 图

【解】 (1)求支座反力。以桁架整体为研究对象。在桁架上受主动力 F_1 和 F_2 以及约束反力 X_A、Y_A 和 R_B 的作用。列出平衡方程

$$\Sigma X=0 \quad X_A=0$$

$$\Sigma Y=0 \quad Y_A+R_B-F_1-F_2=0$$

$$\Sigma M_B(F)=0 \quad F_1\times 2+F_2\times 1-X_A\times 3=0$$

解得

$$X_A=0$$

$$Y_A=9\text{kN}(\uparrow)$$

$$R_B=8\text{kN}(\uparrow)$$

(2) 为求得杆 1、2、3 的内力，可用一假想截面 m—n 将三杆截断。选取桁架左半部分为研究对象。假设所截断的三杆都受拉力，则这部分桁架的受力图如图 6-34(b)所示。由平衡方程

$$\Sigma Y=0 \quad R_A+N_2\sin60°-F_1=0$$

$$\Sigma M_E(F)=0 \quad -N_1\times 1\times\sin60°-Y_A\times 1=0$$

$$\Sigma M_D(F)=0 \quad F_1\times 0.5+N_3\times 1\times\sin60°-Y_A\times 1.5=0$$

解得

$$N_1=-10.4\text{kN}\quad(\text{压力})$$

$$N_2=1.15\text{kN}\quad(\text{拉力})$$

$$N_3=9.81\text{kN}\quad(\text{拉力})$$

如果取桁架的右半部为研究对象，可得同样的结果。

由上例可见，采用截面法时，选择适当的力矩方程，可较快地求得某些指定杆件的内力。

3. 联合法

用联合法求解桁架内力，就是将截面法和节点法的联合应用。对于有些复杂桁架，需要联合使用截面法和节点法才能求出杆件内力。下面举例说明联合法的应用。

【例 6-6】 试求图 6-35(*a*)所示 K 式桁架中 1、2、3、4 杆的内力。

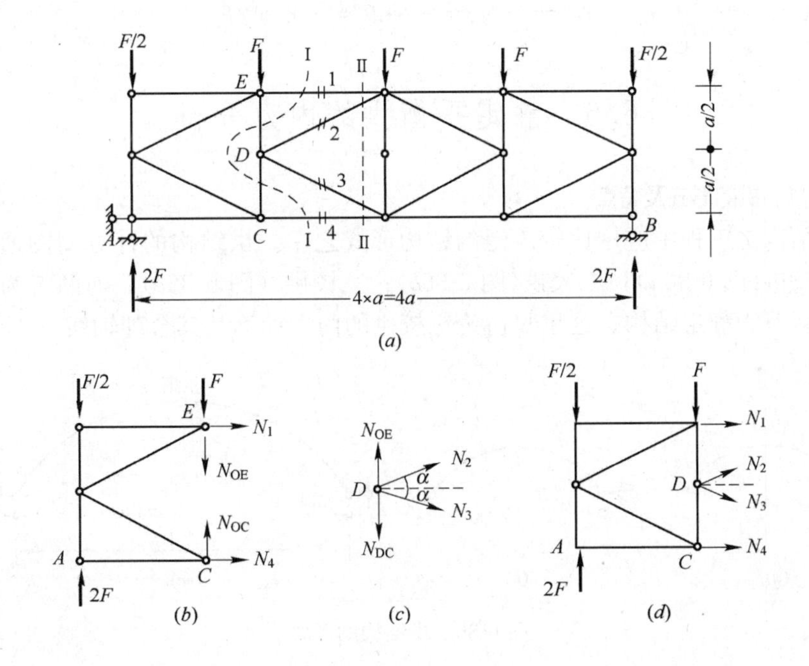

图 6-35　例 6-6 图

【解】 (1) 计算支座反力。以桁架整体为研究对象，由平衡条件求得

$$X_A=0\quad Y_A=2F(\uparrow)\quad R_B=2F(\uparrow)$$

(2) 计算各指定杆的内力。取截面 1—1 左部分桁架为隔离体，其受力如图 6-35(*b*)所示。由平衡方程

$$\Sigma M_C=0\quad -N_1\times a+\frac{F}{2}\times a-2F\times a=0$$

$$\Sigma X=0\quad N_1+N_4=0$$

解得

$$N_1=-1.5F$$

$$N_4=-N_1=1.5F$$

取节点 D 为隔离体，其受力如图 6-35(c)所示。由平衡方程

$$\Sigma X=0 \quad N_2\cos\alpha+N_3\cos\alpha=0$$

解得

$$N_2=-N_3$$

取截面 2—2 左部分桁架为隔离体，其受力如图 6-35(d)所示。由平衡方程

$$\Sigma Y=0 \quad 2F-\frac{F}{2}-F+N_2\sin\alpha-N_3\sin\alpha=0$$

解得

$$N_3=\frac{F}{4\sin\alpha}=\frac{\sqrt{5}}{4}F=0.462F$$

$$N_2=-N_3=-\frac{\sqrt{5}}{4}F=-0.462F$$

6.6 静定平衡拱的内力分析

6.6.1 拱的形式及特点

拱结构是工程中应用比较广泛的结构形式之一。拱结构的计算简图通常有三种：无铰拱(图 6-36a)；二铰拱(图 6-36b)；三铰拱（图 6-36c)，前两者为超静定结构，后着为静定结构。这里只讨论三铰拱的内力计算及其合理轴线。

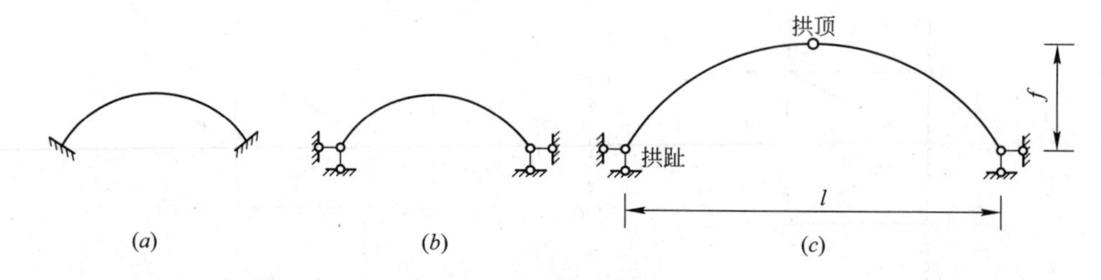

图 6-36 拱结构的形式

拱(图 6-36c)的最高点称为拱顶。三铰拱的拱顶通常是设置中间铰的地方。拱的两端与支座连接处称为拱趾或拱脚。两个拱趾间的水平距离 l 称为跨度。拱顶到两拱趾连线的竖向距离 f 称为拱高或拱矢，拱高与跨度之比 l/f 称为高跨比或矢跨比。

拱结构的特点是：杆轴为曲线，而且在竖向荷载作用下产生水平反力。这个问题不难由图 6-37 所示的三铰拱上得到证明。该三铰拱的左半部上有一个竖向力 F 作用，由于 C 处是中间铰，不能承受弯矩，所以反力 R_B 的作用方向一定在 B、C 两点的连线上。由于荷载 P 和 R_A、R_B 三者组成一平衡力系，根据三力平衡汇交定理，反力 R_A 的作用方向一定在图 6-37(a)中 A、D 两点的连线上。这就证明了在竖向荷载作用下，三铰拱的两个支座反力 R_A、R_B 都在倾斜方向上，即它们不仅有竖向分力 Y_A 和 Y_B，而且还有水平反力 X_A、X_B。然而，相应简支梁的反

力，在竖直方向有反力，水平反力等于零，如图6-37(b)所示。

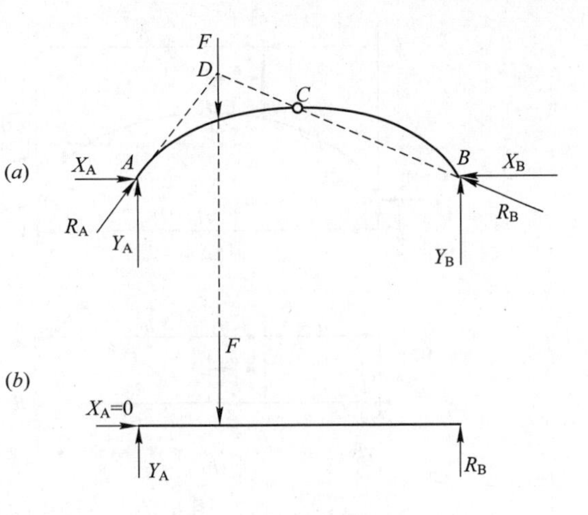

图6-37　拱结构的特点

结构在竖向荷载作用下能产生水平反力，这是拱的特征。这种水平反力称为水平推力，简称推力。拱结构与梁结构的区别，不仅在于外形的不同，更重要的还在于有无水平推力的存在。例如图6－38(a)、(b)两个结构。虽然杆轴都是曲线，但图6-38(a)结构在竖向荷载作用下不产生水平推力，其弯矩与相应的简支梁(同跨度、同荷载的梁)的弯矩相同，这种结构不是拱结构，而是一根曲梁。但图6-38(b)的结构，由于两端都有水平支座链杆，在竖向荷载作用下将产生水平推力，属于拱结构。

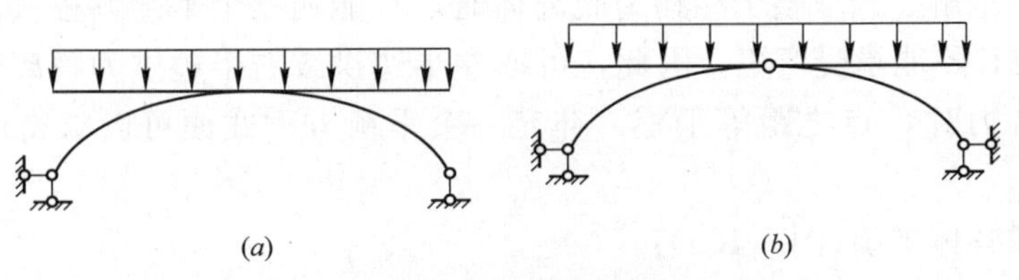

图6-38　曲梁和三铰拱

拱中的内力有轴力、弯矩和剪力。不过在拱结构中，由于推力的存在，使拱截面上的弯矩比具有相同荷载和跨度的曲梁的弯矩要小得多，因此，材料的用量较省，且能跨越较大的跨度。另外，由于拱主要承载压力，它可以充分利用砖、石、混凝土等抗拉性较差、抗压性能好的材料。

6.6.2　静定拱的计算方法

常见的静定拱有两种，一种是图6-39(a)的三角拱，另一种是图6-39(b)的带拉杆的静定拱；后者由图6-39(a)转化而来。前者由支座承受水平推力，后者由拉杆承受水平推力。

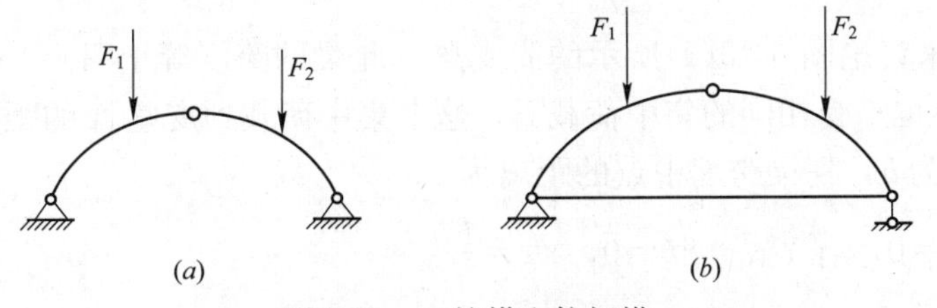

图6-39　三铰拱和拉杆拱

它们的反力及内力计算方法如下。

1. 三铰拱

图6-40(a)的三铰拱为一对称结构，两个支座位于同一水平线上，铰C位于顶点。

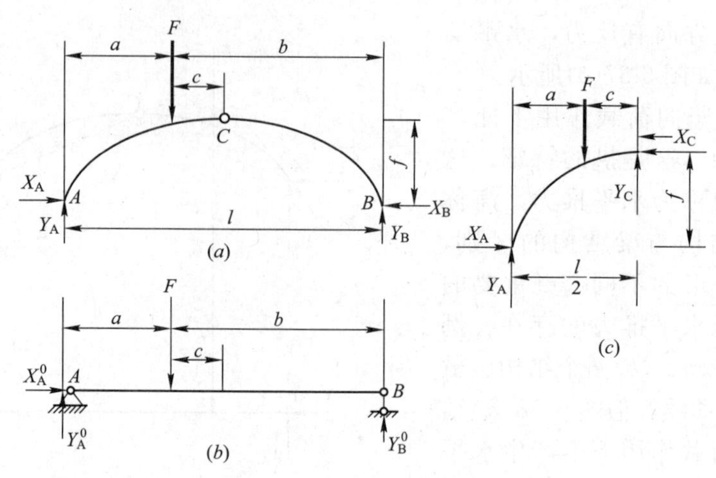

图 6-40　三铰拱的支座反力

(1) 支座反力的计算公式

支座 A 和支座 B 都是固定铰支座，因此有四个支座反力，需要列四个平衡方程式才可以求解。当取整个结构为脱离体时，只能列三个平衡方程式，考虑顶点 C 处为铰接，不能承受弯矩。因此，可取左半边拱或右半边拱为脱离体，令脱离体上所有各力对 C 点之距等于零，补充一个平衡方程式便可以求得所有的支座反力。

先考虑整体平衡(图 6-40a)：

由 $\Sigma M_B=0$，有 $Y_A l-Fb=0 \quad Y_A=F\frac{b}{l}$　　(a)

$\Sigma M_A=0$ 有 $Fa-Y_B l=0$，$Y_B=F\frac{a}{l}$　　(b)

由 $\Sigma X=0$，有 $X_A-X_B=0 \quad X_A=X_B$

再考虑左半边拱的平衡(图 6-40b)：

由 $\Sigma M_C=0$，有 $\frac{l}{2}Y_A-X_A f-Fc=0$

$$X_A=X_B=\frac{\frac{l}{2}Y_A-Fc}{f}=\frac{\frac{l}{2}F\times\frac{b}{l}-Fc}{f}=\frac{F\left(\frac{b}{2}-c\right)}{f} \qquad (c)$$

现在再来讨论图 6-40(c)所示的简支梁。此梁的跨度等于图 6-40(a)所示拱的跨度 l。梁上也承受相同的集中荷载 F，这个集中荷载到支座 A 的距离为 a，到支座 B 的距离为 b，到梁跨度中点的距离为 c。

由 $\Sigma M_B=0$，有 $Y_A^0 l-Fb=0$，$Y_A^0=\frac{Fb}{l}$　　(d)

由 $\Sigma M_A=0$，有 $-Y_B^0 l+Fa=0$，$Y_B^0=\frac{Fa}{l}$　　(e)

设想将简支梁在 C 处截开，取 AC 为脱离体，求截面 C 的弯矩 M_C^0。

由 $\Sigma M_C=0$，有 $Y_A^0\frac{l}{2}-Fc-M_C^0=0$

$$M_{C}^{0}=Y_{A}^{0}\frac{l}{2}C=F\times\frac{b}{l}\times\frac{l}{2}-F\times C=F\left(\frac{b}{2}-c\right)\tag{f}$$

将式(a)、(b)、(c)分别与式(d)、(e)、(f)相比较得；

$$Y_{A}=Y_{A}^{0}$$

$$Y_{B}=Y_{B}^{0}$$

$$X_{A}=X_{B}=\frac{M_{C}^{0}}{l}\tag{6-1}$$

也就是说，当拱的两端支座在同一水平面并承受竖向荷载作用时，拱的竖向支座反力等于相同跨度和相同荷载作用下的简支梁的竖向支座反力，拱的水平反力(推力)等于相应简支梁与 c 铰位置对应截面的弯矩除以拱高。

从式(6-1)还可以看出，拱高 f 越大，推力 X 就越小，拱高 f 越小，推力 X 就越大。

(2) 截面内力的计算公式

为导出任一截面内力的计算公式，考察图 6-41(a)中支座 A 及作用力 F 之间，与支座 A 的水平距离 x 的任意截面 D，取截面 D 以左部分为脱离体(图 6-41c)。为避免解联立方程式，建立沿截面 D 法线及切线方向的直角坐标系。

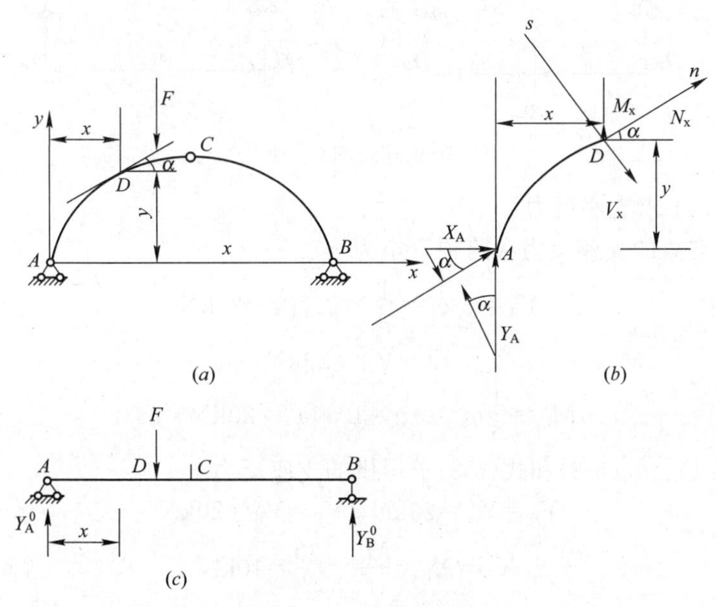

图 6-41　三铰拱的内力

由 n 方向平衡条件，有 $\Sigma F_{n}=N_{x}+X_{A}\cos\alpha+Y_{A}\sin\alpha=0$

$$N_{x}=-X_{A}\cos\alpha-Y_{A}\sin\alpha$$

$$N_{x}=-X_{A}\cos\alpha-V_{x}^{0}\sin\alpha\tag{6-2}$$

集中 V_{z}^{0} 为相应简支梁距 A 端为 x 处对应截面的剪力。

由 s 方向力的平衡条件，有 $\Sigma F_{s}=Y_{A}\cos\alpha-X_{A}\sin\alpha-V_{x}=0$

$$V_{x}=Y_{A}\cos\alpha-X_{A}\sin\alpha$$

$$V_{x}=V_{x}^{0}\cos\alpha-X_{A}\sin\alpha$$

由 $\Sigma M_{D}=0$　有 $Y_{A}x-M_{x}-X_{A}y=0$

$$M_x = Y_x x - x_A y$$
$$M_x = M_x^0 - x_A y \qquad (6\text{-}3)$$
$$x_A = \frac{M_c^0}{f}$$

其中 M_x^0 表示对应简支梁距 A 端为 x 处对应截面的弯矩。

对于 F 力与 B 支座间的拱段各截面，也可以得到形式上与式(6-1)、式(6-2)、式(6-3)三式一样的内力等式。

由式(6-3)可知：推力 X_A 的存在，使拱内截面弯矩比相应的简支梁内截面弯矩较小。因此，拱结构比梁可跨度更大的跨度。

【例 6-7】 求图 6-42(a)半圆弧三铰拱的支座反力及截面 K 的内力。

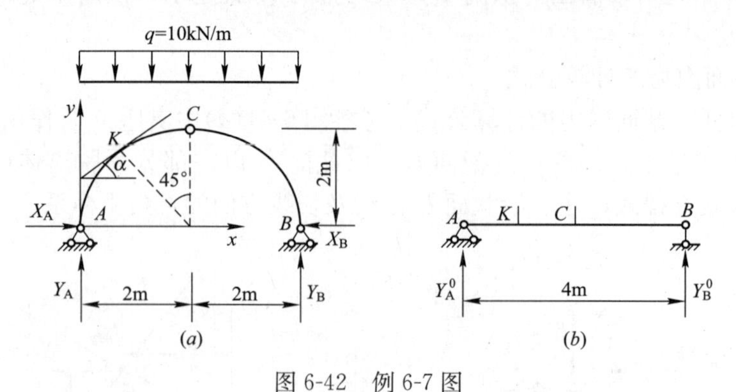

图 6-42 例 6-7 图

【解】 (1) 求支座反力

相应简支梁的支座反力和跨中弯矩为

$$Y_A^0 = \frac{1}{2}ql = \frac{1}{2} \times 10 \times 4 = 20\text{kN}$$
$$Y_B^0 = V_A^0 = 20\text{kN}$$
$$M_C^0 = \frac{1}{8}ql^2 = \frac{1}{8} \times 10 \times 4^2 = 20\text{kN} \cdot \text{m}$$

由式(6-1)、式(6-2)和式(6-3)求得拱的支座反力

$$Y_A = Y_A^0 = 20\text{kN} \quad Y_B = Y_B^0 = 20\text{kN}$$
$$X_A = X_B = \frac{M_C^0}{f} = \frac{20}{2} = 10\text{kN}$$

(2) 求截面 K 的内力

截面 K 处切线与水平线的夹角 $\alpha = 45°$，故有

$$\sin 45° = \frac{\sqrt{2}}{2} = 0.7071 \quad \cos 45° = 0.7071$$

截面 K 的坐标值为

$$x = 2 - 2\sin 45° = 2 - 2 \times 0.7071 = 0.586\text{m}$$
$$y = 2\cos 45° = 2 \times 0.7071 = 1.414\text{m}$$

相应简支梁在对应截面处的弯矩和剪力分别为

$$M_K^0 = Y_A^0 \times 0.586 - \frac{1}{2} \times 10 \times 0.586^2$$

$$=20\times0.586-\frac{1}{2}\times10\times0.586^2=10\text{kN}\cdot\text{m}$$

$$V_K^0=Y_A^0-10\times0.586=20-10\times0.586=14014\text{kN}$$

将以上各值代入式(6-1)、式(6-2)、式(6-3)得

$$N_K=-(10\times0.7071+14.14\times0.7071)=-17.069\text{kN}$$

$$V_K=14.14\times0.7071-10\times0.7071=2.927\text{kN}$$

$$M_K=10-10\times1.414=-4.14\text{kN}\cdot\text{m}$$

2. 合理拱轴

对于三铰拱来说，在一般情况下，截面上有弯矩、剪力和轴力的作用，处于偏心受压状态，其正应力分布不均匀。但是，可选取一根适当的拱轴线，使给定荷载作用下拱的截面上只承受轴力，而且任一截面上的正应力分布是均匀的，弯矩则为零。这样的轴线叫做合理轴线。

由式(6-3)知，任意截面 K 的弯矩为

$$M_K=M_K^0-X\cdot y_k$$

该式说明，三铰拱的弯矩 M_K 是由相应简支梁的弯矩 M_K^0 和 $-X\cdot y_K$ 叠加而得。当拱的跨度和荷载为已知时，M_K^0 不随拱的轴线而变的，而 $-X\cdot y_K$ 则与拱的轴线有关。因此，可以在三个铰之间恰当地选择拱的轴线形式，使拱任何截面的弯矩都等于零。因此，当拱轴为合理轴线时，应该有：

$$M=M^0-X\cdot y=0$$

所以

$$y=\frac{M^0}{X} \tag{6-4}$$

由式(6-4)可知，合理轴线的竖标与相应简支梁的弯矩竖标成正比，$\frac{1}{X}$是两个竖标之间的比例系数。当拱上所受荷载为已知时，只要求出相应简支梁的弯矩方程，然后除以 X，便可得拱的合理轴线方程。

【例 6-8】 求图 6-43(a)对称三铰拱在均布荷载 q 作用下的合理轴线。

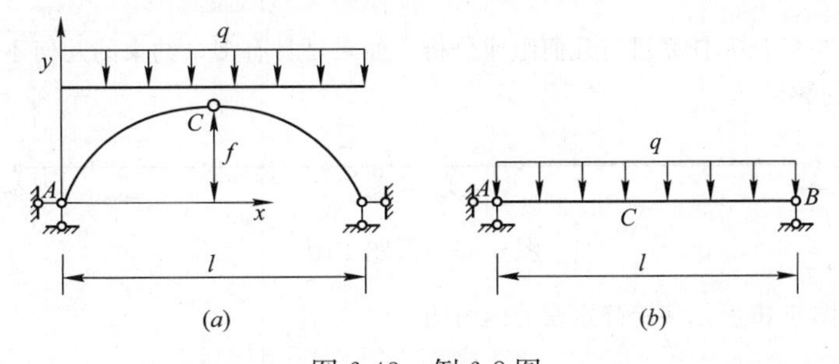

图 6-43　例 6-8 图

【解】 作用相应简支梁，如图 6-43(b)所示，其弯矩方程

$$M^0=\frac{1}{2}qlx-\frac{1}{2}qx^2=\frac{1}{2}qx(l-x)$$

由(6-4)式，得 $X=\frac{M^0}{f}=\frac{\frac{ql^2}{8}}{f}=\frac{ql^2}{8f}$

所以，此拱的合理轴线方程

$$y=\frac{\frac{1}{2}qx(l-x)}{\frac{ql^2}{8f}}=\frac{4f}{l^2}x(l-x)$$

这是一个抛物线方程式。因此要想使竖向均布荷载作用下三铰拱上只有轴向力。没有弯矩出现，拱的轴线必须是一抛物线。房屋建筑中拱的轴线就经常采用抛物线。

思考题

1. 为什么静定多跨梁基本部分承受荷载时，附属部分不产生内力？
2. 刚架内力的正、负号是如何规定的？试说明绘制刚架内力图的步骤。
3. 刚架的刚节点处内力图有什么特点？
4. 桁架的计算简图中，引用了哪些基本定理？
5. 桁架中有些杆是零杆，是否可将其从实际结构中去掉？为什么？
6. 在节点法和截面法中，如何避免解联立方程？
7. 比较拱与梁的受力特点并分析三铰拱的内力、拱与梁的内力计算有什么异同？
8. 试比较图 6-44 示结构的支座反例与弯矩分布，说明它的受力特点？

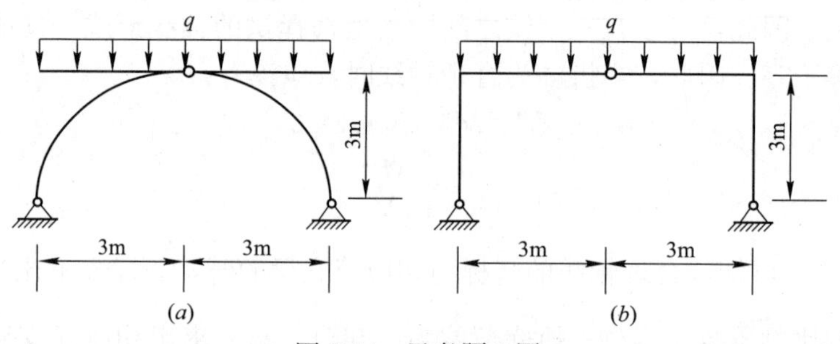

图 6-44　思考题 8 图

习　题

1. 试对图 6-45 所示体系进行几何组成分析。如果是具有多余约束的几何不变体系，则需指出多余约束的数目。

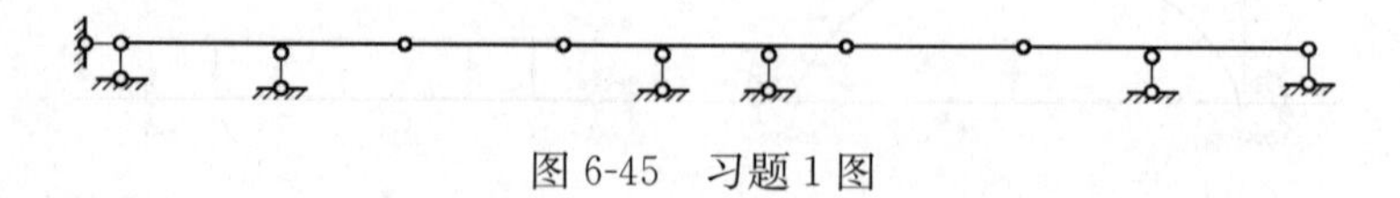

图 6-45　习题 1 图

2. 试绘制图 6-46 所示多跨静定梁的内力图。

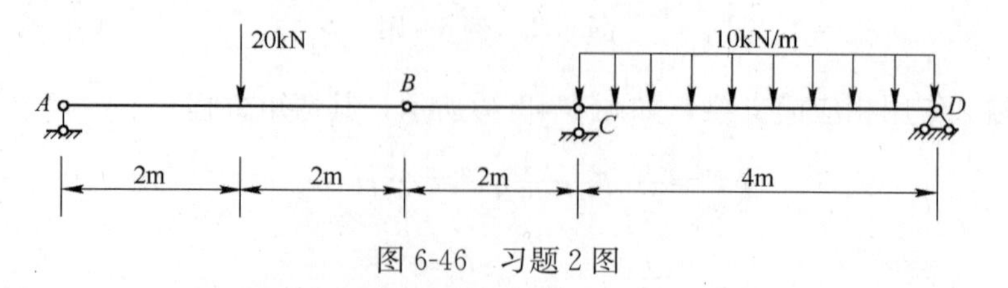

图 6-46　习题 2 图

3. 试绘制图 6-47 所示平面刚架的内力图。

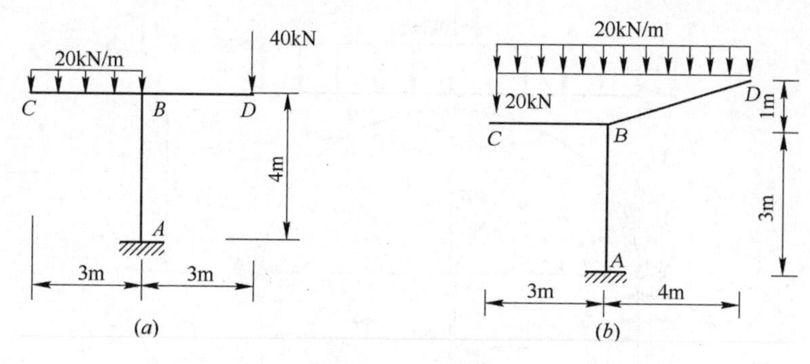

图 6-47　习题 3 图

4. 试绘制图 6-48 所示平面刚架的内力图。

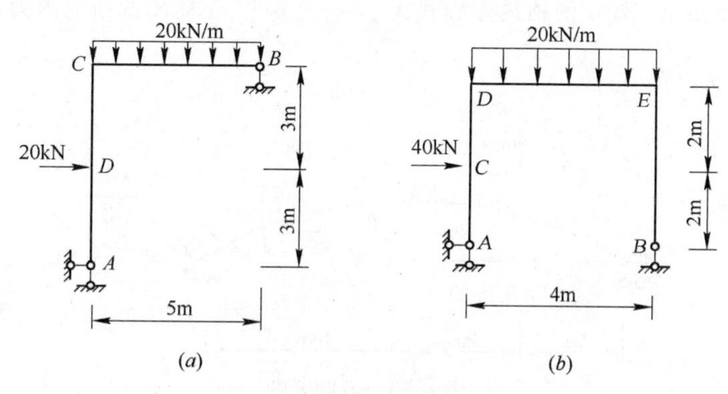

图 6-48　习题 4 图

5. 试用节点法求图 6-49 所示桁架的内力。

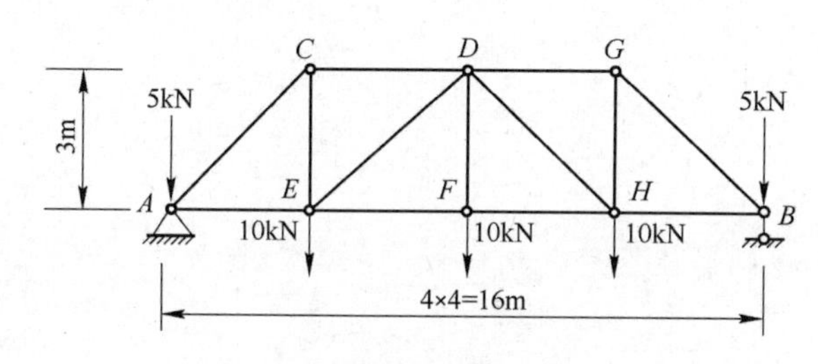

图 6-49　习题 5 图

6. 试用截面法求图 6-50 所示桁架中指定杆件的内力。

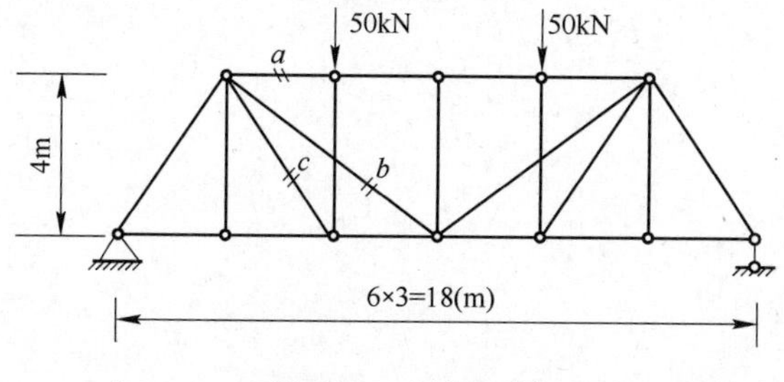

图 6-50　习题 6 图

7. 求图 6-51 所示半圆弧三铰拱的支座反力，并求截面 K 的内力值。

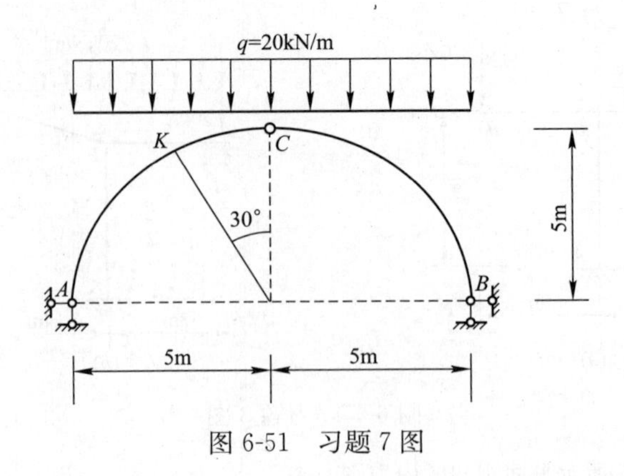

图 6-51 习题 7 图

8. 图 6-52 所示三铰拱的轴线方程式为 $y=\frac{4f}{l^2}x(c-x)$ 求 K 截面的内力。已知 $\tan\varphi=\frac{4f}{l^2}(l-2x)$。

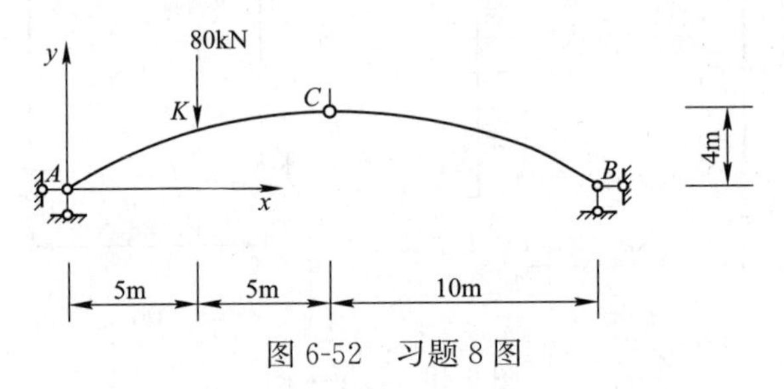

图 6-52 习题 8 图

教学单元 7　力矩分配法计算连续梁的内力

【教学目标】 通过学习力矩分配法的计算原理，学生能够正确单节点连续梁、多节点连续梁的弯矩，并能熟练绘制弯矩图。

7.1　力矩分配法的预备知识

力矩分配法是超静定结构内力计算的一种近似方法，它可直接计算出杆端弯矩，特别适合于手算，对于连续梁和无侧移刚架用力矩分配法计算内力，十分方便。

7.1.1　杆端弯矩及正负号规定

在力矩分配法中，对于杆端而言，弯矩以顺时针转向为正，反之为负。对于节点或支座而言，弯矩以逆时针转向为正，反之为负。作用于节点上的外力偶矩(荷载)以顺时针转向为正，反之为负，如图 7-1 所示。节点的转角位移以顺时针转向为正，反之为负。

7.1.2　线刚度的概念

在超静定结构中，经过计算可知：由支座位移产生内力的大小与杆件的抗弯刚度 EI 成正比，与杆件长度 l 成反比。或者说，其内力的大小与杆件的$\frac{EI}{l}$成正比。为方便起见，令 $i=\frac{EI}{l}$，并称 $i\left(\frac{EI}{l}\right)$为线刚度。其物理意义是单位长度杆件的抗弯刚度。因此由支座位移引起的杆件内力与杆件的线刚度成正比，如图 7-2 所示。

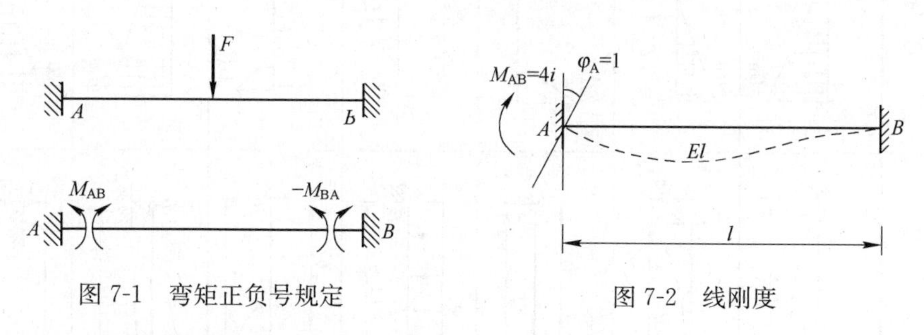

图 7-1　弯矩正负号规定　　　　图 7-2　线刚度

7.1.3　形常数及载常数

通常，将单位杆端位移引起的杆端内力(杆端弯矩和杆端剪力)，称为形常数；将荷载引起的杆端内力，称为载常数；其中，由荷载引起的杆端弯矩，称为固端弯矩。由解算超静定结构的基本方法——力法，可求(这里略去)形常数和载常数，见表 7-1。

等截面直杆的杆端弯矩和杆端剪力(形常数和载常数) 表 7-1

编号	梁的简图	弯矩图	杆端弯矩		杆端剪力	
			M_{AB}	M_{BA}	V_{AB}	V_{BA}
1	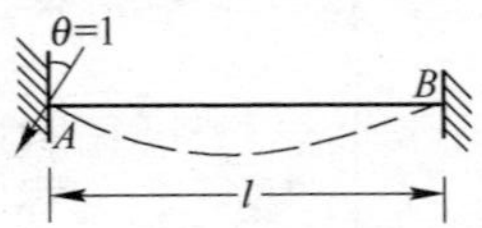	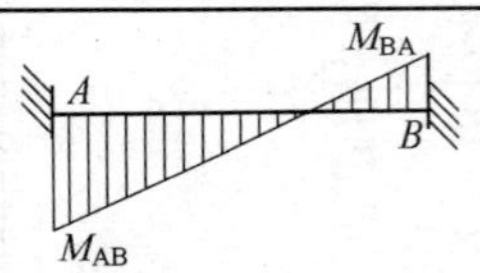	$\frac{4EI}{l}=4i$	$2i$ $\left(i=\frac{EI}{l}\text{以下同}\right)$	$-\frac{6i}{l}$	$-\frac{6i}{l}$
2	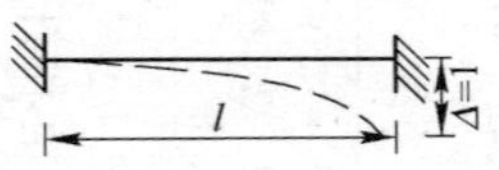	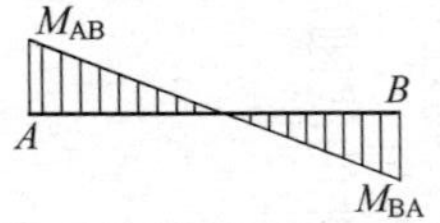	$-\frac{6i}{l}$	$-\frac{6i}{l}$	$\frac{12i}{l^2}$	$\frac{12i}{l^2}$
3	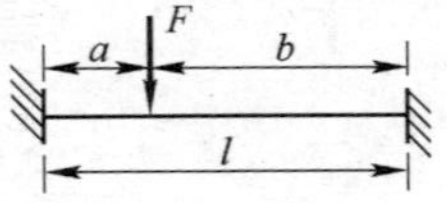	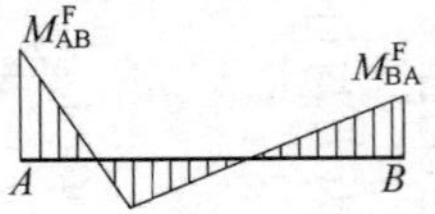	$-\frac{Fab^2}{l^2}$ 当 $a=b$ 时 $-Fl/8$	$\frac{Fa^2b}{l^2}$ $\frac{Fl}{8}$	$\frac{Fb^2}{l^2}\left(1+\frac{2a}{l}\right)$ $\frac{F}{2}$	$-\frac{Fa^2}{l^2}\left(1+\frac{2b}{l}\right)$ $-\frac{F}{2}$
4	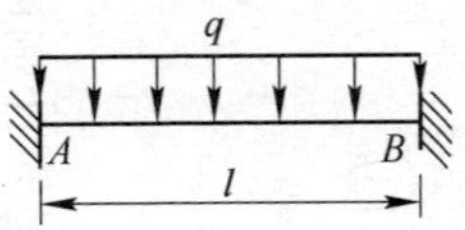	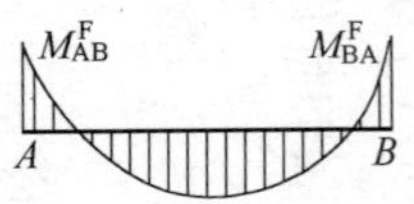	$-\frac{ql^2}{12}$	$\frac{ql^2}{12}$	$\frac{ql}{2}$	$-\frac{ql}{2}$
5	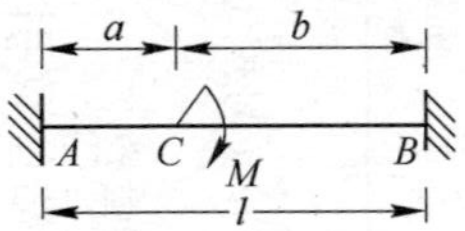	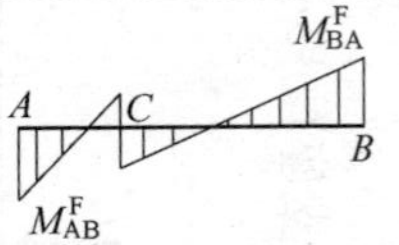	$\frac{Mb(3a-l)}{l^2}$	$\frac{Ma(3b-l)}{l^2}$	$-\frac{6ab}{l^2}M$	$-\frac{6ab}{l^2}M$
6	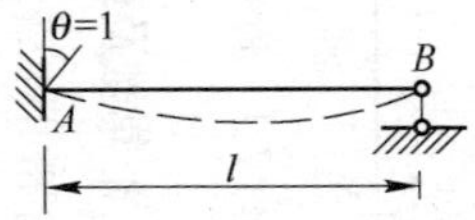	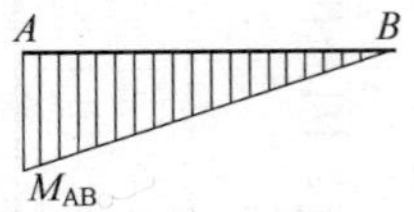	$3i$	0	$-\frac{3i}{l}$	$-\frac{3i}{l}$
7	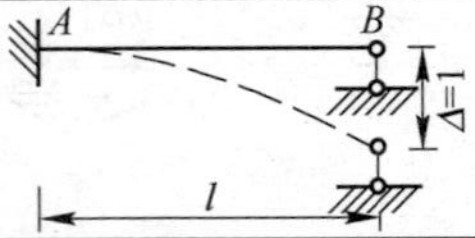	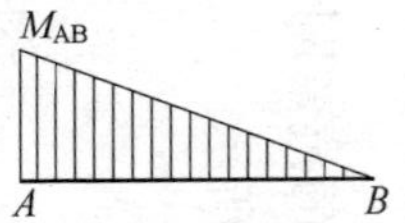	$-\frac{3i}{l}$	0	$\frac{3i}{l^2}$	$\frac{3i}{l^2}$

续表

编号	梁的简图	弯矩图	杆端弯矩		杆端剪力	
			M_{AB}	M_{BA}	V_{AB}	V_{BA}
8	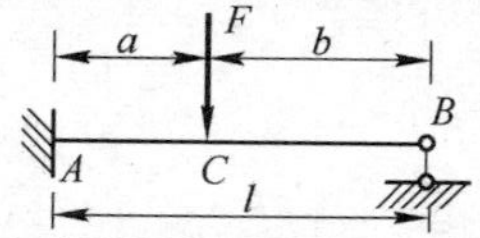	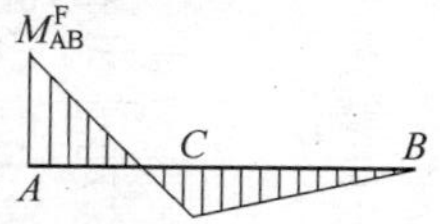	$-\frac{Fab(l+b)}{2l^2}$ 当 $a=b=\frac{l}{2}$ 时 $-3Fl/16$	0	$\frac{Fb(3l^2-b^2)}{2l^3}$ $\frac{11}{16}F$	$-\frac{Fa^2(2l+b)}{2l^3}$ $-\frac{5}{16}F$
9	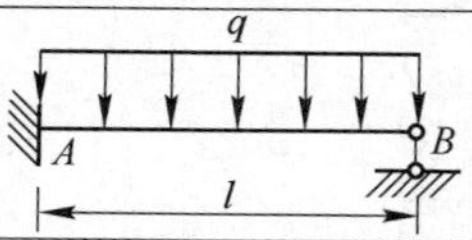	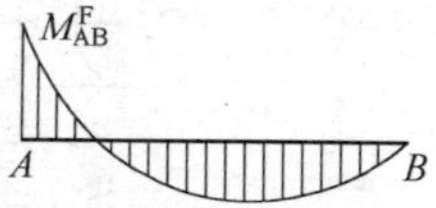	$-\frac{ql^2}{8}$	0	$\frac{5}{8}ql$	$-\frac{3}{8}ql$
10	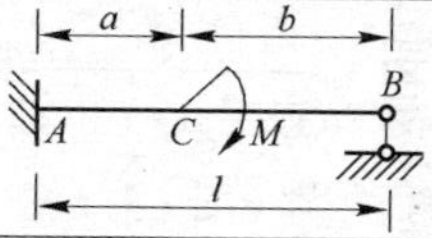	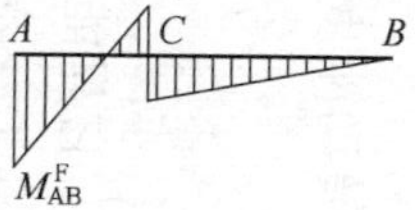	$\frac{M(l^2-3b^2)}{2l^2}$	0	$-\frac{3M(l^2-b^2)}{2l^3}$	$-\frac{3M(l^2-b^2)}{2l^3}$
11	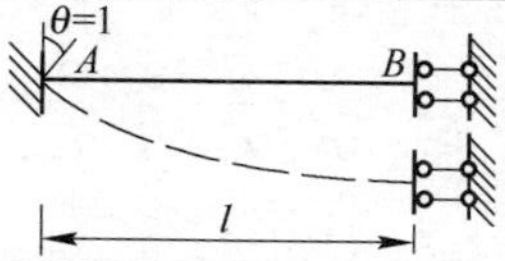	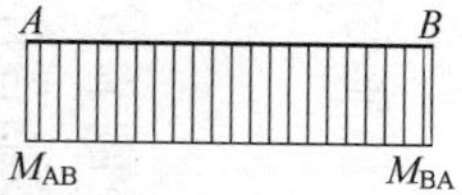	i	$-i$	0	0
12	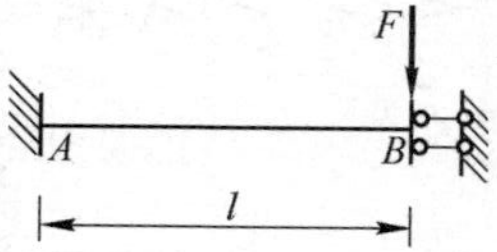	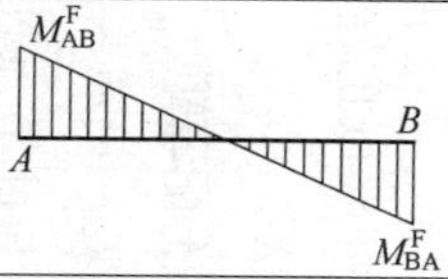	$-\frac{Fl}{2}$	$-\frac{Fl}{2}$	F	F
13	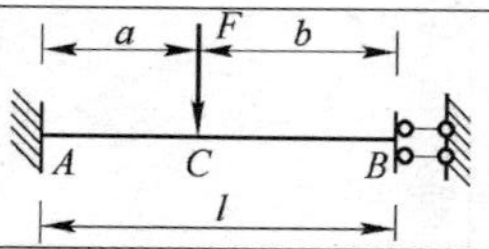	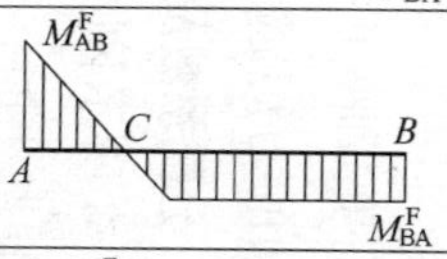	$-\frac{Fa(l+b)}{2l}$ 当 $a=b$ 时 $\frac{-3Fl}{8}$	$-\frac{F}{2l}a^2$ $-\frac{Fl}{8}$	F	0
14	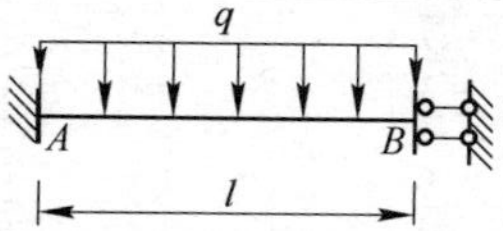	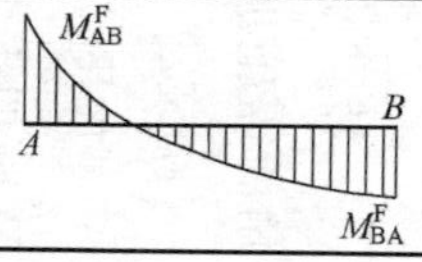	$-\frac{ql^2}{3}$	$-\frac{ql^2}{6}$	ql	0

7.2 力矩分配法的基本原理

为了讨论力矩分配法，下面先介绍几个专用名词。

7.2.1 转动刚度

见表 7-2，单跨超静定梁 AB，使 A 端产生单位转角位移 $\varphi=1$ 时，在转角端所需施加的力矩，称为该杆在 A 端的转动刚度，用 S_{AB} 表示。其中第一个下标代表近端，第二个下标代表远端。在力矩分配法中通常把产生转角的一端称为近端，另一端称为远端。转动刚度与远端的支承情况有关。

等截面直杆的转动刚度和传递系数　　表 7-2

	远端支承	转动拐度	传递系数
S_{AB} φ=1 EI A B l	固　定	$S_{AB}=4\dfrac{EI}{l}=4i$	$C=\dfrac{1}{2}$
S_{AB} φ=1 EI	铰　支	$S_{AB}=3\dfrac{EI}{l}=3i$	$C=0$
S_{AB} A φ=1 EI B l	定　向	$S_{AB}=\dfrac{EI}{l}=i$	$C=-1$

转动刚度反映了杆端抵抗转动的能力。转动刚度越大，表示杆端产生单位转角所需施加的力矩越大。

7.2.2 分配系数及分配弯矩

如图 7-3 所示刚架，只有一个刚节点 1，它只能转动不能移动。当有外力矩 M 施加于节点 1 时，与此节点连接的各杆必将发生变形和产生内力。设刚架发生如图 7-3(a)中虚线所示的变形，各杆的 1 端均发生相同的转角 φ_1，最后达到平衡，试求杆端弯矩 M_{12}、M_{13}、M_{14}、M_{15}。由转动刚度的定义可知：

$$\left.\begin{aligned}M_{12}&=S_{12}\varphi_1=4i_{12}\varphi_1\\M_{13}&=S_{13}\varphi_1=i_{13}\varphi_1\\M_{14}&=S_{14}\varphi_1=3i_{14}\varphi_1\\M_{15}&=S_{15}\varphi_1=3i_{15}\varphi_1\end{aligned}\right\}\tag{7-1}$$

利用节点 1 的力矩平衡条件得

$$M=M_{12}+M_{13}+M_{14}+M_{15}=(S_{12}+S_{13}+S_{14}+S_{15})\varphi_1$$

所以

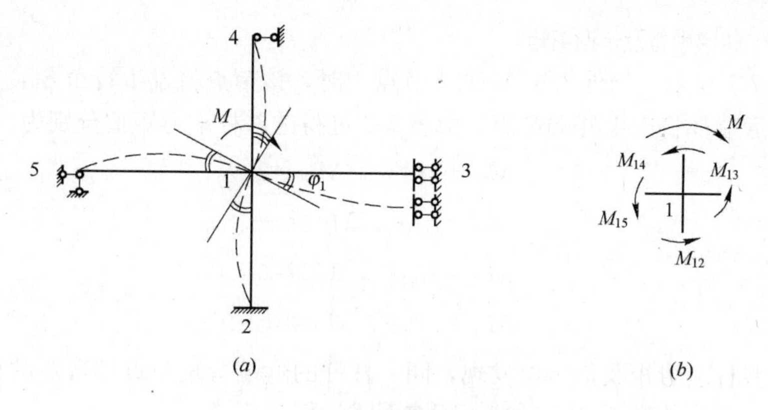

图 7-3　分配系数及分配弯矩

$$\varphi_1=\frac{M}{S_{12}+S_{13}+S_{14}+S_{15}}=\frac{M}{\Sigma S_1} \tag{7-2}$$

其中 ΣS_1 为汇交于节点 1 的各杆端的转动刚度之和。将式(9-2)代入式(9-1)得

$$\left.\begin{aligned}M_{12}&=S_{12}\varphi_1=\frac{S_{12}}{\Sigma S_1}M\\M_{13}&=S_{13}\varphi_1=\frac{S_{13}}{\Sigma S_1}M\\M_{14}&=S_{14}\varphi_1=\frac{S_{14}}{\Sigma S_1}M\\M_{15}&=S_{15}\varphi_1=\frac{S_{15}}{\Sigma S_1}M\end{aligned}\right\} \tag{7-3}$$

由式(7-3)可知，各杆近端产生的弯矩与该杆端的转动刚度成正比，转动刚度越大，则所产生的弯矩也越大。这里将比例系数$\frac{S_{12}}{\Sigma S_1}$、$\frac{S_{13}}{\Sigma S_1}$、$\frac{S_{14}}{\Sigma S_1}$、$\frac{S_{15}}{\Sigma S_1}$分别用 μ_{12}、μ_{13}、μ_{14}、μ_{15}表示，称为各杆件在近端的弯矩分配系数。各杆端的分配系数只依赖于各杆端转动刚度的相对值，而与施加于节点上的外力矩大小及正负无关。所以，图 7-3(*b*)所示刚架各杆的分配系数分别为$\frac{4}{11}$、$\frac{1}{11}$、$\frac{3}{11}$、$\frac{3}{11}$。由上式可知，汇交于同一节点的各杆的分配系数之和应等于 1。即

$$\Sigma\mu=\mu_{12}+\mu_{13}+\mu_{14}+\mu_{15}=1$$

于是式(7-3)可改写为：

$$\left.\begin{aligned}M_{12}^{\mu}&=\frac{S_{12}}{\Sigma S_1}M=\mu_{12}M\\M_{13}^{\mu}&=\frac{S_{13}}{\Sigma S_1}M=\mu_{13}M\\M_{14}^{\mu}&=\frac{S_{14}}{\Sigma S_1}M=\mu_{14}M\\M_{15}^{\mu}&=\frac{S_{15}}{\Sigma S_1}M=\mu_{15}M\end{aligned}\right\} \tag{7-4}$$

称其为分配弯矩。

7.2.3 传递系数及传递弯矩

如图 7-3 所示，当外力矩 M 加于节点 1 时，该节点将发生转角 φ_1，于是各杆的近端和远端都将产生杆端弯矩。由表 7-2 可得这些杆端弯矩值分别为：

$$M_{12}=4i_{12}\varphi_1,\ M_{21}=2i_{12}\varphi_1$$

$$M_{13}=i_{13}\varphi_1,\ M_{31}=-i_{13}\varphi_1$$

$$M_{14}=3i_{14}\varphi_1,\ M_{41}=0$$

$$M_{15}=3i_{15}\varphi,\ M_{51}=0$$

从这些杆端弯矩我们可以发现，同一杆件的远端弯矩与近端弯矩的比值 C 是一个常数，称为传递系数，远端弯矩按下式计算：

$$C_{ij}=\frac{M_{ji}^{C}}{M_{ij}^{\mu}}$$

$$M_{ji}^{C}=C_{ij}M_{ij}^{C}$$

由于远端弯矩是由近端弯矩乘以传递系数求得的，因此，我们称它为传递弯矩。

传递系数与远端支承情况有关。对等截面直杆来说，其数值如下：

远端固定支座 $C=\frac{1}{2}$；

远端定向支座 $C=-1$；

远端铰支座 $C=0$。

等截面直杆的转动刚度和传递系数见表 7-1。

7.2.4 力矩分配法原理

如图 7-4(a)所示，连续梁，只有一个刚节点 B，受荷载作用后，变形曲线如图 7-4(a)中虚线所示。现通过该连续梁来说明计算连续梁杆端弯矩的力矩分配法原理。

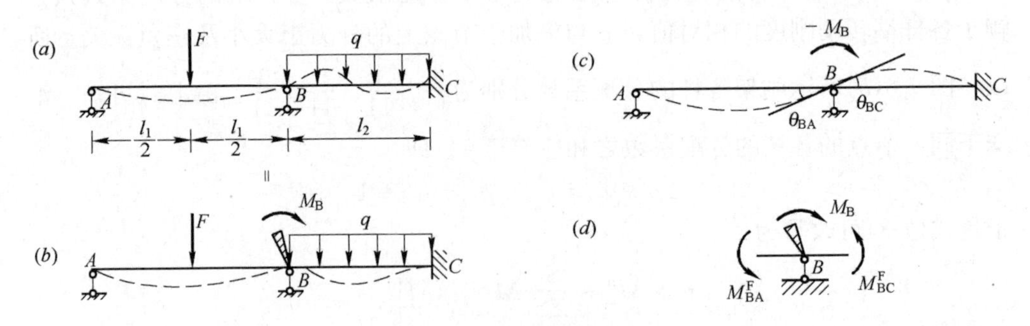

图 7-4　力矩分配法原理

假想在节点 B 处施加一个控制转动的附加刚臂将节点锁住，如图 7-4(b)所示，连续梁被附加刚臂分隔为两个单跨超静定梁 AB 和 BC，在荷载作用下其变形曲线如图 7-4(b)中虚线所示。各单跨超静定梁产生的固端弯矩可由表 7-1 查得。一般情况下，汇交于节点 B 各杆的固端弯矩是不能互相平衡的，这就必然会在附加刚臂上产生约束力矩 M_B，其值可由图 7-4(d)所示节点 B 的力矩平衡条件求得：

$$M_B = M_{BA}^F + M_{BC}^F$$

上式说明，约束力矩等于汇交于节点 B 的各杆端固端弯矩之和。以顺时针转向为正，反之为负。附加约束力矩 M_B 称为节点上的不平衡力矩，而图 7-4(a)所示连续梁的节点 B 本来没有刚臂，也没有附加约束力矩 M_B，因此图 7-4(b)的固端弯矩并不是原结构在实际状态下的杆端弯矩，必须对此加以修正。修正的办法是放松节点 B，即在 B 节点上施加一个与 M_B 大小相等、方向相反的外力矩($-M_B$)，以平衡附加刚臂的作用。这个外力矩产生图 7-4(c)所示的变形，同时使节点 B 发生转角位移 θ_B。据前面所述，在节点 B 的杆近端得分配力矩 M_{BA}^μ、M_{BC}^μ，远端得传递弯矩 M_{AB}^C、M_{CB}^C、计算分配弯矩时，根据杆端弯矩的正负号规定，应将外力矩 M_B 代之以($-M_B$)，“负号”表示节点上的不平衡力矩要与分配弯矩之和平衡。可以这样理解，因为前面规定了施加于节点上的外力矩以顺时针方向为正，现在放松节点施加的是逆时针方向的外力矩，故计算时必须加上“负号”。将图 7-4(b)、(c)两种情况相叠加，就消去了附加刚臂的作用，使结构恢复到原结构图 7-4(a)的状态。因此，把图 7-4(b)、(c)所得的杆端弯矩叠加，就是连续梁杆端弯矩。即

$$M_{AB} = M_{AB}^F + M_{AB}^C$$
$$M_{BA} = M_{BA}^F + M_{BA}^\mu$$
$$M_{BC} = M_{BC}^F + M_{BC}^\mu$$
$$M_{CB} = M_{CB}^F + M_{CB}^C$$

7.3　力矩分配法计算单节点连续梁

7.3.1　计算步骤

用力矩分配法计算单节点连续梁的步骤如下：

(1) 假想在可转动的刚节点处施加附加刚臂将节点固定，计算各杆端的转动刚度和分配系数；

(2) 计算单跨超静定梁的固端弯矩；

(3) 由固端弯矩计算节点上的附加约束力矩；

(4) 将附加约束力矩反向后，向各杆端进行分配和传递，计算固端弯矩和传递弯矩；

(5) 计算杆端最终弯矩，即叠加固端弯矩和分配弯矩或固端弯矩和传递弯矩；

(6) 绘连续梁的内力图。

用力矩分配法计算连续梁的杆端弯矩，一般可列表格进行计算，表格列在连续梁计算简图的下方，将计算所得的数值，随算随填在表格内相对应的位置处。计算简单明了，非常方便。

7.3.2　计算举例

【例 7-1】 试用力矩分配法计算图 7-5(a)所示的两跨连续梁，绘出弯矩图。

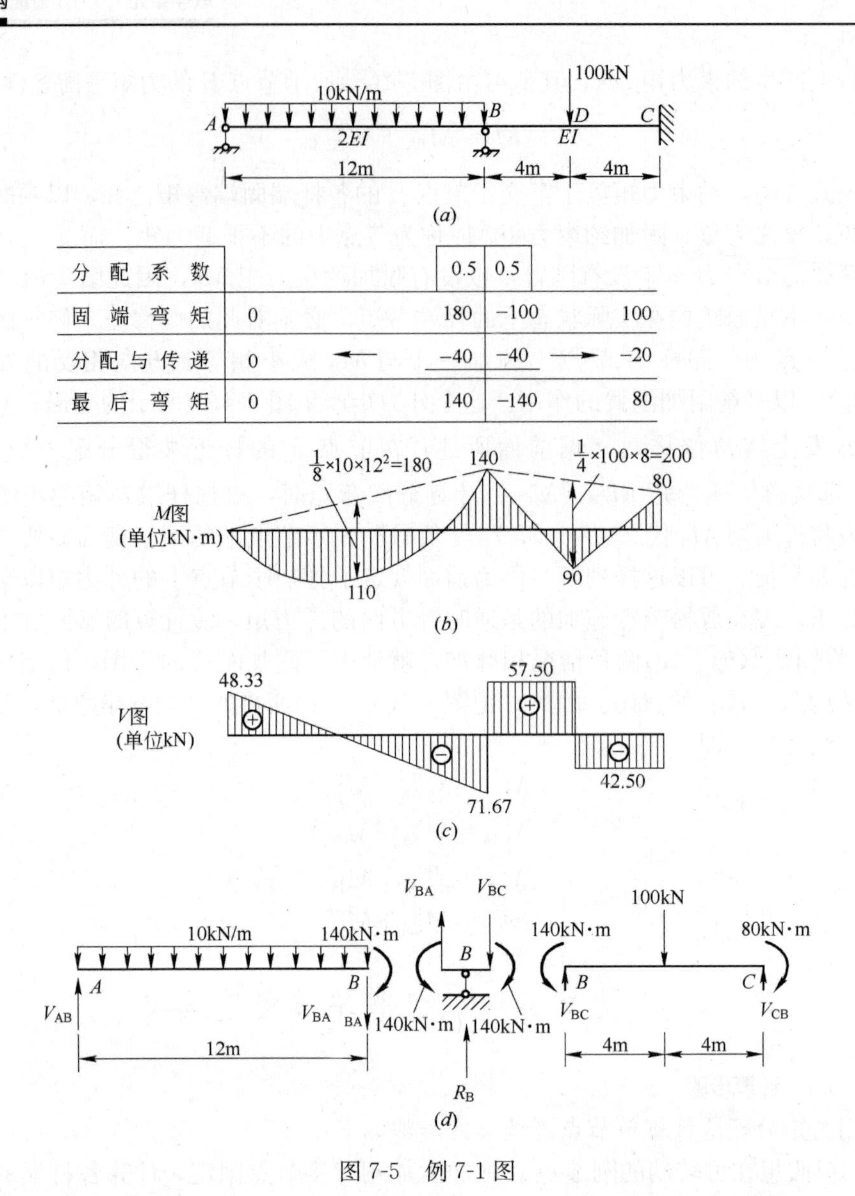

	A		B (BA)	B (BC)		C
分配系数			0.5	0.5		
固端弯矩	0		180	−100		100
分配与传递	0	←	−40	−40	→	−20
最后弯矩	0		140	−140		80

图 7-5 例 7-1 图

【解】 (1) 假想在节点 B 处施加附加刚臂，计算各杆端的转动刚度和分配系数。

(2) 计算转动刚度。

由表 7-2 查得转动刚度 S(为了计算简便，假设 $EI=1$)

$$S_{BA}=3i_{BA}=3\times\frac{2EI}{12}=\frac{1}{2}=0.5$$

$$S_{BC}=4i_{BC}=4\times\frac{EI}{8}=\frac{1}{2}=0.5$$

(3) 计算分配系数。

$$\mu_{BA}=\frac{S_{BA}}{\Sigma S}=\frac{S_{BA}}{S_{BA}+S_{BC}}=\frac{0.5}{0.5+0.5}=0.5$$

$$\mu_{BC}=\frac{S_{BC}}{\Sigma S}=\frac{S_{BC}}{S_{BA}+S_{BC}}=\frac{0.5}{0.5+0.5}=0.5$$

将这些数值填入图 7-5(a)连续梁下方表格的分配系数一栏中的方框内。

(4) 计算固端弯矩。由表 9-1 查得各杆固端弯矩为

$$M_{AB}^{F}=0$$

$$M_{BA}^{F}=\frac{ql^2}{8}=\frac{10\times12^2}{8}=180\text{kN}\cdot\text{m}$$

$$M_{BC}^{F}=-\frac{Fl}{8}=-\frac{100\times8}{8}=-100\text{kN}\cdot\text{m}$$

$$M_{CB}^{F}=\frac{Fl}{8}=\frac{100\times8}{8}=100\text{kN}\cdot\text{m}$$

将这些数值填入图 7-5(a)连续梁下方表格的固端弯矩一栏中。

(5) 计算节点 B 处附加刚臂的约束力矩。

$$M_B=M_{BA}^{F}+M_{BC}^{F}=180-100=80\text{kN}\cdot\text{m}$$

(6) 放松节点 B，计算分配弯矩传递弯矩。将分配系数乘以约束力矩的负值即得分配弯矩

$$M_{BA}^{\mu}=\mu_{BA}(-M_B)=0.5\times(-80)=-40\text{kN}\cdot\text{m}$$

$$M_{BC}^{\mu}=\mu_{BC}(-M_B)=0.5\times(-80)=-40\text{kN}\cdot\text{m}$$

(7) 计算传递弯矩。查表 7-2 得各杆传递系数

$$C_{BA}=0$$

$$C_{BC}=\frac{1}{2}$$

将传递系数乘以近端分配弯矩得传递弯矩

$$M_{AB}^{C}=C_{BA}M_{BA}^{\mu}=0$$

$$M_{CB}^{C}=C_{BC}M_{BC}^{\mu}=\frac{1}{2}\times(-40)=-20\text{kN}\cdot\text{m}$$

将这些数值填入图 7-5(a)连续梁下方表格的分配弯矩与传递弯矩一栏中，在节点 B 处的两个分配弯矩值下方划一横线，表示节点已放松，达到了平衡。在分配弯矩与传递弯矩之间划一水平方向的箭头，表示弯矩的传递方向。

(8) 计算杆端最终弯矩。将同一杆端的固端弯矩、分配弯矩和传递弯矩叠加，便得到各杆端的最后弯矩。在表中的最后一行即为杆端弯矩的最后结果，在其下划双横线，如图 7-5(a)中表格所示。

(9) 绘连续梁的弯矩图。根据各杆端的最后弯矩，即可利用叠加原理绘出连续梁的弯矩图，如图 7-5(b)所示。

(10) 绘连续梁的剪力图。根据图 7-5(d)所示各段梁的受力图，由平衡条件求得各杆端剪力为

$$V_{AB}=48.33\text{kN},\ V_{BA}=-71.67\text{kN}$$

$$V_{BC}=57.50\text{kN},\ V_{CB}=-42.50\text{kN}$$

根据各杆端剪力及荷载，绘出剪力图如图 7-5(c)所示。

(11) 确定支座反力。根据图 7-5(d)所示的弯矩图、剪力图及节点 B 的受力图，求得各支座反力如下：

$$R_A=48.33\text{kN}(\uparrow),\quad R_B=129.17\text{kN}(\uparrow)$$
$$R_C=42.50\text{kN}(\uparrow)\quad M_C=80\text{kN}\cdot\text{m}(\curvearrowright)$$

7.4 力矩分配法计算多节点连续梁

7.4.1 计算步骤和方法

对于具有多个节点的连续梁仍可采用力矩分配法。其计算步骤与单节点连续梁基本相同。但必须每次只放松一个节点，其他节点仍暂时固定。这样轮流地放松各个节点，同时将各个节点的约束力矩轮流进行分配、传递，直到各节点的约束力矩可以略去不计时，即可停止分配和传递。值得注意的是，最后一轮只分配，不传递。最后将各杆端的固端弯矩和各次的分配弯矩或传递弯矩相叠加，即可求得原结构各杆端的最后弯矩。

7.4.2 计算举例

【例 7-2】 试用力矩分配法计算图 7-6(a)所示的多跨连续梁，绘出弯矩图。

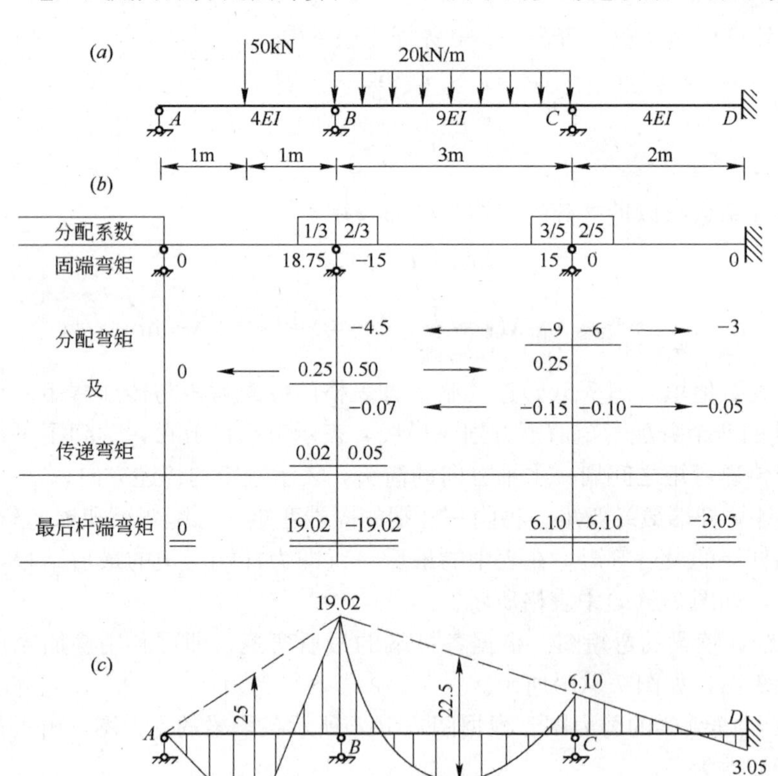

图 7-6 例 7-2 图

【解】（1）将两个刚节点 B、C 均固定起来，则连续梁被分隔成三个单跨超静定梁，计算各杆端的转动刚度和分配系数。

（2）计算转动刚度。由表 7-2 查得转动刚度 S(为了计算简便，假设 $EI=1$)

节点 B：

$$S_{BA}=3i_{BA}=3\times\frac{4EI}{2}=6$$

$$S_{BC}=4i_{BC}=4\times\frac{9EI}{3}=12$$

节点 C：

$$S_{CB}=S_{BC}=12$$

$$S_{CD}=4i_{CD}=4\times\frac{4EI}{2}=8$$

（3）计算分配系数。

节点 B：

$$\mu_{BA}=\frac{S_{BA}}{S_{BA}+S_{BC}}=\frac{6}{6+12}=\frac{1}{3}$$

$$\mu_{BC}=\frac{S_{BC}}{S_{BA}+S_{BC}}=\frac{12}{6+12}=\frac{2}{3}$$

节点 C：

$$\mu_{CB}=\frac{S_{CB}}{S_{CB}+S_{CD}}=\frac{12}{12+8}=\frac{3}{5}$$

$$\mu_{CD}=\frac{S_{CD}}{S_{CB}+S_{CD}}=\frac{8}{12+8}=\frac{2}{5}$$

将这些数值填入图 7-6(b)表格的分配系数一行中的方框内。

（4）计算固端弯矩。由表 9-1 查得各固端弯矩为

$$M_{AB}^{F}=0$$

$$M_{BA}^{F}=\frac{3}{16}Fl=\frac{3}{16}\times50\times2=18.75\text{kN}\cdot\text{m}$$

$$M_{BC}^{F}=-\frac{1}{12}ql^{2}=-\frac{1}{12}\times20\times3^{2}=-15\text{kN}\cdot\text{m}$$

$$M_{CB}^{F}=\frac{1}{12}ql^{2}=\frac{1}{12}\times20\times3^{2}=15\text{kN}\cdot\text{m}$$

将这些数值填入图 7-6(b)表格的固端弯矩一行中。

（5）传递系数。查表 7-2 得各杆传递系数

$$C_{BA}=0$$

$$C_{BC}=C_{CB}=C_{CD}=C_{DC}=\frac{1}{2}$$

有了固端弯矩、分配系数和传递系数，便可依次进行力矩的分配与传递。为了计算得快，用力矩分配法计算多节点的结构时，通常从约束力矩大的节点开始。

（6）首先放松节点 C，节点 B 仍固定。这相当于只有一个节点 C 的情况，因此可按上节所述力矩分配和传递的方法进行。

节点 C 处附加刚臂的约束力矩

$$M_C=M_{CB}^F+M_{CD}^F=15+0=15\text{kN}\cdot\text{m}$$

放松节点 C，计算分配弯矩、传递弯矩。将分配系数乘以约束力矩的负值即得分配弯矩

$$M_{CB}^{\mu}=\mu_{CB}(-M_C)=\frac{3}{5}\times(-15)=-9\text{kN}\cdot\text{m}$$

$$M_{CD}^{\mu}=\mu_{CD}(-M_C)=\frac{2}{5}\times(-15)=-6\text{kN}\cdot\text{m}$$

将传递系数乘以近端分配弯矩得传递弯矩

$$M_{BC}^{C}=C_{CB}M_{CB}^{\mu}=\frac{1}{2}\times(-9)=-4.5\text{kN}\cdot\text{m}$$

$$M_{DC}^{C}=C_{CD}M_{CD}^{\mu}=\frac{1}{2}\times(-6)=-3\text{kN}\cdot\text{m}$$

将这些数值填入图 7-6(b)表格的分配弯矩与传递弯矩一栏中，在节点 C 处的两个分配弯矩值下方划一横线，表示节点已放松，达到了平衡。在分配弯矩与传递弯矩之间划一水平方向的箭头，表示弯矩的传递方向。

（7）放松节点 B，节点 C 重新固定。这相当于只有一个节点 B 的情况，因此，同样可按力矩分配和传递的方法进行。应当注意的是节点 B 不仅有固端弯矩产生的约束力矩，还应包括节点 C 传来的传递弯矩产生的约束力矩。

节点 B 处附加刚臂的约束力矩

$$M_B=M_{BA}^F+M_{BC}^F+M_{BC}^C=18.75-15-4.5=-0.75\text{kN}\cdot\text{m}$$

放松节点 B，计算分配弯矩传递弯矩。将分配系数乘以约束力矩的负值即得分配弯矩

$$M_{BA}^{\mu}=\mu_{BA}(-M_B)=\frac{1}{3}\times0.75=0.25\text{kN}\cdot\text{m}$$

$$M_{BC}^{\mu}=\mu_{BC}(-M_B)=\frac{2}{3}\times0.75=0.50\text{kN}\cdot\text{m}$$

将传递系数乘以近端分配弯矩得传递弯矩

$$M_{AB}^{C}=C_{AB}M_{BA}^{\mu}=0$$

$$M_{CB}^{C}=C_{BC}M_{BC}^{\mu}=\frac{1}{2}\times0.50=0.25\text{kN}\cdot\text{m}$$

将这些数值填入连续梁下方图 7-6(*b*)表格的分配弯矩与传递弯矩一栏中，在节点 *B* 处的两个分配弯矩值下方画一横线，表示节点已放松，达到了平衡。在分配弯矩与传递弯矩之间画一水平方向的箭头，表示弯矩的传递方向。

(8) 由于节点 *C* 又有了约束力矩 0.25kN·m，因此应再放松节点 *C*，固定节点 *B* 进行分配和传递。这样轮流放松、固定各节点，进行力矩分配与传递。因为分配系数和传递系数都是小于 1 的值，所以节点约束力矩的数值会越来越小，直到传递弯矩的数值按计算精度要求可以忽略不计时，可以停止运算。

(9) 计算杆端最终弯矩。最后将各杆端的固端弯矩，各次分配弯矩和传递弯矩相叠加，便得到原结构各杆端的最后弯矩。在表中的最后一行即为各杆端弯矩的最后结果，在其下划双横线，如图 7-6(*b*)所示。

(10) 绘连续梁的弯矩图。根据各杆端的最后弯矩和杆端间的荷载，利用叠加法绘出连续梁的弯矩图，如图 7-6(*c*)所示。

思　考　题

1. 力矩分配法中对杆件的固端弯矩、杆端弯矩的正、负号是如何规定的？

2. 什么叫转动刚度？等截面直杆远端为固定或铰接时，杆端的转动刚度各等于多少？

3. 什么叫分配系数？分配系数和转动刚度有何关系？为什么在一个节点上各杆的分配系数之和一定等于 1？

4. 什么叫传递系数？传递系数是如何确定的？

5. 什么叫固端弯矩？如何计算节点上的约束力矩？为什么要将约束力矩变号才能进行分配？

6. 试说明用力矩分配法计算连续梁的一般步骤。如何计算最后杆端弯矩？

习　　题

1. 试用力矩分配法计算如图 7-7 所示连续梁内力，并绘内力图。

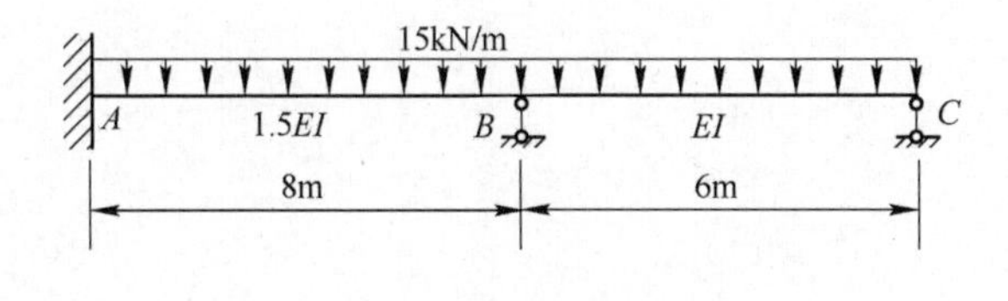

图 7-7　习题 1 图

2. 试用力矩分配法计算如图 7-8 所示连续梁内力，并绘内力图。

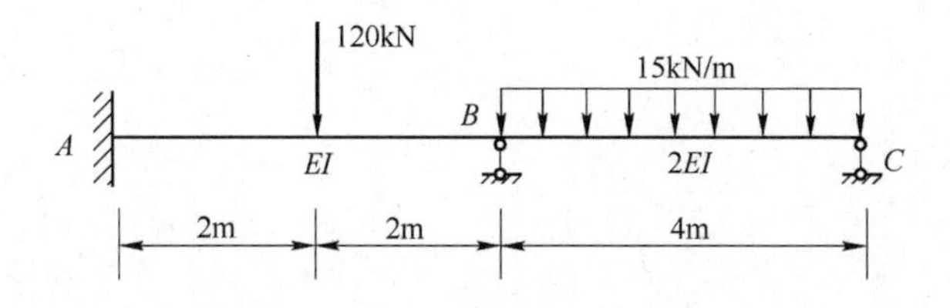

图 7-8　习题 2 图

3. 试用力矩分配法计算如图 7-9 所示连续梁内力，并绘内力图。

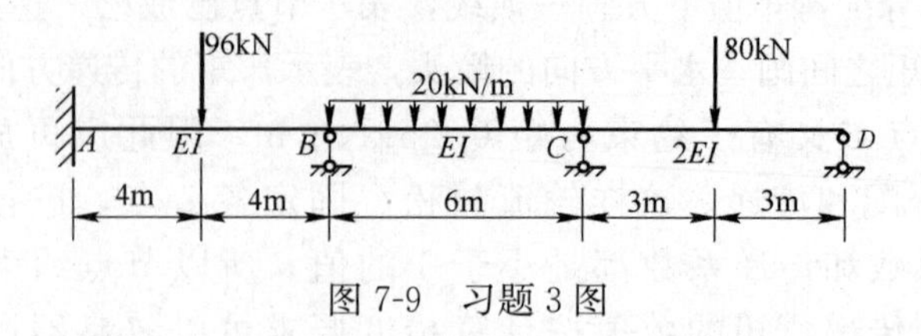

图 7-9　习题 3 图

教学单元8 影 响 线

【教学目标】 通过影响线计算理论的学习，学生应能够熟练运用机动法、静力法绘制影响线，具有应用该方法确定最不利荷载位置的能力，为今后专业课程的学习打下基础。

8.1 单跨静定梁的影响线及其应用

8.1.1 影响线的概念

前面几章讨论结构的内力计算时，其荷载的作用位置是固定不变的，称为固定荷载。当结构所承受荷载，其作用位置在结构上可移动时，称为移动荷载。例如桥梁承受行驶的列车、汽车等荷载，厂房中的吊车梁承受吊车荷载，结构承受的人群、临时设备、水压力和风压力等荷载都是可移动的荷载。结构在移动荷载作用下，其反力和内力将随着荷载位置的不同而变化。因此，在结构设计中，必须求出移动荷载作用下结构的反力和内力的最大值。结构在移动荷载作用下，不仅不同的反力和不同截面的内力变化规律各不相同，而且在同一截面上的不同内力(如弯矩、剪力等)的变化规律也不相同。例如图8-1所示简支梁，当汽车由左向右行驶时，反力 R_A 将逐渐减小，而反力 R_B 将逐渐增大。因此，一次只能研究一个反力或某一个截面的某一项内力的变化规律。显然，要求出某一反力或某一内力的最大值，就必须先确定产生这一最大值的荷载位置，这一荷载位置称为最不利荷载位置。

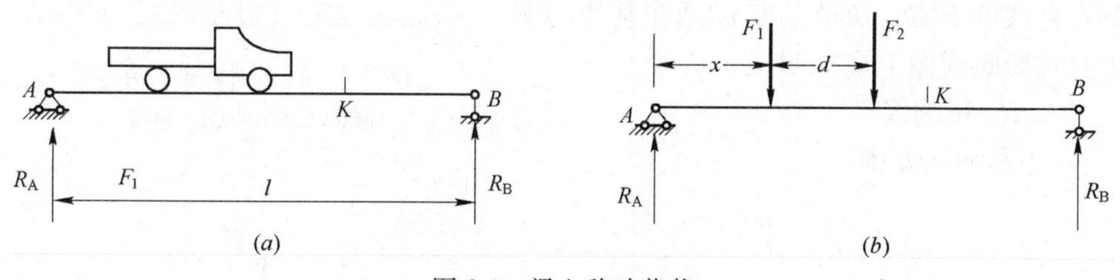

图8-1 梁上移动荷载

工程实际中的移动荷载通常是由很多间距不变的竖向荷载所组成，而其类型是多种多样的，我们不可能逐一加以研究。为此，可先研究一种最简单的荷载，即一个竖向单位集中荷载 $F=1$ 沿结构移动时，对某一指定量值(例如某一反力或某一截面的某一内力或位移等)所产生的影响，然后根据叠加原理就可进一步研究各种移动荷载对该量值的影响。

影响线的定义如下：当一个指向不变的竖直向下单位集中荷载 $F=1$ 沿结构移动时，表示某一指定量值沿结构变化规律的图形，称为该量值的影响线。

某量值的影响线一经绘出，就可利用它来确定给定移动荷载的最不利荷载位置，从而求出该量值的最大值。下面先讨论用静力法绘制影响线的方法，然后再讨论影响线的应用。

8.1.2 简支梁的影响线

用静力法绘制影响线的方法：先把荷载 $F=1$ 放在任意位置，并根据所选坐标系，以 x 表示其作用点的横坐标；然后运用静力平衡条件求出所研究的量值与荷载($F=1$)的位置(x)关系，表示这种关系的方程称为影响线方程。根据影响线方程即可作出影响线。

现以图 8-2(a)所示简支梁为例来说明。

1. 画反力 R_B 影响线

将荷载 $F=1$ 作用于距左支座(坐标原点 A)为 x 处，由此可得反力 R_B 表达式为

$$R_B=\frac{x}{l}F=\frac{x}{l}\quad(0\leqslant x\leqslant l)$$

这个方程就表示反力 R_B 随荷载 $F=1$ 移动而变化的规律，称为 R_B 影响线方程。将它绘成函数图形，即得 R_B 影响线。从所得方程可知 R_B 是一次函数，故 R_B 影响线为一直线。于是，只需定出两个竖标即可绘出此影响线。

当 $x=0$ 时，$R_B=0$

当 $x=l$ 时，$R_B=1$

如果取横坐标 x 表示移动荷载的作用位置，画出的 R_B 影响线如图 8-2(b)所示。

在画影响线图时，通常规定正值的竖标画在基线的上方，负值的竖标画在基线的下方且在影响线图上应标明正、负号。

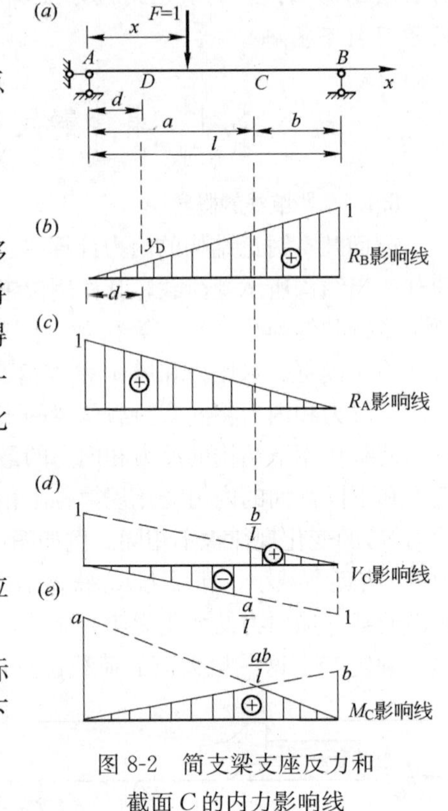

图 8-2 简支梁支座反力和截面 C 的内力影响线

2. R_A 影响线

R_A 影响线方程

$$R_A=\frac{l-x}{l}F=\frac{l-x}{l}\quad(0\leqslant x\leqslant l)$$

R_A 是 x 的一次函数，故 R_A 影响线仍为一直线。画出的 R_A 影响线如图 8-2(c)所示。

3. 画剪力 V_C 影响线

下面绘制截面 C 的剪力 V_C 影响线，仍以 A 点为坐标原点，当 $F=1$ 在 AC 段移动时，可取 CB 段为脱离体，由平衡条件，可得影响线方程为

$$V_C=-R_B=-\frac{x}{l}\quad(0\leqslant x<a)$$

当 $F=1$ 在 CB 段移动时，可取 AC 段为脱离体，由平衡条件，可得影响线方程为

$$V_C=R_A=\frac{l-x}{l} \quad (a<x\leqslant l)$$

由V_C的影响线方程可见，当$F=1$作用于AC段时，剪力V_C的变化与支座反力R_B在AC段的变化规律相同，但符号相反；当$F=1$作用于CB段时，剪力V_C的变化与支座的反力R_A在CB段的变化规律完全一致。因此，画AC段剪力V_C的影响线时，只要将R_B的影响线反号并截取其中对应于AC段的部分，即得剪力V_C影响线的左直线；画CB段V_C的影响线时，只要截取R_A影响线的CB部分即可，即得剪力V_C影响线的右直线，如图8-2(d)所示。

由图8-2(d)可见，剪力影响线由两条平行线组成，按比例可求得C点左侧的竖标最大负值为$\frac{a}{l}$，C点右侧的竖标最大正值为$\frac{b}{l}$。

4. 画弯矩M_C影响线

下面作简支梁截面C的弯矩M_C影响线。仍以A点为坐标原点，当$F=1$在AC段移动时，可取CB段为脱离体，由平衡条件，可得影响线方程为

$$M_C=R_Bb=\frac{b}{l}x \quad (0\leqslant x\leqslant a)$$

当$F=1$在CB段移动时，可取AC段为脱离体，由平衡条件，可得影响线方程为

$$M_C=R_Aa=\frac{a}{l}(l-x) \quad (a\leqslant x\leqslant l)$$

由M_C影响线方程可见，AC段M_C影响线的纵坐标是支座B处反力R_B影响线纵坐标的b的倍数。CB段M_C影响线的纵坐标是支座A处反力R_A影响线纵坐标a的倍数。因此，作AC段的影响线时，可以利用R_B影响线扩大b的倍数，然后保留其中AC部分，即为M_C影响线的AC段。利用R_A影响线扩大a的倍数，然后保留其中CB部分，即为M_C影响线的CB段。M_C影响线如图8-2(e)所示。

当$F=1$作用于C点时，由AC、CB两部分的M_C影响线方程均可以算出，M_C影响线在C点的纵坐标是$\frac{ab}{l}$，即此时M_C是最大值。因此，M_C影响线是一个顶点在C点的三角形，如图8-2(e)所示。

由图可以看出，在作影响线时，假定$F=1$是无量纲的值，反力R_A、R_B和剪力V影响线的纵坐标也就都是无量纲的值；弯矩M影响线的纵坐标的量纲是米(m)。但是，当利用影响线研究实际荷载的影响时，要将影响线的纵坐标乘以实际荷载，这时再将荷载的量纲计入，便可得到该量值的实际量纲。

8.1.3 影响线的应用

前面介绍了影响线的定义及其绘制方法，下面将介绍影响线的应用。

1. 利用影响线求量值

(1) 集中荷载作用的影响

如图8-3(a)所示的简支梁，在一组位置确定的集中荷载F_1、F_2、F_3的作用下，要求截面C的剪力值V_C。显然，可用求静定结构内力的截面法，很方便地

求得答案。但现在则从另一途径，即利用影响线来求解。首先，作出 V_C 影响线，如图 8-3(*b*)所示，其在荷载作用点的竖标依次是 y_1、y_2、y_3。根据影响线竖标的含义，应用叠加原理，可求得这组集中荷载作用下的 V_C 值为

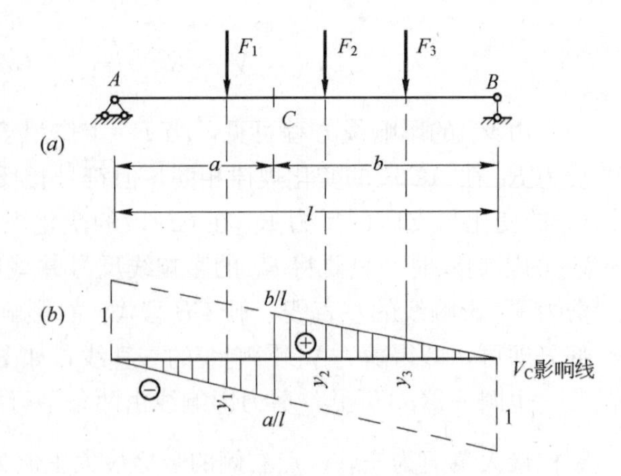

图 8-3　简支梁在若干个集中力作用下任意截面剪力影响线

$$V_C=F_1y_1+F_2y_2+F_3y_3=\Sigma F_iy_i$$

一般而言，若结构上承受一组位置固定的 n 个集中荷载 F_1，F_2，F_3，…，F_n 的作用，某截面某一量 S 的影响线在各荷载作用点处相应的竖标依次为 y_1，y_2，y_3，…，y_n，则在 n 个集中荷载的共同作用下，该量值为

$$S=F_1y_1+F_2y_2+F_3y_3=\Sigma F_iy_i \tag{8-1}$$

在应用时要注意上式为代数和。对于梁来说，荷载以向下为正，影响线竖标 y 在基线上方为正。

(2) 均布荷载的影响

以集中荷载的影响为依据，就不难求出分布荷载的影响。当均布荷载位于图 8-4(*a*)所示简支梁中的 DE 段时，若要求截面 C 的剪力为 V_C，可将均布荷载沿其分布长度分成许多无穷小的微段 $\mathrm{d}x$，视每一微段上的荷载 $q\mathrm{d}x$ 为一集中力，其对应的 V_C 影响线图 8-4(*b*)上的竖标为 y，则微段集中力 $q\mathrm{d}x$ 作用下截面 C 的剪力值为 $q\mathrm{d}x \cdot y$，沿均布荷载分布范围积分，即得到整段分布荷载作用下的 V_C 值

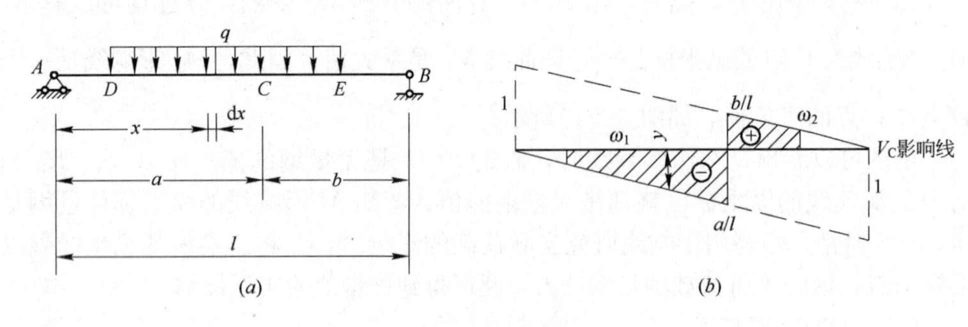

图 8-4　均布荷载的剪力影响

$$V_C=\int_D^E q\mathrm{d}x \cdot y = q\int_D^E y\mathrm{d}x = q\omega$$

式中，ω 表示影响线在荷载分布范围内的面积，即图 8-4(*b*)中阴影部分面积。需注意，ω 应为图中正、负两部分面积的代数和。

由此可知，在均布荷载作用下，某一量值的大小 S 等于荷载集度 q 与该量的影响线在荷载分布范围内的面积 ω 的乘积，即

$$S=q\omega \tag{8-2}$$

或

$$S=q\Sigma\omega_i$$

（3）集中荷载与均布荷载共同作用时的影响

$$S=\Sigma F_i y_i+\Sigma q_i\omega_i \tag{8-3}$$

【例 8-1】 图 8-5(*a*)所示简支梁，当汽车轮压作用于图 8-5(*a*)所示位置时，利用影响线求截面 C 的弯矩和剪力。

【解】 （1）绘出 M_C 和 V_C 影响线，分别如图 8-5(*b*)、(*c*)所示。

（2）分别算出 F_1、F_2 作用点处的 M_C、V_C 影响线上相应竖标。

M_C 影响线上相应竖标为

$$y_1=\frac{1.5}{6.0}\times3.0=0.75$$

$$y_2=\frac{0.5}{6.0}\times3.0=0.25$$

V_C 影响线上相应竖标为

$$y_1=\frac{1.5}{3.0}\times0.5=0.25$$

$$y_2=\frac{0.5}{3.0}\times(-0.5)=-\frac{1}{12}$$

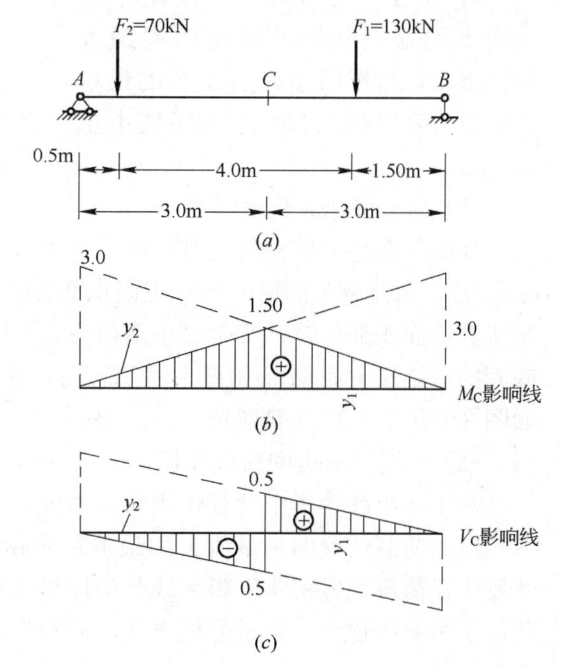

图 8-5 例 8-1 图

（3）计算剪力 M_C 和 V_C 值。

由式(8-1)得这组集中荷载作用下的 M_C 和 V_C 值分别为

$$M_C=130\times0.75+70\times0.25=115\text{kN}\cdot\text{m}$$

$$V_C=130\times0.25+70\times\left(-\frac{1}{12}\right)=26.67\text{kN}$$

【例 8-2】 试利用影响线求简支梁在图 8-6(*a*)所示荷载作用下的剪力 V_C 值。

【解】 （1）作出 V_C 影响线，如图 8-6(*b*)所示。

（2）计算 F 作用点处及 q 作用范围边缘所对应的影响线图上的纵坐标 y 值，如图 8-6(*a*)、(*b*)所示。

（3）计算剪力 V_C 值。

由式(8-3)求得

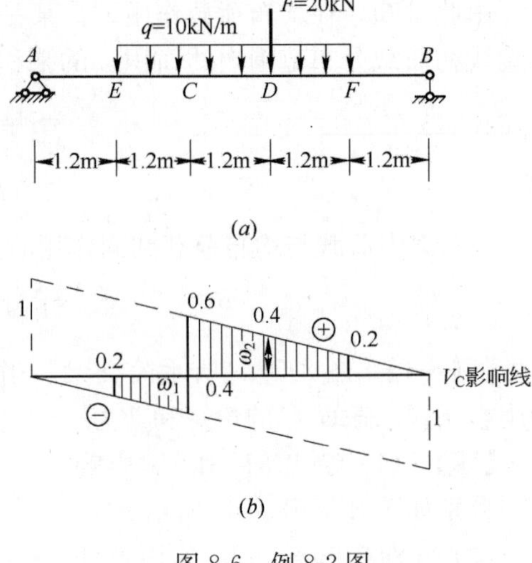

图 8-6 例 8-2 图

$$V_C=F\cdot y_D+q(w_2-w_1)$$

$$=20\times0.4+10\times\left[\frac{1}{2}(0.2+0.6)\times2.4-\frac{1}{2}(0.2+0.4)\times1.2\right]$$

$$=14\text{kN}$$

2. 最不利荷载位置的确定

(1) 一个移动集中荷载作用

由 $S=F\cdot y$ 可知，F 作用于影响线 S 的最大竖标处时将引起最大量值 S_{max}，F 作用于影响线 S 的最小竖标处（负值最大）时将引起最小量值 S_{min}。

(2) 均布移动活荷载作用

当活荷载是可移动的均布荷载，且可以是任意布置（如人群荷载）时，由 $S=q\omega$ 可知，当荷载布满影响所有正面积部分时，产生最大量值 S_{max}，当荷载布满影响所有负面积部分时，产生最小量值 S_{min}。例如，欲求图 8-7(*a*)所示外伸梁中 C 截面的弯矩最大值 M_{max} 和最小值 M_{min} 时，其 M_C 影响线及相应的最不利荷载位置如图 8-7(*b*)、(*c*)、(*d*)所示。

(3) 一组移动集中荷载作用

对于一组移动集中荷载作用时，由式 $S=\Sigma F_iy_i$ 可知，当 ΣF_iy_i 为最大值时，即相应的荷载位置即为量值 S 的最不利荷载位置。由此推断，最不利荷载位置必然发生在荷载位置密集于影响线竖坐标最大处，并且可进一步论证必有一集中荷载位于影响线顶点。为了分析方便，通常将这一位于影响线顶点的集中荷载称为临界荷载。

【例 8-3】 试利用影响线求简支梁在图 8-8(*a*)所示荷载 $F_1=F_2=F_3=F_4=152\text{kN}$ 作用下，截面 K 的最大弯矩。

【解】 (1) 作出 M_K 影响线，如图 8-8(*b*)所示。

(2) 确定最不利荷载位置，求出截面 K 的最大弯矩。M_K 的最不利荷载位置将有二种可能情况，如图 8-8(*c*)、(*d*)所示。分别计算出对应的 M_K 值，并加以比较，即可得出 M_K 的最大值。

由图 8-8(*c*)所示情况计算，得

$$M_K=152\times(1.920+1.668+0.788)=665.15\text{kN}\cdot\text{m}$$

由图 8-8(*d*)所示情况计算，得

$$M_K=152\times(0.912+1.920+1.040)=588.54\text{kN}\cdot\text{m}$$

由两者比较可知，图 8-8(*c*)所示为 M_K 的最不利荷载位置，此时

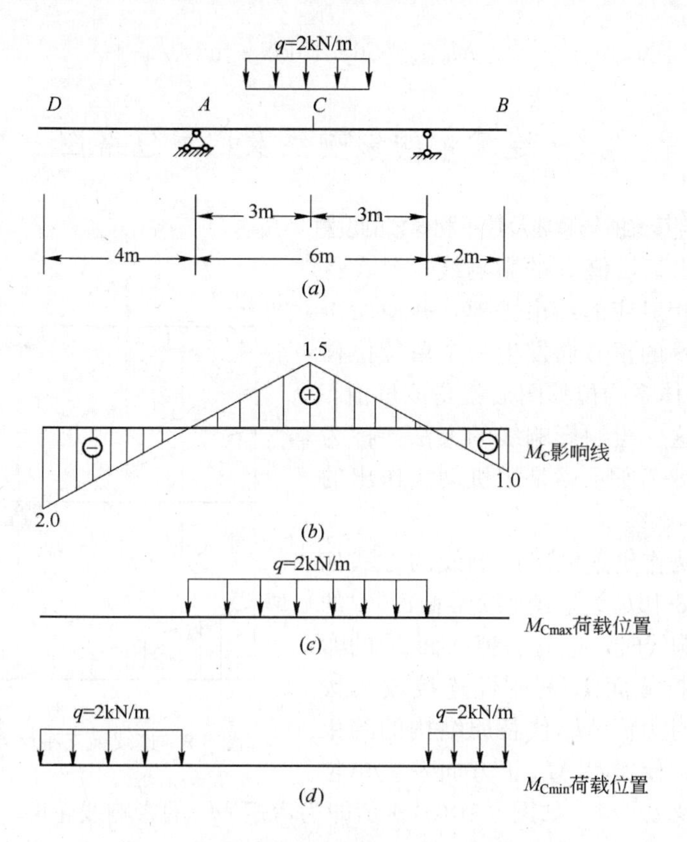

图 8-7 移动均布荷载作用下最不利位置

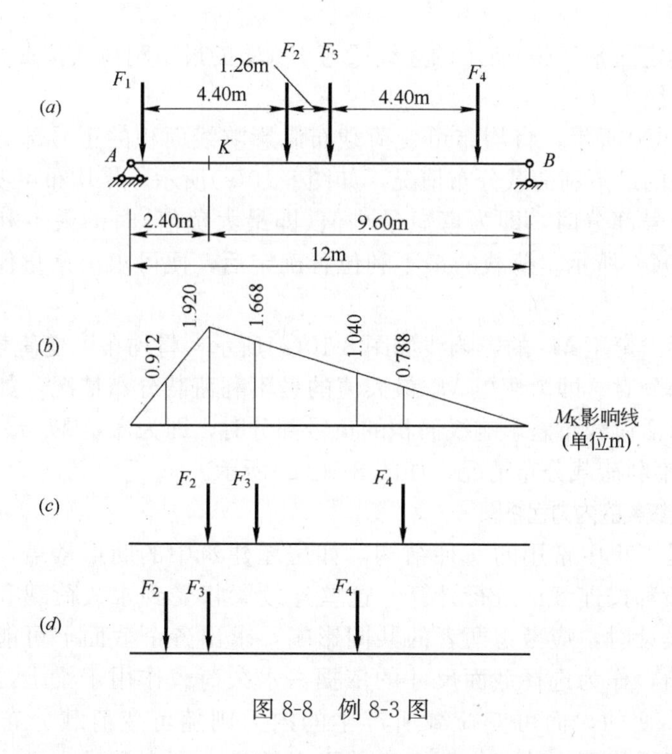

图 8-8 例 8-3 图

$$M_{Kmax}=665.15kN \cdot m$$

8.2 连续梁的影响线及内力包络图

8.2.1 连续梁的影响线及最不利荷载的位置

为了作出某量值 S 的影响线，只在将与该量值 S 相对应的约束去掉，并使所得体系沿量值 S 的正方向发生一个单位位移 δ，由此所得体系的位移图形就是该量值 S 的影响线。这一绘制影响线的方法，称为机动法。图 8-9 所示就是用机动法作出的外伸梁 R_A 影响线。

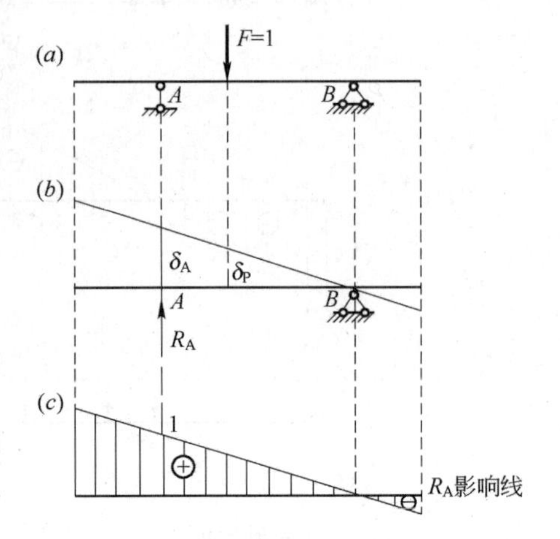

图 8-9 连续梁支座反力影响线

用机动法作出连续梁影响线的方法如下：欲作图 8-10(a)所示连续梁截面 K 的弯矩 M_K 影响线时，应先去掉截面 K 的弯矩约束，即将截面 K 的刚性连接改为铰接，并加一对力偶 M_K 代替原结构的约束作用。然后，使梁沿 M_K 正方向发生单位相对转角位移 $\theta_K=1$，如图 8-10(b)所示即为弯矩 M_K 的影响线轮廓。

有了影响线的轮廓，就可以很方便地确定连续梁在均布可变荷载作用下的最不利荷载位置。

例如欲确定图 8-10(a)所示的连续梁弯矩 M_K 的最不利荷载位置，可先绘出弯矩 M_K 的影响线。

如图 8-10(b)所示，将均布可变荷载布满影响线面积的正号部分时，即为弯矩 M_K 最大值的最不利荷载分布情况，如图 8-10(c)所示；将均布可变荷载布满影响线面积的负号部分时，即为弯矩最小值(即最大负值)时的最不利荷载分布情况，如图 8-10(d)所示。荷载的最不利位置确定后，便可求出该量值的最大值或最小值。

同理，绘出弯矩 M_C 的影响线如图 8-10(e)所示，将均布可变荷载布满影响线面积的正号部分时，即为弯矩 M_C 最大值的最不利荷载分布情况，如图 8-10 (f) 所示；将均布活荷载布满影响线面积的负号部分时，即为弯矩 M_C 最小值(即最大负值)时的最不利荷载分布情况，如图 8-10(g)所示。

8.2.2 连续梁的内力包络图

连续梁是工程中常用的一种结构，如房屋建筑中的肋形楼盖，它的板、次梁和主梁一般都按连续梁进行计算。这些连续梁将受到永久荷载和可变荷载的共同作用，设计时，应考虑两者的共同影响，求出各个截面上可能产生的最大和最小内力值，作为选择截面尺寸的依据。永久荷载作用于梁上，它所产生的内力是固定不变的，而可变荷载所产生的内力则随可变荷载分布的不同而改变。因此，只需将可变荷载作用下各截面上的最大内力和最小内力求出，然后

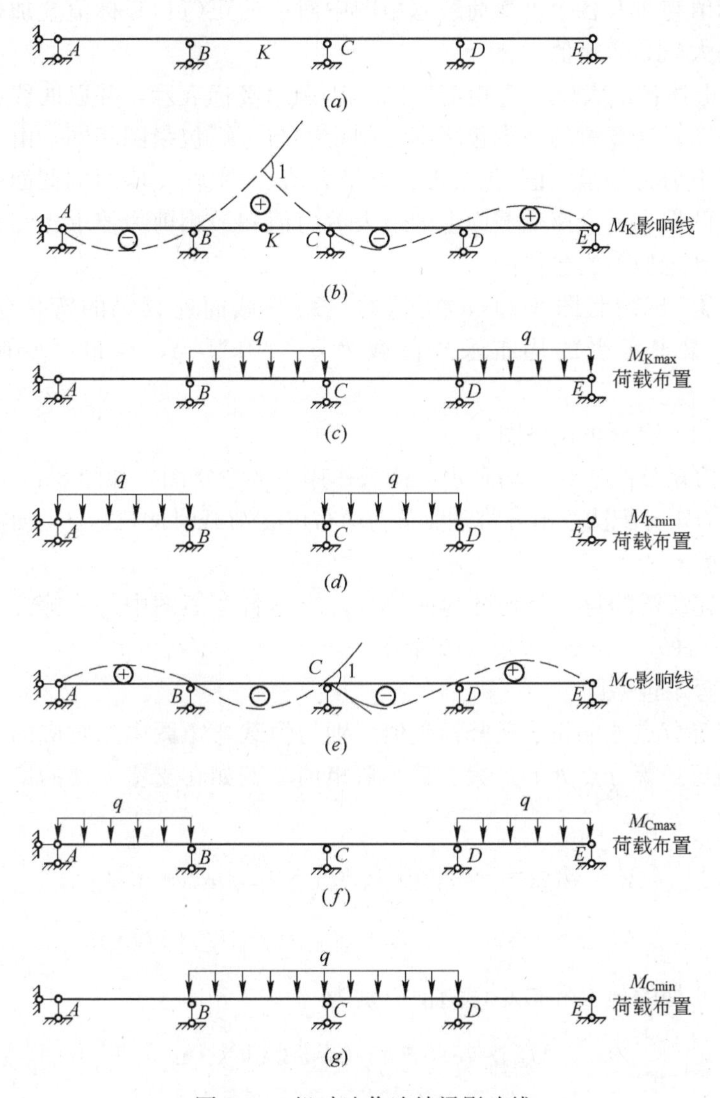

图 8-10 机动法作连续梁影响线

叠加上永久荷载产生的内力，用图形的形式表示出来，就得到连续梁的内力包络图。

当连续梁受均布可变荷载作用时，各截面上弯矩的最不利位置是在若干跨内布满荷载。这只需将每一跨单独布满荷载的情况逐一绘出其弯矩图，然后对于任一截面，将这些弯矩图中的对应的所有正弯矩值相加，便得到该截面在可变荷载作用下的最大正弯矩；同样，将对应的所有的负弯矩值相加，便得到该截面在可变荷载作用下的最大负弯矩值。因此，对于均布可变荷载作用下的连续梁，其弯矩包络图可按如下步骤进行绘制：

(1) 绘出永久荷载作用下的弯矩图。

(2) 依次按每一跨上单独布可变荷载的情况，逐一绘出其弯矩图。

(3) 将各跨分为若干等分，对每一分点处的截面，将永久荷载弯矩图中各截面上的竖标值与所有各个可变荷载弯矩图中对应的正(负)竖标值叠加，便得到各截面上的最大(小)弯矩值。

(4) 将上述各最大(小)弯矩值按同一比例用竖标表示，并以曲线相连，即得到弯矩包络图。连续梁的剪力包络图绘制步骤与弯矩包络图相同，由于在均布可变荷载作用下剪力的最大值(包括正、负最大值)发生在支座两侧截面上，因此通常只将各跨两端靠近支座处截面上的最大剪力值和最小剪力值求出，在各跨用直线相连，得到近似剪力包络图。

【例 8-4】 试绘制图 8-11(*a*)所示的三跨等截面连续梁的弯矩包络图和剪力包络图。梁上承受的均布永久荷载为 $q=20\text{kN/m}$，均布可变荷载为 $p=37.5\text{kN/m}$。

【解】 (1) 绘弯矩包络图。

(2) 用力矩分配法绘出均布永久荷载作用下的弯矩图，如图 8-11(*b*)所示。

(3) 用力矩分配法绘出各跨单独布满均布可变荷载时的弯矩图，如图 8-11(*c*)、(*d*)、(*e*)所示。

(4) 将连续梁的每一跨均分为四等分，求出各弯矩图中每一等分点处的竖坐标值如图 8-11(*b*)、(*c*)、(*d*)、(*e*)所示。

(5) 绘弯矩包络图。

将对应等分点处的正、负竖标坐值分别与恒载弯矩图中相对应的竖坐标值相叠加，即得每一等分点处的最大、最小弯矩值。例如在支座 4 处的最大和最小弯矩值分别为

$$M_{4\max}=-32.0+10.0=-22.0\text{kN}\cdot\text{m}$$

$$M_{4\min}=-32.0-40.0-30.0=-102.0\text{kN}\cdot\text{m}$$

在支座 6 处的最大和最小弯矩值分别为

$$M_{6\max}=8.0+45.0=53.0\text{kN}\cdot\text{m}$$

$$M_{6\min}=8.0-15.0-15.0=-22.0\text{kN}\cdot\text{m}$$

将各个等分点处的最大弯矩值和最小弯矩值分别用曲线相连，即得连续梁的弯矩包络图，如图 8-11(*f*)所示。

(6) 绘制剪力包络图。

1) 利用永久荷载和弯矩图绘出永久荷载作用下的剪力图如图 8-12(*a*)所示；

2) 绘出各跨单独布满可变荷载时的剪力图如图 8-12(*b*)、(*c*)、(*d*)所示；

3) 绘制剪力包络图。

将永久荷载作用下的剪力图中各支座左、右两侧截面的竖坐标值与各可变荷载作用的剪力图中相对应的正(负)竖坐标值相叠加，便得到各支座左、右两侧截面上最大、最小剪力值。例如，在支座 4 左、右侧截面上的最大、最小剪力值分别为

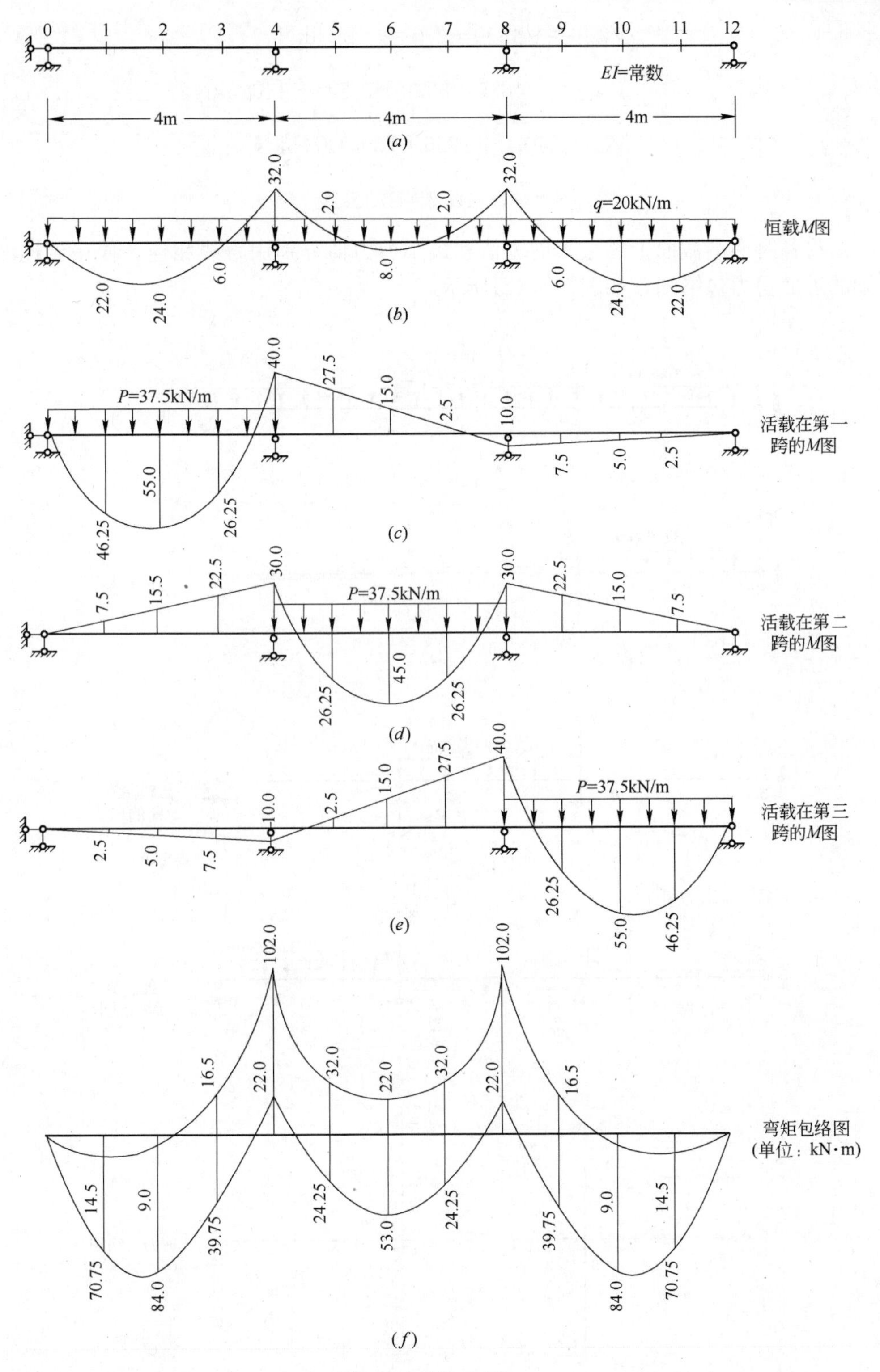
0
1
2
3
4
5
6
7
8
9
10
11
12
EI=常数
4m
4m
4m
(a)
32.0
32.0
2.0
2.0
q=20kN/m
恒载M图
22.0
24.0
6.0
8.0
6.0
24.0
22.0
(b)
40.0
27.5
15.0
2.5
10.0
P=37.5kN/m
活载在第一跨的M图
46.25
55.0
26.25
7.5
5.0
2.5
(c)
7.5
15.5
22.5
30.0
30.0
22.5
15.0
7.5
P=37.5kN/m
活载在第二跨的M图
26.25
45.0
26.25
(d)
40.0
27.5
15.0
2.5
10.0
P=37.5kN/m
活载在第三跨的M图
2.5
5.0
7.5
26.25
55.0
46.25
(e)
102.0
102.0
16.5
22.0
32.0
22.0
32.0
22.0
16.5
弯矩包络图
(单位：kN·m)
14.5
9.0
39.75
24.25
53.0
24.25
39.75
9.0
14.5
70.75
84.0
84.0
70.75
(f)

图 8-11　例 8-4 图(一)

$$V_{\mathrm{Bmax}}^{左}=-48.0+2.5=-45.5\mathrm{kN}$$

$$V_{\mathrm{Bmin}}^{左}=-48.0-85.0-7.5=-140.5\mathrm{kN}$$

$$V_{\mathrm{Bmax}}^{右}=40.0+12.5+75=127.5\mathrm{kN}$$

$$V_{\mathrm{Bmin}}^{右}=40.0-12.5=27.5\mathrm{kN}$$

将各跨两端截面上的最大剪力值和最小剪力值分别用直线相连，便得到连续梁的近似剪力包络图，如图 8-12(*e*)所示。

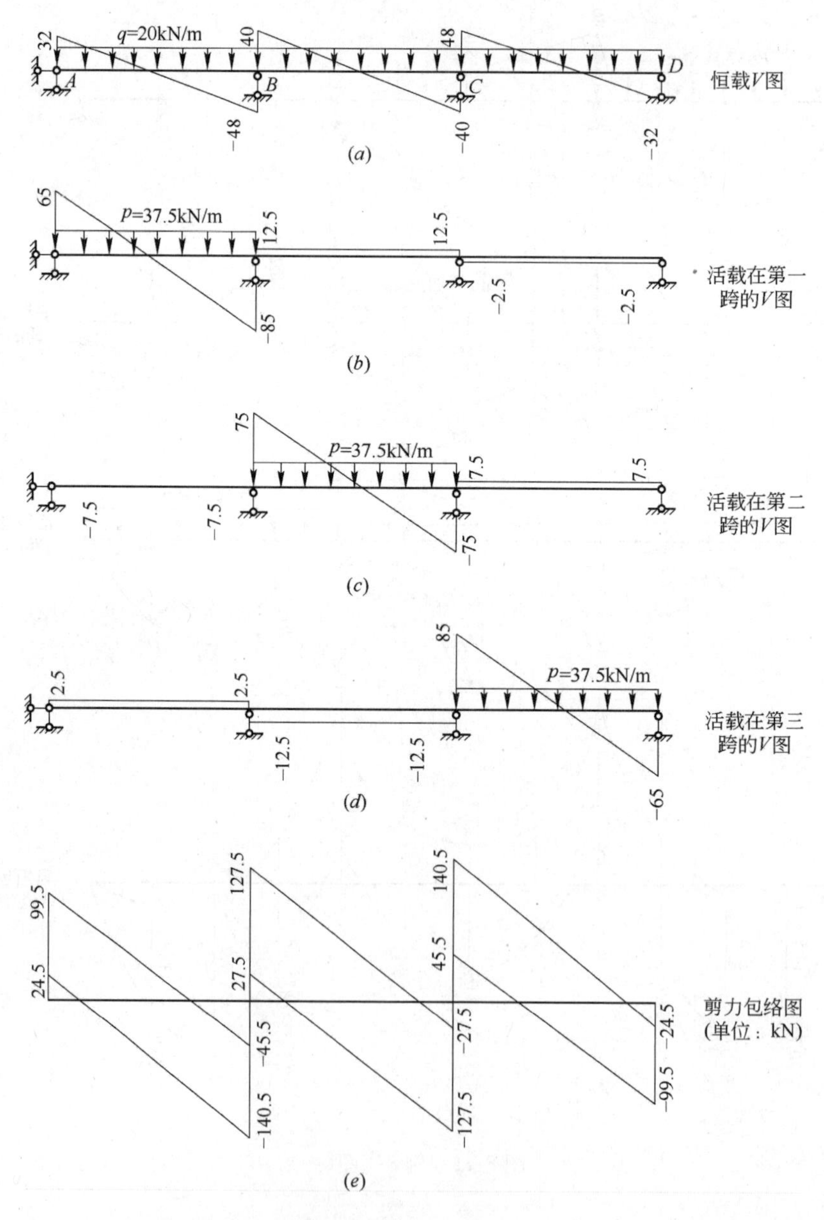

图 8-12 例 8-4 图(二)

思　考　题

1. 试问影响线上任一点的横坐标与纵坐标各代表什么意义？
2. 试问作某内力影响线与在固定荷载下求该内力有何异同？
3. 试问在什么情况下影响线方程必须分段列出？
4. 为何可以利用影响线来求得永久荷载作用下的内力？
5. 何谓最不利荷载位置？何谓临界荷载？
6. 试问内力包络图与内力图、影响线有何区别？三者各有何用途？

习　题

1. 试作如图 8-13 所示悬臂梁支座 A 的反力 X_A、Y_A 和截面 C 的弯矩 M_C、剪力 V_C 影响线。

2. 试作如图 8-14 所示外伸梁支座 B 的反力 R_B 和截面 C 的弯矩 M_C、剪力 V_C 影响线。

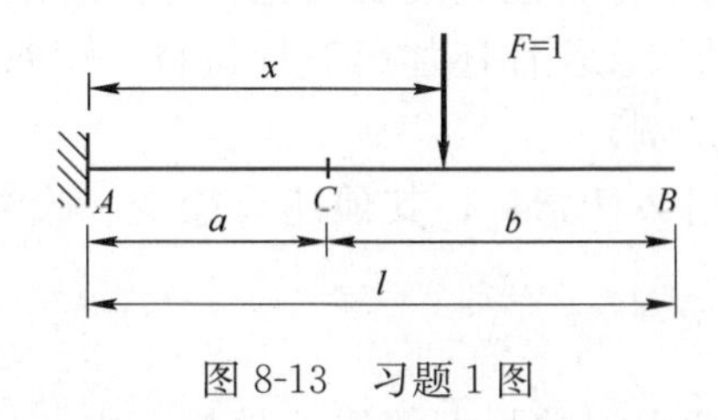

图 8-13　习题 1 图

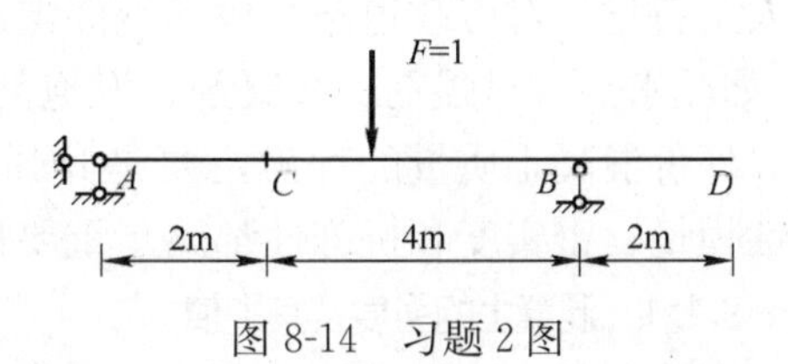

图 8-14　习题 2 图

3. 利用影响线求如图 8-15 所示外伸梁支座 B 的反力 R_B 和截面 C 的弯矩 M_C、剪力 V_C 值。

4. 求如图 8-16 所示简支梁在所给移动荷载作用下截面 C 的最大弯矩值。

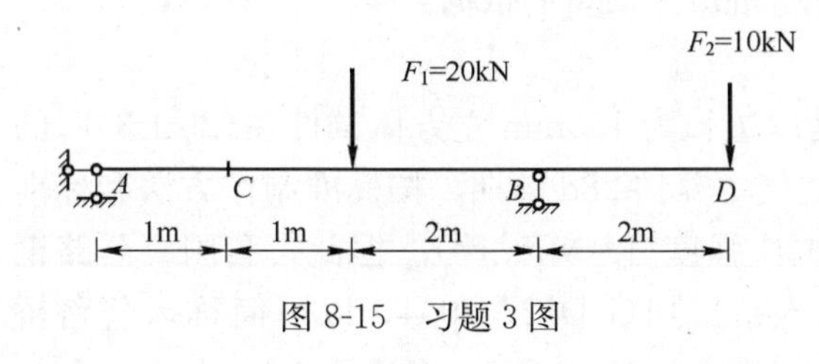

图 8-15　习题 3 图

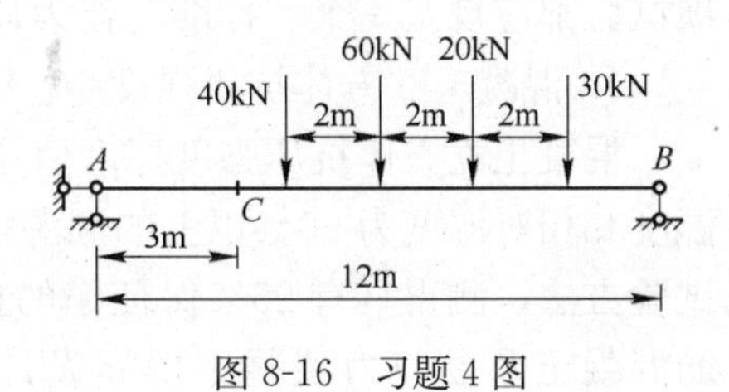

图 8-16　习题 4 图

教学单元9　钢筋混凝土基本知识

【教学目标】 通过对混凝土、钢筋两种材料物理力学性能、钢筋混凝土结构作用效应组合的学习，学生能够进行作用效应组合计算，取最不利组合进行设计，具有利用钢筋混凝土材料性能解决实际工程问题的能力。

9.1　混　凝　土

混凝土是由水泥、砂和石子三种材料，用水拌合经过凝固硬化、养护后制成的人工石材；对市政道路、桥涵钢筋混凝土结构，往往还加第五种材料——外加剂(如减水剂、早强剂、缓凝剂、发泡剂和防水剂)。

评价混凝土质量的优劣主要是其强度和耐久性指标，其他还有徐变、收缩、弹性模量、密实度和抗冻性都属于重要性质。

9.1.1　混凝土的强度及其取值

影响混凝土强度的因素是多方面的，包括水泥的强度等级、骨料、水灰比、级配和设计时各种材料的比例，制作方法，养护(凝固)时的环境，龄期等；同时还与构件的形状、尺寸、试验方法、加载方法、加载速率等因素有关。为此，各项试验都应规定一个“标准”作为评价混凝土质量的依据。

1. 混凝土立方体抗压强度(f_{cu})

混凝土立方体抗压强度标准值是以边长为150mm立方体试件在(20±3)℃的温度和相对湿度为90%以上的潮湿空气中养护28d龄期，按标准制作方法和标准试验方法，测得具有95%保证率的抗压强度(以MPa计)。据此，我国《公路钢筋混凝土及预应力混凝土桥涵设计规范》JTG D62—2004，以下简称《公路桥规》。规定混凝土的强度等级分为十四级：C15、C20、C25、C30、C35、C40、C45、C50、C55、C60、C65、C70、C75、C80。其中C50以下为普通混凝土，C50及以上为高强度等级混凝土，混凝土立方体抗压强度标准值用$f_{cu,k}$表示。则

$$f_{cu,k}=\mu_{f150}-1.645\sigma_{f150}=\mu_{f150}(1-1.645\delta_{150}) \tag{9-1}$$

式中，μ_{f150}、σ_{f150}、δ_{f150}分别代表边长为150mm立方体抗压强度的平均值、标准差和变异系数。在实际应用中，也可以采用边长为200mm或100mm的立方体试件测得的值分别乘以1.05或0.95来换算成150mm的立方体值。

公路桥涵受力构件的混凝土强度等级应满足：

(1) 钢筋混凝土结构(构件)中混凝土的强度等级不应低于C20，当采用HRB400级、KL400级钢筋时，不应低于C25；

(2) 预应力混凝土结构(构件)中，混凝土强度等级不应低于C40。

2．混凝土轴心抗压强度及其取值(也称棱柱体强度 f_{ck})

混凝土的抗压强度不仅与尺寸有关，也与形状有关。在实际的公路桥涵结构中，受压构件是柱体，棱柱体试件强度更能反映柱体受压构件的受力特点。

采用标准的制作方法，将棱柱体试件制作成150mm×150mm×300mm，在标准环境下养护28d龄期，测得具有95%保证率的抗压强度，称为混凝土轴心抗压强度标准值。其破坏如图9-1所示。根据我国近年来的统计分析，边长为150mm混凝土立方体抗压强度平均值与轴心抗压强度平均值之间成直线关系。回归经验公式为

$$\mu_{fc,s}=\alpha\mu_{f150} \tag{9-2}$$

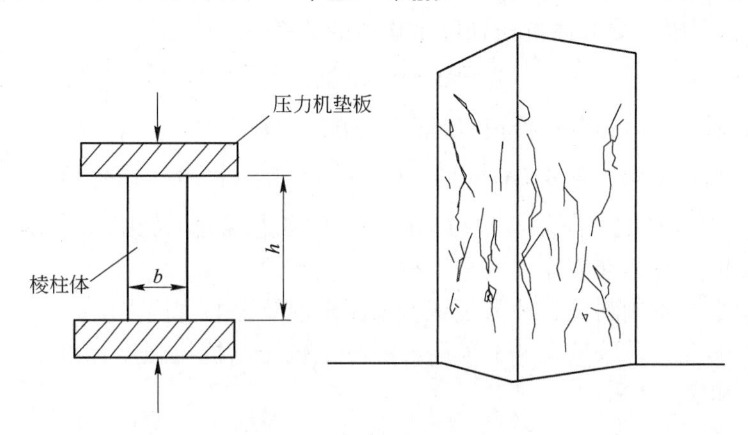

图9-1　混凝土棱柱体抗压试验

根据《公路统一标准》的建议，构件中混凝土与试件中混凝土因质量、制作工艺、受荷情况和环境条件等不同，其抗压强度平均换算系数取0.88。则混凝土的抗压强度平均值(μ_{fc})为

$$\mu_{fc}=0.88\mu_{fc,s}=0.88\alpha\mu_{f150} \tag{9-3}$$

根据工程经验和《高强度混凝土结构设计与施工指南》的建议，C50及其以下强度等级的混凝土，取$\alpha=0.76$，C55～C80混凝土，取$\alpha=0.78\sim0.82$；另外，考虑C40～C80混凝土具有一定的脆性，取强度折减系数为1.0～0.87，中间按直线内插。

考虑构件混凝土轴心抗压强度的变异系数与混凝土立方体试件抗压强度的变异系数相同，则构件混凝土抗压强度标准值为

$$f_{ck}=\mu_{fc}(1-1.645\delta_{fc})=0.88\alpha\mu_{f150}(1-1.645\delta_{f150})=0.88\alpha f_{cu,k} \tag{9-4}$$

构件混凝土抗压强度设计值(f_{cd})为标准值除以混凝土的材料分项系数，即

$$f_{cd}=\frac{f_{ck}}{\gamma_{fc}} \tag{9-5}$$

式(9-5)中，混凝土材料的分项系数$\gamma_{fc}=1.45$。

3．混凝土轴心抗拉强度及其取值(f_{ck})

混凝土轴心抗拉强度是评价混凝土构件抗裂度、抗剪破坏的重要指标，也是衡量混凝土其他力学性能的重要指标(如冲切、混凝土与钢筋的粘结强度等)。

我国测定混凝土轴心抗拉强度采用直接抗拉试验方法，试件尺寸为100mm×

100mm×500mm，如图 9-2 所示。

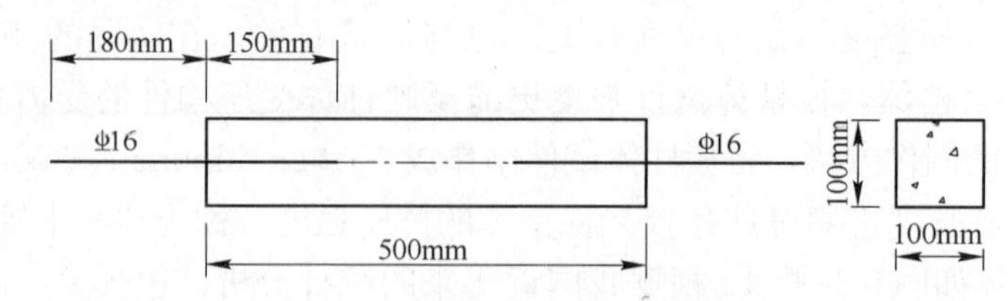

图 9-2 混凝土轴心抗拉试验

与混凝土轴心抗压强度类似，根据试验资料，构件混凝土轴心抗拉强度与边长为 150mm 混凝土立方体抗压强度平均值的关系

$$\mu_{ft}=0.88\times0.395\mu_{f150}^{0.55} \tag{9-6}$$

构件混凝土轴心抗压强度标准值(保证率为 95%)为

$$f_{tk}=\mu_{ft}(1-1.645\delta_{ft})=0.88\times0.395f_{cu,k}^{0.55}(1-1.645\delta_{f150})^{0.45} \tag{9-7}$$

按式(9-7)计算混凝土轴心抗拉强度后，应考虑混凝土的脆性。混凝土轴心抗拉强度设计值为其标准值除以混凝土材料分项系数。

也可用立方体或圆柱体的劈裂试验来测定混凝土的抗拉强度。

混凝土的变异系数按表 9-1 采用，混凝土抗压、抗拉强度标准值、设计值分别按表 9-2 和表 9-3 采用。

混凝土变异系数 **表 9-1**

$f_{cu,k}$	C15	C20	C25	C30	C35	C40	C45	C50	C55	C60
δ_f	0.21	0.18	0.16	0.14	0.13	0.12	0.12	0.11	0.11	0.10

注：C60 及其以上等级混凝土的变异系数为 0.10。

混凝土强度标准值(MPa) **表 9-2**

强度种类	符号	混凝土强度等级													
		C15	C20	C25	C30	C35	C40	C45	C50	C55	C60	C65	C70	C75	C80
轴心抗压	f_{ck}	10.0	13.4	16.7	20.1	23.4	26.8	29.6	32.4	35.5	38.5	41.5	44.5	47.4	50.2
轴心抗拉	f_{tk}	1.27	1.54	1.78	2.01	2.20	2.40	2.51	2.65	2.74	2.85	2.93	3.00	3.05	3.10

混凝土强度设计值(MPa) **表 9-3**

强度种类	符号	混凝土强度等级													
		C15	C20	C25	C30	C35	C40	C45	C50	C55	C60	C65	C70	C75	C80
轴心抗压	f_{cd}	6.9	9.2	11.5	13.8	16.1	18.4	20.5	22.4	24.4	26.5	28.5	30.5	32.4	34.6
轴心抗拉	f_{td}	0.88	1.06	1.23	1.39	1.52	1.65	1.74	1.83	1.89	1.96	2.02	2.07	2.10	2.14

注：计算现浇钢筋混凝土轴心受压和偏心受压构件时，如截面长边或直径小于 300mm，表中数值应乘以 0.8；当构件质量(混凝土成型、截面和轴线尺寸等)确有保证时，可不受此限。

9.1.2　混凝土的变形性能

混凝土的变形性能基本可以分两类进行研究，一类是混凝土的受力的变形，包括混凝土在一次短期加载的变形、荷载长期作用下的变形以及多次重复荷载作用下的变形；另一类是混凝土的体积变形，包括混凝土的收缩以及温度和湿度等引起的变形。

1. 混凝土在一次短期加载变形性能

图 9-3 是混凝土棱柱体在一次短期加载的应力—应变曲线。从图中可以看出，曲线分上升阶段和下降阶段。混凝土在受荷载初期，应力较小(0.2～0.3)f_{cd}，应力—应变曲线呈直线关系，这一阶段主要是水泥凝胶体黏性流动小，变形取决于水泥石和骨料的弹性变形；当应力增加接近 $0.5f_{cd}$时，应力—应变曲线有明显的弯曲，说明混凝土的应力—应变不再呈线性关系，表现出一定的塑性变形，这一阶段，混凝土内部水泥凝胶体有较大黏性流动，同时产生微裂缝，促使混凝土变形加快。当压应力接近或达到棱柱体抗压强度时，混凝土内部骨料与水泥石的粘结作用被破坏，内部微裂缝转变为暴露的纵向裂缝，试验接近破坏；这一阶段为曲线的上升阶段。

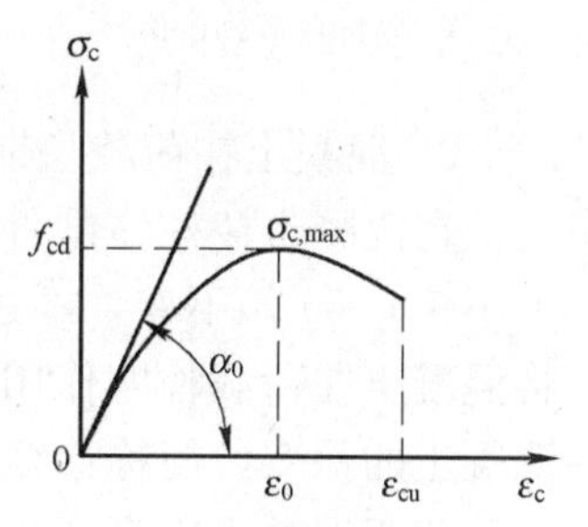

图 9-3　混凝土棱柱体一次加载时的应力—应变曲线

若试压机的刚度很大或混凝土的强度等级低，试验将得到应力—应变的下降段，否则将无法得到“下降段”。

如图 9-3 所示，混凝土应力达到峰值时的应变称为峰值应变，用 ε_0(=0.002)表示；下降段末对应的变形称为混凝土的极限压应变，用 ε_{cu}(=0.003～0.0033)表示。

2. 混凝土弹性模量(E_c)

通过混凝土棱柱体应力—应变曲线原点切线的斜率，定义为混凝土的弹性模量，即

$$E_c=\tan\alpha_0 \tag{9-8}$$

式中 α_0 是混凝土棱柱体原点处的切线与横坐标的夹角，如图 9-3 所示。我国《混凝土结构设计规范》GB 50010—2002 规定的混凝土弹性模量是在重复加载的混凝土应力—应变曲线上求得。经整理、分析，混凝土的弹性模量按下式计算。

$$E_c=\frac{10^5}{2.2+\dfrac{34.74}{f_{cu,k}}}(\text{MPa}) \tag{9-9}$$

我国《公路桥规》JTG D62—2004 也采用了这一方法确定混凝土的弹性模量。混凝土受压或受拉的弹性模量按表 9-4 采用。公路、桥涵所用混凝土的剪变模量(G_c)和泊松比(υ_c)按混凝土规范采用，分别取 $G_c=0.4E_c$ 和 $\upsilon_c=0.2$。

混凝土的弹性模量(10^4 MPa) **表 9-4**

混凝土强度等级	C15	C20	C25	C30	C35	C40	C45	C50	C55	C60	C65	C70	C75	C80
弹性模量(E_c)	2.20	2.55	2.80	3.00	3.15	3.25	3.35	3.45	3.55	3.60	3.65	3.70	3.75	3.80

注：采用引气剂及较高砂率的泵送混凝土且无实测资料时，表中C50～C80混凝土的弹性模量值应乘以折减系数0.95。

3. 混凝土在荷载长期作用下的变形

在混凝土棱柱体试件上加载产生压缩变形，如果维持压力(加载产生的压应力小于$0.5f_{cd}$)不变，经过若干时间后，发现混凝土的应变还在继续增加。因此，将混凝土在荷载长期作用下(维持荷载大小不变)，应变随时间增加的现象，称为混凝土的徐变，简称徐变。

关于混凝土徐变产生的原因，目前尚无定论，大家公认的解释有两种，一是混凝土结硬后，骨料之间的水泥浆一部分变为结晶体，它是完全弹性的，另一部分填充在晶体之间的凝胶体，具有黏性流动的性质，在不变的应力状态下，随时间增加，凝胶体流动使晶体承受更大的应力，产生弹性变形。二是混凝土内部微裂缝在长期不变的应力状态下不断地发展和增加，从而导致应变增加。当应力不大(如小于$0.5f_{cd}$，严格地讲应小于$0.2f_{cd}$更接近实际受力)时，以第一种变形为主，徐变呈线性关系，试验表明，这种徐变三年可稳定；当混凝土中应力较大时(如大于$0.5f_{cd}$)，徐变以第二种为主，它是一种非线性变形。混凝土徐变与时间的关系如图9-4所示。

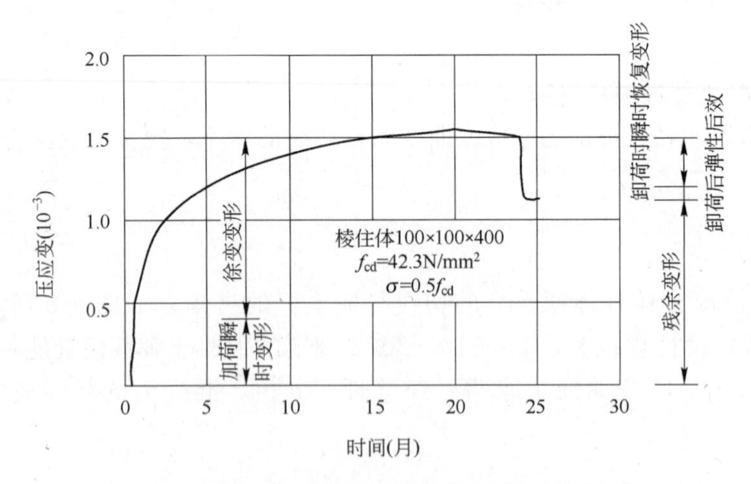

图9-4 混凝土徐变(加荷卸荷应变与时间关系曲线)

这里应注意的是，构件混凝土长期处于高压应力$(0.75\sim0.80)f_{cd}$状态时，构件是不安全的。这在实际工程中应特别注意。

影响混凝土徐变的因素较多，概括起来有：加载时混凝土龄期，水泥用量，水灰比，骨料的弹性模量，混凝土的密实度，养护条件等等。这些因素在实际工程中要特别加以控制，以减小混凝土徐变。

4. 混凝土的收缩变形和膨胀变形

混凝土在结硬过程中，体积会发生变化，当在空气中结硬时，体积变小，称为混凝土的收缩；在水中结硬时，体积会增加，称为混凝土的膨胀。一般来讲，混凝土的收缩变形比膨胀变形大很多。

混凝土收缩在第一个月内要完成50%，三个月后增长缓慢，两年后就趋于稳定。混凝土收缩与时间的关系如图9-5所示。

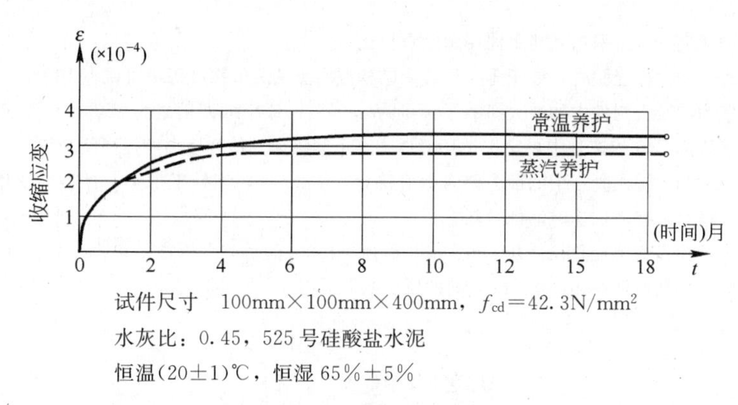

试件尺寸　100mm×100mm×400mm，f_{cd}=42.3N/mm²

水灰比：0.45，525号硅酸盐水泥

恒温(20±1)℃，恒湿65%±5%

图9-5　混凝土的收缩

关于混凝土收缩原因，一是混凝土结硬过程中化学反应产生凝结收缩，二是混凝土内部自由水蒸发。混凝土的收缩对钢筋混凝土构件和预应力混凝土构件都是有危害的，收缩应力使钢筋混凝土构件产生裂缝，使预应力混凝土构件的预应力损失增大。

影响混凝土收缩的因素较多，概括起来有：水泥用量，水灰比，水泥品种和标号，骨料的弹性模量，混凝土的密实度，养护条件和使用环境等等。为确保工程质量，这些因素在实际工程中要特别加以控制，以减小混凝土收缩。

9.1.3　结构混凝土的耐久性

公路桥涵应根据其所处的环境条件进行耐久性设计，结构混凝土的耐久性的基本要求应符合表9-5。

结构混凝土耐久性的基本要求　　　　**表9-5**

环境类别	环境条件	最大水灰比	最小水泥用量(kg/m³)	最低混凝土强度等级	最大氯离子含量(%)	最大碱含量(kg/m³)
Ⅰ	温暖或寒冷地区的大气环境、与无侵蚀性的水或土接触的环境	0.55	275	C25	0.30	3.0
Ⅱ	严寒地区的大气环境、使用除冰盐环境、滨海环境	0.50	300	C30	0.15	3.0

续表

环境类别	环境条件	最大水灰比	最小水泥用量(kg/m³)	最低混凝土强度等级	最大氯离子含量(%)	最大碱含量(kg/m³)
Ⅲ	海水环境	0.45	300	C35	0.10	3.0
Ⅳ	受侵蚀性物质影响的环境	0.40	325	C35	0.10	3.0

注：1. 有关现行规范对海水环境中结构混凝土的最大水灰比和最小水泥用量有更详细规定时，可参照执行；

2. 表中氯离子含量系指其与水泥用量的百分比；

3. 当有实际工程经验时，处于Ⅰ类环境中结构混凝土的最低强度等级可比表中降低一个等级；

4. 预应力混凝土构件中的最大氯离子含量为0.06%，最小水泥用量为350kg/m³，最低混凝土强度等级为C40或按表中规定Ⅰ类环境提高三个等级，其他环境类别提高两个等级；

5. 特大桥和大桥混凝土中的最大碱含量宜降至1.8kg/m³，当处于Ⅲ类、Ⅳ类或使用除冰盐和滨海环境时，宜使用非碱活性骨料；

6. 特大桥指多孔跨径总长>1000m，单孔跨径>150m的桥；大桥指多孔跨径总长在100～1000m之间，单孔跨径在40～150m之间的桥。

9.2 钢　　材

9.2.1 钢材的牌号、化学成分和等级

钢是含碳量小于2.11%的铁碳合金。按化学成分，钢筋混凝土结构所用的钢材可分为碳素结构钢和低合金高强度结构钢，这两类钢材主要用于厂房、桥梁、公路和船舶等一般工程结构中。

1. 碳素结构钢的牌号

按照国家标准《碳素结构钢》GB 700—88，碳素结构钢牌号表示方法，用代表屈服点的字母、屈服点数值、质量等级符号和脱氧方法符号四个部分按顺序排列。据此，碳素结构钢的具体牌号如下。

Q195——Q195F、Q195b、Q195；

Q215——Q215AF、Q215Ab、Q215A、Q215BF、Q215Bb、Q215B；

Q235——Q235AF、Q235Ab、Q235A、Q235BF、Q235Bb、Q235B、Q235C、Q235D；

Q255——Q255A、Q255B；

Q275——Q275。

字母"Q"表示汉字"屈"拼音的第一个字母，其后面的数值表示该钢材的屈服点(以MPa计)，质量等级代号用A、B、C、D表示；按冶炼脱氧方法，沸腾钢(用"F"表示)、半镇静钢(用"b"表示)、镇静钢(用"Z"表示)和特殊镇静钢(用"TZ"表示)，其中"Z"和"TZ"可以省略。对于A级，冲击韧性不作要求，冷弯试验也只是在需方要求才进行，B、C、D级对冲击韧性有不同的要求，并均要求冷弯试验合格，C级为镇静钢，D级为特殊镇静钢。在碳素结构钢中，Q235因其含碳量适中，综合性能较好，常用它来轧制盘条(圆钢)、方钢、

扁钢、角钢、工字钢、槽钢和中厚钢板，大量地用于一般工程结构中，C、D级钢还可作为某些专业用钢使用。

2. 碳素结构钢的化学成分

碳素结构钢的化学成分见表9-6。

碳素结构钢的化学成分　　表9-6

<table>
<tr><th rowspan="3">牌号</th><th rowspan="3">等　级</th><th colspan="5">化学成分(%)</th><th rowspan="3">脱氧方法</th></tr>
<tr><th rowspan="2">C</th><th rowspan="2">Mn</th><th>Si</th><th>S</th><th>P</th></tr>
<tr><th colspan="3">不　大　于</th></tr>
<tr><td>Q195</td><td>—</td><td>0.06～0.12</td><td>0.25～0.50</td><td>0.30</td><td>0.050</td><td>0.045</td><td>F、b、Z</td></tr>
<tr><td rowspan="2">Q215</td><td>A</td><td rowspan="2">0.09～0.15</td><td rowspan="2">0.25～0.55</td><td rowspan="2">0.30</td><td>0.050</td><td rowspan="2">0.045</td><td rowspan="2">F、b、Z</td></tr>
<tr><td>B</td><td>0.045</td></tr>
<tr><td rowspan="4">Q235</td><td>A</td><td>0.14～0.22</td><td>0.30～0.65[1]</td><td rowspan="4">0.30</td><td>0.050</td><td rowspan="2">0.045</td><td rowspan="2">F、b、Z</td></tr>
<tr><td>B</td><td>0.12～0.20</td><td>0.30～0.70[1]</td><td>0.045</td></tr>
<tr><td>C</td><td>≤0.18</td><td rowspan="2">0.35～0.80</td><td>0.040</td><td>0.040</td><td>Z</td></tr>
<tr><td>D</td><td>≤0.17</td><td>0.035</td><td>0.035</td><td>TZ</td></tr>
<tr><td rowspan="2">Q255</td><td>A</td><td rowspan="2">0.18～0.28</td><td rowspan="2">0.40～0.70</td><td rowspan="2">0.30</td><td>0.050</td><td rowspan="2">0.045</td><td rowspan="2">F、b、Z</td></tr>
<tr><td>B</td><td>0.045</td></tr>
<tr><td>Q275</td><td>—</td><td>0.28～0.38</td><td>0.50～0.80</td><td>0.35</td><td>0.050</td><td>0.045</td><td>b、Z</td></tr>
</table>

[1] Q235A、B级沸腾钢锰含量上限为0.60%。

3. 低合金高强度结构钢牌号

低合金高强度结构钢是在冶炼过程中加入少量合金元素(其总量不超过5%)，以提高钢材的强度、耐腐蚀性及低温冲击韧性等。低合金高强度结构钢均属于镇静钢或特殊镇静钢，因此在其牌号的表示中没有冶炼方法的表示，由代表屈服点的字母“Q”、屈服点数值和质量等级三部分按顺序组成。但其质量等级分为A、B、C、D和E级，即

Q295——Q295A、Q295B

Q345——Q345A、Q345B、Q345C、Q345D、Q345E

Q390——Q390A、Q390B、Q390C、Q390D、Q390E

Q420——Q420A、Q420B、Q420C、Q420D、Q420E

Q460——Q460C、Q460D、Q460E

其中A、B级属镇静钢，C、D、E级属特殊镇静钢。

4. 低合金高强度结构钢的化学成分

低合金高强度结构钢的化学成分见表9-7。

5. 钢筋

混凝土结构所用钢材有碳素结构钢和低合金高强度结构钢。根据现行混凝土结构设计规范和公路桥涵结构设计规范，国产钢筋主要推荐热轧钢筋、热处理钢筋、冷轧带肋钢筋、消除应力钢丝、钢绞线和精轧螺纹钢筋等。

低合金高强度结构钢的化学成分　　表 9-7

<table>
<tr><th rowspan="2">牌号</th><th rowspan="2">质量等级</th><th colspan="11">化学成分(%)</th></tr>
<tr><th>C≤</th><th>Mn</th><th>Si≤</th><th>P≤</th><th>S≤</th><th>V</th><th>Nb</th><th>Ti</th><th>Al≥</th><th>Cr≤</th><th>Ni≤</th></tr>
<tr><td rowspan="2">Q295</td><td>A</td><td rowspan="2">0.16</td><td rowspan="2">0.80～1.50</td><td rowspan="20">0.55</td><td>0.045</td><td>0.045</td><td rowspan="2">0.02～0.15</td><td rowspan="20">0.015～0.060</td><td rowspan="20">0.02～0.20</td><td rowspan="4">—</td><td rowspan="7">—</td><td rowspan="7">—</td></tr>
<tr><td>B</td><td>0.040</td><td>0.040</td></tr>
<tr><td rowspan="5">Q345</td><td>A</td><td rowspan="3">0.20</td><td rowspan="5">1.00～1.60</td><td>0.045</td><td>0.045</td><td rowspan="5">0.02～0.15</td></tr>
<tr><td>B</td><td>0.040</td><td>0.040</td></tr>
<tr><td>C</td><td>0.035</td><td>0.035</td><td rowspan="3">0.015</td></tr>
<tr><td>D</td><td rowspan="2">0.18</td><td>0.030</td><td>0.030</td></tr>
<tr><td>E</td><td>0.025</td><td>0.025</td></tr>
<tr><td rowspan="5">Q390</td><td>A</td><td rowspan="5">0.20</td><td rowspan="5">1.00～1.60</td><td>0.045</td><td>0.045</td><td rowspan="13">0.02～0.20</td><td rowspan="2">—</td><td rowspan="5">0.30</td><td rowspan="13">0.70</td></tr>
<tr><td>B</td><td>0.040</td><td>0.040</td></tr>
<tr><td>C</td><td>0.035</td><td>0.035</td><td rowspan="3">0.015</td></tr>
<tr><td>D</td><td>0.030</td><td>0.030</td></tr>
<tr><td>E</td><td>0.025</td><td>0.025</td></tr>
<tr><td rowspan="5">Q420</td><td>A</td><td rowspan="5">0.20</td><td rowspan="5">1.00～1.70</td><td>0.045</td><td>0.045</td><td rowspan="2">—</td><td rowspan="5">0.40</td></tr>
<tr><td>B</td><td>0.040</td><td>0.040</td></tr>
<tr><td>C</td><td>0.035</td><td>0.035</td><td rowspan="6">0.015</td></tr>
<tr><td>D</td><td>0.030</td><td>0.030</td></tr>
<tr><td>E</td><td>0.025</td><td>0.025</td></tr>
<tr><td rowspan="3">Q460</td><td>C</td><td rowspan="3">0.20</td><td rowspan="3">1.00～1.70</td><td>0.035</td><td>0.035</td><td rowspan="3">0.70</td></tr>
<tr><td>D</td><td>0.030</td><td>0.030</td></tr>
<tr><td>E</td><td>0.025</td><td>0.025</td></tr>
</table>

注：表中的 Al 为全铝含量。如化验酸溶铝时，其含量应不小于 0.010%。

(1) 热轧钢筋：由低碳素结构钢、低合金高强度结构钢在高温状态下轧制而成，按其力学指标常用的钢筋强度等级有 R235、HRB335、HRB400 和 KL400 级。其中 R235 级为光圆钢筋，公称直径 8～20mm 以 2mm 递增；HRB335、HRB400 级钢筋为热轧带肋钢筋(注：HRB 是 Hotrolled——热轧、Ribbed——带肋、Bars——钢筋)，其肋为月牙状，如图 9-6 所示；公称直径 6～50mm，22mm 以下以 2mm 递减，22mm 以上为 25、28、32、36、40、50mm；KL400 级为余热处理钢筋(其中 K、L 分别代表“控制”和“肋”的汉语拼音字头)。公称直径 8～40mm，直径进级与 HRB 钢筋相同。

(2) 冷轧带肋钢筋：它是以热轧圆盘条为原料，经冷轧或冷拔减径后在其表面冷轧成三面或两面肋的钢筋。可用于钢筋混凝土结构和预应力混凝土结构中。按其抗拉强度分三级，即 LL550 级、LL650 级和 LL800 级(LL 表示“冷”和“肋”汉语拼音字头)；公称直径 4～12mm，常用公称直径有 5mm、6mm、7mm、8mm、9mm、10mm。

(3) 消除应力钢丝：包括光面钢丝、螺旋肋钢丝和刻痕钢丝。光面钢丝是用高

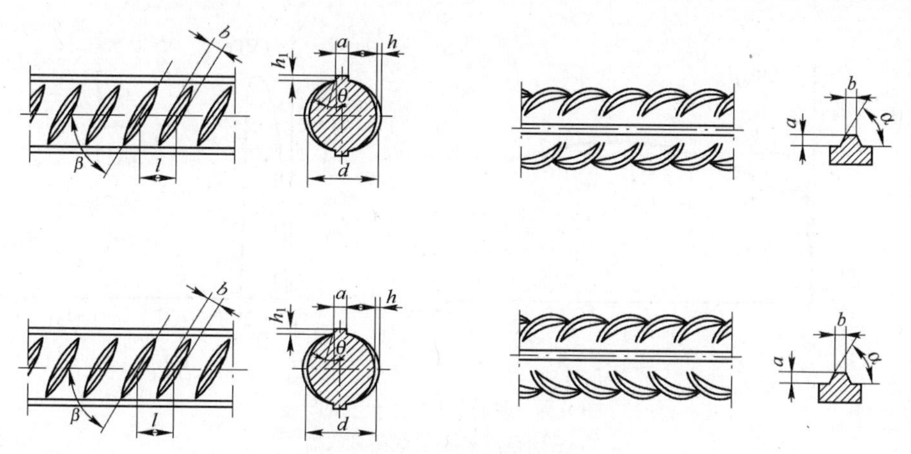

图 9-6 月牙肋钢筋表面及截面形状

d—钢筋内径；α—横肋斜角；h—横肋高度；

β—横肋与轴线夹角；h_1—纵肋高度；θ—纵肋斜角；

a—纵肋顶宽；l—横肋间距；b—横肋顶宽

碳镇静钢轧制成盘圆后，经过多道冷拔并进行应力消除、矫直和回火处理而成；刻痕钢丝是在光面钢丝的表面进行机械刻痕处理，以增加与混凝土的粘结能力。

(4) 热处理钢筋：由低合金高强度结构钢经调质热处理而成，先加热至 900℃左右，并保持恒温，然后淬火，再经 450℃左右的中温或低温回火处理而成。

(5) 钢绞线：钢绞线是由多根高强度钢丝，以一根直径稍粗的钢丝为轴心沿同一方向扭绕并经低温回火处理而成。

(6) 精轧螺纹钢筋：也称为预应力混凝土用螺纹钢筋，是在整根钢筋上轧有外螺纹的大直径、高强度、大尺寸精度的直条钢筋。该钢筋在任意截面处都拧上带有内螺纹的连接器进行连接或拧上带螺纹的螺帽进行锚固。精轧螺纹钢筋摘自企业标准津 Q/YB 3125-96 和 Q/ASB116-1997，公称直径 d＝18mm、25mm、32mm、40mm。目前，这种高强钢筋仅用于中、小型预应力混凝土构件或作为箱梁的竖向、横向预应力钢筋。《公路桥规》对预应力钢筋强度标准值规定见表 9-9，强度设计值规定见表 9-11，预应力钢筋的弹性模量规定见表 9-12。

9.2.2 钢筋的力学性能

混凝土结构所采用钢筋按其拉伸试验曲线分为有屈服点钢筋和无屈服点钢筋两种，如图 9-7(a)、(b)所示。

有屈服点钢筋的 σ—ε 曲线，如图 9-7(a)所示，A 点的应力称为比例极限，B 点的应力称为屈服上限，C 点的应力称为屈服下限，因 B 点的应力不稳定，以 C 点应力作为有屈服点钢筋的屈服强度，C 点以后即使应力不增加，钢筋应变继续增加(若钢筋混凝土结构中，钢筋的应力达到该应力状态，裂缝将快速增大)。钢筋应变到一定程度，其内部晶格将自行调整进入强化阶段，这样直到钢筋应力达到 E 点对应的应力(称为极限强度)，钢筋便开始颈缩，σ—ε 曲线表现为下降段，直到钢筋被拉断。

对于没有明显屈服点的钢筋，它的极限强度高、变形小，可以根据屈服点的特征找到一个“条件”屈服点。通常取残余应变为 0.2%时的应力($\sigma_{0.2}$)作为“条件”屈服点，其值为极限抗拉强度的 0.85 倍。

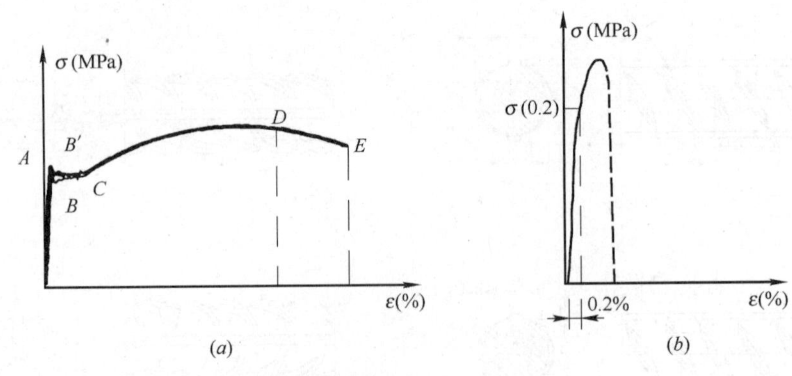

图 9-7　钢筋的应力—应变图

(a)有明显流幅；(b)无明显流幅

钢筋的抗压屈服强度与抗拉屈服强度基本相同。

9.2.3　钢筋的强度及其取值

钢筋的强度是一个随机变量，具有一定的变异性。现行国家标准在确定钢筋强度标准值时，取钢筋的屈服点(或"条件"屈服点)且具有不小于 95％的保证率的强度作为钢筋强度标准值的依据。

钢筋抗拉强度设计值取抗拉强度标准值除以该钢筋的材料强度分项系数而得。对有明显屈服点的钢筋和精轧螺纹钢筋，钢筋材料分项系数取 1.2，对于钢丝和钢绞线取 1.47。

钢筋抗压强度设计值的确定应符合以下两个条件：一是钢筋的压应变取 0.002；二是钢筋的抗压强度设计值不大于抗拉强度设计值。

钢筋的抗拉(压)强度标准值、设计值分别按表 9-8～表 9-11 采用。

普通钢筋抗拉强度标准值(MPa)　　　**表 9-8**

钢筋种类	符号	f_{sk}	钢筋种类	符号	f_{sk}
R235，d=8～20	ϕ	235	HRB400，d=6～50	Φ	400
HRB335，d=6～50	Φ	335	KL400，d=8～40	$Φ^R$	400

注：表中 d 系指国家标准中的钢筋公称直径，单位为毫米。

预应力钢筋抗拉强度标准值(MPa)　　　**表 9-9**

<table>
<tr><th colspan="3">钢筋种类</th><th>符号</th><th>f_{pk}</th></tr>
<tr><td rowspan="3">钢绞线</td><td>1×2
(二股)</td><td>d=8.0、10.0
d=12.0</td><td rowspan="3">ϕ^S</td><td>1470、1570、1720、1860
1470、1570、1720</td></tr>
<tr><td>1×3
(三股)</td><td>d=8.6、10.8
d=12.9</td><td>1470、1570、1720、1860
1470、1570、1720</td></tr>
<tr><td>1×7
(七股)</td><td>d=9.5、11.1、12.7
d=15.2</td><td>1860
1720、1860</td></tr>
<tr><td rowspan="3">消除应力钢丝</td><td>光　面</td><td>d=4、5</td><td>ϕ^P</td><td>1470、1570、1670、1770</td></tr>
<tr><td rowspan="2">螺旋肋</td><td>d=6</td><td></td><td>1570、1670</td></tr>
<tr><td>d=7、8、9</td><td>ϕ^H</td><td>1470、1570</td></tr>
</table>

续表

钢筋种类		符号	f_{pk}
精轧螺旋钢筋	d=40 d=18、25、32	JL	540 540、785、930

注：表中 d 系指国家标准中钢绞线、钢丝和精轧螺纹钢筋的公称直径，单位为毫米。

普通钢筋抗拉、抗压强度设计值(MPa)　　**表 9-10**

钢筋种类	f_{sd}	f'_{sd}	钢筋种类	f_{sd}	f'_{sd}
R235，d=8～20	195	195	HRB400，d=6～50	330	330
HRB335，d=6～50	280	280	KL400，d=8～40	330	330

注：1. 表中 d 系指国家标准中钢筋公称直径，单位为毫米；

2. 钢筋混凝土轴心受拉和小偏心受拉构件的钢筋抗拉强度设计值大于 330MPa 时，仍应按 330MPa 取用；

3. 构件中配有不同种类的钢筋时，每种钢筋应采用各自的强度设计值。

预应力钢筋抗拉、抗压强度设计值(MPa)　　**表 9-11**

钢筋种类		f_{pd}	f'_{pd}
钢绞线 1×2(二股) 1×3(三股) 1×7(七股)	f_{pk}=1470	1000	390
	f_{pk}=1570	1070	
	f_{pk}=1720	1170	
	f_{pk}=1860	1260	
消除应力光面钢丝和螺旋肋钢丝	f_{pk}=1470	1040	410
	f_{pk}=1570	1110	
	f_{pk}=1670	1140	
	f_{pk}=1770	1200	
消除应力刻痕钢丝	f_{pk}=1470	1000	410
	f_{pk}=1570	1070	
精轧螺纹钢筋	f_{pk}=540	450	400
	f_{pk}=785	650	
	f_{pk}=930	770	

9.2.4　钢筋的弹性模量(E_s)

钢筋的弹性模量取其比例极限内应力与相应的应变的比值。常用钢筋的弹性模量按表 9-12 采用。

钢筋的弹性模量(MPa)　　表 9-12

钢筋种类	E_s	钢筋种类	E_P
R235	2.1×10^5	消除应力光面钢丝、螺旋肋钢丝、刻痕钢丝	2.05×10^5
HRB335、HRB400、KL400、精轧螺纹钢筋	2.0×10^5	钢绞线	1.95×10^5

9.3 钢筋与混凝土共同工作

钢筋混凝土是由钢筋和混凝土两种物理、力学性质不同的材料复合而成，两者能协同工作，其主要原因是由于混凝土结硬后钢筋与混凝土之间产生良好的粘结力(或锚固能力)，使两者可靠地结合在一起，从而保证在外荷载作用下，钢筋与混凝土能够共同变形；其次是这两种材料的温度线膨胀系数接近(钢筋为 1.2×10^{-5}，混凝土为 $1.0\times10^{-5}\sim1.5\times10^{-5}$)，不至于因温度变化破坏两者之间的粘结；第三是混凝土可以有效地保护钢筋，防止钢筋锈蚀。

在荷载作用下，钢筋混凝土构件中钢筋与混凝土接触面将产生剪应力，当这剪应力超过钢筋与混凝土之间的粘结强度时，两者将产生相对滑移，使构件早期破坏。试验表明，钢筋与混凝土之间粘结应力沿钢筋长度方向的分布是不均匀的，与钢筋和混凝土接触长度有关如图 9-8 所示。

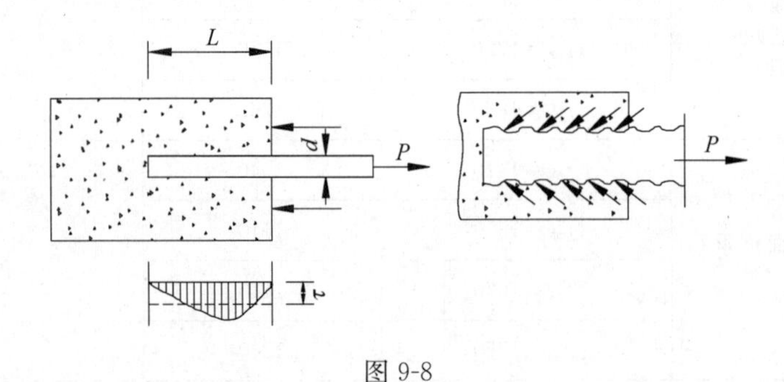

图 9-8

根据作用在钢筋上的外力(F)应等于钢筋与混凝土接触面之间粘结应力的合力，同时考虑钢筋横截面上的拉应力等于其屈服强度，可以得到钢筋在混凝土中的最小锚固长度为

$$l_a=\frac{f_{sk}}{4\tau}\cdot d \tag{9-10}$$

式中　f_{sk}——钢筋抗拉强度标准值；

d——钢筋直径；

τ——钢筋与混凝土极限锚固粘结应力。

当计算中充分利用钢筋的强度时，其最小锚固长度按表 9-13 采用。

钢筋最小锚固长度(l_a)　　表 9-13

项目 \ 混凝土强度等级 \ 钢筋种类		R235				HRB335				HRB400、KL400			
		C20	C25	C30	≥C40	C20	C25	C30	≥C40	C20	C25	C30	≥C40
受压钢筋(直端)		$40d$	$35d$	$30d$	$25d$	$35d$	$30d$	$25d$	$20d$	$40d$	$35d$	$30d$	$25d$
受拉钢筋	直　端	—	—	—	—	$40d$	$35d$	$30d$	$25d$	$45d$	$40d$	$35d$	$30d$
	弯钩端	$35d$	$30d$	$25d$	$20d$	$30d$	$25d$	$25d$	$20d$	$35d$	$30d$	$30d$	$25d$

注：1. d 为钢筋直径；

2. 对于受压束筋和等代直径 $d_e \leqslant 28$mm 的受拉束筋的锚固长度，应以等代直径按表值确定，束筋的各单根钢筋在同一锚固终点截断；对于等代直径 $d_e > 28$mm 的受拉束筋，束筋内各单根钢筋，应自锚固起点开始，以表内规定的单根钢筋的锚固长度的 1.3 倍，呈阶梯形逐根延伸后截断，即自锚固起点开始，第一根延伸 1.3 倍单根钢筋的锚固长度，第二根延伸 2.6 倍单根钢筋的锚固长度，第三根延伸 3.9 倍单根钢筋的锚固长度；

3. 采用环氧树脂涂层钢筋时，受拉钢筋最小锚固长度应增加 25%；

4. 当混凝土在凝固过程中易受扰动时，锚固长度应增加 25%；

5. 任何情况下锚固长度应≥250mm。

9.4　钢筋混凝土结构的基本计算原则

9.4.1　极限状态的概念

结构的极限状态实际上是一种分界状态，结构从受到外荷载(作用)开始要经历不同的应力阶段直到破坏(失效)。极限状态是结构开始失效的标志，结构设计就是以这一状态为准则，要使结构处于可靠状态工作。我国《公路工程结构可靠度设计统一标准》GB/T 50283—1999 对极限状态给出了定义，即“整体结构或结构的一部分超过某一特定状态就不能满足设计规定的某一功能要求时，此特定状态为该功能的极限状态”。

9.4.2　极限状态的分类

根据公路桥涵结构的功能要求不同，极限状态分两类，一类是承载力极限状态，它对应于桥涵及其构件达到最大承载力或出现不适于继续承载的变形或变位的状态，如整体结构或结构某一部分失去平衡，构件或构件之间的连接达到极限强度而破坏，结构或构件丧失稳定性等等。另一类是正常使用极限状态，它对应于桥涵及其构件达到正常使用或耐久性的某项限值的状态，如结构或构件在正常使用中位移或变形过大，振动过大，裂缝宽度超过规定的限值等等。结构或构件某项功能达到设计(这里指正常设计)规定的限值，就认为该结构或构件已达到该功能的极限状态。

公路桥涵结构应根据不同种类的作用(荷载)及其对桥涵的影响、桥涵所处的环境条件，考虑三种设计状况(所谓设计状况指结构从施工到使用的全过程中，代表一定时段的一组物理条件，设计时必须做到使结构在该时段内不超越有关的极限状态)，并对其进行相应的极限状态设计。

(1) 持久状况，桥涵建成后承受自重、汽车荷载等持续时间很长的状况。该状况下应进行承载力极限状态和正常使用极限状态设计。按持久状况承载力极限状态设计时，根据公路桥涵结构的破坏可能产生后果的严重程度，将公路桥涵结构划分为三个设计安全等级。公路桥涵结构的设计安全等级不低于表9-14的规定。

公路桥涵结构的设计安全等级 **表9-14**

设计安全等级	桥涵结构	设计安全等级	桥涵结构
一级	特大桥、重要大桥	三级	小桥、涵洞
二级	大桥、中桥、重要小桥		

注：1. 本表所列特大、大、中桥等系按《公路桥规》JTG D60—2004第1.0.11条确定，对多跨不等跨桥梁，以其中最大跨径为准；

2. 表中冠以"重要"的大桥和小桥，系指高速公路和一级公路上、国防公路上及城市附近交通繁忙公路上的桥梁；

3. 对于有特殊要求的公路桥涵结构，其设计安全等级可根据具体情况研究确定；

4. 同一桥涵结构构件的安全等级宜与整体结构相同，有特殊要求时可作部分调整，但调整后的级差不得超过一级。

(2) 短暂状况，桥涵施工过程中临时性作用(或荷载)的状况。该状况应进行承载力极限状态设计，必要时才进行正常使用极限状态设计。

(3) 偶然状况，在桥涵使用过程中偶然出现的状况(如罕遇地震、爆炸、撞击等)，该状况桥涵仅作承载力极限状态设计。保证在偶然事件发生时不至于丧失承载力。

9.4.3 公路桥涵的"作用"

公路桥涵结构设计重要工作之一是确定"作用"在结构上的形式、大小和位置；不同的"作用"在结构或构件上产生的效应(如内力、变形、裂缝等)是不同的，"作用"在结构上产生的这种效应称为作用效应，作用与作用效应之间存在着一定的关系。将施加在结构或构件上的一组集中力或分布力，或引起结构外加变形或约束变形的原因，称为作用；前者称为直接作用，亦称荷载，后者称为间接作用。

1. 作用的分类

公路桥涵结构设计，按作用的时间和性质分为永久作用、可变作用和偶然作用三种，见表9-15。

作用的分类 **表9-15**

编号	作用分类	作用名称
1	永久作用	结构自重(包括结构附加重力)
2		预加应力
3		土的重力
4		土侧压力
5		混凝土收缩及徐变作用
6		水的浮力
7		基础变位作用

续表

编　号	作用分类	作用名称
8	可变作用	汽车荷载
9		汽车冲击力
10		汽车离心力
11		汽车引起的土侧压力
12		人群荷载
13		汽车制动力
14		风荷载
15		流水压力
16		冰压力
17		温度(均匀温度和梯度温度)作用
18		支座摩阻力
19	偶然作用	地震作用
20		船舶或漂流物的撞击作用
21		汽车撞击作用

(1) 永久作用指在结构使用期间，其量值不随时间而变化，或其变化值与平均值比较可忽略不计的作用(如结构自重、预加应力、土侧压力等)。

(2) 可变作用指在结构使用期间，其量值随时间而变化，且其变化值与平均值比较不可忽略的作用(汽车荷载、人群荷载、风荷载等)。

(3) 偶然作用指在结构使用期间出现的概率很小，一旦出现，其量值很大且持续时间很短的作用(地震作用、船舶或漂流物的撞击作用等)。

2. 作用代表值

公路桥涵结构设计，根据不同的要求，应采用不同的作用代表值；作用代表值是指在结构或构件设计时，针对不同的设计目的所采用的各种作用规定值，它包括作用标准值、准永久值和频遇值等。

(1) 作用标准值指在结构或结构构件设计时，采用的各种作用的基本代表值，其值可根据作用在设计基准期(公路桥涵结构的设计基准期一般为100年)内最大值概率分布的某一分位值确定。对结构自重(包括结构附加重力)可按结构构件设计尺寸与材料的重力密度计算确定，其他永久作用、可变作用和偶然作用按《公路桥涵设计通用规范》JTG D60—2004(以下简称《桥涵通用规范》)的规定计算确定。

(2) 作用频遇值指结构或构件按正常使用极限状态短期效应组合设计时，采用的一种可变作用代表值，其值可根据在足够长观测期内作用任意时点概率分布的0.95分位值确定。在实用设计中，可按下式确定，即

$$Q_{pk}=\psi_1 \cdot Q_k \tag{9-11}$$

式中　Q_{pk}——可变作用频遇值；

Q_k——可变作用标准值；

ψ_1——可变作用频遇值系数，对汽车荷载取 0.7，人群荷载取 1.0，风荷载取 0.75，温度梯度作用取 0.8，其他作用取 1.0。

(3) 作用准永久值指结构或构件按正常使用极限状态设计时，采用的另一种可变作用代表值，其值可根据在足够长观测期内作用任意时点概率分布的 0.5(或略高于 0.5)分位值确定。在实用设计中，可按下式确定，即

$$Q_{zk}=\psi_2 \cdot Q_k \tag{9-12}$$

式中 Q_{zk}——可变作用准永久值；

Q_k——可变作用标准值；

ψ_2——可变作用准永久值系数，对汽车荷载(不计冲击力)取 0.4，人群荷载取 0.4，风荷载取 0.75，温度梯度作用取 0.8，其他作用取 1.0。

作用的设计值为其标准值乘以相应的分项系数，作用分项系数详见本节标题四。

9.4.4 公路桥涵结构概率极限状态设计法

工程结构的计算方法经历了容许应力法、安全(经验)系数设计法、极限状态设计法(又称多系数设计法)。目前采用的是概率极限状态设计法，它是在极限状态法的基础上发展起来的，以概率论为基础，以工程结构某一功能的极限状态为依据的设计方法。公路桥涵结构应考虑结构上可能同时出现的作用，按承载力极限状态和正常使用极限状态进行作用效应组合，取其最不利效应进行设计。

1. 按承载力极限状态设计

桥梁构件的承载力极限状态计算，应采用下列表达式：

$$\gamma_0 S_{ud} \leqslant R \tag{9-13a}$$

$$R=R(f_d, a_d) \tag{9-13b}$$

式中 γ_0——桥梁结构的重要性系数，按公路桥涵的设计安全等级，一级、二级、三级分别取 1.1、1.0、0.9；桥梁的抗震设计不考虑结构的重要性系数；

S_{ud}——作用(或荷载)效应(其中汽车荷载应计入冲击系数)的基本组合设计值，当进行预应力混凝土连续梁等超静定结构的承载力极限状态计算时，公式(9-13*a* 中)的作用(或荷载)效应项应改为 $\gamma_0 S_{ud}+\gamma_P S_P$，其中 S_P 为预应力(扣除全部预应力损失)引起的次应力；γ_P 为预应力分项系数，当预应力效应对结构有利时，取 $\gamma_P=1.0$；对结构不利时，取 $\gamma_P=1.2$；

R——构件承载力设计值；

$R(\cdot)$——构件承载力函数；

f_d——材料强度设计值；

a_d——几何参数设计值，当无可靠数据时，可采用几何参数标准值 a_k，即设计文件规定值。

对于公路桥涵结构，当按承载力极限状态设计时，应采用以下两种作用效应组合：

(1) 基本组合

永久作用的设计值效应与可变作用设计值效应组合，其效应组合表达式为

$$S_{ud} = \sum_{i=1}^{m} \gamma_{Gi} S_{Gik} + \gamma_{Q1} S_{Q1k} + \psi_c \sum_{j=2}^{n} \gamma_{Qj} S_{Qjk} \tag{9-14a}$$

或

$$S_{ud} = \sum_{i=1}^{m} S_{Gid} + S_{Q1d} + \psi_c \sum_{j=2}^{n} S_{Qjd} \tag{9-14b}$$

式中 γ_{Gi}——第 i 个永久作用效应的分项系数，按表 9-16 采用；

γ_{Q1}——汽车荷载效应(含汽车冲击力、离心力)的分项系数，取 $\gamma_{Q1}=1.4$。当某个可变作用在效应组合中其值超过汽车荷载效应时，则该作用取代汽车荷载，其分项系数应采用汽车荷载的分项系数；对专为承受某作用而设置的结构或装置，设计时该作用的分项系数与汽车荷载取同值；计算人行道板和人行道栏杆的局部荷载，其分项系数也与汽车荷载取同值；

γ_{Qj}——在作用效应组合中除汽车荷载效应(含汽车冲击力、离心力)、风荷载外的其他第 j 个可变作用效应的分项系数，取 $\gamma_{Qj}=1.4$，但风荷载的分项系数取 $\gamma_{Qj}=1.1$；

ψ_c——在作用效应组合中除汽车荷载效应(含汽车冲击力、离心力)外的其他可变作用效应的组合系数，但永久作用与汽车荷载和人群荷载(或其他一种可变作用)组合时，人群荷载(或其他一种可变作用)的组合系数取 $\psi_c=0.80$；当除汽车荷载(含汽车冲击力、离心力)外尚有两种其他可变作用参与组合时，其组合系数取 $\psi_c=0.70$；尚有三种可变作用参与组合时，其组合系数取 $\psi_c=0.60$；尚有四种及多于四种的可变作用参与组合时，取 $\psi_c=0.50$；

S_{Gik}、S_{Gid}——第 i 个永久作用效应的标准值和设计值；

S_{Q1k}、S_{Q1d}——汽车荷载效应(含汽车冲击力、离心力)的标准值和设计值；

S_{Qjk}、S_{Qjd}——在作用效应组合中除汽车荷载效应(含汽车冲击力、离心力)外的其他第 j 个可变作用效应的标准值和设计值。

设计弯桥时，当离心力与制动力同时参与组合时，制动力标准值或设计值按70％取用。

(2) 偶然组合

永久作用标准值效应与可变作用某种代表值效应、一种偶然作用标准值效应相结合。偶然作用的效应分项系数取 1.0，可根据观测资料和工程经验取适当的代表值。地震作用标准值及其表达式按现行《公路工程抗震设计规范》规定采用。注意偶然作用不同时参与效应组合。

永久作用效应的分项系数　　表 9-16

编号	作用类别		永久作用效应分项系数	
			对结构的承载力不利时	对结构的承载力有利时
1	混凝土和圬工结构重力(包括结构附加重力)		1.2	1.0
	钢结构重力(包括结构附加重力)		1.1 或 1.2	
2	预加力		1.2	1.0
3	土的重力		1.2	1.0
4	混凝土的收缩及徐变作用		1.0	1.0
5	土侧压力		1.4	1.0
6	水的浮力		1.0	1.0
7	基础变位作用	混凝土和圬工结构	0.5	0.5
		钢结构	1.0	1.0

注：本表编号 1 中，当钢桥采用钢桥面板时，永久作用效应分项系数取 1.1；当采用混凝土桥面板时，取 1.2。

2. 按正常使用极限状态设计

公路桥涵结构当需要按正常使用极限状态设计时，应根据不同的设计要求，采用以下两种效应组合：

(1) 作用短期效应组合

永久作用标准值效应与可变作用频遇值效应相组合，其效应组合表达式为

$$S_{sd}=\sum_{i=1}^{m}S_{Gik}+\sum_{j=1}^{n}\psi_{1j}S_{Qjk} \tag{9-15}$$

式中 S_{sd}——作用短期效应组合设计值；

ψ_{1j}——第 j 个可变作用效应的频遇值系数，汽车荷载(不计冲击力)取 0.7，人群荷载取 1.0，风荷载取 0.75，温度梯度作用取 0.8，其他作用取 1.0；

$\psi_{1j}S_{Qjk}$——第 j 个可变作用效应的频遇值。

(2) 作用长期效应组合

永久作用标准值效应与可变作用准永久值效应相组合，其效应组合表达式为

$$S_{ld}=\sum_{i=1}^{m}S_{Gik}+\sum_{j=1}^{n}\psi_{2j}S_{Qjk} \tag{9-16}$$

式中 S_{ld}——作用长期效应组合设计值；

ψ_{2j}——第 j 个可变作用效应的准永久值系数，汽车荷载(不计冲击力)取 0.4，人群荷载取 0.4，风荷载取 0.75，温度梯度作用取 0.8，其他作用取 1.0；

$\psi_{2j}S_{Qjk}$——第 j 个可变作用效应的准永久值。

思考题

1. 什么叫混凝土的立方体抗压强度？其强度等级是如何划分的？划分为哪几个等级？

2. 什么叫混凝土轴心抗压强度，怎样确定？
3. 什么叫混凝土的徐变和收缩，对工程结构有何危害，如何防止？
4. 钢筋是如何分类的，分哪几类？
5. 试分别说明符号“ϕ”、“Φ”、“Φ”及“$Φ^R$”和“ϕ^S”、“ϕ^P”代表什么钢筋？
6. 钢筋与混凝土为什么能共同工作？
7. 什么叫极限状态，分哪几类？
8. “作用”是如何进行分类的，分哪几类，如何确定？

教学单元 10　钢筋混凝土受弯构件正截面受弯承载力计算

【教学目标】 通过对钢筋混凝土受弯构件正截面受弯承载力计算和相关构造要求的学习，学生能够正确对梁的正截面进行配筋计算和校核，具有在实际工程中理解和运用构造要求的能力。

10.1　钢筋混凝土受弯构件的计算规定和一般构造

10.1.1　受弯构件在桥涵中的作用

在钢筋混凝土桥涵工程中，板、梁是主要的组成构件，从受力角度来看是典型的受弯构件，应用十分广泛，如行车道板、人行道板、板式桥的承重板和梁式桥的主梁与横梁等，如图 10-1 所示。

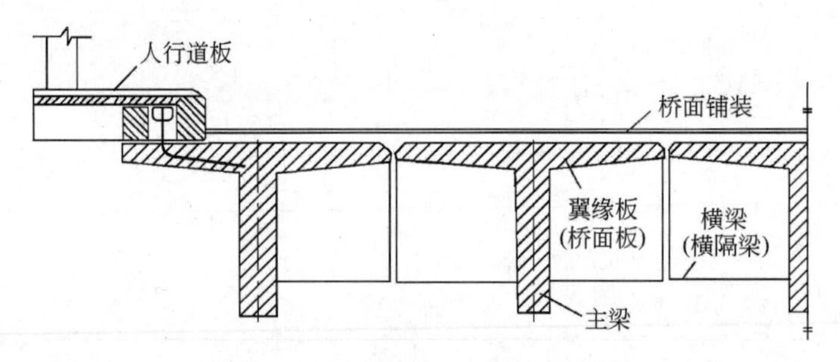

图 10-1　钢筋混凝土梁式桥的组成

板和梁按其支承条件分为简支板(梁)、悬臂板(梁)和连续板(梁)等。

10.1.2　板的计算一般规定

对四边支承的板，在均布荷载作用下，根据长边(l_1)与短边(l_2)的比值分为单向板和双向板。当长边与短边的之比等于或大于 2 时，可按短边为计算跨径的单向板计算；当比值小于 2 时，则应按双向板计算。

计算跨径的规定：简支板的计算跨径为两支承中心之间的距离；与梁肋整体连接板的计算跨径取两肋之间净距加板厚(但不大于两肋之间的中心距离)，计算剪力时的计算跨径取两肋之间的净距，剪力按该计算跨径的简支板计算。此时，弯矩可按以下简化方法计算：

1. 支点弯矩

$$M=-0.7M_0 \tag{10-1}$$

2. 跨中弯矩

(1) 当板厚与梁肋高度之比等于或大于$\frac{1}{4}$时

$$M=+0.7M_0 \tag{10-2a}$$

(2) 当板厚与梁肋高度之比小于$\frac{1}{4}$时

$$M=+0.5M_0 \tag{10-2b}$$

式中　M_0——与计算跨径相同的简支板的跨中弯矩。

对板与梁肋整体连接且具有承托的板(图 10-2)，当进行承托内或肋内板的截面验算时，板的计算高度可按下式计算

$$h_e=h_f'+s\cdot\tan\alpha \tag{10-3}$$

式中　h_e——自承托起点至肋中心线之间板的任一验算截面的计算高度；

h_f'——不计承托时板的厚度；

s——自承托起点至肋中心线之间的任一验算截面的水平距离；

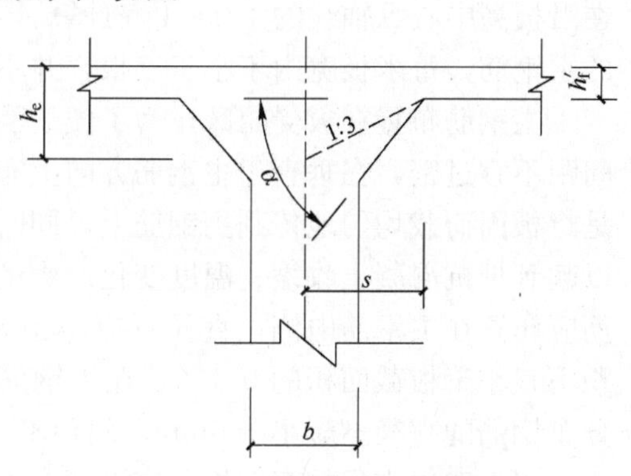

图 10-2　承托处板的计算高度

α——承托下缘与悬臂板底面夹角，当 $\tan\alpha$ 大于$\frac{1}{3}$时，取$\frac{1}{3}$。

10.1.3　梁的计算一般规定

桥涵结构作用(或荷载)效应可按弹性理论进行计算。对超静定结构，在进行作用(或荷载)效应分析时，构件抗弯刚度可取：$0.8E_cI$(允许开裂的构件)和 E_cI(不允许开裂的构件)。计算连续梁中间支座负弯矩时，可考虑支座宽度对弯矩的折减，即

$$M_e=M-M' \tag{10-4}$$

式中　M_e——折减后的支座负弯矩；

M——按弹性理论计算的支座负弯矩；

M'——折减弯矩。

对设有承托的连续梁，承托竖向与纵向之比不宜大于$\frac{1}{6}$。

10.1.4　钢筋混凝土板的一般构造要求

钢筋混凝土构件计算，能反映主要控制截面的尺寸和用钢量等，对目前还不易控制的因素，需要通过构造措施来加以弥补，在工程结构设计中，构造设计是不可忽略的。

1. 钢筋混凝土板的截面形式与尺寸

钢筋混凝土板一般为矩形截面的实心板或空心板，对现浇板，一般取板宽 1m 为计算单元。对混凝土简支板标准跨径不宜大于 13m，连续板标准跨径不宜大于 16m。预应力混凝土简支板桥标准跨径不宜大于 25m，连续板桥标准跨径不宜大于 30m。

板厚一般需根据其受力大小计算确定。从为保证施工质量方面，空心板的顶

板和底板厚度均不应小于 80mm，且空心板的空洞端部应填封。人行道板厚，就地浇筑时不应小于 80mm，预制时不应小于 60mm。

2. 板中钢筋构造

行车道板内主筋直径不应小于 10mm，人行道板内主筋直径不应小于 8mm，简支板跨中和连续板支点处，板内主筋间距不应大于 200mm。行车道板内主筋可在沿板高中心纵轴线的 1/4～1/6 计算，支点处按 30°～45°弯起。通过支点不弯起的主钢筋，每米板宽内不小于三根，并不应小于主筋截面面积的 1/4。

主钢筋布置在板受拉区，为了便于浇筑混凝土，保证混凝土的密实度，钢筋间距不宜过密，在垂直于主钢筋方向上布置的构造钢筋，称为分布钢筋，其作用是将板面荷载均匀地传到主钢筋上，同时在施工中固定主钢筋的正确位置，还可以起到抵抗混凝土收缩、温度变化产生的应力，防止混凝土的早期裂缝。分布钢筋应布置在主钢筋内侧，直径不应小于 8mm，间距不大于 200mm，且横截面面积不宜小于板截面积的 0.1%。在主钢筋弯折处，也应布置分布钢筋。人行道板分布钢筋的直径不应小于 6mm，间距不大于 200mm。

对于四边支承的双向板，应沿两个方向布置受力钢筋。且短跨度方向钢筋布置在外侧，长跨度方向钢筋布置在内侧。

3. 钢筋混凝土梁的截面形式和尺寸

桥梁(涵)工程中，梁的截面形式主要采用矩形、T 形、工字形和箱形等形式。

钢筋混凝土 T 形、工型截面简支梁桥标准跨径不宜大于 16m，钢筋混凝土箱型截面简支梁标准跨径不宜大于 25m，钢筋混凝土箱型截面连续标准跨径不宜大于 30m。预应力混凝土 T 形截面简支桥梁标准跨径不宜大于 50m。梁的高度一般取其跨径的 1/10～1/15，其截面宽度可取截面高度的 1/4～1/2，且符合施工模数要求。

钢筋混凝土梁中的钢筋主要采用 HRB335 级、HRB400 级、KL400 级，按其作用有主钢筋(受力钢筋)、弯起钢筋、箍筋、架立钢筋及梁侧的腰筋，如图 10-3 所示。

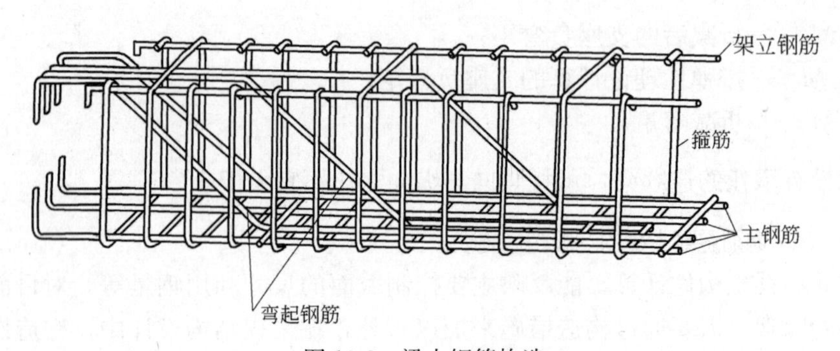

图 10-3　梁内钢筋构造

(1) 主钢筋

梁内主钢筋按其受力不同有受拉和受压钢筋两种。若仅在受拉区配置受力钢筋的受弯构件称为单筋截面受弯构件；同时在受拉区和受压区配置受力钢筋的受弯构件称为双筋截面受弯构件，受拉区主钢筋主要承受由弯矩产生的拉应力，受压主钢筋主要承受压应力，主钢筋直径不应小于 14mm，也不宜大于 40mm。当梁宽度等于或大于150mm时，主钢筋不少于2根。对钢筋较多的梁，可将2～3根成束布置；多层（绑扎骨架一般不宜超过3～4层）主钢筋叠高不超过梁高的0.15～0.2倍。主筋之间横向净距和层与层之间净距不应小于30mm（当主钢筋为三层及以下时）和40mm（当主钢筋为三层以上时），同时不小于主钢筋直径的1.25倍，图10-5支点处应至少有2根且不少于总数1/5的下层受拉钢筋通过。

(2) 弯起钢筋

一般由纵向受力钢筋弯起而成，它除承担跨中弯矩产生的拉应力外，在靠近支座处承担由弯矩产生的主拉应力，弯起钢筋弯起角度宜取45°，弯起钢筋不得采用浮筋。

当钢筋混凝土梁采用多层（不应多于6层，单根直径不应大于32mm）焊接钢筋时，如图10-4所示，可采用侧面焊缝使之形成骨架，侧面焊接在弯起钢筋的弯折点处，并在中间直线部分适当设置短焊缝。焊接钢筋骨架的弯起钢筋，除用纵向钢筋弯起外，也可用专设的弯起钢筋焊接。斜钢筋与纵向钢筋之间的焊接，宜采用双面焊缝，其长度为5倍钢筋直径；纵向钢筋之间的焊缝应为2.5倍钢筋直径，当必须采用单面焊缝时，其长度应加倍。

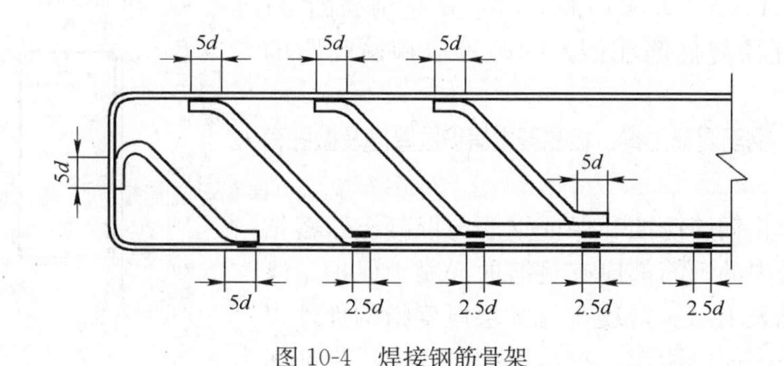

图10-4　焊接钢筋骨架

(3) 箍筋

箍筋的主要作用是承担梁内剪力和弯矩产生的主拉应力，同时将其他钢筋联系起来形成空间钢筋骨架。箍筋的用量应按计算确定，当计算不需要箍筋时，应按其构造配置箍筋。

箍筋直径不小于8mm，且不小于主钢筋直径的1/4，其配筋率应不小于0.18%（R235级钢筋）和0.12%（HRB335级钢筋），对剪扭梁的腹板不应小于$\left[(2\beta_t-1)\left(0.055\frac{f_{cd}}{f_{sv}}-c\right)+c\right]$，对纯扭构件不应小于$0.55f_{cd}/f_{sv}$。

箍筋的间距不应大于梁高的1/2且不应大于400mm；当梁内配有按计算所需的受压钢筋时，箍筋间距不应大于主钢筋直径的15倍且不大于400mm。在绑扎连接接头范围内，若绑扎搭接钢筋受拉时，箍筋间距不应大于5倍主钢筋直径且不大于100mm；若绑扎主钢筋受压，箍筋间距不应大于10倍主钢筋直径且不大于200mm。在支座中心向跨径方向长度相当不小于一倍梁高范围内，箍筋间距不宜大于100mm。

当梁中配有按计算需要的纵向受压或在连续梁、悬臂梁靠近中间支点位于负弯矩区的梁段，应采用闭合式箍筋，当同排内任一纵向受压钢筋距箍筋折角处的纵向钢筋间距大于 150mm 或 15 倍箍筋直径(两者中的较大值)时，应设置复合箍筋。相邻箍筋弯钩接头沿纵向其位置应交替布置。

对于同时承受弯剪扭的钢筋混凝土构件中的箍筋，其构造应符合下列要求：

箍筋应采用闭合式，箍筋末端做成 135°弯钩；弯钩应箍牢纵向钢筋，相邻箍筋弯钩接头沿构件纵向应交替布置。

(4) 架立钢筋

为固定主钢筋的正确位置和形成钢筋骨架，在梁的受压区外缘两侧，需布置平行于纵向主钢筋的架立筋，架立筋还可有效地抵抗因温度变化或混凝土收缩产生的应力，防止早期裂缝。架立筋的直径一般用 10～14mm。

(5) 纵向水平钢筋

为增强梁侧面的抗裂性，沿梁高度方向两侧面间距不超过 200mm 设置纵向水平钢筋，直径一般采用 12～16mm，同时其截面面积对采用焊接骨架时取梁截面面积的 0.0015～0.0020 倍，对整体现浇时取梁截面面积的 0.0005～0.0010 倍，并应用拉结筋固定；拉结筋的直径与箍筋相同，间距可取箍筋间距的 2～3 倍。

10.1.5 钢筋混凝土梁、板混凝土保护层厚度及截面有效高度

为了防止钢筋锈蚀和保证钢筋与混凝土紧密粘结，梁、板中的钢筋都应有足够的混凝土保护层厚度，取值见表 10-1。混凝土保护层厚度指构件外表面到钢筋外表面的距离。钢筋保护层厚度、钢筋间的净距可按图 10-5 采用。

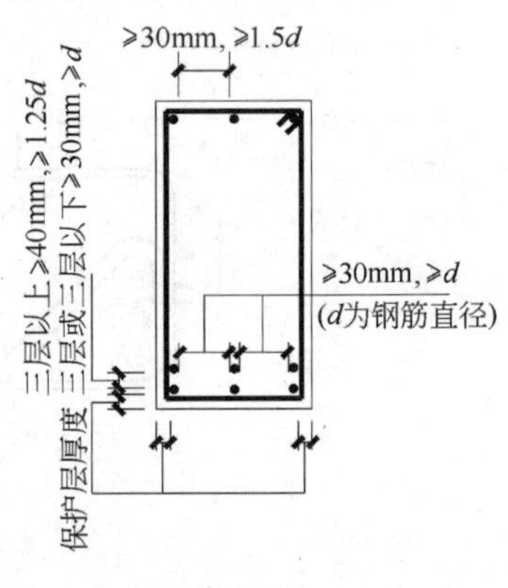

图 10-5

普通钢筋和预应力直线形钢筋最小混凝土保护层厚度(mm)　　表 10-1

序号	构件类别	构件环境		
		Ⅰ	Ⅱ	Ⅲ、Ⅳ
1	基础、桩基承台(1) 基坑底面有垫层或侧面有模板(受力主筋) (2) 基坑底面无垫层或侧面无模板(受力主筋)	40 60	50 75	60 85
2	墩台身、挡土结构、涵洞、梁、板、拱圈、拱上建筑(受力主筋)	30	40	45
3	人行道构件、栏杆(受力主筋)	20	25	30
4	箍筋	20	25	30
5	缘石、中央分隔带、护栏等行车道构件	30	40	45
6	收缩、温度、分布、防裂等表层钢筋	15	20	25

注：1. 对于环氧树脂涂层钢筋，可按环境类别Ⅰ取用；

2. 当受拉区主筋的混凝土保护层厚度大于 50mm 时，应在保护层内设置直径不小于 6mm、间距不大于 100mm 的钢筋网。

在梁、板等受弯构件承载力计算中，因混凝土开裂后拉力完全由钢筋承担，这时梁能发挥作用的截面高度，称为截面有效高度，用 h_0 表示。即

$$h_0 = h - a \tag{10-5}$$

式中　h——梁、板的截面高度(mm)；

a——梁、板受力钢筋合力作用点到截面受拉(压)边缘的距离(mm)。

10.2　钢筋混凝土受弯构件正截面破坏特征及其基本公式

10.2.1　钢筋混凝土梁正截面工作的三个阶段

为了建立受弯构件的正截面承载力计算公式，利用中国建筑科学研究院所做的钢筋混凝土试验梁的结果来分析其三个工作阶段，如图 10-6 所示。

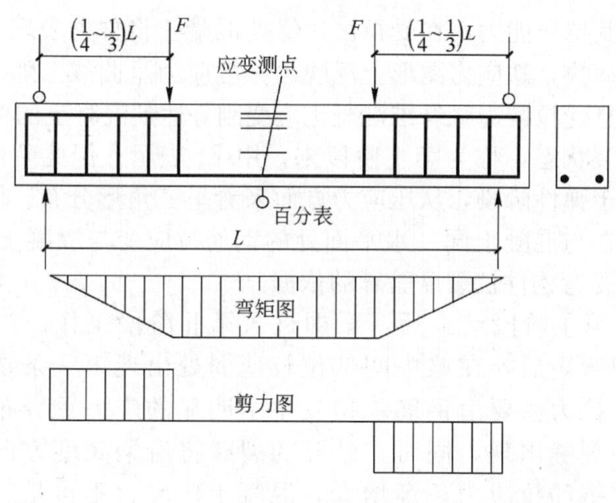

图 10-6　试验梁

为消除剪力对正截面应力分布的影响，采用简支梁两点对称加载方式，使梁中间部分剪力为零(忽略梁自重)，弯矩为常数称为纯弯矩。试验时，荷载从零开始逐级加载，每加一级荷载，用仪表测量混凝土纵向层和钢筋的应变以及梁的挠度，并观察梁的外形变化，直到梁破坏。

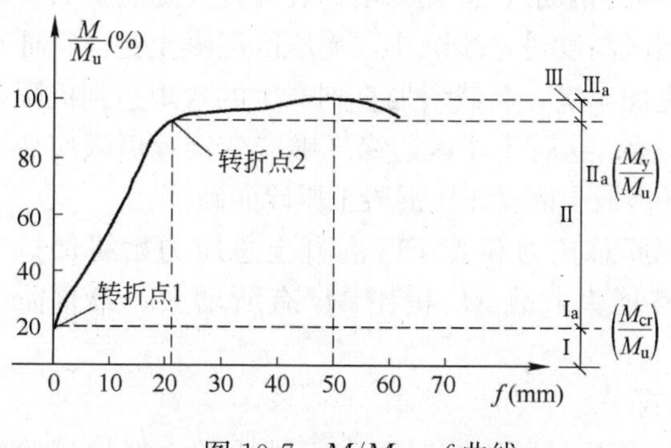

图 10-7　M/M_u—f 曲线

根据试验测得的 M/M_u—f 关系曲线，如图 10-7 所示，把梁的受力和变形过程划分为三个阶段，分述如下。

第Ⅰ阶段：刚开始加载时，弯矩很小，梁的变形变化规律符合平截面假设。如图 10-8 所示，梁基本上处于弹性工作阶段，应力应变成正比，随着荷载再增大，因混凝土

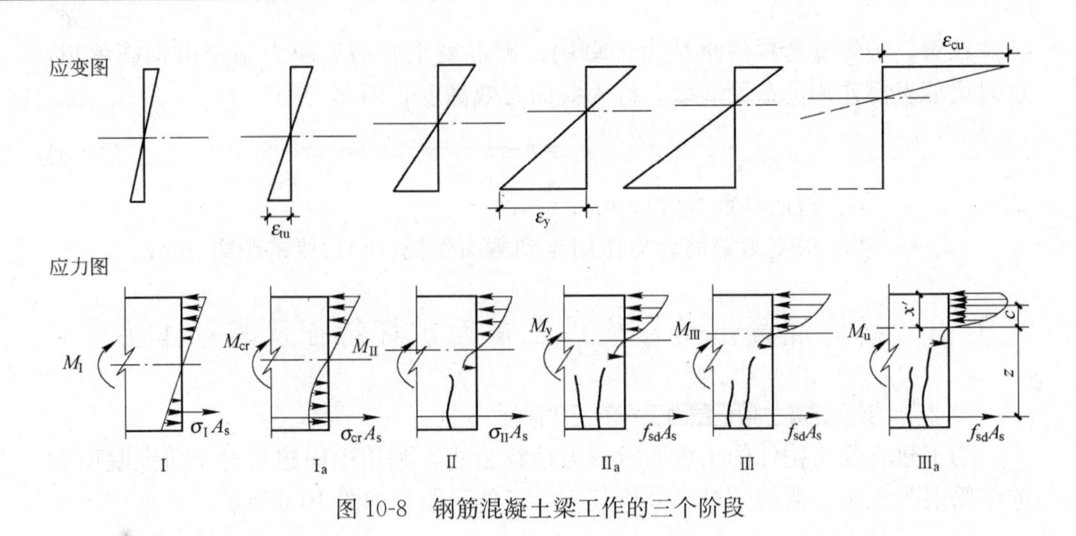

图 10-8 钢筋混凝土梁工作的三个阶段

抗拉能力远小于其抗压能力，在受拉区边缘处混凝土将首先表现出塑性性质，应变较应力增长速率快，从应力图形上反映出拉区应力呈曲线。随着荷载增加到产生开裂弯矩时，且受拉区边缘纤维混凝土应变刚好达到混凝土的极限应变 ε_{cu}，梁就处于将裂而未裂状态，称为第Ⅰ阶段末，用Ⅰ$_a$ 表示；但此阶段受压区混凝土压应变很小，属于弹性阶段，从压应力方面来看呈三角形分布。因钢筋与混凝土粘结力的存在，在与混凝土同一水平面处的钢筋拉应变与混凝土应变相等($\varepsilon_{sI}=\varepsilon_{ut}$)。Ⅰ$_a$ 可作为受弯构件抗裂度验算的依据。

第Ⅱ阶段：第Ⅰ阶段结束后，梁即进入第Ⅱ阶段工作。当增加荷载产生的弯矩达到开裂弯矩后，在梁中间部位较薄弱处出现第一条裂缝。受拉区混凝土退出工作。拉力主要由钢筋承担发生了明显的应力重分布。再随着荷载增加，不断有新裂缝出现，同时，已开的裂缝将沿梁高度方向继续发展，伴随着中和轴上移钢筋拉应力逐渐增大，混凝土压应力不再是三角形分布，而形成微曲的曲线形。因梁的开裂，其抗弯刚度减小，所以梁的挠度增大速率较快，由于受压区混凝土应变增大，其混凝土的塑性性能表现较为明显；当荷载增加产生的弯矩达到 M_y 时，受拉钢筋开始屈服，称为第Ⅱ阶段末，用Ⅱ$_a$ 表示。可作为使用阶段的变形和裂缝宽度计算依据。

第Ⅲ阶段：钢筋屈服后，标志梁进入第Ⅲ阶段工作。这一阶段，弯矩稍有增加，钢筋应力维持在屈服强度不变(有明显流幅的钢筋)，应变骤增，裂缝宽度随之扩展并沿梁高向上延伸，中和轴继续上移，受压区高度进一步减小，受压区混凝土塑性特征表现更加充分，混凝土压应力图形变得更加丰满。荷载增加直到产生的弯矩达到极限弯矩(M_u)时，称为第Ⅲ阶段末，用Ⅲ$_a$ 表示；这时受压区边缘纤维应变接近极限应变(ε_{cu})，这标志着梁开始破坏。最后在破坏区段上因受压区混凝土压碎而破坏。

在第Ⅲ阶段的整个过程中，受拉钢筋总拉力和受压区混凝土总压力始终保持不变。但由于中和轴上移，内力臂稍有增大，故 M_u 稍比 M_y 有所增大。第Ⅲ阶段末作为梁受弯承载力计算依据。

10.2.2 钢筋混凝土梁正截面的破坏形式

上述研究的梁是在梁内钢筋不太多也不太少的情况下进行试验的，根据试验研究和工程经验总结，钢筋混凝土梁的破坏形式与配筋率ρ($\rho=A_s/bh_0$)、钢筋种类和混凝土强度等级有关，当材料选定后，主要与配筋率ρ有关。根据梁配筋率的大小，将钢筋混凝土梁划分为三类。

1. 适筋梁

从前面的试验分析可知，这种梁在完全破坏之前，从前面的试验分析可知，这种梁在完全破坏之前受拉区钢筋首先达到屈服强度，其应力保持不变，而应变明显增加，最后受压区混凝土应变达到极限应变时，受压区出现裂缝，裂缝达到一定程度时破坏，所以整个过程有明显的裂缝出现和开展，钢筋有较大塑性伸长，挠度明显增大，给人以预兆。这种破坏叫做延性破坏，如图 10-9(*a*)所示。

2. 超筋梁

当梁的配筋率超过一定限值时，梁的破坏特点从混凝土压碎开始。当受压区混凝土压应变达到极限压应变时，因梁内钢筋较多，钢筋截面上的应力小于屈服强度，此时梁已破坏。试验表明，钢筋在梁破坏前未达到屈服，受拉区的裂缝开展不宽，延伸不高，梁的挠度也不大(图 10-10)。因此，这种梁破坏是突然的，没有明显预兆，习惯称为“脆性破坏”，如图 10-9(*b*)所示。这种梁不能充分利用钢筋强度，且破坏无预兆，在实际工程中不允许采用。

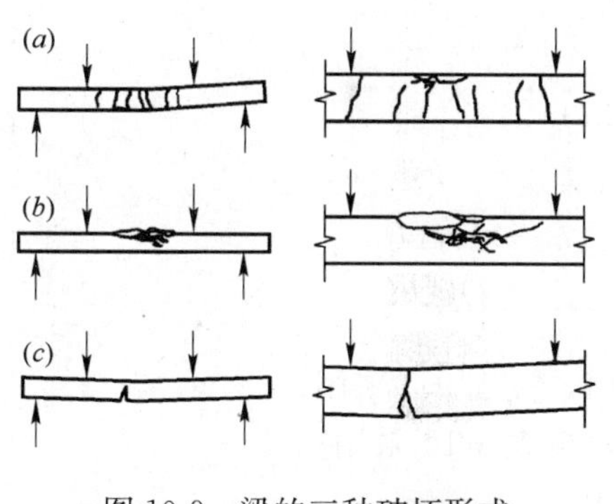

图 10-9　梁的三种破坏形式

(*a*)适筋梁；(*b*)超筋梁；(*c*)少筋梁

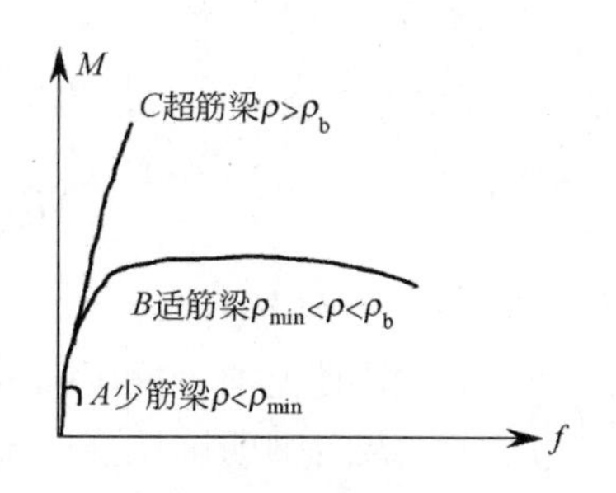

图 10-10　适筋、超筋、少筋梁 M—f 曲线

比较适筋梁和超筋梁的破坏发现，适筋梁破坏始于受拉钢筋，超筋梁破坏始于受压区混凝土，当钢筋和混凝土强度同时破坏时，梁总会有一个特定的配筋率，使得受拉钢筋应力达到屈服强度的同时受压区混凝土边缘纤维应变也刚好达到混凝土极限应变值，这种破坏称为界限破坏。

3. 少筋梁

当梁的配筋低到一定限值以下，称为少筋梁。梁破坏时极限弯矩M_u小于正常情况下的开裂弯矩M_{cr}，从理论上讲，$M_{cr}-M_u=0$的配筋率，称为最小配筋率(ρ_{min})，对这一配筋率或低于这一配筋率的梁破坏时弯矩M_u仅取决于混凝土抗压强度，一旦开裂，钢筋应力立即达到屈服强度，甚至立即被拉断。这种梁的破坏，受拉区的裂缝往往集中一条，且开展宽度较大，沿梁高延伸较高，梁无明显挠度，如图 10-9(*c*)所示。这种梁的破坏也属于脆性破坏，在实际工程中不能采用。

10.2.3 钢筋混凝土受弯构件正截面受弯承载力的基本假设

根据对适筋梁破坏过程的分析，其正截面受弯承载力以Ⅲ$_a$阶段为计算依据，为建立其计算公式，作如下假设：

（1）梁发生弯曲变形后，正截面应变仍保持为平面——符合平截面假设。

（2）不考虑受拉区混凝土参与工作，拉力完全由钢筋承担。受压区混凝土的压应力图形简化为矩形，其压应力取混凝土的轴心抗压强度设计值 f_{cd}。

（3）极限状态计算时，受拉区钢筋应力取其抗拉强度设计值 f_{sd}。

（4）钢筋应力等于钢筋应变与其弹性模量的乘积，但其绝对值不大于强度设计值。

10.2.4 适筋梁正截面受弯承载力计算的基本公式

根据对适筋梁破坏过程的分析结果和基本假设，将钢筋混凝土受弯构件正截面的应力图简化为如图 10-11 所示。

按静力平衡条件，可以得到钢筋混凝土适筋梁正截面受弯承载力计算的基本公式。

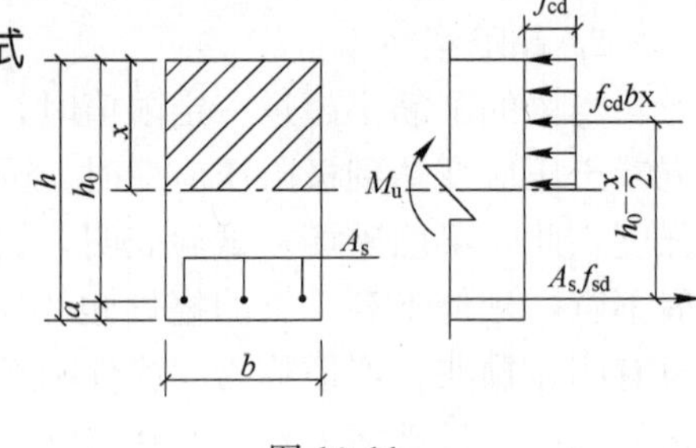

图 10-11

$$f_{cd}bx=f_{sd}A_s \tag{10-6}$$

$$M_u=f_{cd}bx\left(h_0-\frac{x}{2}\right) \tag{10-7}$$

$$M_u=f_{sd}A_s\left(h_0-\frac{x}{2}\right) \tag{10-8}$$

式中 M_u——弯矩极限值；

f_{cd}——混凝土轴心抗压强度设计值，按表 9-3 采用；

f_{sd}——纵向钢筋抗拉强度设计值，按表 9-10 采用；

A_s——受拉区纵向钢筋的截面面积；

b——矩形截面梁宽或 T 形截面腹板宽度；

h_0——截面有效高度，按式(10-5)计算；

x——截面受压区高度；也可以用相对受压区高度(ξ)表示，即

$$\xi=\frac{x}{h_0} \tag{10-9}$$

10.2.5 适筋梁与超筋梁的界限——最大配筋率(ρ_b)

适筋梁与超筋梁的界限，即是当梁破坏时钢筋应力达到屈服强度的同时受压区边缘纤维应变也刚好达到混凝土受弯的极限压应变值。设此时的受压区高度为界限受压区高度，用 x_b 表示，则相对界限受压区高度 $\xi_b=\frac{x_b}{h_0}$；若梁的受压区高度 $x\leqslant x_b$(或 $\xi\leqslant\xi_b$)，则属于适筋梁，反之则属于超筋梁；设 $x=x_b$ 或 $\xi=\xi_b$，可求得梁的最大配筋率(也叫界限配筋率)。

$$\rho_b=\xi_b\cdot\frac{f_{cd}}{f_{sd}} \tag{10-10}$$

式中 ξ_b——相对界限受压区高度，按表10-2采用。

显然适筋梁的配筋率 ρ 应满足 $\rho \leqslant \rho_b$。

相对界限受压区高度 **表10-2**

钢筋种类 \ 混凝土强度等级	C50及以下	C55、C60	C65、C70	C75、C80
R235	0.62	0.60	0.58	—
HRB335	0.56	0.54	0.52	—
HRB400、KL400	0.53	0.51	0.49	—
钢绞线、钢丝	0.40	0.38	0.36	0.35
精轧螺纹钢筋	0.40	0.38	0.36	—

注：1. 截面受拉区内配置不同种类钢筋的受弯构件，其 ξ_b 值应选用相应于各种钢筋的较小者；

2. $\xi_b = x_b/h_0$，x_b 为纵向受拉钢筋和受压区混凝土同时达到其强度设计值时的受压区高度。

10.2.6 适筋梁与少筋梁的界限——最小配筋率(ρ_{min})

适筋梁与少筋梁的界限，即这种梁破坏时所能承担的弯矩(M_u，按Ⅲ$_a$阶段计算)等于同一截面的素混凝土梁所能承担的开裂弯矩(M_{cr}，按Ⅰ$_a$阶段计算)，这时梁的配筋率称为最小配筋率(用 ρ_{min} 表示)。限制梁的最小配筋率是为了防止梁“一裂即坏”，保证工程结构的安全。

《公路桥规》规定，受弯构件受拉钢筋的配筋百分率(即配筋率)不应小于 $45f_{td}/f_{sd}$，同时不小于0.20。同时规定受弯构件受拉钢筋的配筋百分率(即配筋率)为 $100A_s/bh_0$。

在实际工程中，对温度和收缩效应较敏感(变形受到约束)的结构，宜采用比最小配筋率稍大的数值，避免一旦开裂就很快发展。

10.3 钢筋混凝土受弯构件正截面受弯承载力计算

10.3.1 单筋矩形截面受弯构件正截面受弯承载力计算

1. 计算公式

上一节，根据适筋梁破坏的平衡条件建立了受弯构件正截面受弯承载力计算的基本公式(式10-6～式10-8)。按式(9-13a)的要求，可以得到用于受弯构件正截面受弯承载力计算的公式，即

$$f_{cd}bx = f_{sd}A_s \tag{10-11}$$

$$\gamma_0 M_d \leqslant M_u = f_{cd}bx\left(h_0 - \frac{x}{2}\right) \tag{10-12}$$

$$\gamma_0 M_d \leqslant M_u = f_{sd}A_s\left(h_0 - \frac{x}{2}\right) \tag{10-13}$$

2. 公式的适用条件

(1) 为防止超筋梁的出现，必须满足下列条件

$$\rho = \frac{A_s}{bh_0} \leqslant \rho_b \tag{10-14}$$

或 $$\xi \leqslant \xi_b \tag{10-15}$$

或 $$x \leqslant x_b = \xi_b h_0 \tag{10-16}$$

式(10-14)～式(10-16)从不同的角度表达了同一个含义，只要满足其中任一个条件，都能保证梁在破坏时纵向钢筋首先屈服。将 $x=\xi_b h_0$ 代入式 $\gamma_0 M_d = f_{cd} b x\left(h_0 - \frac{x}{2}\right)$ 中，可以得到钢筋混凝土单筋矩形截面梁所能承担的最大弯矩，即

$$\gamma_0 M_{max} = \xi_b (1-0.5\xi_b) f_{cd} b h_0^2 \tag{10-17}$$

(2) 为防止少筋梁的出现，应满足下列条件

$$\rho \geqslant \rho_{min} \tag{10-18}$$

若按受弯承载力计算公式计算，得到配筋率小于最小配筋率，应按构造要求配置纵向受力钢筋，且应满足 $A_s \geqslant \rho_{min} bh$。

3. 计算方法

(1) 截面设计

单筋矩形截面受弯构件截面设计是已知其截面尺寸、混凝土和钢筋的强度等，计算确定纵向受拉钢筋的截面面积 A_s。这里首先利用式(10-12)，求得受压区高度，即

$$x = h_0 - \sqrt{h_0^2 - \frac{2\gamma_0 M_d}{f_{cd} b}} \tag{10-19}$$

将式(10-19)中求得受压区高度与 $x_b(=\xi_b h_0)$ 比较。若 $x > x_b$，说明梁的截面尺寸太小，需要重新确定；若 $x \leqslant x_b$，可将受压区高度 x 值代入式(10-11)中求 A_s。即

$$A_s = \frac{f_{cd} b}{f_{sd}} x \tag{10-20}$$

最后验算配筋率，必须满足 $\rho \geqslant \rho_{min}$ 和相关的构造要求。

(2) 截面承载力复核

构件截面承载力复核的目的是为了验算已设计的截面是否具有足够的承载力以抵抗荷载所产生的内力。因此，进行构件截面承载力复核需要已知截面尺寸、钢筋的种类和截面面积、混凝土的强度等级等。从而求得梁的极限弯矩(M_u)，再与弯矩组合设计值进行比较，即可判断是否具有足够的承载力。其验算步骤如下：

1) 确定截面的有效高度(h_0)。

2) 计算截面受压区高度(x)。

$$x = \frac{A_s f_{sd}}{f_{cd} b} \tag{10-21}$$

若 $x > x_b$，判定为超筋梁；若 $x \leqslant x_b$，且 $A_s \geqslant \rho_{min} bh$，判定为适筋梁；若 $x \leqslant x_b$，且 $A_s < \rho_{min} bh$，则判定为少筋梁。当判定为超筋梁或少筋梁时，则不能用于实际工程中。当判定为适筋梁时，计算截面受弯承载力。

3) 计算截面受弯承载力(M_u)。

$$M_u = f_{sd} A_s \left(h_0 - \frac{x}{2}\right)$$

4）判断截面承载力。

若 $\gamma_0 M_d \leqslant M_u$，截面承载力满足要求，否则就不满足要求。

【例 10-1】 某整体式钢筋混凝土简支板重要小桥(处于Ⅰ类环境)，计算跨径 7.69m，标准跨径 8.0m，板厚 360mm，跨中弯矩组合设计值为 231kN·m，采用 C25 混凝土，HRB335 级钢筋，试计算跨中截面纵向受力钢筋的数量。

【解】

(1) 查表确定计算参数

由附表 D-1 查得 $f_{cd}=11.5\text{N/mm}^2$，$f_{td}=1.23\text{N/mm}^2$，由附表 D-3 查得 $f_{sd}=280\text{N/mm}^2$，$\gamma_0=1.0$，$\xi_b=0.56$；取 1m 为计算单元。

(2) 计算截面的有效高度(h_0)(假设 $a=40$mm)

$$h_0 = h - a = 360 - 40 = 320\text{mm}$$

(3) 计算截面受压区高度(x)

$$x = h_0 - \sqrt{h_0^2 - \frac{2\gamma_0 M_d}{f_{cd} b}} = 320 - \sqrt{320^2 - \frac{2\times1.0\times231\times10^6}{11.5\times1000}}$$

$$=70.5\text{mm} < \xi_b h_0 = 179\text{mm}\quad（不会超筋）$$

(4) 计算跨中纵向受力钢筋截面面积(A_s)

$$A_s = \frac{f_{cd} b}{f_{sd}} x = \frac{11.5\times1000}{280}\times70.5 = 2896\text{mm}^2$$

(5) 确定钢筋直径和间距：查附表 D-6 选筋Φ 20@100(3142mm²)或选Φ 22@130(2924mm²)

混凝土保护层厚度 $C=30\text{mm}>d$ 且满足规范要求. 故 $a=30+22.7/2=41.35$，取 $a=45$mm 则有效高度 $h_0=315$mm。

(6) 验算最小配筋率

$$\rho_{min} = 45 f_{td}/f_{sd} = 45\times\frac{1.23}{280} = 0.20(\%)$$

$$\rho = \frac{A_s}{b h_0} = \frac{2924}{1000\times315}\times100\% = 0.92\% > 0.2\%\quad（满足）。$$

10.3.2　双筋矩形截面受弯构件正截面承载力计算

1. 双筋截面的应用条件

当同时在截面的受拉区和受压区配置纵向受力钢筋以协同受压区混凝土受压的矩形截面受弯构件，称为双筋矩形截面受弯构件。一般来讲，这种设计是不经济的，但受压区钢筋的存在可以提高截面的延性，并减少长期作用下受弯构件的变形，所以下列情况采用双筋截面是必要和合理的。

(1) 当构件承受的荷载很大时，且梁的截面尺寸和材料的强度又不能无限增加以至于单筋截面无法满足 $x\leqslant\xi_b h_0$ 的条件时，当然，这种情况在实际工程中存在，但不多见；

(2) 在不同的弯矩组合下，截面需要承担异号弯矩；

(3) 根据构件特点，从构造需要方面沿梁全长受压区设置受压钢筋，若计算考虑这种钢筋分担压力，可按双筋截面处理。

另外，在截面的受压区设置一定纵向受压钢筋，是提高构件延性的措施之一。

2. 计算公式

双筋矩形截面受弯构件的破坏特点与单筋矩形截面受弯构件相似。因此，可以根据建立单筋矩形截面梁计算公式相同的方法来建立双筋矩形截面受弯构件的计算公式，图 10-12(*a*)所示。

我们可以这样来理解双筋矩形截面受弯构件的受力，受拉区一部分钢筋(用 A_{s1} 表示)所承担的拉力与受压区混凝土压力相平衡，其相应的极限弯矩为 M_{u1}，图10-12(*b*)所示，这种情况与单筋矩形截面梁相同；受拉区另一部分钢筋(用 A_{s2} 表示)承担的拉力与受压区配置的受压钢筋相平衡，其相应的极限弯矩为 M_{u2}，图 10-12(*c*)所示。然后将上述两种情况进行叠加，即为双筋矩形截面受弯构件正截面受弯承载力计算公式，即

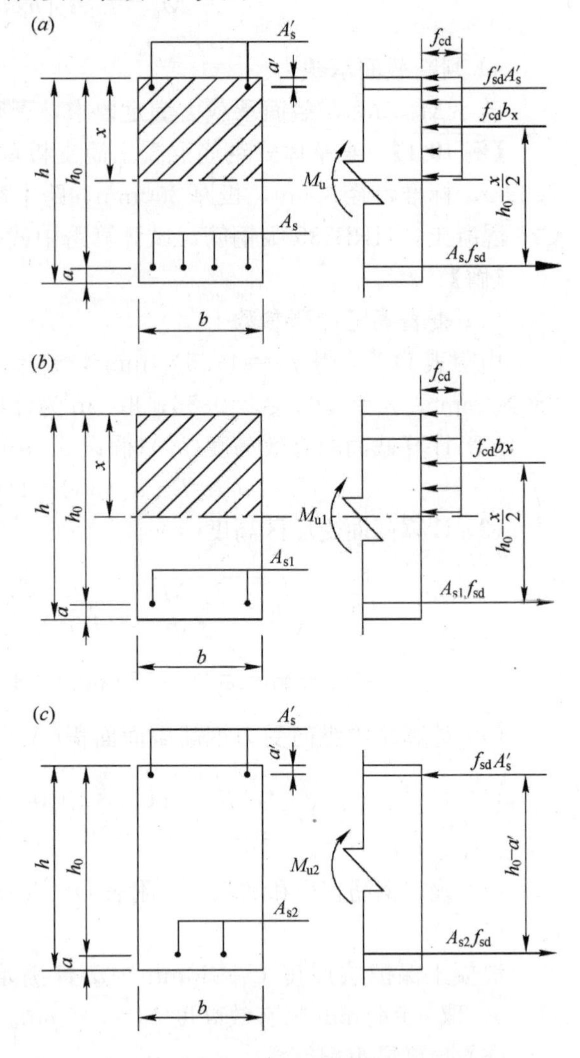

图 10-12　双筋矩形截面梁正截面抗弯承载力计算图

$$f_{cd}bx+f'_{sd}A'_s=f_{sd}A_s \tag{10-22}$$

$$\gamma_0M_d\leqslant M_u=M_{u1}+M_{u2}=f_{cd}bx\left(h_0-\frac{x}{2}\right)+f'_{sd}A'_s(h_0-a') \tag{10-23}$$

式中　A'_s——受压区纵向钢筋的截面面积；

f'_{sd}——受压区纵向钢筋抗压强度设计值，按表 9-10 采用；

a'——受压区钢筋的合力作用点至受压区边缘的距离。

式(10-22)和式(10-23)为双筋矩形截面受弯构件受弯承载力计算公式，根据试验研究，应用以上两个公式时，应满足以下两个条件。即

$$x\leqslant\xi_bh_0$$

$$x\geqslant2a' \tag{10-24}$$

满足式(10-16)是为了防止双筋矩形截面梁发生超筋破坏，这一条与单筋矩形截面梁相同。

在双筋矩形截面梁中，受压钢筋在梁破坏时的应力取决于受压钢筋的应变，从图10-12(a)可以看出，受压钢筋的合力作用点靠近受压区边缘(因a'不大)，为保证受压钢筋与受压区混凝土协同工作，受压钢筋的压应变与受压区边缘纤维混凝土压应变相同(取0.002)，这时受压钢筋最大应力为$\sigma_s'=\varepsilon_s'E_s'\approx0.002\times2\times10^5=400\text{MPa}$。所以，受压钢筋的抗压强度设计值不应大于400MPa。因此限制受压区高度$x\geqslant 2a'$，以保证梁破坏时受压钢筋屈服。在实际工程中，如果$x\leqslant2a'$，则应取$x=2a'$(即受压钢筋合力作用点与混凝土的合力作用点重合)。则式(10-23)变为

$$\gamma_0M_d\leqslant M_u=f_{sd}A_s(h_0-a') \tag{10-25}$$

3. 计算方法

(1) 截面设计

双筋矩形截面受弯构件的截面设计，一般都是已知截面尺寸、材料的种类和强度、所处的环境类别及其重要性，计算所需要的受压和受拉钢筋用量；有时由于构造方面的需要，受压钢筋可以按构造要求确定(已知)，只计算受拉钢筋。下面分别介绍这两种情况。

1) 已知截面尺寸、混凝土强度等级、钢筋的种类和强度、弯矩组合设计值、构件所处的环境类别及其重要性，求受压和受拉钢筋。

由式(10-22)和式(10-23)可知，两个基本方程中有三个未知量(即x、A_s和A_s')，有多组解。在实际工程中，为充分利用材料的强度，节约材料，应使钢筋的用量最少(即A_s+A_s'最小)，同时考虑$f_{sd}'=f_{sd}$和充分利用受压区混凝土抗压强度，所以应设$x=\xi_bh_0$，这样两个方程就只有两个未知量，有唯一解。

由式(10-23)可得

$$A_s'=\frac{\gamma_0M_d-f_{cd}bh_0^2\xi_b(1-0.5\xi_b)}{f_{sd}'(h_0-a')} \tag{10-26}$$

由式(10-22)可得

$$A_s=\frac{f_{sd}'}{f_{sd}}A_s'+\xi_b\frac{f_{cd}bh_0}{f_{sd}} \tag{10-27}$$

2) 已知截面尺寸、混凝土强度等级、钢筋的种类和强度、弯矩组合设计值、构件所处的环境类别及其重要性和受压钢筋的截面面积，求受拉钢筋。

仍然利用式(10-22)和式(10-23)，因A_s'已知，仅有两个未知量，有唯一解。计算方法是：先按式(10-23)求得截面受压区高度x，然后将x代入式(10-22)中求得A_s。但尚应注意以下几点：

第一，若求得的$x>\xi_bh_0$，表明给定的受压钢筋面积不够，此时可按A_s'未知的情况计算；

第二，若求得的$x<2a'$，受压钢筋应力不能达到其抗压强度设计值，也就是事先确定的受压钢筋面积A_s'太大，这种情况梁的受弯承载力应由受拉钢筋控制。按式(10-25)计算A_s。

（2）截面承载力复核

双筋矩形截面承载力复核与单筋矩形截面承载力复核相似，在已给定的条件下，计算出双筋矩形截面受弯承载力，然后再与同一截面的弯矩组合设计值（考虑其重要性）比较。其步骤如下：

1）按式（10-22）计算受压区高度 x；

2）根据受压区高度 x 的大小，按下列方法处理。若 $x_b \geqslant x > 2a'$，则将 x 代入式（10-23）中求 M_u；若 $x < 2a'$，按式（10-25）求 M_u；若 $x > x_b$，表明构件已超筋，不能用于实际工程中。

【例 10-2】 已知某双筋矩形截面梁的截面尺寸为 200mm×500mm，采用的混凝土强度等级为 C25，钢筋为 HRB335 级，跨中截面弯矩组合设计值为 250kN·m，梁处于Ⅰ类环境中，且其安全等级为二级，试确定受拉和受压钢筋。

【解】

（1）查表确定计算参数。

$f_{cd}=11.5\text{N/mm}^2$，$f_{td}=1.23\text{N/mm}^2$，$f_{sd}=280\text{N/mm}^2$，$\gamma_0=1.0$，$\xi_b=0.56$；保护层厚度为 30mm。

（2）计算截面的有效高度（h_0）。

$$h_0=h-a=500-70=430\text{mm}\quad（按双排钢筋考虑）$$

（3）判定是否可以按双筋矩形截面梁方法计算。

$$\begin{aligned}M_u&=\xi_b(1-0.5\xi_b)f_{cd}bh_0^2\\&=0.56\times(1-0.5\times0.56)\times11.5\times200\times430^2=171.47\times10^6\text{N}\cdot\text{mm}<\gamma_0M_d\\&=1.0\times250\times10^6\text{N}\cdot\text{mm}\quad（采用双筋截面计算方法）\end{aligned}$$

（4）计算受压钢筋的面积（A_s'）。

设 $x=\xi_bh_0$，由式（10-26）可得

$$A_s'=\frac{\gamma_0M_d-f_{cd}bh_0^2\xi_b(1-0.5\xi_b)}{f_{sd}'(h_0-a')}=\frac{1.0\times250\times10^6-171.47\times10^6}{280\times(430-40)}=719\text{mm}^2$$

（5）计算受拉钢筋的面积（A_s）。

由式（10-27）可得

$$A_s=\frac{f_{sd}'}{f_{sd}}A_s'+\xi_b\frac{f_{cd}bh_0}{f_{sd}}=\frac{280}{280}\times719+0.56\times\frac{11.5\times200\times430}{280}=2697\text{mm}^2$$

（6）选择受压和受拉钢筋。

受压钢筋：2Φ22（760mm²）

受拉钢筋：4Φ25+2Φ22（2720mm²）

（7）验算配筋率。

$$\rho=\frac{A_s-A_s'}{bh_0}\times100\%=\frac{2720-760}{200\times430}=2.23\%$$

$$\rho_b=\frac{f_{cd}}{f_{sd}}\xi_b=\frac{11.5}{280}\times0.56=2.30\%>\rho$$

属于适筋梁。

10.3.3　T形截面梁正截面受弯承载力计算

1. 概述

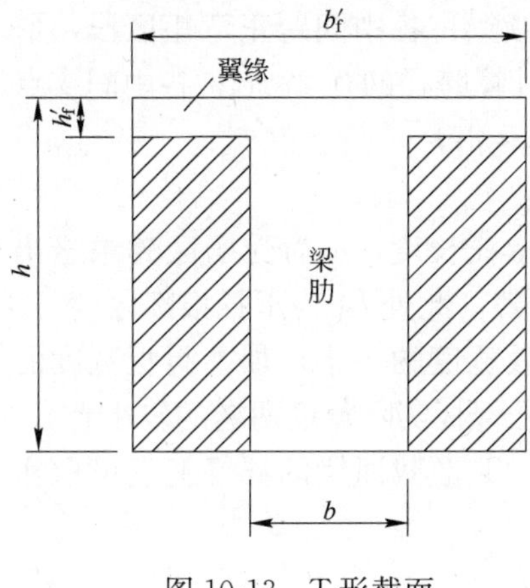

图 10-13　T形截面

矩形截面受弯构件在破坏时受拉区混凝土早已开裂不参与抗拉，拉力全部由受拉钢筋承担，因此，可将受拉区阴影部分的混凝土挖去，如图 10-13 所示，将原有受拉钢筋集中布置在剩余部分(梁肋)受拉区中，截面的受弯承载力与原矩形截面完全相同，形成了T形截面这样既可以节约混凝土，又可以减轻构件的自重。

由矩形截面挖去一部分混凝土后剩下的T形截面，两侧挑出部分称为翼缘，中部称为肋。在实际工程中，除一般的T形截面外，还有如箱形、π形和工字形等截面，都可以采用等效的T形截面来代替，如图 10-14 所示。

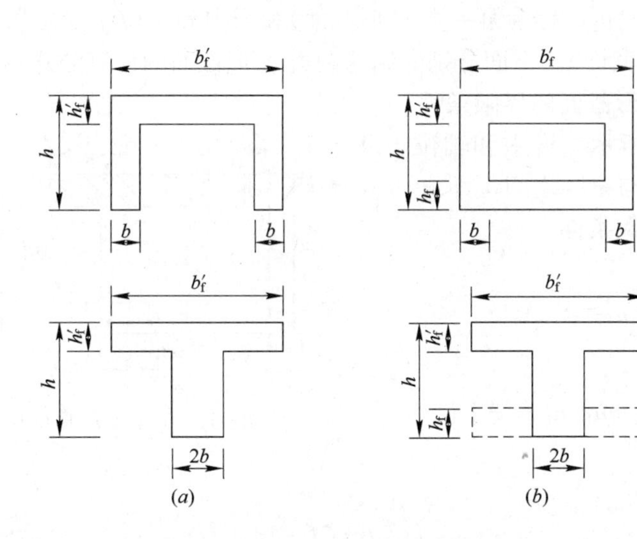

图 10-14　π形和箱形截面的等效T形截面

(a)π形截面及其等效T形截面；(b)箱形截面及其等效T形截面

根据试验和理论分析，T形截面梁受力产生弯曲变形时截面受压应力分布是不均匀的，距梁肋越远的纵向压应力越小，如图 10-15 所示，当翼缘超过一定宽度后，远离肋部分的翼缘承受的压应力很小，在实际设计计算中，将受压翼缘宽度限制在一定范围内是必要的。因此，将翼缘上不均匀的压应力按中间最大压应力数值折合成在一定宽度范围内的均匀压应力，这个宽度称为受压翼缘计算宽度(亦称有效宽度)，用符号 b'_f表示。

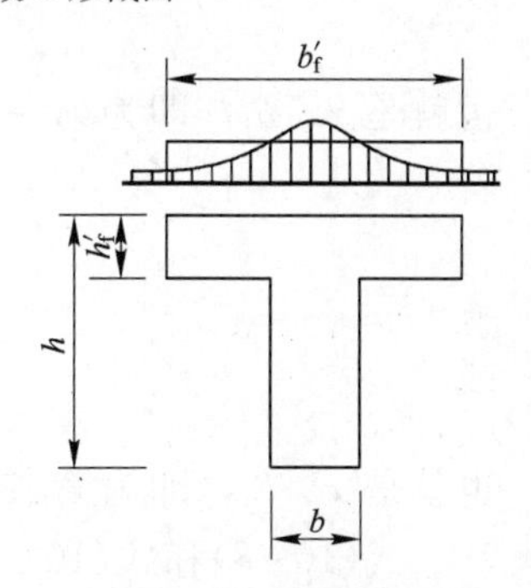

图 10-15　T形截面上翼缘压应力分布

根据规范规定，T形截面受压翼缘计算宽度按下列规定采用。

(1) 内梁的翼缘有效宽度取下列三者中的最小值：

1) 对于简支梁，取计算跨径的 1/3。对于连续梁，各中间跨正弯矩区段，取该计算跨径的 0.2 倍；边跨正弯矩区段，取该跨计算跨径的 0.27 倍；各中间支点负弯矩区段，取该支点相邻两计算跨径之和的 0.07 倍；

2) 相邻两梁的平均间距；

3) $b+2b_h+12h_f'$处，b 为梁腹板宽度，b_h 为承托长度，h_f'为受压区翼缘悬出板的厚度。当 $h_f/b_h<1/3$ 时，上式 b_h 应以 $3h_h$ 代替，此处 h_h 为承托根部厚度。

(2) 外梁翼缘的有效宽度取相邻内梁翼缘有效宽度的一半，加上腹板宽度的一半，再加上外侧悬臂板平均厚度的 6 倍或外侧悬臂板实际宽度两者的较小者。

对超静定结构进行作用(或荷载)效应分析时，T 形截面梁的翼缘宽度可取实际全宽。

2. 计算公式及其适用条件

T 形截面受弯构件的计算方法随中和轴位置不同有两种类型，即当中和轴位于受压翼缘内($x\leqslant h_f'$，称为第一类 T 形截面)和当中和轴位于受压翼缘外($x>h_f'$，称为第二类 T 形截面)。下面分别介绍这两类 T 形截面的计算公式及其适用条件。

(1) 两种 T 形截面的界限条件

如图 10-16 所示，设中和轴位于 T 形截面受压翼缘与梁肋之间，即 $x=h_f'$，

根据静力平衡条件

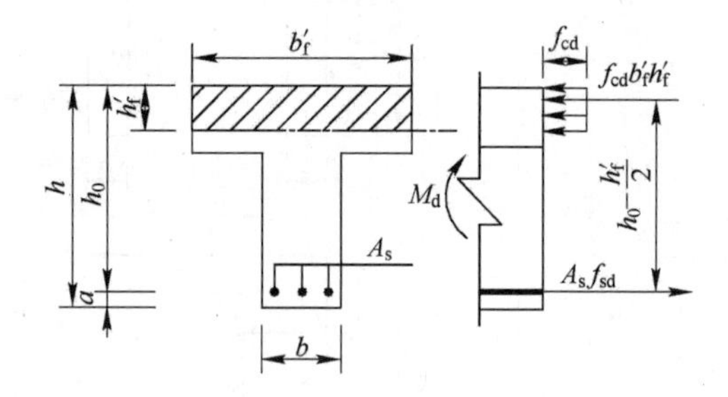

图 10-16　$x=h_f'$的 T 形截面

由 $\Sigma X=0$ 得

$$f_{cd}b_f'h_f'=f_{sd}A_s$$

由 $\Sigma M=0$ 得

$$M_d=f_{cd}b_f'h_f'\left(h_0-\frac{h_f'}{2}\right)$$

显然，若

$$f_{cd}b_f'h_f'\geqslant f_{sd}A_s \tag{10-28}$$

或

$$M_d\leqslant f_{cd}b_f'h_f'\left(h_0-\frac{h_f'}{2}\right) \tag{10-29}$$

也就是 $x\leqslant h_f'$，即为第一类 T 形截面。

若

$$f_{cd}b_f'h_f'<f_{sd}A_s \tag{10-30}$$

或

$$M_d>f_{cd}b_f'h_f'\left(h_0-\frac{h_f'}{2}\right) \tag{10-31}$$

也就是 $x>h_f'$，即为第二类 T 形截面。

式(10-28)和式(10-30)用于 T 形截面设计，式(10-29)和式(10-31)用于 T 形截面承载力复核。

(2) 计算公式及适用条件

1）第一类T形截面（$x\leqslant h_f'$）

如图10-17所示，由于中和轴在受压翼缘高度内，其受压区截面仍然为矩形，因此，这类T形截面虽然外形为T形，但其受力特点与宽度为b_f'的矩形截面相似。由$\Sigma X=0$得

$$f_{cd}b_f'x=f_{sd}A_s \qquad (10\text{-}32)$$

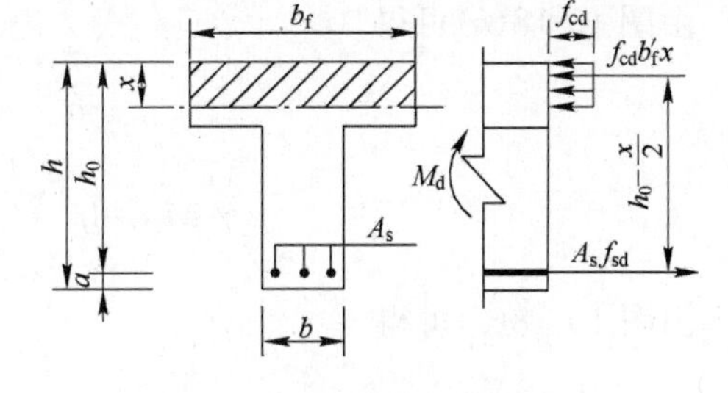

图10-17　第一类T形截面

由$\Sigma M=0$得

$$\gamma_0M_d=f_{cd}b_f'x\left(h_0-\frac{x}{2}\right) \qquad (10\text{-}33)$$

式(10-32)和式(10-33)分别与式(10-11)和式(10-12)相似，只是梁的宽度一个是b_f'，另一个是b；因其计算方法与单筋矩形截面受弯构件相同(仅将单筋矩形截面受弯构件公式中的b置换为b_f'即可)。式(10-32)和式(10-33)的适用条件为：

① $x\leqslant x_b$或$\xi\leqslant\xi_b$或$\rho\leqslant\rho_b$，对第一类T形截面，$x\leqslant h_f'$这一条件自然满足。

② $\rho\geqslant\rho_{min}$，其中$\rho=A_s/bh_0$。b为梁肋肋宽。

2）第二类T形截面（$x>h_f'$）

对于中和轴位于梁肋内的T形截面，其计算如图10-18所示。

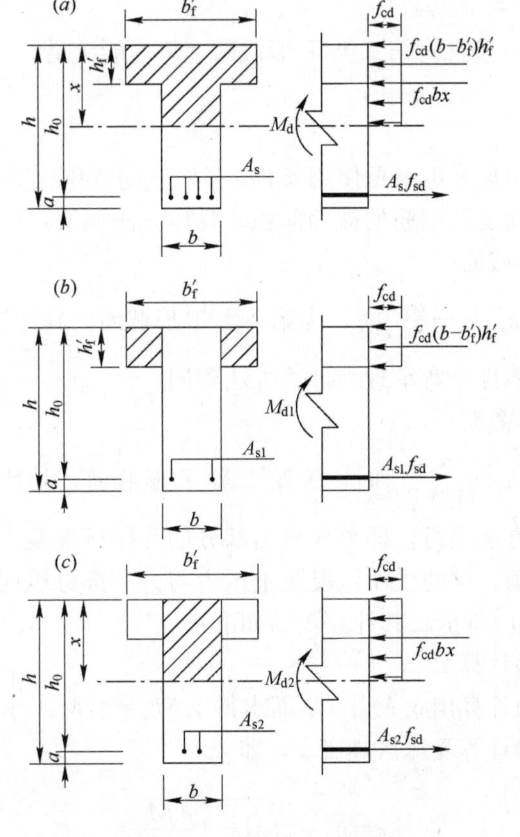

图10-18　第二类T形截面

由图 10-18(b)可得

$$f_{cd}(b_f'-b)h_f'=f_{sd}A_{s1} \tag{10-34}$$

$$\gamma_0 M_{d1}=f_{cd}(b_f'-b)h_f'\left(h_0-\frac{h_f'}{2}\right) \tag{10-35}$$

由图 10-18(c)可得

$$f_{cd}bx=f_{sd}A_{s2} \tag{10-36}$$

$$\gamma_0 M_{d2}=f_{cd}bx\left(h_0-\frac{x}{2}\right) \tag{10-37}$$

注意，$M_d=M_{d1}+M_{d2}$，$A_s=A_{s1}+A_{s2}$

将式(10-34)和式(10-36)及式(10-35)和式(10-37)分别相加得

$$f_{cd}(b_f'-b)h_f'+f_{cd}bx=f_{sd}A_s \tag{10-38}$$

$$\gamma_0 M_d=f_{cd}(b_f'-b)h_f'\left(h_0-\frac{h_f'}{2}\right)+f_{cd}bx\left(h_0-\frac{x}{2}\right) \tag{10-39}$$

式(10-38)和式(10-39)为第二类 T 形截面正截面受弯承载力计算公式；它们应满足

① $x\leqslant x_b$ 或 $\xi\leqslant\xi_b$ 或 $\rho\leqslant\rho_b$；

② $\rho\geqslant\rho_{min}$，这一条件对第二类 T 形截面一般均能满足。

3. 计算方法

(1) 截面设计

T 形截面的截面尺寸可根据使用条件、构造要求和经验等确定，因此，截面计算主要是确定纵向受拉钢筋的截面面积。具体方法如下：

1) 第一类 T 形截面

当 $\gamma_0 M_d\leqslant f_{cd}b_f'h_f'\left(h_0-\frac{h_f'}{2}\right)$时，为第一类 T 形截面。其计算方法与宽度为 b_f'的单筋矩形截面受弯构件受弯承载力计算方法相同。

2) 第二类 T 形截面

当 $\gamma_0 M_d>f_{cd}b_f'h_f'\left(h_0-\frac{h_f'}{2}\right)$时，为第二类 T 形截面。其计算方法可以按双筋矩形截面梁的计算方法进行，即翼缘挑出部分的受压区混凝土压力与一部分纵向受拉钢筋拉力相平衡，梁肋受压区混凝土压力与另一部分纵向受拉钢筋拉力相平衡，如图 10-18(b)(c)所示。其计算步骤如下：

① 由式(10-34)计算 A_{s1}；

② 由式(10-35)计算出 $\gamma_0 M_{d1}$，从而求得 $\gamma_0 M_{d2}=\gamma_0 M_d-\gamma_0 M_{d1}$；

③ 由式(10-37)计算受压区高度 x，即

$$x=h_0-\sqrt{h_0^2-\frac{2\gamma_0 M_{d2}}{f_{cd}b}}$$

④ 由式(10-36)计算 A_{s2}，即

$$A_{s2}=\frac{f_{cd}b}{f_{sd}}x$$

⑤ 计算 A_s：$A_s=A_{s1}+A_{s2}$；

⑥ 验算适用条件。

(2) 截面复核

进行截面复核时，首先按式(10-29)或式(10-31)判断 T 形截面的类别。若满足式(10-29)，则为第一类 T 形截面，按宽度为 b_f'的矩形截面梁进行承载力复核；若满足式(10-31)，则为第二类 T 形截面，其承载力复核按下列步骤进行。

1) 由式(10-38)计算受压区高度 x，即

$$x=\frac{f_{sd}A_s-f_{cd}(b_f'-b)h_f'}{f_{cd}b}$$

若 $2a\leqslant x\leqslant x_b$，则其受弯承载力按式(10-39)计算；若 $2a<x$ 或 $x>x_b$，应调整截面尺寸。

2) 比较其受弯承载力与梁所受到的内力，判断是否满足承载力要求。

【例 10-3】 已知某桥梁为 T 形截面，其截面尺寸如图 10-19所示，采用C25 的混凝土，HRB335 级钢筋为纵向受力钢筋，结构的安全等级为二级，处于Ⅰ类环境，截面承受的弯矩组合设计值为 630kN·m，试确定受拉钢筋的截面面积。

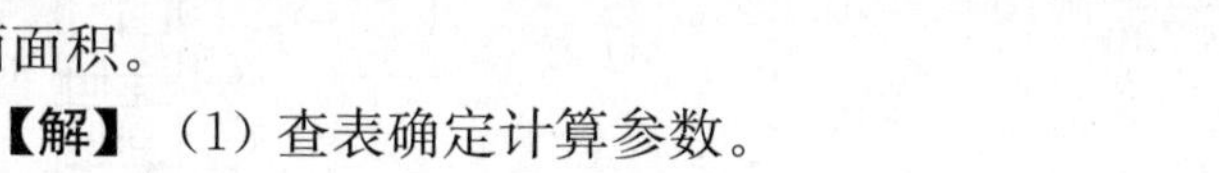

图 10-19　例 10-3 图
（单位：mm）

【解】 (1) 查表确定计算参数。

$f_{cd}=11.5\text{N/mm}^2$，$f_{td}=1.23\text{N/mm}^2$，$f_{sd}=280\text{N/mm}^2$，$\gamma_0=1.0$，$\xi_b=0.56$；保护层厚度为 30mm。

(2) 有效高度。

$h_0=800-70=730\text{mm}$(按两排布筋)

(3) 判断 T 形截面的类型。

$$f_{cd}b_f'h_f'\left(h_0-\frac{h_f'}{2}\right)=11.5\times600\times120\times\left(730-\frac{120}{2}\right)=554.76\times10^6\text{N}\cdot\text{mm}$$

$$=554.76\text{kN}\cdot\text{m}<1.0\times630=630\text{kN}\cdot\text{m}$$

属于第二类 T 形截面。

(4) 计算 A_{s1}。

由式(10-34)得：　$A_{s1}=\dfrac{f_{cd}(b_f'-b)h_f'}{f_{sd}}=\dfrac{11.5\times(600-300)\times120}{280}=1479\text{mm}^2$

(5) 计算 γ_0M_{d2}。

由式(10-35)得

$$\gamma_0M_{d1}=f_{cd}(b_f'-b)h_f'\left(h_0-\frac{h_f'}{2}\right)=11.5\times(600-300)\times120\left(730-\frac{120}{2}\right)$$

$$=277.38\times10^6\text{N}\cdot\text{mm}$$

则 $\gamma_0 M_{d2}=\gamma_0 M_d - M_{d1}=630\times10^6-277.38\times10^6=352.62\times10^6\text{N}\cdot\text{mm}$

(6) 计算受压区高度 x。

$$x=h_0-\sqrt{h_0^2-\frac{2\gamma_0 M_{d2}}{f_{cd}b}}=730-\sqrt{730^2-\frac{2\times1.0\times352.62\times10^6}{11.5\times300}}$$

$=157\text{mm}<x_b=409\text{mm}$ 满足适用条件。

(7) 计算 A_{s2}。

由式(10-36)得

$$A_{s2}=\frac{f_{cd}b}{f_{sd}}x=\frac{11.5\times300\times157}{280}=1934\text{mm}^2$$

(8) 计算 A_s。

$$A_s=A_{s1}+A_{s2}=1479+1934=3413\text{mm}^2$$

(9) 验算配筋率。

$$\rho_b=\xi_b\cdot\frac{f_{cd}}{f_{sd}}=0.56\times\frac{11.5}{280}\times100\%=2.30\%$$

$$\rho_{min}=45\frac{f_{td}}{f_{sd}}=45\times\frac{1.23}{280}\times100\%=0.20\%$$

$$\rho=\frac{A_{s2}}{bh_0}\times100\%=\frac{1934}{300\times730}\times100\%=0.88\%$$

满足要求($\rho_{min}<\rho<\rho_b$)。

查附表 D-5 选择钢筋直径和根数，7 Φ 25 (3436mm^2>A_s=3413mm^2)图 10-20 所示。

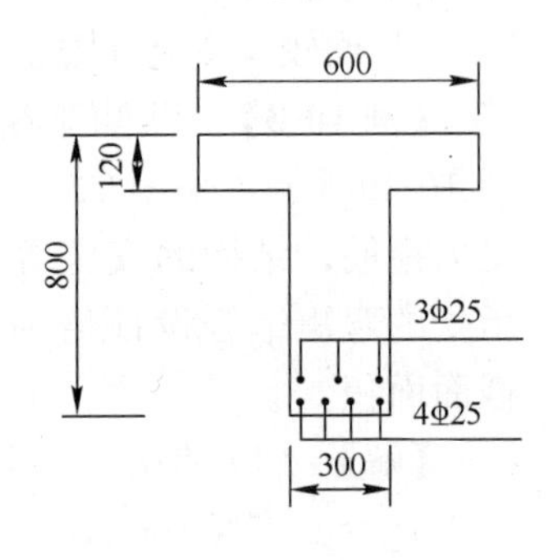

图 10-20　例 10-3 配筋图

思 考 题

1. 试叙述少筋梁、适筋梁和超筋梁的破坏特征，并说明如何防止？
2. 什么叫相对界限受区高度？它与最大配筋率有何关系？
3. 钢筋混凝土梁中应配置哪几种钢筋？它们各自的作用是什么？
4. 什么叫双筋矩形截面梁？一般在什么情况下采用？
5. 如何确定 T 形截面梁的受压翼缘宽度 b_f'？

习 题

1. 已知一矩形截面受弯构件，截面尺寸为 250mm×550mm；在荷载作用下的弯矩组合设计值为 170kN・m，采用 C25 的混凝土，受力钢筋为 HRB335 级；结构的安全等级为二级，Ⅰ类环境。试计算纵向受拉钢筋的截面面积，并确定钢筋的直径和根数。

2. 某双筋矩形截面梁，截面尺寸为 200mm×500mm，采用 C25 的混凝土，受力钢筋为 HRB335 级，弯矩组合设计值为 205kN・m，结构的安全等级为二级，Ⅰ类环境。试计算纵向受拉钢筋和受压钢筋的截面面积，并确定钢筋的直径和根数。

3. 某 T 形截面梁的受压翼缘宽度为 b_f'=2000mm，受压翼缘厚 h_f'=100mm，梁肋宽 b=

200mm，梁高 $h=600$mm，采用C25的混凝土，纵向受力钢筋为HRB335级，弯矩组合设计值为270kN·m，结构的安全等级为二级，Ⅰ类环境。试计算纵向受拉钢筋的截面面积。

4. 已知T形截面梁的截面尺寸为 $b=400$mm，$b_f'=800$mm，$h=800$mm，$h_f'=120$mm；采用C25的混凝土，纵向受力钢筋为HRB335级，弯矩组合设计值为625kN·m。结构的安全等级为二级，Ⅰ类环境。试计算纵向受拉钢筋的截面面积。

5. 预制钢筋混凝土简支T梁截面高度 $h=1.3$m，翼板有效宽度 $b_f'=1.6$m(预制宽度1.58m)，C25混凝土，HRB335级钢筋，Ⅰ类环境条件，安全等级二级，跨中截面弯矩组合设计值 $M_d=2200$kN·m。试进行配筋计算及截面复核(采用焊接钢筋骨架)。

教学单元 11　钢筋混凝土受弯构件斜截面受剪承载力计算

【教学目标】 通过对钢筋混凝土梁斜截面受剪承载力计算、受弯承载力和相关构造要求的学习，学生能对斜截面进行正确的配筋计算，能够绘制弯矩包络图，从而判断纵向钢筋初步弯起的位置能否满足斜截面抗弯承载力的要求。

11.1　钢筋混凝土受弯构件斜截面破坏形态及其影响因素

11.1.1　钢筋混凝土梁剪应力与主拉(压)应力

实际工程中的受弯构件，除受到弯矩外，还有剪力，因此在弯曲正应力和剪应力共同作用下，将产生与梁纵轴斜交的主拉应力和主压应力。对钢筋混凝土梁来讲，混凝土抗压强度较大，一般不会发生受压区混凝土压碎破坏。而主拉应力较大，可能使梁沿着垂直于主拉应力方向产生斜裂缝，并导致沿斜裂缝(斜截面)而破坏。因此对受弯构件除应进行正截面受弯承载力计算外，还应进行斜截面受剪承载力计算。

为防止梁沿斜截面发生破坏，除构造上有合理的截面尺寸外，还应配置腹筋(腹筋包括箍筋和弯起钢筋)。

为了更好地理解钢筋混凝土受弯构件斜裂缝产生的原因，先分析未设腹筋的钢筋混凝土受弯构件斜裂缝出现前的应力状态，如图 11-1 所示。

当斜裂缝未出现时，梁截面上任一点的正应力和剪应力分别为

正应力：
$$\sigma=\frac{M}{I_0}y \tag{11-1}$$

剪应力：
$$\tau=\frac{V_d \cdot S_0}{b \cdot I_0} \tag{11-2}$$

式中 I_0、S_0 分别为将纵向受拉钢筋截面面积换算成等效的混凝土后换算截面惯性矩和静矩。

由于钢筋混凝土梁一般都处在第Ⅱ阶段工作，受拉区混凝土已经开裂(出现竖向裂缝)，全部拉力由受拉钢筋承担，而纵向受拉钢筋的换算截面面积对中性轴的静矩为常数$\left[S_{01}=\frac{E_s}{E_c}A_s(h_0-x)\right]$；因此，截面中和轴以下部分的剪应力为常数(等于中和轴处的剪应力)，截面中和轴以上部分的剪应力按二次抛物线变化，中和轴以下部分(h_0-x 范围内)为直线变化。

正应力与剪应力的复合作用，在截面上所产生的主应力，可按材料力学公式计算，即

主拉应力：
$$\sigma_{zl}=\frac{\sigma}{2}+\sqrt{\left(\frac{\sigma}{2}\right)^2+\tau^2} \tag{11-3}$$

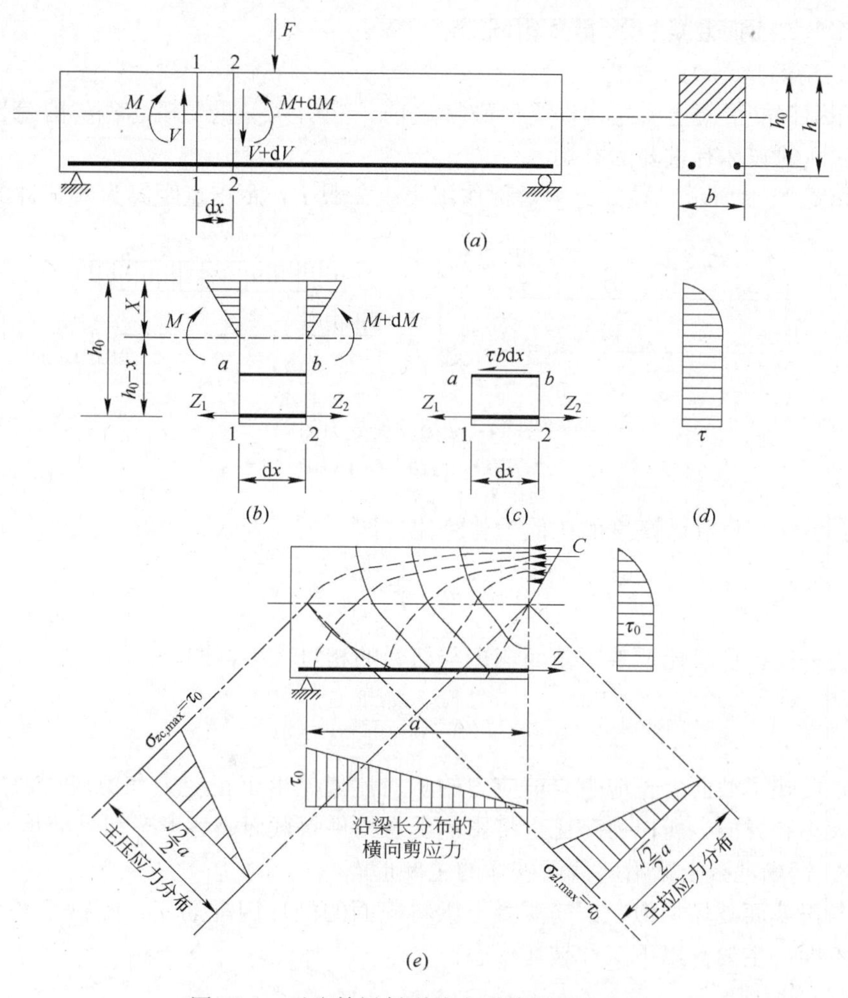

图 11-1 无腹筋梁斜裂缝出现前的应力状态

主压应力：
$$\sigma_{zc}=\frac{\sigma}{2}-\sqrt{\left(\frac{\sigma}{2}\right)^2+\tau^2} \tag{11-4}$$

主应力方向：
$$\alpha=\frac{1}{2}\tan\left(-\frac{2\tau}{\sigma}\right) \tag{11-5}$$

满足式(11-5)的解有两个，与梁纵轴夹角为 α 和 $\alpha+90°$。由此可以说明梁内有两个主平面，它们相互正交。如图 11-1(e)所示的主应力迹线所示。在中和轴处，主应力方向与中和轴呈 45°夹角。

在受弯构件的纯弯段，由于剪应力为零，所以最大主拉应力发生在截面下边缘，其值等于最大主应力，方向为水平。当主拉应力超过混凝土抗拉强度时，就会出现竖向裂缝。在弯矩、剪力共同作用的区段，主拉应力方向是倾斜的，可能会产生斜裂缝。但是值得注意的是，在梁的下边缘很小高度内主拉应力仍然是水平的。可能会在该处首先出现较小竖向裂缝后，再沿斜向发展成斜裂缝，当腹板较薄时，会首先在腹板中和轴附近出现斜裂缝(这一点在实际工程时有发生)。梁裂缝的出现，按弹性假设的条件已不存在，受力状态发生了变化，即应力发生了重新分布。

11.1.2 钢筋混凝土梁斜截面破坏形态

1. 剪跨比(m)的概念

介绍钢筋混凝土受弯构件受剪破坏之前，先引入一重要概念——剪跨比。它对斜截面的破坏有重要的影响。

如图 11-2 所示，在梁跨中对称作用集中荷载 F，距支点距离为 a(a 称剪跨)。

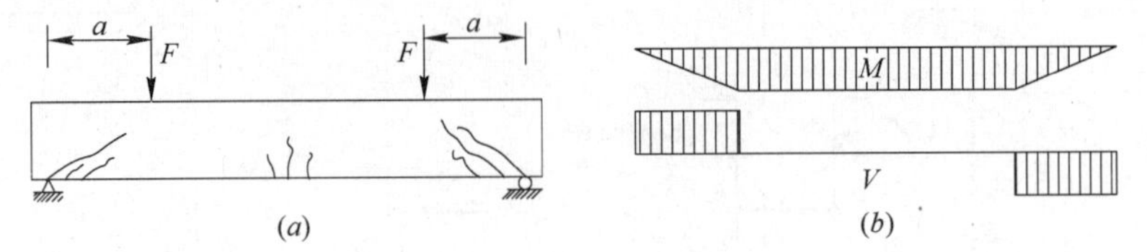

图 11-2 简支梁受力图

(a)裂缝示意图；(b)内力图

定义：剪跨与梁有效高度的比值为剪跨比，即

$$m=\frac{a}{h_0} \tag{11-6}$$

从广义来讲，剪跨比反映了截面弯矩与剪力的相对大小，即

$$m=\frac{M}{V \cdot h_0} \tag{11-7}$$

也就是反映了截面上正应力与剪应力的相对比值。由于正应力和剪应力决定了主应力大小和方向，所以剪跨比也将影响受弯构件斜截面破坏形态和受剪承载力。

2. 钢筋混凝土梁沿斜截面破坏的主要形态

与正截面破坏相似，钢筋混凝土梁斜截面的破坏因配筋率、配箍率及剪跨比等的不同，主要有以下三种破坏形态。

(1) 斜压破坏

如图 11-3(a)所示，试验表明，当荷载增加到一定程度后，先在梁跨中出现竖向裂缝及在支点附近剪跨范围内出现斜裂缝，随荷载的增大，被斜裂缝分开的靠近支点的梁端部分，在加载点与支点连线范围内，混凝土被一系列平行裂缝分割成许多倾斜受压短柱，这些短柱随荷载的增大被主压应力压碎，称这种破坏为斜压破坏。它一般发生在弯矩小剪力大(即剪跨比 m 较小)的区段以及腹筋太多或腹板太薄处。破坏时斜裂缝多而密，没有主裂缝。

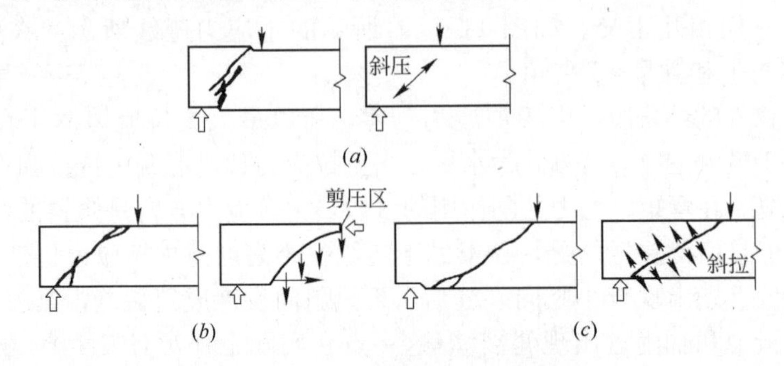

图 11-3 斜截面破坏的 3 种形式

（2）剪压破坏

如图 11-3(*b*)所示，当荷载增加到一定程度后，先在梁跨中出现一系列的垂直裂缝，并向集中荷载作用点延伸，随着荷载的增大，众多斜裂缝中将形成一条长而宽的裂缝——临界裂缝。当临界裂缝出现后，梁仍能继续承担一定的荷载，但这一条临界裂缝的出现，意味着梁进入危险阶段。

与临界裂缝相交的腹筋应力迅速增大而达到屈服。斜裂缝的出现，剪压区受压面积减小，在压应力和剪应力共同作用下达到混凝土复合受力的抗压强度。这种破坏类似于正截面的适筋破坏。对有腹筋的梁，即使腹筋适当也有可能发生，对于无腹筋梁，当 $m=1\sim3$ 或 $l/h<9$ 也有可能发生。

（3）斜拉破坏

如图 11-3(*c*)所示，斜拉破坏的破坏特征：当梁上荷载增大到使梁产生裂缝时，就很快地向集中力作用点斜向延伸形成临界裂缝。梁的承载力随之丧失，梁被斜裂缝拉断成两部分而破坏，这是一种脆性破坏。斜拉破坏一般发生在无腹筋梁或腹筋太少且剪跨比较大的情况。在实际工程中应采取构造措施防止这种破坏。

11.1.3 影响钢筋混凝土梁斜截面受剪承载力的因素

目前，较普遍的观点认为，影响钢筋混凝土梁斜截面受剪承载力的因素有：剪跨比、混凝土的强度等级、纵向钢筋的配筋率、箍筋的配箍率及箍筋的强度等。下面分别介绍其影响情况。

1. 剪跨比(m)

剪跨比是一个无量纲的计算参数，它反映的是验算截面弯矩与剪力的相对大小，因而，斜截面受剪承载力问题是一个弯剪复合受力问题。从对无腹筋梁抗剪研究情况分析结果(图 11-4)来看。当梁的混凝土强度等级、截面尺寸、纵向钢筋、箍筋等相同时，剪跨比越大，斜截面受剪承载力越低，当 $m>3$ 时，斜截面受剪承载力基本不再变化。趋于稳定剪跨比的影响不明显。对有腹筋梁，剪跨比对斜截面受剪承载力也有明显的影响，但较无腹筋梁小，如图 11-5 所示。

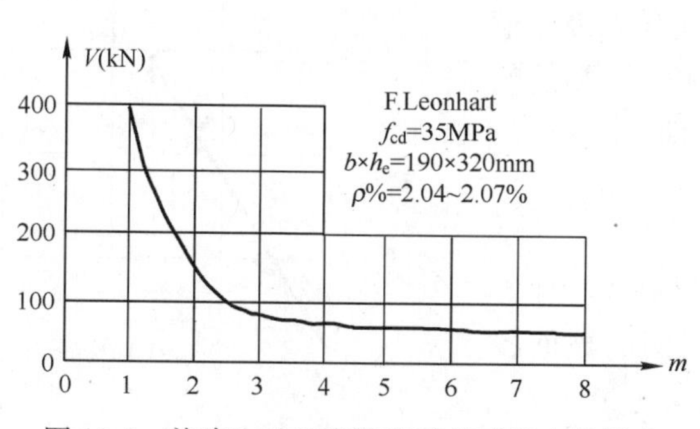

图 11-4　剪跨比对无腹筋梁受剪承载力的影响

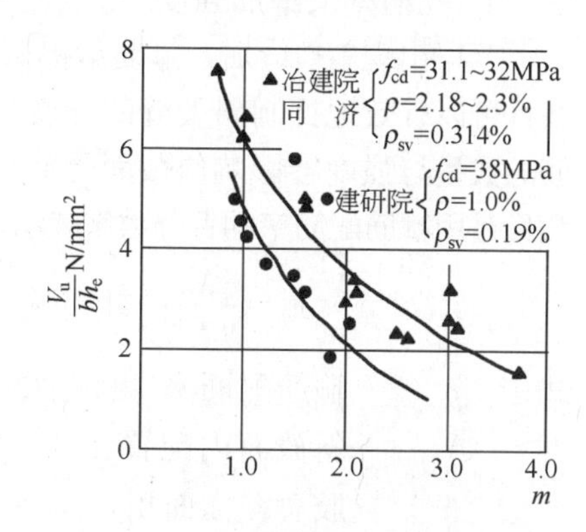

图 11-5　剪跨比对有腹筋梁受剪承载力的影响

2. 混凝土的强度等级

图 11-6 和图 11-7 分别是混凝土强度等级对无腹筋梁和有腹筋梁受剪承载力

的影响，可以看出，对无腹筋梁，在其他条件相同的情况下，混凝土强度等级越高，受剪承载力越高，且呈抛物线变化；低、中强度等级的混凝土受剪承载力增长较快，高强度等级的混凝土增长较慢。对有腹筋梁其受剪承载力与混凝土强度等级大致呈线性关系。

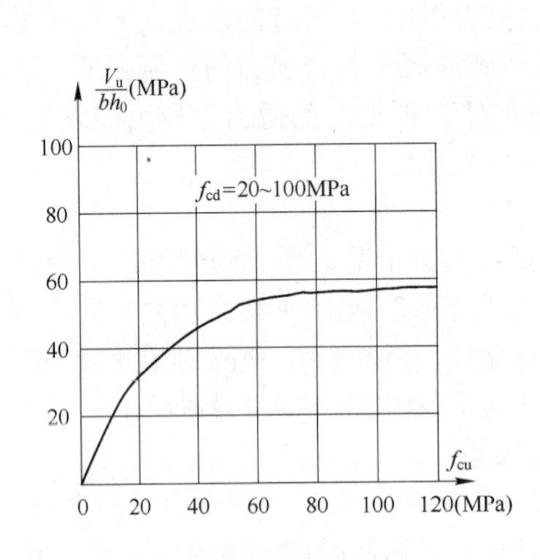

图 11-6　混凝土强度等级对无腹筋梁受剪承载力的影响

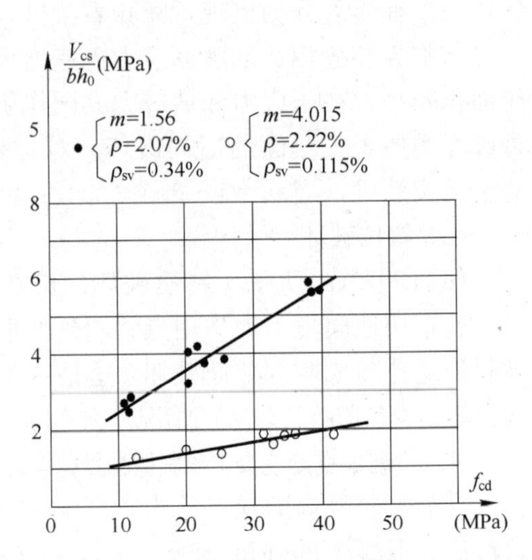

图 11-7　混凝土强度等级对有腹筋梁受剪承载力的影响

3. 纵向钢筋配筋率

研究表明，纵向钢筋能抑制斜裂缝的开展和中延伸，使斜裂缝上端剪压区有较大的受压面积，从而提高抗剪能力，同时纵向钢筋可以起到“销栓作用”，二是可以直接承担一部分剪力。因此，对配筋率较大的梁其受剪承载力越大。在其他条件相同的情况下，配筋率与受剪承载力之间大致呈线性关系。

4. 配箍率及箍筋强度

当梁出现斜裂缝后，箍筋承担相当一部分剪力，而且可以有效地抑制斜裂缝的开展和延伸，因此箍筋的数量与强度会影响斜截面受剪承载力。箍筋的数量是用箍筋配筋率的百分数来表示，即

$$\rho_{sv}=\frac{A_{sv}}{b\cdot s_v}\times 100\% \tag{11-8}$$

式中　ρ_{sv}——箍筋配筋率(也称为配箍率)(%)；

A_{sv}——斜截面内配置在同一截面的箍筋各肢总截面面积，$A_{sv}=n\cdot A_{sv1}$；

n——箍筋的肢数；

A_{sv1}——斜截面内，同一截面单肢箍筋的截面面积(mm^2)；

b——梁的宽度(mm)；

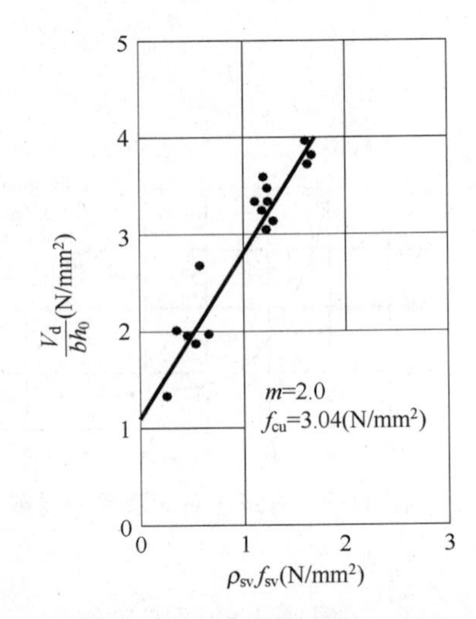

图 11-8　配箍率与箍筋强度对梁受剪承载力的影响

s_v——箍筋的间距(mm)。

图11-8反映了配箍率和箍筋抗拉强度的乘积与梁斜截面受剪承载力的关系，可看出，在其他条件相同的情况下，两者呈线性关系。由于斜截面破坏属于脆性破坏，为提高截面延伸性，不宜采用高强钢筋。

斜截面受剪承载力除与上述主要因素有关外，还与梁的截面尺寸、截面面积、加载方式、加载速率和混凝土的施工质量等因素有关。因此在施工中，应保证其施工质量。

11.2　钢筋混凝土梁斜截面受剪承载力计算

通过上一节对钢筋混凝土梁斜截面承载力的试验分析，斜压破坏和斜拉破坏可以采取截面限制条件和一定的构造措施加以控制。如在梁内保证一定的配箍率，保证梁有足够的截面尺寸等。对剪压破坏，其受剪承载力变化幅度较大，需要通过计算来保证。本节讨论剪压破坏形态的斜截面受剪承载力计算。

11.2.1　基本假设

根据剪压破坏的特点，作如下假设：

(1) 梁发生剪压破坏时，斜截面上的总剪力设计值(考虑结构的重要性)由剪压区混凝土、箍筋和弯起钢筋共同承担(图11-9)，即

$$\gamma_0 V_d \leqslant V_c + V_s + V_{sb} = V_{cs} + V_{sb} \quad (11\text{-}9)$$

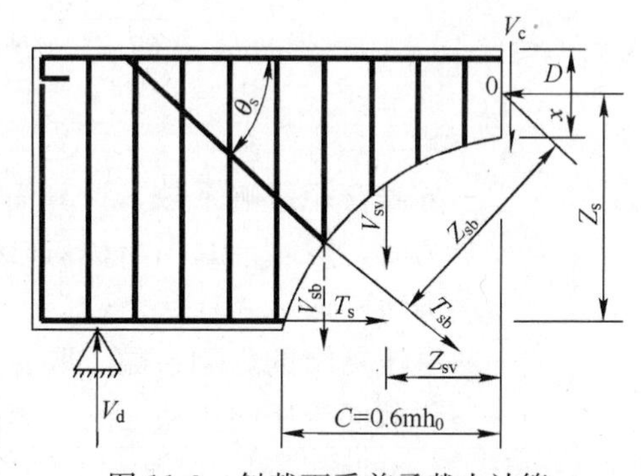

图11-9　斜截面受剪承载力计算

式中　V_d——斜截面受压端上由作用(或荷载)效应所产生的最大剪力组合设计值(kN)，对变高度(承托)的连续梁或悬臂梁，当该截面处于变高度梁段时，则应考虑作用于截面的弯矩引起的附加剪力的影响，按式(11-13)计算换算剪力设计值；

V_c——剪压区斜截面受剪承载力设计值(kN)；

V_s——与斜截面相交的箍筋受剪承载力设计值(kN)；

V_{cs}——斜截面内混凝土和箍筋共同承担的受剪承载力设计值(kN)；

V_{sb}——与斜截面相交的弯起钢筋受剪承载力设计值(kN)。

(2) 梁沿斜截面发生剪压破坏时，与斜截面相交的箍筋、弯起钢筋的拉应力达到其抗拉强度设计值。

11.2.2　钢筋混凝土梁斜截面受剪承载力计算公式

根据《公路桥规》的规定：矩形、T形和I形截面受弯构件，当配置箍筋和弯起钢筋时，其斜截面受剪承载力由混凝土、箍筋和弯起钢筋共同承担，其中混凝土和箍筋的承载力设计值(V_{cs})及弯起钢筋的承载力设计值(V_{sb})应符合下列规定，

如图 11-10 所示，即

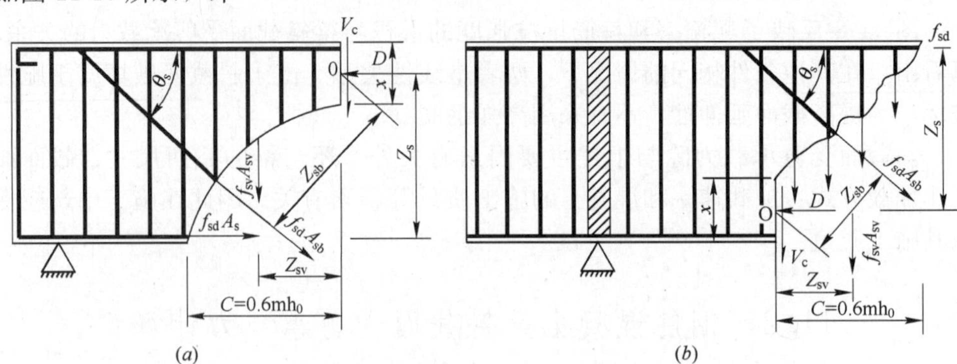

图 11-10　斜截面受剪承载力验算

(*a*)简支梁和连续梁近边支点梁段；(*b*)连续梁和悬臂梁近中间支点梁段

$$V_{cs}-0.45\times10^{-3}\alpha_1\alpha_3bh_0\sqrt{(2+0.6P)\sqrt{f_{cu,k}}\rho_{sv}f_{sv}} \tag{11-10}$$

$$V_{sb}=0.75\times10^{-3}f_{sd}\Sigma A_{sb}\sin\theta_s \tag{11-11}$$

根据极限状态设计法，应有

$$\gamma_0V_d\leqslant0.45\times10^{-3}\alpha_1\alpha_3bh_0\sqrt{(2+0.6P)\sqrt{f_{cu,k}}\rho_{sv}f_{sv}}+0.75\times10^{-3}f_{sd}\Sigma A_{sb}\sin\theta_s \tag{11-12}$$

式中　α_1——异号弯矩影响系数，计算简支梁和连续梁近边支点梁段的受剪承载力时，取 $\alpha_1=1.0$；计算连续梁和悬臂梁近中间支点梁段的受剪承载力时，取 $\alpha_1=0.9$；

α_3——受压翼缘的影响系数，取 $\alpha_3=1.1$；

b——斜截面受压端正截面处，矩形截面宽度或 T 形和 I 形截面腹板宽度(mm)；

h_0——斜截面受压端正截面的有效高度，自纵向受拉钢筋合力点至受压边缘的距离(mm)；

P——斜截面内纵向受拉钢筋的配筋百分率，$P=100\rho$，$\rho=A_s/bh_0$，当 $P>2.5$时，取 $P=2.5$；

$f_{cu,k}$——边长为 150mm 的混凝土立方体抗压强度标准值(MPa)，即为混凝土的强度等级；

ρ_{sv}——斜截面内箍筋配筋率，$\rho_{sv}=A_{sv}/s_vb$；

f_{sv}——箍筋抗拉强度设计值，按表 11-10 采用；

A_{sv}——斜截面内配置在同一截面的箍筋各肢总截面面积(mm^2)，$A_{sv}=n\cdot A_{sv1}$；

s_v——斜截面内箍筋的间距(mm)；

A_{sv1}——箍筋各肢的截面面积(mm^2)；

n——箍筋的肢数；

A_{sb}——斜截面内在同一弯起平面的弯起钢筋的截面面积(mm^2)；

θ_s——弯起钢筋与梁纵向中心轴的夹角，宜取45°。

对变高度(承托)的钢筋混凝土连续梁和悬臂梁，在变高度梁段内当考虑附加剪力影响时，其换算剪力设计值按下式计算

$$V_d=V_{cd}-\frac{M_d}{h_0}\tan\alpha \tag{11-13}$$

式中　V_{cd}——按等高度梁计算的计算截面的剪力组合设计值；

M_d——相应于剪力组合设计值的弯矩组合设计值；

h_0——计算截面的有效高度；

α——计算截面处梁下缘切线与水平线的夹角。当弯矩绝对值增加而梁高减小时，公式中的“－”改为“＋”。

11.2.3　计算公式的适用条件

式(11-9)～式(11-12)是根据剪压破坏的特征经分析统计回归而成。因此，在应用时，受到一定的条件限制，即公式的上、下限值。

1. 抗剪上限值——截面最小尺寸

试验研究表明，当钢筋混凝土梁抗剪钢筋数量达到一定程度时，即使增加抗剪钢筋的数量，梁的受剪承载力不会再提高，而且易导致斜压破坏(属于脆性破坏)，为防止这种破坏，《公路桥规》规定：矩形、T形和Ⅰ形截面受弯构件，其抗剪截面应符合下列要求，即

$$\gamma_0 V_d\leqslant 0.51\times 10^{-3}\sqrt{f_{cu,k}}bh_0(\mathrm{kN}) \tag{11-14}$$

式中　V_d——验算截面处由作用(或荷载)产生的剪力组合设计值；

b——相应于剪力组合设计值处的矩形截面宽度、T形和Ⅰ形截面腹板宽度(mm)。

其余符号与前面相同。对变高度(承托)连续梁，除验算近边支点梁段的截面尺寸外，尚需验算截面急剧变化处的截面尺寸。

2. 抗剪下限值——箍筋最小配筋率

对钢筋混凝土梁，当斜裂缝未出现时，梁内主拉应力主要由混凝土承担，箍筋所承担的部分很少，一旦斜裂缝出现，与斜裂缝相交处的主拉应力将全部转移给箍筋，这时箍筋的拉应力突然增大；若梁内配置的箍筋太少，箍筋就可能屈服甚至被拉断，不能进一步抑制斜裂缝的开展，起不到箍筋的主要作用。为防止发生这种斜拉破坏，《公路桥规》规定：矩形、T形和Ⅰ形截面受弯构件，当满足式(11-15)的要求时，可不进行斜截面受剪承载力验算，仅按教学单元12中12.1的构造要求配置箍筋。

$$\gamma_0 V_d\leqslant 0.50\times 10^{-3}f_{td}bh_0(\mathrm{kN}) \tag{11-15}$$

式中　f_{td}——混凝土抗拉强度设计值，按表9-3采用。

其余符号与前面相同。

对于板式受弯构件，式(11-15)右边计算值可乘以1.25的提高系数。

11.2.4 斜截面受剪承载力计算位置

当进行斜截面受剪承载力计算时，首先应确定其计算位置，同时应计算其配筋率。按《公路桥规》的规定，钢筋混凝土受弯构件斜截面受剪承载力的计算位置按如图11-11所示规定采用。

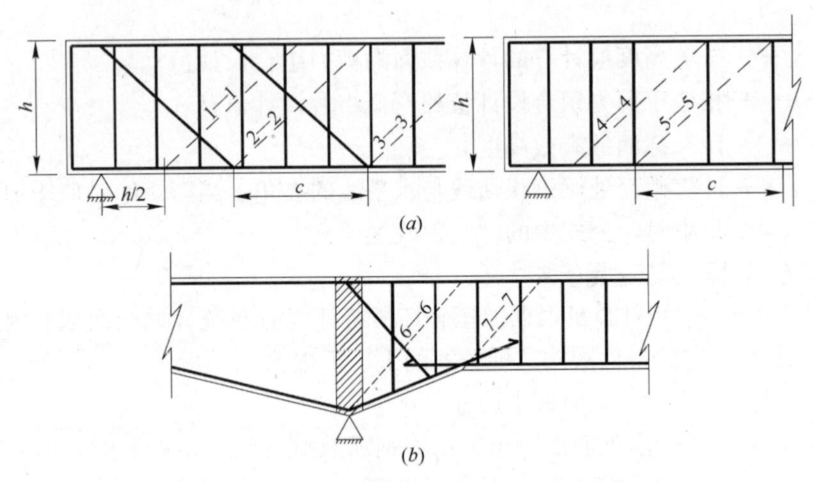

图11-11 斜截面受剪承载力计算位置

(a)简支梁和连续梁近边支点梁段；(b)连续梁和悬臂梁近中间支点梁段

1. 简支梁和连续梁近边支点梁段

(1) 距支座中心 $h/2$ 处截面，即图11-11(a)中截面1—1；

(2) 受拉区弯起钢筋弯起点处截面，即图11-11(a)中截面2—2、3—3；

(3) 锚于受拉区的纵向钢筋开始不受力处的截面，即图11-11(a)中截面4—4；

(4) 箍筋数量或间距改边处的截面，即图11-11(a)中截面5—5；

(5) 构件腹板宽度变化处的截面。

2. 连续梁和悬臂梁近中间支点梁段

(1) 支点横隔梁边缘处截面，即图11-11(b)中截面6—6；

(2) 变高度梁高度突变处截面，即图11-11(b)中截面7—7；

(3) 参照简支梁的要求，需要进行验算的截面。

11.2.5 钢筋混凝土梁斜截面受剪承载力计算方法

1. 剪力设计值的取值方法

当梁的截面不满足式(11-15)时，则应在不满足的梁段内进行斜截面受剪承载力设计，其最大剪力设计值按如图11-12所示规定采用。

(1) 绘制剪力设计值包络图。

(2) 简支梁和连续梁近边支点梁段，取距支点 $h/2$ 处的剪力设计值 V'_d (图11-12a)。

(3) 等高度连续梁和悬臂梁近中间支点梁段，取支点上横隔梁边缘的剪力设计值 V'_d，如图11-12(b)所示。

(4) 变高度(承托)的连续梁和悬臂梁近中间支点梁段，取变高度梁段与等高度梁段交接处的剪力设计值 V_d^0，如图 11-12(c)所示。

(5) V_d'和 V_d^0 中应不少于 60%剪力由混凝土和箍筋共同承担，不超过 40%由弯起钢筋承担，并且用水平线将剪力设计包络图分割成两部分。

(6) 当设计第一排弯起钢筋(A_{sb1})时，对简支梁和连续梁近边支点梁段，取距支点中心 $h/2$ 处由弯起钢筋承担的那部分剪力 V_{sb1}，如图 11-12(a)所示；对等高度连续梁和悬臂梁近中间支点梁段，取支点上横隔梁边缘处由弯起钢筋承担的那部分剪力 V_{sb1}，如图 11-12(b)所示；对变高度(承托)的连续梁和悬臂梁近中间支点的等高度梁段，取第一排弯起钢筋下面弯起点处由弯起钢筋承担的那部分剪力 V_{sb1}，如图 11-12(c)所示。

(7) 当计算第一排弯起钢筋以后的每一排弯起钢筋 A_{sb2}，…，A_{sbi}时，对简支梁、连续梁近边支点梁段和等高度连续梁与悬臂梁近中间支点梁段，取前一排弯起钢筋下面弯起点处由弯起钢筋承担的那部分剪力 V_{sb2}，…，V_{sbi}，如图 11-12(a)、(b)所示；对变高度(承托)的连续梁和悬臂梁近中间支点的变高度梁段，取各该排弯起钢筋下面弯起点处由弯起钢筋承担的那部分剪力 V_{sb2}，…，V_{sbi}，如图 11-12(c)所示。

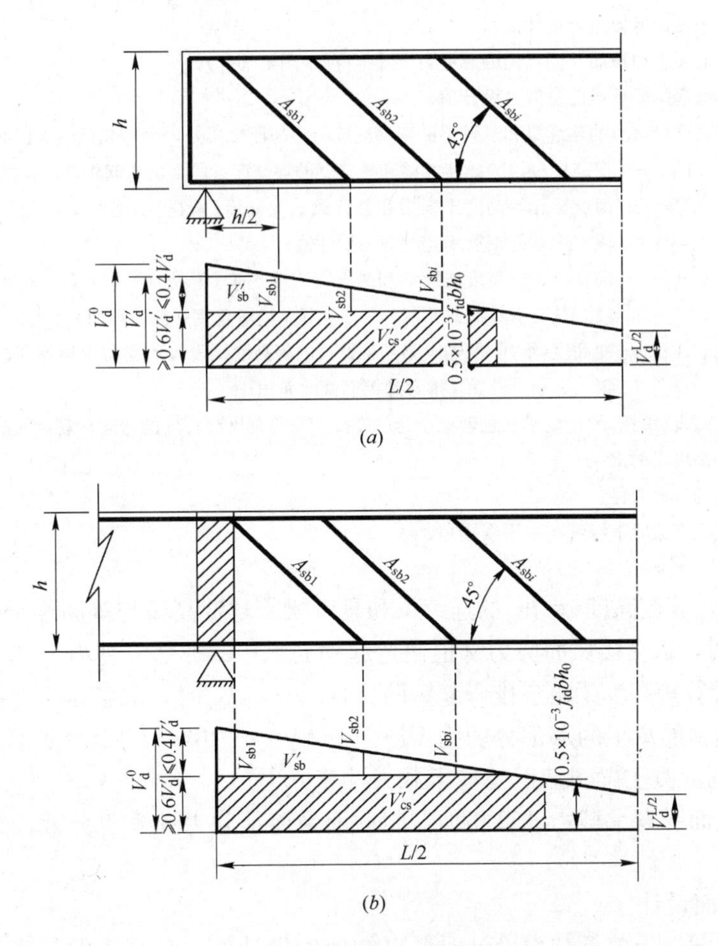

图 11-12 斜截面受剪承载力配筋设计计算图(一)

(a)简支梁和连续梁近边支点梁段；(b)等高度连续梁和悬臂梁近中间支点梁段

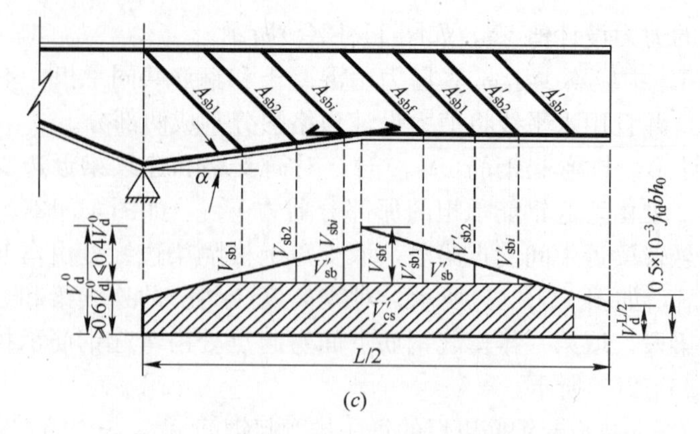

(c)

图 11-12　斜截面受剪承载力配筋设计计算图(二)

(c)变高度连续梁和悬臂梁近中间支点梁段

图 11-12 中：

V_d^0——由作用(或荷载)引起的最大剪力组合设计值；

V'_d——用于配筋设计的最大剪力组合设计值，对简支梁和连续梁近边支点梁段，取距支座中心 $h/2$ 处的量值；对等高度连续梁和悬臂梁近中间支座梁段，取支点上横隔梁边缘处的量值；

$V_d^{L/2}$——跨中截面剪力组合设计值；

V'_{cs}——由混凝土和箍筋共同承担的总剪力设计值(图中阴影部分)；

V'_{sb}——由弯起钢筋承担的总剪力设计值；

V_{sbf}——变高度(承托)的连续梁和悬臂梁的变高度段与等高段交接处，由弯起钢筋承担的剪力设计值；

V'_{sb1}、V'_{sb2}、V'_{sbi}——变高度(承托)的连续梁和悬臂梁的等高度梁段，由弯起钢筋承担的剪力设计值；

V_{sb1}、V_{sb2}、V_{sbi}——简支梁、等高度连续梁和悬臂梁、变高度(承托)的连续梁和悬臂梁的等高度梁段，由弯起钢筋承担的剪力设计值；

A_{sb1}、A_{sb2}、A_{sbi}——简支梁、等高度连续梁和悬臂梁、变高度(承托)的连续梁和悬臂梁的等高度梁段，从支点算起的第一、第二、第 i 排弯起钢筋截面面积；

A'_{sb1}、A'_{sb2}、A'_{sbi}——变高度(承托)的连续梁和悬臂梁的等高度梁段，从变高段与等高段交接处算起的第一、第二、第 i 排弯起钢筋截面面积；

A_{sbf}——变高度(承托)的连续梁和悬臂梁中跨越变高度与等高度交接处的弯起钢筋截面面积；

h——等高度梁的梁高；

L——梁的计算跨径；

α——变高度梁段下缘线与水平线夹角。

(8) 当计算变高度(承托)的连续梁和悬臂梁跨越变高段与等高梁交接处的弯起钢筋(A_{sbf})时，取交接截面剪力峰值由弯起钢筋承担的那部分剪力 V_{sbf}，如图 11-12(c)所示；计算等高度梁段各排弯起钢筋 A'_{sb1}，…，A'_{sbi}时，取各排弯起钢筋上面弯点处由弯起钢筋承担的那部分剪力 V'_{sb1}，…，V'_{sbi}，如图 11-12(c)所示。

2. 钢筋混凝土梁斜截面受剪承载力计算方法

与正截面受弯承载力计算相似，斜截面受剪承载力计算也分截面设计和截面复核。

(1) 截面设计

进行斜截面受剪承载力设计时，已知剪力设计值、混凝土的强度等级、箍筋和弯起钢筋的抗拉强度设计值、截面尺寸、结构的重要性及所处的环境类别等。

要求确定箍筋和弯起钢筋的数量。其计算方法如下：

1）确定剪力设计值

按图 11-12 的方法确定。

2）截面尺寸复核

梁的截面尺寸已在正截面受弯承载力计算中确定，但在进行斜截面受剪承载力计算时，仍然需要按式(11-14)复核。若满足式(11-14)，即可进行下一步的计算，若不满足，则应重新确定——可以增加梁的高度或腹板宽度或提高混凝土的强度等级等方法。

3）确定是否需要根据计算配置腹筋

按式(11-15)计算，若满足该式的要求，则按构造配置腹筋，若不满足则应按计算配置腹筋——进行腹筋设计。

4）箍筋设计

根据混凝土和箍筋共同承担不少于 60%的剪力设计值原则，同时考虑结构的重要性，箍筋间距(S_v)应按下列式(11-16)计算，即

$$S_v=\frac{0.2\times10^{-6}\alpha_1^2\alpha_3^2(2+0.6P)\sqrt{f_{cu,k}}A_{sv}f_{sv}bh_0^2}{(\xi\gamma_0V_d)^2}(\mathrm{mm}) \tag{11-16}$$

式中 V_d——用于抗剪配筋设计的最大剪力设计值(kN)，计算简支梁、连续梁近边支点梁段和等高度连续梁、悬臂梁近中间支点梁段的箍筋间距时，令 $V_d=V_d'$，如图 11-12(a)、(b)所示；计算变高度(承托)的连续梁和悬臂梁近中间支点梁段的箍筋间距时，令 $V_d=V_d^0$，如图11-12(c)所示；

ξ——用于抗剪配筋设计的最大剪力设计值分配于混凝土和箍筋共同承担的分配系数，取 $\xi\geqslant0.6$；

h_0——用于抗剪配筋设计的最大剪力截面的有效高度(mm)；

b——用于抗剪配筋设计的最大剪力截面的腹板宽度，当梁的腹板宽度有变化时，取设计梁段最小腹板宽度(mm)；

A_{sv}——配置在同一截面内箍筋总截面面积(mm^2)。

另外，还可以先确定箍筋的种类、间距和肢数，再按上式计算箍筋的面积(A_{sv})，再根据 $A_{sv}=n\cdot A_{sv1}$ 计算箍筋的直径。

5）弯起钢筋的计算

根据弯起钢筋承担不超过 40%的剪力设计值原则，每排弯起钢筋的截面面积按式(11-17)计算(考虑结构的重要性)，即

$$A_{sb}=\frac{\gamma_0V_{sb}}{0.75\times10^{-3}f_{sd}\sin\theta_s}(\mathrm{mm}^2) \tag{11-17}$$

式中 A_{sb}——每排弯起钢筋的总截面面积，即图 11-12 中的 A_{sb1}、A_{sb2}、A_{sbi} 或 A_{sb1}'、A_{sb2}'、A_{sbi}' 或 A_{sbf}；

V_{sb}——由每排弯起钢筋承担的剪力设计值(kN)，即图 11-12 中的 V_{sb1}、V_{sb2}、V_{sbi} 或 V_{sb1}'、V_{sb2}'、V_{sbi}' 或 V_{sbf}。

(2) 斜截面受剪承载力复核

进行斜截面受剪承载力复核时，已知混凝土的强度等级、腹筋的抗拉强度设计值和肢数及截面面积、梁的截面尺寸、结构的重要性和所处的环境类别等。求斜截面所能承担的最大剪力。

对斜截面受剪承载力复核，先确定所要复核的截面位置，再将各已知的参数代入式(11-12)的右边即可。

【例 11-1】 某计算跨径为 19.5m 的钢筋混凝土 T 形截面简支桥梁。结构的安全等级为二级，Ⅰ类环境；采用 C30 的混凝土，纵向受力钢筋为 HRB335 级，箍筋为 R235 级；在边支点中心的剪力设计值为 440kN，在跨中的剪力设计值为 84kN，现梁内已配有纵向受力钢筋，如图 11-13 所示。试确定腹筋的数量。

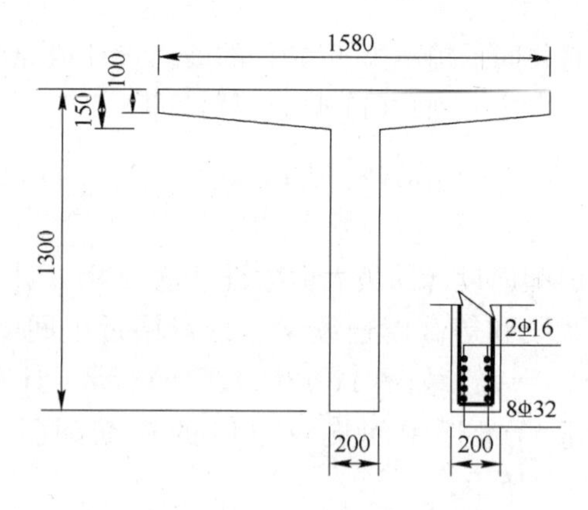

图 11-13　例 11-1 图

【解】 (1) 根据题设条件，查表确定计算参数

$f_{sv}=195\text{N/mm}^2$，$f_{sd}=280\text{N/mm}^2$，$\gamma_0=1.0$，$f_{td}=1.39\text{N/mm}^2$，$A_s=6836\text{mm}^2$，

$h_0=1300-30-2\times32-16-2\times40=1110\text{mm}$，保护层厚度为 30mm。

$\xi=0.6$，$P=100\times\dfrac{6836}{200\times1110}=3.07>2.5$(跨中)，$\alpha_1=1.0$，$\alpha_3=1.1$

(2) 绘制剪力包络图——按比例绘制(图 11-14)

(3) 梁截面尺寸复核

由式(11-14)得

$$0.51\times10^{-3}\sqrt{f_{cu,k}}bh_0=0.51\times10^{-3}\sqrt{30}\times200\times1110=620.13\text{kN}>\gamma_0V_d=440\text{kN}$$

截面尺寸满足要求。

(4) 确定是否需要根据计算配置腹筋

由式(11-15)得

$$0.50\times10^{-3}f_{td}bh_0=0.50\times10^{-3}\times1.39\times200\times1110=154.29\text{kN}<\gamma_0V_d=440\text{kN}$$

需要按计算配置腹筋，但在跨中向支点各 1925mm 范围内可按构造配箍筋(图 11-14)。

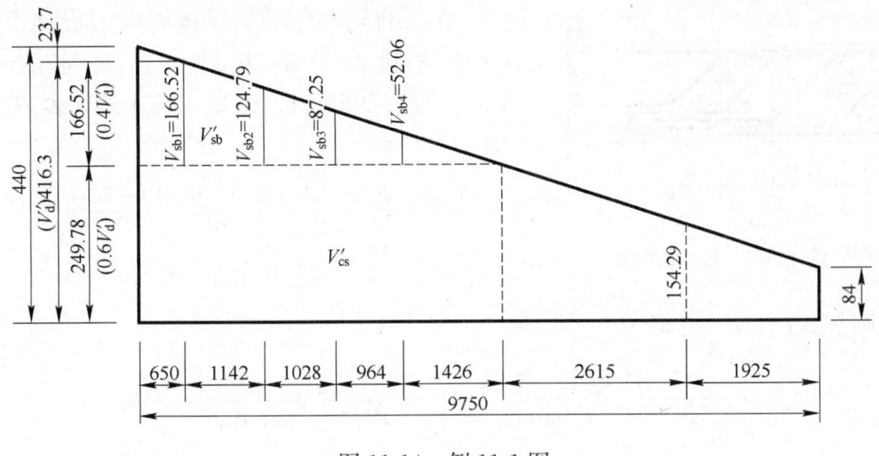

图 11-14　例 11-1 图

(5) 计算只配箍筋的长度(图 11-14)

按相似比计算，即

$$\frac{l'}{9750}=\frac{249.78-84}{440-84}$$

得：

$$l'=4540\text{mm}$$

所以只配箍筋的长度为 4540mm×2＝9080mm。

(6) 箍筋设计

选择直径为 8mm 的 R235 级钢筋，双肢箍筋，则 $A_{sv}=100.5\text{mm}^2$，考虑支点中心向跨中 1300mm 处的斜裂缝，纵筋配筋率 $P=100\times\frac{3217}{200\times1218}=1.32<2.5$ 按式(11-16)。

$$S_v=\frac{0.2\times10^{-6}\alpha_1^2\alpha_3^2(2+0.6P)\sqrt{f_{cu,k}}A_{sv}f_{sv}bh_0^2}{(\xi\gamma_0V_d)^2}$$

$$=\frac{0.2\times10^{-6}\times1.0^2\times1.1^2\times(2+0.6\times1.32)\sqrt{30}}{(0.6\times1.0\times416.3)^2}\times100.5\times195\times200\times1110^2$$

$$=286\text{mm}$$

按构造，$\rho_{sv,min}=0.18\%$，取 $S_v=250\text{mm}$，在梁端距支点中心向跨中方向 1300mm 范围内取 $S_v=100\text{mm}$。

(7) 弯起钢筋设计

1) 第一排弯起钢筋计算

由边支点向跨中 $h/2$ 处，第一排弯起钢筋所承担的剪力设计值 $V_{sb1}=166.52\text{kN}$。

如图 11-14 所示，则按式(11-17)可得

$$A_{sb1}=\frac{\gamma_0V_{sb1}}{0.75\times10^{-3}f_{sd}\sin\theta_s}=\frac{1.0\times166.52}{0.75\times10^{-3}\times280\sin45^\circ}=1121\text{mm}^2$$

2) 第二排弯起钢筋计算

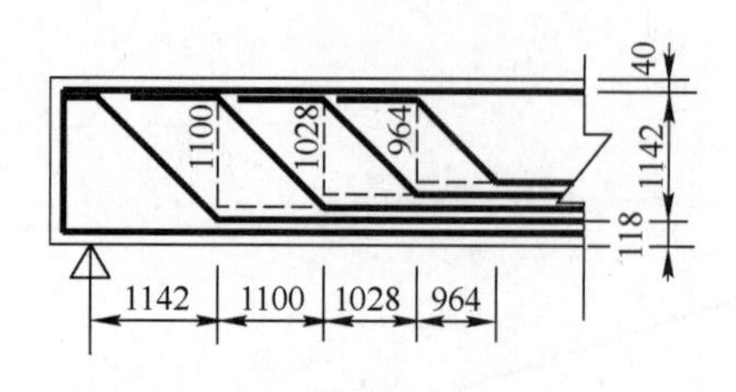

图 11-15　例 11-1 图

第二排弯起钢筋所承担的剪力设计值为第一排弯起钢筋的下弯点所对应的剪力 $V_{sb2}=124.79\text{kN}$(按图 11-15 计算，结果见详图 11-14)。

$$\frac{V_{sb2}+(249.78-84)}{440-84}=\frac{9750-650-1142}{9750}$$

得：　　　$V_{sb2}=124.79\text{kN}$

则按式(11-17)可得

$$A_{sb2}=\frac{\gamma_0 V_{sb2}}{0.75\times10^{-3}f_{sd}\sin\theta_s}=\frac{1.0\times124.79}{0.75\times10^{-3}\times280\sin45^\circ}=840\text{mm}^2$$

3) 第三排弯起钢筋计算

按 V_{sb2} 同样的计算方法 $V_{sb3}=87.25\text{kN}$，按式(11-17)可得

$$A_{sb3}=\frac{\gamma_0 V_{sb3}}{0.75\times10^{-3}f_{sd}\sin\theta_s}=\frac{1.0\times87.25}{0.75\times10^{-3}\times280\sin45^\circ}=588\text{mm}^2$$

4) 第四排弯起钢筋计算

按式(11-17)可得

$$A_{sb4}=\frac{\gamma_0 V_{sb4}}{0.75\times10^{-3}f_{sd}\sin\theta_s}=\frac{1.0\times52.06}{0.75\times10^{-3}\times280\sin45^\circ}=351\text{mm}^2$$

(8) 选择弯起钢筋的直径和根数

根据题设条件，第一～三排弯起钢筋采用 2Φ32(1608mm^2)，第四排采用 2Φ16(402mm^2)，即分别将第二、三、四、五层的两根纵向受力钢筋按 45°弯起，详见图 11-15。

11.3　钢筋混凝土梁斜截面受弯承载力及其构造要求

对钢筋混凝土梁斜截面承载力问题除应按上一节所介绍的计算方法计算外，尚应考虑斜截面受弯承载力。从理论上讲，可以通过斜截面受弯承载力计算来保证。

通常在实际工程设计中，如果满足下面的构造要求，斜截面受弯承载力可以保证。不需要进行其计算。

11.3.1　设计弯矩包络图和材料抵抗弯矩图

在钢筋混凝土梁受弯构件中，纵向受力钢筋是根据截面设计弯矩包络图按正截面受弯承载力的方法计算确定的。事实上，沿梁跨径方向弯矩是变化的，也就是说，纵向受力钢筋可以沿梁跨径方向随弯矩的变化而变化，这样，可以达到经济的目的。但如果纵向受力钢筋的弯起、截断位置不当，则会影响正、斜截面受弯承载力。在设计中，为避免这一情况的出现，就需要根据材料抵抗弯矩图(简称材料图，或 M_R 图)来合理确定纵向受力钢筋的弯起、截断位置。

关于梁的设计弯矩包络图概念及其绘制方法在力学课中已介绍，此处不再赘述。

材料抵抗矩图，是指按梁实际布置纵向受力钢筋绘制的反映各截面能承受的抵抗弯矩值的图形，简称材料图或 M_R 图。

图 11-16 表示一等截面简支梁受均布荷载的弯矩包络图和材料图。下部纵向钢筋为 2Φ22+2Φ18，如果钢筋的总面积等于计算值，则材料图外围水平线与设计弯矩包络图最大值点相切，如果钢筋的总面积略大于计算面积，则可根据实际配筋量用式(11-18)计算材料图外围水平线的位置，即

$$M_u = f_{sd}A_s\left(h_0 - \frac{f_{sd}A_s}{2f_c\mathrm{b}}\right) \tag{11-18}$$

每根钢筋所承担的弯矩(M_{ui})可近似地按式(11-19)求得，

$$M_{ui} = \frac{A_{si}}{A_s}M_R \tag{11-19}$$

图 11-16 所示的四根钢筋全部伸入支点，沿梁跨径方向任一截面的抵抗弯矩值大小不变，于是可绘制一水平线 $a'c'b'$。从图中可以看出，梁上多数截面的纵向受拉钢筋未被充分利用，说明纵向钢筋沿梁跨径通长布置是不经济的。因此，从正截面受弯承载力角度考虑，把纵向受拉钢筋按弯矩包络图的变化在合理的位置弯起或截断是经济、安全的。

图 11-17 为同一梁的弯矩包络图和材料抵抗矩图。该布置方案是在 C、D 两点对称地将 2Φ18 的钢筋弯起，这样 CD 段纵向钢筋为 2Φ22+2Φ18，材料图为一水平线 cd。在 AE、FB 段(E、F 点为弯起钢筋与梁纵轴的交点，梁纵轴可近似地取梁高的一半)，只有 2Φ22 的钢筋，其承载力必然比 CD 段小，可按式(11-18)计算。因此在 AE、FB 段材料图也分别为一水平线 ae、fb。而在 EC 和 DF 段，有 2Φ18 纵向钢筋弯起而离开截面下缘，但仍然位于中和轴以下的受拉区，具有一定的抗弯能力，所以，材料图分别以斜线 ae、df 相连。而在 GE、FH 段，2Φ18 纵向钢筋已进入受压区，不再考虑其抗弯能力。故将 2Φ18 纵向钢筋分别在 C、D 两点对称弯起后的材料图为 $aecdfb$ 连线。

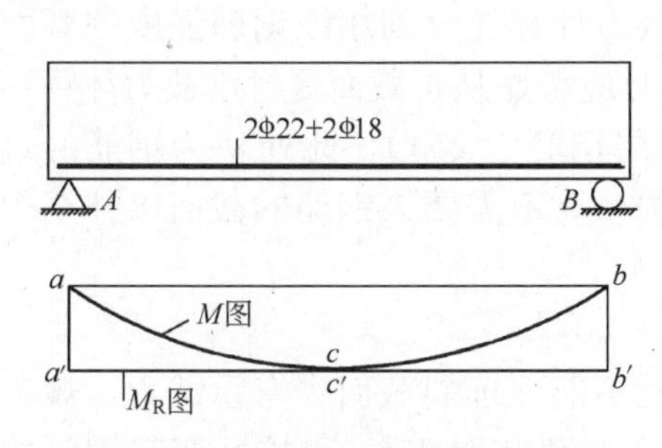

图 11-16 简支梁均布荷载下的弯矩包络图和材料图(纵筋不截断)

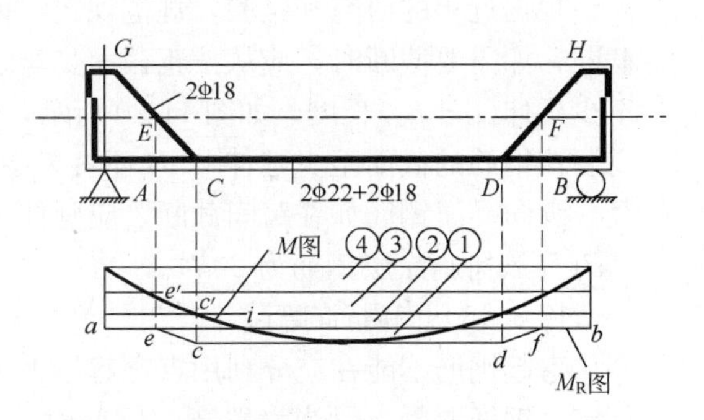

图 11-17 简支梁均布荷载下的弯矩包络图和材料图(纵筋弯起)

(①、②钢筋各为 1Φ18，③、④ 各为 1Φ22)

11.3.2 纵向钢筋的截断

先介绍纵向钢筋的充分利用点和不需要点概念。如图 11-18 所示，在截面 C 处(即 3—3′水平线与 M 图交点对应的截面)，可以减少 1Φ18 的钢筋，而其余钢筋便能满足该截面的抗弯要求；同样在截面 D 处，可以再减少 1Φ18 的钢筋，我们将截面 C 称为④号钢筋的不需要点(也称理论断点)；③号钢筋到了截面 C 强度才能得到充分利用，故截面 C 又称为③号钢筋的充分利用点。同理，截面 D 称为③号钢筋的不需要点，也是②号钢筋的充分利用点。

仅就正截面受弯承载力来讲，将纵向钢筋在不需要点截断是可行的，但从斜截面受弯承载力方面是不安全的。如图11-18所示，若将④钢筋在 C 处截断，则当发生斜裂缝 AB 时，截面 C 的钢筋(2Φ20＋1Φ18)就不能抵抗斜截面处的弯矩(因为 $M_B > M_C$)，为保证斜截面的受弯承载力，就要求在斜截面 AB 长度范围内有足够的箍筋，以其拉力对 B 点取矩来补偿被截断的④号钢筋的抗弯作用，但这一条件在设计中一般是不易实现的。为此，通常是将钢筋从理论断点处向外延伸一段长度后再截断，如图 11-19 所示，这就可以在斜截面 AB 出现时，④号钢筋仍能起到抗弯的作用。

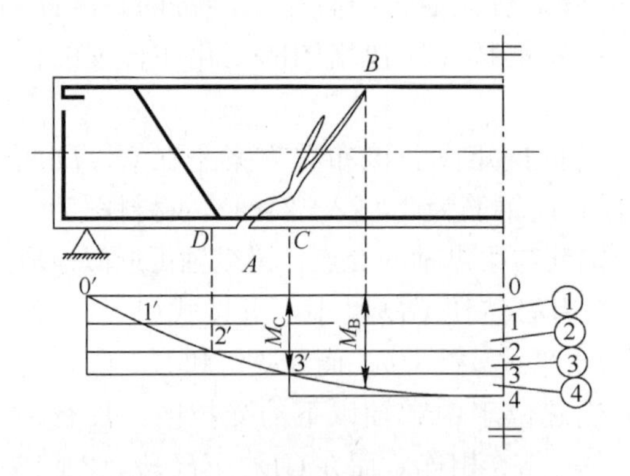

图 11-18 设计弯矩与抵抗矩图

(①、②钢筋各为 1Φ20，③、④各为 1Φ18)

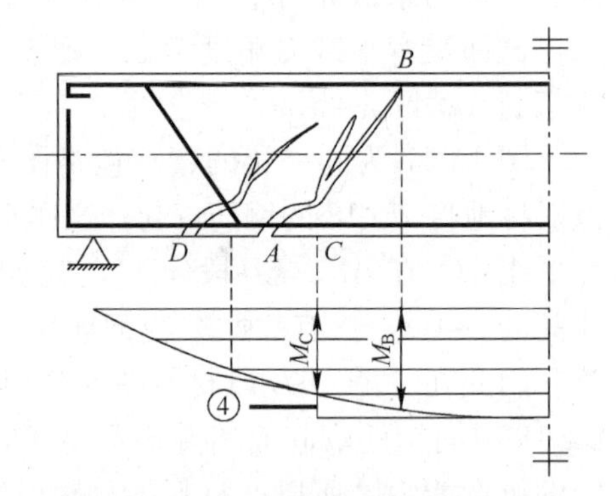

图 11-19 纵向钢筋实际截断点的确定

根据近年的研究和经验，规范规定：钢筋混凝土梁内纵向钢筋不宜在受拉区截断；如需要截断时，应从按正截面受弯承载力计算充分利用该钢筋强度的截面至少延伸($l_a + h_0$)长度，如图 11-20 所示，同时应考虑从正截面受弯承载力计算不需要该钢筋的截面至少延伸 $20d$(环氧树脂涂层钢筋为 $25d$)，此处 d 为钢筋的直径。纵向受压钢筋如在跨间截断，应延伸至按计算不需要该钢筋的截面以外至少 $15d$(环氧树脂涂层钢筋为 $20d$)。

11.3.3 纵向钢筋的弯起

弯起钢筋不能在充分利用点弯起，否则就不能保证斜截面受弯承载力。规范规定：钢筋混凝土梁当设置弯起钢筋时，其弯起角宜取 45°。受拉区弯起钢筋的弯起点，应设在按正截面受弯承载力计算充分利用该钢筋强度的截面以外不小于 $h_0/2$ 处；弯起钢筋可在按正截面受弯承载力计算不需要该钢筋截面面积之前弯起，但弯起钢筋与梁中心线的交点应位于按计算不需要该钢筋的截面(图 11-21)

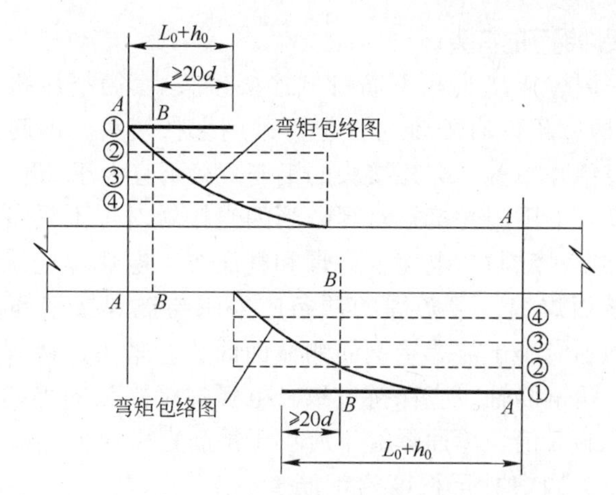

图 11-20 纵向受拉钢筋截断时的延伸长度

A—A：钢筋①、②、③、④强度充分利用截面；

B—B：按计算不需要钢筋①的断点；①、②、③、④钢筋的编号

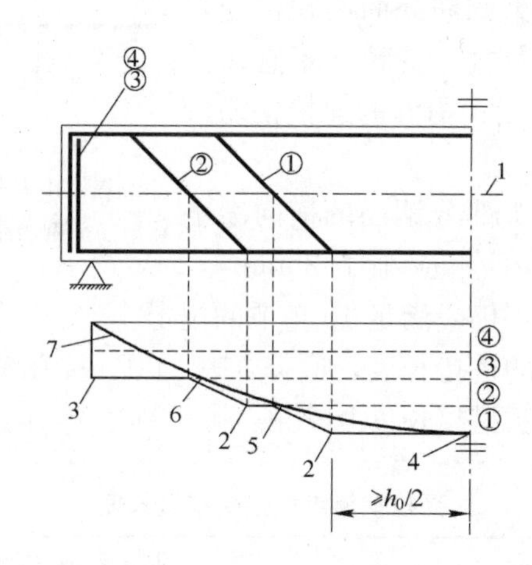

图 11-21 弯起钢筋弯起点位置

1—梁中心轴；2—拉区钢筋弯起点；3—材料图；4—钢筋①～④强度充分利用截面充分利用截面；
5—按计算不需要钢筋①的截面(钢筋②～④强度充分利用截面)；6—按计算不需要钢筋
②的截面(钢筋③、④强度充分利用截面)；7—弯矩图；①～④钢筋编号

之外。弯起钢筋末端应留有锚固长度：受拉区不应小于 20d，受压区不应小于 10d，对环氧树脂涂层钢筋增加 25%；R235 级钢筋尚应设置 180°半圆弯钩。靠近支点的第一排弯起钢筋顶部的弯起点，简支梁或连续梁边支点应位于支点中心截面处，悬臂梁或连续梁中间支点应位于横隔梁(板)靠跨径一侧的边缘处；以后各排(跨中方向)弯起钢筋的梁顶部弯折点应位于前一排(支点方向)弯起钢筋的梁底部弯折点处或弯折点以内。

在钢筋混凝土梁的支点处，应至少有两根且不少于总数 1/5 的下层受拉主钢筋通过。两外侧钢筋，应延伸出端支点以外，并弯成直角，顺梁高延伸至顶部，与顶层纵向架立筋相连。两侧之间的其他未弯起的钢筋，伸出支点截面以外的长度不应小于 10d(环氧树脂涂层钢筋为 12.5d)。

11.3.4 纵向受力钢筋的接头

钢筋接头宜采用焊接接头和钢筋机械连接接头(套筒挤压接头、镦粗直螺纹接头)，当施工或构造条件有困难时，也可采用绑扎接头。钢筋接头宜设在受力较小的区段，并宜错开布置，绑扎接头的钢筋直径不宜大于28mm。

钢筋焊接接头宜采用闪光接触对焊；当闪光接触对焊不具备条件时，也可采用电弧焊(帮条焊或搭接焊)、电渣压力焊和气压焊。电弧焊应采用双面焊缝，不得已时方可采用单面焊缝。帮条焊的帮条应采用与被焊接钢筋同强度等级的钢筋，其总截面面积不应小于被焊接钢筋的截面面积。采用搭接焊时，两钢筋端部应预先折向一侧，两钢筋轴线应保持一致。电弧焊接接头的焊缝长度，双面焊缝不应小于钢筋直径的5倍，单面焊缝不应小于钢筋直径的10倍。

在任一焊接接头的中心至长度为钢筋直径的35倍，且不小于500mm的区段 l 内(图11-22)，同一根钢筋不得有两个接头；在该区段内有接头的受力钢筋截面面积占受力钢筋总截面面积的百分数，受拉区不宜超过50%，在受压区和装配式构件的连接钢筋不受限制。

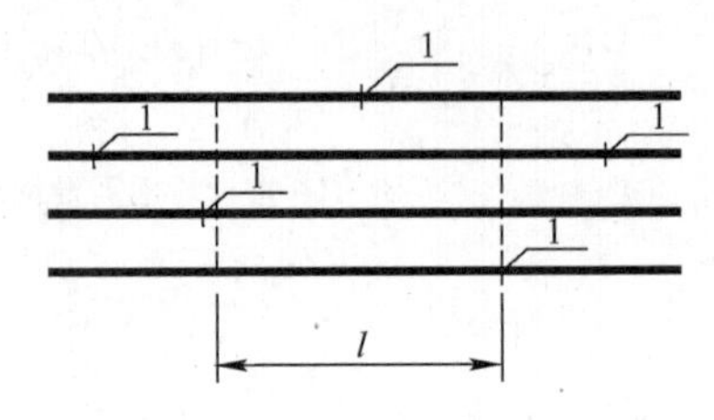

图11-22 焊接接头设置

1—焊接接头中心(图中所示 l 区段内接头钢筋截面面积按两根计)

帮条焊或搭接焊接头部分钢筋的横向净距不应小于钢筋直径，且不应小于25mm，同时非焊接部分钢筋净距仍应满足10.1节的规定。

受拉钢筋绑扎接头的搭接长度，应符合表11-1，受压钢筋绑扎接头的搭接长度应取受拉钢筋绑扎接头搭接长度0.7倍。

受拉钢筋绑扎接头搭接长度 **表11-1**

钢筋	混凝土强度等级		
	C20	C25	>C25
R235	$35d$	$30d$	$25d$
HRB335	$45d$	$40d$	$35d$
HRB400、KL400	—	$50d$	$45d$

注：1. 当带肋钢筋直径 d 大于25mm时，其受拉钢筋的搭接长度应按表值增加 $5d$ 采用；当带肋钢筋直径 d 小于25mm时，搭接长度可按表值减少 $5d$ 采用。

2. 当混凝土在凝固过程中受力钢筋易受扰动时，其搭接长度应增加 d。

3. 在任何情况下，受拉钢筋的搭接长度不应小于300mm；受压钢筋的搭接长度不应小于200mm。

4. 环氧树脂涂层钢筋的绑扎接头搭接长度，受拉钢筋按表值的1.5倍采用。

5. 受拉区段内，R235钢筋绑扎接头的末端应做成弯钩，HRB335、HRB400、KL400钢筋的末端可不做成弯钩。

任一绑扎接头中心至搭接长度 l_s 的1.3倍长度区段 l(图11-22)内，同一根钢筋不得有两个接头；在该区段内有绑扎接头的受力钢筋截面面积占受力钢筋总截面面积的百分数，受拉区不宜超过25%，受压区不宜超过50%。当绑扎接头的受力钢筋截面面积占受力钢筋总截面面积超过上述规定时，按表11-1的规定值，乘以下列系数：当受拉钢筋绑扎接头截面面积大于25%，但不大于50%时，乘以1.4，当大于50%时，乘以1.6；当受压钢筋绑扎接头截面面积大于50%时，乘以1.4(受压钢筋绑扎接长度仍为表11-1中受拉钢筋绑扎接头长度的0.7倍)。

思考题

1. 钢筋混凝土受弯构件斜截面有哪几种破坏形态，各有什么特点？如何防止？
2. 什么是剪跨比？它对梁的斜截面破坏有何影响？
3. 斜截面受剪承载力计算的上、下限条件是什么？
4. 什么叫材料抵抗弯矩图？如何绘制？
5. 举例说明理论断点和充分利用点的概念。

习题

1. 按照下列条件，进行斜截面受剪承载力计算。

(1) 结构尺寸：简支梁标准跨径为20m，计算跨径为19.5m，翼缘板宽1600mm，肋宽300mm，梁高1400mm，梁的纵向钢筋配筋率为3.0。

(2) 荷载标准效应

支点截面处：永久荷载产生的剪力标准值180kN；
　　　　　　可变荷载产生的剪力标准值300kN。

跨中截面处：永久荷载产生的剪力标准值0kN；
　　　　　　可变荷载产生的剪力标准值60kN。

(3) 材料：纵向钢筋，HRB335级；
　　　　　箍筋，R235级；
　　　　　混凝土，C30。

(4) 结构的安全等级为二级，Ⅰ类环境。

2. 绘制【例11-1】的抵抗弯矩图。

3. 计算跨径$L=4.8$m的钢筋混凝土矩形截面简支梁$b\times h=200\text{mm}\times 50\text{mm}$，C20混凝土；Ⅰ类环境条件，安全等级为二级，已知简支梁跨中截面弯矩组合设计值$M=147\text{kN}\cdot\text{m}$，支点处剪力组合设计值$V=124.8$kN，跨中处剪力组合设计值$V_z=25.2$kN。试求所需的纵向受拉钢筋$A_s$(HRB335钢筋)和仅配置箍筋(R235级)时其布置间距S_v并画出配筋图。

教学单元 12　钢筋混凝土受压构件受压承载力计算

【教学目标】 通过对轴心受压构件、偏心受压构件相关受力特点和构造要求的学习，学生能够对钢筋混凝土受压构件进行正确的配筋校核计算，具有将受压构件构造要求应用于工程实践的能力，具有正确识读简单柱体结构施工图的能力。

12.1 轴心受压构件

12.1.1 概述

以承受轴向压力为主的构件称为轴心受压构件，通常也称“柱”。理论上认为，荷载的合力作用线通过截面形心的受压构件称为轴心受压构件；荷载的合力作用线不通过截面形心的受压构件称为偏心受压构件。对偏心受压构件，根据作用力的位置又可分为单向偏心受压构件和双向偏心受压构件。

在实际工程中，常由于不可避免的原因，总会使受压构件存在着偏心。如混凝土为非均质材料，纵向钢筋的数量、布置不对称，构件施工尺寸偏差，构件安装就位的偏差等等，都会导致作用在受压构件上的压力具有初始偏心距。但在实际工程中，对偏心小到可以不计的情况下，可按轴心受压构件计算。例如钢筋混凝土桁架拱中的受压腹杆，可按轴心受压设计。

对受压构件，根据配筋形式的不同，可分两种形式，一种是配有纵向钢筋及箍筋的普通箍筋柱，如图 12-1 所示；另一种是配有纵向钢筋及螺旋箍筋或焊接环式箍筋的间接箍筋柱，如图 12-2 所示。一般情况下，当承受的荷载不变时，间接箍筋柱所需要的混凝土截面尺寸小，但施工麻烦。

12.1.2 钢筋混凝土受压构件的构造要求

1. 材料及其强度等级

钢筋混凝土受压构件的材料是混凝土和钢筋。混凝土的强度等级对柱的影响较大，为减小截面尺寸、节约钢筋，宜采用强度等级较高的混凝土，一般采用 C25～C40 混凝土，必要时可以采用 C50 以上的高强度等级的混凝土。钢筋一般 HRB335 级、HRB440 级或 KL400 级钢筋。不宜选用高强度钢筋。

2. 截面形式及截面尺寸

受压构件的截面形式主要有方形、矩形、圆形、正多边形、T 形、I形、箱形及环形等。为方便施工，柱的截面尺寸宜符合模数制要求：当截面尺寸在 800mm 以下时，宜为 50mm 的倍数，800mm 以上时，宜为 100mm 的倍数。柱的截面尺寸不宜过小，否则长细比越大 ϕ 越小，承载能力越小，不能充分利用材料强度，构件截面尺寸不宜小于 250mm。为防止柱的长细比过大，影响其受压承载力，常取 $l_0/b \leqslant 30$，$l_0/h \leqslant 25$，此处 l_0 为柱的计算长度，b 为截面短边边长，h 为截面长边边长。

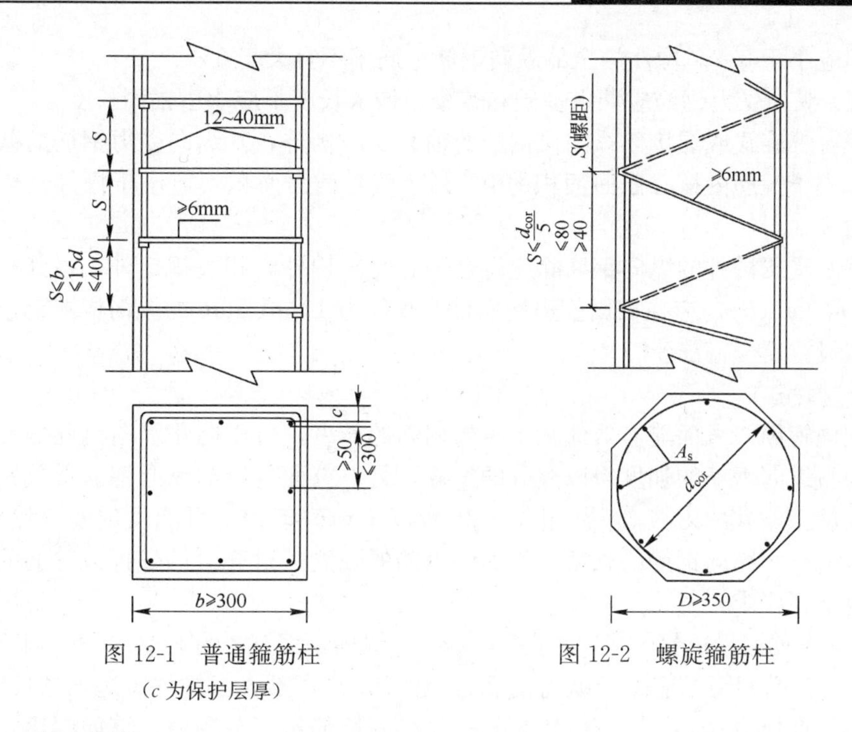

图 12-1　普通箍筋柱

（c 为保护层厚）

图 12-2　螺旋箍筋柱

3. 纵向钢筋

配置纵向主筋的主要目的是为了协助混凝土承受压力，一定程度上减小构件的截面尺寸，同时也可防止构件可能出现的突然性脆性破坏，也有可能承受附加弯矩在构件杆产生的拉力，因此配有普通箍筋（或间接钢筋）的轴心受压构件（钻孔或挖孔桩除外），其纵向钢筋的设置应符合图 12-3 的规定。

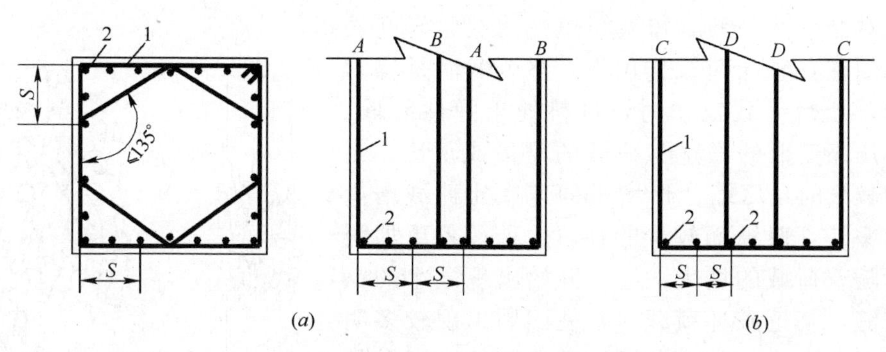

图 12-3　柱内复合箍筋布置

（a）S 内设三根纵向受力钢筋；（b）S 内设两根纵向受力钢筋

1—箍筋；2—角筋；A、B、C、D—箍筋编号

[图（a）、（b）内，箍筋 A、B 与 C、D 两组箍筋设置方式，可按工程实际情况选用]

(1) 纵向受压钢筋的直径不应小于 12mm，轴心受压或偏心受压构件中的受压钢筋，不宜大于 32mm；钢筋净距不应小于 50mm 且不应大于 350mm；构件的最小配筋百分率：轴心受压、偏心受压构件全部纵向钢筋配筋百分率不应小于 0.5，当混凝土强度等级为 C50 及以上时不应小于 0.6；同时，一侧钢筋的配筋百

分率不应小于0.2。构件的全部纵向钢筋配筋率不宜大于5%。

(2) 纵向受力钢筋应伸入基础和盖梁，伸入长度不应小于锚固长度。

配有螺旋式或焊接环式间接钢筋的轴心受压构件，其纵向受力钢筋的截面面积不应小于箍筋内核心截面面积的0.5%。核心截面面积不应小于构件整个截面面积的2/3。

偏心受压构件的纵向钢筋除应符合轴心受压构件的相关规定外，当其截面高度$h \geqslant 600$mm时，应在截面长边侧面设置直径为10～16mm的纵向构造钢筋，必要时应设置复合箍筋。

4. 箍筋

柱内箍筋一方面能有效地减小纵向钢筋的长度，可以防止纵向钢筋的局部压屈，使得纵向钢筋的强度得以充分的发挥，另一方面可以与纵向钢筋形成钢筋骨架方便施工，并约束核心混凝土，一定程度上地改善构件可能发生的突然破坏。能有效地减小纵向钢筋的长度，使纵向钢筋的强度得以充分的发挥。箍筋的设置应符合下列要求：

(1) 箍筋应做成封闭式，其直径不应小于纵向钢筋直径的1/4，且不小于8mm；

(2) 箍筋间距不应大于纵向钢筋直径的15倍，不大于构件短边尺寸(圆形截面采用0.8倍直径)并不大于400mm。在纵向钢筋搭接范围内，箍筋间距：当绑扎搭接钢筋受拉时不应大于钢筋直径的5倍，且不大于100mm；当绑扎搭接钢筋受压时不应大于钢筋直径的10倍，且不大于200mm。

12.1.3 试验研究

由于受力后侧向变形和破坏的不同，根据构件的长细比不同，轴心压力构件可分为短柱和长柱两种。

对配有纵向钢筋和箍筋短柱的试验研究发现，短柱在轴向荷载作用下，整个截面是均匀受压，开始荷载较小时，材料处于弹性阶段，所以压缩变形的增量与荷载的增量成正比。当荷载较大时，压缩变形增量的速率比荷载增量的速率快，对纵筋较少的柱，这种现象更加明显。随着荷载的增大，柱中开始出现微小的纵向裂缝，临近破坏荷载时，柱四周出现较多明显的纵向裂缝，箍筋之间的纵向钢筋压屈向外凸起，混凝土被压碎，柱子破坏，如图12-4所示。

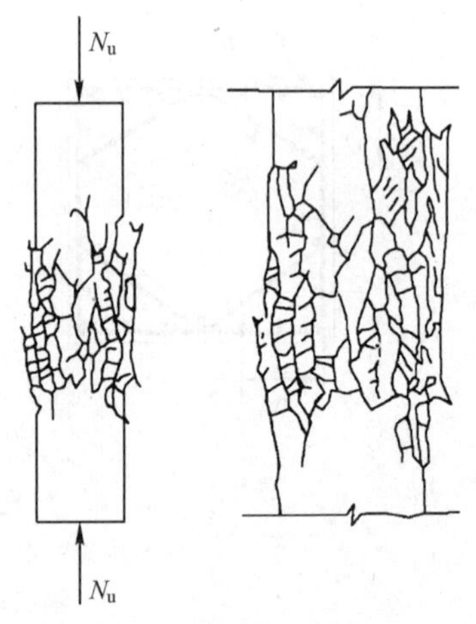

图12-4 短柱轴压破坏形态

柱在长期荷载作用下，因混凝土徐变、混凝土应力和钢筋应力还将继续变化，如图12-5所示，从该图可以看出，随着荷载的增加，混凝土压应力逐渐变小，但变化幅度不大；钢筋压应力逐渐变化，且其变化幅度大(增加一倍以上)，约150天以后逐渐稳定。如果突然卸荷至零，钢筋受压，混凝土受拉，但因混凝土徐变大部分是不可恢复的，可以自相平衡。

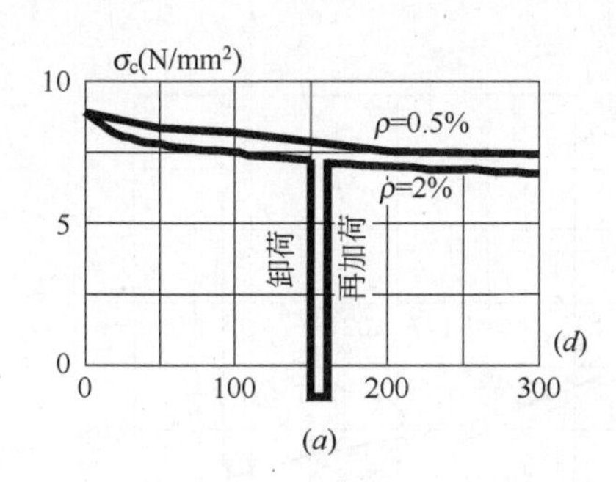

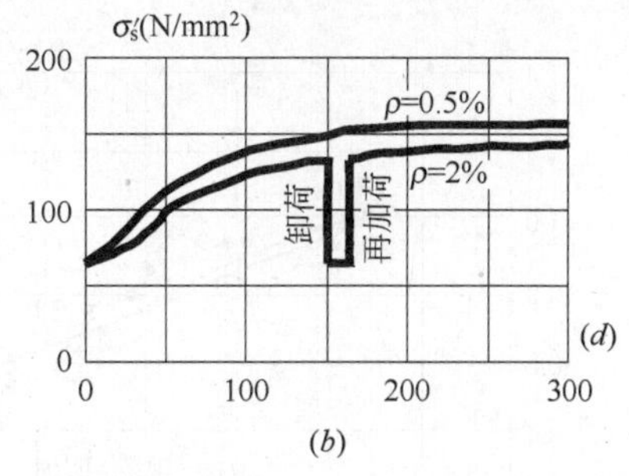

图 12-5　长期荷载作用下混凝土和钢筋的应力重分布

（a）混凝土；（b）钢筋

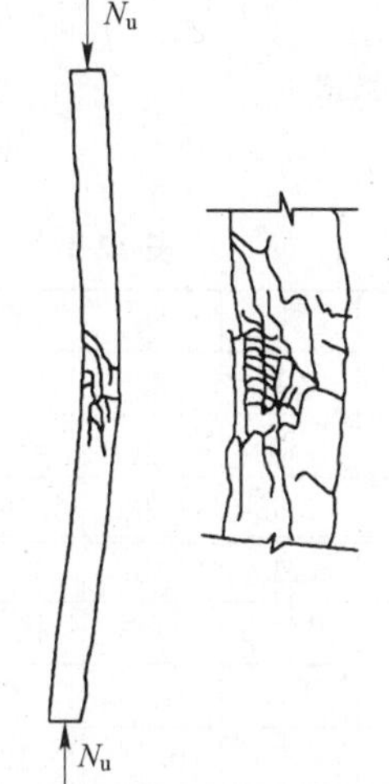

图12-6　长柱破坏形态

短柱在破坏时，一般都是纵向钢筋先达到屈服强度，然后才是混凝土达到最大压应力而破坏。所以短柱破坏可以看做是材料破坏即混凝土压碎破坏。

在设计中，构件混凝土的最大压应变取 0.002，为使钢筋与混凝土协调工作，钢筋的压应变也取 0.002，故纵向钢筋的压应力 $\sigma_s = 0.002 \times 2.0 \times 10^5 = 400\text{N/mm}^2$。所以对 R235 级、HRB335 级和 HRB400 级钢筋均可达到其屈服强度。根据这一原理，钢筋混凝土柱中的纵向钢筋不宜采用抗压强度大于 400N/mm^2 的钢筋，若必须采用，取其值 $f'_{sd} = 400\text{N/mm}^2$ 计算。

对于长细比较大的柱，试验表明，由于各种偶然因素造成的初始偏心距对受压承载力的影响是不可忽略的，初始偏心距将产生附加弯矩，这将使长细比较大的柱在轴向力和弯矩共同作用下而破坏。对于长细比很大的柱，还有可能发生“失稳破坏”的现象，如图 12-6 所示，在设计中宜避免。

短柱总是受压破坏，长柱则是失稳破坏，长柱的破坏荷载低于其他条件相同短柱的破坏荷载，在《公路桥规》中采用稳定系数 φ 来表示承载力的降低程度，即

$$\varphi = \frac{N_u^l}{N_u^s} \tag{12-1}$$

式中 N_u^l、N_u^s 分别表示长柱、短柱的破坏荷载值。

φ 也可看做长柱承载力是短柱的承载力的一个折减系数，它主要与构件的长细比有关，混凝土强度等级、配筋率 p 对其影响较小。

根据中国建筑科学研究院的试验资料及国外一些试验数据，可以看出，稳定系数主要与构件长细比有关，如图 12-7 所示，对矩形截面长细比为 l_0/b，圆形截面为 l_0/d，一般截面为 l_0/i（i 为构件的截面回转半径，l_0 为构件计算长度，按表 12-1 注 2 确定）。《公路桥规》规定，受压构件的稳定系数按表 12-1 采用。

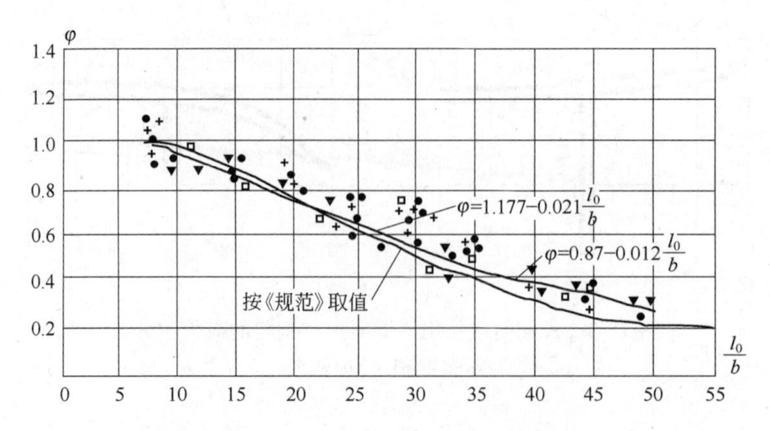

图 12-7　φ 值的试验结果及规范取值

□、+、▼—分别代表我国 1958 年、1965 年、1972 年试验数据；

●—国外试验数据

钢筋混凝土轴心受压构件的稳定系数　　表 12-1

l_0/b	≤8	10	12	14	16	18	20	22	24	26	28
$l_0/2r$	≤7	8.5	10.5	12	14	15.5	17	19	21	22.5	24
l_0/i	≤28	35	42	48	55	62	69	76	83	90	97
φ	1.0	0.98	0.95	0.92	0.87	0.81	0.75	0.70	0.65	0.60	0.56
l_0/b	30	32	34	36	38	40	42	44	46	48	50
$l_0/2r$	26	28	29.5	31	33	34.5	36.5	38	40	41.5	43
l_0/i	104	111	118	125	132	139	146	153	160	167	174
φ	0.52	0.48	0.44	0.40	0.36	0.32	0.29	0.26	0.23	0.21	0.19

注：1. 表中 l_0 为构件的计算长度；b 为矩截面短边尺寸；r 为圆形截面的半径；i 为截面最小回转半径；

2. 构件的长度 l_0 计算：当构件两端固定时取 $0.5l$；当一端固定、一端为不移动的铰时取 $0.7l$；当两端均为不移动的铰时取 l；当一端固定一端自由时取 $2l$；l 为构件支点间长度。

12.1.4　轴心受压构件正截面受压承载力计算

对钢筋混凝土轴心受压构件，当配有箍筋(或螺旋箍筋，或在纵向钢筋上焊有横向钢筋)时，如图 12-8 所示，其正截面受压承载力计算应符合式(12-2)的规定，即

$$\gamma_0 N_d \leqslant 0.90\varphi(f_{cd}A + f'_{sd}A'_s) \qquad (12\text{-}2)$$

式中　N_d——轴向力组合设计值；

φ——轴压构件稳定系数，按表 12-1 采用；

A——构件毛截面面积，当纵向钢筋配筋率大于 3%时，A 应改为 $A_n = A - A'_s$；

A'_s——全部纵向钢筋的截面面积。

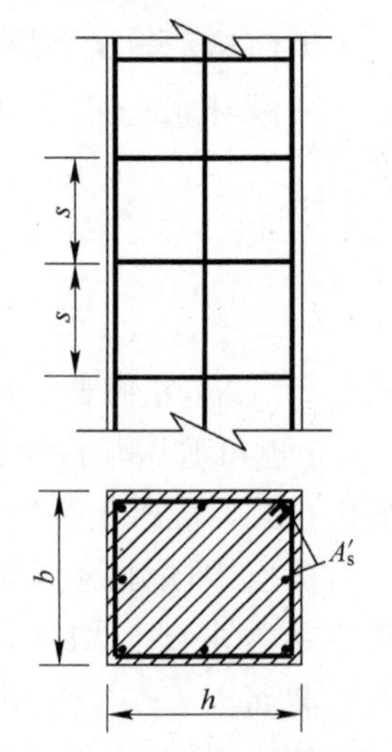

图 12-8　配有箍筋的钢筋混凝土轴心受压构件截面图

12.1.5　间接箍筋柱的正截面承载力计算

当柱承受很大的轴力时，且截面尺寸受到某些因素限制时，按普通箍筋柱设计不能满足要求，这时，宜采

用螺旋式或焊接环式间接箍筋柱方案。螺旋式箍筋对混凝土有较强的环向约束，可以很大程度上提高构件的承载能力及延性，因此常采用圆形或正多边形截面形式。

1. 构造要求

螺旋箍筋的直径不宜小于纵向钢筋直径的1/4且不小于8mm，一般采用8～12mm。间接箍筋柱的纵向钢筋的配筋率为0.8%～1.2%。圆形截面纵向钢筋的根数不应少于6根，不宜少于8根，并沿截面周边均匀布置；纵向钢筋的间距不应大于350mm，不应小于50mm。纵向钢筋的截面面积不应小于箍筋圈内核心截面面积的0.5%。核心截面面积不应小于构件截面面积的2/3。纵向受力钢筋应伸入与受压构件连接的上下构件内，其长度不应小于受压构件的直径且不应小于纵向受力钢筋的锚固长度。

螺旋式箍筋或焊接环式箍筋的螺距(或间距)不应大于构件核心直径的1/5，亦不应大于80mm，且不应小于40mm。以便施工。

2. 试验研究

对配有间接箍筋柱轴心受压构件，间接箍筋犹如一个环筒，能阻止核心混凝土的横向变形，使核心混凝土处于三向受力的工作状态。因此，可以提高核心混凝土的轴心抗压强度。根据试验研究表明，对核心混凝土的抗压强度可以提高6～7倍，如图12-9所示最开始在达到普通箍筋柱极限荷载前，混凝土的形变较小，螺旋箍筋的约束小，与普通箍筋的作用趋于一致，当荷载超过普通箍筋柱极限荷载后，混凝土和纵向钢筋的压应变 ε 达到一定程度，箍筋外层保护层开始剥落，混凝土截面积减小，承载能力略有下降，核心部分混凝土受到螺旋箍筋的约束作用，仍可受压，核心混凝土处于三向受压状态。因此承载能力提高，直到螺旋箍筋屈服，不能再提供约束力，混凝土最后破坏，因此在实际设计中核心混凝土压碎，纵向钢筋屈服，螺旋箍筋屈服。在实际设计中，一般采用式(12-3)计算，即

$$f_{co}=f_{cd}+4\sigma_r \tag{12-3}$$

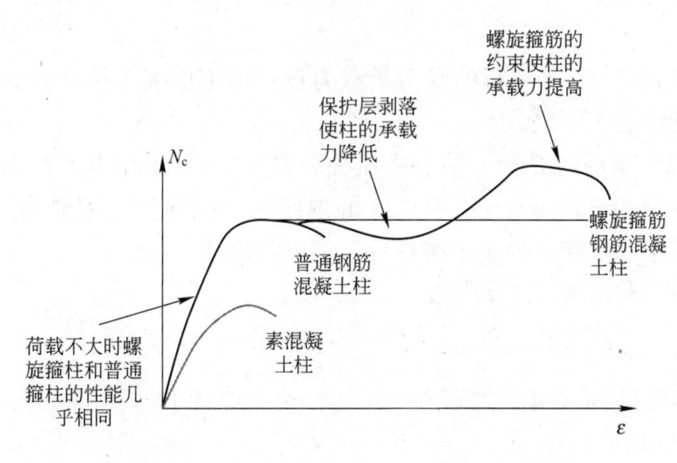

图12-9

式中 f_{co}——被约束后的混凝土轴心抗压强度；

σ_r——当间接箍筋的应力达到屈服时，柱核心混凝土所受到的径向压应力，可按式(12-4)计算；

$$\sigma_r=\frac{f_{sd}A_{so}}{2A_{cor}} \tag{12-4}$$

A_{so}——螺旋式或焊接环式间接箍筋的换算截面面积，按 $A_{so}=\frac{\pi\cdot d_{cor}A_{so1}}{S}$ 计算；

A_{cor}——构件核心截面面积；

d_{cor}——构件截面的核心直径；

A_{so1}——单根间接钢筋的截面面积；

S——沿构件纵轴方向间接钢筋的螺距或间距。

3. 间接箍筋柱正截面受压承载力计算

钢筋混凝土轴心受压构件，当配置螺旋式或焊接环式间接箍筋时，如图 12-10 所示，且间接钢筋的换算截面面积 A_{so}不小于全部纵向钢筋截面面积的 25%，间距不大于 80mm 或 $d_{cor}/5$，构件的长细比不大于 48 时(注：《混凝土结构设计规范》为 12)，其正截面受压承载力计算应符合式(12-5)的规定，即

$$\gamma_0 N_d\leqslant 0.90(f_{cd}A_{cor}+f'_{sd}A'_s+\kappa\cdot f_{sd}A_{so}) \tag{12-5}$$

式中 κ——间接钢筋的影响系数，当混凝土强度等级为 C50 及以下时，取 $\kappa=2.0$；C50～C80 取 $\kappa=2.0\sim1.7$，中间值按直线内插采用。

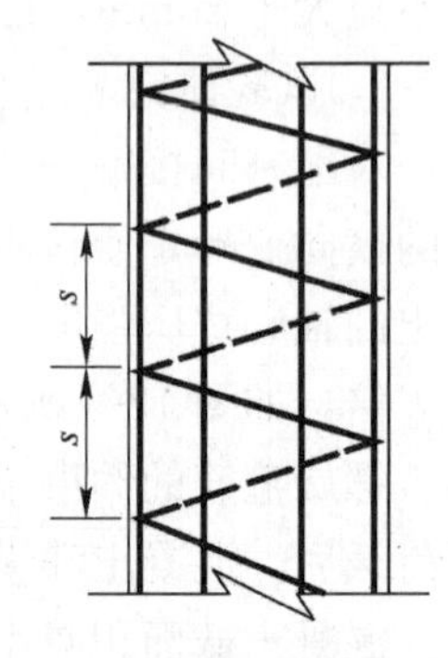

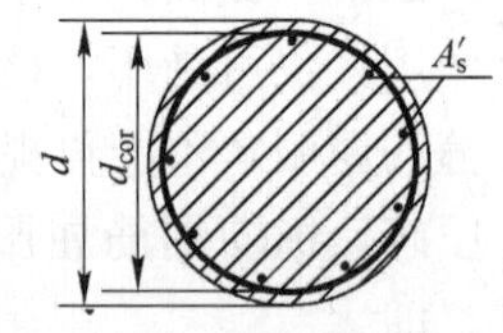

图 12-10 配置螺旋式间接箍筋的钢筋混凝土轴心受压构件截面图

当间接钢筋的换算截面面积、间距及构件的长细比不符合上述要求时，或按式(12-5)算得的受压承载力小于按式(12-2)算得的受压承载力时，不应考虑间接钢筋的套箍作用，正截面受压承载力应按式(12-2)计算。

另外，按式(12-5)计算得的受压承载力设计值不应大于按式(12-2)算得的受压承载力设计值的 1.5 倍。

【例 12-1】 某钢筋混凝土轴心受压柱柱高 8.0m，采用方形截面，承受的轴向力组合设计值为 3500kN，采用 C30 的混凝土，纵向受力钢筋为 HRB335 级；结构的安全等级为二级，处于Ⅰ类环境。试设计该柱。

【解】 (1) 查表确定计算参数。

$$f_{cd}=13.8\text{N/mm}^2,\ f'_{sd}=280\text{N/mm}^2,\ \gamma_0=1.0$$

(2) 确定柱截面尺寸。按长细比，$l_0/b\leqslant 25$，可得 $b\geqslant 320$mm，取 $b\times h=$ 500mm×500mm。

(3) 计算稳定系数 φ。$l_0/b=8000/500=16$，查表 12-1 得 $\varphi=0.87$。

(4) 计算受压钢筋截面面积A'_s。根据式(12-2)，即$\gamma_0 N_d \leqslant 0.90\varphi(f_{cd}A+f'_{sd}A'_s)$可得

$$1.0\times3500\times10^3\leqslant0.90\times0.87\times(13.8\times500\times500+280A'_s)$$

$$A'_s=3643\text{mm}^2$$

查附表D-5选择钢筋：12 Φ 20($A'_s=3768\text{mm}^2$)。

(5) 配筋率验算。$\rho'=A'_s/bh_0=3768/500\times460=1.64\%>\rho_{min}=0.5\%$，且$<3\%$

满足要求。

12.2 偏心受压构件

当纵向压力作用线不与截面形心重合时，称为偏心受压构件，如图12-11所示，在实际工程中，如钢筋混凝土拱桥的拱圈、刚架桥的支架、桥墩桩等等，均属于偏心受压构件。

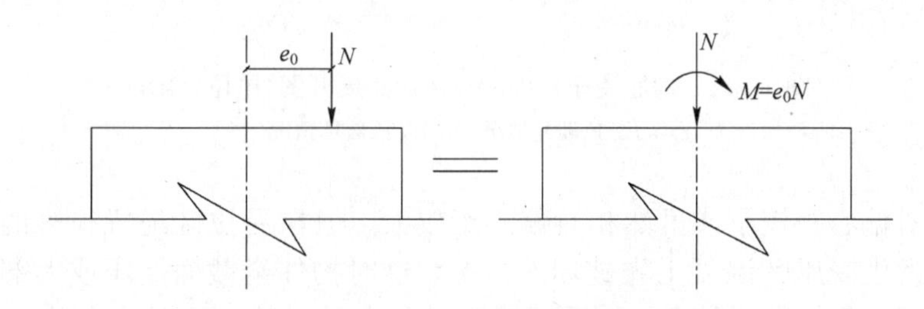

图12-11 截面上轴力和弯矩共同作用

12.2.1 偏心受压构件的构造要求

钢筋混凝土偏心受压构件截面一般采用矩形截面，也可采用圆形、正方形、T形、I形或箱形等，对矩形截面，其最小尺寸不宜小于300mm，截面高度大于600mm时，其长边与短边之比一般控制在1～3之间。偏心受压构件的纵向钢筋通常是在弯矩作用垂直的两个侧边布置，对于圆形截面则可采用沿截面周边均匀的布置方式。当偏心受压构件的截面高度$h\geqslant600$mm是，应在截面长边侧面设置直径为10～16mm的纵向构造钢筋，必要时应设置复合箍筋。

其他构造要求与轴心受压构件相同。

12.2.2 试验研究分析

1. 偏心受压构件的破坏特征及其分类

根据试验结果，钢筋混凝土偏心受压构件的破坏形式有以下两种。

(1) 受拉破坏(图12-12a)大偏心受压破坏

在相对偏心距较大、受拉纵向筋配置得不太多的情况，将会发生这种破坏。这时，靠轴向力较近一侧受压，另一侧受拉。随着荷载的增加，首先在受拉区混

凝土产生横向裂缝，受拉钢筋的应力达到屈服进入流幅阶段，同时伴随新的横向裂缝出现，原有横向裂缝开展，中和轴上移。最后受压区出现纵向裂缝而使混凝土压碎，构件破坏。

大偏心受压破坏是截面部分受拉，部分受压，受拉钢筋首先达到屈服强度，然后受压区混凝土破坏，所以构件的承载力取决于受拉钢筋的强度和数量，破坏时有明显的预兆，属于塑形破坏。

(2) 受压破坏(图 12-12*b*)小偏心受压破坏

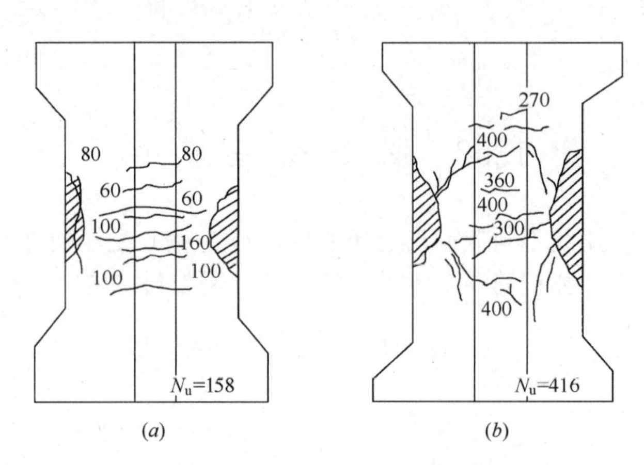

图 12-12　偏心受压构件的破坏形态展开图(单位：kN)
(*a*)受拉破坏情况；(*b*)受压破坏情况

在相对偏心距较小或虽然相对偏心距较大，但在受拉区配置很多的钢筋时，就有可能发生受压区混凝土先破坏的情况，这时构件全截面受压或大部分受压，构件破坏时，靠轴向力较近一侧受压钢筋应力达到屈服，混凝土的压应变达到其极限应变，而靠轴向力较远一侧钢筋可能受拉也可能受压，受拉时横向裂缝发展不明显，无主裂缝，受拉钢筋达不到屈服，混凝土的压应变达不到极限应变。所以这种破坏主要是靠轴向力较近一侧钢筋压屈，混凝土压碎。

小偏心受压破坏一般是受压破坏区混凝土首先达到极限压应变，且该区的钢筋达到屈服强度，另一侧钢筋无论受拉受压均未达到屈服强度，所以构件的承载力取决于受压区混凝土强度和受压钢筋强度，破坏属于脆性破坏。

2. 界限破坏

在受拉破坏和受压破坏之间存在着一种理想的破坏，称为界限破坏。这种破坏不仅受拉区主裂缝明显，受压区混凝土出现纵向裂缝，而且受拉钢筋应力达到屈服强度，具有明显的破坏预兆。即受拉钢筋达到屈服强度时，受压区混凝土刚好达到极限压应变而压碎，因此可用受压区界限高度 X_b 或相对界限受压区高度 ξ_b 来判别两种不同偏心受压破坏形态：当 $\xi \leqslant \xi_b$ 或 $x \leqslant \xi_b h$ 时，截面为大偏心受压破坏，当 $\xi > \xi_b$ 或 $x \geqslant \xi_b h_0$ 时，截面为小偏压破坏。

其界限破坏时的相对受压区高度 ξ_b 可按表 10-2 采用。

12.2.3　偏心受压长柱纵向弯曲的影响

从试验研究的结果来看，钢筋混凝土偏心受压长柱受荷后会产生纵向弯曲。

对长细比较小的柱，纵向弯曲对受压承载力的影响可以忽略不计。对长细比较大的柱，这种纵向弯曲对受压承载力的影响是不能忽略的。

图 12-13 是对一长柱的试验研究实测 N-f 曲线。从图中可以看出，当荷载较小时，纵向弯曲(即侧向挠度)不大，接近于直线；当荷载较大时，纵向弯曲增大，也就是附加弯矩增大。但对该试验柱，由于长细比不大，偏心距小，纵向弯曲小，最后的破坏仍是“受压破坏”。若构件的长细比再大一些，其破坏就有可能从“受压破坏”状态转变为“受拉破坏”状态。

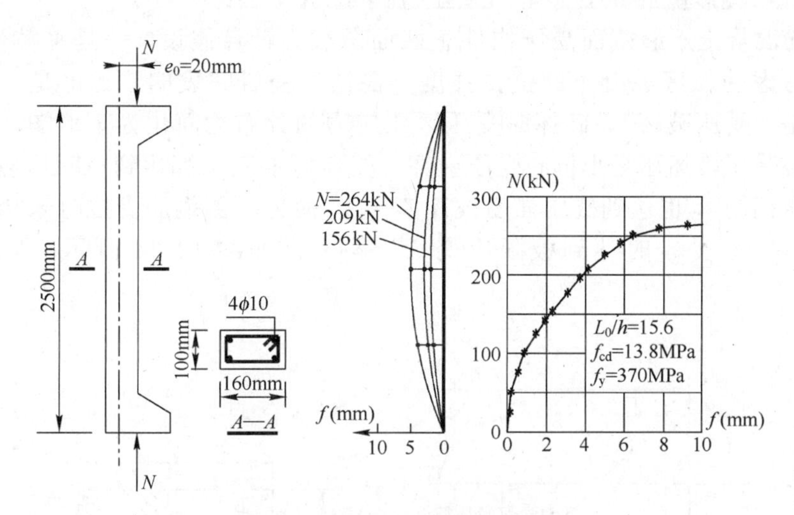

图 12-13　长柱实测 N-f 曲线

（f_y 为钢筋的屈服强度）

对于钢筋混凝土受压构件在纵向弯曲的影响下，按其破坏特征有两类，一类是长细比很大时，构件的破坏不是因为其材料的破坏引起，而是由于构件在纵向弯曲作用下失去平衡而破坏，这种破坏称为“失稳破坏”。另一类是把柱的长细比控制在一定限值时，在受到偏心荷载时，偏心距由 e_0 增加到 e_0+f，使柱的受压承载力比同样截面的短柱减小，但就其破坏特征来看，与短柱的破坏相似，属于“材料破坏”。失稳破坏与材料破坏有本质的区别，故实际当中尽量避免。

我国《公路桥规》通过试验研究和实际工程经验，对钢筋混凝土偏心受压构件正截面承载力计算时，当长细比大于 17.5 时，应考虑构件在弯矩作用平面内的侧向挠曲对轴向力偏心距的影响，此时，应将轴向力对截面形心轴的偏心距 e_0 乘以偏心距增大系数 η。对矩形、T 形、I 形和圆形截面偏心受压构件的偏心距增大系数 η 按式(12-6)计算。即

$$\eta=1+\frac{1}{1400\frac{e_0}{h_0}}\left(\frac{l_0}{h}\right)^2\zeta_1\zeta_2 \tag{12-6}$$

式中　l_0——构件的计算长度。按表 12-1 注 2 采用或按实际工程经验确定；

e_0——轴向力对截面形心轴的偏心距，$e_0=M_d/N_d$；

h_0——截面有效高度，对圆形截面取 $h_0=r+r_s$（r 为圆形截面的半径，r_s 为纵向钢筋所在圆周的半径）；

h——截面高度，对圆形截面取 $h=2r$；

ζ_1——荷载偏心率对截面曲率的影响系数；取 $\zeta_1=0.2+2.7\dfrac{e_0}{h_0}\leqslant 1.0$；

ζ_2——构件长细比对截面曲率的影响系数；取 $\zeta_2=1.15-0.01\dfrac{l_0}{h}\leqslant 1.0$。

12.2.4 矩形截面偏心受压构件正截面受压承载力计算公式

钢筋混凝土矩形截面受压构件正截面承载力计算假设，一是平截面假设，二是不考虑受拉区混凝土的抗拉强度。根据试验研究表明，无论是“受拉破坏”还是“受压破坏”，破坏时受压区压应力的分布均简化为矩形图，所以无论大偏心受压破坏还是小偏心受压破坏，受压区混凝土都达到极限压应变，同一侧受压钢筋 A'_s 也达到抗压强度设计值 f'_{su}，而另一侧钢筋受拉时未达到设计值（小偏心），受压时达到极限应变（大偏心）。如图 12-14 所示，其强度值取 f_{cd}。

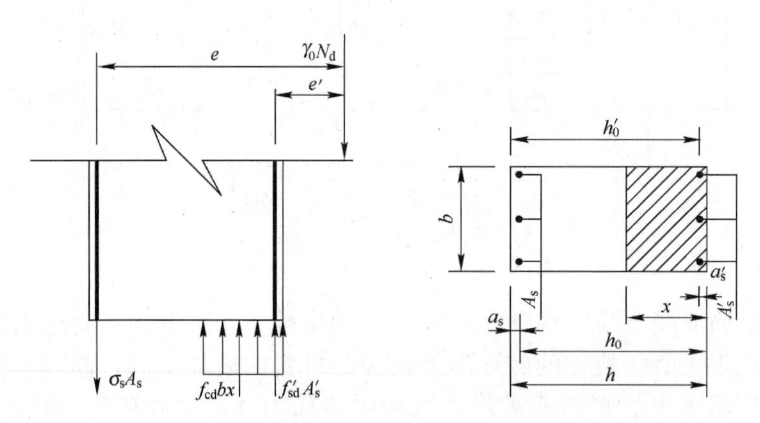

图 12-14　矩形截面偏心受压构件正截面承载力计算图

1. 计算公式

如图 12-14 所示，矩形截面偏心受压构件正截面受压承载力计算按式(12-7)和式(12-8)进行。即

$$\gamma_0 N_d \leqslant f_{cd}bx+f'_{sd}A'_s-\sigma_s A_s \tag{12-7}$$

$$\gamma_0 N_d e \leqslant f_{cd}bx\left(h_0-\frac{x}{2}\right)+f'_{sd}A'_s(h_0-a'_s) \tag{12-8}$$

式中　e——轴向力作用点至截面受拉边或受压较小边纵向钢筋 A_s 合力点的距离，按 $e=\eta e_0+\dfrac{h}{2}-a_s$ 计算；

e_0——轴向力对截面形心轴的偏心距，$e_0=M_d/N_d$；

M_d——相应于轴向力的弯矩组合设计值；

N_d——轴向力组合设计值；

h_0——截面受压较大边边缘至受拉边或受压较小边纵向钢筋合力点的距离，按 $h_0=h-a_s$ 计算；

η——偏心受压构件轴向力偏心距增大系数，按式(12-6)计算。

截面受拉边或受压较小边纵向钢筋的应力 σ_s 按下列情况采用：

当 $\xi\leqslant\xi_b$ 时，为大偏心受压构件，取 $\sigma_s=f_{sd}$，此处，$\xi=x/h_0$；

当 $\xi>\xi_b$ 时，为小偏心受压构件，取 σ_s 按式(12-9)计算，即

$$\sigma_s=\varepsilon_{cu}E_s\left(\frac{\beta h_0}{x}-1\right) \tag{12-9}$$

式中　ε_{cu}——混凝土的极限压应变，当混凝土强度等级≤C50 时，取 $\varepsilon_{cu}=0.0033$，当混凝土强度等级为 C80 时，取 $\varepsilon_{cu}=0.003$，其中间强度等级用直线插入法求得；

β——截面受压区矩形应力图高度与实际受压区高度之比，按表 12-2 采用；

E_s——纵向钢筋的弹性模量，按附表 D-4 采用；

x——截面受压区高度。

系　数　β　值　　　　表 12-2

混凝土强度等级	C50 及以下	C55	C60	C65	C70	C75	C80
β	0.80	0.79	0.78	0.77	0.76	0.75	0.74

按式(12-9)计算得到的纵向钢筋应力，当受拉时不得大于 f_{sd}，受压时不得大于 $-f'_{sd}$，即应满足 $-f'_{sd}\leqslant\sigma_s\leqslant f_{sd}$。

在正截面承载力计算中，若考虑截面受压较大边的纵向受压钢筋时，受压区高度应满足 $x\geqslant2a'_s$ 的要求。

对于小偏心受压构件，当轴向力作用在纵向钢筋 A'_s 合力点与 A_s 合力点之间且偏心距较小时，构件全截面受压，若 A_s 配置过少，则远离纵向力一侧混凝土可能先被压坏，为避免这种情况发生，小偏心受压构件受压承载力计算尚应符合式(12-10)的规定，如图 12-14 所示，即

$$\gamma_0N_de'\leqslant f_{cd}bh\left(h'_0-\frac{h}{2}\right)+f'_{sd}A_s(h'_0-a_s) \tag{12-10}$$

式中　e'——轴向力作用点至截面受压较大边纵向钢筋 A'_s 合力点的距离，计算时偏心距 e_0 可不考虑偏心距增大系数 η，即按 $e'=\frac{h}{2}-e_0-a'_s$ 计算；

h'_0——截面受压较小边边缘至受压较大边纵向钢筋合力点的距离，按 $h'_0=h-a'_s$ 计算。

2. 设计方法——对称配筋法

矩形截面偏心受压构件的设计方法，有非对称配筋和对称配筋两种，在桥梁

工程结构中，考虑到使用荷载位置的不同而产生反号的弯矩，一般都采用对称配筋进行设计。这里仅介绍对称配筋法。

(1) 截面设计

进行截面设计时，一般已知混凝土的强度等级、钢筋的种类、构件的截面尺寸、结构的安全等级和所处的环境类别、构件所受到的内力组合设计值，同时还间接地有 $A_s=A'_s$，当“受压钢筋——通常指距轴向力较近的钢筋”和“受拉钢筋——通常指距轴向力较远的钢筋”都采用同一种钢筋时，$f_{sd}=f'_{sd}$。

1) 大偏心受压构件

对称配筋的矩形截面大偏心受压构件，其受拉钢筋的应力能达到屈服，且两对称截面采用同一种钢筋，初步设计可用 $\eta e_0>0.3h_0$ 或 $\eta e_0\leqslant 0.3h_0$ 判定是大偏心还是小偏心受压构件，再利用式(12-7)可求得受压区高度 x，即

$$x=\frac{\gamma_0 N_d}{f_{cd}b} \tag{12-11a}$$

或

$$\xi=\frac{\gamma_0 N_d}{f_{cd}bh_0} \tag{12-11b}$$

求得 x(或 ξ)后，若 $x\leqslant x_b$(或 $\xi\leqslant\xi_b$)即为大偏心受压构件，可将 x(或 ξ)代入式(12-8)求得钢筋的截面面积，即

$$A_s=A'_s=\frac{\gamma_0 N_d e-f_{cd}bx\left(h_0-\dfrac{x}{2}\right)}{f'_{sd}(h_0-a'_s)} \tag{12-12}$$

若按式(12-11)求的 $x>x_b$(或 $\xi>\xi_b$)，则为小偏心受压构件，此时“受拉钢筋”的应力达不到屈服，故应按小偏心受压构件进行计算。若求得 $x\leqslant 2a'$ 按不对称配筋(可参阅有关资料)或双筋矩截面梁进行设计。

2) 小偏心受压构件

当判定为小偏心受压构件时，因“受拉钢筋”的应力达不到屈服，应先按式(12-13)求得相对受压区高度 ξ，即

$$\xi=\xi_b+\frac{\gamma_0 N_d-\xi_b f_{cd}bh_0}{\dfrac{\gamma_0 N_d e-0.43f_{cd}bh_0^2}{(\beta-\xi_b)(h_0-a'_s)}+f_{cd}bh_0} \tag{12-13}$$

然后将 ξ 代入式(12-8)中，即可求得 $A_s=A'_s$，即

$$A_s=A'_s=\frac{\gamma_0 N_d e-\xi(1-0.5\xi)f_{cd}bh_0^2}{f'_{sd}(h_0-a'_s)} \tag{12-14}$$

对于小偏心受压构件，当计算截面受压区高度 $x>h$ 时，计算构件受压承载力时取 $x=h$；当计算钢筋 A_s 的应力 σ_s 时，仍采用按式(12-13)计算所得的 x 值。

截面高度 $h\geqslant$600mm 时在侧面应设置 10～16mm 的纵向构造钢筋，必要时设置附加箍筋或拉筋。

(2) 截面承载力复核

进行截面承载力复核时，一般应已知 $b\times h$、A_s、A'_s、f'_{sd}、f_{sd}及内力，结构所处的环境及其安全等级，验算截面的承载力，从而可以判定结构是否安全。截

面承载力验算，先按式(12-11)求受压区高度 x，将 x 代入式(12-8)中求偏心距 e，从而可以计算弯矩设计值。偏心受压构件，除应验算弯矩平面内的承载力外，尚应验算弯矩平面外(即垂直于弯矩的平面)的承载力，这可按轴心受压构件进行验算，但将 b 作为截面高度考虑。

为避免距轴向力较远一侧混凝土压碎，就应保证 $A_s \geqslant \rho_{min} bh$，对小偏心受压构件，还应符合式(12-10)的要求。

【例 12-2】 已知某桥梁的支柱处于Ⅰ类环境，结构的安全等级为二级。计算高度为5.6m，截面尺寸为500mm×500mm；采用C25混凝土，纵向受力钢筋为HRB335级，作用在其上的轴向力组合设计值为1200kN，弯矩组合设计值为210kN·m，试按对称配筋求纵向受力钢筋的截面面积。

【解】 (1) 查表确定计算参数。

$f_{cd}=11.5\text{N/mm}^2$，$f'_{sd}=f_{sd}=280\text{N/mm}^2$，$\gamma_0=1.0$，$\xi_b=0.56$，$h_0=460\text{mm}$

(2) 计算偏心距增大系数。

$$e_0=M_d/N_d=210/1200=0.175\text{m}=175\text{mm}$$

$$\zeta_1=0.2+2.7\frac{e_0}{h_0}=0.2+2.7\times\frac{175}{460}=1.22>1.0\text{，取 }\zeta_1=1.0$$

$$\zeta_2=1.15-0.01\frac{l_0}{h}=1.15-0.01\times\frac{5.6}{0.5}=1.038>1.0\text{，取 }\zeta_2=1.0$$

按式(12-6)：

$$\eta=1+\frac{1}{1400\frac{e_0}{h_0}}\left(\frac{l_0}{h}\right)^2\zeta_1\zeta_2=1+\frac{1}{1400\times\frac{175}{460}}\left(\frac{5.6}{0.5}\right)^2\times1.0\times1.0=1.236$$

所以

$$e=\eta e_0+\frac{h}{2}-a_s=1.236\times17+500/2-40=426\text{mm}$$

(3) 判别大、小偏心受压构件类别。

按式(12-11a)

$$x=\frac{\gamma_0 N_d}{f_{cd}b}=\frac{1.0\times1200\times10^3}{11.5\times500}=209\text{mm}<x_b=\xi_b h_0=258\text{mm}$$

属于大偏心受压构件。

(4) 计算受力钢筋的截面面积。

按式(12-12)

$$A_s=A'_s=\frac{\gamma_0 N_d e-f_{cd}bx\left(h_0-\frac{x}{2}\right)}{f'_{sd}(h_0-a'_s)}$$

$$=\frac{1.0\times1200\times10^3\times426-11.5\times500\times209(460-209/2)}{280(460-40)}$$

$$=714\text{mm}^2$$

选择每侧受力钢筋：3Φ18(763mm²)。

(5) 验算配筋率。

$$\rho=A_s/bh_0=763/500\times460=0.33\%>\rho_{min}=0.2\%$$

【例 12-3】 已知某钢筋混凝土柱的计算长度为 6.0m，截面尺寸为 450mm×450mm，混凝土为 C25，纵向受力钢筋为 HRB335 级柱处于Ⅰ类环境，安全等级为二级，作用在其上的轴向力组合设计值为 1200kN，弯矩组合设计值为 80kN·m，试按对称配筋求纵向受力钢筋的截面面积。

【解】 (1) 查表确定计算参数。

$f_{cd}=11.5\text{N/mm}^2$，$f'_{sd}=f_{sd}=280\text{N/mm}^2$，$\gamma_0=1.0$，$\xi_b=0.56$，$h_0=410\text{mm}$

(2) 计算偏心距增大系数。

$$e_0=M_d/N_d=80/1200=0.067\text{m}=67\text{mm}$$

$$\zeta_1=0.2+2.7\frac{e_0}{h_0}=0.2+2.7\times\frac{67}{410}=0.641 \text{ 取 } \zeta_1=0.641$$

$$\zeta_2=1.15-0.01\frac{l_0}{h}=1.15-0.01\times\frac{6.0}{0.45}=1.02>1.0\text{，取 } \zeta_2=1.0$$

按式(12-6)：

$$\eta=1+\frac{1}{1400\frac{e_0}{h_0}}\left(\frac{l_0}{h}\right)^2\zeta_1\zeta_2=1+\frac{1}{1400\times\frac{67}{410}}\left(\frac{6.0}{0.45}\right)^2\times0.641\times1.0=1.498$$

所以

$$e=\eta e_0+\frac{h}{2}-a_s=1.498\times67+450/2-40=285\text{mm}$$

(3) 判别大、小偏心受压构件类别。

$$\eta e_0=1.498\times67=100\text{mm}<0.3h_0=0.3\times410=123\text{mm}$$

属于小偏心受压构件。

(4) 计算相对受压区高度。

按式(12-13)

$$\xi=\xi_b+\frac{\gamma_0N_d-\xi_bf_{cd}bh_0}{\frac{\gamma_0N_de-0.43f_{cd}bh_0^2}{(\beta-\xi_b)(h_0-a'_s)}+f_{cd}bh_0}$$

$$=0.56+\frac{1.0\times1200\times10^3-0.56\times11.5\times450\times410}{\frac{1.0\times1200\times10^3\times285-0.43\times11.5\times450\times410^2}{(0.8-0.56)(410-40)}+11.5\times450\times410}$$

$$=0.567$$

(5) 计算受力钢筋的截面面积。

$$A_s=A'_s=\frac{\gamma_0N_de-\xi(1-0.5\xi)f_{cd}bh_0^2}{f'_{sd}(h_0-a'_s)}$$

$$=\frac{1.0\times1200\times10^3\times285-0.567(1-0.5\times0.567)\times11.5\times450\times410^2}{280(410-40)}<0$$

需按构造配筋，即全截面的钢筋面积不小于0.5%，每侧的钢筋面积不小于0.2%。

每侧：$A_s = A_s' = 0.2\% \times 450 \times 450 = 405\text{mm}^2$，即选2Φ18($509\text{mm}^2$)。

全截面：$A_s = A_s' = 0.5\% \times 450 \times 450 = 1013\text{mm}^2$，按全截面配筋，确定选择配筋8Φ16($1608\text{mm}^2$)。

思 考 题

1. 叙述钢筋混凝土受压构件的构造要求。
2. 轴心受压构件长、短柱的破坏特征各是什么？
3. 什么叫做长柱的稳定系数φ？影响稳定系数φ的主要因素有哪些？
4. 偏心受压构件的破坏特征是什么？
5. 如何判别大、小偏心受压构件？

习 题

1. 配有纵向钢筋和普通箍筋的轴心受压构件的截面尺寸为$b \times h = 200 \times 250\text{mm}$，构件计算长度$l_0 = 4.3\text{m}$；C20混凝土，HRB335级钢筋，纵向钢筋面积$A_s' = 678\text{mm}^2$(6Φ12)，Ⅰ类环境条件，安全等级为二级，试求该构件能承受的最大轴向压力组合设计值N_d。

2. 配有纵向钢筋和螺旋箍筋的轴心受压构件的截面为圆形，直径$d = 450\text{mm}$，构件计算长度$l_0 = 3\text{m}$，C25混凝土纵向钢筋采用HRB335级钢筋箍筋采用R235级钢筋，Ⅱ类环境条件安全等级为一级，轴向压力组合设计值$N_d = 1560\text{kN}$，试进行构件的截面设计和承载力复核。

3. 已知一偏心受压构件的计算长度为4.5m，截面尺寸为350mm×600mm，结构的安全等级为二级，环境类别为Ⅰ类；采用的混凝土强度等级为C25，纵向受力钢筋为HRB335级；承受的内力组合设计值$M_d = 310\text{kN} \cdot \text{m}$，$N_d = 1050\text{kN}$。试按对称配筋方法计算纵向受力钢筋的截面面积。

4. 已知一偏心受压构件的计算长度为7.0m，截面尺寸为400mm×500mm，结构的安全等级为二级，环境类别为Ⅰ类；采用的混凝土强度等级为C25，纵向受力钢筋为HRB335级；承受的内力组合设计值为$M_d = 100\text{kN} \cdot \text{m}$，$N_d = 1300\text{kN}$。试按对称配筋方法计算纵向受力钢筋的截面面积。

教学单元 13　预应力混凝土结构基本知识

【教学目标】 通过对预应力混凝土结构基本知识的学习，学生对预应力混凝土基本原理、预压应力施加方法和相关设备材料有了初步认识，为今后在工程实践中应用打下基础。

13.1　预应力混凝土结构概述

13.1.1　预应力混凝土的概念及其基本原理

钢筋混凝土结构虽早已被广泛地应用于各类工程结构，但它还存在不少缺点。众所周知，混凝土的抗拉性能很差，其极限拉应变为 $0.1\times10^{-3}\sim0.15\times10^{-3}$，与此相应的钢筋应力为 20～30MPa，超过此值混凝土开裂。随着荷载的增加，裂缝宽度加大。一般钢筋混凝土结构的裂缝宽度不应超过 0.2～0.3mm，相应的钢筋应力，对光面钢筋为 100～250MPa，对变形钢筋其应力可达 150～300MPa。若超过上述裂缝宽度限值，钢筋的锈蚀和结构的耐久性会有严重影响，并降低构件的刚度。因此一般钢筋混凝土构件在正常使用状态下是带裂缝工作的。可见，由于构件过早的出现裂缝和对裂缝宽度的限制，普通钢筋混凝土结构中不能充分地利用高强钢筋的强度，相应的也就不能使用高强度混凝土。由于不能使用高强度材料，若使结构构件承受较大的荷载，必然要加大混凝土截面尺寸和使用较多的钢筋数量，构件的自重增大。随着结构跨度的增大其自重所占的比例也愈大，这就使钢筋混凝土结构的适用范围受到很大的限制。对于正常使用状态下不容许出现裂缝的结构，如压力管道、水池及贮存池等结构，其中钢筋所受应力很小，将会造成材料的利用极不合理和浪费，甚至有时不可能实现。为使钢筋混凝土结构得到进一步发展，必须解决上述矛盾，于是人们在长期的工程实践中发明了预应力混凝土结构。

早在 19 世纪后期就有学者提出预应力混凝土结构，但是直到 20 世纪 30 年代，人们研制出了高强钢材和锚具并充分认识到混凝土的收缩、徐变对预应力的影响之后，预应力结构才开始在实际工程应用。

国内外对预应力结构的定义有很多种，最常见的定义为：在结构承受外荷载之前，预先对其在外荷载作用下的受拉区施加压应力，以改善结构使用性能的这种结构形式称为预应力结构。目前至少有三种不同的方法来看待混凝土的预加应力：①作为控制混凝土应力的一种方法，混凝土预加压力使一般由作用产生的拉力得以减小或消除；②作为在混凝土构件上施加等效荷载的一种手段，使作用效应减少至要求程度；③作为钢筋混凝土的特殊情况，它使用了预加应变的高强度钢材，通常还和高强混凝土一起使用。

13.1.2　预应力混凝土结构的优缺点

与钢筋混凝土结构相比，预应力混凝土结构具有更多的优越性。

(1) 提高了构件的抗裂性和刚度。对构件施加不同大小的预应力后，在使用荷载作用下可使构件不出现拉应力，构件可以不出现裂缝，或推迟构件裂缝的出现，或是把裂缝控制在一定范围之内，从而增强了结构刚度和耐久性。由于提高了结构抗裂性，可以将其应用于水池、压力管等抗渗抗裂性要求高的结构中。

(2) 可以节约材料和减轻结构的自重。由于预应力混凝土合理地使用了高强度钢筋和高强度混凝土，在承受同样的荷载条件下，构件截面尺寸可以减小。从而减轻了构件自重，节约了钢材和水泥，为建造大跨度结构提供了有利条件。

(3) 提高了构件的抗剪能力。由于纵向预压应力及弯起预应力钢筋的竖向分力可使荷载作用下构件的主拉应力减小，提高了构件斜截面的抗裂性。也可使截面腹板厚度减薄，有利于减轻结构自重和增大跨越能力。

(4) 结构质量安全可靠。预应力混凝土，在施加预应力过程中都要经受高应力的作用，这就相当于进行了一次负荷强度检验。因此，在使用荷载作用下结构的安全性及其他性能更加可靠。

(5) 提高了构件的耐疲劳性能。对于不允许开裂的预应力混凝土构件，在重复荷载作用下其应力变化幅度很小。容许开裂的预应力混凝土构件，只要控制裂缝宽度在限值内，其耐疲劳性能也可以得到保证。所以预应力混凝土结构可以适用于承受动力荷载的公路桥涵结构。

(6) 预加应力的方法更有利于装配式混凝土结构的推广，例如，分段施工的预应力串联梁，大跨度预应力桥梁的悬臂法、顶推法施工。预加应力的方法也是对既有结构加固的有效方法。

事物总是一分为二的，现目前预应力混凝土结构也存在以下缺点：

(1) 施工工艺比较复杂，对施工过程的监控和施工质量要求比较高，因而需要有一个比较专业化的施工队伍。

(2) 需要有一定的专门设备，如张拉千斤顶、油泵、压浆和量测设备，对于先张法构件需有张拉台座，对于后张法需有质量较好、加工精确且数量较多的锚具等，因此工程前期投资较大。

(3) 构件预加应力的反拱度不易控制，由于长期预加应力的作用，所带来的混凝土徐变逐渐增大，对公路桥梁造成道砟减薄，给线路养护带来困难，对公路桥梁造成桥面不平顺，使行车不够顺畅。

虽说有上述缺点，但在使用和实践过程中大都是可以设法克服的。对于较大规模的工程，采用预应力结构虽说投入一些设备，但预应力结构的跨越能力大，节省材料，可缩短工期，确保工程质量等，总的造价仍然是经济的。由于预应力混凝土结构与普通混凝土结构相比有很大的优越性，因此它被广泛地应用于各类工程领域。

13.1.3　预应力混凝土的分类

《公路桥规》将预应力度(λ)定义为由预加应力大小确定的消压弯矩 M_0 与外荷载产生的弯矩 M 的比值，即

$$\lambda = M_0 / M \tag{13-1}$$

式中 M_0——消压弯矩，也就是使构件控制截面受拉区边缘混凝土的预压应力抵消至零时的弯矩；可取为 $M_0=\sigma_{pc}\cdot W_0$，σ_{pc}为由预应力产生的混凝土法向预压力，W_0为换算截面受拉边缘的弹性抵抗矩；

M——使用荷载(不包括预加力)的短期效应组合下控制截面的弯矩；

λ——预应力度。

(1) 预应力混凝土根据桥梁使用和所处环境状态可分为：

① 全预应力混凝土。构件在作用(或荷载)短期效应组合下，正截面受拉边缘不允许出现拉应力(不得消压)，即$\lambda\geqslant1$，并满足 $\sigma_{st}-0.85\sigma_{pc}\leqslant0$，$\sigma_{st}$为作用短期效应组合下，构件抗裂边缘混凝土的法向拉应力。

② 部分预应力混凝土构件在作用(或荷载)短期效应组合下，正截面受拉边缘可能现拉应力，即 $1>\lambda>0$；

钢筋混凝土结构是指不预加应力的混凝土结构，即 $\lambda=0$。

(2) 为了设计的方便，《公路桥规》按照使用荷载作用下构件正截面混凝土的应力状态，又将部分预应力混凝土构件分为以下两类：

当拉应力加以限制时，为A类预应力混凝土构件。即指作用(或荷载)短期效应组合下，满足 $\sigma_{st}-\sigma_{pc}\leqslant0.7f_{tk}$，但在荷载长期效应组合下，满足 $\sigma_{st}-\sigma_{pc}\leqslant0$。

当拉应力超过限值时，为B类预应力混凝土构件。即指在作用(或荷载)短期效应组合下，构件允许出现裂缝，但其裂缝宽度不得超过容许值。

部分预应力混凝土构件一般采用混合配筋方案，根据使用性能要求，除应配置一定数量的预应力钢筋，以满足极限承载力要求外，还应补充配置适量的普通钢筋(又称非预应力钢筋)。混合配筋的部分预应力混凝土构件，既兼顾了预应力混凝土和钢筋混凝土两者的优越性，又能有效地控制结构和构件在施工阶段和使用阶段的裂缝、挠度及反拱，破坏前又具有较好的延性。现在部分预应力混凝土构件已逐渐为国内外工程界所重视，采用部分混凝土结构已成为配筋结构系列中的重要发展趋势。但是跨径大于100m的桥梁的主要受力构件，不宜使用部分预应力混凝土设计。

13.2 预加应力的方法与锚具

预应力施工工艺是指通过张拉预应力钢筋，在构件使用阶段受拉区建立预加应力的施工方法。

对混凝土结构施加预应力的方法可分为两大类：一类是外部预应力，指通过机械方法调节外部反力，使混凝土结构受到预压应力。比如在混凝土与它的支墩之间用千斤顶建立预压力；另一类是内部预应力，主要是通过机械法即张拉预应力钢筋来使混凝土受压。内部施加预应力还可用电热法、自张法等方法进行。

机械法施工工艺一般采用千斤顶或其他张拉工具；电热法施工工艺则是将低压强电流通过预应力钢筋使其发热伸长，锚固后利用预应力钢筋的冷缩而建立预应力；自张法施工工艺是利用膨胀水泥带动预应力钢筋一起伸长的张拉方法。预应力混凝土结构主要采用机械法施工工艺。

根据张拉预应力钢筋与浇筑构件混凝土的先后顺序，机械法预应力施工工艺可分为先张法预应力施工工艺和后张法预应力施工工艺两种。按预应力钢筋与混凝土之间是否有粘结力以及预应力钢筋在体内还是在体外的不同，后张法预应力施工工艺又可分为有粘结预应力施工工艺、无粘结预应力施工工艺以及体外预应力施工工艺三种。

13.2.1　预加应力的方法

1. 先张法

先张法即是先张拉预应力钢筋，后浇筑混凝土的施工方法，先张法预应力施工工艺如图 13-1 所示。其主要工序是：

(1) 在台座或钢模上张拉预应力钢筋，待钢筋张拉到预定的张拉控制应力或伸长值后，将预应力钢筋用锚具固定在台座或钢模上，如图 13-1(*a*)、(*b*)所示。

(2) 支模、绑扎非预应力钢筋，并浇筑混凝土，如图 13-1(*c*)所示。

(3) 当混凝土达到一定强度后(一般为混凝土设计强度的 75%以上)，切断或放松预应力钢筋，预应力钢筋在回缩时挤压混凝土，使混凝土获得预压应力，如图 13-1(*d*)所示。

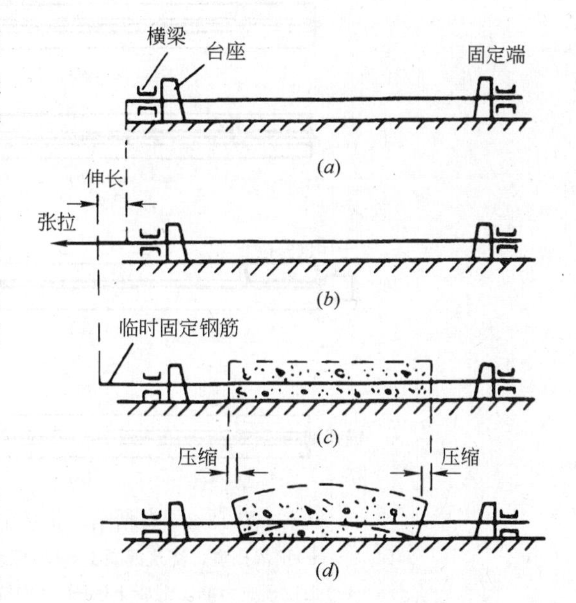

图 13-1　先张法主要工序示意图

(*a*)钢筋就位；(*b*)张拉钢筋；(*c*)临时固定钢筋，浇灌混凝土并养护；(*d*)放松钢筋，钢筋回缩，混凝土受预压

采用先张法生产预应力混凝土构件，除了锚具、夹具和模板外，还需有千斤顶(或张拉车)及用来张拉钢筋和临时固定钢筋的台座。台座必须具有足够的强度、刚度和稳定性，能承受张拉钢筋时产生的巨大张拉力。

先张法通常适用于长线台座(50～200m)，成批生产配直线预应力钢筋的混凝土构件，如屋面板、空心楼板、檩条等。先张法的优点是生产效率高、施工工艺简单、锚具可多次重复使用等。

2. 后张法

后张法指先浇筑混凝土，后张拉钢筋的施工方法。在后张法预应力混凝土结构中，通常是张拉后通过灌浆使预应力钢筋与混凝土粘结，从而使预应力钢筋与周围的混凝土共同工作，这种做法称为后张有粘结预应力，其施工工艺如图 13-2 所示，其主要工序是：

(1) 先浇筑好混凝土构件，并在构件中预留孔道(包括预应力钢筋孔及灌浆孔)，如图 13-2(*a*)所示。

(2) 待混凝土达到预期强度后(一般为混凝土设计强度的 75%以上)，将预应力钢筋穿入预应力孔道，如图 13-2(*b*)所示。

(3) 利用构件本身作为受力台座进行张拉(一端锚固一端张拉或两端同时张

拉)，在张拉预应力钢筋的同时，使混凝土受到预压。张拉完成后，在张拉端用锚具将预应力钢筋锚固，如图 13-2(*c*)所示。

(4) 最后在孔道内灌浆，保护预应力钢筋，并使预应力钢筋和混凝土构成一个整体，形成有粘结后张法预应力结构，如图 13-2(*d*)所示。

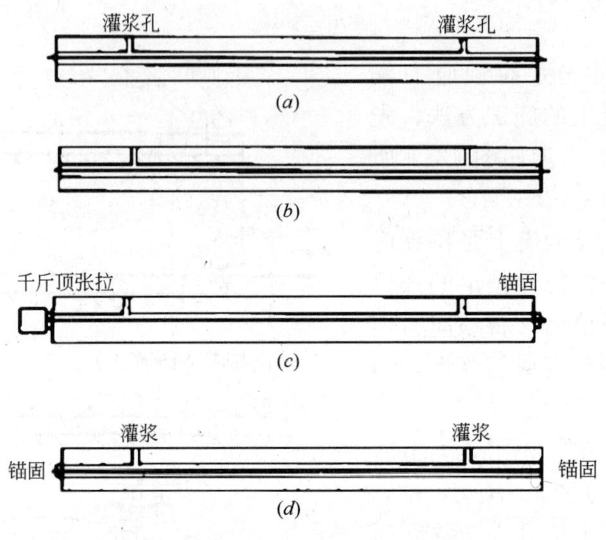

图 13-2 有粘结后张法施工工艺顺序

(*a*)预留孔道，浇筑混凝土；(*b*)穿预应力筋，安装锚具；
(*c*)张拉预应力筋，混凝土预压；(*d*)锚固预应力筋，孔道灌浆

后张法预应力施工不需要专门台座，便于在现场制作大型构件，适用于配直线、曲线预应力钢筋的构件。但其施工工艺较复杂、锚具消耗量大、成本较高。

3. 后张无粘结预应力

后张无粘结预应力则是在预应力钢筋表面涂上建筑钢材专用油脂，并用塑料套管或油纸包裹好，像普通钢筋一样先铺设在支好的模板内，然后浇筑混凝土，待混凝土达到规定强度后再进行张拉锚固。无粘结预应力施工工艺如图 13-3 所示。其主要施工工序如下：

(1) 将无粘结预应力钢筋准确定位，并与普通钢筋一起绑扎形成钢筋骨架，然后浇筑混凝土。

(2) 待混凝土达到预期强度后(一般为混凝土设计强度的 75％以上)，利用构件本身作为受力台座进行张拉(一端锚固一端张拉或两端同时张拉)，在张拉预应力钢筋的同时，使混凝土受到预压；张拉完成后，在张拉端用锚具将预应力钢筋锚牢固，形成无粘结预应力混凝土构件。

无粘结预应力施工工艺的基本特点与有粘结后张法预应力比较相似，区别在于：由于避免了预留孔道、穿预应力钢筋以及压力灌浆等施工工序，像使用非预应力钢筋那样，按照设计确定的数量、间距铺放在模板内即可，无粘结预应力的施工过程较为简单；由于无粘结预应力钢筋通常与混凝土无粘结，其预应力的传递完全依靠构件两端的锚具，因此无粘结预应力对锚具的要求要高得多。

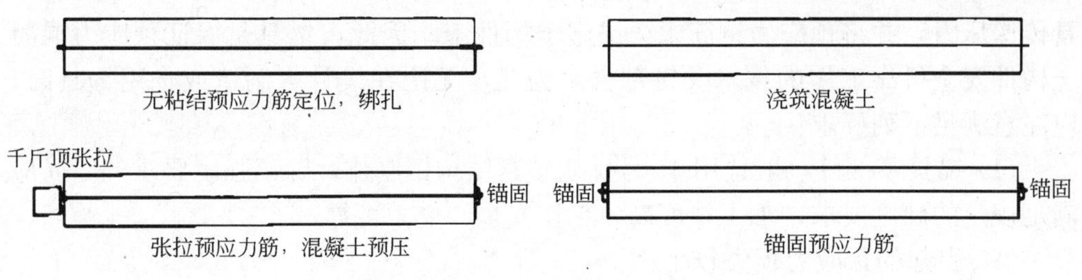

图 13-3　无粘结预应力施工工艺顺序

4. 体外预应力

体外预应力是指对布置于承载结构主跨本体之外的钢束（体外束）张拉而产生的预应力，钢束仅将锚固区域设置在结构本体内，转向块可设在结构体内或体外。体外预应力施工工艺如图 13-4 所示。其主要施工工序如下：

(1) 先浇筑好混凝土构件，并在构件中预埋预应力钢筋转向块。

(2) 待混凝土达到预期强度后（一般为混凝土设计强度的 75%以上），穿入预应力钢筋，并定位。

(3) 利用构件本身作为受力台座进行张拉（一端锚固一端张拉或两端同时张拉），在张拉预应力钢筋的同时，使混凝土受到预压。张拉完成后，在张拉端用锚具将预应力钢筋锚牢，从而形成体外预应力结构。

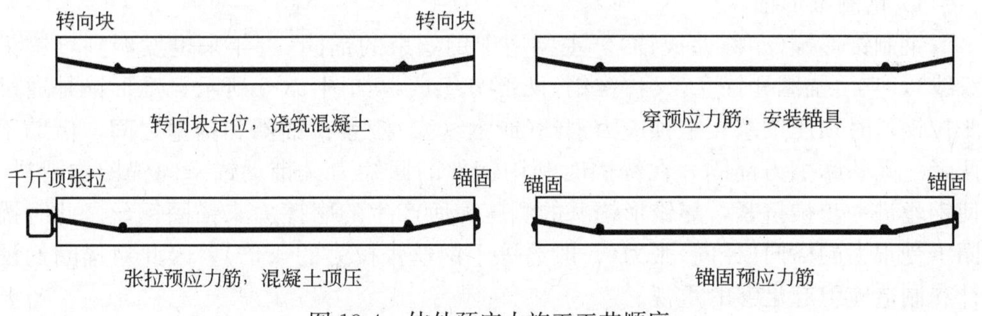

图 13-4　体外预应力施工工艺顺序

与有粘结后张法预应力结构相比，体外预应力结构的特点在于预应力钢筋布置灵活，在使用期间，可重调预应力值，更换预应力钢筋。但预应力钢筋的防火、防腐蚀以及防冲撞等措施较为复杂。

13.2.2　预应力钢筋的锚固体系

所谓预应力锚固体系（亦称张拉体系）主要指预应力钢筋的张拉和锚固方法，以及一些构造和操作细节。由于采用的预应力钢筋形式和张拉方法的不同，国内外形成了上百种锚固体系，且各公司都有自己的专利。以下具体介绍对锚具要求和常用实例。

1. 对锚具的要求

前已述及，先张法制预应力混凝土构件，其预应力钢筋是临时固定于台座或钢模上，需要锚具和夹具；后张法制预应力混凝土构件，其预应力钢筋必须靠锚具传递压力，并将预应力钢筋永久锚定于构件上。因此，锚具是保证预应力混凝土构件安全可靠工作的技术关键部件。为此，无论在设计、制造或选用锚具时，应注意满足下列要求：

(1) 锚具零部件一般选用45号优质碳素结构钢制作，除了强度要求外，尚应满足规定的硬度要求，加工精度高，工作安全，受力可靠；

(2) 引起的预应力损失较小；

(3) 构造简单、制作方便、价格便宜；

(4) 张拉锚固简便、传力迅速等。

2. 锚具类型

锚具的类型繁多，其分类又是多种多样的，但按其传力锚固的受力原理，可归纳为三类，即：靠摩擦力锚固的锚具、靠承压锚固的锚具和靠粘结力锚固的锚具。

(1) 靠摩擦力锚固的锚具

靠摩擦力锚固的原理是利用锥形或楔形楔块的侧向力产生的摩擦力来防止钢丝的滑动。这个侧向力最初是由千斤顶推动(或锤击)楔形块而产生的，然后当钢丝受力时，又产生了不可避免的滑动，这个滑动会带紧楔块，于是增加了侧向力，直至两者平衡为止，钢丝即被卡紧。例如，锚固预应力钢丝束的钢制锥形锚、锚固预应力钢绞线的夹片锚等都属于靠摩擦力锚固之列。

1) 钢制锥形锚

钢制锥形锚(亦称弗氏锚)，主要用于钢丝束的锚固(近年来也发展到可锚钢绞线)，它由锚圈和锚塞(又称锥销)两部分组成，如图13-5所示。锥形锚是通过张拉钢丝时顶压锚塞，把预应力钢丝(或钢绞线)楔紧在锚圈和锚塞之间，借助于两者之间的摩擦力锚固，在锚固时利用钢丝的回缩力又带动锚塞向锚圈内滑进，使钢丝进一步被挤紧，靠锥形锚塞的侧压力所产生的摩擦力来锚固钢丝。此时锚圈承受很大的横向(径向)张力(一般约等于钢丝张拉力的4倍)，因此对锚圈的设计和制造应引起足够的重视。

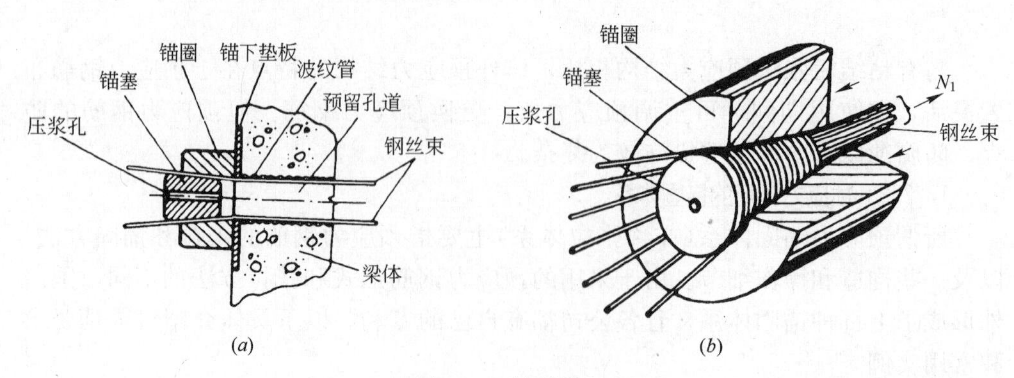

图13-5　锥形锚具

目前在公路桥涵工程中常采用锚固18ϕ^s5及24ϕ^s5钢丝束两种锥形锚，并配有三作用千斤顶张拉(所谓三作用即指张拉、顶塞和退楔三种功能)。这种张拉体系主要张拉钢丝束，又称为拉丝体系。锚塞用45号优质碳素结构钢经热处理制成，其硬度应不低于所锚钢丝硬度，否则容易滑丝，一般硬度为洛氏硬度HRC55-58单位，以便顶塞后，锚塞齿纹能稍微压入钢丝表面，以获得可靠锚固。锚圈用5号或45号钢冷作旋制而成，不作淬火处理，并应抽取一定数量的产品进行探伤检验，锚圈内孔壁表面硬度应比钢丝表面略低。

钢制锥形锚固方便，锚具面积小，便于在梁体上分散布置。但锚固时钢丝的回缩量较大(即预应力损失较大)。同时，它不能重复张拉和接长，使钢丝束的设计长度受到千斤顶行程的限制。

2）夹片锚

夹片锚具体系主要作为锚固钢绞线束用。由于钢绞线与周围接触的面积小，且强度高，硬度大，故对锚具的锚固性能要求很高。夹片式锚具种类很多，我国从20世纪60年代开始研究锚固钢绞线的夹片锚，先后开发了JM锚具、XM锚具、QM锚具和OVM锚具。目前桥梁结构中常用OVM锚系列锚具。

夹片锚由带锥孔的锚板和夹片组成，如图13-6所示。张拉时，每个锥孔穿进一根钢绞线，张拉后各自用夹片将孔中的钢绞线抱夹锚固，每个锥孔各自成为一个独立的锚固单元。每个夹片锚具由多个独立锚固单元组成，能锚固1～55根不等的ϕ^s15.2与ϕ^s12.7钢绞线所组成的筋束，其最大锚固吨位可达11000kN，故夹片锚又称为大吨位钢绞线群锚体系。其特点是各根钢绞线均为单独工作，即1根钢绞线锚固失效也不会影响全锚，只需对失效锥孔的钢绞线进行补拉即可。但预留孔端部，因锚板锥孔布置的需要，必须扩孔，故工作锚下的一段预留孔道，一般需设置成喇叭形，或配套设置专门的铸铁喇叭形锚垫板。

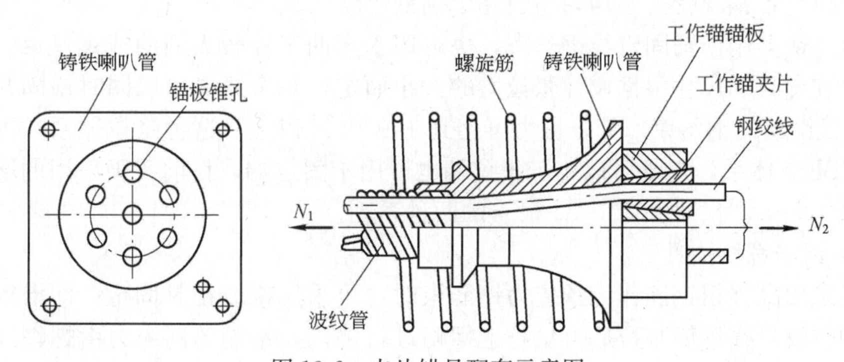

图13-6　夹片锚具配套示意图

(2）靠承压锚固的锚具

承压锚具系将钢筋端头做成螺纹(或墩成粗头)，张拉钢筋后拧紧螺帽(或锚圈)与垫板的承压作用将钢筋锚固。目前我国采用的墩头锚和钢筋螺纹锚具都属于承压锚具之列。

1）墩头锚具

墩头锚具由带孔眼的锚杯和固定锚杯的锚圈(螺帽)组成，钢丝穿过锚杯上的孔眼，用镦头机将钢丝端头镦粗呈蘑菇状，借镦粗头直接承压将钢丝锚固于锚杯上如图13-7所示。在钢丝编束时，先将钢丝的一端穿过锚杯孔管，并将端头墩粗；另一端钢丝束通过构件的预留管道，并穿过另一端的锚杯孔眼之后再墩粗。预留管道两端均设置扩张段。在张拉端，先将与千斤顶连接的拉杆旋入锚杯内，用千斤顶支承于梁体上进行张拉，待达到设计张拉力时，将锚圈(螺帽)拧紧，再慢慢放松千斤顶，退出拉杆，于是钢丝束的回缩力就通过锚圈、垫板，传递到梁体混凝土而获得锚固。锚杯上的孔洞数和间距均由被锚固的预应力钢筋(钢丝)的根数和排列方式确定。

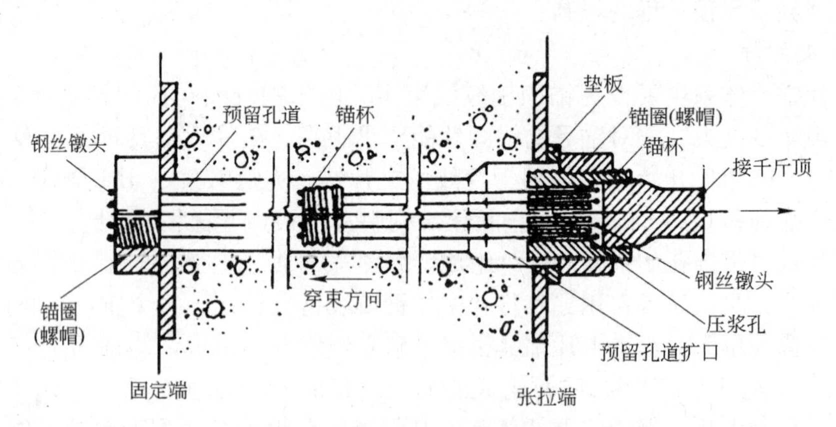

图13-7 墩头锚具工作示意图

墩头锚构造简单，工作可靠，不会出现滑丝现象，预应力损失较小，墩头工艺操作简便，施工方便。但它对钢丝下料长度要求精确，误差不得超过1/3000。否则张拉时各钢丝受力不均匀易引起个别钢丝断丝。

墩头锚多用于锚固直线钢丝束，也可用于弯曲半径较大的曲线钢丝束。钢丝的多少和锚具的尺寸根据设计张拉力的大小而定，每个锚具可以同时锚固几根到100多根钢丝的钢丝束，其张拉力可达到10000kN以上，这种张拉体系在国际上叫做BBRV体系，它既可以用于张拉端也可用于固定端。目前我国采用的墩头锚有锚固12～133根ϕ^{s}和12～84根ϕ^{s}的两种系列。

2）钢筋螺纹锚具

当采用高强粗钢筋作为预应力钢筋束时，可采用螺纹锚具固定。即借粗钢筋两端的螺纹，在钢筋张拉后直接拧上螺帽进行锚固，钢筋的回缩力由螺帽经支承垫板承压传递给梁体而获得预应力，如图13-8所示。

钢筋螺纹锚具的制造关键在螺纹的加工。为了避免端部螺纹削弱钢筋截面，常采用特制的钢模冷轧成纹，使阴纹压入钢筋圆周内，而阳纹则挤压钢筋圆周之外，这样可使螺纹段的平均直径与原钢筋直径相差无几，而且通过冷轧还可以提高钢筋强度。由于螺纹系冷轧而成，故又将这种螺纹锚具称为轧系锚。

螺纹锚具受力明确，锚固可靠，预应力损失小，构造简单，施工方便，并能重复张拉、放松和拆卸，很有发展前途。

(3) 粘着锚固

粘着锚固是将钢丝端头浇在高强混凝土(或合金溶液)中，靠混凝土(或合金)

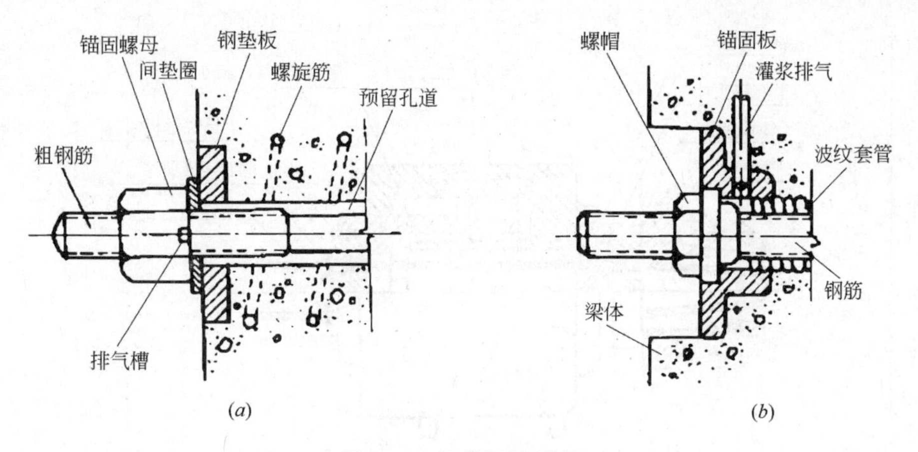

图 13-8　钢筋螺纹锚具

(a)轧丝锚具；(b)迪维达格锚具

的粘结力锚固钢筋。

压花锚具是一种粘结型锚具，用压花机将钢绞线端头压制成梨形的散花状的一种粘结型锚具，如图 13-9 所示，并将端部裸露钢绞线的每根丝弯折，张拉前预先埋入混凝土内，待混凝土结硬后、弯折的钢丝将可靠地锚固于混凝土内。这种锚固方式可节省造价，但占用空间大，需进行专门的构造设计，只适用于有粘结预应力混凝土结构的受力较小的部位。

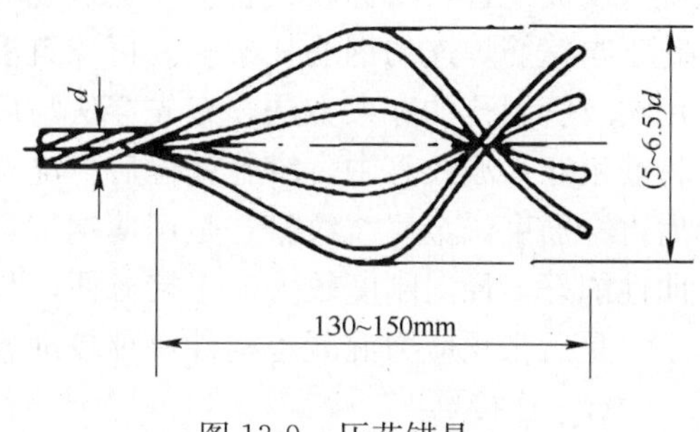

图 13-9　压花锚具

3. 张拉设备及其他设备

预应力混凝土生产中所使用的机具种类较多，主要可分为张拉设备、预应力钢筋(丝)墩粗设备、刻痕设备、冷拉设备、对焊设备、灌浆设备及测力设备等。现将千斤顶、制孔器、压浆机等设备简要介绍如下。

(1) 千斤顶

张拉机具是制作预应力混凝土构件时，对预应力钢筋施加张拉力专用设备。常用的有各类液压拉伸机(由千斤顶、油泵、连接油管三部分组成)和电动或手动张拉机等。液压千斤顶其作用可分为单作用、双作用和三作用三种形式，按其构造特点则可分为台座式、拉杆式、穿心式和锥锚式四种形式。按后者构造特点分类，有利于产品系列化和选择应用，并配合锚夹具组成相应的张拉体系。与夹片锚具配套的张拉设备，是一种大直径的穿心单作用千斤顶，如图 13-10 所示，其他各种锚具也都有各自适用的张拉千斤顶。

(2) 制孔器

预制后张法构件时，需预先留好待混凝土结硬后筋束穿入的孔道。目前，国内桥梁构件预留孔道所用的制孔器有：预埋金属波纹管、预埋塑料波纹管、预埋铁皮管、预埋钢管和抽心成型等。现将常用的预埋金属波纹管简单介绍一下。螺

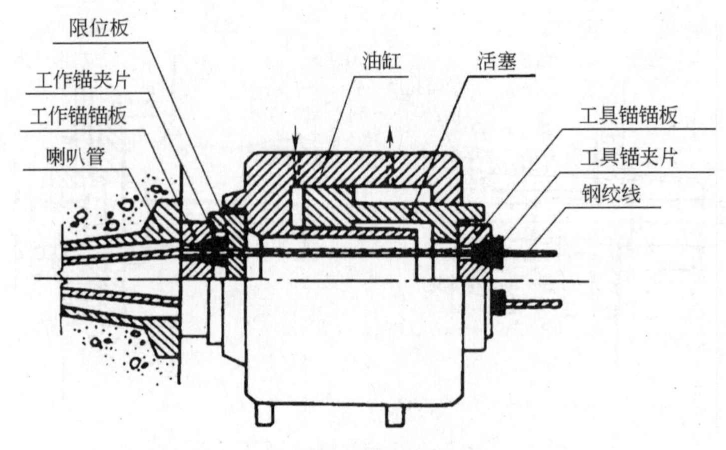

图 13-10　夹片锚张拉千斤顶安装示意图

旋金属波纹管，简称波纹管。在浇筑混凝土之前，将波纹管按筋束设计位置，绑扎于与箍筋焊连的钢筋托架上，再浇筑混凝土，结硬后即可形成穿束的孔道。使用波纹管制孔的穿束方法，有先穿法与后穿法两种。先穿法即在浇筑混凝土之前将筋束穿入波纹管中，绑扎就位后再浇筑混凝土；后穿法即是浇筑混凝土成孔之后再穿筋束。金属波纹管，是用薄钢带经卷管机压波后卷成。其重量轻，纵向弯曲性能好，径向刚度较大，连接方便，与混凝土粘结良好，与筋束的摩阻系数也小，是后张预应力混凝土构件一种较理想的制孔器。

(3) 连接器

连接器有两种：钢绞线束 N_1 锚固后，需要再连接钢绞线束 N_2 的，叫锚头连接器(图 13-11*a*)；当两段未张拉的钢绞线束 N_1、N_2 需直接接长时，则可采用接长连接器(图 13-11*b*)。

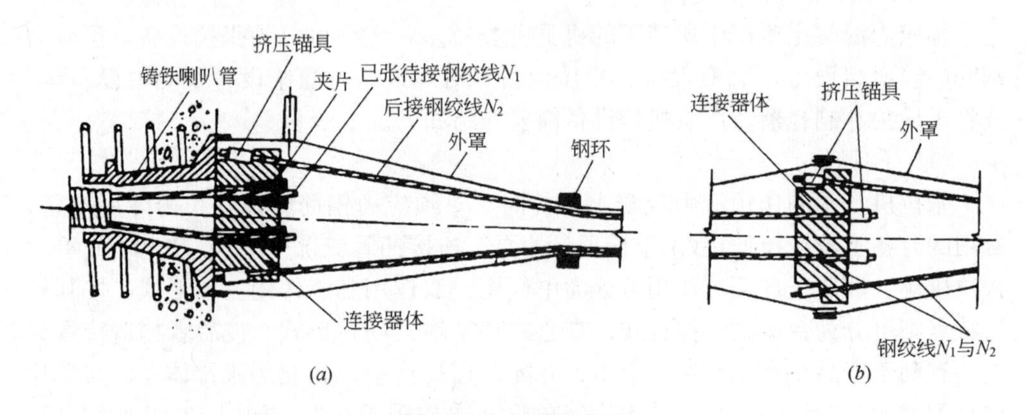

图 13-11　连接器构造

(*a*)锚头连接器；(*b*)接长连接器

(4) 穿索机

在桥梁悬臂施工和尺寸较大的构件中，一般都采用后穿法穿束。对于大跨桥梁有的筋束很长，人工穿束十分吃力，故采用穿索(束)机。

穿索(束)机有两种类型：一是液压式，二是电动式，桥梁中多用前者。它一般采用单根钢绞线穿入，穿束时应在钢绞线前端套一子弹形帽子，以减小穿束阻力。穿索机由马达带动用四个托轮支承的链板，钢绞线置于链板上，并用四个与托轮相对应的压紧轮压紧，则钢绞线就可借链板的转动向前穿入构件的预留孔中。最大推力为3kN，最大水平传送距离可达150m。

(5) 压浆机

压浆机是孔道灌浆的主要设备。它主要由灰浆搅拌桶、贮浆桶和压送灰浆的灰浆泵以及供水系统组成。压浆机的最大工作压力可达约1.5MPa，可压送的最大水平距离为150m，最大竖直高度为40m。

(6) 张拉台座

采用先张法生产预应力混凝土构件时，则需设置用作张拉和临时锚固筋束的张拉台座。它因需要承受张拉筋束巨大的回缩力，设计时应保证它具有足够的强度、刚度和稳定性。批量生产时，有条件的尽量设计成长线式台座，以提高生产效率。为了提高产品质量，有的构件厂已采用了预应力混凝土滑动台面，可防止在使用过程中台面开裂。

13.3 预应力结构的材料

13.3.1 对预应力钢筋的要求

1. 高强度

预应力钢筋中有效预应力的大小取决于预应力钢筋张拉控制应力的大小。考虑到预应力结构在施工以及使用过程中将出现的各种预应力损失，只有采用高强材料，才有可能建立较高的有效预应力。

预应力结构的发展历史也表明，预应力钢筋必须采用高强材料。早在19世纪中后期，就进行了在混凝土梁中建立预应力的试验研究，由于采用了低强度的普通钢筋，加之预应力锚固损失以及混凝土的收缩徐变等原因，预应力随着时间的延长而丧失殆尽。直到约半个世纪后的1928年，法国工程师弗莱西奈在采用高强钢丝后试验后才获得成功，并使预应力混凝土结构有了实用的可能。

提高钢材的强度通常有三种不同的方法：在钢材成分中增加某些合金元素，如碳、锰、硅、铬等；采用冷拔、冷拉等方法来提高钢材屈服强度；通过调制热处理、高频感应热处理、余热处理等方法提高钢材强度。

2. 较好的塑性和焊接性能

高强度钢材的塑性一般较弱，故不是所有的高强钢材都能用作预应力钢材。由于预应力钢筋需要弯曲和转折，在锚夹具中还受到较高的局部应力，为实现预应力结构的延性破坏和满足结构内力重分布等要求，必须保证预应力钢筋有足够的塑性性能，即预应力钢筋必须满足一定的拉断延伸率和弯折次数的要求。良好的焊接性能，则是保证钢筋加工质量的重要条件。

3. 较好的粘结性能

在先张法预应力构件中，预应力钢筋和混凝土之间应具有可靠的粘结力，以确保钢筋的预应力能可靠传递至混凝土。在后张法预应力构件中，预应力钢筋与孔道中后灌水泥浆之间应有一定的粘结强度，以使预应力钢筋与周围的混凝土形成一个整体来共同承受外荷载。为此，在采用高强钢丝作为预应力钢筋时，宜选用刻痕钢丝或以钢丝为母材扭绞形成的钢纹线，以增加钢丝与混凝土之间的粘结性能。

4. 公路混凝土桥涵的钢筋应按规定采用

(1) 钢筋混凝土及预应力混凝土构件中的普通钢筋宜选用热轧 R235、HRB335、HRB400 及 KL400 钢筋，预应力钢筋混凝土构件中的箍筋应选用其中的带肋钢筋；按构造要求配置的钢筋网可采用冷轧带肋钢筋。

(2) 预应力混凝土构件中的预应力钢筋应选用钢绞线、钢丝；中、小型构件或竖、横向预应力钢筋，也可选用精轧螺纹钢筋。

13.3.2 对混凝土材料的要求

混凝土的种类很多，在预应力混凝土中一般采用以水泥为胶结料的混凝土。预应力混凝土应具有强度高(且早期高强)和变形小(包括收缩和徐变小)的特点。另外，轻质、高性能也将成为预应力混凝土的主要指标。

1. 强度高

预应力混凝土要求采用高强混凝土的原因：首先是采用与高强预应力钢筋相匹配的高强混凝土，可以充分发挥材料强度，从而有效减小构件截面尺寸和自重，以利于适应大跨径的要求；其次是高强混凝土具有较高的弹性模量，从而具有更小的弹性变形和与强度有关的塑性变形，预应力损失也可相应减小。此外，高强混凝土具有更高的抗拉强度、局部承压强度以及较强的粘结性能，从而可推迟构件正截面和斜截面裂缝的出现，有利于后张预应力钢筋的锚固。预应力混凝土强度还应具备早期强度高的特点，以便早日施加预应力，提高构件的生产效率和设备的利用率。

2. 收缩、徐变小

在预应力混凝土结构中采用收缩、徐变小的混凝土，一方面可以减小由于混凝土收缩、徐变产生的预应力损失，另一方面也可以有效控制预应力混凝土结构的徐变变形。

公路混凝土桥涵预应力混凝土构件的混凝土强度等级不应低于 C40。

13.3.3 对灌浆材料的要求

在后张法预应力混凝土构件中，为了防止预应力钢筋的锈蚀并使预应力钢筋与周围混凝土结合成一个整体，一般在预应力钢筋张拉完毕之后，需向预留孔道内压注水泥浆。为此，在浇筑混凝土之前需设置灌浆孔、排气孔、排水孔与泌水管。

孔道后灌水泥浆的质量也应有严格的要求，应该密实匀质、有较高的抗压强度和粘结强度(70mm×70mm×70mm 立方体试件在标准养护条件下 28 天的强度不应低于构件混凝土强度等级的 80%，亦不低于 30MPa)，还应有较好的流动性和抗冻性，并具有快硬性质。

为了减少水泥结硬时的收缩，保证孔道内水泥浆密实。目前国际上多采用能产生氮的化学膨胀，使水泥浆在结硬过程中膨胀，但应控制其膨胀率不大于5%，以免引起孔道破裂。水泥浆的水灰比一般以0.4～0.45为宜；3h泌水率宜控制在2%，最大不超3%。

13.4 预应力混凝土结构的基本原理与计算原则

13.4.1 预应力混凝土的基本原理

预应力混凝土结构中混凝土在外荷载作用之前，事先对混凝土预加力 N，以抵消外荷载所引起的部分或全部拉应力。使得在受力过程中与普通混凝土有着不同的受力过程。

预应力混凝土需按承载能力和正常使用两种极限状态进行计算。但是从混凝土设计预加应力到承受外荷载，直至最后破坏，各个阶段都有其不同的受力特点，所以在施工阶段(制作、运输、安装)需混凝土强度验算和抗裂验算；在使用阶段需计算结构承载能力，抗裂、裂缝宽度验算，以及挠度验算。由于预应力混凝土构件在制作、运输、和安装施工中，承受的荷载不同，根据受力条件，可分为施工阶段和运输、安装阶段两个阶段计算。

1. 施工阶段

预应力开始加载到结束的过程，构件主要承受偏心预压力 N_p，由于 N_p 的作用，构件产生向上的反拱，形成以梁两端为支点简支梁，此时梁的自重与 N_p 共同作用。在运输、安装阶段，混凝土梁受的荷载仍是梁的自重与 N_p 共同作用，但此时会有预应力损失，使得 N_p 变小。

2. 使用阶段

构件在正常使用过程中，除受梁的自重与 N_p 共同作用外，还会有桥面铺装、人行道、栏杆等的加载，以及汽车荷载、人群荷载等活载作用，在这个阶段各项预应力损失相继完成，最后到达一个相对平衡的状态。此时预应力的大小变化基本为零，即为永存应力。这个阶段预应力混凝土梁基本处于弹性工作阶段。

3. 破坏阶段

当构件加载荷载，达到与在永存应力作用下下边缘混凝土有效应力相等时，下边缘的混凝土应力为零，而截面上其他点的应力都不为零，此时在控制截面上产生大小为 M_0 的弯矩，称为消压弯矩。构件消压后继续加载，使得受拉区混凝土应力达到抗拉极限强度 f_{tk}，然后出现裂缝，继续增大荷载，则梁下缘裂缝向截面上缘发展，梁带裂缝工作，直到受拉区钢筋达到屈服强度，裂缝快速发展，而后受压区混凝土压碎，构件破坏。

实验证明，在正常配筋的范围内，预应力混凝土梁的破坏仍然与材料性能有关，其承载能力与同条件普通钢筋混凝土梁的值相差并不太多，其表现是结构可以大大改善正常使用阶段的性能。

13.4.2 预应力混凝土受弯构件承载能力计算

1. 正截面承载力计算

当预应力筋配筋率比较合适时，受弯构件正截面破坏形态等同于普通钢筋混凝土梁的适筋破坏，因此，普通钢筋混凝土梁的基本假设仍然满足，即正截面承载力计算图式中的受拉区预应力钢筋和非预应力钢筋的应力可以取抗拉强度设计值 f_{pd} 和 f_{sd}；受压区的混凝土应力分布仍然可以简化为矩形图，取轴心抗压强度设计值 f_{cd}。

(1) 受压区不配钢筋的矩形截面，与普通钢筋混凝土单筋截面一致，如图 13-12 所示，则有

$$f_{sd}A_s+f_{pd}A_p=f_{cd}bx$$

$$\gamma_0 M_d\leqslant M_u=f_{cd}bx\left(h_0-\frac{x}{2}\right)$$

其中 A_s、A_p 分别为受拉区纵向非预应力钢筋和预应力钢筋的截面面积。

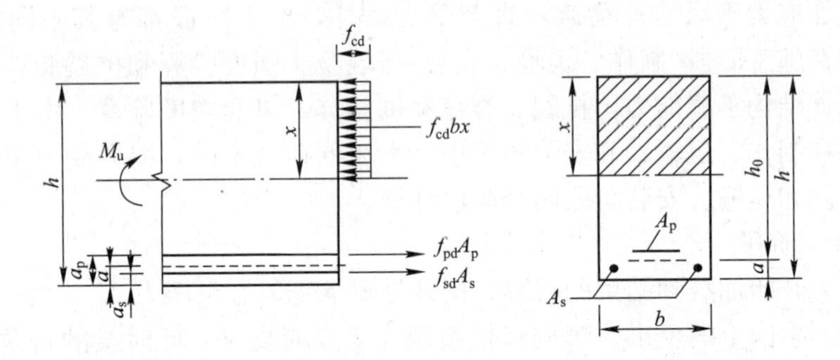

图 13-12　受压区不配置预应力钢筋的矩形截面受弯构件正截面承载力计算图

为防止超筋梁的出现，必须满足

$$x\leqslant\xi_b h_0$$

预应力混凝土相对界限受压区高度 ξ_b　　**表 13-1**

钢筋总类 \ 混凝强度	ξ_b			
	C50 以下	C55、C60	C65、C70	C75、C80
钢绞线、钢丝	0.40	0.38	0.36	0.35
精轧螺纹钢筋	0.40	0.38	0.36	

(2) 受压区配置预应力钢筋，钢筋的矩形截面与普通钢筋混凝土双筋截面一致，如图 13-13 所示。

$$f_{sd}A_s+f_{pd}A_p=f_{cd}bx+f'_{sd}A'_s+(f'_{pd}-\sigma'_{p0})A'_p$$

$$\gamma_0 M_d\leqslant M_u=f_{cd}bx\left(h_0-\frac{x}{2}\right)+f'_{sd}A'_s(h_0-a'_s)+(f'_{pd}-\sigma_{p0})A'_p(h_0-a'_p)$$

其中计算所得的受压区高度也应该满足

$$x\leqslant\xi_b h_0$$

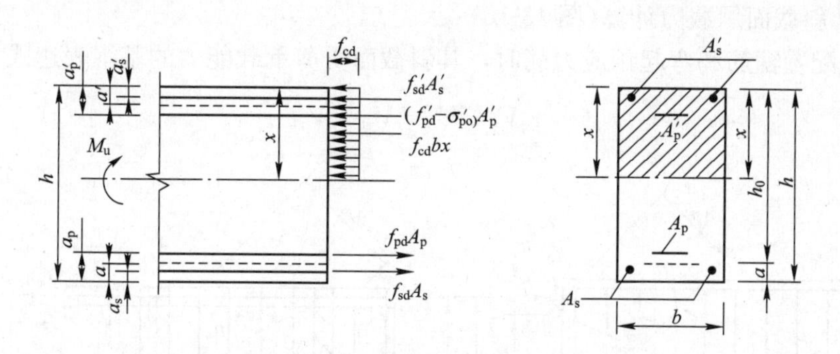

图 13-13 受压区配置预应力钢筋的矩形截面受弯构件正截面承载力计算图

为保证受压区预应力钢筋达到屈服应有 $x \geqslant 2a'$

a'为受压区钢筋 A'_s、A'_p合力作用点到截面最近边缘的距离，当预应力钢筋A'_p为拉应力时则以 a'_s代替 a'。

(3) T 形截面受弯构件。同样与普通钢筋混凝土梁一致，需判断属于哪一类 T 形截面再进行计算，截面设计时 $\gamma_0 M_d \leqslant M_u = f_{cd} b'_f h'_f \left(h_0 - \frac{h'_f}{2}\right) + f'_{sd} A'_s (h_0 - a'_s) + (f'_{pd} - \sigma'_{p0}) A'_p (h_0 - a'_p)$截面复核时 $f_{sd} A_s + f_{pd} A_p \leqslant f_{cd} b'_f h'_f + f'_{sd} A'_s + (f'_{pd} - \sigma'_{p0}) A'_p$

如图 13-14(a)所示，第一类 T 形截面：按宽度为 b'_f的矩形截面计算

如图 13-14(b)所示，第二类 T 形截面：计算时考虑梁肋受压区混凝土的工作

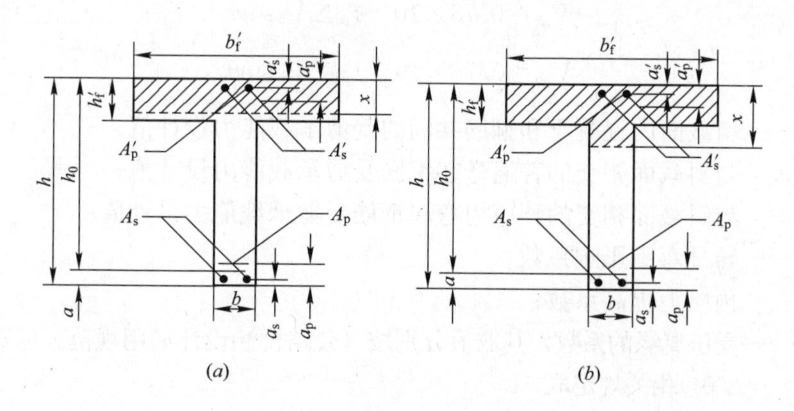

图 13-14

(a)$x \leqslant h'_f$按矩形截面计算；(b)$x > h'_f$按 T 形截面计算

其第二类 T 形截面的计算公式为：

$$f_{sd} A_s + f_{pd} A_p = f_{cd} [bx + (b'_f - b) h'_f] + f'_{sd} A'_s + (f'_{pd} - \sigma'_{p0}) A'_p$$

$$\gamma_0 M_d \leqslant M_u = f_{cd} \left[bx \left(h_0 - \frac{x}{2} \right) + (b'_f - b) h'_f \left(h - \frac{h'_f}{2} \right) \right] + f'_{sd} A'_s (h_0 - a'_s) + (f'_{pd} - \sigma'_{p0}) A'_p (h_0 - a'_p)$$

适用条件仍然同矩形截面，当不符合规定时，按《公路桥涵设计通用规范》JTG D60—2004 中规定另行计算。

2. 斜截面承载力计算(图 13-15)

当配置箍筋和弯起预应力筋时，其斜截面受剪承载能力的基本表达式为

$$\gamma_0 V_d \leqslant V_{cs} + V_{sb} + V_{pb}$$

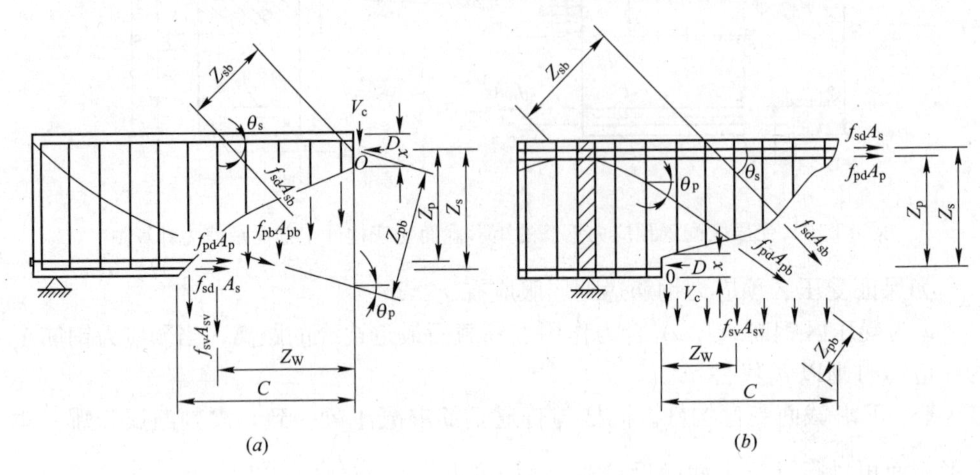

图 13-15

(a)简支梁和连续梁近边支点梁段；(b)连续梁和悬臂梁近中间支点梁段

其中 $$V_{cs} = \alpha_1 \alpha_2 \alpha_3 0.45 \times 10^{-3} b h_0 \sqrt{(2+0.6P)\sqrt{f_{cu,k}}\rho_{sv} f_{sv}}$$

$$V_{sb} = 0.75 \times 10^{-3} f_{sd} \Sigma A_{sb} \sin\theta_s$$

$$V_{pb} = 0.75 \times 10^{-3} f_{pd} \Sigma A_{pb} \sin\theta_p$$

V_{cs}——斜截面内混凝土和箍筋共同的受剪承载能力设计值；

V_{sb}——与斜截面相交的普通弯起钢筋受剪承载能力设计值；

V_{pb}——与斜截面相交的预应力弯起钢筋受剪承载能力设计值；

α_1——异号弯矩影响系数；

α_2——预应力提高系数；

α_3——受压翼缘的系数，其取值分别按《公路桥涵设计通用规范》(JTG D60—2004)相关规定取。

当符合下列条件时：

$$\gamma_0 V_d \leqslant 0.50 \times 10^{-3} \alpha_2 f_{td} b h_0$$

可不进行斜截面受剪承载力验算，仅需按构造配置箍筋。

【例 13-1】 预应力混凝土 T 形截面梁，标准跨径 40m，计算跨径 38.95m，跨中截面如图 13-16 所示，采用 C40 的混凝土，预应力钢筋采用 $\phi^s 12.7$ 钢绞线，7 根一束，每梁共 7 束，每束面积 690.9mm²，预应力钢筋管道外直径 d=60mm，普通钢筋采用 5 根直径 20mm 的 HRB335 钢材 A_s=1571mm，设计弯矩值 M_d=13156kN·m，试复核截面是否合理。

【解】 f_{cd}=18.4MPa，f_{pd}=1260MPa，f_{sd}=280MPa

预应力截面面积 7 束面积共为 $A_P = 7 \times 690.0 = 4836.3\text{mm}^2$

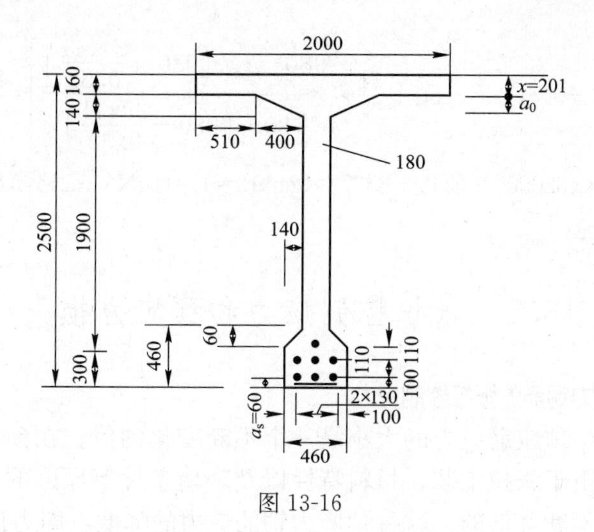

图 13-16

普通钢筋截面面积按规范要求不宜小于 0.003×180×(2500−179)=1253mm² 满足要求

预应力钢筋重心离梁底 $a_p=\dfrac{3\times100+3\times210+1\times320}{7}=179$

普通钢筋重心离梁底 $a_s=60$mm。

预应力与普通钢筋重心距离梁底的距离

$$a=\frac{A_sE_sa_s+A_pE_pa_p}{A_sE_s+A_pE_p}=\frac{1571\times2\times10^5\times60+4836.3\times1.95\times10^5\times179}{1571\times2\times10.5+4836.3\times1.95\times10.5}=149.23\text{mm}$$

普通钢筋重心距离梁底距离 $a_s=60$mm。

则受压区面积 $A_c=\dfrac{f_{pd}A_p+f_{sd}A_s}{f_{cd}}=\dfrac{1260\times4836.3+280\times1571}{18.4}=355088\text{mm}^2$

根据受压区面积 A_c，其受压面积底线将在承托内。先假定受压区高度离承托顶面距离为 a_0。

于是，$160\times2000+\left[980+\left(980-\dfrac{2a_0}{\tan\alpha}\right)\right]\times\dfrac{1}{2}\times a_0=355088$

其中 $\tan\alpha=\dfrac{140}{400}=0.35$（$b_f$ 按规范计算梁翼缘有效宽度中三者取最小者，得应取 2000mm）

可解得 $a_0=41$mm

受压区高度 $x=160+41=201\text{mm}\leqslant\xi_bh_0=0.4\times2329=932$mm 符合要求

正截面受弯承载力 $M_r=f_{cd}A_c\times$（A_c 重心到预应力钢筋和普通钢筋合力点的距离）

承托除外的翼缘面积 $A_{c1}=2000\times160=320000\text{mm}^2$

该面积至全部钢筋合力点的距离 $e_1=(2500-a)-80=(2500-171)-80=2249$mm

承托内受压高度 a_0 的面积 $A_{c2}=\dfrac{a_0}{2}\times\left(980+980-\dfrac{2a_0}{\tan\alpha}\right)=35377\text{mm}^2$

该面积至全部钢筋合力点距离

$$e_2=(2500-171)-\left[160+\frac{41}{3}\times\frac{980-2\times\left(980-\frac{2\times41}{0.35}\right)}{980-\left(980-\frac{2\times41}{0.35}\right)}\right]=2149\text{mm}$$

则有 $M_r=18.4\times(320000\times2249+35377\times2149)=14941\text{kN}\cdot\text{m}>\gamma_0 M_d=13156\text{kN}\cdot\text{m}$

梁正截面安全

13.5 张拉控制应力和预应力损失

13.5.1 预应力钢筋的张拉控制应力

预应力结构中预应筋应力的大小是一个不断变化的值。在预应力结构的施工及使用过程中，由于张拉工艺、材料特性以及环境条件等原因的影响，预应力钢筋中的拉应力是不断降低的。这种预应力钢筋应力的降低，即为预应力损失。

满足设计需要的预应力钢筋中的拉应力，应是张拉控制应力扣除预应力损失后的有效预应力，因此，一方面需要预先确定预应力钢筋张拉时的初始应力(一般称为张拉控制应力 σ_{con})，另一方面要准确估算预应力损失值。预应力张拉控制应力 σ_{con} 是指预应力张拉时需要达到的应力。对于如钢制锥形锚具等一些存在(锚圈口)摩擦力的锚具，σ_{con} 则为扣除此摩擦力后的应力值。因此准确地说，σ_{con} 是指预应力钢筋张拉时锚下的控制应力，相应的预应力损失值为 σ_l。则有效预应力 σ_{pe} 为

$$\sigma_{pe}=\sigma_{con}-\sigma_l \tag{13-2}$$

从经济角度出发，要使预应力混凝土构件得到较大的预应力，则预应力钢筋的张拉控制应力 σ_{con} 越大越好。若采用较大的张拉控制应力 σ_{con}，则同样截面的预应力钢筋，使混凝土中建立的预压应力就越大，构件的抗裂性就越好；或者若构件要达到同样的抗裂性时，则预应力钢筋的截面积可以减小。

然而，张拉控制应力 σ_{con} 值太高也将存在以下一些问题，可能引起预应力钢筋断裂。由于同一束中各根钢筋的应力不可能完全相同，其中少数钢筋的应力必然超过 σ_{con}，如果 σ_{con} 值定得过高，个别钢筋就可能屈服甚至被拉断。此外，如果设计中需要进行超张拉，这种个别钢筋先被拉断的现象就可能更多一些，还有，由于气温的降低，也可能使张拉后的预应力钢筋在与混凝土完全粘结之前突然断裂；σ_{con} 值越高，预应力钢筋的应力松弛也将增大；σ_{con} 值越高，预应力混凝土构件就没有足够的安全系数来防止混凝土的脆裂。

因此，预应力钢筋的张拉控制应力 σ_{con} 不能定得过高，应留有适当的余地，一般宜在比例极限值之下。在充分考虑上述因素后，《公路桥规》规定：

钢丝、钢绞线　　$\sigma_{con}\leqslant0.75f_{pk}$

精轧螺纹钢筋　　$\sigma_{con}\leqslant0.90f_{pk}$

f_{pk} 为预应力钢筋抗拉强度标准值，按附表 E-1 采用。

下列情况下，预应力钢筋的张拉控制应力限值可提高 $0.05f_{pk}$。

(1) 为了提高构件在施工阶段的抗裂性，而在使用阶段受压区内设置的预应力钢筋；

(2) 为了部分抵消由于应力松弛、摩擦、钢筋分批张拉以及预应力钢筋与台座之间的温差等因素产生的预应力损失；

(3) 为了充分发挥预应力钢筋的作用，克服预应力损失，钢丝、钢绞线和热处理钢筋的最低张拉控制应力不应小于 $0.40f_{pk}$。

13.5.2　预应力损失的估算

在预应力混凝土构件中引起预应力损失的原因很多，产生的时间也先后不一。在进行预应力钢筋的应力计算时，一般考虑由下列因素引起的预应力损失，即：

(1) 预应力钢筋与孔道壁之间的摩擦　σ_{l1}

(2) 锚具变形、钢筋回缩和接缝压缩　σ_{l2}

(3) 预应力钢筋与台座之间的温差　σ_{l3}

(4) 混凝土的弹性压缩　σ_{l4}

(5) 预应力钢筋的应力松弛　σ_{l5}

(6) 混凝土的收缩和徐变　σ_{l6}

此外，尚应考虑预应力钢筋与锚圈口之间的摩擦、台座的弹性变形等因素引起的其他预应力损失。

预应力损失值宜根据试验确定，当无可靠试验数据时，可按以下方法计算。

1. 预应力钢筋与孔道壁之间的摩擦(σ_{l1})

此项预应力损失出现在后张法构件中。后张法构件张拉时，预应力钢筋与管道壁之间摩擦引起的预应力损失，可按下式计算：

$$\sigma_{l1}=\sigma_{con}[1-e^{-(\mu\theta+kx)}] \tag{13-3}$$

式中　σ_{con}——预应力钢筋锚下的张拉控制应力，单位为 MPa；$\sigma_{con}=N_{con}/A_p$，N_{con}为钢筋锚下张拉控制应力；A_p为预应力钢筋的截面面积；

μ——预应力钢筋与管道壁的摩擦系数，可按表 13-2 采用；

θ——从张拉端至计算截面曲线管道部分切线的夹角之和(rad)；

k——管道每米局部偏差对摩擦的影响系数，可按表 13-2 采用；

x——从张拉端至计算截面的管道长度，可近似地取该段管道在构件纵轴上的投影长度。

系数 k 和 μ 值　　**表 13-2**

管道成形方式	k	μ	
		钢绞线、钢绞束	精轧螺纹钢筋
预埋金属波纹管	0.0015	0.20～0.25	0.50
预埋塑料波纹管	0.0015	0.14～0.17	—
预埋铁皮管	0.0030	0.35	0.40
预埋钢管	0.0010	0.25	—
抽心成形	0.0015	0.55	0.60

电热后张法可不计摩擦引起的损失。

为了减少摩擦损失，一般可采用如下措施：

(1) 采用两端张拉。这样，曲线的切线夹角 θ 值及管道计算长度 x 值即可减小一半；

(2) 采用超张拉。这时端部应力最大，传到跨中截面的预应力也较大。但当张拉端回到控制应力后，由于受到反向摩擦力的影响，这个回缩的应力并没有传到跨中截面，仍保持较大的超拉应力。其张拉工艺程序如下：

对于非自锚式锚具，采用超张拉方法，施工程序为：

$$0 \longrightarrow \text{初应力}\ 0.10\sigma_{con} \longrightarrow 1.05\sigma_{con} \xrightarrow{\text{持荷 2 分钟}} \sigma_{con}\ \text{锚固}$$

对于采用自锚式锚具，不能采用超张拉方法，其施工程序为：

$$0 \longrightarrow \text{初应力} \longrightarrow \sigma_{con} \xrightarrow{\text{持荷 2 分钟}} \sigma_{con}\ (\text{锚固})$$

对于锚圈口有局部摩擦损失的锚具，σ_{con}应为已扣除此项损失后的锚下控制应力。

2. 锚具变形、钢筋回缩和接缝压缩(σ_{l2})

预应力直线钢筋由锚具变形、钢筋回缩和接缝压缩引起的预应力损失，可按下式计算

$$\sigma_{l2} = \frac{\Sigma \Delta l}{l} E_{\mathrm{p}} \tag{13-4}$$

式中 Δl——张拉端锚具变形、钢筋回缩和接缝压缩值(mm)，按表 13-3 采用；

l——张拉端与锚固端之间的距离(mm)，先张法为台座长度，后张法为构件长度。

一个锚具变形、钢筋回缩和一接缝压缩值　　表 13-3

锚具、接缝类型		Δl (mm)	锚具、接缝类型	Δl (mm)
钢丝束的钢制锥形锚具		6	墩头锚具	1
夹片式锚具	有顶压时	4	每块后加垫板的缝隙	1
	无顶压时	6	水泥砂浆接缝	1
带螺帽锚具的螺帽缝隙		1	环氧树脂砂浆接缝	1

从上式看出，该式假定 Δl 沿预应力钢筋长度是均匀分布的，未考虑钢筋回缩时的摩擦影响，所以 σ_{l2}沿筋束全长不变，这种计算方法只能近似适用于直线管道的情况，而对于曲线管道如预应力钢筋在孔道内无摩擦作用也可成立，但当预应力钢筋与孔道内壁之间的反摩擦作用较大时，此项应力损失就可能会集中发生在靠近张拉端部位的预应力钢筋内，则与实际情况不符，应考虑摩擦影响。《公路桥规》JTG D62—2004 指出：后张法构件预应力曲线钢筋由锚具变形、钢筋回缩和接缝压缩引起的预应力损失，应考虑锚固后反向摩擦的影响，可参见《公路桥规》JTG D62—2004 的附录 D 计算。

减小 σ_{l2} 值的措施：

(1) 注意选用变形量较小的锚具及尽可能少用锚垫板；

(2) 采用超张拉的施工方法。

3. 预应力钢筋与台座之间的温差(σ_{l3})

先张法预应力混凝土构件，当采用加热养时，由钢筋与台座之间的温差引起

的预应力损失可按下式计算。

$$\sigma_{l3}=2(t_2-t_1) \tag{13-5}$$

式中　t_2——混凝土加热养护时，受拉钢筋的最高温度(℃)；

t_1——张拉预应力钢筋时，制造场地的温度(℃)；

为了减小该项预应力损失，可：

(1) 可采用分阶段的养护措施；

(2) 当台座与构件是共同受热时，则不考虑温差引起的预应力损失。

4．混凝土弹性压缩所引起的应力损失(σ_{l4})

(1) 先张法构件

先张预应力构件在放松截断预应力钢筋时，由于其已与混凝土粘结，预应力钢筋与混凝土将发生相同的压缩应变 $\varepsilon_p=\varepsilon_c$，因而引起预应力损失，其值为

$$\sigma_{l4}=\varepsilon_p E_p=\varepsilon_c E_p=\frac{\sigma_{pc}}{E_c}E_p=\alpha_{EP}\sigma_{pc} \tag{13-6}$$

式中　E_p——预应力钢筋的弹性模量；

E_c——混凝土的弹性模量；

α_{EP}——预应力钢筋弹性模量 E_p 与混凝土弹性模量 E_c 的比值；

σ_{pc}——在计算截面的预应力钢筋重心处，由全部钢筋预加力 N_{p0} 产生的混凝土法向应力(MPa)，可按下式计算

$$\sigma_{pc}=\frac{N_{p0}}{A_0}+\frac{N_{p0}e_{p0}}{I_0}y_0 \tag{13-7}$$

式中　N_{p0}——先张法构件的预应力钢筋和普通钢筋的合力；

A_0、I_0——预应力混凝土构件的换算截面面积和换算截面惯性矩；

e_{p0}——预应力钢筋截面形心至换算截面形心的距离；

y_0——换算截面重心、截面重心至计算纤维处的距离。

(2) 后张法构件

在后张法预应力混凝土构件中，混凝土的弹性压缩发生在张拉过程中，张拉完毕后混凝土的弹性压缩也随即完成。故对于一次张拉完成的后张法构件，混凝土弹性压缩不会引起应力损失。但是，由于后张法构件一般预应力钢筋的数量较多，限于张拉设备等条件的限制，一般都采用分批张拉、锚固预应力钢筋，并且多数情况是采用逐束进行张拉锚固。在这种情况下，已张拉完毕、锚固的预应力钢筋，将会在后续分批张拉预应力钢筋时发生弹性压缩变形，从而产生应力损失。故后张法构件中的此项应力损失，通常称为分批张拉应力损失，用 σ_{l4} 表示。

后张法预应力混凝土构件当采用分批张拉时，先张拉的钢筋由张拉后批钢筋所应起的混凝土弹性压缩的预应力损失，可按下式计算

$$\sigma_{l4}=\alpha_{EP}\sum\Delta\sigma_{pc} \tag{13-8}$$

式中　$\Delta\sigma_{pc}$——在计算截面先张拉的钢筋重心处，由于后张拉各批钢筋所产生的混凝土法向应力(MPa)。

后张法预应力混凝土构件，当同一截面的预应力钢筋逐束张拉时，由混凝土弹性压缩应起的预应力损失，可按下列简化公式计算

$$\sigma_{l4}=\frac{m-1}{2}\alpha_{EP}\Delta\sigma_{pc} \tag{13-9}$$

式中　m——预应力钢筋的束数；

$\Delta\sigma_{pc}$——在计算截面的全部钢筋重心处，由张拉一束预应力钢筋产生的混凝土法向压应力(MPa)，取各束的平均值。

本公式也可以用于按截面分批张拉预应力钢筋(如纵向分块悬臂浇筑的构件)时，由混凝土弹性压缩引起的预应力损失。此时，每个截面作为一批，式中 m 为通过计算截面的预应力钢筋的批数；$\Delta\sigma_{pc}$ 为在计算截面全部钢筋重心处，由张拉一批预应力钢筋产生的混凝土法向压应力(MPa)，取各批的平均值。

一般情况下，对于后张法构件可尽量采用较少的分批张拉次数，以减小该项预应力损失。

5. 预应力钢筋的应力松弛引起的应力损失(σ_{l5})

与混凝土一样，预应力钢筋在持久不变的应力作用下，会产生随持续加荷时间延长而增加的徐变变形(又称蠕变)；如果把预应力钢筋张拉到一定的应力值后，将其长度固定不变，则预应力钢筋中的应力将会随时间的延长而降低，一般把预应力钢筋的这种现象称为松弛或应力松弛(又叫徐舒)。

(1) 对于预应力钢丝、钢绞线

$$\sigma_{l5}=\psi\zeta\left(0.52\frac{\sigma_{pe}}{f_{pk}}-0.26\right)\sigma_{pe} \tag{13-10}$$

式中　ψ——张拉系数，一次张拉时，$\psi=1.0$；超张拉时，$\psi=0.9$；

ζ——钢筋松弛系数，Ⅰ级钢筋(普通松弛)，$\zeta=1.0$；Ⅱ级钢筋(低松弛)，$\zeta=0.3$；

σ_{pe}——传力锚固时的钢筋应力，对后张法构件 $\sigma_{pe}=\sigma_{con}-\sigma_{l1}-\sigma_{l2}-\sigma_{l4}$；对先张法构件，$\sigma_{pe}=\sigma_{con}-\sigma_{l2}$。

(2) 对于精轧螺纹钢筋

一次张拉　$$\sigma_{l5}=0.05\sigma_{con} \tag{13-11}$$

超张拉　$$\sigma_{l5}=0.035\sigma_{con} \tag{13-12}$$

当取超张拉的应力松弛损失值时，张拉程序应符合我国有关规范要求；预应力钢丝、钢绞线当需分阶段计算应力松弛损失时，其中间值与终极值的比例可按《公路桥规》JTG D62—2004 附录 F 取用。

6. 混凝土的收缩和徐变引起的预应力损失(σ_{l6})

收缩和徐变是混凝土固有的特性，由于混凝土的收缩和徐变，使预应力混凝土构件缩短，预应力钢筋也随之回缩，造成预应力损失。而收缩与徐变的变形性能相似，影响因素也大都相同，故将混凝土收缩与徐变引起的应力损失值综合在一起进行计算。

对于由混凝土收缩、徐变引起的构件受拉区和受压区预应力钢筋的预应力损失，可按下列公式计算：

$$\sigma_{l6}(t)=\frac{0.9[E_P\varepsilon_{cs}(t,t_0)+\alpha_{EP}\sigma_{pc}\phi(t,t_0)]}{1+15\rho\rho_{ps}} \tag{13-13}$$

$$\sigma'_{l6}(t)=\frac{0.9[E_P\varepsilon_{cs}(t,t_0)+\alpha_{EP}\sigma'_{pc}\phi(t,t_0)]}{1+15\rho'\rho'_{ps}} \tag{13-14}$$

$$\rho=\frac{A_p+A_s}{A},\ \rho'=\frac{A'_p+A'_s}{A} \tag{13-15}$$

$$\rho_{ps}=1+\frac{e_{ps}^2}{i^2},\ \rho'_{ps}=1+\frac{e'^2_{ps}}{i^2} \tag{13-16}$$

$$e_{ps}=\frac{A_pe_p+A_se_s}{A_p+A_s},\ e'_{ps}=\frac{A'_pe'_p+A'_se'_s}{A'_p+A'_s} \tag{13-17}$$

式中 $\sigma_{l6}(t)$、$\sigma'_{l6}(t)$——构件受拉区、受压区全部纵向钢筋截面重心处由混凝土收缩、徐变引起的预应力损失；

σ_{pc}、σ'_{pc}——构件受拉区、受压区全部纵向钢筋截面重心处由预应力产生的混凝土法向压应力(MPa)。此时，预应力损失值仅考虑预应力钢筋锚固时(第一批)的损失，普通钢筋应力 σ_{l6}、σ'_{l6}应取为零；σ_{pc}、σ'_{pc}值不得大于传力锚固时混凝土立方体抗压强度 f'_{cu}的 0.5 倍；当 σ'_{pc}为拉应力时，应取为零。计算 σ_{pc}、σ'_{pc}时，可根据构件制作情况考虑自重的影响；对于简支梁，一般可采用跨中截面和 $l/4$ 截面的平均值作为全梁各截面的计算值；

E_P——预应力钢筋的弹性模量；

α_{EP}——预应力钢筋弹性模量与混凝土弹性模量的比值；

ρ、ρ'——构件受拉区、受压区全部纵向钢筋配筋率；

A——构件截面面积，对先张法构件，$A=A_0$；对后张法构件，$A=A_n$。此处，A_0为换算截面，A_n为净截面；

i——截面回转半径，$i^2=I/A$，先张法构件取 $I=I_0$，$A=A_0$；后张法构件取 $I=I_n$，$A=A_n$，此处，I_0 和 I_n 分别为换算截面惯性矩和净截面惯性矩；

e_p、e'_p——构件受拉区、受压区预应力钢筋截面重心至构件截面重心的距离；

e_s、e'_s——构件受拉区、受压区纵向普通钢筋截面重心至构件截面重心的距离；

e_{ps}、e'_{ps}——构件受拉区、受压区预应力钢筋和普通钢筋截面重心至构件截面重心轴的距离；

$\varepsilon_{cs}(t,t_0)$——预应力钢筋传力锚固龄期为 t_0，计算考虑的龄期为 t 时的混凝土收缩应变，其终极值 $\varepsilon_{cs}(t_u,t_0)$可按表 13-4 取用；

$\phi(t, t_0)$——加载龄期为 t_0 时，计算考虑的龄期为 t 时的徐变系数，其终极值 $\phi(t_u, t_0)$ 可按表 13-4 取用，或采用其他可靠试验数据。

减少混凝土收缩和徐变引起的应力损失的措施：

（1）采用一般普通硅酸盐水泥，控制每立方混凝土中的水泥用量及混凝土的水灰比；

（2）延长混凝土的受力时间，即控制混凝土的加载龄期。

混凝土收缩应变和徐变系数终极值　　　　表 13-4

混凝土收缩应变终极值 $\varepsilon_{cs}(t_u, t_0)\times10^3$

传力锚固龄期(d)	40%≤RH<70%				70%≤RH<99%			
	理论厚度 h(mm)				理论厚度 h(mm)			
	100	200	300	≥600	100	200	300	≥600
3~7	0.50	0.45	0.38	0.25	0.30	0.26	0.23	0.25
14	0.43	0.41	0.36	0.24	0.25	0.24	0.21	0.14
28	0.38	0.38	0.34	0.32	0.22	0.22	0.20	0.13
60	0.31	0.34	0.32	0.22	0.18	0.20	0.19	0.12
90	0.27	0.32	0.30	0.21	0.16	0.19	0.18	0.12

混凝土徐变系数终极值 $\phi(t_u, t_0)$

传力锚固龄期(d)	40%≤RH<70%				70%≤RH<99%			
	理论厚度 h(mm)				理论厚度 h(mm)			
	100	200	300	≥600	100	200	300	≥600
3	3.78	3.36	3.14	2.79	2.73	2.52	2.39	2.20
7	3.23	2.88	2.68	2.39	2.32	2.15	2.05	1.88
14	2.83	2.51	2.35	2.09	2.04	1.89	1.79	1.65
28	2.48	2.20	2.06	1.83	1.79	1.65	1.58	1.44
60	2.14	1.91	1.78	1.58	1.55	1.43	1.36	1.25
90	1.99	1.76	1.65	1.46	1.44	1.32	1.26	1.15

注：1. 表中 RH 代表桥梁所处环境的年平均相对湿度(%)；表中数值按 40%≤RH<70%时取 55%，70%≤RH<99%时取 90%计算所得；

2. 表中理论厚度 $2A/u$，A 为构件截面面积，u 为构件与大气接触的周边长度，当构件为变截面时，A 和 u 均可取平均值；

3. 本表适用于由一般的硅酸盐水泥或快硬水泥配制而成的混凝土，表中数值系按强度等级 C40 混凝土计算所得，对 C50 及以上混凝土，表列数值应乘以 $\sqrt{32.4/f_{ck}}$，式中 f_{ck} 为混凝土轴心抗压强度标准值(MPa)；

4. 本表适用于季节性变化的平均温度－20～＋40℃；

5. 构件的实际传力锚固龄期、加载龄期或理论厚度为表列数值中间值时，收缩应变和徐变系数可按直线内插法取值；

6. 在分段施工或结构体系转换中，当需要计算阶段应变和徐变系数时，可按《公路桥涵设计通用规范》JTG D62—2004 附录 F 提供的方法进行计算。

13.5.3　钢筋的有效预应力计算

综上所述，所列各项预应力损失在不同的施工方法中所考虑的亦不相同。从损失完成的时间上看，有些损失出现在混凝土预压完成以前，有些出现在混凝土预压后；有些损失很快就完成，有些损失则需要延续很长时间。通常按损失完成的时间将其分成两组：

第一批损失 $\sigma_{l\mathrm{I}}$。传力锚固时的损失，损失发生在混凝土预压过程完成以前，即预施应力阶段。

第二批损失 $\sigma_{l\mathrm{II}}$。传力锚固后的损失，损失发生在混凝土预压过程完成以后的若干年内，即使用荷载作用阶段。

不同施工方法所考虑的各阶段预应力损失值组合情况列于表 13-5。

各阶段预应力损失值的组合　　　　**表 13-5**

预应力损失值的组合	先张法构件	后张法构件
传力锚固时的损失(第一批) $\sigma_{l\mathrm{I}}$	$\sigma_{l2}+\sigma_{l3}+\sigma_{l4}+0.5\sigma_{l5}$	$\sigma_{l1}+\sigma_{l2}+\sigma_{l4}$
传力锚固后的损失(第二批) $\sigma_{l\mathrm{II}}$	$0.5\sigma_{l5}+\sigma_{l6}$	$\sigma_{l5}+\sigma_{l6}$

在设计预应力混凝土构件时，应根据所采用的施工方法，按照不同的工作阶段考虑有关的预应力损失。在各项损失中，一般来说，以混凝土收缩、徐变引起的应力损失最大；此外，在后张法中摩擦损失的数值也较大；当预应力钢筋长度较短时，锚具变形损失也不小，这些都应予以重视。

【例 13-2】　跨中截面及锚端纵向预应力钢筋如图 13-17 所示。简支梁跨径 40m，梁端锚固点间距离 $l_a=39.55$m，计算跨径 $l_0=38.95$m。后张预应力结构，试计算钢筋预应力损失。

纵向预应力钢筋采用圆弧线。弯起角，1、2、3、4 号束 $\theta=9°$，5、6、7 号束 $\theta=12°$。现以 7 号束为例，弯起半径计算如下：

自图 13-17，7 号束最高点离梁顶 350mm，最低点离梁顶 2500－320＝2180mm，竖曲线最高点与最低点间距离 $c=2180-350=1830$mm。

曲线半径　$r=c/(1-\cos\theta)=1830/(1-\cos12°)=83744$mm

曲线部分水平投影长度　$l_1=r\sin\theta=83744\times\sin12°=17411$mm

跨中部分直线长度　$l_2=l_a-2l_1=39550-2\times17411=4728$mm

各号钢束几何尺寸见下表 13-6。

钢束几何尺寸表　　　　**表 13-6**

钢束号	θ(°)	c(mm)	$r=\frac{c}{1-\cos\theta}$(mm)	$l_1=r\sin\theta$(mm)	$l_2=l_a-2l_1$(mm)
1，2	9	350	28428	4447	30656
3，4	9	690	56044	8767	22016
5	12	1350	61778	12844	13864
6	12	1590	72761	15128	9294
7	12	1830	83744	17411	4728

预应力钢筋与锚圈口摩擦损失忽略不计，以下计算以跨中截面示例

注：本节计算属弹性状态，全部钢筋重心离梁底距离为：

$$a=\frac{A_sE_sa_s+A_pE_pa_p}{A_sE_s+A_pE_p}=\frac{1571\times2\times10^5\times60+4836.3\times1.95\times10^5\times179}{1571\times2\times10^5+4836.3\times1.95\times10^5}=149.23\text{mm}$$

1. 预应力钢筋与管道壁之间摩擦引起的预应力损失 σ_{l1}（表 13-7）

张拉控制应力 $\sigma_{con}=0.75f_{pk}=0.75\times1860=1395\text{MPa}$（锚下）。

$$\sigma_{l1}=\sigma_{con}\left[1-e^{-(\mu\theta+kx)}\right] \tag{13-18}$$

跨中截面 σ_{l1} 计算表 **表 13-7**

钢束号	θ		$\mu\theta=0.25\theta$(rad)	x(m)	$kx=0.0015x$	$1-e^{-(\mu\theta+kx)}$	σ_{con}(MPa)	σ_{l1}(MPa)
	(°)	(rad)						
1～4	9	0.157	0.03925	19.78	0.0297	0.066626	1395	92.94
5～7	12	0.207	0.05175	19.78	0.0297	0.078221	1395	109.12

2. 预应力钢筋由锚具变形、钢筋回缩和接缝压缩引起的预应力损失（考虑反摩擦）σ_{l2}

夹片式锚具无预压时，按式（13-4）计算 $\sigma_{l2}=\frac{\Sigma\Delta l}{l}E_p$，按表 13-3 中取值得 $\Sigma\Delta l=6\text{mm}$。

反摩擦影响长度 l_f，又按公式 $l_f=\sqrt{\frac{\Sigma\Delta l\cdot E_p}{\Delta\sigma_d}}$计算。1～4 号束计算如下

$$l_f=\sqrt{\frac{\Sigma\Delta l\cdot E_p}{\Delta\sigma_d}}=\sqrt{\frac{6\times1.95\times10^5}{0.03073}}=6170\text{mm}=6.170\text{m}$$

式中 $\Delta\sigma_d=\frac{\sigma_0-\sigma_l}{l_a}=\frac{1395-179.70}{39550}=0.03073\text{MPa/mm}$；

$\sigma_0=1395\text{MPa}$（即 σ_{con}）；

σ_{l1}——张拉端至锚固端摩擦损失，$\sigma_{l1}=1395\times\left[1-e^{-(\mu\theta+kx)}\right]=1395\times\left[1-e^{-(0.03925+0.0297)\times2}\right]=179.70\text{MPa}$；

l_a——张拉端至锚固端摩擦损失计算长度，$l_a=39550\text{mm}$。

$l_f=6.170\text{m}<\frac{1}{2}\times39.95=19.975\text{m}$，1～4 号束回缩（考虑反摩擦）影响未达跨中截面。在跨中截面 $\sigma_{l2}=0$。

5～7 号束计算如下

$$l_f=\sqrt{\frac{\Sigma\Delta l\cdot E_p}{\Delta\sigma_d}}=\sqrt{\frac{6\times1.95\times10^5}{0.02997}}=6248\text{mm}=6.248\text{m}$$

式中
$$\Delta\sigma_d=\frac{\sigma_{con}-\sigma_1}{l_a}=\frac{1395-209.70}{39550}=0.02997$$

$$\sigma_{l1}=1395\times\left[1-e^{-(\mu\theta+kx)}\right]=1395\left[1-e^{-(0.05175+0.0297)\times2}\right]$$
$$=209.70\text{MPa}$$

$l_f=6.248\text{m}<\frac{1}{2}\times39.95=19.975\text{m}$，5～7 束回缩（考虑反摩擦）影响未达跨

中截面。在跨中截面 $\sigma_{l2}=0$。

注：回缩损失影响长度 l_f，如超过张拉端至锚固端长度 l_a 时，按《公路桥涵设计通用规范》JTG D60—2004 附录 D 内图 D.0.2，预应力钢筋和扣除管道正摩擦和回缩（考虑反摩擦）损失后的应力分布线将为 db，此时，等腰梯形面积 $ca'bd=\Sigma\Delta l\cdot E_p$。根据几何关系可得

张拉端回缩损失　$\sigma_{l2,o}=\dfrac{\Sigma\Delta l\cdot E_p}{l}+(\sigma_0-\sigma_l)$

锚固端回缩损失　$\sigma_{l2,a}=\dfrac{\Sigma\Delta l\cdot E_p}{l}-(\sigma_0-\sigma_l)$

离张拉端 x 处回缩损失　$\sigma_{l2,x}=\sigma_{l2,o}-\dfrac{2(\sigma_0-\sigma_l)}{l}x$

3. 混凝土弹性压缩引起的预应力损失 σ_{l4}

设钢束张拉程序为 5、6、7、3、4、1、2。由混凝土弹性压缩引起的预应力损失 σ_{l4} 为：

$$\sigma_{l4}=\frac{m-1}{2}\alpha_{EP}\Delta\sigma_{pc} \tag{13-19}$$

上式中，$\alpha_{Ep}=E_p/E_c=1.95\times10^5/3.25\times10^4=6$，m 为钢束根数，$m=7$，$\Delta\sigma_{pc}$为一束预应力钢筋在全部钢筋的重心处产生的混凝土应力，可取 7 束平均值。$\Delta\sigma_{pc}$可按《公路桥涵设计通用规范》计算

$$\Delta\sigma_{pc}=\frac{1}{7}\left(\frac{N_p}{A_n}+\frac{N_p e_{pn}}{I_n}y_n\right) \tag{13-20}$$

$$\sigma_{pe}=\sigma_{con}-\sigma_l=\sigma_{con}-\sigma_{l1}-\sigma_{l2}=\sigma_{con}-\sigma_{l1}-0$$

（σ_l 为相应阶段预应力损失，取 $\sigma_l=\sigma_{l1}+\sigma_{l2}$，跨中截面 $\sigma_{l2}=0$）

$$N_p=\sigma_{pe}A_p-\sigma_{l6}A_s=\sigma_{pe}A_p$$

（相应阶段，σ_{l6} 取为零）

$$e_{pn}=\frac{\sigma_{pe}A_p y_{pn}-\sigma_{l6}A_s y_{sn}}{N_p}=\frac{\sigma_{pe}A_p y_{pn}}{N_p}$$

1～4 号束　$\sigma_{pe}=1395-92.94=1302.08\text{MPa}$

5～7 号束　$\sigma_{pe}=1395-109.12=1285.88\text{MPa}$

1～4 号束　$N_p=1302.08\times4\times690.9=3598428\text{N}$

5～7 号束　$N_p=1285.88\times3\times690.9=2665243\text{N}$

1～7 号束

$$e_{pn}=\frac{1302.08\times4\times690.9\times(2500-1037-155)+1285.88\times3\times690.9\times(2500-1037-210)}{3598428+2665243}$$

$=1285\text{mm}$

e_{pn}计算式中，1037mm 为梁净面积重心到梁顶的距离 x_n，155mm 及 210mm 分别为 1～4 号束重心及 5～7 号束重心至梁底距离，如图 13-17 所示。

$$\Delta\sigma_{pc}=\frac{1}{7}\left[\frac{3598428+2665243}{837096}+\frac{(3598428+2665243)\times1285}{7.0157\times10^{11}}\times(2500-1037-149)\right]$$

$=3.17\text{MPa}$

$\Delta\sigma_{pc}$计算式中，$A_n=837696\text{mm}^2$，$I_n=7.0157\times10^{11}\text{mm}^4$，1037mm 为 x_n，$a=149$，如图 13-17 所示。

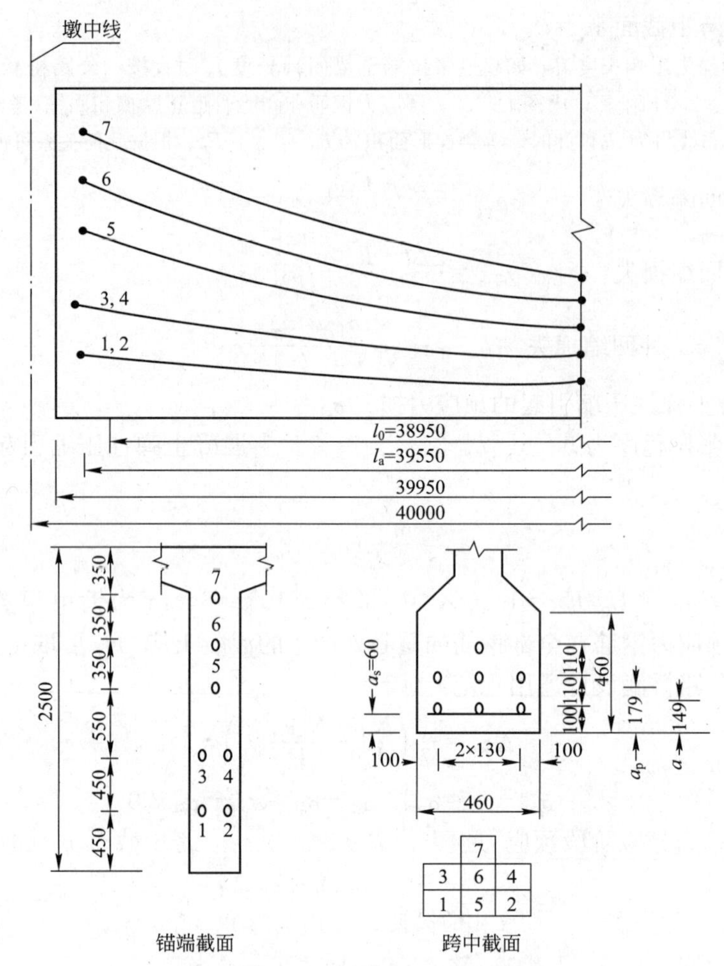

图 13-17　钢束布置图(尺寸单位：mm)

$$\sigma_{l4}=\frac{m-1}{2}\alpha_{EP}\Delta\sigma_{pc}=\frac{7-1}{2}\times6\times3.17=57.06\text{MPa}$$

4. 钢筋松弛引起的预应力损失 σ_{l5}

$$\sigma_{l5}=\psi\zeta\left(0.52\frac{\sigma_{pe}}{f_{pk}}-0.26\right)\sigma_{pe} \quad (13\text{-}21)$$

式中 $\psi=1.0$

$\zeta=0.3$(低松弛钢丝)

$$\sigma_{pe}=\sigma_{con}-\sigma_l=\sigma_{con}-\sigma_{l1}-\sigma_{l2}-\sigma_{l4}\text{(跨中 }\sigma_{l2}=0\text{)}$$

1～4 号束

$$\sigma_{pe}=1395-92.94-0-57.06=1245.00\text{MPa}$$

5～7 号束

$$\sigma_{pe}=1395-109.12-0-57.06=1228.82\text{MPa}$$

$$f_{pk}=1860\text{MPa}$$

1～4 号束

$$\sigma_{l5}=1.0\times0.3\times\left(0.52\times\frac{1245.00}{1860}-0.26\right)\times1245.00=32.89\text{MPa}$$

5～7 号束

$$\sigma_{l5}=1.0\times0.3\times\left(0.52\times\frac{1228.82}{1860}-0.26\right)\times1228.82=30.80\text{MPa}$$

5. 混凝土收缩、徐变引起的预应力损失 σ_{l6}

本算例在受压区不设预应力钢筋。σ_{l6} 按式(13-13)计算。

$$\sigma_{l6}(t)=\frac{0.9[E_{p}\varepsilon_{cs}(t,t_0)+\alpha_{EP}\sigma_{pc}\phi(t,t_0)]}{1+15\rho\rho_{ps}}$$

上式中各项参数分项计算如下：

(1) $E_p=1.95\times10^5$MPa。

(2) $\varepsilon_{cs}(t,t_0)$设传力锚固龄期为 $t_0=7$ 天，计算龄期为徐变终极值时 t_u。桥梁所处环境的年平均相对湿度为 55%。构件毛截面面积 $A=2000\times160+\frac{1}{2}\times(980+180)\times140+180\times(1900-1600)+\frac{1}{2}\times(180+460)\times160+460\times300=903600\text{mm}^2$。截面周边长度 $u=2000+2\times160+2\times510+2\times400+2\times1900+2\times300+460=9000$mm。理论厚度 $h=2A/u=2\times903600/9000=201$mm，其中查表 13-4 得 $\varepsilon_{cs}(t_u,t_0)=0.45\times10^{-3}=0.00045$。

(3) $\alpha_{EP}=E_p/E_c=1.95\times10^5/3.25\times10^4=6$。

(4) σ_{pc}为全部钢筋重心处由预加力产生的混凝土法向压应力。计算时，预应力损失仅考虑预应力钢筋第一批损失(见表 13-5)，即 $\sigma_{pe}=\sigma_{con}-\sigma_{l1}-\sigma_{l2}-\sigma_{l4}$(跨中截面 $\sigma_{l2}=0$)。

1～4 号束

$$\sigma_{pe}=1395-92.94-0-57.06=1245.00\text{MPa}$$

5～7 号束

$$\sigma_{pe}=1395-109.12-0-57.06=1228.82\text{MPa}$$

$$\sigma_{pc}=\frac{N_p}{A_n}+\frac{N_p e_{pn}}{I_n}y_n$$

$$N_p=\sigma_{pe}A_p-\sigma_{l6}A_s=\sigma_{pe}A_p$$

$$e_{pn}=\frac{\sigma_{pe}A_p y_{pn}-\sigma_{l6}A_s y_{sn}}{N_p}=\frac{\sigma_{pe}A_p y_{pn}}{N_p}$$

1～4 号束　　$N_p=1245.00\times4\times690.9=3440682\text{N}$

5～7 号束　　$N_p=1228.82\times3\times690.9=2546975\text{N}$

$$e_{pn}=\frac{1245\times4\times690.9\times(2500-1037-155)+1228.82\times3\times690.9\times(2500-1037-210)}{3440682+2546975}=1285\text{mm}$$

$$\sigma_{pc}=\frac{3440682+2546975}{837696}+\frac{(3440682+2546975)\times1285}{7.0157\times10^{11}}\times(2500-1037-149)=21.56\text{MPa}$$

计算 σ_{pc}时，根据构件制作情况考虑自重影响。梁自重弯矩 $M_G=5015.927\text{kN}\cdot\text{m}$，桥面系自重弯矩 $1351.738\text{kN}\cdot\text{m}$。由于徐变长达数十年，故采用全截面换算截面。梁自重及桥面系产生的梁底面拉应力为

$$\sigma_t=\frac{5015.927\times10^6}{7.0157\times10^{11}}\times(2500-1037-149)+\frac{1351.738\times10^6}{7.8736\times10^{11}}\times(2500-1101-149)$$

$$=11.54\text{MPa}$$

扣除自重后的应力后为

$$\sigma'_{pc}=\sigma_{pc}-\sigma_t=21.56-11.54=10.02\text{MPa}$$

《公路桥涵设计通用规范》规定，σ'_{pc}不得大于传力锚固时混凝土立方体抗压强度f'_{cu}的0.5倍。设$f'_{cu}=35$MPa，$0.5f'_{cu}=17.5$MPa，采用$f'_{pc}=10.02$MPa可行。下面第(10)项计算中，用σ'_{pc}代替σ_{pc}计入。

(5) $\phi(t,t_0)$ 设传力锚固龄期为$t_0=7$天，计算龄期为徐变达终极值t_u，查取$\phi(t,t_0)$的有关考数同$\varepsilon_{cs}(t,t_0)$。查表13-4得$\phi(t_u,t_0)=2.88$。

(6) ρ 构件受拉区配筋率，$\rho=(A_p+A_s)/A_n=(4836.3+1571)/837696=0.00765$，以上$A_p=4836\text{mm}^2$，$A_s=1571\text{mm}^2$，$A_n=837696\text{mm}^2$。

(7) e_{ps}受拉区全部钢筋重心距净截面重心距离。净截面重心离净截面底面为$2500-x_n-2500-1037=1463$mm（其中x_n为梁净面积重心到梁顶的距离1037m），$e_{ps}=1463-149=1314$mm。

(8) $i^2=I/A$ 后张法 $I=I_n=7.0157\times10^{11}\text{mm}^4$，$A=A_n=837696\text{mm}^2$，$i^2=7.0157\times10^{11}/637696=8.3750\times10^5\text{mm}^2$。

(9) $\rho_{ps}=1+\dfrac{e_{ps}^2}{i^2}=1+\dfrac{1314^2}{8.3750\times10^5}=3.0616$

(10) $$\sigma_{l6}(t)=\frac{0.9[E_p\varepsilon_{cs}(t,t_0)+\alpha_{EP}\sigma_{pc}\phi(t,t_0)]}{1+15\rho\rho_{ps}}$$

$$=\frac{0.9\times[1.95\times10^5\times0.00045+6\times10.02\times2.88]}{1+15\times0.00765\times3.0616}=190.69\text{MPa}$$

6. 跨中截面预应力损失合计

1～4号束

$$\sigma_l=\sigma_{l1}+\sigma_{l2}+\sigma_{l4}+\sigma_{l5}+\sigma_{l6}=92.94+0+57.06+32.89+190.69=373.58\text{MPa}$$

5～7号束

$$\sigma_l=\sigma_{l1}+\sigma_{l2}+\sigma_{l4}+\sigma_{l5}+\sigma_{l6}=109.12+0+57.06+30.80+190.69=387.67\text{MPa}$$

7. 有效预应力

1～4号束

$$\sigma_{pe}=\sigma_{con}-\sigma_l=1395-373.58=1021.42\text{MPa}$$

5～7号束

$$\sigma_{pe}=\sigma_{con}-\sigma_l=1395-387.67=1007.73\text{MPa}$$

13.6 预应力混凝土构件的构造

13.6.1 一般构造要求

1. 截面形式和尺寸

在实际工作中，人们根据多年的实践及对合理截面的研究，综合考虑设计、使用和施工等多种因素，形成了一些常用截面形式和基本尺寸，以供设计时参考。

（1）预应力混凝土空心板，如图 13-18(*a*)所示。其挖空部分可采用圆形、椭圆形等形式，跨径较大的后张法空心板则向薄壁箱形截面靠拢，仅顶板做成拱形。空心板的截面高度与跨度有关，一般取高跨比 $h/l=1/15\sim1/20$，板宽一般取 1100～1400mm，顶板和底板的厚度均不宜小于 80mm。一般采用现场制直线配筋的先张法(多用长线法生产)生产，适于跨径 8～20m 的桥梁。近年，空心板跨径有加大的趋势，方法也由先张法扩展到后张法，后张法预应力混凝土空心板的适用跨径为 16～22m；采用小箱梁形式时跨度可达 30m。

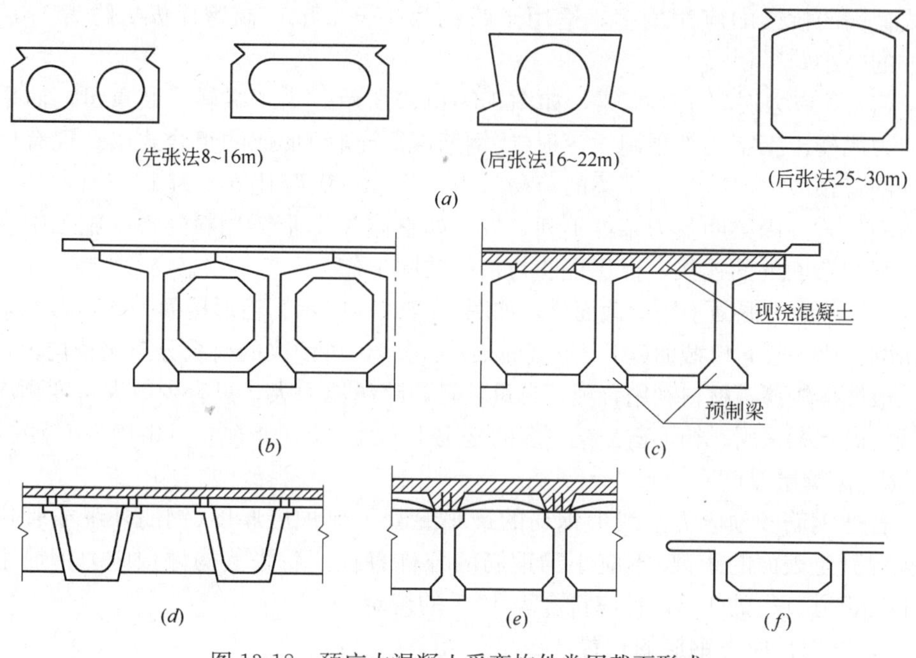

图 13-18　预应力混凝土受弯构件常用截面形式

（2）预应力混凝土 T 形梁，如图 13-18(*b*)所示。这是我国最常用的预应力混凝土简支梁截面形式。在梁的下翼缘，为了布置预应力钢筋束和承受强大预压力的需要，常将腹板下翼缘加厚成“马蹄”形，下翼缘加宽部分的尺寸，根据布置钢筋的构造要求确定。预应力混凝土简支 T 形梁标准设计跨径为 25～40m，近年来已扩大应用到 50m，高跨比一般为 1/15～1/25。T 形梁的腹板起连接上、下翼缘和承受剪力的作用，由于预应力混凝土梁中剪力较小，腹板一般做得较薄，一般取 160～200mm。下翼缘马蹄形加宽部分的高度应与钢筋束的弯起相配合。在支点附近区段，通常是全高加宽，以适用钢筋束弯起和梁端布置锚具、安放千斤顶。其上翼缘宽度，一般为 1.6～2.5m，随跨径增大而增加。对于主梁间距较大的情况，由于受构件起吊和运输设备的限制，通常在中间设置现浇段，将预制部分的上翼缘宽度限制在 1.8m 以下。上翼缘作为行车道板，其尺寸按计算要求确定，悬臂端的最小板厚不得小于 100mm，两腹板间的最小板厚度不应小于 120mm。

（3）预应力混凝土工字梁现浇整体组合式截面梁，如图 13-18(*c*)所示。它是在预制工字梁安装定位后，再现浇横梁和桥面(包括部分翼缘宽度)混凝土使截面整体化的。其受力性能如同 T 形截面梁，但横向联系较 T 形梁好。其部分翼缘为现浇，故其起吊重量相对较轻。特别是它能较好地适用于各种斜度的斜梁桥或曲率半径较大的弯梁桥，在平面布置时较易处理。

(4) 预应力混凝土槽形截面梁，如图 13-18(*d*)所示。槽形梁属于组合式截面，预制梁采用开口槽形截面。槽形梁安装就位后，再横向铺设先张法预应力混凝土板或钢筋混凝土板，最后再浇筑混凝土铺装层，将全桥连接成整体。

槽形组合式截面具有抗扭刚度大、荷载横向分布均匀、承载力高、结构自重轻、轻省钢材等优点，而且槽形截面运输及吊装的稳定性好。所以，这种槽形组合式截面的桥梁的应用增多，适用于跨径为 16～25m，高跨比 h/l 约为 1/16～1/20的中小跨径桥梁。

(5) 预应力混凝土工字梁，如图 13-18(*e*)所示。为了减轻吊装重量，而采用预应力混凝土工字梁加预制微弯板(或钢筋混凝土板)形成的组合式梁。现有标准设计图集预应力混凝土工字梁的跨径为 16～20m，高跨比 h/l 为 1/16～1/18。此种截面形式，因梁肋受力条件不利，故不如整体式 T 形梁用料经济。施工中应注意加强结合面处的连接，以保证肋与板能共同工作。

(6) 预应力混凝土箱形截面梁，如图 13-18(*f*)所示。箱形截面为闭口截面，其抗扭刚度比一般开口截面(如 T 形截面梁)大得多，可使梁的荷载分布比较均匀，箱壁一般做得较薄，材料利用合理，自重较轻，跨越能力大，只有少数大跨度预应力混凝土简支梁采用。箱形截面梁更多的是用于连续梁，T 形刚构、斜梁等桥梁中。

2. 保护层厚度

普通钢筋和预应力直线形钢筋的最小混凝土保护层厚度(钢筋外缘或管道外缘至混凝土表面的距离)不应小于钢筋的公称直径，后张法构件预应力钢筋不应小于其管道直径的 1/2，且应符合表 10-1 的规定。

3. 纵向预应力钢筋的布置

在预应力混凝土受弯构件中，主要的受力钢筋是预应力钢筋(包括纵向预应力钢筋和弯起预应力钢筋)及箍筋。此外，为使构件设计得更为合理及满足构造要求，有时还需设置一部分非预应力钢筋及辅助钢筋。

纵向预应力钢筋一般有以下三种布置形式：

(1) 直线布置，如图 13-19(*a*)所示。直线布置多适用于跨径较小、荷载不大的受弯构件，工程中多采用先张法施工。

(2) 曲线布置，如图 13-19(*b*)所示。曲线布置多适用于跨度与荷载均较大的受弯构件，工程中多采用后张法施工。

(3) 折线布置，如图 13-19(*c*)所示。折线布置多适用于有倾斜受拉边的梁，工程中多采用先张法施工。在桥涵工程中这类构件应用较少。

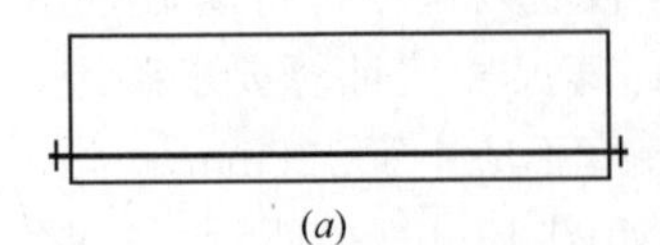

(*a*)

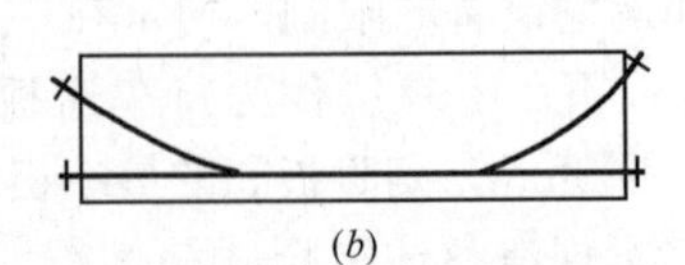

(*b*)

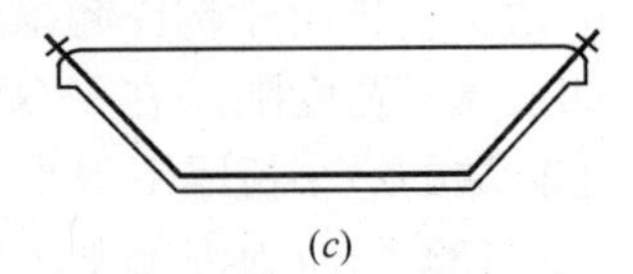

(*c*)

图 13-19　纵向预应力钢筋布置形式

(*a*)直线形；(*b*)曲线形；(*c*)折线形

4. 箍筋的设置

箍筋与弯起钢筋为预应力混凝土梁的腹筋，与混凝土一起共同承担着荷载剪力，故应按抗剪要求来确定箍筋数量(包括直径和间距的大小)。在剪力较小的梁段，按计算要求的箍筋数量很少，但为了防止混凝土受剪时的意外脆性破坏，《公路桥规》仍要求按下列规定配置构造箍筋：

预应力混凝土T形、I形截面梁和箱形截面梁腹板内应分别设置直径不小于10mm和12mm的箍筋，且应采用带肋钢筋，间距不应大于250mm；自支座中心算起的长度不小于一倍梁高范围内，应采用封闭式箍筋，间距不应大于100mm。

在T形、I形截面梁下部的马蹄内，应另设置直径不小于8mm的封闭式箍筋，间距不应大于250mm。此外，马蹄内尚应设置不小于12mm的定位钢筋。

5. 辅助钢筋的设置

在预应力T形梁中，除主要受力钢筋外，还需设置一些辅助钢筋，以满足构造要求：

(1) 架立钢筋与定位钢筋：架立钢筋是用于支承箍筋和固定预应力钢筋的位置的，一般采用直径$d=12\sim20$mm的圆钢筋；定位钢筋系指用于固定预留孔道制孔器位置的钢筋，常做成网格式。

(2) 水平纵向辅助钢筋(防收缩钢筋)：T形截面预应力混凝土梁，上有翼缘、下有“马蹄”，它们在梁横向的尺寸，都比腹板厚度大，在混凝土结硬或温度骤降时，腹板将受到翼缘与“马蹄”的钳制作用(因翼缘和“马蹄”部分尺寸较大，温度下降引起的混凝土收缩较慢)，而不能自由地收缩变形，因而有可能产生裂缝。为了缩小裂缝间距，防止腹板裂缝较宽，一般需要设置水平纵向辅助钢筋，通常称为防裂钢筋或防收缩钢筋，对于预应力混凝土梁，这种钢筋宜采用小直径的钢筋网，紧贴箍筋布置于腹板的两侧，以增加与混凝土的粘结力，使裂缝的间距和宽度均减小。

(3) T形、I形截面梁或箱形截面梁的腹板两侧，后张法的部分预应力钢筋应在靠近端支座区段横桥向对称成对弯起，沿着梁端面均匀布置，同时沿纵向可将梁腹板加宽，在梁端附近应设置直径为6～8mm的纵向钢筋，每腹板内钢筋截面面积宜为$(0.001\sim0.002)bh$，其中b为腹板宽度，h为梁高，其间距在受拉区不应大于腹板宽度，且不应大于200mm，在受压区不应大于300mm。在支点附近剪力较大区段和预应力混凝土梁锚固区段，腹板两侧纵向钢筋截面面积应适当增加，纵向钢筋间距宜为100～150mm。

13.6.2　先张预应力混凝土构件的构造要求

(1) 对于先张法预应力混凝土构件中，为保证钢筋和混凝土之间有可靠的粘结力，宜采用带肋钢筋、钢绞线或刻痕钢丝用作预应力钢筋。当采用光圆钢丝作预应力钢筋时，应采用适当措施，保证钢丝在混凝土中可靠锚固。

(2) 在先张法预应力混凝土构件中，预应力钢绞线之间的净距不应小于其直径的1.5倍，且对二股、三股钢绞线不应小于20mm，对七股钢绞线不应小于25mm。预应力钢丝净距不应小于15mm。

(3) 在先张法预应力混凝土构件中，预应力钢筋端部混凝土应采取局部加强措施，对单根预应力钢筋，其端部宜设置长度不小于150mm的螺旋筋；当采用多根预应力钢筋时，在构件端部10倍预应力钢筋直径范围内，应设置3～5片钢筋网。

(4) 部分预应力混凝土梁应采用混合配筋。位于受拉区边缘的普通钢筋宜采用直径较小的带肋钢筋，以较密的间距布置；普通受拉钢筋的截面面积不宜小于$0.003bh$。

13.6.3 后张预应力混凝土构件的构造要求

(1) 后张法预应力混凝土构件的端部锚固区，在锚具下面应设置厚度不小于16mm的垫板或采用具有喇叭管的锚具垫板。锚垫板下应设间接钢筋，其体积配筋率不应小于0.5%。

(2) 预应力钢筋管道布置的设置

对于后张法预应力混凝土构件，预应力钢筋束预留孔道的水平净距，应保证混凝土中最大骨料在浇筑混凝土时能顺利通过，同时也要保证预留孔道间不致串孔(金属预埋波纹管除外)和锚具布置的要求等。钢筋束之间的竖向间距，可按下列构造要求确定。

直线管道的净距不应小于40mm，且不宜小于管道直径的0.6倍；对于预埋的金属或塑料波纹管和铁皮管，可以竖向两管道重叠。

对外形呈曲线且布置有曲线预应力钢筋的构件，外管道的最小混凝土保护层厚度，应按下列公式计算：

在曲线平面内时

$$C_{in} \geqslant \frac{P_d}{0.266r\sqrt{f'_{cu}}} - \frac{d_s}{2} \tag{13-22}$$

式中 C_{in}——曲线平面内最小混凝土保护层厚度；

P_d——预应力钢筋的张拉力设计值(N)，可取扣除锚圈口摩擦、钢筋回缩及计算截面处管道摩擦损失后的张拉力乘以1.2；

r——管道曲线半径(mm)；

f'_{cu}——预应力钢筋时，边长为150mm立方体混凝土抗压强度(MPa)；

d_s——管道外缘直径。

在曲线平面外时

$$C_{out} = \frac{P_d}{0.266\pi r\sqrt{f'_{cu}}} - \frac{d_s}{2} \tag{13-23}$$

式中 C_{out}——曲线平面外最小混凝土保护层厚度。

当按上述公式计算的保护层厚度小于表10-1内各类环境的直线管道的保护层厚度时，应取相应环境条件的直线管道保护层厚度。

管道内径的截面面积不应小于两倍预应力钢筋截面面积。

按计算需要设置预拱度时，预留管道也应同时起拱。

(3) 弯起预应力钢筋(或弯起钢丝束)的形式与曲率半径

弯起预应力钢筋的形式，原则上宜为抛物线；若施工方便，则宜采用悬链线，或采用圆弧弯起，并以切线伸出梁端或梁顶面。弯起部分的曲率半径宜按下列规定确定：

1) 钢丝束、钢绞线束的钢筋直径等于或小于5mm时，不宜小于4m；钢丝直径大于5mm时，不宜小于6m。

2）精轧螺纹钢筋的直径等于或小于25mm时，不宜小于12m；直径大于25mm时，不宜小于15m。

（4）预应力钢筋管道灌浆用水泥浆，按70mm×70mm×70mm的立方体试件，标准养护28d测得的抗压强度等级不应低于30MPa。其水灰比宜为0.4～0.45。为减少收缩，可通过试验掺入适量膨胀剂。

（5）对于埋置在梁体内的锚具，在预加应力完毕后，在其周围应设置构造钢筋网与梁体连接，然后灌筑混凝土封锚，封锚混凝土强度等级不应低于构件本身混凝土的80%，也不低于C30。长期外露的金属锚具应采取涂刷或砂浆封闭等防锈措施。

思　考　题

1. 何谓预应力混凝土？与普通钢筋混凝土构件相比，预应力混凝土构件有何优缺点？
2. 预应力混凝土分为哪几类？各有何特点？
3. 论述先张法与后张法施加预应力的工艺。
4. 试述预应力锚具的种类。
5. 试述预应力混凝土构件对其材料有何要求？
6. 何谓张拉控制应力σ_{con}和有效预应力σ_{pe}？为何要控制张拉应力？
7. 预应力损失考虑哪几种？如何减小各种预应力损失？
8. 先张法、后张法各有哪几种损失？哪些属于第一批、哪些属于第二批？
9. 简述预应力混凝土构件的构造要求。
10. 先张法预应力混凝土简支空心板，跨中截面尺寸与配筋如图13-20所示，已知条件C40混凝土，$f_{cd}=18.4$MPa，预应力钢筋为混凝土螺纹钢筋，$f_{pd}=650$MPa，$A_p=1781\text{mm}^2$，$n_p=45$mm，换算截面面积$A_o=314344\text{mm}^2$，惯性矩$I_o=1.4675\times10^9\text{mm}^4$换算截面重心轴距截面上边缘距离$y_{ou}=308\text{mm}^2$，$A_p$的张拉控制应力为$\sigma_{con}=705$MPa，总预应力损失为$\sigma_l=276$MPa，其中由于混凝土弹性压缩引起的应力损失为$\sigma_{l4}=72.3$MPa作用截面上最大计算弯矩为$M=453.8$MPa，试进行该梁的正截面承载力计算。

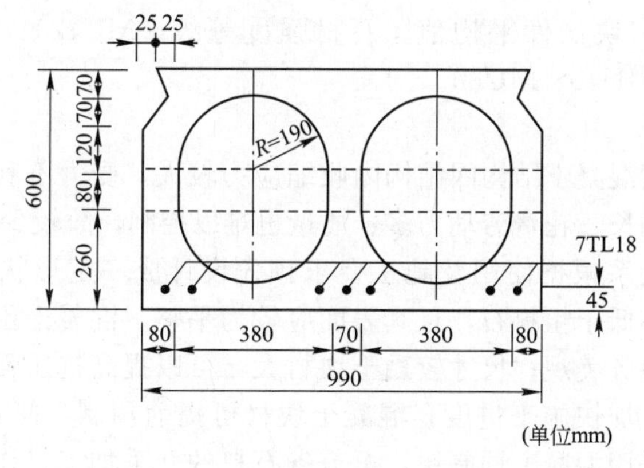

图13-20

教学单元 14 圬 工 结 构

【教学目标】 通过对圬工材料力学性能和圬工构件受压、受剪、受弯承载力计算的学习，学生具有在工程实践中理解和运用构造要求的能力。

14.1 圬工材料的力学性能

公路桥涵结构中常用砖、石及混凝土块材组成的结构称为圬工结构，这些材料的特点是抗压强度高，抗拉、抗剪强度低，因此这种结构主要用于承压部位。

14.1.1 圬工材料的种类

1. 石料

应选用天然的、质地均匀、无裂缝、抗冻、抗风化强的石材，工程上依据石料的开采方法、形状、尺寸和表面粗糙程度的不同，分为下列几类：

(1) 片石：是指由爆破开采直接取用的不规则石块，一般形状不受限制(但卵形和厚度小于 150mm 的薄片不得使用)。

(2) 块石：一般系按岩石层理开采而成的石料。形状大致方正，上下面大致平整，厚度 200～300mm，宽度约为厚度的 1～1.5 倍，长度约为厚度的 1.5～3 倍。除用作镶面外，块石一般不经修凿加工，但应敲去锋棱锐角。

(3) 粗料石：厚度 200～300mm，宽度为厚度的 1～1.5 倍，长度为厚度的 2.5～4 倍，表面凹陷深度不大于 20mm。

石材的强度等级采用边长 70mm 的含水饱和立方体试件的抗压强度(MPa)表示，抗压强度取三块试件平均值。石材强度等级：MU120、MU100、MU80、MU60、MU50、MU40、MU30。

2. 混凝土

整体浇筑的素混凝土结构因结构内收缩应力较大，受力不利，且浇筑时需耗费大量模板、工期长、花费劳动力多、质量也难以控制，故较少采用。

混凝土预制块系根据使用及施工要求预先设计成一定形状及尺寸后浇制而成，其尺寸要求不低于粗料石，且其表面应较为平整。混凝土预制块形状、尺寸统一，砌体表面整齐美观；尺寸较黏土块材大，可以提高抗压强度，节省砌缝水泥，减轻劳动量，加快施工进度；混凝土块材可提前预制，使其收缩尽早消失，避免构件开裂；采用混凝土预制块，可节省石料的开采加工工作；对于形状复杂的块材，难于用石料加工时，更可显示混凝土预制块的优越性。

桥涵工程中的大体积结构，如墩身、台身等，常采用毛石混凝土结构，它是在混凝土中分层加入含量不大于 25％的片石，毛石强度等级应满足表 14-1 的要求且不应低于混凝土强度等级。

小石子混凝土是由胶结料(水泥)、粗骨料(细卵石或碎石、粒径不大于20mm)、细粒料(砂)和水拌制而成。小石子混凝土比同强度等级砂浆砌筑的片石、块石砌体抗压极限强度高10%~30%，可以节约水泥和砂，在一定条件下是一种水泥砂浆的代用品。

混凝土强度等级：C40、C35、C30、C25、C20、C15。

3. 砖

砖常用普通黏土砖、灰砂砖及硅酸盐砖等。黏土砖是将黏土成形后经高温烧结而成；灰砂砖是由砂与石灰加压成形后经蒸压处理而成；硅酸盐砖是利用工业废料，加入石膏、石灰和水搅拌加压成形并用蒸汽养护而成。

目前，我国生产的标准实心砖规格为240mm×115mm×53mm。根据砖抗压强度和抗折强度将砖划分为五个等级，MU30、MU25、MU20、MU15、MU10。在公路桥涵工程中，砖不低于MU10。

4. 砂浆

砂浆是由胶结材料(水泥、石灰和黏土等)、细粒料(砂)及水拌制而成。砂浆在砌体中的作用是将砌体内的块材连接成整体，并可抹平块材表面而促使应力的分布较为均匀。此外，砂浆填满块材间的缝隙，也提高了砌体的抗冻性。

砂浆按其胶结料的不同可分为：水泥砂浆；混合砂浆(如水泥石灰砂浆、水泥黏土砂浆等)；石灰砂浆。

砂浆的和易性，系指砂浆在自身与外力作用下的流动程度，实际上反映了砂浆的可塑性。和易性好的砂浆不但操作方便，能提高劳动生产率，而且可以使灰缝饱满、均匀、密实，使砌体具有良好的质量。对于多孔及干燥的块材石，需要和易性较好的砂浆；对于潮湿及密实的块材石，和易性要求较低。

砂浆的保水性系指砂浆在运输和砌筑过程中保持相当质量水的能力，它直接影响砌体的砌筑质量。在砌筑时，因块材将吸收一部分水分；当吸收的水分在一定范围内时，对于砌缝中的砂浆强度和密度是有良好影响的。但是，如果砂浆的保水性很差，新铺在块材面上的砂浆水分很快散失或被块材吸收，则使砂浆难以抹平，因而降低砌体的质量，同时砂浆因失去过多水分而不能进行正常的结硬作用，从而大大降低砌体的强度。因此在砌筑砌体前，对吸水性较大的干燥块材，必须洒水润湿其砌筑表面。

砂浆的强度等级采用70.7mm×70.7mm×70.7mm的立方体试件，用28d龄期的抗压强度(MPa)表示，抗压强度取三块试件平均值。砂浆强度等级：M20、M15、M10、M7.5、M5。

14.1.2 砌体的强度

1. 砌体的抗压性能

(1) 砌体中的实际应力状态

砌体是由单块块材用砂浆粘结砌成，因而它的受压工作与匀质的整体结构构件有很大的差异。对中心受压砌体的试验结果表明，砌体在受压破坏时，一个重要的特征是单块块材先开裂，这是由于砌缝厚度和密实性的不均匀以及块材与砂浆交互作用等原因，致使块材受力复杂，抗压强度不能充分发挥，导致砌体的抗压强度低于块材的抗压强度。通过试验观测和分析，在砌体的单块块材内产生了复杂应力状态，其主要原因有：

由于块材的表面不平整，灰缝厚度和密实性的不均匀，使得砌体中每一块块材不是均匀受压，而是同时受弯曲和剪切的作用。由于块材的抗剪、抗弯强度远小于抗压强度，因此，砌体的抗压强度总是比单块块材的抗压强度小。

砌体竖向受压时，要产生横向变形。因块材与砂浆之间存在着粘结力，砂浆的横向变形比块材大，为保证两者共同变形，两者之间相互作用，块材阻止砂浆变形，砂浆横向受到压力，而块材在横向受拉。

砌体的竖向灰缝未能很好填满，该截面内截面面积被减少，同时砂浆和块材的粘结力也不能完全保证，故在竖向灰缝截面上的块材内产生横向拉应力和剪应力的应力集中，引起砌体强度的降低。

2. 影响砌体抗压强度的主要因素

块材是砌体的主要组成材料，因此，块材的强度对砌体强度起着主要的作用。增加块材厚度的同时，其截面面积和抵抗矩相应加大，提高了块材抗弯、抗剪、抗拉的能力，砌体强度也增大。块材的形状规则与否也直接影响砌体的抗压强度。因为块材表面不平整，也使砌体灰缝厚薄不均匀，从而降低砌体的抗压强度。

除砂浆的强度直接影响砌体的抗压强度外，砂浆强度过低将加大块材和砂浆的横向变形差异，从而降低砌体强度。但应注意单纯提高砂浆强度并不能使砌体抗压强度有很大提高。砂浆的和易性和保水性对砌体强度亦有影响。和易性好的砂浆较易铺砌成饱满、均匀、密实的灰缝，可以减小块材内的复杂应力，使砌体强度提高。但砂浆内水分过多，和易性虽好，由于砌缝的密实性降低，砌体强度反而降低。因此，作为砂浆和易性指标的标准圆锥体沉入度，对片石、块石砌体，控制在 50～70mm；对粗料面及块材砌体，控制在70～100mm。

砌筑质量的标志之一即为灰缝的质量，包括灰缝的均匀性和饱满程度。砂浆铺砌得均匀、饱满，可以改善块材在砌体内的受力性能，使之比较均匀地受压，提高砌体抗压强度；反之则将降低砌体强度。另外，灰缝厚薄对砌体抗压强度的影响也不能忽视。灰缝过厚过薄都难以均匀密实；灰缝过厚还将增加砌体的横向变形。

2. 砌体的抗拉、抗弯、抗剪强度

砌体主要用于承压结构，但在实际工程中，砌体也常常处于受拉、受弯或受剪状态。图 14-1(*a*)所示挡土墙，在墙后土的侧压力作用下，使挡土墙砌体发生沿通缝截面 1—1 的弯曲受拉；图 14-1(*b*)所示有扶壁的挡土墙，在竖直截面中将发生沿齿缝截面 2—2 的弯曲受拉；图 14-1(*c*)所示的拱脚附近，由于水平推力的作用，将发生沿通缝截面 3—3 的受剪。

按照外力作用于砌体的方向，砌体的抗拉、弯曲抗拉和抗剪破坏情况简述如下。

(1) 轴心受拉

在平行于水平灰缝的轴心拉力作用下，砌体可能沿齿缝截面发生破坏，如图 14-2(*a*)所示，其强度主要取决于灰缝的法向及切向粘结强度。

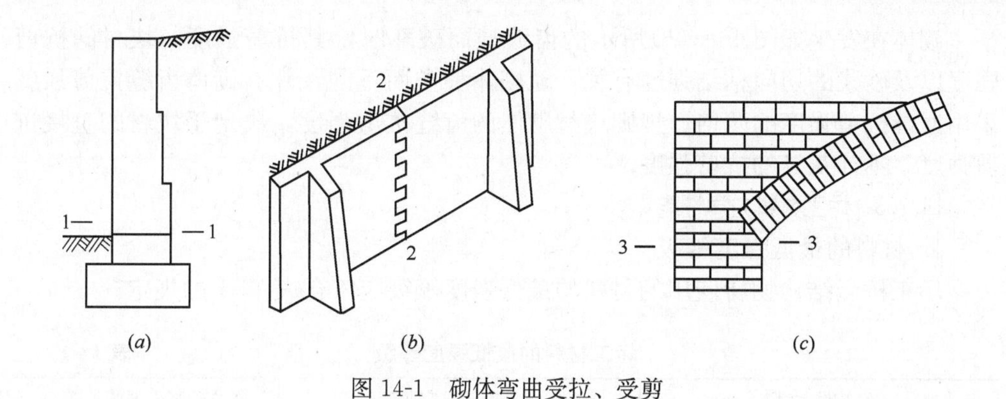

图 14-1 砌体弯曲受拉、受剪

当拉力作用方向与水平灰缝垂直时，砌体可能沿通缝截面发生破坏，如图14-2(*b*)所示，其强度主要取决于灰缝的法向粘结强度。由于法向粘结强度不易保证，工程中一般不容许采用利用法向粘结强度的轴心受拉构件。

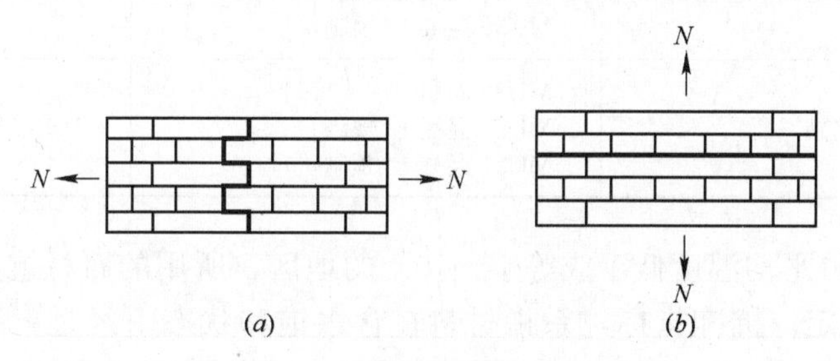

图 14-2 砌体受拉沿齿缝、通缝破坏

(2) 弯曲受拉

如图 14-1(*a*)所示，砌体可能沿 1—1 通缝截面发生破坏，其强度主要取决于灰缝的法向粘结强度。

如图 14-1(*b*)所示，砌体可能沿 2—2 齿缝截面发生破坏，其强度主要取决于灰缝的切向粘结强度。

(3) 受剪

砌体可能发生如图 14-3(*a*)所示的通缝截面受剪破坏，其强度主要取决于灰缝的粘结强度。

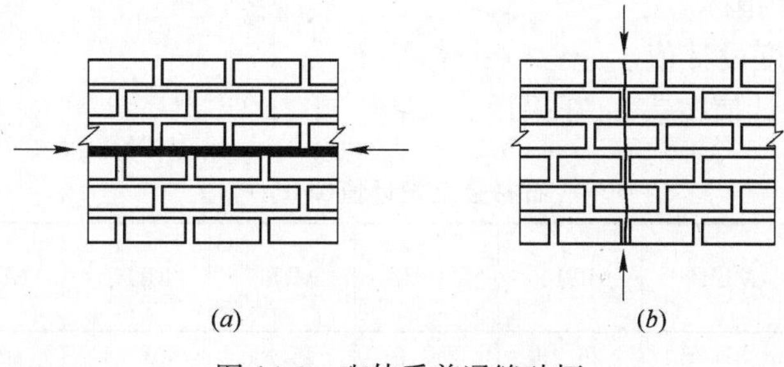

图 14-3 砌体受剪通缝破坏

砌体在发生如图14-3(*b*)所示的齿缝截面破坏时，其抗剪强度与块材的抗剪强度以及砂浆的切向粘结强度有关，随砌体种类而不同，片石砌体齿缝抗剪强度采用通缝抗剪强度的两倍。规则块材砌体的齿缝抗剪强度，决定于块材的直接抗剪强度，不计灰缝的抗剪强度。

14.1.3 圬工材料力学性能

1. 材料的最低强度等级

圬工桥涵结构物所使用的材料的最低强度等级应符合表14-1的规定。

圬工材料的最低强度等级 **表14-1**

结构物种类	材料最低强度等级	砌筑砂浆最低强度等级
拱圈	MU50 石材 MU25 混凝土(现浇) MU30 混凝土(预制块)	M10(大、中桥) M7.5(小桥涵)
大、中桥墩台及基础，轻型桥台	MU40 石材 MU25 混凝土(现浇) MU30 混凝土(预制块)	M7.5
小桥涵墩台、基础	MU30 石材 MU20 混凝土(现浇) MU25 混凝土(预制块)	M5

累年最冷月平均温度低于或等于－10℃的地区，所用的石材抗冻性指标应符合表14-2的规定。抗冻指标，系指材料在含水饱和状态下经过－15℃的冻结与20℃的融化的循环次数。试验后的材料应无明显损伤(裂缝、脱层)，其强度不应低于试验前的0.75倍。

石材抗冻性指标 **表14-2**

结构部位	大、中桥	小桥及涵洞
镶面或表面石材	50	25

注：根据以往实践经验证明材料确有足够抗冻性能者，可不作抗冻试验。

石材应具有耐风化和抗侵蚀能力。用于浸水或气候潮湿地区的受力结构的石材的软化系数不应低于0.8。软化系数是指石材在含水饱和状态下与干燥状态下试块极限抗压强度的比值。

2. 材料设计指标

(1) 石材强度设计值

石材强度设计值按表14-3采用。

石材强度设计值(MPa) **表14-3**

强度类别 \ 强度等级	MU120	MU100	MU80	MU60	MU50	MU40	MU30
轴心抗压 f_{cd}	31.78	26.49	21.19	15.89	13.24	10.59	7.95
弯曲抗拉 f_{tmd}	2.18	1.82	1.45	1.09	0.91	0.73	0.55

（2）混凝土强度设计值

应按表14-4规定采用。

混凝土强度设计值(MPa) **表14-4**

强度类别＼强度等级	C40	C35	C30	C25	C20	C15
轴心抗压 f_{cd}	15.64	13.69	11.73	9.78	7.82	5.87
弯曲抗拉 f_{tmd}	1.24	1.14	1.04	0.92	0.80	0.66
直接抗剪 f_{td}	2.48	2.28	2.09	1.85	1.59	1.32

（3）砂浆砌体抗压强度设计值

1）混凝土预制块砂浆砌体轴心抗压强度设计值 f_{cd} 应按表14-5规定采用。

混凝土预制块砂浆砌体轴心抗压强度设计值 f_{cd}(MPa) **表14-5**

砌块强度等级	砂浆强度等级					砂浆强度
	M20	M15	M10	M7.5	M5	0
C40	8.25	7.04	5.84	5.24	4.64	2.06
C35	7.71	6.59	5.47	4.90	4.34	1.93
C30	7.14	6.10	5.06	4.54	4.02	1.79
C25	6.52	5.57	4.62	4.14	3.67	1.63
C20	5.83	4.98	4.13	3.70	3.28	1.46
C15	5.05	4.31	5.58	3.21	2.84	1.26

2）块石砂浆砌体轴心抗压强度设计值 f_{cd} 按表14-6采用。

块石砂浆砌体轴心抗压强度设计值 f_{cd}(MPa) **表14-6**

砌块强度等级	砂浆强度等级					砂浆强度
	M20	M15	M10	M7.5	M5	0
MU120	8.42	7.19	5.96	5.35	4.73	2.10
MU100	7.68	6.56	5.44	4.88	4.32	1.92
MU80	6.87	5.87	4.87	4.37	3.86	1.72
MU60	5.95	5.08	4.22	3.78	3.35	1.49
MU50	5.43	4.46	3.85	3.45	3.05	1.36
MU40	4.86	4.15	3.44	3.09	2.73	1.21
MU30	4.21	3.59	2.98	2.67	2.37	1.05

注：对各类石砌体，应按表中数值分别乘以下列系数：细料石砌体为1.5；半细料石砌体为1.3；粗料石砌体为1.2；干砌块石砌体可采用砂浆强度为零时的抗压强度设计值。

3）各类砂浆砌体的轴心抗拉强度设计值 f_{td}、弯曲抗拉强度设计值 f_{tmd} 和直接抗剪强度设计值 f_{vd} 应按表14-7采用。

砂浆砌体轴心抗拉、弯曲抗拉和直接抗剪强度设计值(MPa)　　表 14-7

强度类别	破坏特征	砌体种类	砂浆强度等级				
			M20	M15	M10	M7.5	M5
轴心抗拉 f_{td}	齿　缝	规则砌块砌体	0.104	0.090	0.073	0.063	0.052
		片石砌体	0.096	0.083	0.068	0.059	0.048
弯曲抗拉 f_{tmd}	齿　缝	规则砌块砌体	0.122	0.105	0.086	0.074	0.061
		片石砌体	0.145	0.125	0.102	0.089	0.072
	通　缝	规则砌块砌体	0.084	0.073	0.059	0.051	0.042
直接抗剪 f_{vd}	—	规则砌块砌体	0.104	0.090	0.073	0.063	0.052
		片石砌体	0.241	0.208	0.170	0.147	0.120

注：1. 砌体龄期为 28d。
2. 规则砌块砌体包括：块石砌体、粗料石砌体、半细料石砌体、细料石砌体、混凝土预制块砌体。
3. 规则砌块砌体在齿缝方向受剪时，系通过砌体和灰缝剪破。
4. 施工阶段砂浆尚未结硬的新砌体的强度，可按砂浆强度为零进行验算。

14.2　圬工构件承载力计算

圬工构件的计算是以概率论为基础的极限状态设计方法，采用分项系数的设计表达式进行计算。圬工结构应按承载能力极限状态设计，并满足正常使用极限状态的要求；根据圬工桥涵结构的特点，其正常使用极限状态的要求，一般情况下可由相应的构造措施来保证。

圬工结构的设计安全等级按表 9-15 采用。

圬工结构按承载能力极限状态设计时，应采用下式计算

$$\gamma_0 S \leqslant R(f_d, a_d) \tag{14-1}$$

式中　γ_0——结构重要性系数，对应于表 9-15 规定的一级、二级、三级设计安全等级分别取用 1.1、1.0、0.9；

S——作用效应组合设计值，按《公路桥规》的规定计算；

$R(\cdot)$——构件承载力设计值函数；

f_d——材料强度设计值；

a_d——几何参数设计值，可采用几何参数标准值 a_k，即设计文件规定值。

砖、石及混凝土材料的共同特点是抗压极限强度大而抗拉、抗剪性能较差，因此砖、石及混凝土构件常用于诸如拱桥的拱圈、涵洞、桥梁的重力式墩台、扩展基础等以承压为主的结构构件。

14.2.1　砌体构件受压构件承载力计算

砌体(包括砌体和混凝土组合)受压构件，其受压偏心距 e(图 14-4)在表 14-8 限制范围内时，其承载力应按式(14-2)计算。

受压构件偏心距限值 表 14-8

作用组合	偏心距限值
基本组合	≤0.6s
偶然组合	≤0.7s

注：1. 混凝土结构单向偏心的受拉一边或双向偏心的各受拉一边，当设有不小于截面面积0.05%的纵向钢筋时，表内规定值可增加0.1s。

2. 表中s值为截面或换算截面重心轴至偏心方向截面边缘的距离。

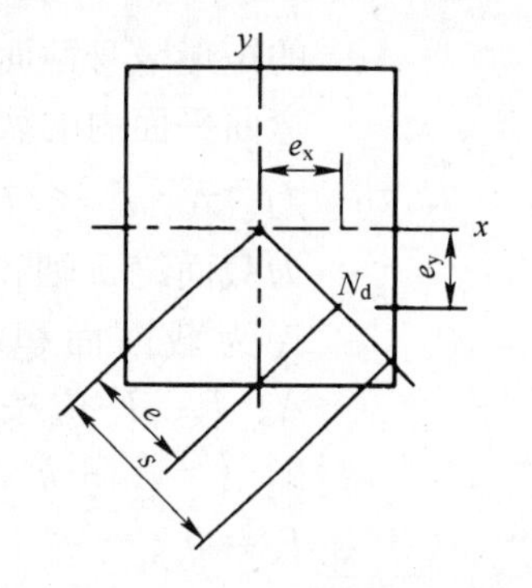

图 14-4 受压构件偏心距

N_d—轴向力；e—偏心距；s—截面重心至偏心方向截面边缘距离

$$\gamma_0 N_d \leqslant \varphi A f_{cd} \tag{14-2}$$

式中 N_d——轴向力设计值；

A——构件的截面积，对于组合截面按强度比换算，即$A=A_0+\eta_1 A_1+\eta_2 A_2+\cdots\cdots$，$A_0$为标准层截面积，$A_1$，$A_2$，……为其他层截面面积，$\eta_1=f_{c1d}/f_{c0d}$，$\eta_2=f_{c2d}/f_{c0d}$，……（$f_{c0d}$为标准层的轴心抗压强度设计值，$f_{c1d}$、$f_{c2d}$、……为其他层的轴心抗压强度设计值）；

f_{cd}——砌体或混凝土轴心抗压强度设计值，对组合截面应采用标准层轴心抗压强度设计值；

φ——构件轴心力的偏心距e和长细比β对受压构件承载力的影响系数。

砌体偏心受压构件承载力影响系数φ，按下式计算

$$\varphi=\frac{1}{\frac{1}{\varphi_x}+\frac{1}{\varphi_y}-1} \tag{14-3}$$

$$\varphi_x=\frac{1-\left(\frac{e_x}{x}\right)^m}{1+\left(\frac{e_x}{i_y}\right)^2}\cdot\frac{1}{1+\alpha\beta_x(\beta_x-3)\left[1+1.33\left(\frac{e_x}{i_y}\right)^2\right]} \tag{14-4}$$

$$\varphi_y=\frac{1-\left(\frac{e_y}{y}\right)^m}{1+\left(\frac{e_y}{i_x}\right)^2}\cdot\frac{1}{1+\alpha\beta_y(\beta_y-3)\left[1+1.33\left(\frac{e_y}{i_x}\right)^2\right]} \tag{14-5}$$

式中 φ_x、φ_y——分别为x方向和y方向偏心受压构件承载力影响系数；

x、y——分别为x方向、y方向截面重心方向的截面边缘距离，如图14-5所示；

e_x、e_y——轴向力在x方向、y方向的偏心距，$e_x=M_{yd}/N_d$、$e_y=M_{xd}/N_d$，其值不应超过表14-8的规定值，其中M_{xd}、M_{yd}分别为绕y轴x轴的弯矩设计值，N_d为轴向力设计值；

m——截面形状系数，对于圆形截面取2.5；对于T形或U形截面取3.5；对于箱形截面或矩形截面（包括两端设有曲线形或圆弧形

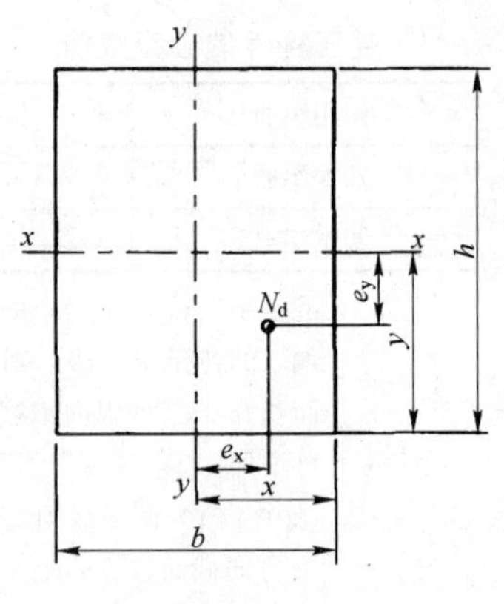

图 14-5

的矩形墩身截面)取 8.0；

i_x、i_y——弯曲平面内的截面回转半径，$i_x=\sqrt{I_x/A}$、$i_y=\sqrt{I_y/A}$；I_x、I_y 分别为截面绕 x 轴和绕 y 轴的惯性矩，A 为截面面积；对于组合截面，A、I_x、I_y 应按弹性模量比换算，即 $A=A_0+\psi_1 A_1+\psi_2 A_2+\cdots\cdots$，$I_x=I_{0x}+\psi_1 I_{1x}+\psi_2 I_{2x}+\cdots\cdots$，$I_y=I_{0y}+\psi_1 I_{1y}+\psi_2 I_{2y}+\cdots\cdots$，$A_0$ 为标准层的截面面积，A_1、A_2……为其他层的截面面积，I_{0x}、I_{0y} 为绕 x 轴和 y 轴的标准层惯性矩，I_{1x}、I_{2x}、……和 I_{1y}、I_{2y}、……分别为绕 x 轴和 y 轴的其他层惯性矩；$\psi_1=E_1/E_0$、$\psi_2=E_2/E_0$、……，E_0 为标准层弹性模量，E_1、E_2……为其他层的弹性模量；

α——与砂浆强度有关的系数，当砂浆强度等级大于或等于 M5 或组合构件时，α 为 0.002，当砂浆强度为 0 时，α 为 0.0013；

β_x、β_y——构件在 x 方向、y 方向的长细比，当 β_x、β_y 小于 3 时取 3；

$\beta_x=\dfrac{\gamma_\beta l_0}{3.5i_y}$、$\beta_y=\dfrac{\gamma_\beta l_0}{3.5i_x}$，$\gamma_\beta$ 为不同砌体材料构件的长细比修正系数，见表14-9，l_0 为构件的计算长度，见表 14-10。

长细比修正系数 γ_β　　　　表 14-9

砌体材料类别	γ_β	砌体材料类别	γ_β
混凝土预制块砌体或组合构件	1.0	粗料石、块石、片石砌体	1.3
细料石、半细料和石砌体	1.1		

构件计算长度 l_0　　　　表 14-10

构件及其结合情况		计算长度 l_0
直　杆	两端固结	$0.5l$
	一端固定，一端为不移动的铰	$0.7l$
	两端均为不移动的铰	$1.0l$
	一端固定，一端自由	$2.0l$
拱	三角拱	$0.58S$
	双铰拱	$0.54S$
	无铰拱	$0.36S$

注：l——构件支点间长度；S——拱轴线长度。

当轴向力的偏心距 e 超过表 14-8 的偏心距限制时，构件承载力应按下式计算：

单向偏心

$$\gamma_0 N_d \leqslant \varphi \frac{A f_{tmd}}{\dfrac{Ae}{W}-1} \tag{14-6}$$

双向偏心
$$\gamma_0 N_d \leqslant \varphi \frac{A f_{tmd}}{\left(\frac{A e_x}{W_x}+\frac{A e_y}{W_y}-1\right)} \tag{14-7}$$

式中 N_d——轴向力设计值；

A——构件的截面积，对于组合截面按弹性模量比换算为换算截面面积；

W——单向偏心时，构件受拉边缘的弹性抵抗矩，对于组合截面应按弹性模量比换算为截面弹性抵抗矩；

W_x、W_y——双向偏心时，构件 x 方向受拉边缘绕 y 轴的截面抵抗矩和构件 y 方向受拉边缘绕 x 轴的截面抵抗矩，对于组合截面应按弹性模量比换算为截面弹性抵抗矩；

f_{tmd}——构件受拉边层的弯曲抗拉强度设计值；

e_x、e_y——轴向力在 x 方向、y 方向的偏心距；

φ——砌体偏心受压构件承载力影响系数。

14.2.2 砌体构件正截面受弯承载力计算

砌体构件正截面受弯时，应按下式计算

$$\gamma_0 M_d \leqslant W f_{tmd} \tag{14-8}$$

式中 M_d——弯矩设计值；

W——截面受拉边缘的弹性抵抗矩，对于组合截面应按弹性模量比换算为换算截面受拉边缘弹性抵抗矩；

f_{tmd}——构件受拉边缘的弯曲抗拉强度设计值。

14.2.3 砌体构件直接受剪承载力计算

砌体构件或混凝土构件直接受剪，应按下式计算

$$\gamma_0 V_d \leqslant A f_{vd}+\frac{1}{1.4}\mu_f N_k \tag{14-9}$$

式中 V_d——剪力设计值；

A——受剪截面面积；

f_{vd}——砌体或混凝土抗剪强度设计值；

μ_f——摩擦系数，采用 $\mu_f=0.7$；

N_k——与受剪截面垂直的压力标准值。

思 考 题

1. 石材、混凝土预制品、砖、砂浆四者强度等级如何确定？
2. 砌体的抗压强度与块材的抗压强度相比，哪个强度高？为什么？
3. 如何提高砌体抗压强度？
4. 圬工桥涵结构对所采用的材料有何要求？
5. 试述砌体构件受压构件承载力计算步骤。

附 录 A

等肢角钢规格 附表 A-1

单角钢 双角钢

角钢型号	圆角 R (mm)	重心距 Z_0 (mm)	截面积 (cm²)	重量 (kg/m)	惯性矩 I_x (cm⁴)	截面抵抗矩 $W_{x,max}$ (cm³)	截面抵抗矩 $W_{x,min}$ (cm³)	回转半径 i_x (cm)	回转半径 i_{x0} (cm)	回转半径 i_{y0} (cm)	i_y，当 a 为下列数值 6mm (cm)	8mm (cm)	10mm (cm)	12mm (cm)
∟20×3	3.5	6.0	1.13	0.89	0.4	0.67	0.29	0.59	0.75	0.39	1.08	1.16	1.25	1.34
∟20×4		6.4	1.46	1.14	0.5	0.78	0.36	0.58	0.73	0.38	1.11	1.19	1.28	1.37
∟25×3	3.5	7.3	1.43	1.12	0.81	1.12	0.46	0.76	0.95	0.49	1.28	1.36	1.44	1.53
∟25×4		7.6	1.86	1.46	1.03	1.36	0.59	0.74	0.93	0.48	1.30	1.38	1.46	1.55
∟30×3	4.5	8.5	1.75	1.37	1.46	1.72	0.68	0.91	1.15	0.59	1.47	1.55	1.63	1.71
∟30×4		8.9	2.28	1.79	1.84	2.06	0.87	0.90	1.13	0.58	1.49	1.57	1.66	1.74
∟36×3	4.5	10.0	2.11	1.65	2.58	2.58	0.99	1.11	1.39	0.71	1.71	1.75	1.86	1.95
∟36×4		10.4	2.76	2.16	3.29	3.16	1.28	1.09	1.38	0.70	1.73	1.81	1.89	1.97
∟36×5		10.7	3.38	2.65	3.95	3.70	1.56	1.08	1.36	0.70	1.74	1.82	1.91	1.99
∟40×3	5	10.9	2.36	1.85	3.59	3.3	1.23	1.23	1.55	0.79	1.85	1.93	2.01	2.09
∟40×4		11.3	3.09	2.42	4.60	4.07	1.60	1.22	1.54	0.79	1.88	1.96	2.04	2.12
∟40×5		11.7	3.79	2.98	5.53	4.73	1.96	1.21	1.52	0.78	1.90	1.98	2.06	2.14
∟45×3	5	12.2	2.66	2.09	5.17	4.24	1.58	1.40	1.76	0.90	2.06	2.14	2.21	2.29
∟45×4		12.6	3.49	2.74	6.65	5.28	2.05	1.38	1.74	0.89	2.08	2.16	2.24	2.32
∟45×5		13.0	4.29	3.37	8.04	6.19	2.51	1.37	1.72	0.88	2.11	2.18	2.26	2.34
∟45×6		13.3	5.08	3.98	9.33	7.0	2.95	1.36	1.70	0.88	2.12	2.20	2.28	2.36
∟50×3	5.5	13.4	2.97	2.33	7.18	5.36	1.96	1.55	1.96	1.00	2.26	2.33	2.41	2.49
∟50×4		13.8	3.90	3.06	9.26	6.71	2.56	1.54	1.94	0.99	2.28	2.35	2.43	2.51
∟50×5		14.2	4.80	3.77	11.21	7.89	3.13	1.53	1.92	0.98	2.30	2.38	2.45	2.53
∟50×6		14.6	5.69	4.46	13.05	8.94	3.68	1.52	1.91	0.98	2.32	2.40	2.48	2.56
∟56×3	6	14.8	3.34	2.62	10.2	6.89	2.48	1.75	2.20	1.13	2.49	2.57	2.64	2.71
∟56×4		15.3	4.39	3.45	13.2	8.63	3.24	1.73	2.18	1.11	2.52	2.59	2.67	2.75
∟56×5		15.7	5.41	4.25	16.0	10.2	3.97	1.72	2.17	1.10	2.54	2.62	2.69	2.77
∟56×8		16.8	8.37	6.57	23.6	14.0	6.03	1.68	2.11	1.09	2.60	2.67	2.75	2.83

续表

角钢型号	圆角 R (mm)	重心距 Z_0 (mm)	截面积 (cm^2)	重量 (kg/m)	惯性矩 I_x (cm^4)	截面抵抗矩 $W_{x,max}$ (cm^3)	截面抵抗矩 $W_{x,min}$ (cm^3)	回转半径 i_x (cm)	回转半径 i_{x0} (cm)	回转半径 i_{y0} (cm)	i_y，当 a 为下列数值 6mm (cm)	8mm (cm)	10mm (cm)	12mm (cm)
4		17.0	4.98	3.91	19.0	11.2	4.13	1.96	2.46	1.26	2.80	2.87	2.94	3.02
5		17.4	6.14	4.82	23.2	13.3	5.08	1.94	2.45	1.25	2.82	2.89	2.97	3.04
∟63×6	7	17.8	7.29	5.72	27.1	15.2	6.0	1.93	2.43	1.24	2.84	2.91	2.99	3.06
8		18.5	9.51	7.47	34.5	18.6	7.75	1.90	2.40	1.23	2.87	2.95	3.02	3.10
10		19.3	11.66	9.15	41.1	21.3	9.39	1.88	2.36	1.22	2.91	2.99	3.07	3.15
4		18.6	5.57	4.37	26.4	14.2	5.14	2.18	2.74	1.40	3.07	3.14	3.21	3.28
5		19.1	6.87	5.40	32.2	16.8	6.32	2.16	2.73	1.39	3.09	3.17	3.24	3.31
∟70×6	8	19.5	8.16	6.41	37.8	19.4	7.48	2.15	2.71	1.38	3.11	3.19	3.26	3.34
7		19.9	9.42	7.40	43.1	21.6	8.59	2.14	2.69	1.38	3.13	3.21	3.28	3.36
8		20.3	10.7	8.37	48.2	23.8	9.68	2.12	2.68	1.37	3.15	3.23	3.30	3.38
5		20.4	7.37	5.82	40.0	19.6	7.32	2.33	2.92	1.50	3.30	3.37	3.45	3.52
6		20.7	8.80	6.90	47.0	22.7	8.64	2.31	2.90	1.49	3.31	3.38	3.46	3.53
∟75×7	9	21.1	10.2	7.98	53.6	25.4	9.93	2.30	2.89	1.48	3.33	3.40	3.48	3.55
8		21.5	11.5	9.03	60.0	27.9	11.2	2.28	2.88	1.47	3.35	3.42	3.50	3.57
10		22.2	14.1	11.1	72.0	32.4	13.6	2.26	2.84	1.46	3.38	3.46	3.53	3.61
5		21.5	7.91	6.21	48.8	22.7	8.34	2.48	3.13	1.60	3.49	3.56	3.63	3.71
6		21.9	9.40	7.38	57.3	26.1	9.87	2.47	3.11	1.59	3.51	3.58	3.65	3.72
∟80×7	9	22.3	10.9	8.52	65.6	29.4	11.4	2.46	3.10	1.58	3.53	3.60	3.67	3.75
8		22.7	12.3	9.66	73.5	32.4	12.8	2.44	3.08	1.57	3.55	3.62	3.69	3.77
10		23.5	15.1	11.9	88.4	37.6	15.6	2.42	3.04	1.56	3.59	3.66	3.74	3.81
6		24.4	10.6	8.35	82.8	33.9	12.6	2.79	3.51	1.80	3.91	3.98	4.05	4.13
7		24.8	12.3	9.66	94.8	38.2	14.5	2.78	3.50	1.78	3.93	4.00	4.07	4.15
∟90×8	10	25.2	13.9	10.9	106	42.1	16.4	2.76	3.48	1.78	3.95	4.02	4.09	4.17
10		25.9	17.2	13.5	129	49.7	20.1	2.74	3.45	1.76	3.98	4.05	4.13	4.20
12		26.7	20.3	15.9	149	56.0	23.6	2.71	3.41	1.75	4.02	4.10	4.17	4.25
6		26.7	11.9	9.37	115	43.1	15.7	3.10	3.90	2.00	4.30	4.37	4.44	4.51
7		27.1	13.8	10.8	132	48.6	18.1	3.09	3.89	1.99	4.31	4.39	4.46	4.53
8		27.6	15.6	12.3	148	53.7	20.5	3.08	3.88	1.98	4.34	4.41	4.48	4.56
∟100×10	12	28.4	19.3	15.1	179	63.2	25.1	3.05	3.84	1.96	4.38	4.45	4.52	4.60
12		29.1	22.8	17.9	209	71.9	29.5	3.03	3.81	1.95	4.41	4.49	4.56	4.63
14		29.9	26.3	20.6	236	79.1	33.7	3.00	3.77	1.94	4.45	4.53	4.60	4.68
16		30.6	29.6	23.3	262	89.6	37.8	2.98	3.74	1.94	4.49	4.56	4.64	4.72

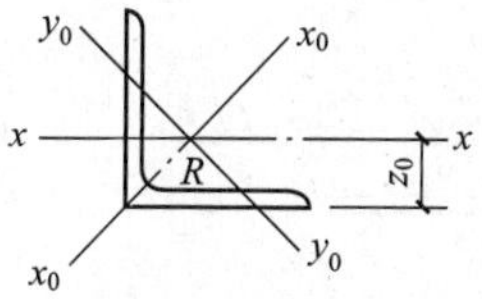

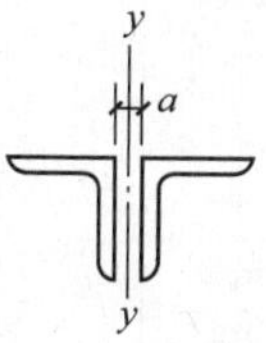

续表

角钢型号	圆角 R (mm)	重心距 Z_0 (mm)	截面积 (cm^2)	重量 (kg/m)	惯性矩 I_x (cm^4)	截面抵抗矩 $W_{x,max}$ (cm^3)	$W_{x,min}$ (cm^3)	回转半径 i_x (cm)	i_{x0} (cm)	i_{y0} (cm)	双角钢 i_y，当 a 为下列数值 6mm (cm)	8mm	10mm	12mm
∟110×7	12	29.6	15.2	11.9	177	59.9	22.0	3.41	4.30	2.20	4.72	4.79	4.86	4.92
8		30.1	17.2	13.5	199	64.7	25.0	3.40	4.28	2.19	4.75	4.82	4.89	4.96
10		30.9	21.3	16.7	242	78.4	30.6	3.38	4.25	2.17	4.78	4.86	4.93	5.00
12		31.6	25.2	19.8	283	89.4	36.0	3.35	4.22	2.15	4.81	4.89	4.96	5.03
14		32.4	29.1	22.8	321	99.2	41.3	3.32	4.18	2.14	4.85	4.93	5.00	5.07
∟125×8	14	33.7	19.7	15.5	297	88.1	32.5	3.88	4.88	2.50	5.34	5.41	5.48	5.55
10		34.5	24.4	19.1	362	105	40.0	3.85	4.85	2.48	5.38	5.45	5.52	5.59
12		35.3	28.9	22.7	423	120	41.2	3.83	4.82	2.46	5.41	5.48	5.56	5.63
14		36.1	33.4	26.2	482	133	54.2	3.80	4.78	2.45	5.45	5.52	5.60	5.67
∟140×10		38.2	27.4	21.5	515	135	50.6	4.34	5.46	2.78	5.98	6.05	6.12	6.19
12		39.0	32.5	25.5	604	155	59.8	4.31	5.43	2.76	6.02	6.09	6.16	6.23
14		39.8	37.6	29.5	689	173	68.7	4.28	5.40	2.75	6.05	6.12	6.20	6.27
16		40.6	42.5	33.4	770	190	77.5	4.26	5.36	2.74	6.09	6.16	6.24	6.31
∟160×10	16	43.1	31.5	24.7	779	180	66.7	4.98	6.27	3.20	6.78	6.85	6.92	6.99
12		43.9	37.4	29.4	917	208	79.0	4.95	6.24	3.18	6.82	6.89	6.96	7.02
14		44.7	43.3	34.0	1048	234	90.9	4.92	6.20	3.16	6.85	6.92	6.99	7.07
16		45.5	49.1	38.5	1175	258	103	4.89	6.17	3.14	6.89	6.96	7.03	7.10
∟180×12		48.9	42.2	33.2	1321	271	101	5.59	7.05	3.58	7.63	7.70	7.77	7.84
14		49.7	48.9	38.4	1514	305	116	5.56	7.02	3.56	7.66	7.73	7.81	7.87
16		50.5	55.5	43.5	1701	338	131	5.54	6.98	3.55	7.70	7.77	7.84	7.91
18		51.3	62.0	48.6	1875	365	146	5.50	6.94	3.51	7.73	7.80	7.87	7.94
∟200×14	18	54.6	54.6	42.9	2104	387	145	6.20	7.82	3.98	8.47	8.53	8.60	8.67
16		55.4	62.0	48.7	2366	428	164	6.18	7.79	3.96	8.50	8.57	8.64	8.71
18		56.2	69.3	54.4	2621	467	182	6.15	7.75	3.94	8.54	8.61	8.67	8.75
20		56.9	76.5	60.1	2867	503	200	6.12	7.72	3.93	8.56	8.64	8.71	8.78
24		58.7	90.7	71.2	3338	570	236	6.07	7.64	3.90	8.65	8.73	8.80	8.87

不等肢角钢规格

附表 A-2

单钢型号	圆角 R	重心距 Z_x	重心距 Z_y	截面积 (mm²)	重量 (kg/m)	惯性矩 I_x	惯性矩 I_y	回转半径 i_x	回转半径 i_y	回转半径 i_{y0}	i_{y1}，当 a 为下列数 6mm	8mm	10mm	12mm	i_{y2}，当 a 为下列数 6mm	8mm	10mm	12mm
		(mm)				(cm⁴)		(cm)			(cm)				(cm)			
∟100×63×6	10	14.3	32.4	9.62	7.55	30.9	99.1	1.79	3.21	1.38	2.49	2.56	2.63	2.71	4.78	4.85	4.93	5.00
7		14.7	32.8	11.1	8.72	35.3	113	1.78	3.20	1.38	2.51	2.58	2.66	2.73	4.80	4.87	4.95	5.03
8		15.0	33.2	12.6	9.88	39.4	127	1.77	3.18	1.37	2.52	2.60	2.67	2.75	4.82	4.89	4.97	5.05
10		15.8	34.0	15.5	12.1	47.1	154	1.74	3.15	1.35	2.57	2.64	2.72	2.79	4.86	4.94	5.02	5.09
∟100×80×6	10	19.7	29.5	10.6	8.35	61.2	107	2.40	3.17	1.72	3.30	3.37	3.44	3.52	4.54	4.61	4.69	4.76
7		20.1	30.0	12.3	9.66	70.1	123	2.39	3.16	1.72	3.32	3.39	3.46	3.54	4.47	4.64	4.71	4.79
8		20.5	30.4	13.9	10.9	78.6	138	2.37	3.14	1.71	3.34	3.41	3.48	3.56	4.59	4.66	4.74	4.81
10		21.3	31.2	17.2	13.5	94.6	167	2.35	3.12	1.69	3.38	3.45	3.53	3.60	4.63	4.70	4.78	4.85
∟110×70×6	10	15.7	35.3	10.6	8.35	42.9	133	2.01	3.54	1.54	2.74	2.81	2.88	2.97	5.22	5.29	5.36	5.44
7		16.1	35.7	12.3	9.66	49.0	153	2.00	3.53	1.53	2.76	2.83	2.90	2.98	5.24	5.31	5.39	5.46
8		16.5	36.2	13.9	10.9	54.9	172	1.98	3.51	1.53	2.78	2.85	2.93	3.00	5.26	5.34	5.41	5.49
10		17.2	37.0	17.2	13.5	65.9	208	1.96	3.48	1.51	2.81	2.89	2.96	3.04	5.30	5.38	5.46	5.53
∟125×80×7	11	18.0	40.1	14.1	11.1	74.4	228	2.30	4.02	1.76	3.11	3.18	3.25	3.32	5.89	5.97	6.04	6.12
8		18.4	40.6	16.0	12.6	83.5	257	2.28	4.01	1.75	3.13	3.20	3.27	3.34	5.92	6.00	6.07	6.15
10		19.2	41.4	19.7	15.5	101	312	2.26	3.98	1.74	3.17	3.24	3.31	3.38	5.96	6.04	6.11	6.19
12		20.0	42.2	23.4	18.3	117	364	2.24	3.95	1.72	3.21	3.28	3.35	3.43	6.00	6.08	6.15	6.23

续表

单钢型号	单角钢 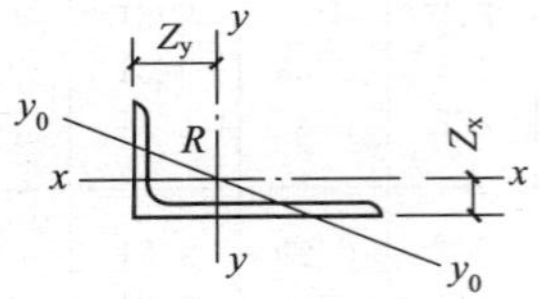										双角钢 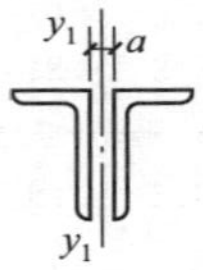				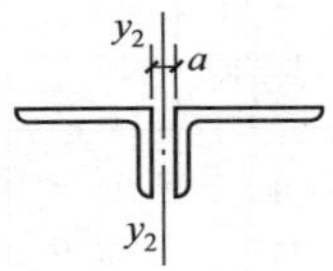			
	圆角 R	重心距		截面积 (mm^2)	重量 (kg/m)	惯性矩		回转半径			i_{y1}，当 a 为下列数				i_{y2}，当 a 为下列数			
		Z_x	Z_y			I_x	I_y	i_x	i_y	i_{y0}	6mm	8mm	10mm	12mm	6mm	8mm	10mm	12mm
	(mm)					(cm^4)		(cm)			(cm)				(cm)			
└140×90×8	12	20.4	45.0	18.0	14.2	121	366	2.59	4.50	1.98	3.49	3.56	3.63	3.70	6.58	6.65	6.72	6.79
10		21.2	45.8	22.3	17.5	146	445	2.56	4.47	1.96	3.52	3.59	3.66	3.74	6.62	6.69	6.77	6.84
12		21.9	46.6	26.4	20.7	170	522	2.54	4.44	1.95	3.55	3.62	3.70	3.77	6.66	6.74	6.81	6.89
14		22.7	47.4	30.5	23.9	192	594	2.51	4.42	1.94	3.59	3.67	3.74	3.81	6.70	6.78	6.85	6.93
└160×100×10	13	22.8	52.4	25.3	19.9	205	669	2.85	5.14	2.19	3.84	3.91	3.98	4.05	7.56	7.63	7.70	7.78
12		23.6	53.2	30.1	23.6	239	785	2.82	5.11	2.17	3.88	3.95	4.02	4.09	7.60	7.67	7.75	7.82
14		24.3	54.0	34.7	27.2	271	896	2.80	5.08	2.16	3.91	3.98	4.05	4.12	7.64	7.71	7.79	7.86
16		25.1	54.8	39.3	30.8	302	1003	2.77	5.05	2.16	3.95	4.02	4.09	4.17	7.68	7.75	7.83	7.91
└180×110×10	14	24.4	58.9	28.4	22.3	278	956	3.13	5.80	2.42	4.16	4.23	4.29	4.36	8.47	8.56	8.63	8.71
12		25.2	59.8	33.7	26.5	325	1125	3.10	5.78	2.40	4.19	4.26	4.33	4.40	8.53	8.61	8.68	8.76
14		25.9	60.6	39.0	30.6	370	1287	3.08	5.75	2.39	4.22	4.29	4.36	4.43	8.57	8.65	8.72	8.80
16		26.7	61.4	44.1	34.6	412	1443	3.06	5.72	2.38	4.26	4.33	4.40	4.47	8.61	8.69	8.76	8.84
└200×125×12	14	28.3	65.4	37.9	29.8	483	1571	3.57	6.44	2.74	4.75	4.81	4.88	4.95	9.39	9.47	9.54	9.61
14		29.1	66.2	43.9	34.4	551	1801	3.54	6.41	2.73	4.78	4.85	4.92	4.99	9.43	9.50	9.58	9.65
16		29.9	67.0	49.7	39.0	615	2023	3.52	6.38	2.71	4.82	4.89	4.96	5.03	9.47	9.54	9.62	9.69
18		30.6	67.8	55.5	43.6	677	2238	3.49	6.35	2.70	4.85	4.92	4.99	5.07	9.51	9.58	9.66	9.74

附　录　B

试验一　低碳钢和铸铁的拉伸试验

一、试验目的

（1）测定低碳钢的力学指标屈服极限 σ_S、强度极限 σ_b、延伸率 δ 和断面收缩率 ψ。

（2）观察低碳钢拉伸过程中的弹性、屈服、强化、颈缩、断裂等现象。

（3）测定铸铁的强度极限 σ_b，观察铸铁拉伸破坏的形式并与低碳钢作比较。

（4）熟悉材料试验机和其他仪器的使用。

二、试验设备

（1）电子万能材料试验机；

（2）液压摆式万能试验机；

（3）X—Y 记录；

（4）游标卡尺。

三、试件介绍

由于试件的形状和尺寸对实验结果有一定的影响，为减少这种影响，便于比较结果，我们将试件按统一规定加工成标准的形式，如附图 B-1 所示。依照国家有关标准的规定，拉伸试件分为比例试件和非比例试件两种。比例试件的标距 l_0 与原始横截面面积 A_0 的关系规定见附表 B-1，非比例试件的 l_0 与 A_0 的关系不受附表 B-1 的限制。

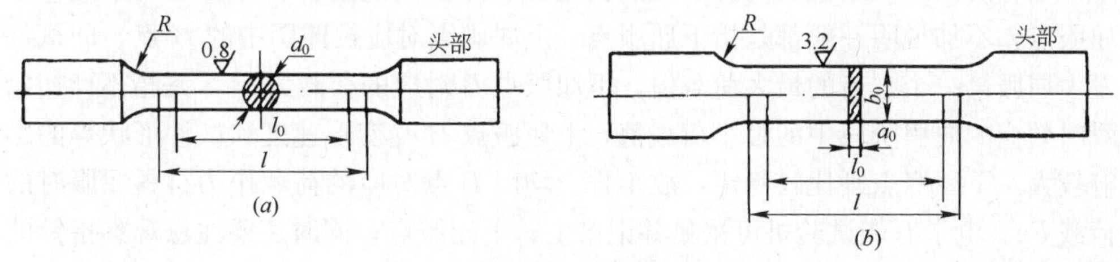

附图 B-1　试件

(a)圆形试件；(b)矩形试件

比 例 试 件 参 数　　　　**附表 B-1**

比例试件	圆　截　面	矩形截面	备　　注
10 倍试件	$l_0=10d_0$	$l_0=11.3\sqrt{A_0}$	适用于钢材和铸铁
5 倍试件	$l_0=5d_0$	$l_0=5.65\sqrt{A_0}$	

注：表中 l_0——计算长度；d_0——圆直径；A_0——圆截面面积。

四、试验原理及方法

试验时，利用试验机的自动绘图器可绘出低碳钢和铸铁拉伸曲线如附图 B-2、附图 B-3 所示。试件开始受力时，夹持部分在夹板内滑动较大，所以绘出的拉伸曲线最初为一段曲线。

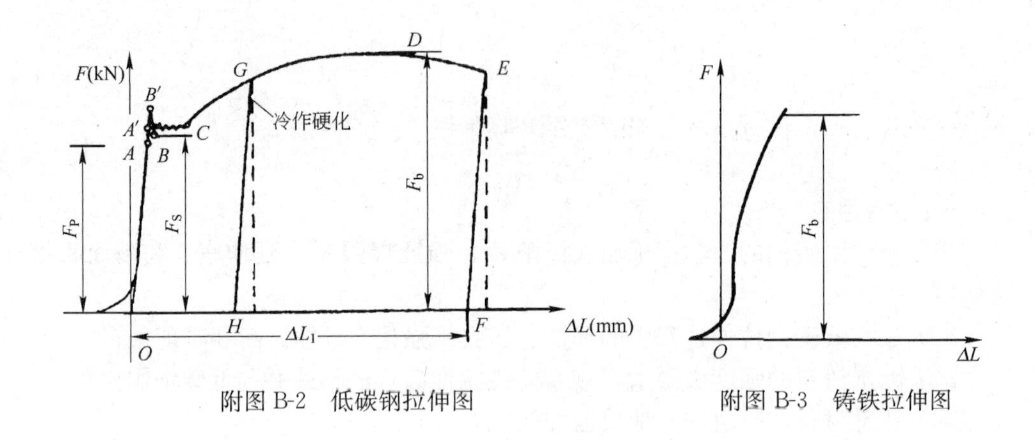

附图 B-2　低碳钢拉伸图　　附图 B-3　铸铁拉伸图

（一）低碳钢拉伸试验

试件依次经过弹性、屈服、强化和颈缩四个阶段，其中前三个阶段是均匀变形的。

（1）弹性阶段。是指拉伸图附图 B-2 上的 OA'段，没有任何残留变形。荷载与变形是同时存在的；A 点对应的应力称为比例极限 $\sigma_P=F_P/A_0$，OA 段是虎克定律成立的范围，此部分荷载与变形是成正比的，材料的弹性模量 E 应在此范围内测定。

（2）屈服阶段。拉伸图附图 B-2 上的 BC 段。金属材料的屈服是宏观塑性变形开始的一种标志，在低碳钢的拉伸曲线上，当荷载增加到一定数值时出现了锯齿现象。这种荷载在一定范围内波动而试件还继续变形伸长的现象称为屈服现象。屈服阶段中一个重要的力学性能就是屈服点。低碳钢材料存在上屈服点和下屈服点，不加说明一般都是指下屈服点。上屈服点对应拉伸图中的 B'点，即试件发生屈服第一个锯齿的最大荷载值。下屈服点 B 对应的荷载为 F_S，是指不计初始瞬时效应的屈服阶段中的最小荷载值，上屈服点 B'受变形速度和试件形状等的影响较大，下屈服点则比较稳定，故工程上均以 B 点对应的荷载作为材料屈服时的荷载 F_S。电子万能试验机可采集并记录上、下屈服点；同时还要注意观察指针的波动状况。具体确定屈服点的做法是：当屈服出现一对峰谷时，则对应于谷底点位置就是屈服点；当屈服阶段出现多个波动峰谷时，则除去第一个谷值后所余最小谷值点就是屈服点。并应用式 $\sigma_S=\dfrac{F_S}{A_0}$计算 σ_S屈服极限（A_0为试件变形前的横截面积）。

（3）强化阶段。对应于拉伸图附图 B-2 中的 CD 段，材料抵抗继续变形的能力在增强。D 点是拉伸曲线的最高点，荷载为 F_b，对应的应力是材料的强度极限或抗拉极限，记为σ_b，应用公式$\sigma_b=\frac{F_b}{A_0}$计算强度极限。

（4）颈缩阶段。对应于拉伸图的DE段。荷载达到最大值后，塑性变形开始在局部进行。这是因为在最大荷载点以后，由于材料本身缺陷的存在，于是均匀变形转化为集中变形，导致形成颈缩。颈缩阶段，承载面积急剧减小，试件承受的荷载也不断下降，直至断裂。断裂后，试件的弹性变形消失，塑性变形则永久保留在破断的试件上。材料的塑性性能通常用试件断后残留的变形来衡量。轴向拉伸的塑性性能通常用伸长率δ和断面收缩率ψ来表示，计算公式为

延伸率 $$\delta=\frac{l_1-l_0}{l_0}\times100\%$$

断面收缩率 $$\psi=\frac{A_0-A_1}{A_0}\times100\%$$

式中，l_0、A_0分别表示试件的原始标距和原始面积；l_1、A_1分别表示试件断后标距和断口面积。

如果断口到邻近标距点的距离小于或等于$l_0/3$时，则必须用“断口移中”法计算l_1。具体方法如下：以断口O为起点，在长段上取基本等于短段格数得B点。若长段所余格数为偶数则取其一半得C点，这时$l_1=AB+2BC$，如附图B-4(*b*)所示。若长段所余格数为奇数，则减1后的一半得到C点、加1后的一半得到C_1点，这时$l_1=AB+BC+BC_1$，如附图B-4(*c*)所示。

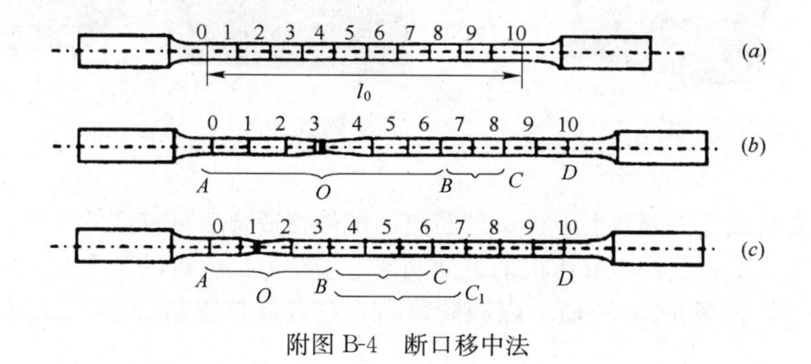

附图 B-4 断口移中法

（二）铸铁拉伸试验

铸铁是典型的脆性材料，在变形极小时就达到最大荷载而突然发生断裂，没有明显的四个阶段。断裂面平齐且为闪光的结晶状组织，说明是由拉应力引起的。其强度指标也只有强度极限σ_b，用试验测得的荷载最大值F_b除以试件的原始面积A_0，就得到铸铁的强度极限σ_b，即

$$\sigma_b=\frac{F_b}{A_0}$$

五、试验步骤

（1）试件准备。在低碳钢试件上划出长度为l_0的标距线，并把l_0分成n等份（一般10等份）。对于低碳钢和铸铁试件，要测量标距和初始直径，初始直径是在标距的两端及中部三个位置上，沿两个相互垂直方向测量，以其平均值计算各

横截面面积，再取三者中的最小值为试件的 A_0。

（2）试验机准备。对于液压试验机如附图 B-5 所示，根据试件的材料和尺寸选择合适的示力度盘(量程)和相应的摆锤。对于电子拉力试验机如附图 B-6 所示，要选择合适的量程和加载速度。标定记录仪的 x 轴(一般为变形 Δl)和 y 轴(一般为拉力 F)。

附图 B-5　机械摆式万能试验机

附图 B-6　电子万能试验机

（3）安装试件。调整上下横梁的距离与试件相适合后再将试件夹紧。

（4）正式试验。控制液压机的进油阀或电子拉力试验机的升降开关缓慢加载。试验过程中，注意记录 F_S值。屈服阶段后，打开峰值保持开关，以便自动记录 F_b值。

（5）关机取试件。试件破坏后，立即关机。取下试件，量取有关尺寸 l_1、d_1、A_1。观察断口形状。

六、试验结果处理

以表格的形式处理试验结果。根据记录的原始数据，计算出低碳钢的 σ_S、σ_b、δ、ψ 及铸铁的强度极限 σ_b。

七、思考题

1．什么情况下采用“断口移中”法？如何进行断口移中？

2．低碳钢的屈服现象是怎样发生的，主要是哪些应力引起的？

3．试验时如何观察低碳钢的屈服极限？

4．由试验现象和结果比较低碳钢和铸铁的力学性能有何不同？

5．塑性材料有哪四个强度指标？其中，哪一个是材料破坏的标志？

八、试验记录参考表格

试验记录表格见附表 B-2 和附表 B-3。

拉伸试件尺寸 附表 B-2

材料	标距 l_0 (mm)	试验前										试验后		
		直径(mm)									最小截面 A_0 (mm^2)	断后标长 l_1 (mm)	颈缩直径 d_1 (mm)	颈缩面积 A_1 (mm^2)
		横截面 1			横截面 2			横截面 3						
		1	2	平均	1	2	平均	1	2	平均				
低碳钢														
铸铁														

试 验 数 据 附表 B-3

材 料	强 度				塑 性	
	屈服荷载 (kN)	最大荷载 (kN)	屈服点 σ_S (MPa)	抗拉强度 σ_b (MPa)	伸长率 δ (%)	断面收缩率 ψ (%)
低碳钢						
铸铁						

试验二 低碳钢和铸铁的压缩试验

一、试验目的

1. 比较低碳钢和铸铁压缩变形和破坏现象。
2. 测定低碳钢的屈服极限 σ_s 和铸铁的强度极限 σ_b。
3. 比较铸铁在拉伸和压缩两种受力形式下的力学性能、分析其破坏原因。
4. 熟悉压力试验机的使用方法。

二、试验仪器和设备

1. 电子万能材料试验机或液压摆式万能试验机；
2. X—Y 记录仪；
3. 游标卡尺。

三、试件介绍

压缩试件不能过于细长，以免受压时发生弯曲，也不能过于粗短，以免两端面由于摩擦力的作用而影响实验结果。加工时要求两端平面平行度为±0.01mm。金属材料常用圆形试件如附图 B-7(a)所示，其高度 h_0 和直径 d_0 之比值规定：$1\leqslant\frac{h_0}{d_0}\leqslant3$。

四、试验原理及方法

对低碳钢材料，在承受压缩荷载时，起初变形较小，测力指针等速转动；当超过比例荷载 F_P 后，变形开始增快，测力指针出现了转动减慢或短暂的停留或有微小回转现象，这表明材料已达到屈服状态，此时的荷载即为 F_S。若屈服阶段出现多次指针回摆，取第一次回摆之后的最低荷载为屈服荷载。需要指出的是，指针的速度变化远不及拉伸时明显，所以在确定屈服荷载 F_S时要仔细观察，有时需借用自动绘图器描绘出的曲线来帮助判断 F_S值。屈服阶段结束后，塑性变形迅速增加，试件截面面积也随之增大，而使试件承受的荷载也随之增加，F-Δl 曲线继续上升，如附图 B-7(b)所示。这时试件被压成鼓形，最后压成饼形而不破裂，其强度极限无法测定，因此只能测出屈服荷载 F_S。由公式 $\sigma_S=\dfrac{F_S}{A_0}$可得出材料受压时的屈服极限。

铸铁试件达到最大荷载 F_b时，突然发生破裂，此时测力主动针迅速倒退，由被动针读出 F_b值。铸铁受压缩时的强度和变形比拉伸时大得多。但仍然是在很小变形下发生破坏，没有屈服点，只能测出强度极限，如附图 B-7(c)所示。$\sigma_b=\dfrac{F_b}{A_0}$，破坏时沿着大约与轴线成 45°角的方向破坏，因受摩擦的影响，一般为 55°左右。

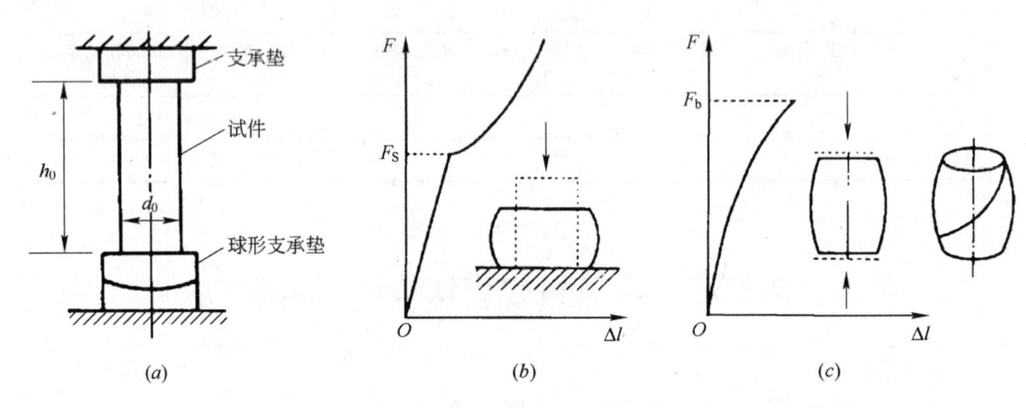

附图 B-7　低碳钢和铸铁压缩

(a)压缩试验时球形支承垫；(b)低碳钢压缩图；(c)铸铁试件在压缩下的破坏图

五、试验步骤

1. 试验机准备。根据估算的最大荷载，选择合适的示力度盘和相应的摆锤，并按相应的操作规程操作。

2. 测量压缩试件的高度 h_0 和直径 d_0。以试件中间截面相互垂直方向直径的平均值计算面积 A_0。

3. 为减少摩擦的影响，试件两端可加少许的润滑油。

4. 将试件正确地放在上、下夹板中央，并安装好防护安全罩。

5. 开动试验机，当试件与支承点接近时，应减慢活动平台的上升速度，对试件进行缓慢均匀地加载，以免突然加载。对于低碳钢，要及时记录其屈服荷载，超过屈服荷载后，继续加载(荷载不能超过选用的示力度盘范围的 80%)，将试件压成鼓形即可停止加载。铸铁试件加压至试件破坏为止，记录最大荷载。

6. 取出试件，将试验机恢复原状，观察试件。

六、试验结果的处理

1. 计算低碳钢的屈服极限 σ_S。

$$\sigma_S=\frac{P_S}{A_0}$$

2. 计算铸铁的强度极限 σ_b。

$$\sigma_b=\frac{P_b}{A_0}$$

其中 $A_0=\frac{1}{4}\pi d_0^2$，d_0 为试件实验前最小直径。

七、思考题

1. 为何低碳钢压缩测不出破坏荷载而铸铁压缩测不出屈服荷载？
2. 根据铸铁试件的压缩破坏形式分析其破坏原因，并与拉伸作比较。
3. 通过拉伸与压缩试验，比较低碳钢的屈服极限在拉伸和压缩时的差别。
4. 通过拉伸与压缩试验，比较铸铁的强度极限在拉伸和压缩时的差别。

八、试验记录参考表格

试 验 数 据 **附表 B-4**

材料	原始直径 d_0(mm)			截面面积 A_0(mm²)	屈服荷载(kN)	屈服极限(MPa)	最大荷载(kN)	强度极限(MPa)
	1	2	平均					
低碳钢								
铸铁								

试验三　纯弯曲梁正应力分布电测试验

一、试验目的

1. 研究纯弯曲时梁横截面上正应力的大小及其分布规律并与理论值相比较。
2. 了解电测法的基本原理和电阻应变仪的使用方法。
3. 测量泊松比。

二、试验装置及仪器

1. 纯弯曲梁试验装置如附图 B-8(a)所示。
2. 静态数字电阻应变仪，数字电子式测力仪。
3. 游标卡尺，卷尺。

三、试验原理

1. 测定弯曲正应力

本试验是采用低碳钢制成的矩形截面试件，装置如附图 B-8(a)所示。当力 P 作用于辅助梁的中央 A 点时，通过辅助梁将压力分解为两个集中力 $F=P/2$ 并分别作用于主梁(试件)的 B、C 两点处，其弯矩图如附图 B-8(d)所示。梁的 BC 段的剪力为零，弯矩 $M=F\cdot a$，因此，BC 段发生纯弯曲。在纯弯曲段内选一条横向线，在横向线上分别于中性轴处、离中性轴 $\pm H/4$ 处和 $\pm H/2$ 处取 5 点如附图 B-8(b)所示，沿梁的轴线方向各贴一枚电阻应变片，在梁的不受力区贴一枚温度补偿片。采用有温度补偿片的单点测量法，根据单向受力假设，梁横截面上各点均处于单向应力状态，可以应用虎克定律，计算各测点的正应力。

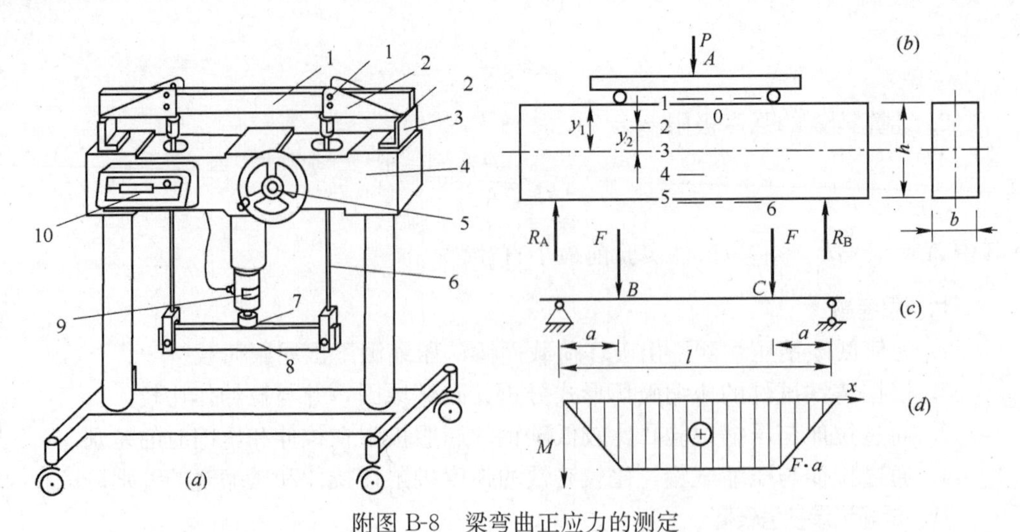

附图 B-8　梁弯曲正应力的测定

1—弯曲梁；2—定位板；3—支座；4—试验机架；5—加载系统；6—加载杆；7—加载压头；8—加载横梁；9—加载传感器；10—测力仪

本试验采用逐级等量加载的方法加载，每次增加等量的荷载 ΔP，测定各点相应的应变$\varepsilon_{实j}$，即：F_0为初荷载，$F_1=F_0+\Delta P$，$F_2=F_1+\Delta P$，$F_3=F_2+\Delta P$，$F_4=F_3+\Delta P$，相对应任意测点 j 的应变为$\varepsilon_{实j0}$，$\varepsilon_{实j1}$，$\varepsilon_{实j2}$，$\varepsilon_{实j3}$，$\varepsilon_{实j4}$。

对于任意一个测点 j，对应于荷载 F_n和 F_{n+1}分别测定应变$\varepsilon_{实jn}$和$\varepsilon_{实jn+1}$，并计算相邻两级荷载的应变增量 $\Delta\varepsilon_{实j}=\varepsilon_{实jn+1}-\varepsilon_{实jn}$，求该点的应变增量平均值$\Delta\bar{\varepsilon}_{实j}$，并由虎克定律计算相邻两级荷载作用的应力增量平均值。

$$\Delta\bar{\sigma}_{实j}=E\cdot\Delta\bar{\varepsilon}_{实j}$$

式中　j——测点代号($j=1,2,3,4,5,6$)；

$\Delta\bar{\varepsilon}_{实j}$——实测点的应变增量平均值；

$\Delta\bar{\sigma}_{实j}$——实测点的应力增量平均值；

E——材料的弹性模量。

根据弯曲正应力理论，由增量荷载的产生的增量弯矩 ΔM 计算各测点弯曲正应力理论值为

$$\Delta\sigma_{理j}=\frac{\Delta M\cdot y_j}{I}$$

其中：$\Delta M=\frac{1}{2}\Delta P\cdot a$ 为增量荷载作用下的弯矩；$I=\frac{bh^3}{12}$为惯性矩；y_j为各测量点到中性轴的距离。

把以上理论值与实测值进行比较，以验证弯曲正应力公式。

2. 测定泊松比

在梁的下边缘纵向应变片 5 附近，沿着梁的横向贴一片电阻应变片 6，测出横向应变 ε_6'，利用公式 $\mu=\left|\frac{\varepsilon_6'}{\varepsilon_5}\right|$ 计算泊松比。

四、试验步骤

1. 测量矩形截面梁的宽度 b 和高度 h，荷载作用点到梁支座的距离 a，并计算各应变片到中性轴的距离 y 值。

2. 按操作要求调整电阻应变仪的基零，在预调平衡箱上调整各工作电阻应变片的初读数为零。

3. 对梁进行加载时，先加初级荷载 P_0，在电阻应变仪上读取并记录相应的1～6点应变片的读数。以后逐级等量增加荷载，每增加一级荷载 ΔP，都要逐点测量并记录其应变读数。（注意 F_{max}不能超过许可荷载的 50%）

4. 实验完毕，卸除荷载，关闭电源，整理仪器等。

五、试验结果处理

1. 据测得的各应变值，计算出各点的应变增量 $\Delta\varepsilon_{实j}$ 和应变增量平均值 $\Delta\bar{\varepsilon}_{实j}$（$\times10^{-6}$），由$\Delta\bar{\sigma}_{实j}=E\cdot\Delta\bar{\varepsilon}_{实j}$计算 1、2、3、4、5 各点的应力增量平均值。

2. 根据 $\Delta\sigma_{理j}=\dfrac{\Delta M\cdot y_j}{I_z}$计算出各点的理论应力增量，并与 $\Delta\bar{\sigma}_{实j}$相比较。

3. 将不同点的 $\Delta\bar{\sigma}_{实j}$与理论值 $\Delta\sigma_{理j}$绘在截面高度为纵坐标、应力大小为横坐标的平面内，即可得到梁截面上的实验与理论的应力分布曲线，将两者进行比较即可验证正应力公式和应力分布规律。

4. 用纵向应变 ε_5、横向应变 ε_6'计算出泊松比。

5. 试验数据

梁试件的截面尺寸 h=________ mm，b=________ mm，支座与力作用点的距离 a=________ mm。

弹性极限 E=________ MPa。

各点到中性轴的距离：y_1=______ mm，y_2=______ mm，y_3=______ mm，y_4=______ mm，y_5=______ mm。

将试验记录和试验结果分别填写到附表 B-5 和附表 B-6。

试 验 记 录 **附表 B-5**

荷载(N)		测点的应变读数($\mu\varepsilon$)									
P	ΔP	1		2		3		4		5	
		读数	增量	读数	增量	读数	增量	读数	增量	读数	增量
		ε_1	$\Delta\varepsilon_1$	ε_2	$\Delta\varepsilon_2$	ε_3	$\Delta\varepsilon_3$	ε_4	$\Delta\varepsilon_4$	ε_5	$\Delta\varepsilon_5$
应变增量平均值$\Delta\bar{\varepsilon}_{实}$											

试 验 结 果　　附表 B-6

测 点 编 号	1	2	3	4	5
应力试验值$\Delta\bar{\sigma}_{实}$（$E\Delta\bar{\varepsilon}_{实}$）					
应力理论值$\Delta\sigma_{理}$$\left(\dfrac{\Delta M\cdot y}{I_z}\right)$					
误差 $e\left(\dfrac{\Delta\bar{\sigma}_{理}-\Delta\bar{\sigma}_{实}}{\Delta\bar{\sigma}_{理}}\times100\%\right)$					

6. 画应力分布图

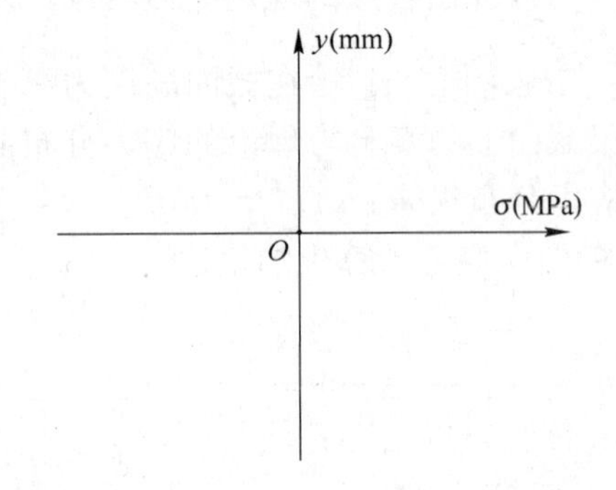

六、思考题

1. 分析理论值与实测值存在差异的原因。
2. 弯曲正应力的大小是否会受材料弹性模量的影响？
3. 若应变片贴在 AC 或 BC 段内的某个横截面上，测试结果会怎样？

附 录 C

（一）热轧普通工字钢截面特征(GB 706—88)

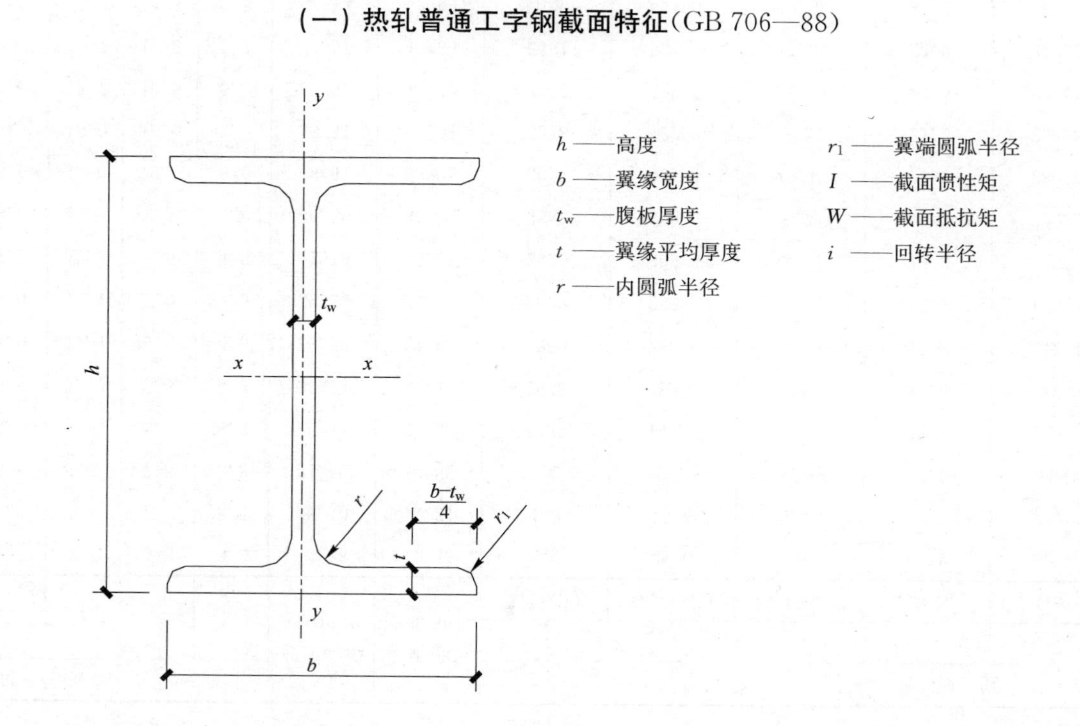

h——高度

b——翼缘宽度

t_w——腹板厚度

t——翼缘平均厚度

r——内圆弧半径

r_1——翼端圆弧半径

I——截面惯性矩

W——截面抵抗矩

i——回转半径

型钢表(一) **附表 C-1**

型号	尺寸(mm)						截面面积 (cm^2)	质量 (kg/m)	参考数值						
									x—x				y—y		
	h	b	t_w	t	r	r_1			I_x(cm^4)	W_x(cm^3)	i_x(cm)	I_x : S_x	I_y(cm^4)	W_y(cm^3)	i_y(cm)
10	100	68	4.5	7.6	6.5	3.3	14.33	11.25	245	49.0	4.14	8.59	32.8	9.60	1.51
12a	126	74	5.0	8.4	7.0	3.5	18.10	14.21	488	77.4	5.19	10.8	46.9	12.7	1.61
14	140	80	5.5	9.1	7.5	3.8	21.50	16.88	712	101.7	5.75	12.0	64.3	16.1	1.73
16	160	88	6.0	9.9	8.0	4.0	26.11	20.50	1127	140.9	6.57	13.8	93.1	21.1	1.89
18	180	94	6.5	10.7	8.5	4.3	30.74	24.13	1669	185.4	7.37	15.4	122.9	26.2	2.00
20a	200	100	7.0	11.4	9.0	4.5	35.55	27.91	2369	236.9	8.16	17.2	157.9	31.6	2.11
20b	200	102	9.0	11.4	9.0	4.5	39.55	31.05	2502	250.2	7.95	16.9	169.0	33.1	2.07
22a	220	110	7.5	12.3	9.5	4.8	42.10	33.05	3406	309.6	8.99	18.9	225.9	41.1	2.32
22b	220	112	9.5	12.3	9.5	4.8	46.50	36.50	3583	325.8	8.78	18.7	240.2	42.9	2.27
25a	250	116	8.0	13.0	10.0	5.0	48.51	38.08	5017	401.4	10.17	21.5	280.4	48.4	2.40
25b	250	118	10.0	13.0	10.0	5.0	53.51	42.01	5278	422.2	9.93	21.2	297.3	50.4	2.36
28a	280	122	8.5	13.7	10.5	5.3	55.37	43.47	7115	508.2	11.34	24.6	344.1	56.4	2.49
28b	280	124	10.5	13.7	10.5	5.3	60.97	47.86	7481	534.4	11.08	24.2	363.8	58.7	2.44
32a	320	130	9.5	15.0	11.5	5.8	67.12	52.69	11080	692.5	12.85	27.4	459.0	70.6	2.62
32b	320	132	11.5	15.0	11.5	5.8	73.52	57.71	11626	726.7	12.58	27.1	483.8	73.3	2.57
32c	320	134	13.5	15.0	11.5	5.8	79.92	62.74	12173	760.8	12.34	26.7	510.1	76.1	2.53
36a	360	136	10.0	15.8	12.0	6.0	76.44	60.00	15796	877.6	14.38	30.7	554.9	81.6	2.69
36b	360	138	12.0	15.8	12.0	6.0	83.64	65.66	16574	920.8	14.08	30.3	583.6	84.6	2.64
36c	360	140	14.0	15.8	12.0	6.0	90.84	71.31	17351	964.0	13.82	29.9	614.0	87.7	2.60

续表

型号	尺寸(mm)						截面面积 (cm^2)	质量 (kg/m)	参考数值						
									x—x				y—y		
	h	b	t_w	t	r	r_1			I_x(cm^4)	W_x(cm^3)	i_x(cm)	$I_x : S_x$	I_y(cm^4)	W_y(cm^3)	i_y(cm)
40a	400	142	10.5	16.5	12.5	6.3	86.07	67.56	21714	1085.7	15.88	34.1	659.9	92.9	2.77
40b	400	144	12.5	16.5	12.5	6.3	94.07	73.84	22781	1139.0	15.56	33.6	692.8	96.2	2.71
40c	400	146	14.5	16.5	12.5	6.3	102.07	80.12	23847	1192.4	15.29	33.2	727.5	99.7	2.67
45a	450	150	11.5	18.0	13.5	6.8	102.40	80.38	32241	1432.9	17.74	38.6	855.0	114.0	2.89
45b	450	152	13.5	18.0	13.5	6.8	111.40	87.45	33759	1500.4	17.41	38.0	895.4	117.8	2.84
45c	450	154	15.5	18.0	13.5	6.8	120.40	94.51	35278	1567.9	17.12	37.6	938.0	121.8	2.79
50a	500	158	12.0	20.0	14.0	7.0	119.25	93.61	46472	1858.9	19.74	42.8	1121.5	142.0	3.07
50b	500	160	14.0	20.0	14.0	7.0	129.25	101.46	48556	1942.2	19.38	42.4	1171.4	146.4	3.01
50c	500	162	16.0	20.0	14.0	7.0	139.25	109.31	50639	2005.6	19.07	41.8	1223.9	151.1	2.96
56a	560	166	12.5	21.0	14.5	7.3	135.38	106.27	65576	2342.0	22.01	47.7	1365.8	164.6	3.18
56b	560	168	14.5	21.0	14.5	7.3	146.58	115.06	68503	2446.5	21.62	47.1	1423.8	169.5	3.12
56c	560	170	16.5	21.0	14.5	7.3	157.78	123.85	71430	2551.1	21.28	46.6	1484.8	174.7	3.07
63a	630	176	13.0	22.0	15.0	7.5	154.59	121.36	94004	2984.3	24.66	54.1	1702.4	193.5	3.32
63b	630	178	15.0	22.0	15.0	7.5	167.19	131.25	98171	3116.6	24.23	53.5	1770.7	199.0	3.25
63c	630	180	17.0	22.0	15.0	7.5	179.79	141.14	102339	3248.9	23.86	52.9	1842.4	204.7	3.20

（二）热轧普通槽钢截面特征（按 GB 707—88 计算）

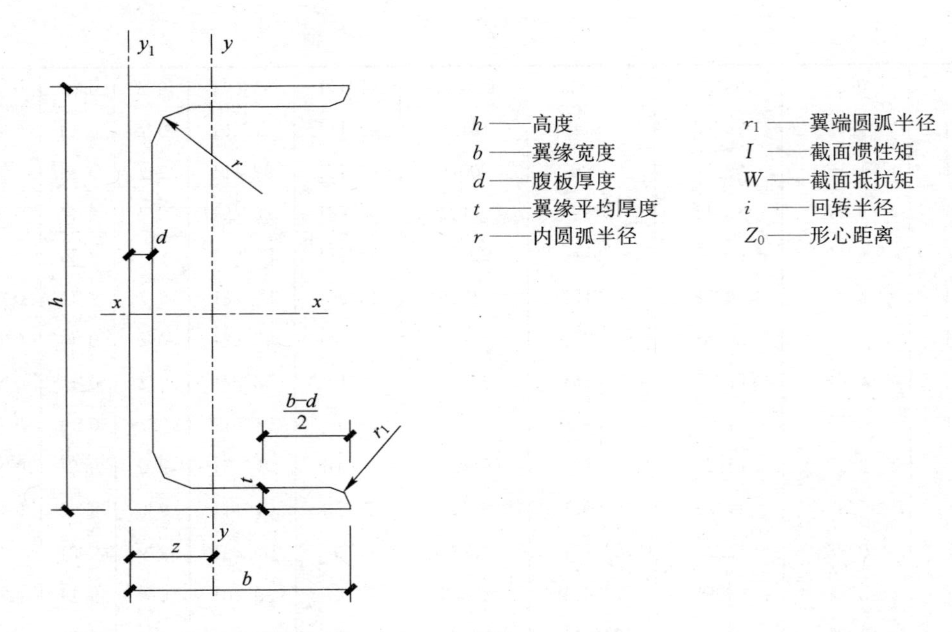

h——高度

b——翼缘宽度

d——腹板厚度

t——翼缘平均厚度

r——内圆弧半径

r_1——翼端圆弧半径

I——截面惯性矩

W——截面抵抗矩

i——回转半径

Z_0——形心距离

型钢表(二)

附表 C-2

型号	尺寸/(mm)						截面面积/(cm²)	质量(kg/m)	参考数值							
									$x—x$			$y—y$			$y_1—y_1$	Z_0(cm)
	h	b	d	t	r	r_1			W_x(cm³)	I_x(cm⁴)	i_x(cm)	W_y(cm³)	I_y(cm⁴)	i_y(cm)	I_{y1}(cm⁴)	
5	50	37	4.5	7.0	7.0	3.5	6.92	5.44	10.4	26.0	1.94	3.5	8.3	1.10	20.9	1.35
6.3	63	40	4.8	7.5	7.5	3.75	8.45	6.63	16.3	51.2	2.46	4.6	11.9	1.19	28.3	1.39
8	80	43	5.0	8.0	8.0	4.00	10.24	8.04	25.3	101.3	3.14	5.8	16.6	1.27	37.4	1.42
10	100	48	5.3	8.5	8.5	4.25	12.74	10.00	39.7	198.3	3.94	7.8	25.6	1.42	54.9	1.52
12.6	126	53	5.5	9.0	9.0	4.5	15.69	12.31	61.7	388.5	4.98	10.3	38.0	1.56	77.8	1.59
14a	140	58	6.0	9.5	9.5	4.75	18.51	14.53	80.5	563.7	5.52	13.0	53.2	1.70	107.2	1.71
14b	140	60	8.0	9.5	9.5	4.75	21.31	16.73	87.1	609.4	5.35	14.1	61.2	1.69	120.6	1.67
16a	160	63	6.5	10.0	10.0	5.0	21.95	17.23	108.3	866.2	6.28	16.3	73.4	1.83	144.1	1.79
16b	160	65	8.5	10.0	10.0	5.0	25.15	19.75	116.8	934.5	6.10	17.6	83.4	1.82	160.8	1.75
18a	180	68	7.0	10.5	10.5	5.25	25.69	20.17	141.4	1272.7	7.04	20.0	98.6	1.96	189.7	1.88
18b	180	70	9.0	10.5	10.5	5.25	29.29	22.99	152.2	1369.9	6.84	21.5	111.0	1.95	210.1	1.84
20a	200	73	7.0	11.0	11.0	5.5	28.83	22.63	178.0	1780.4	7.86	24.2	128.0	2.11	244.0	2.01
20b	200	75	9.0	11.0	11.0	5.5	32.83	25.77	191.4	1913.7	7.64	25.9	143.6	2.09	268.4	1.95
22a	220	77	7.0	11.5	11.5	5.75	31.84	24.99	217.6	2393.9	8.67	28.2	157.8	2.23	298.2	2.10
22b	220	79	9.0	11.5	11.5	5.75	36.24	28.45	233.8	2571.3	8.42	30.1	176.5	2.21	326.3	2.03
25a	250	78	7.0	12.0	12.0	6.0	34.91	27.40	268.7	3359.1	9.81	30.7	175.9	2.24	324.8	2.07
25b	250	80	9.0	12.0	12.0	6.0	39.91	31.33	289.6	3619.5	9.52	32.7	196.4	2.22	355.1	1.99
25c	250	82	11.0	12.0	12.0	6.0	44.91	32.25	310.4	3880.0	9.30	34.6	215.9	2.19	388.6	1.96
28a	280	82	7.5	12.5	12.5	6.25	40.02	31.42	339.5	4752.5	10.90	35.7	217.9	2.33	393.3	2.09
28b	280	84	9.5	12.5	12.5	6.25	45.62	35.81	365.6	5118.4	10.59	37.9	241.5	2.30	428.5	2.02

续表

型号	尺寸/(mm)						截面面积/(cm²)	质量(kg/m)	参考数值							
									$x-x$			$y-y$			y_1-y_1	Z_0(cm)
	h	b	d	t	r	r_1			W_x(cm³)	I_x(cm⁴)	i_x(cm)	W_y(cm³)	I_y(cm⁴)	i_y(cm)	I_{y1}(cm⁴)	
28c	280	86	11.5	12.5	12.5	6.25	51.22	40.21	391.7	5484.3	10.35	40.0	264.1	2.27	467.3	1.99
32a	320	88	8.0	14.0	14.0	7.0	48.50	38.07	469.4	7510.6	12.44	46.4	304.7	2.51	547.5	2.24
32b	320	90	10.0	14.0	14.0	7.0	54.90	43.10	503.5	8056.8	12.11	49.1	335.6	2.47	592.9	2.16
32c	320	92	12.0	14.0	14.0	7.0	61.30	48.12	537.7	8602.9	11.85	51.6	365.0	2.44	642.7	2.13
36a	360	96	9.0	16.0	16.0	8.0	60.89	47.80	659.7	11874.1	13.96	63.6	455.0	2.73	818.5	2.44
36b	360	98	11.0	16.0	16.0	8.0	68.09	53.45	702.9	12654.7	13.63	66.9	496.7	2.70	880.5	2.37
36c	360	100	13.0	16.0	16.0	8.0	75.29	59.10	746.1	13429.3	13.36	70.0	536.6	2.67	948.0	2.34
40a	400	100	10.5	18.0	18.0	9.0	75.04	58.91	878.9	17577.7	15.30	78.8	592.0	2.81	1057.9	2.49
40b	400	102	12.5	18.0	18.0	9.0	83.04	65.19	932.2	18644.4	14.98	82.6	640.6	2.78	1135.8	2.44
40c	400	104	14.5	18.0	18.0	9.0	91.04	71.47	985.6	19711.0	14.71	86.2	687.8	2.75	1220.3	2.42

附　录　D

混凝土强度标准值和设计值(MPa)　　　　**附表 D-1**

强度种类		符号	混凝土强度等级												
			C20	C25	C30	C35	C40	C45	C50	C55	C60	C65	C70	C75	C80
强度标准值	轴心抗压	f_{ck}	13.4	16.7	20.1	23.4	26.8	29.6	32.4	35.5	38.5	41.5	44.5	47.4	50.2
	轴心抗拉	f_{tk}	1.54	1.78	2.01	2.20	2.40	2.51	2.65	2.74	2.85	2.93	3.0	3.05	3.10
强度设计值	轴心抗压	f_{cd}	9.2	11.5	13.8	16.1	18.4	20.5	22.4	24.4	26.5	28.5	30.5	32.4	34.6
	轴心抗拉	f_{td}	1.06	1.23	1.39	1.52	1.65	1.74	1.83	1.89	1.96	2.02	2.07	2.10	2.14

注：计算现浇钢筋混凝土轴心受压和偏心受压构件时，如截面的长边或直径小于 30mm，表中混凝土强度设计值应乘以系数 0.8；当构件质量(混凝土成型、截面和轴线尺寸等)确有保证时，可不受此限。

混凝土的弹性模量($\times10^4$ MPa)　　　　**附表 D-2**

混凝土强度等级	C20	C25	C30	C35	C40	C45	C50	C55	C60	C65	C70	C75	C80
E_c	2.55	2.80	3.00	3.15	3.25	3.35	3.45	3.55	3.60	3.65	3.70	3.75	3.80

注：1. 混凝土剪变模量 G_c 按表中数值的 0.4 倍采用；

2. 对高强混凝土，当采用引气剂及较高砂率的泵送混凝土且无实测数据时，表中 C50～C80 的 E_c 值应乘折减系数 0.95。

普通钢筋强度标准值和设计值(MPa)　　　　**附表 D-3**

钢筋种类	直径 d(mm)	符号	抗拉强度标准值 f_{sk}	抗拉强度设计值 f_{sd}	抗压强度设计值 f_{sd}
R235	8～20	Φ	235	195	195
HRB335	6～50	Φ	335	280	280
HRB400	6～50	Φ	400	330	330
KL400	8～40	$Φ^R$	400	330	330

注：1. 表中 d 系指国家标准中的钢筋公称直径；

2. 钢筋混凝土轴心受拉和小偏心受拉构件的钢筋抗拉强度设计值大于 330MPa 时，仍应取用 330MPa；

3. 构件中有不同种类钢筋时，每种钢筋应采用各自的强度设计值。

普通钢筋的弹性模量($\times10^5$ MPa)　　　　**附表 D-4**

钢筋种类	弹性模量 E_s
R235	2.1
HRB335、HRB400、KL400	2.0

钢筋混凝土受弯构件单筋矩形截面承载力计算用表　　附表 D-5

ξ	A_0	ζ_0	ξ	A_0	ζ_0
0.01	0.010	0.995	0.34	0.282	0.830
0.02	0.020	0.990	0.35	0.289	0.825
0.03	0.030	0.985	0.36	0.295	0.820
0.04	0.039	0.980	0.37	0.301	0.815
0.05	0.048	0.975	0.38	0.309	0.810
0.06	0.058	0.970	0.39	0.314	0.805
0.07	0.067	0.965	0.40	0.320	0.800
0.08	0.077	0.960	0.41	0.326	0.795
0.09	0.085	0.955	0.42	0.332	0.790
0.10	0.095	0.950	0.43	0.337	0.785
0.11	0.104	0.945	0.44	0.343	0.780
0.12	0.113	0.940	0.45	0.349	0.775
0.13	0.121	0.935	0.46	0.354	0.770
0.14	0.130	0.930	0.47	0.359	0.765
0.15	0.139	0.925	0.48	0.365	0.760
0.16	0.147	0.920	0.49	0.370	0.755
0.17	0.155	0.915	0.50	0.375	0.750
0.18	0.164	0.910	0.51	0.380	0.745
0.19	0.172	0.905	0.52	0.385	0.740
0.20	0.180	0.900	0.53	0.390	0.735
0.21	0.188	0.895	0.54	0.394	0.730
0.22	0.196	0.890	0.55	0.399	0.725
0.23	0.203	0.885	0.56	0.403	0.720
0.24	0.211	0.880	0.57	0.408	0.715
0.25	0.219	0.875	0.58	0.412	0.710
0.26	0.226	0.870	0.59	0.416	0.705
0.27	0.234	0.865	0.60	0.420	0.700
0.28	0.241	0.860	0.61	0.424	0.695
0.29	0.248	0.855	0.62	0.428	0.690
0.30	0.255	0.850	0.63	0.432	0.685
0.31	0.262	0.845	0.64	0.435	0.680
0.32	0.269	0.840	0.65	0.439	0.675
0.33	0.275	0.835			

普通钢筋截面面积、重量表 **附表 D-6**

公称直径(mm)	在下列钢筋根数时的截面面积(mm^2)									重量 kg/m	带肋钢筋	
	1	2	3	4	5	6	7	8	9		计算直径(mm)	外径(mm)
6	28.3	57	85	113	141	170	198	226	254	0.222	6	7.0
8	50.3	101	151	201	251	302	352	402	452	0.395	8	9.3
10	78.5	157	236	314	393	471	550	628	707	0.617	10	11.6
12	113.1	226	339	452	566	679	792	905	1018	0.888	12	13.9
14	153.9	308	462	616	770	924	1078	1232	1385	1.21	14	16.2
16	201.1	402	603	804	1005	1206	1407	1608	1810	1.58	16	18.4
18	254.5	509	763	1018	1272	1527	1781	2036	2290	2.00	18	20.5
20	314.2	628	942	1256	1570	1884	2200	2513	2827	2.47	20	22.7
22	380.1	760	1140	1520	1900	2281	2661	3041	3421	2.98	22	25.1
25	490.9	982	1473	1964	2454	2945	3436	3927	4418	3.85	25	28.4
28	615.8	1232	1847	2463	3079	3695	4310	4926	5542	4.83	28	31.6
32	804.2	1608	2413	3217	4021	4826	5630	6434	7238	6.31	32	35.8

在钢筋间距一定时板每米宽度内钢筋截面积(mm^2) **附表 D-7**

钢筋间距(mm)	钢筋直径(mm)									
	6	8	10	12	14	16	18	20	22	24
70	404	718	1122	1616	2199	2873	3636	4487	5430	6463
75	377	670	1047	1508	2052	2681	3393	4188	5081	6032
80	353	628	982	1414	1924	2514	3181	3926	4751	5655
85	333	591	924	1331	1811	2366	2994	3695	4472	5322
90	314	559	873	1257	1711	2234	2828	3490	4223	5027
95	298	529	827	1190	1620	2117	2679	3306	4001	4762
100	283	503	785	1131	1539	2011	2545	3141	3801	4524
105	269	479	748	1077	1466	1915	2424	2991	3620	4309
110	257	457	714	1028	1399	1828	2314	2855	3455	4113
115	246	437	683	984	1339	1749	2213	2731	3305	3934
120	236	419	654	942	1283	1676	2121	2617	3167	3770
125	226	402	628	905	1232	1609	2036	2513	3041	3619
130	217	387	604	870	1184	1547	1958	2416	2924	3480
135	209	372	582	838	1140	1490	1885	2327	2816	3351
140	202	359	561	808	1100	1436	1818	2244	2715	3231
145	195	347	542	780	1062	1387	1755	2166	2621	3120
150	189	335	524	754	1026	1341	1697	2084	2534	3016
155	182	324	507	730	993	1297	1642	2027	2452	2919
160	177	314	491	707	962	1257	1590	1964	2376	2828
165	171	305	476	685	933	1219	1542	1904	2304	2741
170	166	296	462	665	905	1183	1497	1848	2236	2661
175	162	287	449	646	876	1149	1454	1795	2172	2585

续表

钢筋间距(mm)	钢筋直径(mm)									
	6	8	10	12	14	16	18	20	22	24
180	157	279	436	628	855	1117	1414	1746	2112	2513
185	153	272	425	611	832	1087	1376	1694	2035	2445
190	149	265	413	595	810	1058	1339	1654	2001	2381
195	145	258	403	580	789	1031	1305	1611	1949	2320
200	141	251	393	565	769	1005	1272	1572	1901	2262

普通钢筋和预应力直线形钢筋最小混凝土保护层厚度(mm)　　附表 D-8

序号	构件类别	环境条件		
		Ⅰ	Ⅱ	Ⅲ、Ⅳ
1	基础、桩基承台(1)基坑底面有垫层或侧面有模板 (受力钢筋)(2)基坑底面无垫层或侧面无模板	40 60	50 75	60 85
2	墩台身、挡土结构、涵洞、梁、板、拱圈、 拱上建筑(受力钢筋)	30	40	45
3	人行道构件、栏杆(受力钢筋)	20	25	30
4	箍筋	20	25	30
5	缘石、中央分隔带、护栏等行车道构件	30	40	45
6	收缩、温度、分布、防裂等表层钢筋	15	20	25

注：1. 对于环氧树脂涂层钢筋，可按环境类别Ⅰ取用；
2. 后张法预应力混凝土锚具，其最小混凝土保护层厚度，Ⅰ、Ⅱ及Ⅲ(Ⅳ)环境类别，分别为 40、45 及 50mm；
3. 先张法预应力钢筋端部应加保护，不得外露；
4. Ⅰ类环境是指非寒冷或寒冷地区的大气环境，与无侵蚀性的水或土接触的环境条件；
Ⅱ类环境是指严寒地区的大气环境，与无侵蚀性的水或土接触的环境；使用除冰盐环境；滨海环境条件；
Ⅲ类环境是指海水环境；
Ⅳ类环境是受人为或自然侵蚀性物质影响的环境。

钢筋混凝土构件中纵向受力钢筋的最小配筋率(%)　　附表 D-9

受力类型		最小配筋百分率
受压构件	全部纵向钢筋	0.5
	一侧纵向钢筋	0.2
受弯构件、偏心受拉构件及轴心受拉构件的一侧受拉钢筋		0.2 和 $45f_{td}/f_{sd}$中较大值
受拉构件		$0.08f_{cd}/f_{sv}$(纯扭时)，$0.08(2\beta_t-1)f_{cd}/f_{sv}$(剪扭时)

注：1. 受压构件全部纵向钢筋最小配筋百分率，当混凝土强度等级为 C50 及以上时不应小于 0.6；
2. 当大偏心受拉构件的受压区配置按计算需要的受压钢筋时，其最小配筋百分率不应小于 0.2；
3. 轴心受压构件、偏心受压构件全部纵向钢筋的配筋率和一侧纵向钢筋(包括大偏心受拉构件的受压钢筋)的配筋百分率应按构件的毛截面面积计算；轴心受拉构件及小偏心受拉构件一侧受拉钢筋的配筋百分率应按构件毛截面面积计算；受弯构件、大偏心受拉构件的一侧受拉钢筋的配筋百分率为 $100A_s/bh_0$，其中 A_s 为受拉钢筋截面积，b 为腹板宽度(箱形截面为各腹板宽度之和)，h_0 为有效高度；
4. 当钢筋沿构件截面周边布置时，“一侧的受压钢筋”或“一侧的受拉钢筋”是指受力方向两个对边中的一边布置的纵向钢筋；
5. 对受扭构件，其纵向受力钢筋的最小配筋率为 $A_{st,min}/bh$，$A_{st,min}$ 为纯扭构件全部纵向钢筋最小截面积，h 为矩形截面基本单元长边长度，b 为短边长度，f_{sv}为箍筋抗拉强度设计值。

钢筋混凝土轴心受压构件的稳定系数 φ **附表 D-10**

l_0/b	≤8	10	12	14	16	18	20	22	24	26	28
l_0/d	≤7	8.5	10.5	12	14	15.5	17	19	21	22.5	24
l_0/r	≤28	35	42	48	55	62	69	76	83	90	97
φ	1.0	0.98	0.95	0.92	0.87	0.81	0.75	0.70	0.65	0.60	0.56
l_0/b	30	32	34	36	38	40	42	44	46	48	50
l_0/d	26	28	29.5	31	33	34.5	36.5	38	40	41.5	43
l_0/r	104	111	118	125	132	139	146	153	160	167	174
φ	0.52	0.48	0.44	0.40	0.36	0.32	0.29	0.26	0.23	0.21	0.19

注：1. 表中 l_0 为构件计算长度，b 为矩形截面短边尺寸，d 为圆形截面直径，r 为截面最小回转半径；
2. 构件计算长度 l_0 的确定，两端固定为 $0.5l$；一端固定，一端为不移动的铰为 $0.7l$；两端均匀不移动的铰为 l；一端固定，一端自由为 2。

混凝土结构的环境类别 **附表 D-11**

环境类别		条 件
一		室内正常环境
二	a	室内潮湿环境；非严寒和非寒冷地区的露天环境、与无侵蚀性的水或土壤直接接触的环境
	b	严寒和寒冷地区的露天环境、与无侵蚀性的水或土壤直接接触的环境
三		使用除冰盐的环境；严寒和寒冷地区冬季水位变动的环境；滨海室外环境
四		海水环境
五		受人为或自然界的侵蚀性物质影响的环境

注：严寒和寒冷地区的划分应符合国家标准规定。

附　录　E

预应力钢筋抗拉强度标准值(MPa)　　**附表 E-1**

钢筋种类		符号	直径 d(mm)	抗拉强度标准值 f_{pk}
钢绞线	1＊2(二股)	ϕ^{s}	8.0、10.0	1470、1570、1720、1860
			12.0	1470、1570、1720
	1＊3(三股)		8.6、10.8	1470、1570、1720、1860
			12.9	1470、1570、1720
	1＊7(七股)		9.5、11.1、12.7	1860
			15.2	1720、1860
消除应力钢丝	光圆钢丝	ϕ^{w}	4、5	1470、1570、1670、1770
			6	1570、1670
	螺旋肋钢丝	ϕ^{H}	7、8、9	1470、1570
	刻痕钢丝	ϕ^{I}	5、7	1470、1570
精轧螺纹钢丝		JL	40	540
			18、25、32	540、785、930

注：表中 d 系指国家标准和企业标准中的钢绞线、钢丝和精轧螺纹钢筋的公称直径。

预应力钢筋抗拉、抗压强度设计值(MPa)　　**附表 E-2**

钢筋种类	抗拉强度标准值 f_{pk}	抗拉强度设计值 f_{pd}	抗压强度设计值 f'_{pd}
钢绞线 1＊2(二股) 1＊3(三股) 1＊7(七股)	1470	1000	390
	1570	1070	
	1720	1170	
	1860	1260	
消除应力钢丝 旋螺肋钢丝	1470	1000	410
	1570	1070	
	1670	1140	
	1770	1200	
刻痕钢丝	1470	1000	410
	1570	1070	
精轧螺纹钢丝	540	450	400
	785	650	
	930	770	

预应力钢筋弹性模量（$\times 10^5$ MPa） 附表 E-3

预应力钢筋种类	E_p
精轧螺纹钢筋	2.0
消除应力钢丝、螺旋肋钢丝、刻痕钢丝	2.05
钢绞线	1.95

钢绞线公称直径、截面面积及理论重量 附表 E-4

钢绞线种类	公称直径（mm）	公称截面积（mm^2）	每 1000m 的钢绞线理论重量（kg）
1×2	8	25.3	199
	10	39.5	310
	12	56.9	447
1×3	8.6	37.4	199
	10.8	59.3	465
	12.9	85.4	671
1×7 标准型	9.5	54.8	432
	11.1	74.2	580
	12.7	98.7	774
	15.2	139	1101

钢丝公称直径、公称截面积及理论重量 附表 E-5

公称直径（mm）	公称横截面积（mm^2）	理论重量参考值（kg/m）
4.0	12.57	0.099
5.0	19.63	0.154
6.0	28.27	0.222
7.0	38.48	0.302
8.0	50.26	0.394
9.0	63.62	0.499

系数 k 和 μ 值 附表 E-6

管道成型方式	k	μ	
		钢绞线、钢丝束	精轧螺纹钢筋
预埋金属波纹管	0.0015	0.20～0.25	0.50
预埋塑料波纹管	0.0015	0.14～0.17	—
预埋铁皮管	0.0030	0.35	0.40
预埋钢管	0.0010	0.25	—
抽心成型	0.0015	0.55	0.60

锚具变形、钢筋回缩和接缝压缩值 **附表 E-7**

锚具、接缝类型		ΔL
钢丝束的钢制锥形锚具		6
夹片式锚具	有顶压时	4
	无顶压时	6
带螺帽锚具的螺帽缝隙		1
镦头锚具		1
每块后加垫板的缝隙		1
水泥砂浆接缝		1
环氧树脂砂浆接缝		1

预应力钢筋的预应力传递长度 l_{tr} 与锚固长度 l_a(mm) **附表 E-8**

项次	钢筋种类	混凝土强度等级	传递长度 l_{tr}	锚固长度 l_a
1	钢绞线 1×2.1×3 $\sigma_{pe}=1000$MPa $f_{pd}=1170$MPa	C30	$75d$	—
		C35	$68d$	—
		C40	$63d$	$115d$
		C45	$60d$	$110d$
		C50	$57d$	$105d$
		C55	$55d$	$100d$
		C60	$55d$	$95d$
		≥C65	$55d$	$90d$
	钢绞线 1×7 $\sigma_{pe}=1000$MPa $f_{pd}=1260$MPa	C30	$80d$	—
		C35	$73d$	—
		C40	$67d$	$130d$
		C45	$64d$	$125d$
		C50	$60d$	$120d$
		C55	$58d$	$115d$
		C60	$58d$	$110d$
		≥C65	$58d$	$105d$
2	螺旋肋钢丝 $\sigma_{pe}=1000$MPa $f_{pd}=1200$MPa	C30	$70d$	—
		C35	$64d$	—
		C40	$58d$	$95d$
		C45	$56d$	$90d$
		C50	$53d$	$85d$
		C55	$51d$	$83d$
		C60	$51d$	$80d$
		≥C65	$51d$	$80d$

续表

项次	钢筋种类	混凝土强度等级	传递长度 l_{tr}	锚固长度 l_a
3	刻痕钢丝 $\sigma_{pe}=1000MPa$ $f_{pd}=1070MPa$	C30	$89d$	—
		C35	$81d$	—
		C40	$75d$	$125d$
		C45	$71d$	$115d$
		C50	$68d$	$110d$
		C55	$65d$	$105d$
		C60	$65d$	$103d$
		≥C65	$65d$	$100d$

注：1. 预应力钢筋的预应力传递长度 l_{tr} 按有效预应力值 σ_{pe} 查表；锚固长度 l_a 按抗拉强度设计值 f_{pd} 查表；

2. 预应力传递长度应根据预应力钢筋放松时混凝土立方体抗压强度 f_{cu} 确定，当 f_{cu} 在表列混凝土强度等级之间时，预应力传递长度按直线内插取用；

3. 当采用骤然放松预应力钢筋的施工工艺时，锚固长度的起点及预应力传递长度的起点应从离构件末端 $0.25l_{tr}$ 处开始，l_{tr} 为预应力钢筋的预应力传递长度；

4. 当预应力钢筋的抗拉强度设计值 f_{pd} 或有效预应力值 σ_{pe} 与表值不同时，其锚固长度或预应力传递长度应根据表值按比例增减。

主要参考文献

[1] 陈大塑．建筑力学［M］．北京：高等教育出版社，1990.

[2] 刘成云．建筑力学［M］．北京：机械工业出版社，2006.

[3] 单辉祖．工程力学［M］．北京：高等教育出版社，2004.

[4] 贾书惠．理论力学教程［M］．北京：清华大学出版社，2004.

[5] 干光瑜，秦惠民．材料力学［M］．北京：高等教育出版社，1999.

[6] 邵容光．结构设计原理(第一版)［M］．北京：人民交通出版社，1995.

[7] 天津大学等五校合编．混凝土结构(上册)(第二版)［M］．北京：中国建筑工业出版社，1998.

[8] 张明君．市政桥梁工程(第一版)［M］．北京：中国建筑工业出版社，1998.

[9] 胡兴福．结构设计原理［M］．北京：机械工业出版社，2005.

[10] 薛伟辰．现代预应力结构设计(第一版)［M］．北京：中国建筑工业出版社，2003.

[11] 张树仁．钢筋混凝土及预应力混凝土桥梁结构设计原理［M］．北京：人民交通出版社，2005.

[12] 中华人民共和国国家标准．混凝土结构设计规范(GB 50010—2010)［S］．北京：中国建筑工业出版社，2010.

[13] 中华人民共和国行业标准．公路钢筋混凝土及预应力混凝土桥涵设计规范(JTG D62—2004)［S］．北京：人民交通出版社，2004.

[14] 中华人民共和国行业标准．公路桥涵设计通用规范(JTG D60—2004)［S］．北京：人民交通出版社，2004.

[15] 中华人民共和国国家标准．砌体结构设计规范(GB 50003—2001)［S］．北京：中国建筑工业出版社，2002.

[16] 叶见曙．结构设计原理(第二版)［M］．北京：人民交通出版社，2004.

[17] 袁伦一，鲍卫刚．《公路钢筋混凝土及预应力混凝土桥涵设计规范》条文应用算例［M］．北京：人民交通出版社，2004.

[18] 张树仁．桥梁设计规范学习与应用讲评［M］．北京：人民交通出版社，2005.

[19] 高职高专教育土建类专业教学指导委员会市政工程类专业分指导委员会编．市政工程技术专业指导性教学文件(2010年版)［S］．北京：中国建筑工业出版社，2010.